Grundlagen der Flugzeugnavigation

Von

Oberregierungsrat

Prof. Werner Immler

Früherer Direktor der Seefahrtschule Elsfleth und
Vorstand des Oldenburgischen Instituts für Luftnavigation

Vierte, umgearbeitete Auflage

Mit 198 Textabbildungen, 20 Rechentafeln
und 17 Tabellen im Anhang

München und Berlin 1941
Verlag von R. Oldenbourg

Druck von R. Oldenbourg, München

Printed in Germany

Vorwort zur vierten Auflage.

Wenn nunmehr nach kurzer Zeit dieses Buch bereits in vierter Auflage der Öffentlichkeit übergeben werden kann, so ist das ein Zeichen dafür, daß die Navigation ein wichtiger Bestandteil des Luftfahrtwesens geworden ist. Die Navigation hielt mit der Entwicklung des Luftfahrtwesens Schritt. Blickt man noch einmal auf die erste Auflage, die als „Leitfaden der Flugzeugnavigation" erschienen war, zurück, und vergleicht sie mit den vielen verschiedenartigen Fragen, die in dieser Auflage angeschnitten werden mußten, so läßt sich der Abstand besonders deutlich ermessen. Damals klammerte sich noch die Luftnavigation fast ängstlich an ihre ältere Schwester, die Seenavigation, an. Damals war noch der Leitgedanke der, die Methoden so abzuändern, daß sie auf engem Raum und in kurzer Zeit erledigt werden konnten, daß dafür aber die Genauigkeit nicht das in der Seenavigation übliche hohe Maß zu erreichen habe. Dann folgte die technische Weiterentwicklung der Navigationsgeräte, die nunmehr fast vollständig den Boden der Seenavigation verließ. Die Genauigkeitsfragen nahmen bereits einen weiteren Raum bei der Diskussion der Methoden ein. In der dritten Auflage mußten eingehend die ganz verschiedenartigen Beobachtungsbedingungen behandelt werden, die den Trennungsstrich zwischen See- und Luftnavigation noch deutlicher herausarbeitete. Die dynamische Auffassung der Methoden setzte sich wirksam durch.

Die vierte Auflage gibt nun einen Überblick über den heutigen Stand der technischen Entwicklung und den inzwischen erfolgten Ausbau der Methoden. Das erforderte in vielen Teilen eine andere Gliederung des Buches und eine Bereicherung der einzelnen Kapitel. So wurde die Kartenlehre als wichtigste Grundlage der Kursfindung mit dieser zusammengezogen, um ihren Zweck besser herauszuheben und die mit ihr zu lösenden Aufgaben klarer herauszustellen; dabei konnte die Kartenverzerrung und ihre navigatorische Auswirkung nicht umgangen werden, um die zweckbestimmte Leistungsfähigkeit der einzelnen Karte klarzumachen. Beim Windeinfluß konnte der Gebrauch des Windpunktdiagramms für verschiedene Einzelfragen bedeutend erweitert werden. Die Treffpunktaufgabe erfuhr eine Ergänzung durch die gebräuchlichen zeichnerischen Lösungen. Der Diskussion über die Fehlerauswirkung wurde ein weiter Raum gewidmet. Die drei folgenden Kapitel heben die Methoden der Standlinienverfahren besonders heraus. Vollständig neu bearbeitet und ergänzt wurde der Abschnitt über die Funkpeilung, in dem besonders auf Fehlermöglichkeit und ihre Auswirkung hingewiesen werden mußte. Auch bei der astronomischen Navigation wurden einige Ergänzungen eingefügt. Weiter au ge.taltet wurde der Einfluß des umgebenden Mittels in dem Kapitel über meteorologische Navigation.

In der Neufassung verspricht sich das Buch eine bedeutende Unterstützung des praktischen Navigateurs. Er findet nicht nur eine Beschreibung der gebräuchlichen Methoden, sondern einen Überblick über den inneren Aufbau derselben und soll daraus die Tragweite der Methoden ermessen können. Erst dadurch wird er in den Stand gesetzt, aus der Fülle der Methoden die für seine Zwecke tragfähigsten auszuwählen und sie zum Vorteil der Flugzeugführung namentlich auf Langstreckenflügen auszuwerten.

Es konnte nicht ausbleiben, daß der Bilderreichtum in der neuen Auflage bedeutend ausgeweitet wurde. Für Überlassung von Bildern über Kartenprojektionen habe ich dem Verlage D. Reimer, Berlin, besonders zu danken. Auch die Bilder über Navigationsgeräte wurden vielfach durch neue Muster ersetzt. Hierbei kamen mir die Firmen Askaniawerke, Berlin, und Plath, Hamburg, besonders entgegen. Auch ihnen sei für diese Mithilfe der Dank ausgesprochen. Beim Entwurf neuer Zeichnungen unterstützte mich dankenswerterweise der Graphiker Herr Rohloff, Berlin.

Berlin, Dezember 1940. **Der Verfasser.**

Inhalt.

Anhang.

Tabellen:

Tafeln (am Ende des Buches):

A. Kursfindung und Kartenwesen.

1. Die Erde als Kugel.

§ 1. Die Aufgabe der Luftnavigation gliedert sich in zwei Teile, und zwar in eine Ortsbestimmung und eine Richtungsbestimmung.

Die Ortsbestimmung hat die Aufgabe, Mittel zu liefern, nach denen man angeben kann, über welchem Punkte der Erdoberfläche sich im Augenblicke das Flugzeug oder das Luftschiff befindet. Die zweite Aufgabe, die Richtungsbestimmung, erfährt insofern eine Unterteilung, als sie angeben muß, welche Richtung einzuschlagen ist, um von einem gegebenen Ort zu einem anderen gegebenen Ort hinzugelangen; anderseits muß sie auch die Möglichkeiten erörtern, welche Mittel geeignet sind, die geforderte Richtung während des Fluges innezuhalten. Die Richtungsbestimmung zerfällt also in eine Kursfindung und eine Kurshaltung.

Wir wenden uns zuerst der Art und Weise zu, wie ein Ort auf der Erdoberfläche festgestellt werden kann. Bei Landsicht ist es das einfachste, den Namen des Ortes anzugeben, über dem man sich gerade befindet, z. B. Berlin, Frankfurt, Helgoland, List. Da man sich gleichzeitig einer Karte bedient, so ist der Vergleich der Wirklichkeit mit dem Abbild ein leichter, und man kann aus der Karte seine Schlüsse ziehen. Verfliegt man sich aber stark oder ist die Erdsicht durch Nebel und Wolken verdeckt, so verliert man den Kontakt mit seiner Karte und es gehört schon besondere Ortskenntnis dazu, um aus dem auftauchenden Erdbild sofort die Stelle zu erkennen, über der man sich gerade befindet. Fliegt man gar über Wasser, so versagt die Methode der Ortsbestimmung durch Namen vollständig, und man bedient sich daher einer abstrakten Ortsbestimmung, wie sie auch in der Seefahrt gebräuchlich ist.

Man gibt den Ort auf der Erde durch ein Zahlenpaar an, das man die Koordinaten des Ortes nennt. Zu diesem Zwecke denkt man sich zunächst die Erde als ideale Kugel, die mit Kreissystemen überzogen ist. Das eine System erhält man, indem man sich durch die Erdachse alle möglichen Ebenen gelegt denkt, welche die Erdkugel in lauter größten Kreisen schneidet. Der Radius dieser Kreise ist der Erdradius. Diese größten Kreise laufen dann alle in den Erdpolen zusammen und heißen Meridiane. Senkrecht zur Erdachse legt man durch den Erdmittelpunkt einen weiteren größten Kreis. Dieser halbiert sämtliche Meridiane und zerlegt die Erdkugel in zwei Kugelhälften und heißt daher Äquator (Abb. 1).

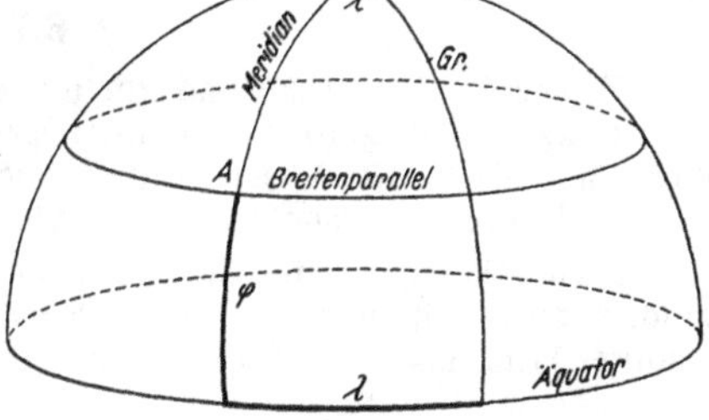

Abb. 1. Breite und Länge.

Man kann nun durch jeden Punkt der Erdoberfläche einen Meridian legen und auf ihm den Bogenabstand vom Äquator messen. Dieses Bogenstück nennt man die Breite (φ) des Ortes. Dieses Breit kann je nach Lage des Ortes vom Äquator nach N oder S gemessen werden; die Breiten zählen von 0° bis 90° und werden in Bogengraden und Bogenminuten angegeben; diesen Zahlen werden die Richtungsbezeichnungen N oder S beigesetzt, also z. B. 48° 35′ N, 37° 16′ S. Alle Orte, welche die gleiche Breite besitzen, liegen auf einem Parallelkreis zum Äquator, kurz Breitenparallel genannt. Diese Breitenparallele sind Nebenkreise der Kugel und haben Radien, die kleiner als der Erdradius sind.

Es ist gebräuchlich, unter den Meridianen den Meridian von Greenwich als Anfangsmeridian zu zählen. Man kann nun anderseits auch das Bogenstück des Äquators vom Anfangsmeridian bis zum Meridian des Ortes messen und nennt dies Bogenstück dann Länge (λ) des Ortes. Die Länge wird in Graden und Minuten gemessen, so daß sie auch gleich dem Winkel am Pol zwischen Anfangsmeridian und Meridian des Ortes ist. Diese Länge zählt vom Anfangsmeridian nach O und W, und zwar von 0^0 bis 180^0. Es werden also auch den Längenangaben die Richtungsbezeichnungen O oder W beigegeben, z. B. $8^0\,14'$ O, $176^0\,55'$ W. Die Länge ist auch gleich dem Bogenstück irgendeines Breitenparallels zwischen Anfangsmeridian und Meridian des Ortes, wenn man dieses Stück nur im Bogenmaß ausdrückt.

Auf jeder Karte findet sich ein Gradnetz nach Breite und Länge, so daß man für jeden Ort diese Koordinaten angeben kann.

Aufgabe: Man bestimme die Koordinaten aus irgendeiner Karte für die Orte: Berlin, München, Borkum, Moskau, New York, Teneriffa, Malta, St. Pauls Felsen, Rio de Janeiro.

Für Entfernungsmessungen auf der Erde kommen zwei Maße in Betracht. Das eine Maß unterteilt einen größten Kreis der Erde (z. B. auch einen Meridian oder den Äquator) zunächst in 360 Grade und jeden Grad in 60 Minuten. Diese Minute nennt man eine Seemeile (sm). Auf den Karten kann eine Seemeile als Breitenminute (Minute auf einem Meridian) abgemessen werden.

1 sm ist also der $360 \cdot 60 = 21\,600$te Teil des Erdumfangs.

Diese Streckenmessung wird hauptsächlich in der Seenavigation gebraucht und kann hier nicht gut entbehrt werden, weil in ihr die Ortsbestimmung hauptsächlich auf astronomischen Beobachtungen, also auf reinen Winkelmessungen beruht.

Bei Messungen auf Land, und daher auch bei Flügen über Land gebraucht man als Streckeneinheit das Kilometer (km).

1 km ist der 40000te Teil des Erdumfangs.

Zur Verwandlung dieser beiden Maße ineinander hat man die Beziehung:

$$1 \text{ sm} = 1{,}852 \text{ km}; \qquad 1 \text{ km} = 0{,}54 \text{ sm}$$
$$100 \text{ km} = 54 \text{ sm} = 0{,}9^0$$
$$1000 \text{ km} = 9^0.$$

Um also Bogengrade in km zu verwandeln, multipliziere man sie mit 1000 und dividiere dann durch 9, z. B.:

$$\mathbf{6{,}7^0 = 6700 : 9 = 744 \text{ km}.}$$

Frage 1: Wieviel sm und km umfaßt ein Meridiangrad?

Frage 2: Stargard und Görlitz liegen ungefähr auf demselben Meridian, jenes auf der Breite $53^0\,20'$ N, dieses auf $51^0\,10'$ N. Welche Entfernung haben sie in sm und km?

Aufgabe: Verwandle in km: $1{,}2^0$; $3{,}7^0$; $18{,}0^0$; $34{,}7^0$; $9{,}3^0$; $3{,}6^0$; $0{,}1^0$; $1{,}25^0$.

Anmerkung. In der Geodäsie gebraucht man statt des 360ten Teiles des Erdumfanges als Grad (Altgrad, ^{0}) schon seit einiger Zeit den 400ten Teil als Neugrad (^{g}). Damit wird ein mit dem Streckenmaß verwandtes Winkelmaß hergestellt, da auf einem Meridian ein Bogenstück von 100 km gleich einem Neugrad ist.

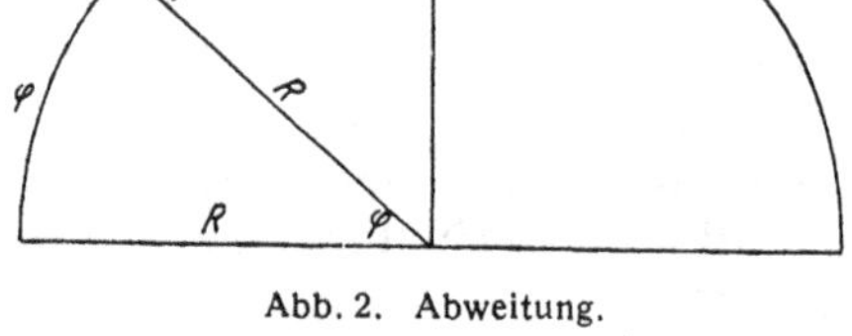

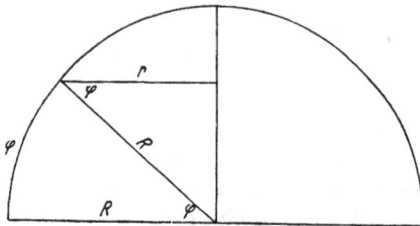

Abb. 2. Abweitung.

Die Bogenstücke der Breitenparallele zwischen zwei Meridianen sind verschieden und nehmen ab vom Äquator gegen den Pol. Auf dem Äquator ist jede Längenminute gleich einer sm. Ihre Länge verringert sich im selben Maße, wie der Umfang oder der Radius des Breitenparallels abnimmt. Das Verhältnis des Radius des Breitenparallels zu dem des Äquators ist aber nach beifolgender Abb. 2 $r : R = \cos\varphi$, so daß die Längenminute auf dem Breitenparallel φ nur $\cos\varphi$ sm mißt.

Ein in Seemeilen ausgedrücktes Stück eines Breitenparallels heißt man Abweitung (a), und man hat daher für l Längenminuten

$$a = l \cos \varphi.$$

Um ein Stück eines Breitenparallels, das in Längenminuten ausgedrückt ist, in Abweitung (sm) zu verwandeln, multipliziere man die Längenminuten mit dem cos der Breite.

Diese cos kann man beifolgender Tabelle oder dem Anhang, Tabelle 1, entnehmen. Will man diese Verwandlung von Längenminuten in km vornehmen, so bediene man sich der Spalte 1,852 cos φ.

Breite φ	cos	1,852 cos φ
0°	1,000	1,852
10°	0,985	1,824
20°	0,940	1,740
30°	0,866	1,604
40°	0,766	1,419
50°	0,643	1,190
60°	0,500	0,926
70°	0,342	0,634

Beispiel: New York und Neapel liegen etwa auf dem gleichen Breitenparallel. Jenes hat die Koordinaten 40° 43′ N, 74° 0′ W, dieses 40° 50′ N, 14° 16′ O. Wieviel km sind sie auf ihrem Breitenparallel voneinander entfernt?

λ New York . . = 74° 0′ W
λ Neapel . . . . . . = 14° 16′ O
Längenunterschied l . . . = 88° 16′ = 5296 ≈ 5300′
5300′ = 5300 cos φ = 5300 · 0,766 = 4060 sm
= 5300 · 1,419 = 7520 km.

NB.! Die so berechnete Entfernung ist nicht der kürzeste Weg zwischen den beiden Orten!

Will man die Abweitung in km ausdrücken, so kann man genau genug den Längenunterschied auch in Graden ausdrücken, dann mit dem cos der Breite multiplizieren und das Produkt dann noch mit $^{1000}/_9$ multiplizieren.

Die Rechnung stellt sich dann also:

New York . . = 74,0° W
Neapel. . . . = 14,3° O
l = 88,3°

$$88{,}3 \cos 40^0 = 88{,}3 \cdot 0{,}766 = 67{,}6 \cdot {}^{1000}/_9 = 7510 \text{ km}.$$

Frage: In welcher Zeit wird ein Flugzeug mit der Eigengeschwindigkeit 350 km/h diese Strecke ohne Rücksicht auf den Wind durchfliegen?

2. Der Kurs.

§ 2. Verbindet man in irgendeiner Karte einen Startort mit einem Zielort durch irgendeine abzufliegende Linie, so heißt diese der Flugweg. Die senkrechte Projektion dieses Flugweges auf die Erdoberfläche heißt Kurslinie.

Unter Kurs versteht man den Winkel zwischen dem Meridian und der Kurslinie am augenblicklichen Flugzeugort.

Er wird gemessen von 0° bis 360° und zählt auf der Kompaßrose rechts herum. Der Kurs 90° bedeutet einen Flug nach Ost, der Kurs 180° einen solchen nach Süd, 270° West und 360° oder 0° nach Nord.

Unter Kursabsetzen versteht man demnach die Winkelbestimmung zwischen Meridian und der Flugrichtung.

Man bedient sich dazu eines Kursdreiecks, d. i. ein aus Zelluloid bestehendes Dreieck von der Gestalt eines gleichschenklig-rechtwinkligen Dreiecks mit einer Kreisteilung, die in grüner Schrift die Grade 0° bis 180° und in roter Schrift die Grade von 180° bis 360° trägt. Grün ist in der Seeschiffahrt die Farbe des Steuerbordlichtes und daher soll die grüne Farbe in übertragenem Sinne Kurse rechts, also steuerbords vom Meridian bedeuten, während die rote Farbe die Backbordseite ist und daher Kurse links (backbords) vom Meridian angibt.

Verbindet man in einer Karte Start- und Zielort durch eine gerade Linie, so rückt man (Abb. 3) das Kursdreieck mit seiner Hypotenuse so an die Kurslinie, daß der Mittelpunkt des Dreiecks auf den Schnittpunkt der Kurslinie mit einem Meridian fällt. Dasselbe erreicht man aber auch, wenn man das Kursdreieck zunächst beliebig an die Kurslinie legt, und durch Parallelverschiebung an einer Gleitschiene so verschiebt, daß dieser Mittelpunkt auf einen Meridian rückt.

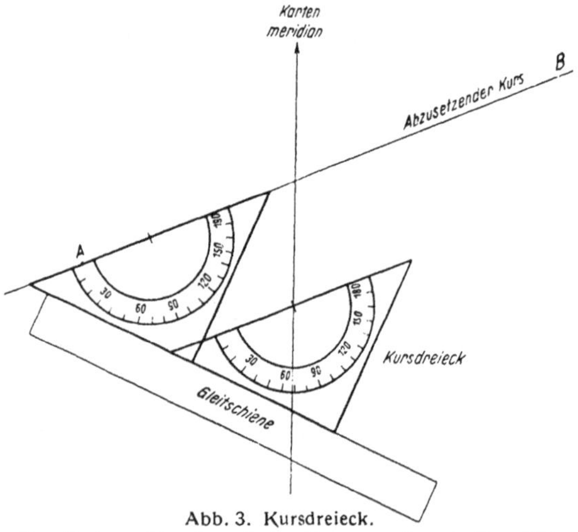

Abb. 3. Kursdreieck.
Man liest am Kursdreieck den Kurs von *A* nach *B* zu 68°, von *B* nach *A* zu 248° ab.

Der Schnittpunkt dieses Meridians mit der darüberliegenden Kreisteilung des Kursdreiecks gibt dann den Kurswinkel an, und zwar eine grüne und eine rote Zahl. Die grüne Zahl zeigt die Kurse in östlicher Richtung, die rote Zahl Kurse nach westlicher, also in entgegengesetzter Richtung an.

Diese Art der Kursbestimmung ist die bequemste, kann aber nur auf kürzesten Strecken verwendet werden.

Mit Hilfe des Kursdreiecks läßt sich auch die umgekehrte Aufgabe lösen, in einer Karte durch einen gegebenen Punkt einen Kurs anzutragen. Man lege das Kursdreieck mit seinem Mittelpunkt auf einen benachbarten Meridian und drehe das Kursdreieck so, daß die gewünschte (rote oder grüne) Kurszahl des Dreiecks über dem gewählten Meridian erscheint. Dann verschiebe man das Kursdreieck parallel zu sich selber mit Hilfe einer Gleitschiene (Lineal) so lange, bis die Hypotenuse des Dreiecks durch den gegebenen Ort geht. Längs der Hypotenuse zeichne man die Kurslinie ein.

Bei der Vorbereitung eines Fluges muß nun von vorneherein ins Auge gefaßt werden, ob es sich handelt um

1. die Befliegung kurzer Strecken,
2. die Befliegung mittlerer Strecken,
3. die Befliegung langer Strecken,

weil bei dieser Frage die Krümmung der Erde einen wesentlichen Einfluß auf die Kursfindung hat. Nur bei kürzesten Strecken kann diese Krümmung vernachlässigt werden. Man unterscheidet nun Kursfindung durch Zeichnung und Kursfindung durch Rechnung. Die Kursfindung durch Zeichnung ist die bequemere, setzt aber voraus, daß eine zweckmäßige Abbildung des benötigten Teiles der Erdoberfläche vorliegt. Eine solche Abbildung heißt Karte.

3. Die Kartenprojektionen und ihre Verwendung.

§ 3. Unter einer Karte versteht man eine möglichst getreue Abbildung der Erdoberfläche oder eines Teiles derselben auf ein ebenes Blatt Papier. Eine solche Karte wird entworfen durch Abbildung der Meridiane und Breitenparallele, wodurch man das Kartennetz erhält. In dieses Kartennetz können dann beliebig viele Einzelheiten eingetragen werden (Küstenlinien, Wege, Eisenbahnlinien, Wasserläufe, Orte usw.). Auf Karten größeren Maßstabes (z. B. Meßtischblätter, Generalstabskarten) können mehr Einzelheiten untergebracht werden als auf Karten kleineren Maßstabes (z. B. Wetterkarten, Weltkarten, Monatskarten des Atlantischen Ozeans, Großkreiskarten).

Eine vollkommene Abbildung der Erdoberfläche und ihrer Teile auf ein Kartenblatt kann nie erreicht werden, weil die doppelt gekrümmte Erdoberfläche sich eben nicht auf ein ebenes Blatt Papier auswälzen läßt. Es treten in gewissen Gegenden des Kartenblattes unvermeidliche Verzerrungen auf. Es kann aber erreicht werden, daß diese Verzerrungen in der Kartenmitte sehr gering sind, während sie gegen die Ränder hin zunehmen. Was man nur erreichen kann, ist, daß man der Kartenprojektion bestimmte Bedingungen aufdrücken kann, während man auf einige andere Eigenschaften verzichtet. Je nach der Art der in den Vordergrund geschobenen Bedingungen unterscheidet man verschiedene Kartenprojektionen.

Wir betrachten die Karten unter dem Gesichtspunkt der Meßbarkeit und unterscheiden dabei Winkelmeßbarkeit und Streckenmeßbarkeit. Es sei vorweggenommen, daß es gelingt, Kartenprojektionen zu entwerfen, in denen die Winkel genau den Winkeln in der Natur entsprechen, so daß diese Winkel mit einem einfachen Transporteur gemessen werden können, daß es aber niemals gelingt, Karten zu zeichnen, in denen jede Strecke mit einem einfachen Maßstab gemessen werden kann.

Praktisch läuft die Benutzung der Karten meist darauf hinaus, daß man die Meßergebnisse der einen Projektion in eine andere überträgt, um in dieser Karte dann weiterzuarbeiten.

Um die Brauchbarkeit einer Karte entscheiden zu können, ist es notwendig, sich darüber klar zu werden, welche Eigenschaft sie vollkommen erfüllt und welche Eigenschaft sie gar nicht oder nur bedingt erfüllt.

Unter den vielen Kartenprojektionen haben wir uns zu beschäftigen

a) mit winkeltreuen Karten, welche gestatten, die richtigen Winkel (z. B. Kurse, Peilungen) aus ihnen zu entnehmen. Darunter spielen die Karten eine gewisse Rolle, welche es noch ermöglichen, Entfernungen annähernd zu bestimmen;

b) mit sog. gnomonischen Karten, welche die kürzeste Entfernung zweier Orte durch Zeichnen einer geraden Linie übersehen lassen;

c) mit Kegelprojektionen, welche eine Mittelstellung zwischen den beiden vorerwähnten einnehmen, ohne ihre Eigenschaften vollständig ersetzen zu können.

Alle Kartenprojektionen, bei denen die Flächen erhalten bleiben, sind für die Zwecke der Kursfindung und Kurshaltung nicht zu verwenden. Ihre Bestimmung liegt auf einem anderen Gebiet. Für die Flugzeugnavigation kommt es in erster Linie auf Winkelabmessungen und in zweiter Linie auf Streckenmessungen an.

a) Die Merkatorkarte.

1. Aufbau.

§ 4. Unter den winkeltreuen Karten spielt in der Navigation seit einigen Jahrhunderten eine besondere Rolle die nach ihrem Entdecker (Gerhard Kremer) genannte Merkatorkarte. Sie wünscht Meridiane und Breitenparallele als ein System von rechtwinkligen geradlinigen Koordinaten abzubilden und trägt daher die Meridiane senkrecht zum Äquator im Maßstab des Längenunterschiedes auf. Die Meridiane haben also in der Karte immer denselben Abstand, während sie in der Natur sich gegeneinander neigen; auch die Breitenparallele sind unter sich parallel, müssen aber gegen die Pole immer mehr auseinandergezogen werden, wenn die gewünschte Winkeltreue erhalten blei-

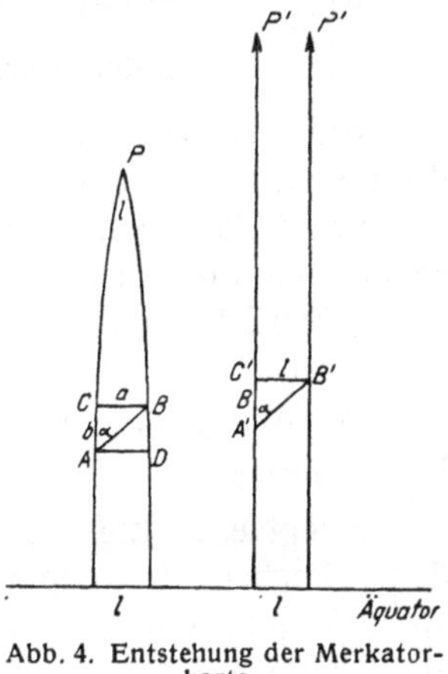

Abb. 4. Entstehung der Merkatorkarte.

ben soll. Bedeuten (Abb. 4) AD und CB zwei Breitenparallele der Natur im Abstand von b sm zwischeneinander, so haben die Längenunterschiede von l Längenminuten zwischen den Meridianen, also zwischen C und B nur eine Entfernung von $l \cos \varphi$ sm in der Natur (s. § 1). Soll das Dreieck $A'B'C'$ in der Karte denselben Winkel α zeigen, wie ihn die Natur als Winkel BAC gibt, so muß, da in der Karte sich der Längenunterschied bei C' nicht ändert, entsprechend der Abstand B der Breitenparallele so gewählt werden, daß

$$\operatorname{tg} \alpha = \frac{CB}{CA} = \frac{C'B'}{C'A'} = \frac{l \cos \varphi}{b} = \frac{l}{B}$$

wird, das heißt aber

$$B = \frac{b}{\cos \varphi} = b \sec \varphi.$$

Da die trigonometrische Funktion $\sec \varphi$ mit der Breite immer mehr zunimmt, so wird der Abstand der Breitenparallele mit der Annäherung an die Pole immer größer. Die Größe B heißt vergrößerter Breitenunterschied.

Der Abstand Φ eines Breitenparallels φ vom Äquator erhält dann die Formel

$$\Phi = 7915{,}7 \log \operatorname{tang} \left(45^0 + \frac{\varphi}{2}\right)$$

und gibt die Werte Φ in Minuten an; in Tab. 4 finden sich die Werte in Äquatorgraden.

Der Pol bildet sich in dieser Karte im Unendlichen ab.

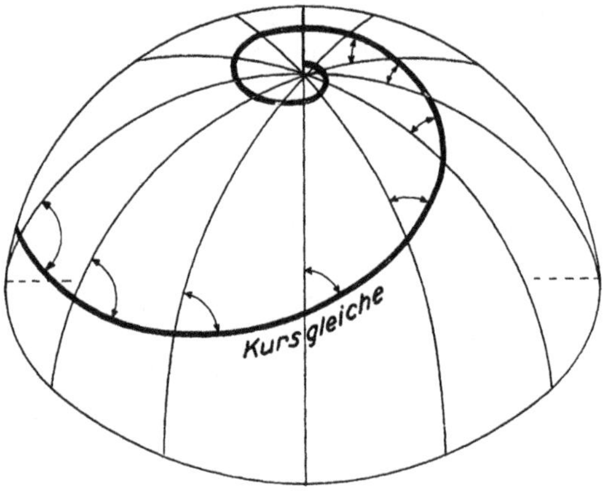

Abb. 5. Kursgleiche.

In der Merkatorkarte spielt eine bestimmte Linie der Erde eine gewisse Rolle. Da man im Kompaß ein Instrument besitzt, mit dem man immer den gleichen Winkel zum Meridian, den Kurs, halten kann, so beschreibt ein Flugzeug, das nach dem Kompaß immer demselben Kurs folgt, über der Erde eine Linie, welche mit den Meridianen immer den gleichen Winkel bildet. Eine solche Linie heißt Kursgleiche oder Loxodrome (Abb. 5).

Die Loxodrome ist also eine Linie, welche sämtliche Meridiane immer unter demselben Winkel schneidet.

Aus der Erklärung der Merkatorkarte folgt demnach:

In der Merkatorkarte ist die Loxodrome eine gerade Linie.

Auf der Kugel ist die Loxodrome keineswegs eine besonders einfache Linie. Da auf ihr die Meridiane sich alle gegen den Pol zuneigen, muß auch die Loxodrome an dieser Neigung teilnehmen. Die Folge ist, daß die Loxodrome irgendeines Kurswinkels sich spiralig gegen den Pol wendet und ihn umläuft (Abb. 5). Nur die Loxodrome vom Kurswinkel 90^0 (270^0) ist einfach ein Nebenkreis, die vom Kurswinkel 0^0 (180^0) ein Meridian, also ein Großkreis.

Die Merkatorkarte eignet sich besonders gut zum Absetzen der Kurse auch für größere Entfernungen.

Fliegt ein Flugzeug in dem obenerwähnten Beispiel von Neapel nach New York auf dem gleichen Breitenparallel, so verfolgt es eine Loxodrome, welche mit dem Meridian einen Winkel von 270^0 (rechts herum gezählt) einschließt; mit anderen Worten: Das Flugzeug fliegt auf der Loxodrome 270^0, also auf dem Kurse West.

Wegen der Möglichkeit, immer *denselben* Kurs steuern zu können, hat sich die Wegdurchmessung auf der Loxodrome stark eingebürgert. Es wird ihr der Vorzug immer gegeben werden, wenn es sich um kleinere Strecken handelt, und auch für mittlere Strecken sollte sie benutzt werden, wenn die Ersparnis auf dem kürzesten Weg nicht wesentlich ist (s. § 8).

Über Entfernungsberechnung auf der Loxodrome s. § 6.

Die Merkatorkarte (Abb. 6) eignet sich auch zum Abmessen von *Strecken* für kleinere und mittlere Entfernungen auf der Loxodrome. Sie enthält nämlich längs der Randmeridiane eine Unterteilung in Breitenminuten. Dieser Maßstab ist allerdings kein gleichmäßiger,

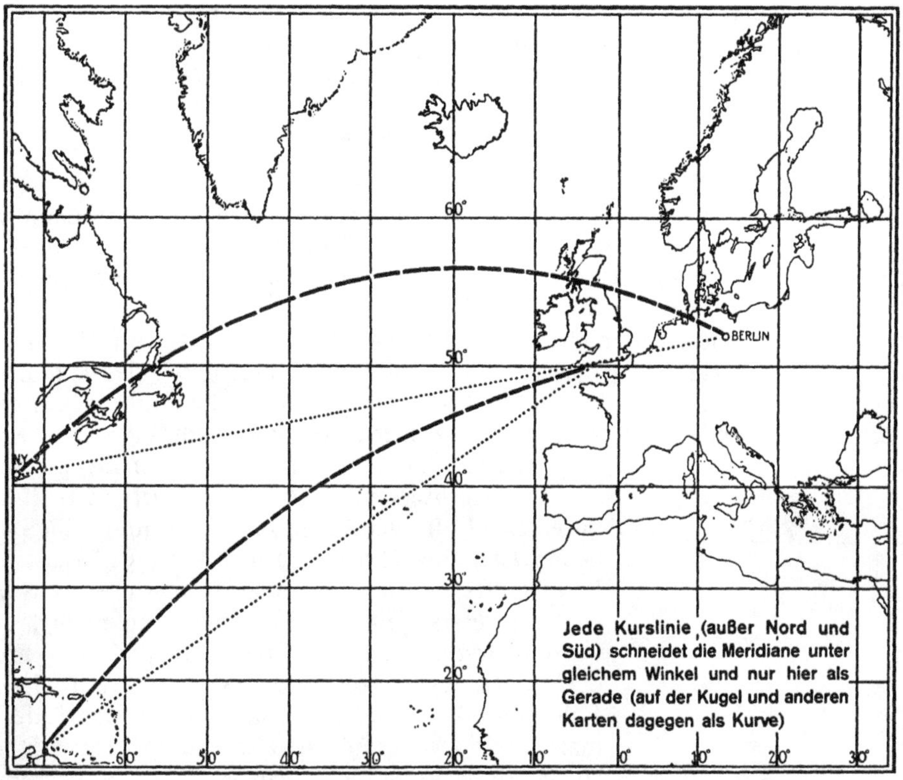

Abb. 6. Merkatorkarte[1]).

sondern nimmt, wie oben erwähnt, in höheren Breiten immer mehr zu. Er heißt daher auch der Maßstab nach *wachsenden Breiten*. Will man nun irgendeine Strecke aus der Karte messen, so nehme man sie zwischen die Spitzen eines Stechzirkels, drehe sie etwa um ihre Mitte, bis sie parallel zum Meridian läuft, und wandere damit an den seitlichen Rand der Karte, so daß also die Mitte der abgemessenen Randstrecke etwa mit der Mitte der in der Karte zu messenden Strecke auf demselben Breitenparallel liegt. Diese Messung ist zwar nicht ganz genau, weil sie zur Voraussetzung hätte, daß die Verkürzung des Maßstabes auf der Seite der niederen Breiten sich mit der Verlängerung des Maßstabes auf der Seite der höheren Breiten ausgleicht, doch ist der Fehler für kleine und mittlere Strecken nicht bedeutend und beträgt nur wenige Seemeilen.

Die so gefundene Strecke wird in Breitenminuten, also in sm gemessen. Der Randmeridian oder ein beliebiger Meridian wird in neueren Luftkarten auch in Kilometern unterteilt.

Beispiel: Man messe auf einer Merkatorkarte der Nordsee (Adm.-Karte Nr. 44) die Kursrichtung und die Entfernung in sm ab, zwischen Helgoland und Calais, Borkum und Westerland, Edinburg und Esbjerg, Utsire und Hull.

[1]) In den Abb. 6, 9, 10, 11, 16, 17, 18, 22 und 25 bedeuten die stark gestrichelten Linien Großkreise, die fein punktierten Linien Loxodromen.

2. Loxodromische Kursfindung.

α) Durch Zeichnung.

§ 5. Der Vorteil der Merkatorkarte liegt darin, daß sie durch Zeichnung einer geraden Linie (Loxodrome, Kursgleiche) zwischen Startort und Zielort einen Flugweg vorschreiben läßt, der nach der Definition der Loxodrome gestattet, auf dem ganzen Weg den gleichen Kurs beizubehalten. Dies ist von besonderem Vorteil bei Befliegung kurzer Strecken, als welche solche bis zu 300 km angesehen werden können, weil bei solchen Entfernungen die Wegabkürzung durch die Orthodrome (s. u.) noch keine wesentliche Rolle spielt. Als zugrundezulegende Karte ist am zweckmäßigsten die Merkatorkarte selbst anzusehen; wie andere Karten zur loxodromischen Kursfindung herangezogen werden können, ist unten (unter § 17) beschrieben. In der Merkatorkarte deckt sich die Methode mit der in § 2 beschriebenen.

β) Durch Rechnung.

β_1) Die Abweitungsmethode.

§ 6. Die Methoden der Kursbestimmung durch Zeichnung sind nur dann gangbar, wenn die entsprechenden Merkatorkarten in vollem Umfange vorliegen. Für größere Entfernungen sind noch die Monatskarten des Atlantischen Ozeans, herausgegeben von der Deutschen Seewarte, zu verwenden.

Hat man eine solche Karte nicht zur Verfügung oder sind Start- und Zielort nicht auf einer und derselben Karte angegeben, so kann man ohne Schwierigkeit den loxodromischen Kurs berechnen. Diese Methode empfiehlt sich bei größeren Überlandflügen, namentlich wenn dafür Landkarten in Merkatorprojektion nicht vorhanden sind.

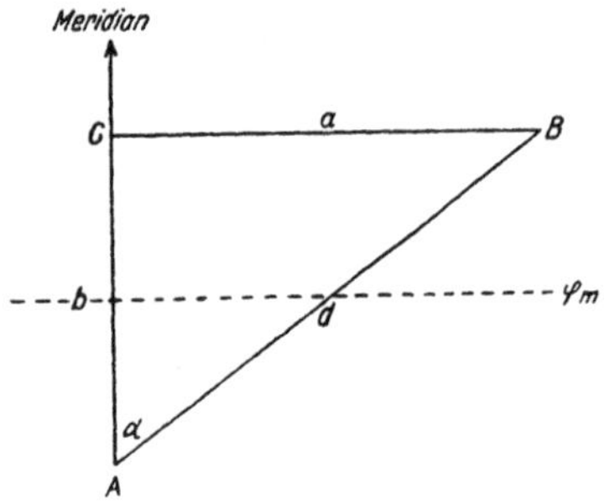

Abb. 7. Loxodromisches Kursdreieck.

Ist (Abb. 7) A der Startort, B der Zielort, so ist AC der Breitenunterschied der beiden Orte, CB ihr Längenunterschied, die sich beide aus Breite und Länge der gegebenen Orte berechnen lassen. Nach § 1 läßt sich der Längenunterschied durch die Formel $a = l \cos \varphi$ in Abweitung verwandeln. Es ist dabei zweckmäßig, diese Abweitung weder nach der Breite des Zielortes, noch nach der Breite des Startortes zu berechnen, weil sie im einen Fall zu groß, im andern zu klein ausfallen würde, sondern man wählt zweckmäßigerweise eine mittlere Breite φ_m, so daß man erhält $a = l \cos \varphi_m$. Der Kurswinkel ergibt sich dann sehr einfach aus $\tan \alpha = \frac{a}{b} = \frac{l \cos \varphi_m}{b}$. Dieser Kurswinkel ist noch in den eigentlichen Kurs umzusetzen, der sich ergibt, wenn man die Richtungen von b und l im Auge behält. Man bediene sich folgender Vorzeichenregel:

Wenn Breitenunterschied geht nach	und wenn Längenunterschied geht nach	so ist Kartenkurs
N	O	$= \alpha$
S	O	$= 180 - \alpha$
S	W	$= 180 + \alpha$
N	W	$= 360 - \alpha$

Es interessiert noch, wie lange die Distanz auf dem abgeflogenen Kurs sein wird. Die Distanz d ergibt sich trigonometrisch aus

$$d = b \sec \alpha$$

oder

$$d = a \operatorname{cosec} \alpha,$$

wobei man im Auge zu behalten hat, daß für den Fall $b > a$ die erste Formel, für $b < a$

die zweite Formel zweckmäßig zu verwenden ist. Will man die Distanz in km erhalten, so erinnere man sich an die Beziehung, daß 1000 km = 9 Grad sind; führt man also den Faktor $^{1000}/_{9}$ ein und ersetzt noch a durch $l \cos \varphi_m$, so ergeben sich die beiden Formeln:

$$d = {}^{1000}/_{9}\, b \sec \alpha$$
$$d = {}^{1000}/_{9}\, l \operatorname{cosec} \alpha \cos \varphi_m,$$

wobei b oder l in Graden gemessen sind und d sich in km ergibt.

1. Rechenbeispiel: Was ist loxodromischer Kurs und Distanz von Berlin nach München?

Ansatz: Startort Berlin:	$\varphi = 52{,}5^0$ N	$\lambda = 13{,}5^0$ O	
Zielort München:	$\varphi = 48{,}2^0$ N	$\lambda = 11{,}5^0$ O	
	$b = 4{,}3^0$ S	$l = 2{,}0^0$ W	$a = 1{,}286.$

Mittelbreite $\varphi_m = 50^0$ $\quad \operatorname{tg} \alpha = \frac{a}{b} = \frac{1{,}286}{4{,}3} = 0{,}299.$

Kurswinkel $\alpha = 18^0$,

also Kurs = **198°**, Distanz $= \frac{4{,}3 \cdot 1000}{9} \cdot 1{,}052 =$ **503 km.**

2. Rechenbeispiel: Was ist loxodromischer Kurs und Distanz von Paris nach Berlin?

Ansatz: Startort Paris:	$\varphi = 48{,}8^0$ N	$\lambda = 2{,}3^0$ O	
Zielort Berlin:	$\varphi = 52{,}5^0$ N	$\lambda = 13{,}5^0$ O	
	$b = 3{,}7^0$ N	$l = 11{,}2^0$ O	$a = 7{,}045.$

Mittelbreite $\varphi_m = 51^0$ $\quad \operatorname{tg} \alpha = \frac{a}{b} = \frac{7{,}045}{3{,}7} = 1{,}904.$

Daraus folgt: Kurswinkel $\alpha = 62^0$,

also Kurs = **62°**, Distanz = **890 km.**

Man bestimme nach dieser Anleitung loxodromische Kurse und Distanzen von:

Berlin nach Königsberg,	Hamburg nach München,
Stockholm nach Stettin,	Genua nach Barcelona,
Bremen nach Wien,	Berlin nach Köln,
Paris nach Prag,	Breslau nach Moskau,
München nach Barcelona,	London nach Hamburg,
London nach Frankfurt a. M.,	Paris nach London,
Moskau nach Wien,	Riga nach Königsberg,
Marseille nach Berlin,	Paris nach Konstantinopel,
Berlin nach Shanghai,	Tokio nach Los Angeles.

Über Beschickung dieser Kartenkurse in mißweisende Kurse siehe § 25.

β_2) Die Merkatorfunktion.

§ 7. Die eben geschilderte einfache Methode der loxodromischen Kursfindung (die Abweitungsmethode) ist statthaft, soweit nicht zu große Breitenunterschiede durchmessen werden. Sie eignet sich für mittlere Entfernungen. Für größere Entfernungen wird sie unscharf und versagt, wenn der Flug über den Äquator geht. Man ist in diesem Falle gezwungen, die vorhergehende Methode einer kleinen Abänderung zu unterziehen. Statt der Kurswinkel α aus der Formel

$$\operatorname{tang} \alpha = \frac{a}{b}$$

zu berechnen, setzt man die Formel folgendermaßen an

$$\operatorname{tang} \alpha = \frac{a}{b} = \frac{l \cos \varphi}{b} = \frac{l}{b \sec \varphi} = \frac{l}{B},$$

wobei B den vergrößerten Breitenunterschied (siehe § 4) bedeutet. Man hat also im Ansatz neben den wirklichen Breiten für Startort und Zielort noch die vergrößerten Breiten anzusetzen, wie sie sich aus Tab. 4 im Anhang ergeben. Man dividiert den Längenunterschied durch den vergrößerten Breitenunterschied (= Unterschied der vergrößerten Breiten) und sucht in der beigegebenen trigonometrischen Tabelle 1 unter tang den Kurswinkel auf. Die Distanzberechnung wird wieder nach der Formel $d = b \sec \alpha$ vorgenommen. Man entnimmt also derselben trigonometrischen Tabelle für den Kurswinkel die sec und multipliziert sie mit dem gewöhnlichen Breitenunterschied b. Die Distanz erscheint so noch in Bogengraden. Um sie in km zu erhalten, multipliziert man den erhaltenen Wert noch mit $^{1000}/_{9}$.

Das obige Beispiel Berlin—München gestaltet sich dann folgendermaßen:

Ansatz: Startort Berlin:	$\varphi = 52{,}5^0$ N	V. Br. $= 61{,}91$	$\lambda = 13{,}5^0$ O
Zielort München:	$\varphi = 48{,}2^0$ N	V. Br. $= 55{,}16$	$\lambda = 11{,}5^0$ O
	$b = 4{,}3^0$ S	$B = 6{,}75$	$l = 2{,}0^0$ W

$$\operatorname{tang} \alpha = \frac{l}{B} = \frac{2{,}0}{6{,}75} = 0{,}297,$$

daraus Kurswinkel $\alpha = 17^0$, dazu $\sec \alpha = 1{,}046$,

also Kurs $=$ **197°**, Distanz $= 4{,}3^0 \times 1{,}046 = 4{,}50^0 \times {}^{1000}/_{9} =$ **500 km.**

2. Beispiel: Was ist loxodromischer Kurs und Distanz von Dakar nach Pernambuco?

Startort Dakar:	$\varphi = 14{,}7^0$ N	$\Phi = 14{,}86$ N	$\lambda = 17{,}4^0$ W
Zielort Pernambuco:	$\varphi = 8{,}1^0$ S	$\Phi = 8{,}13$ S	$\lambda = 34{,}8^0$ W
	$b = 22{,}8^0$ S	22,99 S	$l = 17{,}4^0$ W

$$\operatorname{tang} \alpha = \frac{l}{B} = \frac{17{,}4}{22{,}99} = 0{,}76$$

$\alpha = S\,37^0\,W$, $\sec \alpha = 1{,}25$.

Kurs $=$ **217°**, Distanz $= 22{,}8^0 \times 1{,}25 = 28{,}5^0 \times {}^{1000}/_{9} =$ **3170 km.**

Aufgabe: Man berechne nach der gleichen Methode die obigen unter β_1 (§ 6) gegebenen Beispiele.

b) Die gnomonische Karte (Großkreiskarte).

1. Aufbau.

§ 8. In den bisherigen Ausführungen ist schon öfter das Wort von der kürzesten Entfernung zwischen Startort und Zielort gefallen. Es läßt sich beweisen, daß die kürzeste Entfernung zwischen zwei Punkten der Erde durch ein Stück eines durch sie gelegten Großkreises (das ist ein Kreis, dessen Ebene durch den Kugelmittelpunkt geht) gebildet wird. Diese Linie heißt Orthodrome.

Man trachtet daher nach einer Abbildung, in welcher Großkreise sich als gerade Linien ergeben. Dies wird erreicht, indem man an die Erde eine berührende Ebene anlegt und auf diese Ebene alle Punkte der Erde aus dem Kugelmittelpunkt projiziert (Abb. 8). Solche Karten führen den Namen Gnomonische Karten, auch Orthodromische Karten oder Geradwegkarten oder Zentralprojektion.

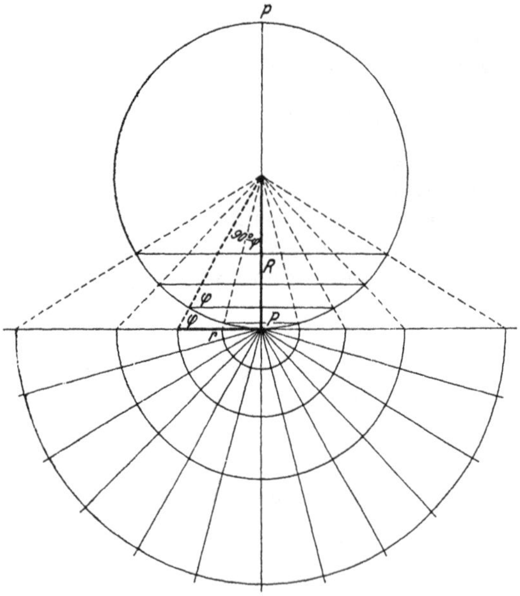

Abb. 8. Entstehung der gnomonischen Karte.

In der gnomonischen Karte ist die Orthodrome eine gerade Linie.

In der gnomonischen Karte ist daher jeder Meridian und der Äquator eine gerade Linie, die Breitenparallele werden dagegen im allgemeinen Ellipsen und Hyperbeln, einer von ihnen eine Parabel.

Die einfachste gnomonische Karte erhält man, wenn man die berührende Projektionsebene an den Pol legt. Dann zeichnen sich die Meridiane als gerade Linien ab, die aus dem Pol ausstrahlen und miteinander denselben Winkel bilden wie in der Natur (Abb. 8). Die

Breitenparallele werden konzentrische Kreise um den Pol, deren Radien sich ergeben aus

$$r = R \operatorname{cotg} \varphi.$$

Diese Karte nennt man polständig. Der Äquator rückt in ihr in das Unendliche (Abb. 9).

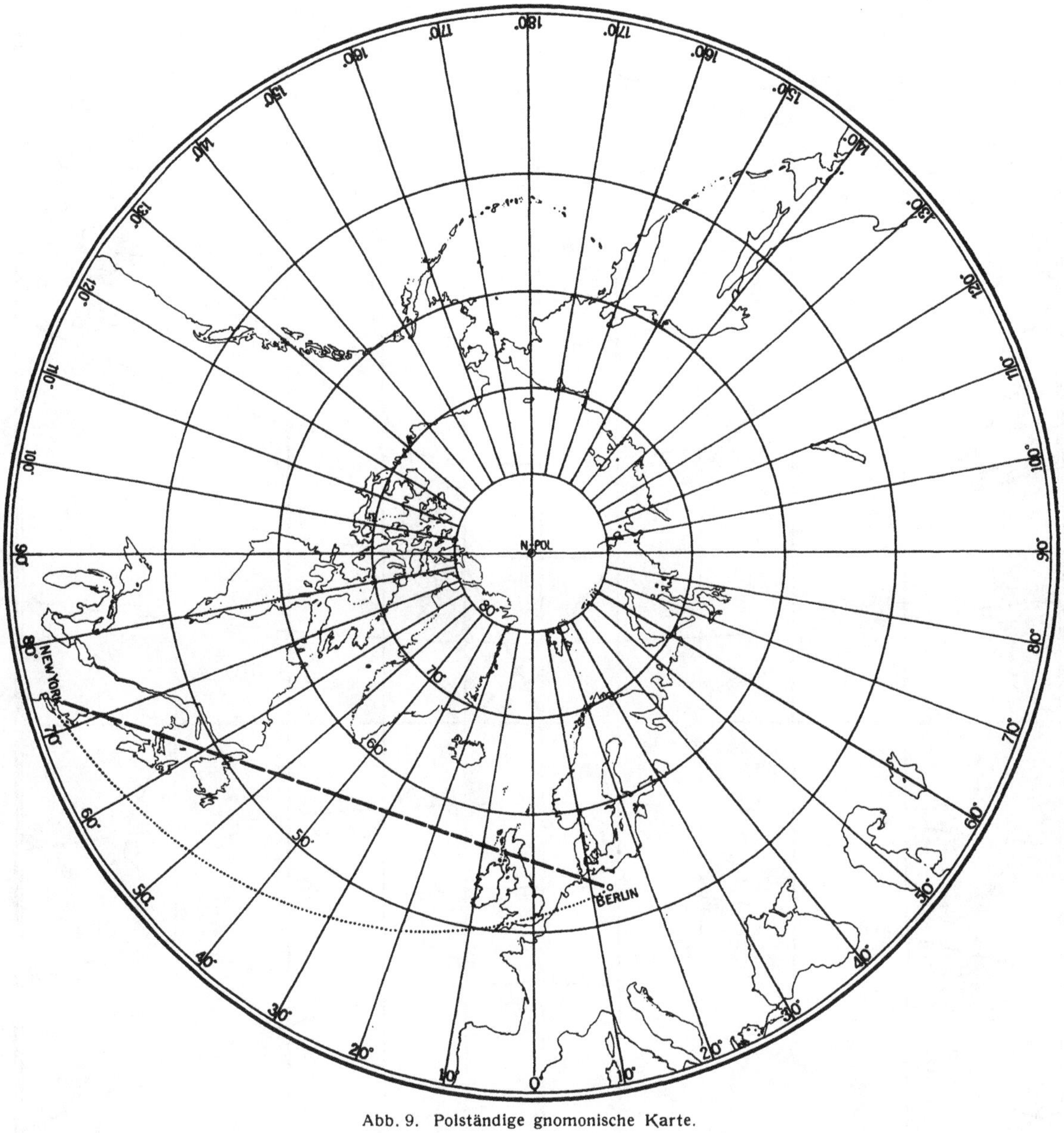

Abb. 9. Polständige gnomonische Karte.

Liegt dagegen der Berührungspunkt der Tangentialebene (Kartenmittelpunkt) am Äquator, so trägt die Projektion den Namen äquatorständig (Abb. 10). Die rechtwinkligen Koordinaten eines Punktes berechnen sich aus

$$x = R \operatorname{tang} l, \ y = R \operatorname{tang} \varphi \sec l.$$

In dieser Karte werden die Meridiane alle parallel und senkrecht zum Äquator, die Breitenparallele werden Parabeln.

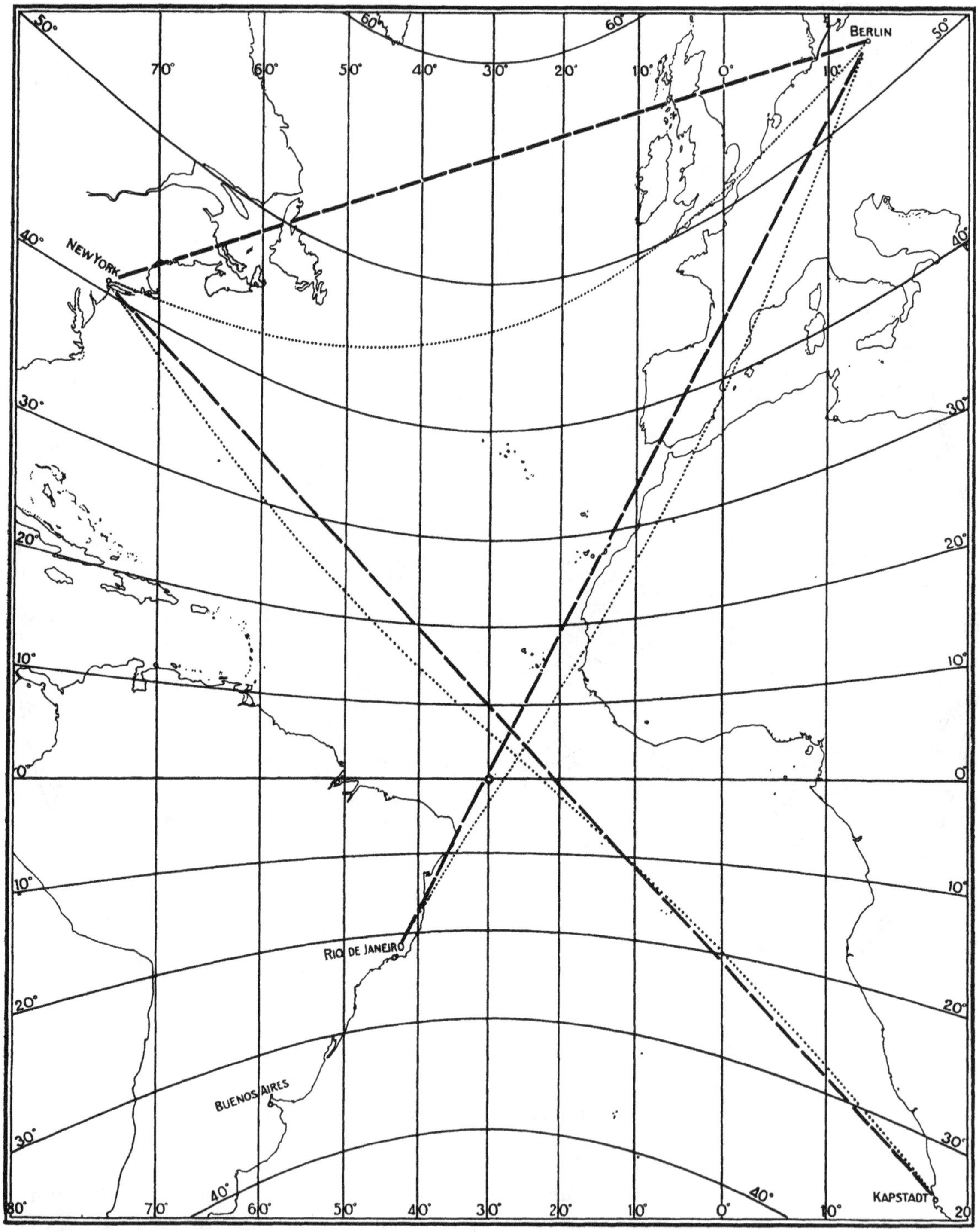

Abb. 10. Äquatorständige gnomonische Karte.

Für kleinere Bereiche ist es zweckmäßig, den Berührungspunkt in die Mitte des abzubildenden Erdoberflächenteils, also auf irgendeine Breite φ_b zu legen (Abb. 11). Zur Berechnung der rechtwinkligen Koordinaten irgendeines Kartenpunktes von der Breite φ

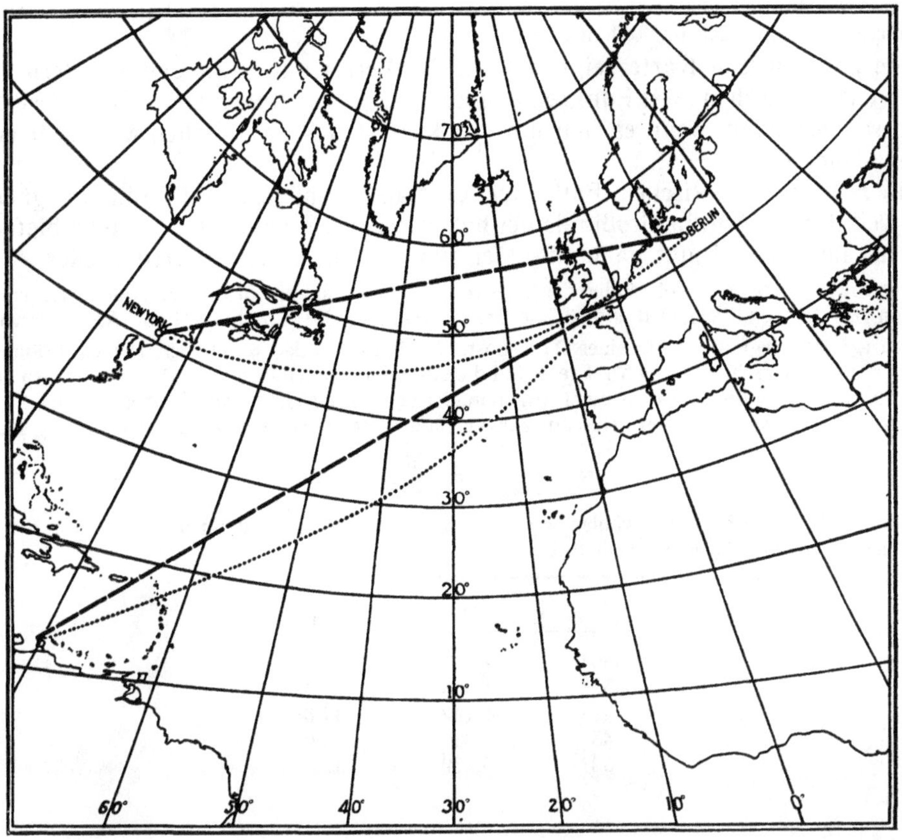

Abb. 11. Zwischenständige gnomonische Karte.

und dem Längenunterschied l gegen den Meridian des Berührungspunktes ermittelt man zunächst die Hilfsgrößen h und ψ aus den Gleichungen

$$\sin h = \sin l \cos \varphi$$
$$\operatorname{tang} \psi = \operatorname{tang} \varphi \sec l$$
$$\omega = \psi - \varphi_b$$

und daraus die rechtwinkligen Koordinaten

$$x = R \sec \omega \operatorname{tang} h$$
$$y = R \operatorname{tang} \omega.$$

Gnomonische Karten sind n i c h t winkeltreu außer im Kartenmittelpunkt. Der Winkel γ, unter dem sich zwei Meridiane vom Längenunterschied l schneiden, die M e r i d i a n k o n v e r g e n z, berechnet sich aus der Formel

$$\operatorname{tang} \gamma = \operatorname{tang} l \sin \varphi_b.$$

Die allgemeine Formel für die Winkelverzerrung in der gnomonischen Karte für irgendeinen Punkt P ist

$$\operatorname{tang} \alpha' = \operatorname{tang} \alpha \cos d,$$

wenn d die Distanz zwischen dem Punkte P und dem Projektionsmittelpunkt der gnomonischen Karte ist und α in der Natur, α' in der Karte von dieser Verbindungslinie aus gemessen wird (s. a. § 10).

A n m e r k u n g. Während diese allgemeine gnomonische Karte nur in einem Punkt, dem Projektionsmittelpunkt, winkeltreu ist, gelingt es, eine abgeänderte Art von geradwegigen Karten zu zeichnen, welche in z w e i Punkten winkeltreu wird. Bezeichnet man mit $2\,d$ die Distanz dieser Punkte, so entwirft man die

Karte für den Mittelpunkt dieser Strecke als Projektionsmittelpunkt und dehnt sie dann in Richtung der Verbindungslinie nach außen im Verhältnis sec d aus.

Jede gnomonische Karte zeigt sehr starke Verzerrungen an den Rändern und dient lediglich dazu, zwischen zwei Punkten den kürzesten Weg festzulegen. Der Wert der Karte steigt besonders dann, wenn es sich um den kürzesten Weg zwischen zwei sehr entfernten Punkten handelt.

Für fast alle praktischen Fälle der Luftfahrt genügt die polständige gnomonische Karte, weil das Fliegen im Großkreis bei höheren Breiten besondere Vorteile bietet. Sie ist winkeltreu im Pol und gibt daher die Meridianrichtungen naturgetreu wieder.

Aufgabe: Man bilde in polständiger, gnomonischer Projektion ein Stück der Erde zwischen zwei Meridianen von 180° Längenunterschied und für die Breiten zwischen 30° N und 90° N ab. Abstände von 5° zu 5°.

Lösung: Man legt mit Hilfe eines Transporteurs (Kursdreiecks) durch den Pol ein Bündel von Geraden mit Winkelunterschieden von 5°. Diese sind die Abbildungen der Meridiane. Um die Radien der Breitenparallele zu erhalten, entnehme man einer trigonometrischen Tafel (s. Anhang, Tabelle 1) die Kotangenten. Stehen für den äußersten Kreis etwa 30 cm zur Verfügung, so berechne man aus $r = R \operatorname{cotg} \varphi$ zunächst

$$R = \frac{r}{\operatorname{cotg} \varphi} = \frac{30}{1{,}732} \approx 17 \text{ cm}.$$

Um noch einen Rand zu behalten, wählen wir $R = 15$ cm und errechnen dann die Werte von $r = 15 \operatorname{cotg} \varphi$, wie es in nebenstehender Tabelle angedeutet ist.

φ	cotg φ	$r = 15$ cotg φ cm
30°	1,732	25,98
35°	1,428	21,42
40°	1,192	17,88
45°	1,000	15,00
50°	0,839	12,59
..	.,...	..,..
..	.,...	..,..

Zeichnet man in einer solchen Karte zwischen zwei gegebenen Orten, die nach Breite und Länge einzutragen sind, die gerade Linie, so stellt diese auf der Erde den kürzesten Weg zwischen den Orten dar. Fällt man auf diese Gerade aus dem Pole ein Lot, so ist der Fußpunkt dieses Lotes die Stelle, an der man dem Pol am nächsten kommt, also die höchste zu erreichende Breite. Diese heißt Scheitelbreite. Das Lot selbst ist ein Meridian, so daß man auch abzählen kann, auf welcher Länge man diesen höchsten Punkt erreicht. Diese Länge heißt Scheitellänge.

Aufgabe: Zeichne in der eben konstruierten Karte den kürzesten Weg zwischen folgenden Orten a) bis d) und gebe dabei an, welches die höchste erreichte Breite sein wird und auf welcher Länge diese getroffen wird.

a) Berlin (52,5° N, 13,4° O) — New York (40,7° N, 74,0° W).
b) San Franzisko (37,8° N, 122,4° W) — Yokohama (35,4° N, 139,7° O).
c) New York—S. Franzisko.
d) Kopenhagen (55,7° N, 12,6° O) — S. Franzisko.

Kurse können der gnomonischen Karte direkt nicht ohne weiteres entnommen werden. Über die Verwandlung der Kartenwinkel und Entfernungsmessungen auf dem Großkreis vergleiche unten unter § 10.

2. Die orthodromische Kursfindung.

α) Durch Rechnung.

§ 9. Der auf der Erdoberfläche durch zwei Orte A und B gelegte Großkreis schneidet den Äquator in zwei Punkten, welche einander auf der Kugel diametral gegenüberliegen und deren Längenunterschied daher 180° beträgt (Abb. 12). Genau in der Mitte zwischen diesen Äquatorschnittpunkten wird der größte Kreis seine größte Annäherung an den Pol, also seine größte Äquatorentfernung, haben. Dieser größte Abstand vom Äquator heißt Scheitelbreite und der Meridian des Scheitelpunktes Scheitellänge. Der Scheitelpunkt kann entweder zwischen Startort und Zielort liegen oder außerhalb, ebenso wie bei ungleichnamiger Breite in Start- und Zielort der Übergangspunkt über den Äquator zwischen die gegebenen Orte zu liegen kommt.

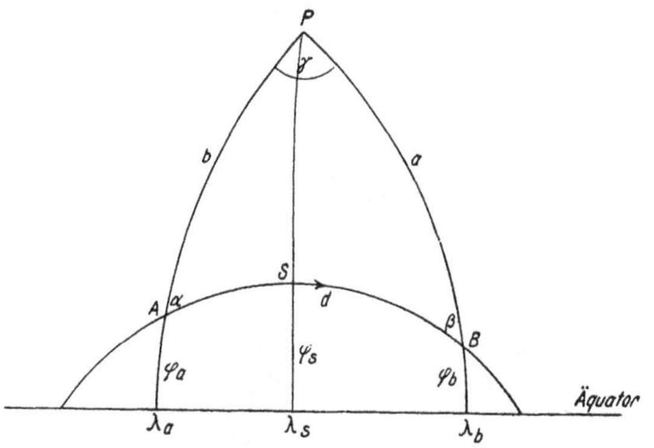

Abb. 12. Großkreisdreieck.

Am meisten interessiert bei dieser Frage die Strecke d, die orthodromische Distanz. Da man vom Standort die Breite φ_a, vom Zielort die Breite φ_b und zwischen beiden den Längenunterschied γ kennt, so berechnet man nach den Napierschen Gleichungen zunächst die beiden Winkel α und β bei A und B und mit Hilfe dieser Winkel die Distanz nach den Formeln:

$$\operatorname{tg}\frac{\alpha+\beta}{2} = \operatorname{cotg}\frac{\gamma}{2}\cos\frac{\varphi_a-\varphi_b}{2}\operatorname{cosec}\frac{\varphi_a+\varphi_b}{2}$$

$$\operatorname{tg}\frac{\alpha-\beta}{2} = \operatorname{cotg}\frac{\gamma}{2}\sin\frac{\varphi_a-\varphi_b}{2}\sec\frac{\varphi_a+\varphi_b}{2}$$

$$\operatorname{tg}\frac{d}{2} = \operatorname{cotg}\frac{\varphi_a+\varphi_b}{2}\cos\frac{\alpha+\beta}{2}\sec\frac{\alpha-\beta}{2}$$

$$\text{oder } \operatorname{tg}\frac{d}{2} = \operatorname{tg}\frac{\varphi_a-\varphi_b}{2}\sin\frac{\alpha+\beta}{2}\operatorname{cosec}\frac{\alpha-\beta}{2}.$$

Man beachte, daß man von den beiden letzten Formeln die vierte nicht wählt, wenn $\varphi_a - \varphi_b$ fast Null wird, was bei gleichen Breiten für Start- und Zielort eintrifft, daß man dagegen die dritte Formel nicht wählt, wenn $\varphi_a + \varphi_b$ fast Null wird; das letztere wäre der Fall, wenn Start- und Zielort etwa auf entgegengesetzt gleichen Breiten liegen.

Mit diesen Formeln läßt sich der Anfangskurs α im Punkte A, der Endkurs im Punkte B (wenn man $\beta + 180^0$ bildet) sowie die Distanz d mit aller Genauigkeit berechnen.

Weiter berechnet sich aus diesen Werten die Scheitelbreite φ_s aus

$$\cos\varphi_s = \cos\varphi_a \sin\alpha \text{ oder } = \cos\varphi_b \sin\beta$$

und die Scheitellänge

$$\operatorname{tang}(APS) = \operatorname{cosec}\varphi_a \operatorname{cotg}\alpha \text{ bzw. } \operatorname{tang}(BPS) = \operatorname{cosec}\varphi_b \operatorname{cotg}\beta.$$

β) Durch Zeichnung.

§ 10. Bequemer lassen sich alle diese Werte bestimmen, wenn man sich eines gnomonischen (orthodromischen) Kartenentwurfes bedient, wie er im Anhang unter Taf. 2 gegeben ist. In einem solchen Kartennetz sind, wie in § 8 auseinandergesetzt wurde, die Großkreise als die orthodromischen Kurse gerade Linien. Die Bezifferung der beigegebenen Karte läßt auf dem Mittelmeridian die Breitenparallele ablesen. Die strahlenförmigen Meridiane sind alle vom Mittelmeridian gezählt, doch könnte jede andere Zählung auch durchgeführt werden. Will man z. B. die orthodromische Distanz zwischen S. Franzisko ($\lambda = 122{,}4^0$ W) und New York ($\lambda = 74{,}0^0$ W) bestimmen, so nenne man in der Karte den Meridian 30^0 links einfach 120^0, dann wird der Meridian 20^0 rechts von selbst als Meridian 70^0 W erscheinen. Mit Hilfe der Breiten sind so Startort und Zielort in dem Kartennetz aufzusuchen und anzumerken. Diese beiden Punkte sind dann nur durch eine gerade Linie miteinander zu verbinden, um den kürzesten Weg anzugeben, den das Flugzeug zwischen

Start- und Zielort einzuschlagen hat. Unsere Aufgabe ist nunmehr nur noch die, die gezeichnete Linie in die Natur zu übersetzen. Fällt man auf die gezeichnete Gerade aus dem Kartenmittelpunkt, dem Pol, ein Lot, so ist der Schnittpunkt dieses Lotes mit der Geraden der Scheitelpunkt S, der innerhalb oder außerhalb der Strecke AB liegen kann. Die Scheitelbreite ist somit unmittelbar aus der Karte abzulesen. In gleicher Weise ist die Scheitellänge zu fixieren, wenn man die vorgenommene Numerierung der Meridiane im Auge behält.

Der Scheitelmeridian PS (s. Abb. 13) wird mit dem Mittelmeridian PM einen Winkel μ bilden. Man dreht nun das ganze Gebilde $PSAB$ um diesen in der Karte ablesbaren Winkel μ in den Mittelmeridian herein, so daß S auf S' fällt. Dabei verschiebt sich A auf seinem Breitenparallel um den Längenunterschied μ und in gleicher Weise auch B auf dessen Breitenparallel. Dadurch geraten A nach A', B nach B' und die Verbindungsgerade $A'B'$, die nun über S' läuft, wird parallel zur oberen oder unteren Begrenzungslinie des Kartennetzes. Die Punkte A' und B' geraten dabei auf oder zwischen die punktiert eingezeichneten krummen Linien. Die durch A' und die durch B' gehende punktierte Linie ist nun bis zum oberen und unteren Rande zu verfolgen und die dort stehende Kilometerzahl abzulesen oder abzuschätzen. Lagen A' und B' auf verschiedenen Seiten des Mittelmeridians, so sind diese Kilometerzahlen zu addieren, lagen sie auf der gleichen Seite, so sind die Kilometerzahlen zu subtrahieren. Man erhält so die Distanz in Kilometern, und zwar bietet das Netz eine Genauigkeit von leicht 100 km, was genügen dürfte.

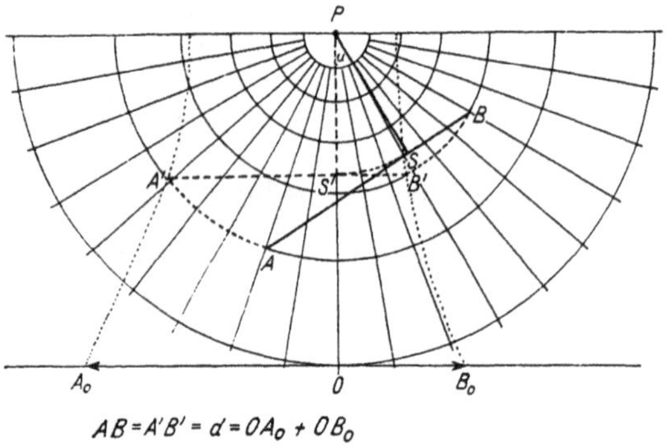

Abb. 13. Großkreiszeichnung in der gnomonischen Karte.

Aufgaben: Man entnehme mit Hilfe des polaren gnomonischen Kartennetzes die kürzeste Entfernung zwischen den nachfolgenden Orten und gebe an, welches die höchst erreichte Breite und deren Länge sein wird:

1. London—Moskau,
2. Paris—Konstantinopel,
3. London—Odessa,
4. Dublin—New York,
5. Moskau—Omsk,
6. Moskau—Tschita,
7. Berlin—Kasan,
8. London—Bagdad,
9. S. Franzisko—Honolulu,
10. Honolulu—Tokio,
11. S. Franzisko—Tokio,
12. Glasgow—Quebek,
13. Tokio—Los Angeles,
14. Los Angeles—New York.

NB. Bei einiger Gewandtheit im Umgang mit dieser Kartenprojektion wird es sich erreichen lassen, daß von vorneherein schon die Punkte A und B so in die Karte zu liegen kommen, daß ihre Verbindungsgerade nahezu parallel zu den Rändern wird; man vermeidet dadurch die oben geschilderte Drehung, wobei eine geringe Winkelabweichung nicht ins Gewicht fällt.

Die zweite Aufgabe, die noch zu lösen ist, ist die Kursbestimmung an den einzelnen Zwischenmeridianen. Auf keinen Fall ist der zwischen der eingezeichneten Geraden und den Meridianen abzulesende Winkel schon der Kurswinkel. Bezeichnen wir in Abb. 13 den Winkel PAS mit x', so ergibt sich aus dem zugehörigen sphärischen Dreieck PAS auf der Erdkugel, in dem PA das Breitenkomplement $90^0 - \varphi$ ist und Winkel PAS der wirkliche Kurswinkel, die Beziehung

$$\sin \varphi = \operatorname{cotg} x \cdot \operatorname{cotg} APS.$$

Aus dem ebenen Dreieck *PAS* in Abb. 13 zeigt sich aber Winkel *APS* als $90 - \alpha'$, so daß zwischen dem Kartenwinkel α', dem wirklichen Kurswinkel α und der Breite φ die Beziehung erwächst

$$\tan \alpha = \tan \alpha' \operatorname{cosec} \varphi.$$

Zur Erleichterung dieser Umrechnung ist im Anhang eine Rechentafel (Tafel 3) beigegeben. Man geht dort mit dem Winkel α' in eine der drei linken Leitern I, II, III ein, sucht die Breite auf der mittleren Leiter auf, verbindet diese Punkte durch eine Gerade, dann schneidet diese Gerade auf der zugehörigen Leiter rechts I, II, III den gesuchten Kurswinkel α an.

Beispiel siehe im folgenden Abschnitt § 11.

Zur Erleichterung der Rechnung und zugleich der besseren Übersicht über die Bodenformation hat das Seeflugreferat der Deutschen Seewarte vier Großkreiskarten der Erde herausgegeben, und zwar

Blatt 1: Polargebiet,
„ 2: Nordatlantischer Ozean,
„ 3: Mittlerer Atlantischer Ozean,
„ 4: Asien und Europa.

Die erste dieser Karten unterscheidet sich prinzipiell nicht von der eben vorgetragenen Methode. Bei den anderen Karten erhält man die Distanz, indem man auf die eingezeichnete Großkreislinie ein Lot aus dem Kartenmittelpunkt fällt und je nach der Länge dieses Lotes einen anderen der beigegebenen Maßstäbe anwendet. Die Kurswinkel in den Meridianschnittpunkten werden durch ein Diagramm gewonnen, in das man mit den Breiten auf zwei um 20° abstehenden Meridianen eingeht.

Die Amerikaner haben auf ihren Pilot Charts of the Upper Air die gebräuchlichsten Großkreiswege über den Ozean eingezeichnet.

c) Kursübertragung.

§ 11. Die gnomonische (orthodromische) Karte liefert die kürzeste Entfernung zwischen zwei Orten als eine gerade Linie zwischen den Kartenbildern der Orte. Sie gestattet allerdings nicht, die Kurse direkt abzulesen, sondern erfordert erst eine kleine Umrechnung. Will man sich aber diese Umrechnung ersparen, so entnehme man dem gnomonischen Netz die Schnittpunkte der Geraden mit den einzelnen Meridianen und notiere sich deren Breiten. Diese so gewonnenen Punkte übertrage man nun der Reihe nach in eine winkeltreue Karte (Merkatorkarte). Als Verbindungslinie dieser Punkte in der neuen Karte erscheint nun eine gebrochene Linie, die sich im wesentlichen an die Großkreislinie anschmiegt. Aus der winkeltreuen Karte sind aber nunmehr auch die einzuschlagenden Kurse zu entnehmen.

Liegen auf der Großkreislinie oder in deren unmittelbarer Nähe größere markante Orte, so wird es ratsam sein, diese in den einzuschlagenden Weg einzubeziehen und die Kurse auf sie zu richten. Geringe Abweichungen von der Großkreislinie sind unerheblich.

Die folgenden Beispiele benutzen bereits in geschlossener Form den Inhalt des Abschnittes Kurshaltung.

Beispiel 1. Man bestimme Kurs und Distanz auf der Orthodrome von Madrid ($\varphi = 40{,}4^0$ N, $\lambda = 3{,}7^0$ W) nach Kasan ($\varphi = 55{,}8^0$ N, $\lambda = 49{,}1^0$ O).

Um eine Drehung in der gnomonischen Karte zu vermeiden, ist es zweckmäßig, den Mittelmeridian als den Meridian 50° O zu wählen; dann zählen die Meridiane links vom Mittelmeridian 10°, 20°, 30°, 40°, 50°, der Reihe nach als 40° O, 30° O, 20° O, 10° O, 0°. Trägt man nun nach ihren Breiten und Längen die Orte Madrid und Kasan ein, so ist ihre Verbindungsgerade nahezu parallel zum oberen Kartenrand. An den punktierten Linien liest man für Madrid die Kilometerzahl 4250 km, für Kasan 50 km ab. Da beide Orte auf derselben Seite des Mittelmeridians liegen, ergibt sich als kürzeste Distanz 4250—50 km = rd. 4200 km.

Die weitere Rechnung gestaltet sich am zweckmäßigsten nach folgendem Schema:

Länge λ	Breite φ	Kartenw. α'	Rechtw. Kurs α	Entg. Mißw.	Mißw. Kurs	Entg. Abl. Steuert. II (§ 24)	Kompaß-kurs
Madrid		N 35° O	N 47° O = 47°	+ 14°	61°	+ 2°	63°
0°	42,5° N	N 39° O	N 50° O = 50°	+ 13°	63°	+ 2°	65°
10° O	48° N	N 49° O	N 57° O = 57°	+ 9°	66°	+ 3°	69°
20° O	52° N	N 59° O	N 65° O = 65°	+ 4°	69°	+ 3°	72°
30° O	54° N	N 69° O	N 73° O = 73°	— 1°	72°	+ 3°	75°
40° O	55° N	N 79° O	N 81° O = 81°	— 6°	75°	+ 4°	79°
Kasan		N 88° O	N 88° O = 88°	— 9°	79°	+ 4°	83°

Zu den einzelnen Meridianen 0°, 10°, 20° usw. werden die Breiten φ in der zweiten Spalte aus der gnomonischen Karte als Schnitte der Geraden Madrid—Kasan entnommen. Ebenfalls aus der Karte entnimmt man mit dem Transporteur an diesen Punkten die Kartenwinkel, wobei zur Erleichterung erkannt werden wird, daß sich dieser Kartenwinkel um ebensoviel ändert wie die Länge der ersten Spalte. Mit Hilfe der beiden Spalten φ und α' und der Rechentafel 3 wird nunmehr der wahre Kurs ermittelt. Damit ist die Hauptaufgabe getan. An den Zwischenpunkten wird noch die Mißweisung ermittelt und angebracht und mit den mißweisenden Kursen die Ablenkung bestimmt (z. B. aus Steuertabelle II in § 24) und hat nun die Kurse, die am Kompaß zu halten sind.

Beispiel 2. Man ermittle den größten Kreis zwischen Dublin ($\varphi = 53{,}4^\circ$ N, $\lambda = 6{,}3^\circ$ W) und Quebec ($\varphi = 46{,}8^\circ$ N, $\lambda = 71{,}2^\circ$ W).

Die gnomonische Karte ergibt eine orthodromische Distanz von 4520 km. Der Scheitel liegt auf der Breite 55,5° N und auf der Länge 28,3° W.

Die übrige Rechnung zeigt das folgende Schema, das nach dem gleichen Gesichtspunkt aufgestellt ist, wie im vorigen Beispiel.

Länge λ	Breite φ	Kartenw. α'	Rechtw. Kurs α	Entg. Mißw.	Mißw. Kurs	Entg. Abt. Steuert. III (§ 24)	Kompaß-kurs
Dublin		N 66° W	N 72° W = 288°	+ 19°	= 307°	+ 11°	= 318°
10° W	54° N	N 72° W	N 75° W = 285°	+ 21°	= 306°	+ 11°	= 317°
20° W	55° N	N 82° W	N 83° W = 277°	+ 27°	= 304°	+ 11°	= 315°
28,3° W	55,5° N	N 90° W	N 90° W = 270°	+ 31°	= 301°	+ 11°	= 312°
30° W	55° N	S 88° W	S 89° W = 269°	+ 33°	= 302°	+ 11°	= 313°
40° W	55° N	S 78° W	S 80° W = 260°	+ 37°	= 297°	+ 11°	= 308°
50° W	54° N	S 68° W	S 72° W = 252°	+ 37°	= 289°	+ 9°	= 298°
60° W	51° N	S 58° W	S 64° W = 244°	+ 32°	= 276°	+ 8°	= 284°
70° W	47° N	S 48° W	S 57° W = 237°	+ 20°	= 257°	+ 5°	= 262°
Quebec		S 47° W	S 56° W = 236°	+ 17°	= 253°	+ 4°	= 257°

Aufgabe: Berechne nach dieser Methode auch die Zwischenkurse für die Aufgaben des vorhergehenden Absatzes.

Auch wenn man den loxodromischen Kurs zwischen Startort und Zielort ansetzt, bestimmt man am zweckmäßigsten die Schnittpunkte mit einzelnen bestimmten Meridianen auf einer Merkatorkarte und überträgt diese Punkte in die Gebrauchskarte, deren Projektion nun nicht mehr vorgeschrieben ist. Die Verbindungslinie dieser Punkte ist dann der gewünschte einzuschlagende Weg.

Beispiel: Man berechne den loxodromischen Kurs zwischen Dublin und Quebec!

Dublin:	53,4° N	6,3° W	
Quebec:	46,8° N	71,2° W	
	$b = 6{,}6^\circ$ S	$l = 64{,}9^\circ$ W	$a = 41{,}7$

Mittelbr. = 50,1° N $\quad a/b = \frac{41{,}7}{6{,}6} = 6{,}32$

also Kurswinkel S 81° W, Kurs = 261°; Distanz = 41,7 · 1,013

$$= 42{,}2 \cdot \frac{1000}{9} = 4700 \text{ km}.$$

Länge	Breite	Kurs	Entg. Mißw.	Mißw. Kurs	Entg. Abl. Steuert. III (§ 24)	Kompaß-kurs
Dublin		261°	+ 19°	= 280°	+ 8°	= 288°
10° W	53° N	261°	+ 21°	= 282°	+ 8°	= 290°
20° W	52° N	261°	+ 26°	= 287°	+ 9°	= 296°
30° W	51° N	261°	+ 30°	= 291°	+ 10°	= 301°
40° W	50° N	261°	+ 33°	= 293°	+ 10°	= 303°
50° W	49° N	261°	+ 32°	= 292°	+ 10°	= 302°
60° W	48° N	261°	+ 27°	= 288°	+ 9°	= 297°
70° W	47° N	261°	+ 19°	= 280°	+ 8°	= 288°
Quebec		261°	+ 17°	= 278°	+ 8°	= 286°

d) Wahl der Kurse.

§ 12. Ehe wir in die Frage eintreten, wann zweckmäßigerweise der loxodromische oder orthodromische Kurs gewählt werden soll, wollen wir überlegen, wie groß Kursabweichungen sein dürfen, damit sie ein erträgliches Maß nicht überschreiten. Ist (Abb. 14) AB die zu überfliegende Strecke und weicht der eingeschlagene Kurs um den Winkel α ab, wird also die Strecke AC überflogen, so muß von C aus der Kurs wieder nach B gewählt werden. Nehmen wir an, die Strecken AC und CB seien einander gleich, so würde das Flugzeug bei Weiterverfolgung des Kurses AC in der gleichen Zeit von C nach B' geflogen sein, wobei $CB' = CB$ ist. Dann wird aber das Dreieck ABB' rechtwinklig und $AC + CB = AB'$ der wirklich an Stelle von AB durchflogene Weg. Nun wird aber

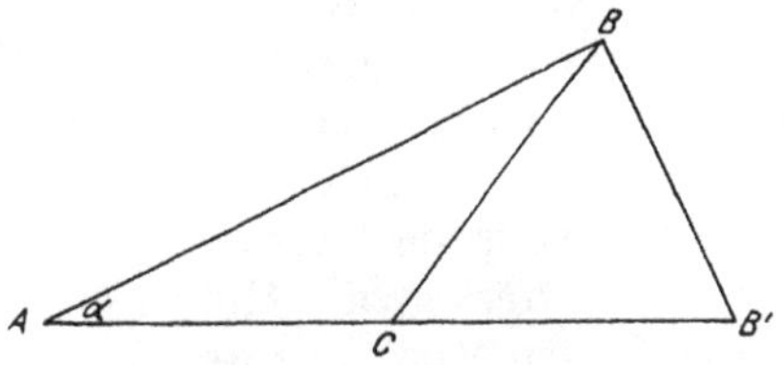

Abb. 14. Wahl der Kurse.

$$\frac{AB'}{AB} = \sec\alpha.$$

Weicht nun AB' um 5% von AB ab, so wird

$$\frac{AB'}{AB} = \frac{105}{100},$$

also $\sec\alpha = 1{,}05$, und nach der trigonometrischen Tabelle 1 im Anhang $\alpha = 5{,}5^0$. Dann dürfte also 5° vom Kurse abgewichen werden, um seine Weglänge um nicht mehr als 5% zu vergrößern. Bei 10% Wegüberschreitung würde der Winkel α schon 8° betragen dürfen.

Weicht nun der loxodromische Weg vom kürzesten orthodromischen Weg um nicht mehr als 5% ab, so wird sich das auch ungefähr in einer Kursverschiedenheit von 5° im Maximum bemerkbar machen. Bei einer solch geringen Ersparnis von 5%, die nicht als wirtschaftlich wertvoll anzusprechen ist, wird es sich nicht lohnen, die unbequeme Berechnung der Orthodrome durchzuführen und immer wechselnde Kurse zu steuern, sondern man wird lieber von vorneherein den loxodromischen Weg wählen.

Im allgemeinen lassen sich folgende Richtlinien über die Wahl der orthodromischen Kurse aufstellen:

Orthodromische Kurse haben wesentliche Vorteile:

1. Wenn größere Längenunterschiede zwischen Startort und Zielort vorhanden sind.
2. Wenn Start- und Zielort oder wenigstens einer von beiden nicht auf zu niedriger Breite liegen.
3. Wenn diese Breiten nicht zu sehr voneinander verschieden sind.

Geringe Vorteile hat man bei der Wahl der Orthodrome:

1. Wenn die Kurse stark meridional (Nord-Süd) werden.
2. Wenn der Äquator überschritten wird.

Um also von vorneherein über die Wahl des einzuschlagenden Weges ins klare zu kommen, empfiehlt es sich:

1. Orthodromische und loxodromische Distanz nach den obigen Methoden zu berechnen.
2. Man wählt dann den orthodromischen (kürzesten) Weg, wenn die Wegersparnis gegenüber der loxodromischen Distanz als wesentlich erachtet wird.
3. Hält man diese Vorteile nicht für schwerwiegend, so entscheide man sich trotz des geringen Umweges für den bequemer einzuhaltenden loxodromischen Kurs.
4. Hat man sich für den kürzesten Weg entschieden, dann entnehme man der gnomonischen Karte die Schnittbreiten mit einigen zwischenliegenden Meridianen und trage diese Punkte in die Gebrauchskarte ein, verbinde sie durch gerade Linien und bestimme die Kurswinkel der Teilstrecken. Die Gebrauchskarten sind in üblicher Weise aneinander zu kleben und für den Kartenroller herzurichten.
5. Hat man sich für den loxodromischen Kurs entschieden, so hat man den so bestimmten Kurs ein für allemal beizubehalten. Auch hier übertrage man in gleicher Weise den Kurs auf die Gebrauchskarten und richte diese wie oben her.
6. Steuert man nach Magnetkompaß, so sind die entsprechenden abzufliegenden Kartenkurse durch Anbringung der (entgegengesetzten) Mißweisung in mißweisende Kurse zu verwandeln, wobei im Auge zu behalten ist, daß bei längeren Strecken die Mißweisung stark von Ort zu Ort wechseln kann. Ferner ist, um den Kompaßkurs zu erhalten, die jeweilige Ablenkung des Gebrauchskompasses aus der Steuertafel zu entnehmen und (entgegengesetzt) anzubringen (s. § 25).

NB. Bei der Wahl der Kurse hat man noch Rücksicht auf die meteorologischen Verhältnisse der überflogenen Strecke zu nehmen, so daß auch ein längerer Weg auf der Erdoberfläche der zeitlich kürzere Reiseweg sein kann (vgl. § 129). Desgleichen wird man die Bodengestaltung im Auge behalten, z. B. Gebirge umfliegen statt sie zu überfliegen, oder über See belebtere Schiffahrtsstraßen aufsuchen usw.

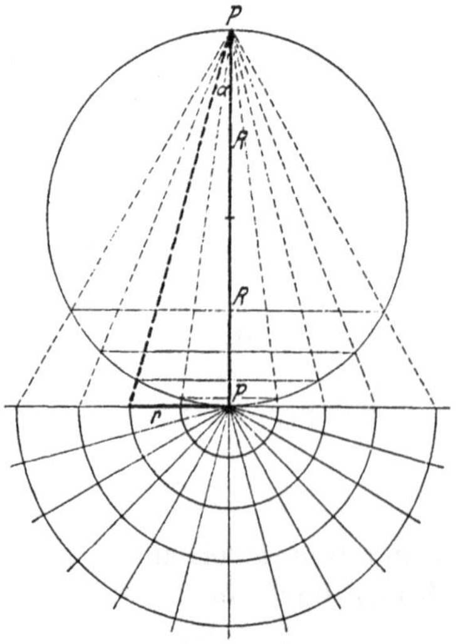

Abb. 15. Entstehung der stereographischen Karte.

e) Die stereographische Karte.

1. Aufbau.

§ 13. Hat die Merkatorkarte und die Großkreiskarte die Eigenschaft, Kursgleiche bzw. Großkreis auch über größte Entfernungen hinweg als Gerade abzubilden, so erkaufen sie dies nur durch große Streckenverzerrungen bzw. bei der Großkreiskarte auch durch Winkelverzerrungen. Für mittlere Entfernungen bevorzugt man daher Karten mit geringerer Verzerrung. Als solche erweist sich die stereographische Karte und die Kegelkarte.

Die stereographische Karte erhält man, indem man von irgendeinem Punkte der Erdoberfläche die gesamte Erdoberfläche auf die Tangentialebene im Gegenpunkt projiziert (Abb. 15). Je nachdem man den Projektionspunkt auf dem Pol, auf dem Äquator oder auf irgendeinem Punkt der Erdkugel wählt, erhält man die polständige, äquatorständige oder zwischenständige Projektion.

Besonders einfach ist die polständige stereographische Karte zu zeichnen (Abb. 16). Der Projektionspunkt liegt z. B. im Nordpol und der Gegenpunkt, der Südpol, wird Kartenmittelpunkt oder umgekehrt. Sämtliche Meridiane werden in dieser Karte gerade Linien, welche strahlenförmig aus dem Kartenmittelpunkt auslaufen und miteinander dieselben

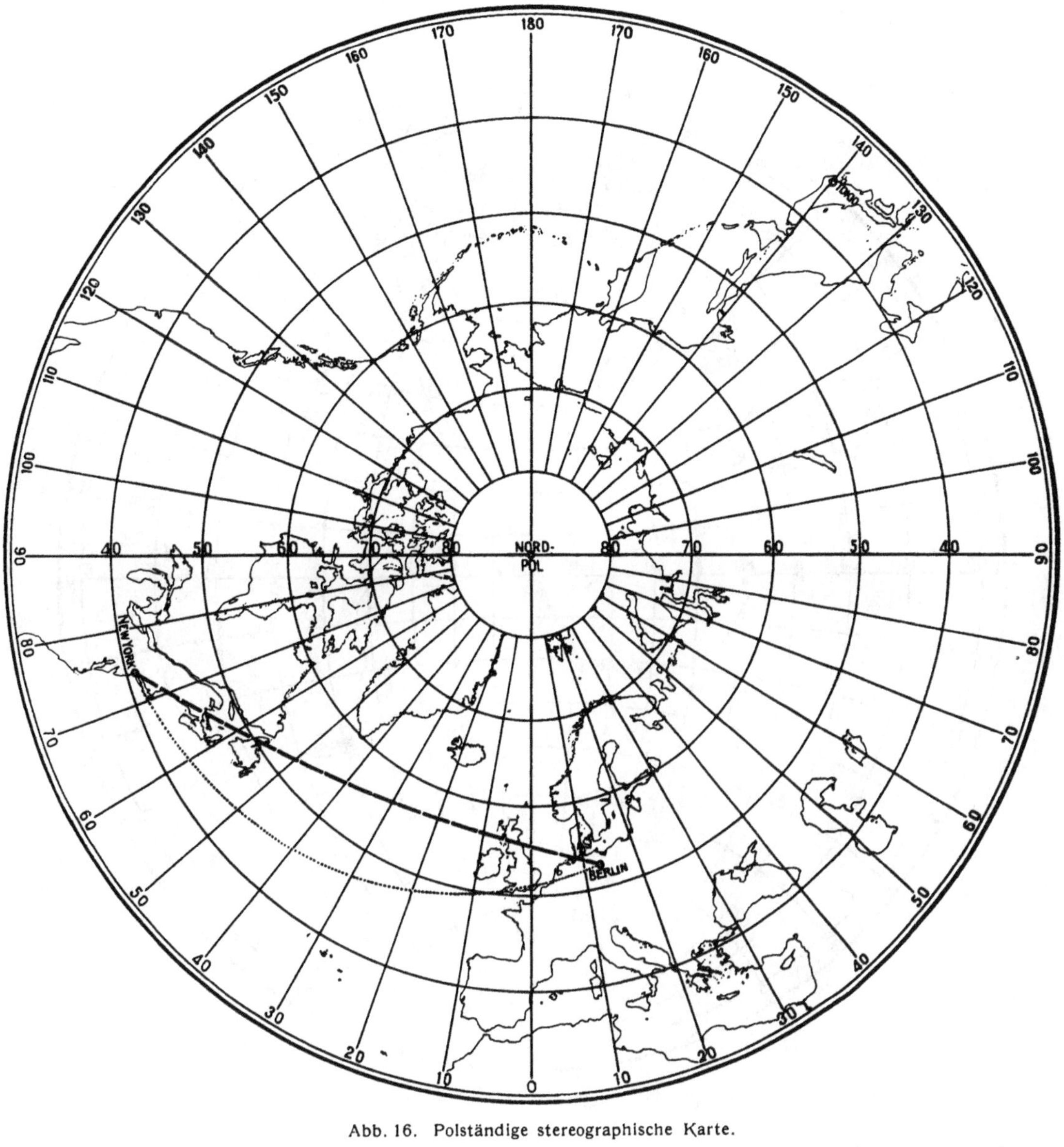

Abb. 16. Polständige stereographische Karte.

Winkel bilden wie auf der Erdkugel. Die Ebenen der Breitenparallele sind Parallelebenen zur Projektionsebene und bilden die Breitenparallele daher auch wieder als Kreise ab, deren gemeinsamer Mittelpunkt im Kartenmittelpunkt liegt. Die Radien dieser Kreise r lassen sich leicht aus der Breite, die sie vertreten, berechnen. Bedeutet R den Erdradius, so ist zunächst $\frac{r}{2R} = \operatorname{tg} \alpha$. Nun aber ist α als Peripheriewinkel gleich dem halben Zentriwinkel $90^0 - \varphi$, demnach ergibt sich

$$r = 2\,R\,\mathrm{tg}\left(45^0 - \frac{\varphi}{2}\right).$$

Die äquatorständige stereographische Karte denkt sich den Projektionspunkt in den Äquator. Damit wird der Meridian des Projektionspunktes und der Äquator als gerade Linie abgebildet, während die übrigen Meridiane und Breitenparallele als Kreise in der Karte erscheinen (Abb. 17).

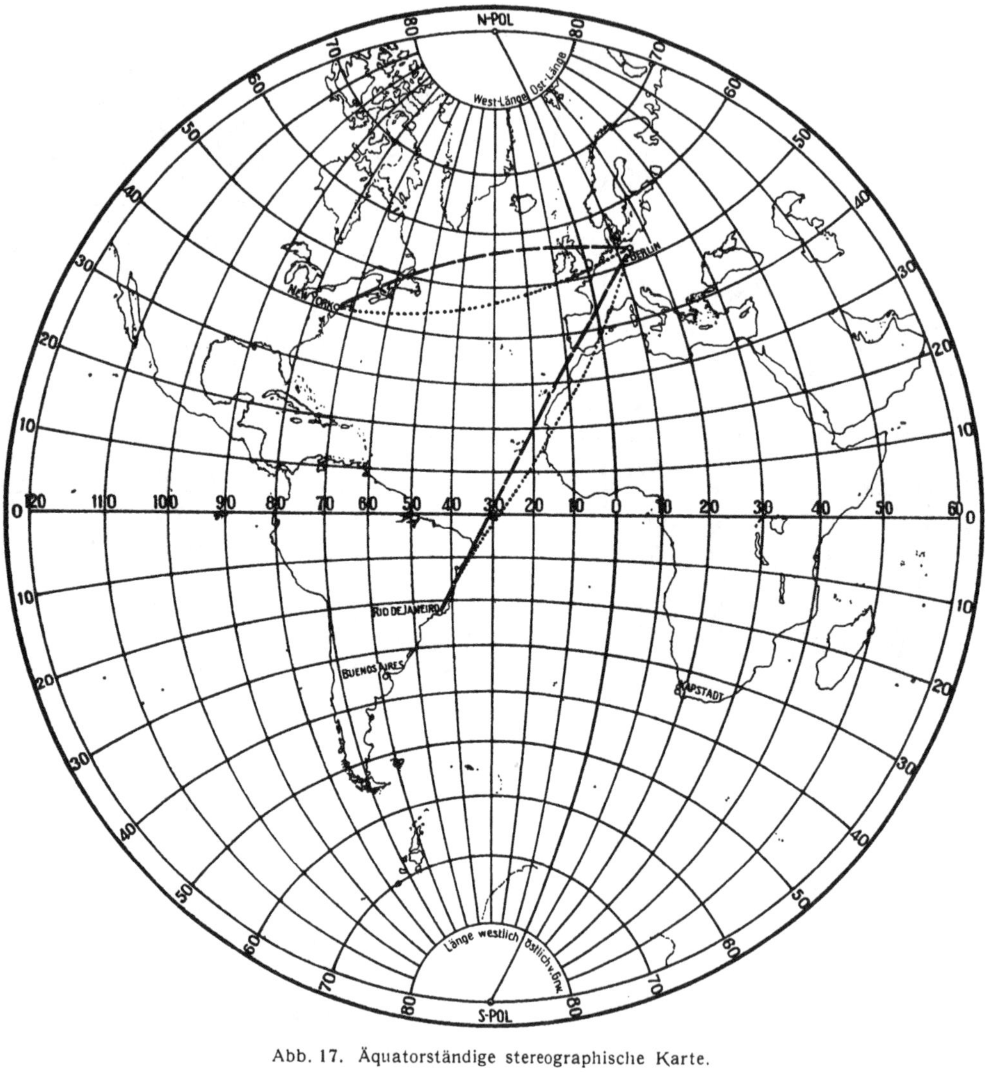

Abb. 17. Äquatorständige stereographische Karte.

Die rechtwinkligen Koordinaten x, y eines Punktes φ, l ergeben sich nach den Formeln

$$x = \frac{2\,R\,\mathrm{tang}\,l}{1 + \sec\varphi\,\sec l}, \quad y = \frac{2\,R\,\mathrm{tang}\,\varphi\,\sec l}{1 + \sec\varphi\,\sec l}.$$

Auch die zwischenständige stereographische Projektion hat ähnliche Eigenschaften. Nur der Meridian des Projektionspunktes bildet sich als Gerade ab, während alle übrigen Meridiane und sämtliche Breitenparallele, den Äquator eingeschlossen, Kreise werden (Abb. 18).

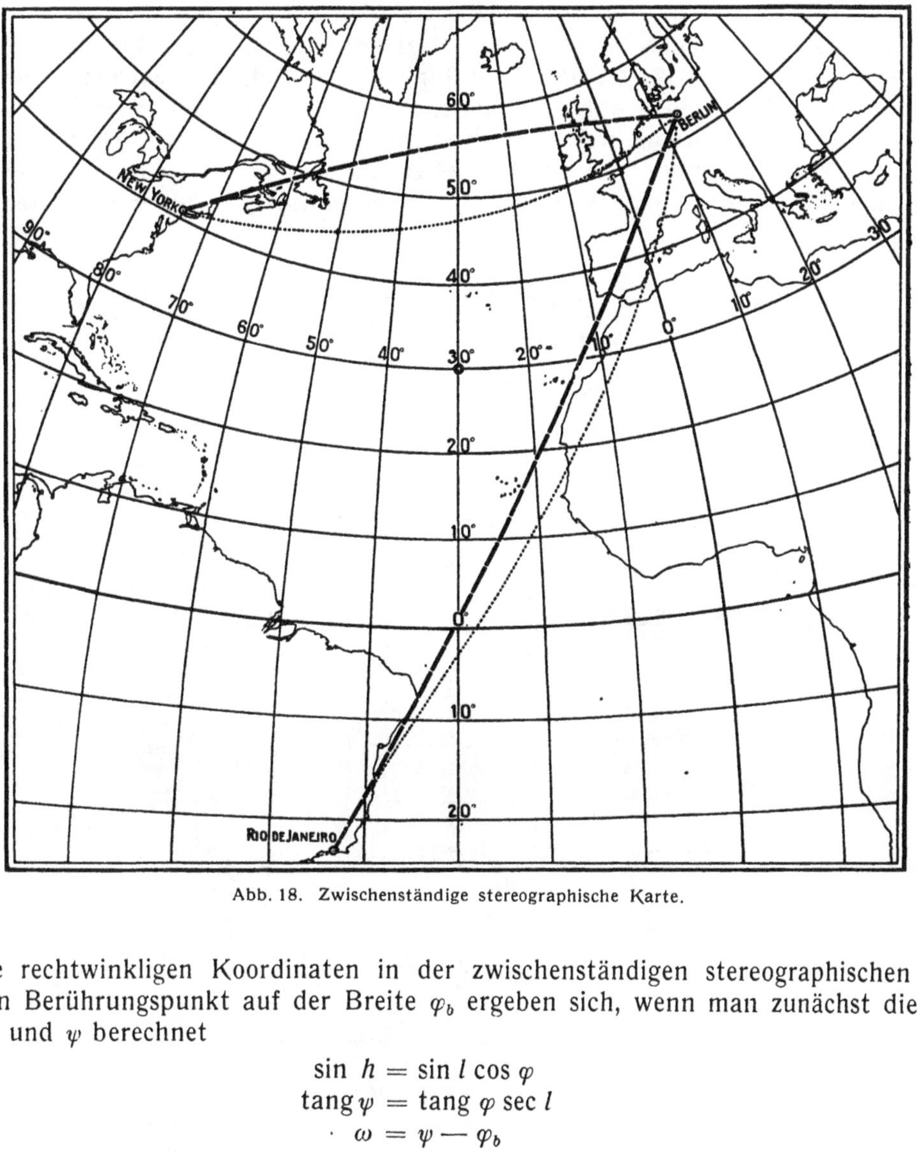

Abb. 18. Zwischenständige stereographische Karte.

Die rechtwinkligen Koordinaten in der zwischenständigen stereographischen Karte mit dem Berührungspunkt auf der Breite φ_b ergeben sich, wenn man zunächst die Hilfswerte h und ψ berechnet

$$\sin h = \sin l \cos \varphi$$
$$\operatorname{tang} \psi = \operatorname{tang} \varphi \sec l$$
$$\omega = \psi - \varphi_b$$

als

$$x = \frac{2 R \operatorname{tang} h \sec \omega}{1 + \sec h \sec \omega}, \quad y = \frac{2 R \operatorname{tang} \omega}{1 + \sec h \sec \omega}.$$

In der Karte schneiden sich Meridiane und Breitenparallele wie in der Natur rechtwinklig, aber auch alle übrigen Winkel der Natur können aus der Karte richtig entnommen werden. Die Karte ist winkeltreu. Nachteilig ist bei solchen Karten kleinen Maßstabes, daß die zu messenden Winkel zwischen gekrümmten Kurven auftreten. Dieser Nachteil verschwindet bei größerem Maßstab, weil diese Krümmung zu vernachlässigen ist (vgl. Taf. 13 im Anhang). Die Bedeutung der stereographischen Karten wächst mit der Ausdehnung der Flüge auf lange Strecken.

Großkreise, welche durch den Kartenmittelpunkt gehen, sind gerade Linien, alle anderen haben eine Krümmung, die mit dem Abstand vom Mittelpunkt zunimmt.

2. Die Stereodrome.

§ 14. Wir können genau so, wie wir in der Merkatorkarte die gerade Linie als Loxodrome und in der gnomonischen Karte die gerade Linie als Orthodrome gekennzeichnet haben, als einen weiteren Begriff die gerade Linie in der stereographischen Karte als Stereodrome bezeichnen. Die Stereodrome weicht in Karten mittleren Umfanges (Radius 1000 sm) kaum um 1% von der Orthodrome ab. Das ist ein Fehler, der angesichts der anderen Störungsquellen für die geradlinige Durchführung eines Kurses von untergeordneter Bedeutung ist.

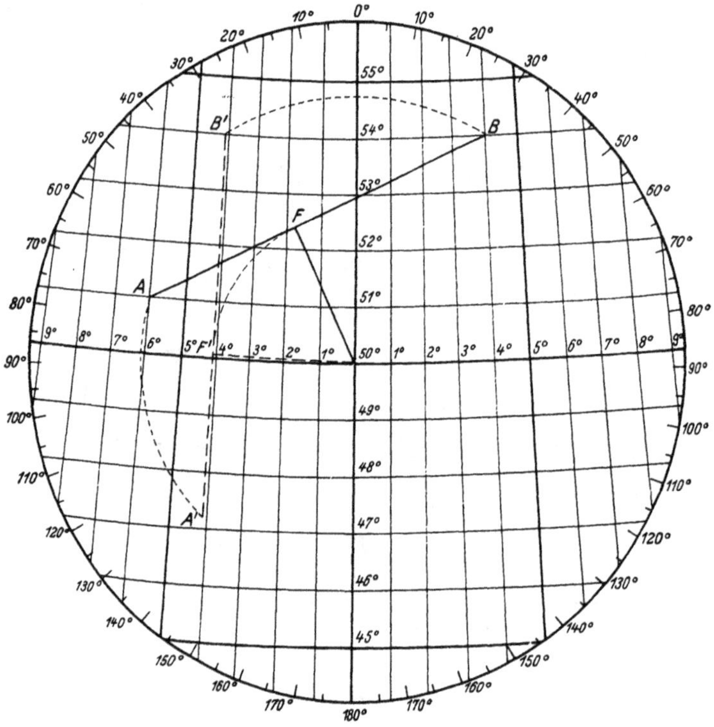

$$AB = A'B' = 6{,}8° = \frac{6{,}8 \cdot 1000}{9}\ km = 756\ km$$

Abb. 19. Drehung der Stereodrome in die Meßlage.

Die stereographische Karte eignet sich sowohl zur Winkelmessung wie zur Streckenmessung, da der Maßstab nur in so geringfügigen Grenzen sich über dem Kartenblatt verändert, daß von diesen Verzerrungen Abstand genommen werden kann.

Wir verbinden (Abb. 19) zum Absetzen des Kurses in der stereographischen Karte den Startort *A* mit dem Zielort *B* durch die dort geradlinige Stereodrome und messen den Kurswinkel an jedem der überschnittenen Meridiane, die fast geradlinig sind, wie wir die Messung in der Merkatorkarte gewohnt sind. Diese Kurse sind bereits wahre Kurse. Sie ändern sich von Meridian zu Meridian wie in der gnomonischen Karte, und wir werden sie mit Mißweisung und Ablenkung in die Kompaßkurse zu verwandeln haben (s. § 25).

Die stereographische Distanz (die sich nur wenig von der orthodromischen unterscheidet) wird in der Weise gemessen, daß aus dem Kartenmittelpunkt (Projektionsmittelpunkt) ein Lot auf die Stereodrome gefällt und das Dreieck *AMB* so lange gedreht wird, bis die Endpunkte der stereographischen Distanz auf einen und denselben Meridian nach *A'* und *B'* fallen. (Dieses Prinzip der Distanzdrehung in einen Meridian kennt auch die

Merkatorkarte.) Die auf dem Meridian abgezählten Breitenminuten zwischen A' und B' sind die Seemeilen der stereographischen Distanz (vgl. § 133).

f) Kegelprojektionen.

§ 15. Die bisher erörterten Kartenprojektionen leiden besonders darunter, daß sie namentlich an den Rändern starke Verzerrungen aufweisen. Für kleinere Gebiete empfiehlt sich daher eine Projektion aus dem Erdmittelpunkt auf einen Kegelmantel, welcher die Erdkugel längs eines Breitenparallels berührt. Dieser Kegelmantel wird dann in die Ebene ausgerollt. Dann bilden sich die Meridiane wieder als gerade Linien ab, die aus einem Punkte ausstrahlen und die Breitenparallele werden konzentrische Kreise. Der Radius eines Parallelkreises, längs dessen der Kegelmantel die Kugel berührt, ist dann $r = R \operatorname{cotg} \varphi_b$. Zwei Meridiane, welche in der Natur einen Längenunterschied l haben, bekommen in der Abbildung auf dem Breitenparallel ein Bogenstück, das gleich der Abweitung $a = l \cos \varphi$ ist, so daß sich ihr gegenseitiger Neigungswinkel bildet nach der Formel (Abb. 20)

$$\gamma = l \cos \varphi : \operatorname{cotg} \varphi = l \sin \varphi_b \text{ (Meridiankonvergenz).}$$

Solche Kegelprojektionen lassen sich winkeltreu ausbilden. Auf ihnen ist jedoch weder die Loxodrome noch die Orthodrome geradlinig. Sie eignen sich also nicht ohne weiteres für die Absetzung eines bestimmten Kurses zwischen Startort und Zielort und auch nicht für die Einzeichnung des kürzesten Weges. Ihr Vorteil liegt vielmehr in der Möglichkeit, kleinere Gebiete einigermaßen naturgetreu abzubilden und in der Möglichkeit, diese Teilkarten aneinanderzufügen. Sie bilden die Grundlage für topographische Karten, deren sich der Flieger bedient, um für kürzere Strecken den gewünschten Überlandflugweg einzuzeichnen.

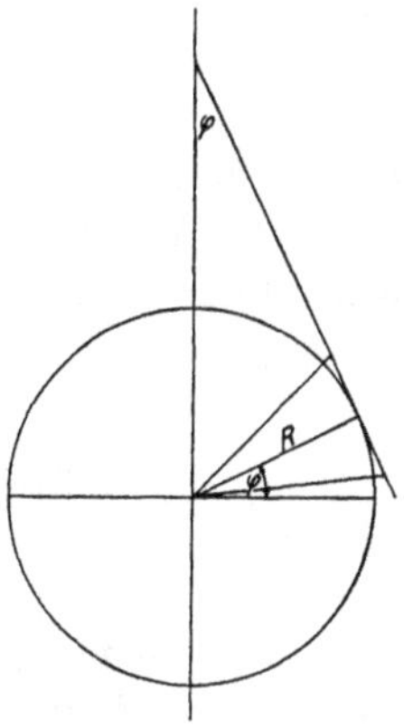

Abb. 20.
Entstehung der Kegelkarte.

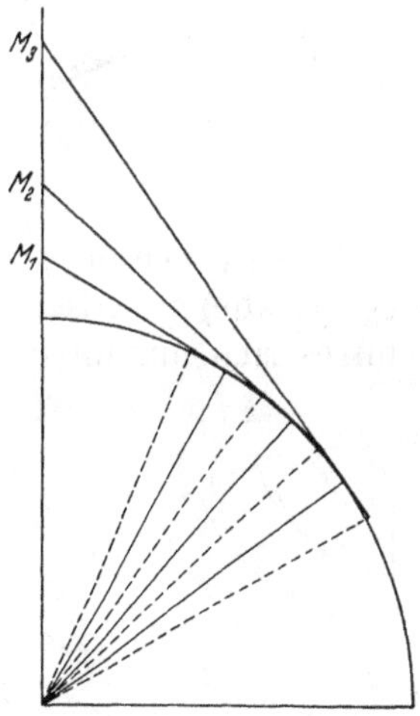

Abb. 21.
Entstehung der Teilkegelkarten.

Während diese Kegelprojektion in Richtung des als Kreis abgebildeten Breitenparallels auch für größere Längenentfernungen richtige Verhältnisse wiedergibt, erleidet sie immer größer werdende Verzerrungen in wachsendem meridionalem Abstand vom Mittelparallel.

Man zeichnet daher Kegelprojektionen beispielsweise für mittlere Breitenparallele von 30°, 40°, 50°, 60°, ..., an denen der Kegelmantel die Kugel berühren soll, und erstreckt die Gebiete, in denen sie verwertet werden sollen, je auf einen Gürtel von 5 Breitengraden zu beiden Seiten des Mittelparallels, so daß die erste Karte zu benutzen wäre für Breiten zwischen 25° und 35°, die zweite von 35° bis 45°, die dritte von 45° bis 55° usw. (Abb. 21).

Um die Kegelkarte zu zeichnen, muß man neben der Meridiankonvergenz für jeden Breitenparallel seinen Radius angeben. Für die winkeltreue Kegelkarte ergibt sich dieser aus

$$r = R \operatorname{cotg} \varphi_b \left[\operatorname{tang}\left(45^0 + \frac{\varphi_b}{2}\right) \operatorname{cotg}\left(45^0 + \frac{\varphi}{2}\right)\right]^{\sin \varphi_b},$$

worin φ die Breite des abgebildeten, φ_b die Breite des berührenden Breitenparallels ist (Abb. 22).

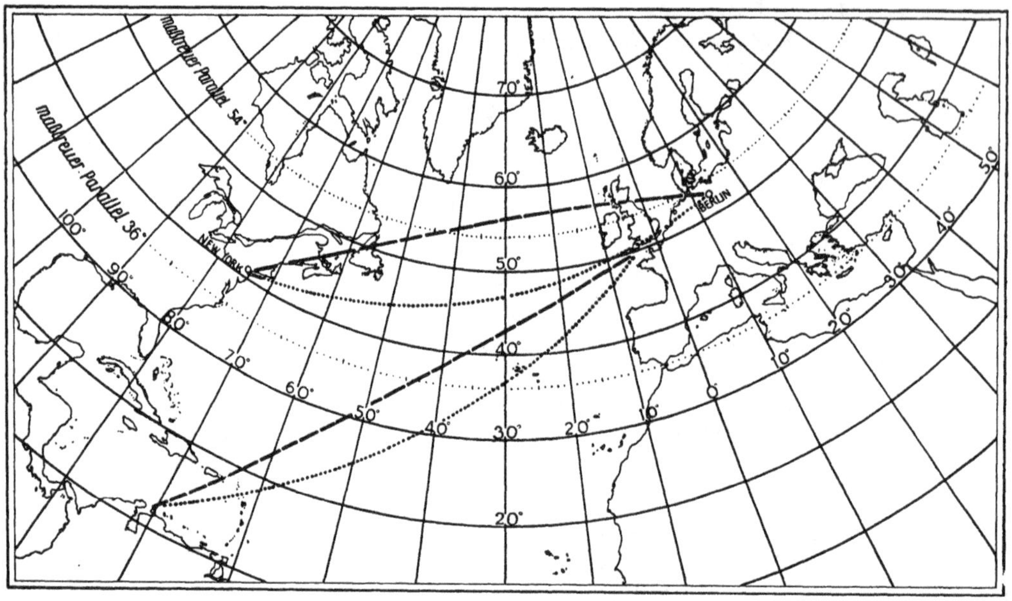

Abb. 22. Winkeltreue Kegelkarte.

Genau wie in der stereographischen Karte kann auch in der Kegelkarte die gerade Linie (Kegelgerade) praktisch ohne zu große Abweichung gleich dem Großkreisweg gesetzt werden, wenn es sich um mittlere Entfernungen handelt, besonders bei meridionaler Richtung.

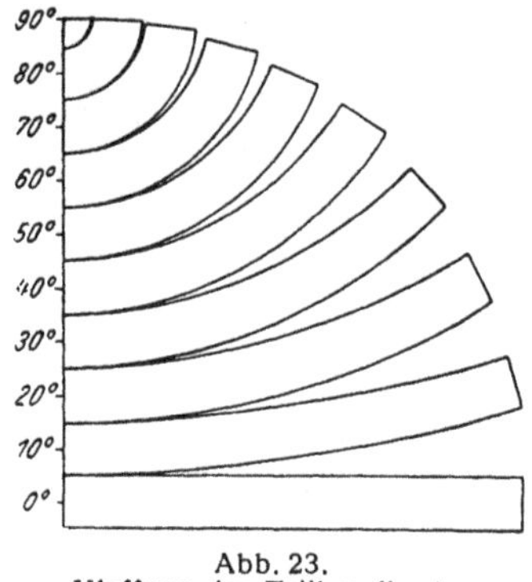

Abb. 23.
Klaffung der Teilkegelkarten.

g) Kegelartige Projektionen.

§ 16. Würde man die für verschiedene Berührungsbreiten aufgebaute Kreisringe der unterteilten Kegelkarte aneinanderfügen, so würden die Grenzparallele mit wachsender Entfernung vom Mittelmeridian bald auseinander klaffen (s. Abb. 23). Um diesem Übelstande abzuhelfen, hat man sog. polykonische Karten entworfen, bei denen die einzelnen Kreisringe wieder aneinandergezerrt werden. Mit dieser Verzerrung geht aber die Winkeltreue wieder verloren. Die Meridiane werden gebogene Linien und auch die Breitenparallele bleiben keine Kreise mehr.

Ferner ist noch zu nennen die sog. Polyederprojektion. Auf dieser beruht die Karte 1:300000, welche in Deutschland als Streckenkarte verwendet wird. Sie wählt vier Punkte der Erde aus, die paarweise auf je zwei Breitenparallelen von $\frac{1}{2}^{0}$ Abstand bzw. auf je zwei Meridianen von 1^{0} Abstand liegen. Diese Viereckkalotte wird in die Ebene ausgebreitet und bildet darin ein Trapez, dessen vier Seiten als Teile von Meridianen bzw. Breitenparallelen streckentreu abgebildet werden. Auf diese Fläche werden die zwischenliegenden Punkte der Erde senkrecht projiziert. Da die vier Eckpunkte des Trapezes nicht zu sehr voneinander entfernt liegen, erhält man ein ziemlich naturgetreues Abbild der Erde ohne wesentliche Verzerrung. Der Vorteil dieser Projektionsart ist, daß die benachbarten ebenso konstruierten Blätter sich ohne wesentliche Zerrung aneinanderlegen lassen. Diese Fortsetzbarkeit der Karte eignet sich gut als Grundlage zum Zusammensetzen von Kartenblättern für eine bestimmte Flugroute, nicht aber für eine Ausbreitung über eine größere Fläche, weil die Neigung der Meridiane jedes Kartenbildes sich mit der Breite ändert (Abb. 24).

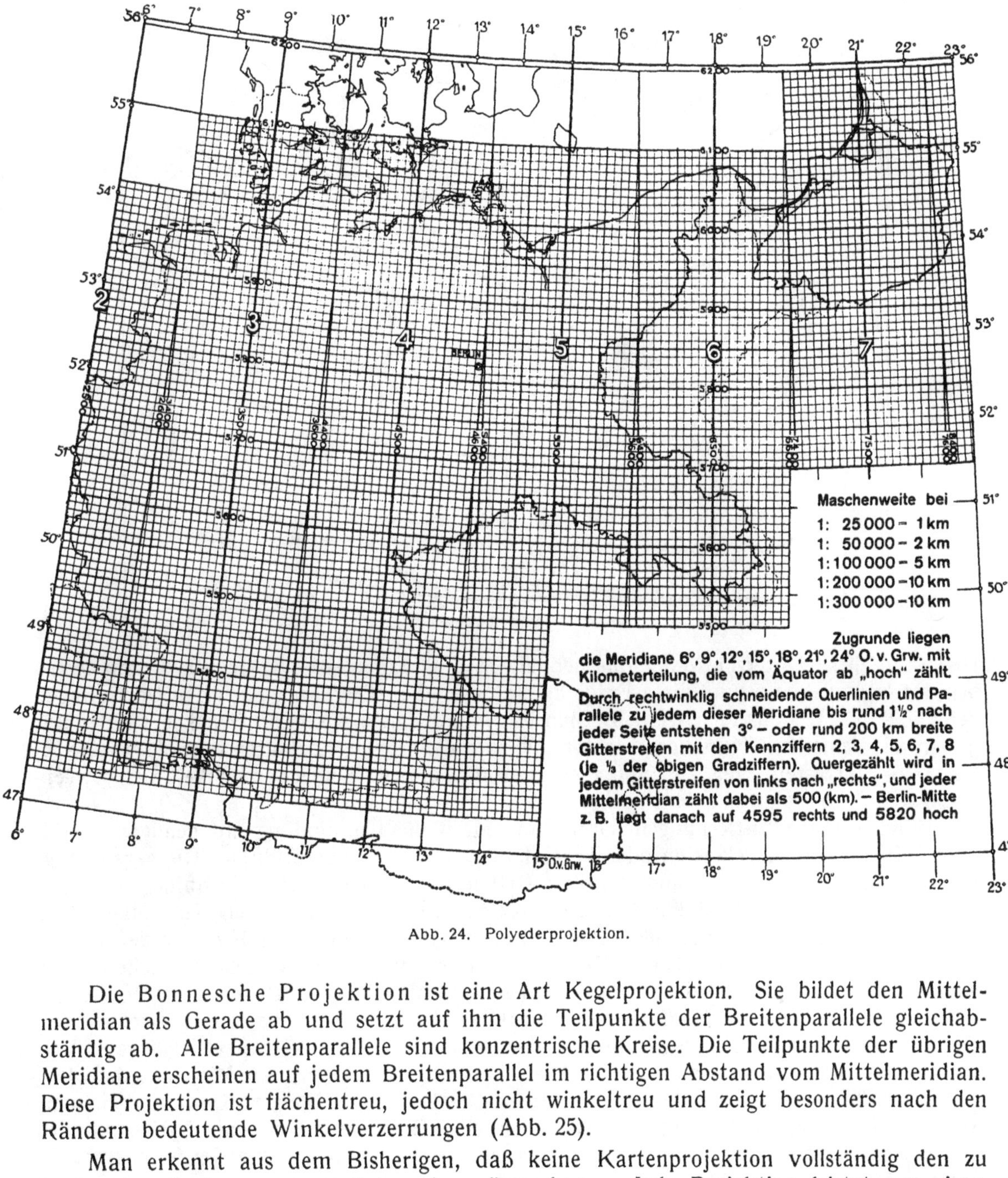

Abb. 24. Polyederprojektion.

Die Bonnesche Projektion ist eine Art Kegelprojektion. Sie bildet den Mittelmeridian als Gerade ab und setzt auf ihm die Teilpunkte der Breitenparallele gleichabständig ab. Alle Breitenparallele sind konzentrische Kreise. Die Teilpunkte der übrigen Meridiane erscheinen auf jedem Breitenparallel im richtigen Abstand vom Mittelmeridian. Diese Projektion ist flächentreu, jedoch nicht winkeltreu und zeigt besonders nach den Rändern bedeutende Winkelverzerrungen (Abb. 25).

Man erkennt aus dem Bisherigen, daß keine Kartenprojektion vollständig den zu fordernden Bedingungen genügt und genügen kann. Jede Projektion leistet nur einen Teildienst, und es bleibt nur übrig, ihre Dienste so auszubeuten, daß die Ergebnisse aus einer Kartenprojektion in die andere Kartenprojektion übertragen und dort weiter verwendet wird (s. § 11).

h) Kursabsetzen in Kegelkarten.

§ 17. Wie oben beschrieben, hat man bei jeder Kursfindung die Frage nach dem loxodromischen oder orthodromischen Kurs auseinanderzuhalten. Während bei kurzen

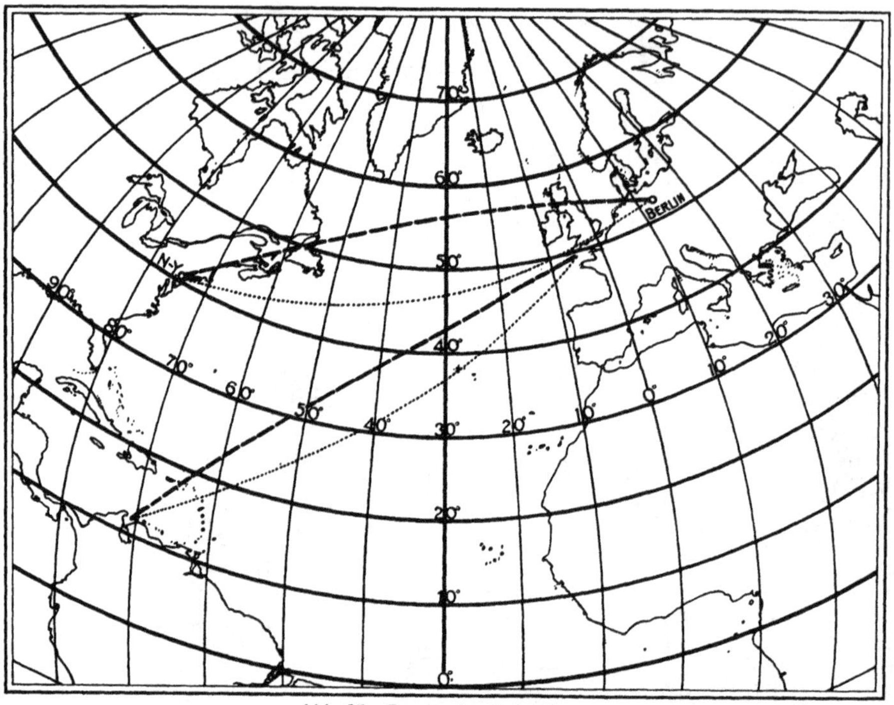

Abb. 25. Bonnesche Projektion.

Distanzen diese Unterscheidung unerheblich ist und daher jede Karte für diesen Zweck benützt werden kann, muß diese Frage bei sehr großen Distanzen nach den Darlegungen der § 6, 9, 11, 12 behandelt werden. Man hat im allgemeinen nur die Wahl, entweder bequem mit demselben Kurs vom Startort bis zum Zielort durchzuhalten oder wirtschaftlich den kürzesten Weg einzuschlagen und mit einiger Unbequemlichkeit den zweckmäßigsten Weg herauszuholen.

Für mittlere Entfernungen kann man jedoch die Kursfindung mit genügender Genauigkeit auch in Kegelkarten oder kegelähnlichen Karten durchführen. Die gerade Verbindungslinie zweier Orte kann man als Orthodrome ansehen und sie abfliegen, indem man von Meridian zu Meridian dem dort wechselnden und abmeßbaren Kurs folgt. Man kann aber aus der Karte auch den loxodromischen Kurs bestimmen, indem man den Winkel der Kartengeraden am mittleren Meridian zwischen den Orten als loxodromischen Kurswinkel ansieht. Es ist dabei aber zu bedenken, daß man bei Einhaltung dieses Kurses als loxodromischen Kurs nicht auf der Linie fliegt, welche man in die Karte eingezeichnet hat. Das wird klar, wenn z. B. Start- und Zielort auf demselben Breitenparallel liegen. Verbindet man die beiden, dann ergibt sich als loxodromischer Kurs am Mittelmeridian 90°, d. h. das Flugzeug soll auf dem gemeinsamen Breitenparallel fliegen. Der eingezeichnete Weg verläuft aber in der Kegelprojektion als eine Gerade nördlich vom Breitenparallel.

Ob die Methode der Kursentnahme aus einer Karte noch zweckmäßig ist oder nicht, entscheidet sich an der Frage, inwieweit der Kurs am Mittelmeridian von den Kursen an den einzelnen Meridianen abweicht, und an der Festsetzung, welcher Kursfehler noch zugelassen werden soll.

Bei etwa meridionalem Verlauf des Flugweges wird diese Methode um so weniger bedenklich sein, als dann Loxodrome, Orthodrome und Kartengerade sich ohnehin wenig voneinander unterscheiden. Etwas mehr Vorsicht erfordert die Methode bei stark ostwestlichen Kursen, weil mehrere Längengrade überschritten werden und ihre Konvergenz merkbarer wird.

Beispiel 1. Bremen und Bromberg liegen auf demselben Breitenparallel. Trägt man in einer Kegelkarte die Verbindungsgerade Bremen—Bromberg ein, so wird ein bei Bremen benachbarter Meridian unter dem Kurs 87°, ein Meridian bei Bromberg unter 93° geschnitten; der Durchschnittskurs ist 90°. Fliegt man also den loxodromischen Kurs 90°, so wird am Anfang und Ende des Fluges ein Fehler von 3° gegenüber der eingezeichneten Linie gemacht. Bei dieser Entfernung kann der Fehler noch vernachlässigt werden; bei größeren Entfernungen fällt der Unterschied bereits ins Gewicht.

Beispiel 2. Kopenhagen und Moskau auf einer Kegelkarte Mitteleuropas durch eine gerade Linie verbunden ergeben den Anfangskurs 81°, den Endkurs 99°; der mittlere loxodromische Kurs ist also wieder 90°. Die eingezeichnete Linie geht nördlich von Dünaburg vorbei, der loxodromische Kurs (auf dem gemeinsamen Breitenparallel von Startort und Zielort) aber südlich, und beide Linien stehen in der Mitte etwa 60 km voneinander ab.

Aufgabe: Bestimme aus einer Kegelprojektion zwischen folgenden Orten die Kurse an den einzelnen Meridianen und gebe an, welches der mittlere (loxodromische) Kurs sein wird.

a) Von Berlin nach Köln,
b) von München nach Berlin,
c) von Berlin nach Königsberg,
d) von Kopenhagen nach Leningrad,
e) von Köln nach Paris,
f) von Frankfurt nach London,
g) von München nach Marseille,
h) von Berlin nach Stockholm.

4. Die Erdabplattung.

§ 18. War bei den bisherigen Ausführungen die Erde als vollkommene Kugel angesehen worden, so ist nunmehr auch der Tatsache Rechnung zu tragen, daß die Erde abgeplattet ist. Ein Meridianschnitt hat etwa die Form einer Ellipse (Abb. 26), so daß der Äquatorradius a größer ist als der Polradius b. Das Verhältnis $\frac{a}{b}$ heißt Abplattung und der Ausdruck $\varepsilon = \sqrt{1 - \frac{b^2}{a^2}}$ die numerische Exzentrizität. Der Begriff der Breite muß nunmehr anders gefaßt werden. Die in § 1 erwähnte Breite heißt geographische Breite φ und ist der Winkel zwischen dem Lot im Punkte B und der Äquatorebene. Dagegen führt der Winkel am Erdmittelpunkt zwischen der Verbindungslinie BM und der Äquatorebene den Namen geozentrische Breite β. Zwischen beiden besteht die Beziehung

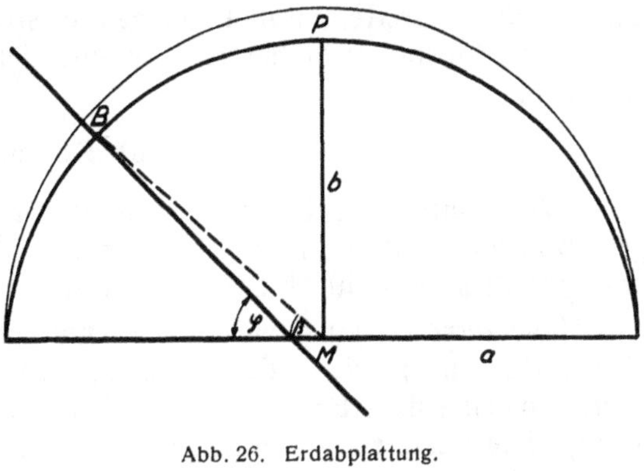

Abb. 26. Erdabplattung.

$$\tang \beta = \tang \varphi \, (1 - \varepsilon^2).$$

β unterscheidet sich von φ nicht am Äquator und am Pol, der größte Unterschied besteht auf 45° und beträgt 11,5′.

Für die Kartenprojektionen, insbesondere für die winkeltreuen, welchen die Verhältnisse so naturgetreu als möglich wiedergeben sollen, hat das zur Folge, daß man zunächst das Erdellipsoid winkeltreu auf einer mittleren Kugel abzubilden hat, bei welcher Übertragung die geographische Breite in die geozentrische Breite übergeht, und als Kugelradius R weder der Äquatorradius a als zu groß, noch der Polradius b als zu klein gewählt wird. Man nimmt als R den Krümmungsradius der Erde in der Mitte des abzubildenden Oberflächenteiles, für größere Flächen auch $R = \sqrt[3]{a^2 b}$.

5. Kartenmaßstab und Kartenverzerrung.

a) Mittlerer Maßstab.

§ 19. Zur Feststellung und Ausmessung einer Flugstrecke bedarf die Karte eines Maßstabes.

Unter Maßstab einer Karte versteht man das Verhältnis einer Strecke der Karte zu ihrem Urbild. Erscheint z. B. eine in Wirklichkeit 1 km lange Strecke im Kartenbild als 1 cm, so ist der Maßstab der Karte

$$\frac{1\text{ cm}}{1\text{ km}} = \frac{1\text{ cm}}{100000\text{ cm}} = 1 : 100000.$$

Ein Maßstab heißt groß, wenn der Bruch groß, also der Nenner klein ist. Da es keine Karte ohne Streckenverzerrung gibt, gilt dieses Verhältnis nur für ausgezeichnete Teile der Karte, meist für die Kartenmitte (bei ebenen Projektionen) oder längs einer Kartenlinie (bei Zylinder- oder Kegelprojektionen), so daß man nur von einem mittleren Maßstab reden kann. Die Umrechnung von Kartenstrecken in wirkliche Strecken ist daher namentlich bei stark verzerrten Karten oft erschwert.

Es ist daher zweckmäßig, wenn man sich zur Errechnung von Strecken aus der Karte nicht dieses mittleren Maßstabes bedient, sondern eines eingedruckten Maßstabes, der allerdings eine veränderliche Skala hat. Bei Kegel- und Zylinderprojektionen (Merkatorkarte) läßt sich ein solcher Maßstab auf einen Meridian auftragen; der Skalenteil gilt dann für den jeweiligen Breitenparallel, auf dem er steht. Es ist selbstverständlich, daß man nur die Teile der Maßstabskala benützt, welche der Breitenlage der zu messenden Strecke entsprechen.

b) Kartenverzerrung.

§ 20. Unter Kartenverzerrung versteht man das Verhältnis der aus der Karte gemäß ihrem mittleren Maßstab ermittelten Länge einer Strecke zu ihrer wirklichen Länge und gibt dies meist in Hundertzahlen an.

Unverzerrt ist eine Karte meist nur in einem Punkt (Kartenmittelpunkt, Projektionsmittelpunkt), wie in der gnomonischen und stereographischen Karte, oder längs einer Linie, meist einem Breitenparallel (Berührungsparallel der Kegelkarte und der Merkatorkarte). Die Verzerrung nimmt gegen den Kartenrand zu. Um für ein Kartenblatt die Verzerrung etwas auszugleichen, versenkt man die Berührungsfläche etwas in die Kugel, arbeitet also mit einem verkleinerten Erdradius.

Die Verzerrungsverhältnisse in der gnomonischen Karte mit Berührungsebene sind so, daß sie radial mit dem Abstand a vom Berührungspunkt zunehmen. In der Karte beträgt der Umfang eines Kreises mit dem sphärischen Radius a $u' = 2\,R\,\pi \operatorname{tang} a$, in der Natur $u = 2\,R\,\pi \sin a$ (vgl. Abweitung in § 1). Die Verzerrung ist also

$$\frac{u'}{u} = \frac{2\,R\,\pi \operatorname{tang} a}{2\,R\,\pi \sin a} = \sec a.$$

Die Werte finden sich in nachstehender Tabelle, welche bis zum Abstand $a = 20^0$ reicht. Versenkt man die Ebene, so daß die Verzerrung auf $a_0 = 12^0$ (etwa $^2/_3$ des Kartenumfanges) aufgehoben ist, so ändert sich in der gnomonischen Projektion R in $R \cos a$ und die Verzerrung wird $\frac{\sec a}{\sec a_0}$ (siehe Tabelle).

Verzerrung der gnomonischen Projektion.

a	bei Berührung	bei Versenkung
0°	+ 0,0%	— 2,6%
5	+ 0,4	— 2,2
10	+ 1,5	— 1,2
15	+ 3,1	+ 0,9
20	+ 6,4	+ 3,7

Verzerrung der stereographischen Projektion.

a	bei Berührung	bei Versenkung
0°	+ 0,0%	— 1,1%
5	+ 0,2	— 0,9
10	+ 0,8	— 0,3
15	+ 1,7	+ 0,6
20	+ 3,1	+ 2,0

Bei der stereographischen Projektion würde dagegen die Verzerrung sein

$$\frac{u'}{u} = \frac{2\pi\, 2R \operatorname{tang}\frac{a}{2}}{2\pi R \sin a} = \sec^2\frac{a}{2}$$

und bei Versenkung (auf $a_0 = 12^0$) $\frac{u'}{u} = \frac{\sec^2\frac{a}{2}}{\sec^2\frac{a_0}{2}}$.

In der Merkatorkarte sind die Verzerrungen von der Sekante der Abstände abhängig. Ist der Äquator unverzerrt abgebildet, so nimmt die Verzerrung mit der sec der Breite zu. Ist dagegen die Merkatorkarte für $\varphi_0 = 50^0$ berechnet, so ist die Verzerrung für jeden anderen Breitenparallel gleich $\frac{\sec\varphi}{\sec\varphi_0}$. Die starken Verzerrungen der Merkatorkarte sind aus der Tabelle zu entnehmen.

Verzerrung der Merkatorkarte
streckentreu auf 50°

φ	Verzerrung
20°	— 31,6%
30	— 25,4
40	— 18,0
50	0,0
60	+ 28,6
70	+ 88,0
80	+ 270,2

Verzerrung der winkeltreuen Kegelkarte
streckentreu auf 27° und 63°

φ	Verzerrung	φ	Verzerrung
20°	+ 6,5%	48°	— 4,9%
24	+ 2,4	52	— 4,4
28	— 0,7	56	— 3,4
32	— 2,9	60	— 1,7
36	— 3,6	64	+ 0,7
40	— 4,4	68	+ 4,1
44	— 4,9	72	+ 9,0

In der winkeltreuen Kegelkarte ist die Verzerrung auf dem Berührungsparallel Null; sie nimmt ebenfalls mit dem Abstand vom Berührungsparallel zu. Auch hier kann man es durch Versenkung des Kegels erreichen, daß nicht ein Breitenparallel, sondern zwei Breitenparallele φ_1 und φ_2 streckentreu abgebildet werden. Die Projektion heißt dann winkeltreue **Schnitt**kegelprojektion. Aus φ_1 und φ_2 ergibt sich dann der Berührungsparallel φ_b aus

$$\sin\varphi_b = \frac{\log\cos\varphi_1 - \log\cos\varphi_2}{\log\operatorname{tang}\left(90 - \frac{\varphi_1}{2}\right) - \log\operatorname{tang}\left(90 - \frac{\varphi_2}{2}\right)}.$$

Mit dieser Berührungsbreite φ_b ist dann die Kegelprojektion nach den in § 15 gegebenen Formeln zu berechnen und der Erdradius R noch so zu verkleinern, daß die Breitenparallele φ_1 und φ_2 ohne Verzerrung auftreten. Für die Kegelkarte mit streckentreuen Parallelen auf 27° und 63° ergeben sich dann die Verzerrungsverhältnisse nach beistehender Tabelle.

Zu dieser durch die Projektionsart verursachten Verzerrung kommt noch die Papierverzerrung der Karte infolge der Feuchtigkeitsaufnahme des Kartenpapiers, die schon beim Druck der Karte nicht immer zu vermeiden ist und sich bei farbigen Karten dahin äußert, daß sich die Farben oft nicht decken. Sie nimmt mit der Größe des Kartenblattes zu und beträgt auf 1 m Ausdehnung bis zu 2 mm. Es ist daher immer zweckmäßiger, sich eingedruckter Maßstäbe zu bedienen, als mit fremden Maßstäben auf der Karte zu arbeiten.

6. Kartenwerke.

§ 21. Der Inhalt einer Fliegerkarte richtet sich zunächst nach dem Bedürfnis des Fliegers zur Wiedererkennung des Bodenbildes und dann nach dem Maßstab der Karte. In Karten großen Maßstabes lassen sich natürlicherweise mehr Einzelheiten unterbringen als in solchen kleinen Maßstabes.

Den größten Maßstab haben die Meßtischblätter im Maßstab 1:25000. Diese sowie die Karten 1:100000 dienen insbesondere zur Kleinorientierung, also zur Aufsuchung ganz bestimmter Punkte im Gelände. Sie enthält fast jede Einzelheit des Bodenbildes und entsteht direkt, wie der Name sagt, aus der Meßarbeit des Landmessers.

Die gebräuchlichste Karte zur Streckenorientierung ist die Topographische Karte im Maßstab 1:300000. Auf ihr sind die Gewässer in blauer Farbe eingetragen; die Eisenbahnen erscheinen in Schwarz, zweigeleisige mit Querbalken, Bahnhöfe in weißer Unterbrechung. Das Ortsbild ist in schwarzen Konturen festgehalten, kleinere Orte erscheinen in der Signatur von Kreisen. Wege und Straßen sind in feinem Schwarz aufgetragen, größere Straßen mit Rot aufgelegt. Autobahnen kräftig rot eingetragen. Die Höhenverhältnisse sind durch braune Schummerung wiedergegeben, höchste Erhebungen durch kleine Höhenzahlen markiert. Waldflächen sind grün angelegt. Im übrigen orientiert über die Darstellung des Geländes die sog. Legende, eine Sammlung von Signaturen am Rande des Blattes. Die Namen der Ortschaften erscheinen in schwarzer Schrift, welche ostwestlich ausgerichtet ist, während Flußnamen längs des Flußlaufes auftreten.

Wichtiger für die Zukunft wird die Karte im Maßstab 1:500000, in welcher überflüssige Namen, Kleinwege, Kleinbahnen weitgehend weggelassen sind, soweit sie für die Orientierung keine Bedeutung haben oder verwirrend wirken.

Weiter ist die Internationale Weltkarte 1:1000000 zu nennen. Sie gibt die Höhenverhältnisse durch Angabe farbiger Höhenschichten, verzichtet dafür aber auf die Angabe der Bewaldung. Eisenbahnen sind sämtlich eingetragen, von den Straßen nur die wichtigeren. Im gleichen Maßstab erscheint die DLV-Luftverkehrskarte von Deutschland und Nachbarländern. Sie zeichnet sich aus durch Wiedergabe von Flugplätzen und Notlandeplätzen in Rot und orientiert über Einflugzonen an den Ländergrenzen, über Gefahrgebiete und verbotene Zonen sowie über festgelegte Flugrouten.

Von diesen Länderkarten sind zu unterscheiden die Seekarten, die immer in Merkatorprojektion gezeichnet sind und verschiedene Maßstäbe aufweisen. Sie dienen insbesondere für die Zwecke der Seefliegerei und enthalten als Besonderheit die Küstenbefeuerung, unterschiedlich nach der „Kennung“, sowie sämtliche Orientierungsmittel an der Küste, wie Feuertürme, Baken, Kirchtürme, soweit sie von See aus zu sehen sind, Seezeichen, Tonnen, Bojen, Feuerschiffe. Ferner geben sie ein kleines Bild über das Bodenrelief des Meeres durch Angabe der Tiefenlinien in den Abständen 2 m, 5 m, 10 m, 20 m, 40 m, 100 m.

Ihnen reihen sich die Luftnavigationskarten in Merkatorprojektion an, die in den Maßstäben 1:1000000, 1:2000000, 1:4000000 hergestellt werden. Ihr Maßstab bezieht sich auf einen mittleren Parallel. Sie enthalten nur eine spärliche Topographie (Küsten, Flüsse, Autobahnen, größere Städte, Gebirgszüge, Wassertiefen) und lassen freien Raum für das Einzeichnen von Kurslinien.

Karten noch kleineren Maßstabes dienen meist zu besonderen navigatorischen Zwecken, namentlich für den Langstreckenflug. Darunter sind zu nennen die Monatskarten für den Atlantischen Ozean in Merkatorprojektion, herausgegeben von der Deutschen Seewarte, mit Angaben über Strömungen und Winde. Ihnen stehen zur Seite die amerikanischen Pilot charts of the Upper Air für den Atlantischen und Stillen Ozean mit

Verzeichnung der regelmäßigen Windverteilung auf der Meeresoberfläche und den Höhen 2500, 5000 und 10000 Fuß, zugleich enthaltend die hauptsächlichsten Flugrouten über die Meere. Ihnen reihen sich an die täglich neu gezeichneten meteorologischen Karten, die meist in Kegelprojektion erscheinen, wie sie die Deutsche Seewarte herausgibt, und die der meteorologischen Navigation zu dienen haben.

Zur praktischen Navigation dienen noch Karten gleicher Mißweisung, sog. Isogonenkarten (s. § 23).

Für spezielle navigatorische Zwecke sind noch anzuführen die Größtkreiskarten des Seeflugreferates der Deutschen Seewarte, in denen die Orthodrome eine gerade Linie ist und die über die Höhenverhältnisse auf den bedeutendsten Flugrouten über Land und See durch Einzeichnung der Höhenlinien von 500, 1000, 2000, 3000, 4000 m und sich vertiefender Färbung der Höhenstufen einen guten Überblick geben (s. u.).

Neben diesen Karten werden für spezielle nautische Zwecke noch stereographische Karten (Meßkarten), insbesondere für die astronomische Navigation, und andere Projektionen für Sonderaufgaben hergestellt (Funkortungskarten s. § 76). Einen besonderen Raum nehmen die Karten für polare Unternehmungen ein.

Unter den speziell für die Luftfahrt hergerichteten Karten ist wegen ihrer Projektion noch die von Louis Kahn zu erwähnen; sie ist eine winkeltreue Streckenkarte, die dadurch entsteht, daß man einen Zylinder längs eines Großkreises in der Nähe des beabsichtigten Flugweges um die Erde legt und auf diesen Zylinder die Erde nach Merkators Art projiziert. Die Breite der Karte erstreckt sich zu 10^0 bis 15^0 Abstand vom berührenden Großkreis und weist nur geringe Streckenverzerrungen auf, dieselben wie die gewöhnliche Merkatorkarte in der Nähe des Äquators.

B. Kurshaltung und Kompaßwesen.

1. Kurshaltung durch den Kompaß.

§ 22. Während die Kursfindung eine Aufgabe ist, die vor dem Start in großen Linien zu erledigen ist, ist die Kurshaltung während des Fluges Sache des Flugzeugführers.

In dem Kompaß hat man ein Mittel, einen bestimmten Kurs im Flugzeug innezuhalten. Der in der Karte abgesetzte Kurs ist jedoch zahlenmäßig nur selten auch der Kurs, der am Kompaß anzuliegen hat, weil der Kompaßweisung verschiedene Fehler anhaften, die zu berücksichtigen sind.

Man unterscheidet daher den aus der Karte ermittelten Kurs als Kartenkurs oder Kurs über Grund von dem Kompaßkurs oder Steuerkurs; der eine Kurs muß in den anderen beschickt werden.

a) Die Mißweisung.

§ 23. Im Kreiselkompaß hat man ein Gerät, das sich bei Erreichung der Kreiselumdrehungszahl von selbst in die geographische Nordrichtung einstellt. Solche Kompasse sind jedoch im Flugzeug nicht brauchbar und man benützt daher wie seit alters Magnetkompasse.

Die Weisung der Magnetkompasse ist jedoch von der Verteilung der magnetischen Kraftlinien der Erde abhängig und sie stellen sich nicht in diese Meridianrichtung ein, sondern zeigen an jedem Orte der Erde nach einer anderen von Nord abweichenden Richtung. Diese Richtung wird magnetischer oder mißweisender Meridian genannt und der Winkel zwischen geographischem und mißweisendem Meridian heißt Mißweisung oder Deklination. Diese Mißweisung ist mißweisenden Karten zu entnehmen, in denen

Orte, welche die gleiche Mißweisung haben, durch Linien verbunden sind. Diese heißen Linien gleicher Mißweisung oder gleicher Deklination (s. Taf. 1) oder Isogonen.

Steuert man also mit Hilfe eines Magnetkompasses, so hat man die Aufgabe, an jeder überflogenen Stelle sich die Mißweisung aus einer solchen Karte zu merken, um sie bei der Kursverwandlung zu verwerten.

Man merke sich daher folgenden Unterschied:

Rechtweisender oder Kartenkurs ist der Winkel zwischen dem geographischen Meridian und der Kursrichtung (s. o.).

Mißweisender Kurs ist der Winkel zwischen dem mißweisenden Meridian und der Kursrichtung.

Die Mißweisung ist von Ort zu Ort verschieden. Wenn sie sich vom Startort bis zum Zielort nur um 1° bis 2° ändert, so genügt es, für den Flug die mittlere Mißweisung zu benützen. Ist die Strecke aber länger und überfliegt man mehrere Isogonen, so fällt die Änderung der Mißweisung schwerer ins Gewicht. Will man also auf seiner Kurslinie bleiben, so ist es notwendig, von Zeit zu Zeit dieser Mißweisungsänderung Rechnung zu tragen und etwa alle 100 bis 200 km der Wegstrecke die neue Mißweisung zu gebrauchen.

Die Mißweisung ist zeitlich veränderlich. Die Änderung beträgt in Mitteleuropa im Jahre etwa 0,15°. Diese Änderung ist weniger störend, wenn man nur Sorge trägt, daß man immer die neuesten Isogonenwerte hat. In Tafel 1 sind die Linien gleicher jährlicher Änderung punktiert eingetragen. Sie sind in Bogenminuten gegeben. Man multipliziert sie mit der Anzahl der seit 1940 verflossenen Jahre, rechnet sie in Graden um und zieht den Betrag von der westlichen Mißweisung ab.

Die Mißweisung zeigt mit der Erhebung vom Boden keine Veränderung; es können also für alle Flughöhen die gleichen Mißweisungskarten benützt werden. Die namentlich am Erdboden auftretenden Mißweisungsschwankungen in einigen Störgebieten (in Deutschland Vogelsberg, Harz, Ostpreußen, dann Bornholm, Gotland), die oft Beträge bis zu 2° aufweisen, sind lokal sehr gebunden. Soweit ihre Ursache in der Erdkruste liegt, wirken sie weniger in die Höhe, so daß man in der Luftfahrt mit ausgeglichenen Isogonen auskommt. Auch wirkliche Störungen würden am Kompaß nicht gemerkt werden, da andere örtliche Einflüsse solche Kompaßschwankungen überwiegen und das Störgebiet so schnell überwunden wird, daß dem Kompaß keine Zeit zur Reaktion bleibt.

b) Die Ablenkung.

§ 24. Infolge von Eisenteilen (z. B. Motoren), welche in der Nähe des Kompaßplatzes magnetische Wirkungen ausüben, zeigt ein Kompaß nicht einmal stetig nach dem mißweisenden Meridian, sondern erfährt neue Verdrehungen. Diese Fehler eines Kompasses nennt man Ablenkung (Deviation). Solche Ablenkungen können zwar im allgemeinen durch Hilfsmagnete kompensiert werden, jedoch bleiben immer noch Fehler übrig, die für jeden Kompaß und für jede Aufstellung im Flugzeug andere sind. Ihre Vernachlässigung ist nicht immer ratsam. Da bei den Wendungen des Flugzeuges die ablenkende

Einige Steuertabellen.

Mißw. Kurs	I	II	III	IV	V
	δ	δ	δ	δ	δ
0°	— 4°	+ 4°	— 3°	— 4°	— 2°
30°	— 1°	+ 1°	6°	+ 1°	— 4°
60°	3°	— 2°	+ 6°	+ 5°	— 5°
90°	+ 6°	— 5°	+ 7°	+ 6°	— 3°
120°	+ 7°	— 6°	+ 9°	+ 6°	— 1°
150°	+ 5°	— 7°	+ 6°	+ 4°	+ 1°
180°	2°	— 6°	+ 4°	+ 3°	+ 2°
210°	0°	— 2°	1°	0°	+ 3°
240°	— 2°	+ 3°	— 2°	— 2°	+ 3°
270°	— 4°	+ 7°	— 7°	— 7°	+ 3°
300°	— 5°	+ 6°	— 11°	— 9°	+ 5°
330°	— 5°	+ 5°	— 9°	— 8°	+ 1°
360°	— 4°	+ 4°	— 3°	— 4°	— 2°

Kraft dieser Eisenmassen immer von anderer Seite kommt, ist diese Ablenkung bei jedem innegehaltenen mißweisenden Kurs anders, und man tut am besten, in Tabellen oder in graphischen Darstellungen die ermittelten Ablenkungen einzutragen, um sie jederzeit zur Hand zu haben. Eine solche Tabelle heißt Ablenkungstabelle oder Steuertabelle. Eine Reihe solcher Steuertabellen findet sich nebenan. Über die Kompensationsmethoden und die Bestimmung der Ablenkung vergleiche man § 27.

Wir unterscheiden also einen weiteren Meridian und nennen ihn Kompaßmeridian, und daher auch

Kompaßkurs als Winkel zwischen Kompaßmeridian und Kursrichtung.

c) Die Kursbeschickung.

§ 25. Zusammenfassend haben wir es also zu tun mit folgenden Meridianrichtungen (Abb. 27):

1. **Geographischer Meridian (geographisch Nord) ist die Richtung des Großkreises durch den Ort und die beiden Erdpole.**
2. **Mißweisender Meridian (mißweisend Nord) oder magnetischer Meridian ist die Richtung, in welche sich eine Magnetnadel in eisenfreier Umgebung einstellt.**
3. **Kompaßmeridian (Kompaßnord) ist die Richtung, in welche sich eine magnetische Kompaßrose unter dem Einfluß umgebender Eisenmassen einstellt**

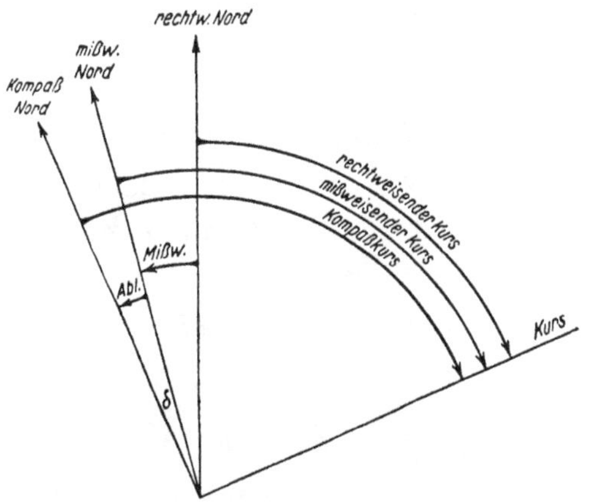

Abb. 27. Kursbeschickung.

und mit folgenden Kursen:

1. **Rechtweisenden Kurs (Kartenkurs) als Winkel zwischen dem geographischen Meridian und der Kursrichtung (rw. K.).**
2. **Mißweisenden Kurs (magnetischen Kurs) als Winkel zwischen mißweisendem Meridian und Kursrichtung (mw. K.).**
3. **Kompaßkurs als Winkel zwischen Kompaßmeridian und Kursrichtung (K.K.).**

Zur Beschickung dieser Kurse ineinander dienen folgende Zwischenwerte:

1. **Mißweisung (Deklination) als Winkel zwischen geographischem und mißweisendem Meridian.** Diese zählt positiv, wenn der mißweisende Meridian rechts herum vom geographischen Meridian verdreht ist; sie zählt negativ, wenn die Verdrehung links herum ist.
2. **Die Ablenkung (δ) als Winkel zwischen mißweisendem und Kompaßmeridian.** Sie zählt in gleicher Weise positiv, wenn der Kompaßmeridian rechts herum vom mißweisenden Meridian verdreht ist, und negativ, wenn die Verdrehung links herum ist.
3. **Die beiden, Mißweisung und Ablenkung algebraisch addiert, ergeben einen Betrag, der einfach Fehlweisung heißt.** Auch diese hat das Vorzeichen + oder —, je nachdem der Kompaßmeridian gegenüber dem geographischen Meridian rechts herum oder links herum verdreht ist.

Beispiele:				
Mißweisung	= + 10°	= — 5°	= + 3°	= 0°
Ablenkung .	= + 2°	= + 3°	= — 3°	= — 4°
Fehlweisung	= + 12°	= — 2°	= 0°	= — 4°.

Über die Beschickung der Kurse gibt die Abb. 27 Aufschluß.

1. **Um Kompaßkurs in mißweisenden Kurs zu beschicken, bringt man die Ablenkung aus der Steuertafel mit ihrem Vorzeichen an.**
2. **Um mißweisenden Kurs in rechtweisenden Kurs zu beschicken, bringt man die** (aus einer Karte der Mißweisung entnommene) **Mißweisung mit ihrem Vorzeichen an.**
3. **Um Kompaßkurs in rechtweisenden Kurs zu beschicken, bringt man die Fehlweisung** (algebraische Summe aus Mißweisung und Ablenkung) **mit ihrem Vorzeichen an.**

Und umgekehrt (Rückbeschickung):

1. **Um mißweisenden Kurs in Kompaßkurs rückzubeschicken, bringt man die Ablenkung mit entgegengesetztem Vorzeichen an.**
2. **Um rechtweisenden Kurs in mißweisenden Kurs rückzubeschicken, bringt man die Mißweisung mit entgegengesetztem Vorzeichen an.**
3. **Um rechtweisenden Kurs in Kompaßkurs rückzubeschicken, bringt man die Fehlweisung mit entgegengesetztem Vorzeichen an.**

Als Schema ergibt sich so:

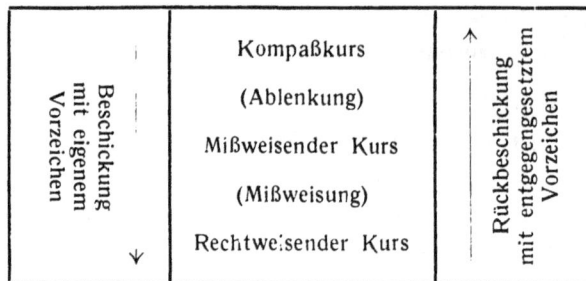

Beschickung mit eigenem Vorzeichen ↓	Kompaßkurs (Ablenkung) Mißweisender Kurs (Mißweisung) Rechtweisender Kurs	↑ Rückbeschickung mit entgegengesetztem Vorzeichen

Beispiel:			
Kompaßkurs	= 283°	Rechtw. Kurs	= 353°
Ablenkung (Steuertab. III, § 24)	= — 9°	Entg. Mißw. (München) . .	= + 5°
Mißw. Kurs . .	= 274°	Mißw. Kurs	= 358°
Mißw. (Berlin) .	= — 4°	Entg. Abl. (Steuertab. IV, § 24). .	= + 4°
Rechtw. Kurs .	= 270°	Kompaßkurs . .	= 2°

Aufgaben: 1. Man beschicke folgende mißweisende Kurse mit Hilfe einer Mißweisungskarte (Tafel 1) in rechtweisende Kurse:

Mißw. Kurs	Ort	Mißw. Kurs	Ort	Mißw. Kurs	Ort
185°	Berlin	46°	Lübeck	280°	Barcelona
96°	Köln	91°	Hamburg	190°	Warschau
173°	München	135°	Ostende	45°	Marseille
316°	Kopenhagen	260°	Oslo	145°	London
255°	Friedrichshafen	74°	Leningrad	351°	Königsberg

2. Man beschicke folgende rechtweisende Kurse in mißweisende Kurse:

Rechtw. Kurs	Ort	Rechtw. Kurs	Ort	Rechtw. Kurs	Ort
216°	Berlin	77°	Glasgow	181°	München
240°	Paris	255°	Friedrichshafen	319°	Lyon
124°	Frankfurt a. M.	2°	Liverpool	290°	Moskau
28°	Prag	164°	Stockholm	299°	Brüssel
102°	Rom	84°	Wien	270°	Lemberg

3. Man beschicke folgende Kompaßkurse mit Hilfe der angegebenen Steuertabelle (§ 24) in mißweisende Kurse:

Kompaß-kurs	Steuer-tabelle	Kompaß-kurs	Steuer-tabelle	Kompaß-kurs	Steuer-tabelle	Kompaß-kurs	Steuer-tabelle
19°	I	137°	V	282°	II	112°	I
242°	IV	45°	III	161°	III	357°	II
185°	V	2°	IV	325°	I	217°	V
69°	IV	270°	II	91°	III	17°	IV

4. Man beschicke folgende mißweisende Kurse mit Hilfe der Ablenkung aus den angegebenen Steuertabellen in Kompaßkurse:

Mißw. Kurs	Steuer-tabelle	Mißw. Kurs	Steuer-tabelle	Mißw. Kurs	Steuer-tabelle	Mißw. Kurs	Steuer-tabelle
200°	III	3°	II	225°	V	210°	I
251°	IV	175°	II	3°	III	269°	V
121°	I	295°	III	147°	V	320°	IV
93°	III	356°	I	70°	IV	0°	II

5. Man beschicke folgende Kartenkurse unter Benutzung der angegebenen Steuertabellen in § 24 in Kompaßkurse:

Karten-kurs	Ort	Steuer-tabelle	Karten-kurs	Ort	Steuer-tabelle
92°	Stuttgart	V	114°	Teneriffa	I
326°	Paris	IV	17°	Leipzig	II
41°	Kopenhagen	IV	292°	London	III
216°	Borkum	I	185°	Wien	II
355°	Helsingfors	V	185°	Brüssel	III
11°	London	II	171°	Hamburg	I

6. Man steuert bei den angegebenen Orten folgende Kompaßkurse. Welches sind die in der Karte einzutragenden Kartenkurse?

Kompaß-kurs	Ort	Steuer-tabelle	Kompaß-kurs	Ort	Steuer-tabelle
60°	Berlin	IV	132°	Berlin	V
116°	München	V	132°	Paris	I
185°	Leipzig	I	270°	Angora	II
185°	Beirut	II	270°	Lissabon	III
354°	Barcelona	I	9°	Warschau	IV
354°	Belgrad	II	9°	London	II

2. Die Kompaßweisung.

a) Die örtliche Ablenkung.

§ 26. Es mußte schon in § 24 darauf hingewiesen werden, daß der Magnetkompaß sich in einem eisenhaltigen Flugzeug nicht nach der mißweisenden Nordrichtung einstellt, sondern durch im Flugzeug auftretende Magnetfelder abgelenkt wird. Diese Ablenkung kann unter keinen Umständen vernachlässigt werden, denn bei den beschränkten Raumverhältnissen im Flugzeug treten solche Störfelder wegen der geringen Entfernung der Störungsursache am Rosenort besonders kräftig auf. Insbesondere sind alle Motorteile polverdächtig, und besonders störend muß empfunden werden, daß diese auftretenden Kräfte nicht konstant sind, sondern von der Temperatur und anderen Eigenschaften des Motors abhängen. Ferner sind hier Tanks, Verspannungen, Rahmenspanten, Steuerhebel usw. als Magnetismusträger zu nennen. Es sind Ganzmetallflugzeuge in magnetischer Hinsicht günstiger als solche der gemischten Bauart. Solange solche Felder sich nicht ändern, sind sie weniger gefährlich, als solche, die in ihrer Lage und Stärke Wechseln unterworfen sind.

Aus der allgemeinen Magnetismuslehre wird als bekannt vorausgesetzt, daß jeder Magnet in seiner Umgebung ein Feld erzeugt, an dessen einzelnen Punkten die magnetische Feldrichtung und Feldstärke sehr verschieden sein kann (Abb. 28). Wenn wir auch eine Unmenge einzelner störender magnetischer Ursachen annehmen können, so läßt sich doch

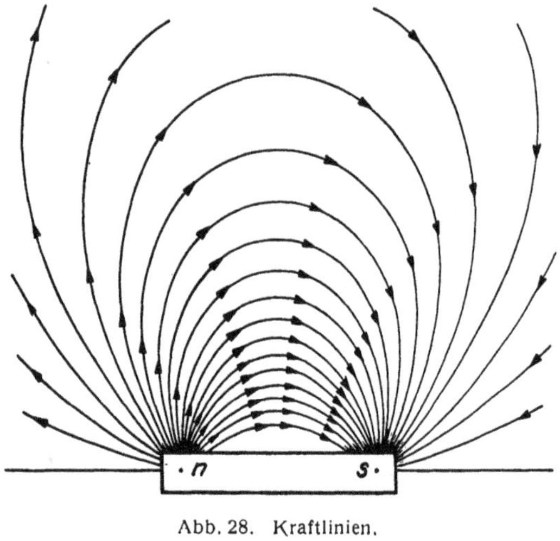

Abb. 28. Kraftlinien.

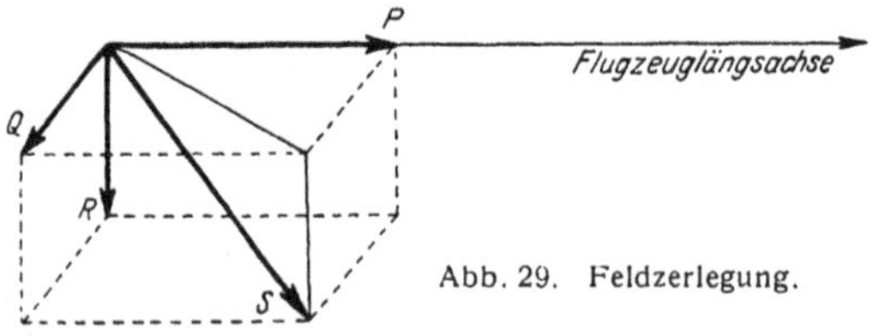

Abb. 29. Feldzerlegung.

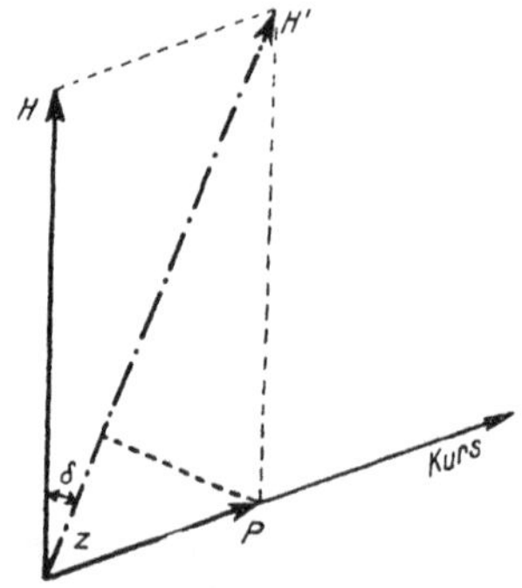

Abb. 30. Feldzusammensetzung.

immerhin sagen, daß die Wirkungen der Einzelfelder sich am Orte der Rose zu einer Gesamtwirkung nach dem Parallelogramm der Kräfte zusammensetzen können, so daß man zu dem Begriffe kommt, daß das Flugzeug am Kompaßort ein Störfeld von ganz bestimmter Richtung und Stärke hervorruft. Aus Symmetriegründen denken wir uns jedoch wieder dieses Störfeld S nach drei im Flugzeug liegenden Hauptachsen zerlegt, und zwar in ein Längsfeld P, ein Querfeld Q und ein Hochfeld R (Abb. 29). Wir haben also nur gesondert diese drei Felder zu untersuchen, um die gesamte Störung zu erfassen.

Zur ersten Orientierung denken wir uns noch zwei Vereinfachungen: Wir nehmen an, daß zunächst die Kompaßrohre bei unseren Betrachtungen immer im Raume horizontal liegt und auch das Flugzeug eine genau horizontale Lage einnimmt.

Dann erhellt, daß zunächst das Hochfeld R keine ablenkende Wirkung auf die Rose ausüben kann und vorerst aus unseren Betrachtungen ausscheidet.

Um die Wirkung des Längsfeldes P auf die Kompaßrose zu untersuchen, setzen wir dies Störfeld und das normale Erdfeld H nach dem Kräfteparallelogramm zusammen (Abb. 30). Sie ergeben eine Resultante H', in welche sich die Nadel der Rose einstellt. Wir nennen diese neue Richtung Kompaßnord oder Kompaßmeridian, und erkennen, daß diese Richtung um einen Winkel δ verschieden ist von der Richtung mißweisend Nord. Dieser Winkel δ heißt Ablenkung oder Deviation. Er läßt sich berechnen aus dem Ansatz

$$\frac{P}{H} = \frac{\sin \delta}{\sin z}.$$

Indem man $\sin \delta = \delta \sin 1^0$ setzt, was für kleine Winkel bis zu 20^0 zulässig ist, ergibt sich, da $\sin 1^0 = 1/57{,}3$

$$\delta = 57{,}3 \frac{P}{H} \sin z.$$

Setzt man zur Abkürzung $57{,}3 \frac{P}{H} = B$, so erhält man die Formel

$$\underline{\delta = B \sin z,}$$

welche die Ablenkung δ in Abhängigkeit von einem störenden Längsfeld für die verschiedenen Kompaßkurse z ergibt.

Diese Ablenkung wird bei Nord- und Südkurs $= 0$ und erhält bei Ost- und Westkurs ihren größten Wert (Abb. 31).

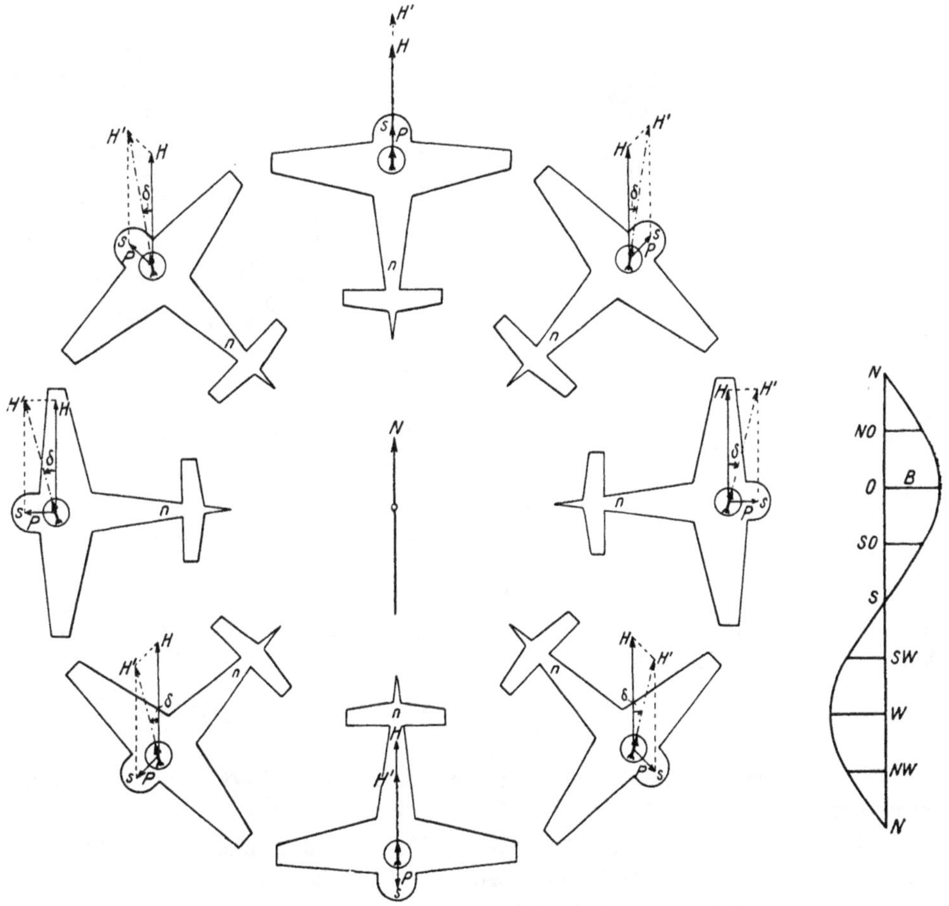

Abb. 31. Wirkung eines Flugzeuglängsfeldes.

Der Beiwert B erklärt sich daher als Ablenkung, hervorgerufen durch ein Längsfeld, wenn das Flugzeug Ostkurs anliegt.

Ist das Störfeld nach vorne gerichtet (also ein Südpol vor dem Kompaß), so erhält B das Vorzeichen $+$, ist es nach hinten gerichtet, so ist B negativ.

Zu gleicher Zeit wird aber auch die Feldstärke verändert; sie wird allgemein

$$H' = H \cos \delta + P \cos z.$$

Für den Fall des Nordkurses und einem nach vorne gerichteten Störfeld wird $H' = H + P$ also größer als H und demnach verstärkt, im Falle des Südkurses und einem nach vorne gerichteten Feld $H' = H - P$, also geschwächt.

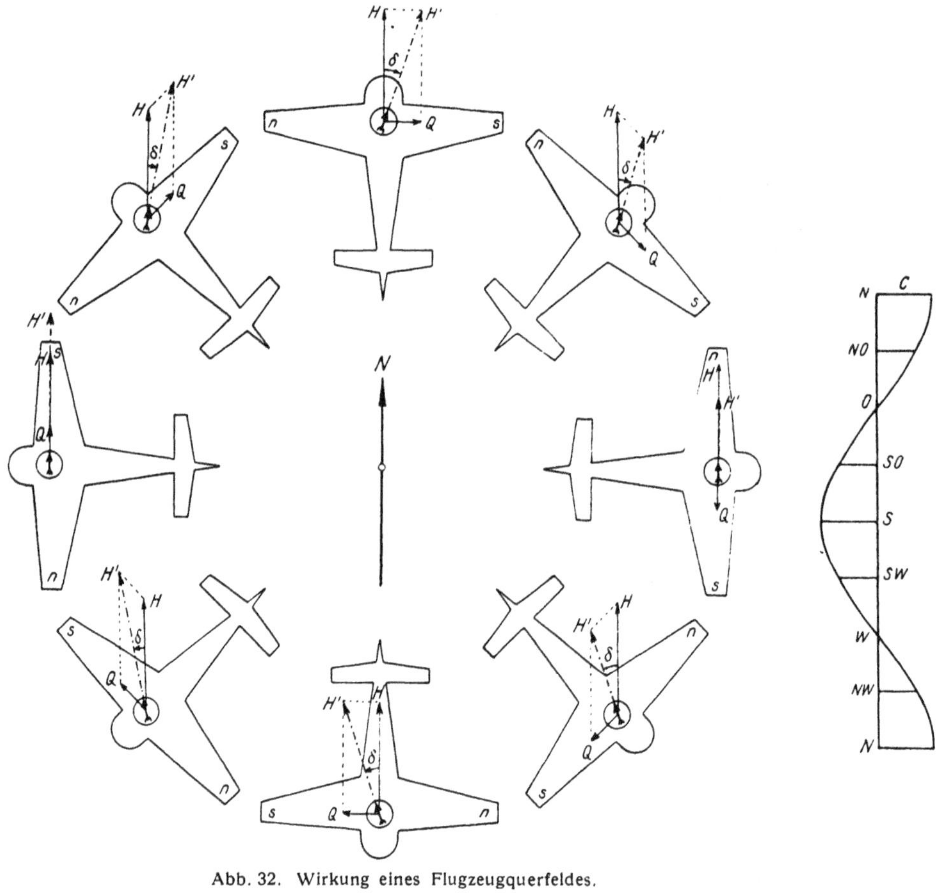

Abb. 32. Wirkung eines Flugzeugquerfeldes.

In gleicher Weise (Abb. 32) läßt sich klarmachen, daß ein störendes Querfeld Q eine Ablenkung erzeugt von der Form:

$$\underline{\delta = C \cos z,} \text{ wobei } C = 57{,}3 \frac{Q}{H} \text{ gesetzt ist.}$$

Der Beiwert C erklärt sich daher als Ablenkung, hervorgerufen durch ein Querfeld, wenn das Flugzeug Nordkurs anliegt.

Diese Ablenkung ist am größten auf Nord- und Südkurs und gleich 0 auf Ost- und Westkurs. Auf Ost- und Westkurs wird dagegen das Feld verstärkt, bzw. nach den Vorzeichen der ablenkenden Felder geschwächt.

Da im allgemeinen sowohl Längsfelder P wie Querfelder Q im Flugzeug vorhanden sein werden, so wird die allgemeine Ablenkung die Form annehmen:

$$\delta = B \sin z + C \cos z.$$

Als ein weiterer Kompaßfehler kann der Umstand angesehen werden, daß es vorkommen kann, daß der Steuerstrich des Kompasses nicht genau in der Längsrichtung des Flugzeuges angebracht ist. Es werden daher alle Kurse um den Betrag dieser Verstellung geändert. Dieser Fehler heißt Aufstellungsfehler A. Um dieses Glied ergänzt sich die Deviationsformel zu

$$\underline{\delta = A + B \sin z + C \cos z.}$$

Ferner ist zu erwähnen, daß auch im Flugzeug veränderlicher Magnetismus (flüchtiger Magnetismus) auftritt, der sich im weichen Eisen ausbildet und selbst wieder von der Ausrichtung dieser Eisenteile gegenüber dem erdmagnetischen Kraftfeld abhängig ist. Er würde Deviationen von der Form $\delta = D \sin 2z + E \cos 2z$ erzeugen. Endlich erscheinen noch weitere Glieder, wenn nämlich die magnetischen Störpole sehr nahe der Rose liegen, so daß die Einwirkungen auf das Nordende und das Südende der Rosennadel verschieden ausfallen. Diese Glieder haben die Form $\delta = F \sin 3z + G \cos 3z$, so daß die allgemeine Ablenkungsformel heißt:

$$\delta = A + B \sin z + C \cos z + D \sin z + E \cos 2z + F \sin 3z + G \cos 3z + \ldots$$

Im allgemeinen wird sich die Deviation auf die drei ersten Glieder beschränken; die anderen Glieder sind im Auge zu behalten, wenn sie größere Werte annehmen.

Aufgaben: Man untersuche die Ablenkung, hervorgerufen

a) durch ein Längsfeld, hinten Nordpol,
b) durch ein Längsfeld, vorne Südpol,
c) durch ein Längsfeld, vorne Nordpol,
d) durch ein Längsfeld, hinten Südpol,
e) durch ein Querfeld, links Südpol,
f) durch ein Querfeld, links Nordpol,
g) durch ein Querfeld, rechts Südpol,
h) durch ein Querfeld, rechts Nordpol,
i) durch ein Feld in Richtung 45° an Steuerbord voraus, Steuerbord vorne Nordpol,

indem man in je einer Zeichnung das Flugzeug auf die hauptsächlichsten Kurse N, NO, O, SO, S, SW, W, NW legt und die Feldrichtungen konstruiert; auf welchen Kursen sind diese Störpole wirkungslos und auf welchen Kursen erzeugen sie die größte Ablenkung? Welche Vorzeichen sind den Ablenkungen in jedem Falle und bei jedem Kurse zu geben?

b) Die Bestimmung der örtlichen Ablenkung und die Ablenkungstabelle.

1. Das Verfahren mit Drehscheibe.

§ 27. Auf größeren Flugplätzen befinden sich Kompensationsdrehscheiben, d. s. eisenlose Drehscheiben mit Kranzteilung, auf welche das Flugzeug gesetzt werden kann, so daß es mit Hilfe der Scheibe in jede gewünschte mw. Richtung gedreht werden kann. Diese Richtung wird an einer Randmarke kenntlich gemacht. Es ist dazu nur notwendig, daß von vorneherein die Randmarke durch eine Kontrollmessung nach mw. Nord eingestellt war. Dabei ist zu beachten, daß diese Einstellung wegen der jährlichen Änderung der Mißweisung von Zeit zu Zeit nachgeprüft wird.

Ist keine Drehscheibe vorhanden, so genügt es, daß man auf dem Flugplatz auf einer Betonplatte sog. Kompensationsrosen aufmalt. Sie bestehen aus einem Achsenkreuz, in dem zum mindesten die Hauptrichtungen N, S, O, W, dazu meist auch die Zwischenrichtungen NW—SO und SW—NO aufgetragen sind. Man setzt das Flugzeug so auf diese Rose, daß seine Längsachse in die gewünschte Richtung fällt. Es dienen dazu zwei Bleilote, von denen das eine an der Nabe des Propellers, das andere am Schwanze angebracht sind, und die (bei ruhiger Luft) genau auf die Peillinie herabgelassen werden.

Man wird nun das Flugzeug auf die gewünschten mißweisenden Kurse setzen. Dabei ist das Flugzeug in seine wahre Fluglage zu bringen, und alle eisen- oder stahlführenden

Teile sind in der Lage zu halten, die sie während des Fluges einzunehmen haben. Die Motoren sollen während der Untersuchung laufen. Sind diese Vorsichtsmaßregeln erfüllt, so kann die Untersuchung der Deviation beginnen. Je nach der gewünschten Genauigkeit wird man das Flugzeug auf die 8 Hauptstriche oder auf mehrere äquidistante Kurse, z. B. alle 30⁰ oder alle 15⁰ legen; es ist dann jedesmal die zugehörige Kompaßablesung zu notieren.

Die zu den Kursen gehörige Ablenkung erhält man, wenn man die Zahl sucht, die an die Kompaßkurse anzubringen sind, um die mißweisenden Kurse zu erhalten.

Beispiel:

Auf dem mißweisenden Kurs	0⁰	45⁰	90⁰	135⁰	180⁰	225⁰	270⁰	315⁰
liest man ab die Kompaßkurse	359⁰	46⁰	93⁰	138⁰	179⁰	220⁰	267⁰	314⁰
so sind die Ablenkungen	+1⁰	—1⁰	—3⁰	—3⁰	+1⁰	+5⁰	+3⁰	+1⁰

Man wird gut tun, in einem Koordinatensystem, auf dessen Hauptachse die Kurse laufen, senkrecht dazu diese Deviationen aufzutragen und dann diese Punkte durch eine ausgeglichene Linie zu verbinden; man erhält so ein Ablenkungsdiagramm (s. u.).

Übungsbeispiele: Bei Nord beginnend liest man auf den um 30⁰ voneinander abstehenden mißweisenden Kursen die folgenden Kompaßkurse ab:

a)	358	28	61	96	128	157	184	211	239	268	298	328	358
b)	2	34	65	94	118	142	172	207	242	275	304	332	2
c)	0	24	54	84	115	148	180	212	244	276	306	334	0

Man bestimme daraus die Ablenkungen des Kompasses für alle Kurse und trage die Werte in ein Diagramm ein.

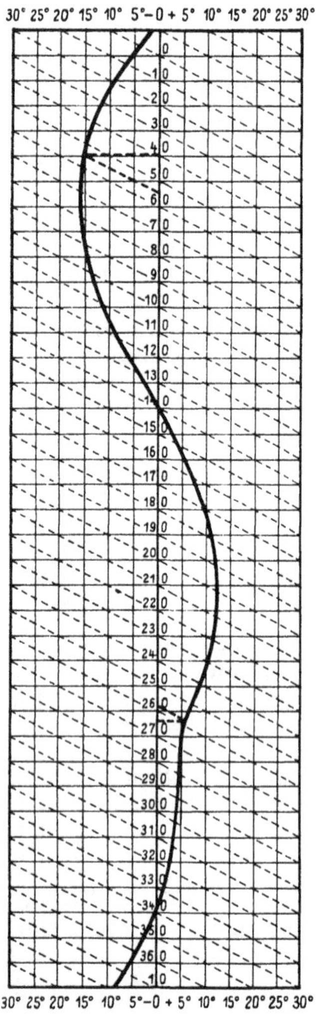

Abb. 33. Ablenkungsdiagramm.

In der Praxis braucht man (s. u.) einesteils den Übergang vom mißweisenden Kurs (mw. K.) zum Kompaßkurs (K.K.), wenn man den einzuschlagenden Kurs aus der Karte entnehmen muß und wissen will, was am Kompaß anzuliegen hat; man will aber anderseits auch aus dem anliegenden Kompaßkurs den mw. K. bestimmen, der in Wirklichkeit dann innegehalten wird.

Trägt man nun in dem Diagramm (Abb. 33) die mißweisenden Kurse auf der Hauptachse im Maßstab 1⁰ = 1 mm, senkrecht dazu die Deviationen im Maßstab 1⁰ = 2 mm auf, so gehört z. B. zu einem mw. K. 265⁰ die Deviation $\delta = + 6^0$, und der zugehörige K.K. beträgt dann 259⁰. Man erhält diesen Punkt aber wieder auf der Hauptachse, wenn man von dem Endpunkt der Deviation auf einer schiefen Linie nach links oben geht. Es entsteht so ein schiefachsiges Koordinatensystem, das nun dazu dienen kann, zu jedem K.K. die zugehörige Deviation zu finden.

Um also ein und dasselbe Ablenkungsdiagramm auch als Steuertabelle für vorgegebene Kompaßkurve benutzen zu können, merke man sich:

Beim Übergang von K.K. zu mw. K. gehe man von der Kurszahl auf der Mittelachse auf den schiefen Linien bis zum Schnittpunkt mit der Deviationskurve und lese sie dort ab.

Beim Übergang von mw. K. zu K.K. gehe man von der Kurszahl auf der Mittelachse auf den lotrechten Linien bis zum Schnittpunkt mit der Deviationskurve und lese sie dort ab.

Dieser Vorgang wird notwendig, wenn die Deviationen beträchtliche Werte annehmen; es kann davon abgesehen werden, wenn die Deviationswerte den Betrag von 5⁰ nicht überschreiten.

2. Das Verfahren mit Peilscheibe.

§ 28. Eine Peilscheibe ist eine Vorrichtung (Abb. 34), welche eine Teilung von 0° bis 360° trägt und mit der Anfangsrichtung in die Flugzeuglängsachse ausgerichtet ist. Sie soll beim Gebrauch horizontal gehalten werden können, was durch Kugelgelenke ermöglicht wird. Sie besitzt einen drehbaren Aufsatz, der auf der einen Seite einen Visierfaden, auf der anderen einen Schlitz trägt. Die Richtung Schlitz—Faden wird auf das anzupeilende Objekt gerichtet. Diese Richtung läßt sich auf der Peilscheibe ablesen und heißt Scheibenpeilung. Man kann mit Hilfe dieser Vorrichtung auch die Kompaßpeilung bestimmen, wenn man gleichzeitig den anliegenden Kompaßkurs abliest. Man erhält die grundlegende Gleichung:

Kompaßpeilung = Kompaßkurs + Scheibenpeilung.

Es gilt aber auch die entsprechende Gleichung:

Mißweisende Peilung = Mißweisender Kurs + Scheibenpeilung,

so daß man die Differenz:

Ablenkung = Mißweisender Kurs — Kompaßkurs

auch so umsetzen kann:

Ablenkung = Mißweisende Peilung — Kompaßpeilung.

Die mw. Plg. läßt sich aber aus jeder Karte bestimmen, wenn man die Richtung vom eingetragenen Flugzeugaufstellungsplatz nach einem angepeilten Objekt unter Berücksichtigung der Mißweisung ausmißt.

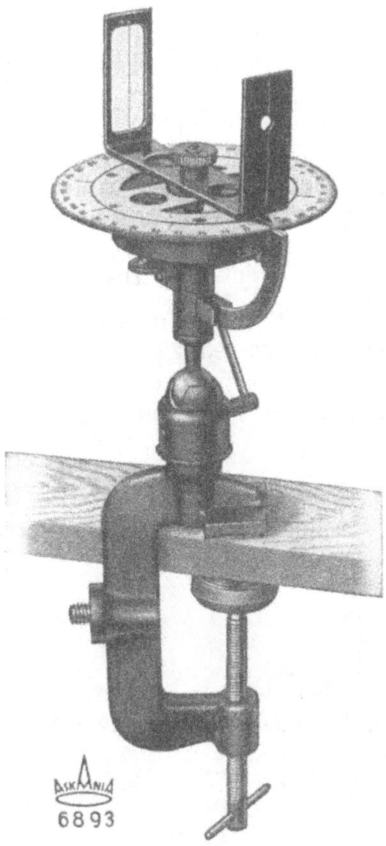

Abb. 34. Peilscheibe.

Beispiel: Das Flugzeug liegt a. K. 273° an, die Scheibenpeilung beträgt 155°. Die gleichzeitige mw. Plg. des Objektes aus der Karte liefert 70°. Die Rechnung zeigt folgendes:

Kompaßkurs . . .	= 273°	
Scheibenpeilung . .	= 155°	
Kompaßpeilung . .	428°	= 68°
Mißweisende Peilung		= 70°
		$\delta = +2°$.

Um das Flugzeug auf einen gewünschten mw. K. mit Hilfe der Peilscheibe zu legen, hat man diese Scheibenpeilung zu berechnen. Sie ergibt sich aus der obigen Gleichung zu

Scheibenpeilung = Mißweisende Peilung — Mißweisender Kurs.

Beispiel: Welche Einstellung erfordert die Peilscheibe, wenn ein Objekt die mw. Plg. 133° besitzt und der anliegende Kurs mw. Ost sein soll?

Mißweisende Peilung .	= 133°
Mißweisender Kurs	= 90°
Scheibenpeilung . .	= 43°.

Unter Umständen ist die mw. Plg. um 360° zu ergänzen.

Ist nun das Diopter auf der Peilscheibe unter diesem Winkel eingestellt, so ist das Flugzeug so lange zu drehen, bis durch das Diopter der anzupeilende Gegenstand erscheint. Auf diese Weise läßt sich das Flugzeug auf jeden gewünschten Kurs legen.

Dieses Verfahren mit Peilscheibe dient auch dazu, eine Drehscheibe nach den mißweisenden Richtungen auszurichten.

Übungsbeispiele:

	mw. Plg.	gew. Kurs		mw. Plg.	gew. Kurs		mw. Plg.	gew. Kurs
1.	58^0	17^0	5.	87^0	270^0	9.	277^0	15^0
2.	216	315	6.	96	90	10.	99	345
3.	337	0	7.	299	120	11.	350	90
4.	118	210	8.	11	300	12.	38	45

13. Ein Landobjekt hat vom Aufstellungsplatz des Flugzeuges aus die aus der Karte ermittelte mw. Plg. $= 156^0$. Auf welche Richtungen ist das Diopter einer Flugzeugpeilscheibe einzustellen, wenn das Flugzeug der Reihe nach auf die mw. Kurse 0^0, 30^0, 60^0, 90^0, 120^0, ..., 360^0 gelegt werden soll?

c) Die Bestimmung der Ablenkungsbeiwerte A, B, C.

§ 29. Wenn man in der allgemeinen Deviationsformel (s. § 26) die höheren Glieder wegläßt, so reduziert sie sich auf die Form: $\delta = A + B \sin z + C \cos z$.

Für bestimmte Kurse vereinfacht sie sich bei den besonderen Werten der trigonometrischen Funktionen auf den vier Hauptkursen N, O, S, W auf

$$\delta_N = A + C \qquad \delta_O = A + B$$
$$\delta_S = A - C \qquad \delta_W = A - B.$$

Man erhält daraus die Berechnungsformel für

$$\boldsymbol{A = {}^1/_4\,(\delta_N + \delta_S + \delta_O + \delta_W)}$$
$$\boldsymbol{B = {}^1/_2\,(\delta_O - \delta_W)}$$
$$\boldsymbol{C = {}^1/_2\,(\delta_N - \delta_S).}$$

Wurde z. B. auf mw. N-Kurs die Ablenkung $+ 4^0$, auf S-Kurs $- 2^0$, auf O-Kurs $+ 6^0$, auf W-Kurs $- 4^0$ beobachtet, so schreibt man an:

$$\begin{array}{rl} \delta_N & = + 4^0 \\ \delta_S & = - 2^0 \\ \delta_O & = + 6^0 \\ \delta_W & = - 4^0 \\ \hline 4\,A & = + 4^0 \\ A & = + 1^0. \end{array} \qquad \begin{array}{rl} \delta_N & = + 4^0 \\ -\delta_S & = + 2^0 \\ \hline 2\,C & = + 6^0 \\ C & = + 3^0 \end{array} \qquad \begin{array}{rl} \delta_O & = + 6^0 \\ -\delta_W & = + 4^0 \\ \hline 2\,B & = + 10^0 \\ B & = + 5^0 \end{array}$$

Übungsbeispiele: 1. Man errechne die Beiwerte A, B, C aus folgenden Angaben:

	1.	2.	3.	4.	5.	6.
δ_N	$+ 3^0$	$- 4^0$	$- 2^0$	10^0	$- 5^0$	$+ 8^0$
δ_O	$- 6$	$- 9$	$+ 6$	9	$- 8$	$+ 1$
δ_S	$- 8$	1	$- 1$	$- 5$	$+ 4$	0
δ_W	$+ 1$	$- 3$	$- 7$	$- 3$	$+ 9$	$+ 3$

2. Auf den mw. Hauptkursen N, O, S, W wurden folgende Kompaßkurse abgelesen. Die Beiwerte A, B C sind zu bestimmen

mw. K.	1.	2.	3.	4.	5.	6.
0^0	5^0	6^0	356^0	349^0	7^0	0^0
90^0	94^0	85^0	81^0	101^0	83^0	90^0
180^0	174^0	171^0	191^0	184^0	179^0	185^0
270^0	252^0	272^0	293^0	267^0	266^0	278^0

Hat man auf diese Weise die Beiwerte A, B, C eines Kompasses bestimmt, so ist es zweckmäßig, umgekehrt vermittels der obigen Formel $\delta = A + B \sin z + C \cos z$ für die beobachteten Kurse die Deviationen auszurechnen. Dazu dienen entsprechende Tafeln in den nautischen Tafelsammlungen. Wenn man die so berechneten Deviationen mit den beobachteten vergleicht, so können sich unter Umständen noch wesentliche Abweichungen ergeben. Diese beweisen, daß noch andere störende magnetischen Ursachen auf den Kompaß einwirken und der gewählte Kompaßplatz ungünstig ist. Das Rechenschema gestaltet sich folgendermaßen:

Berechnung der Deviation.

Ber. d. Beiwerte	mw. K.	beob. δ	A	$B \sin z$	$C \cos z$	ber. δ	Diff.
	0°	— 3°	+ 0,3°	0,0°	— 3,5°	— 3,2°	+ 0,2°
$\delta_N = -3^0$	15	+ 2	+ 0,3	+ 1,8	— 3,4	— 1,3	+ 3,3
$\delta_S = +4^0$	30	+ 6	+ 0,3	+ 3,5	— 3,0	+ 0,8	+ 5,2
$\delta_O = +7^0$	45	+ 6	+ 0,3	+ 4,9	— 2,5	+ 2,7	+ 3,3
$\delta_W = -7^0$	60	+ 6	+ 0,3	+ 6,1	— 1,8	+ 4,6	+ 1,4
$4A = +1^0$	75	+ 6	+ 0,3	+ 6,8	— 0,9	+ 6,2	— 0,2
$A = +0{,}3^0$	90	+ 7	+ 0,3	+ 7,0	0,0	+ 7,3	— 0,3
	105	+ 8	+ 0,3	+ 6,8	+ 0,9	+ 8,0	0
	120	+ 9	+ 0,3	+ 6,1	+ 1,8	+ 8,2	+ 0,8
$\delta_O = +7^0$	135	+ 8	+ 0,3	+ 4,9	+ 2,5	+ 7,7	+ 0,3
$-\delta_W = +7^0$	150	+ 6	+ 0,3	+ 3,5	+ 3,0	+ 6,8	— 0,8
$2B = +14^0$	165	+ 5	+ 0,3	+ 1,8	+ 3,4	+ 5,5	— 0,5
$B = +7^0$	180	+ 4	+ 0,3	0,0	+ 3,5	+ 3,8	+ 0,2
	195	+ 3	+ 0,3	— 1,8	+ 3,4	+ 1,9	+ 1,1
$\delta_N = -3^0$	210	+ 1	+ 0,3	— 3,5	+ 3,0	— 0,2	+ 1,2
$-\delta_S = -4^0$	225	— 1	+ 0,3	— 4,9	+ 2,5	— 2,1	+ 1,1
$2C = -7^0$	240	— 3	+ 0,3	— 6,1	+ 1,8	— 4,0	+ 1,0
$C = -3{,}5^0$	255	— 5	+ 0,3	— 6,8	+ 0,9	— 5,6	+ 0,6
	270	— 7	+ 0,3	— 7,0	0,0	— 6,7	— 0,3
	285	— 9	+ 0,3	— 6,8	— 0,9	— 7,4	— 1,6
	300	— 11	+ 0,3	— 6,1	— 1,8	— 7,6	— 3,4
	315	— 10	+ 0,3	— 4,9	— 2,5	— 7,1	— 2,9
	330	— 8	+ 0,3	— 3,5	— 3,0	— 6,2	— 1,8
	345	— 6	+ 0,3	— 1,8	— 3,4	— 4,9	— 1,1
	360	— 3	+ 0,3	0,0	— 3,5	— 3,2	+ 0,2

d) Die Kompensation der Beiwerte *A*, *B*, *C*.

§ 30. Der Beiwert A entsteht meist durch eine Verdrehung des Kompasses beim Einbau. An jedem Kompaß ist nunmehr eine Einstellvorrichtung angebracht, mit deren Hilfe er nach der Montage noch um wenige Grade verdreht werden kann.

Man merke sich die Regel:

Ist der Aufstellungsfehler *A* positiv, so verdrehe man den Kompaßkessel um den Betrag des Fehlers rechtsherum, ist er negativ, so verdrehe man den Kompaßkessel um den Betrag des Fehlers linksherum.

Die Beiwerte B und C sind magnetischer Natur; sie können daher auch nur durch Magnete kompensiert werden. Es werden daher den Kompassen meist in ihrem Fuß eine Reihe kleiner Magnete beigegeben, die in vorbereitete horizontale Löcher gesteckt werden können. Dieser Fuß ist sowohl nach der Längsrichtung wie nach der Querrichtung des Flugzeuges durchbohrt.

Wir haben oben erkannt, daß der Beiwert B dadurch entsteht, daß ein störendes magnetisches Längsfeld am Kompaßort auftritt. Er wird daher nur durch Längsmagnete von entgegengesetzter Richtung kompensiert werden können. Man merke sich dabei folgende Regel:

Ist der Beiwert *B* positiv, so bringe man den Kompensationslängsmagneten mit seinem Nordende (rotem Ende) nach vorne.

Ist der Beiwert *B* negativ, so bringe man den Kompensationslängsmagneten mit seinem Nordende (rotem Ende) nach hinten (Abb. 36).

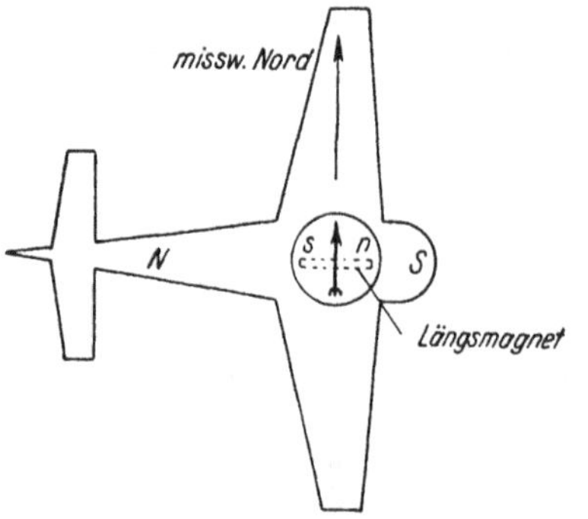

Abb. 36. Kompensation eines Längsfeldes.

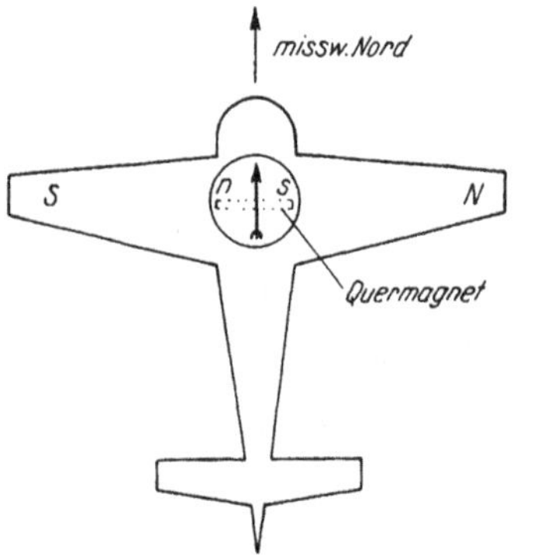

Abb. 37. Kompensation eines Querfeldes.

In gleicher Weise spricht sich die Regel für die Kompensation des Beiwertes *C* so aus:

Ist der Beiwert *C* positiv, so bringe man den Kompensationsmagneten mit seinem Nordende (rotem Ende) nach Steuerbord.

Ist der Beiwert *C* negativ, so bringe man den Kompensationsmagneten mit seinem Nordende (rotem Ende) nach Backbord (Abb. 37).

Zu dieser Kompensation ist nicht unbedingt die Kenntnis der Deviation nötig. Nachdem der Beiwert *A* aufgehoben ist, lege man das Flugzeug auf mißweisend Nordkurs und sehe nach, ob der Kompaß dann auch Nord anliegt. Tut er das nicht, so ergibt sich aus dem Sinne der Ablenkung, wie der Kompensationsmagnet zu verlegen ist.

Liegt das Rosennordende rechts vom Steuerstrich, so ist der Kompensationsquermagnet mit seinem Nordende (rotem Ende) nach rechts zu verlegen.

Genügt ein einziger Kompensationsmagnet nicht, so wird man einen stärkeren oder mehrere wählen oder den gewählten höher rücken.

Man wird darauf das Flugzeug auf mw. Südkurs legen. Stimmt die Rosenlage wieder nicht mit dem mw. Kurs überein, so ist das ein Zeichen, daß man vorher zu viel oder zu wenig kompensiert hat. Durch Wegnahme oder Zulage von Kompensationsnadeln sollte dieser Fehler bis zur Hälfte ausgeglichen werden.

Man legt sodann das Flugzeug auf mw. Ostkurs. Ist nunmehr die Rose wieder rechtsverdreht, so ist der Kompensationsmagnet mit seinem Nordende (rotem Ende) nach vorne zu verlegen. Auch hier wird wieder die Kontrolle auf mw. Westkurs wiederholt und die halbe Differenz nachkompensiert.

Würden in dem obigen Beispiel (§ 29) die Beiwerte *A*, *B*, *C* wegkompensiert sein, so würde noch eine Restablenkung übrigbleiben, wie sie in der Spalte: „Diff.“ auftritt.

e) Die Restablenkung.

§ 31. Die Kompensation durch kleine Stäbchen setzt nämlich voraus, daß ihre magnetischen Felder an der Stelle der Rosenmagnete homogen, d. h. gleichmäßig wirken. Es müßten also Teile des Kraftfeldes dieser Stäbchen benützt werden, wo ihre Kraftlinien parallel zu ihrer Achse verlaufen. Wenn man aber das Kraftlinienfeld in Abb. 28 betrachtet, so wird man sehen, daß dies nur weit querab von dem Magneten der Fall ist. Wenn aber die Kompensationsmagnetstäbchen etwa so lange wie die Rosenmagnete gewählt werden, so kommen diese bei den meist gewählten kurzen Entfernungen bei der Kompensation schon in Teile des Feldes zu liegen, wo diese Parallelität nicht mehr erfüllt ist. Erst in größerer Entfernung von den Kompensationsmagneten würde die Lage der Rosenmagnete Verhältnissen entsprechen, die bei der Ableitung der Ablenkungsformel zugrundegelegt waren. Die Folge ist, daß die Aufstellung der Ablenkungsformel und die daraus abgeleitete alleinige Kompensation der Beiwerte A, B und C den Verhältnissen nicht vollständig genügen und die Restglieder noch einen unvermeidlichen Einfluß haben.

An diesen Dingen wird grundsätzlich auch nichts geändert, wenn man, wie bei ausländischen Kompensationsverfahren, die Kompensationsmagnete drehbar anordnet und durch Gegen- oder Gleichschaltung derselben schwächere oder stärkere Kompensationswirkung erzielt.

Es ist noch zu erwähnen, daß die Ablenkungsglieder $D \sin 2z + E \cos 2z$ auch kompensierbar sind. Man wählt dazu weiche Eisenstäbchen, die durch die jeweilige Lage zu den Rosenmagneten von diesen induziert werden und daher rückwärts auf diese Kompensierwirkung ausüben. Die magnetischen Verhältnisse am Kompaßort werden dadurch aber nicht übersichtlicher, weil durch Häufung der Kompensationsmittel in großer gegenseitiger Nähe jede klare Trennung der Wirkung zerstört wird.

Außerdem sind die Störfelder im Flugzeug oft sehr starken Änderungen unterworfen, die eine restlos befriedigende vollständige Kompensation aussichtlos erscheinen lassen. Man beschränkt sich daher auf die Kompensation der Glieder A, B, C und sorgt dafür, daß die Ablenkungsverhältnisse eines Kompasses andauernd überwacht bleiben und Kompensation und Aufstellung einer Steuertafel turnusmäßig in engen Zeiträumen wiederholt werden. Namentlich nach Überholungen der Flugzeuge und bei Änderung in der Montage ist jedesmal die Kompensation nachzuprüfen.

f) Die Krängungsablenkung.

§ 32. Wir haben oben unter Annahme einer horizontalliegenden Rose und eines horizontalfliegenden Flugzeuges die Hochkomponente R des magnetischen Störfeldes am Kompaß außeracht lassen können. Wir wollen die eine Bedingung fallen lassen und nun untersuchen, welche Wirkung diese Komponente R bei einem geneigten Flugzeug auf die horizontalliegende Rose ausüben wird.

Wir denken dabei hauptsächlich an eine Querneigung des Flugzeuges, wie sie z. B. beim Hängen häufig vorkommt.

Es ist dann die Feldstärke R in zwei Komponenten zu zerlegen, von denen die eine senkrecht zur Rose steht und damit magnetisch unwirksam ist, und die andere in der Richtung des Rosenblattes. Beträgt die Neigung i Grad, so ist die erste Komponente $R \cos i$, die zweite $R \sin i$, und demnach gleichwertig mit einem ablenkenden Störfeld (Abb. 38). Die dadurch verursachte Ablenkung wird der Form nach dieselbe sein, wie sie oben das Querfeld Q erzeugt hat. Diese Ablenkung wird auf Nord- und Südkurs am größten sein, weil dann das Störfeld senkrecht zur Meridianlinie der Rose liegt; sie wird verschwinden auf Ost- und Westkurs, weil die Störfelder in den Meri-

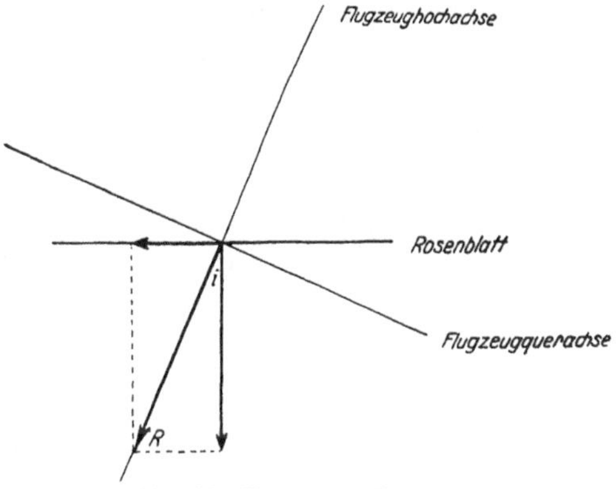

Abb. 38. Krängungsablenkung.

dian fallen und nur eine Richtkraftstärkung oder -schwächung nach sich ziehen. Die allgemeine Formel für diese Ablenkung wird sein

$$\delta = -\frac{R \sin i}{H} \cos z,$$

oder umgewandelt $\delta = -K\, i \cos z,$

wobei das —-Zeichen daher kommt, daß bei Nordkurs und Rechtsneigung die Ablenkung negativ sein muß.

Diese Ablenkung heißt Krängungsablenkung und K heißt der Krängungsbeiwert. Sie tritt immer auf, wenn ein magnetisches Hochfeld im Flugzeug vorhanden ist. Sie wächst proportional mit der Krängung i und wechselt das Vorzeichen, wenn die Querneigung (Krängung) das Vorzeichen wechselt.

Bei hängendem Flugzeug muß man sich wegen der Verwandtschaft dieser Ablenkung mit der Ablenkung $\delta = C \cos z$ davor hüten, diese beiden miteinander zu verwechseln. Es ist insbesondere bei der Kompensation und der Deviationsbestimmung sehr darauf zu achten, daß dabei das Flugzeug seine normale horizontale Lage angenommen hat.

Ein ähnlicher Fehler würde bei vorhandenem Hochfeld auch auftreten in jeder Kurve und bei Längsneigungen, wobei im letzteren Fall die Funktion $\cos z$ durch $\sin z$ ersetzt werden müßte.

g) Die Neigungsablenkung.

§ 33. Unabhängig von magnetischen Störfeldern im Flugzeug tritt jedoch noch ein weiterer Fehler in der Kompaßweisung auf, der insbesondere für die Unruhe des Kompasses im Flugzeug verantwortlich zu machen ist. Es handelt sich um eine mechanische Einwirkung des Flugzeuges auf die Kompaßrose und hängt mit den Beschleunigungen, denen die Rose im Flugzeug ausgesetzt ist, zusammen.

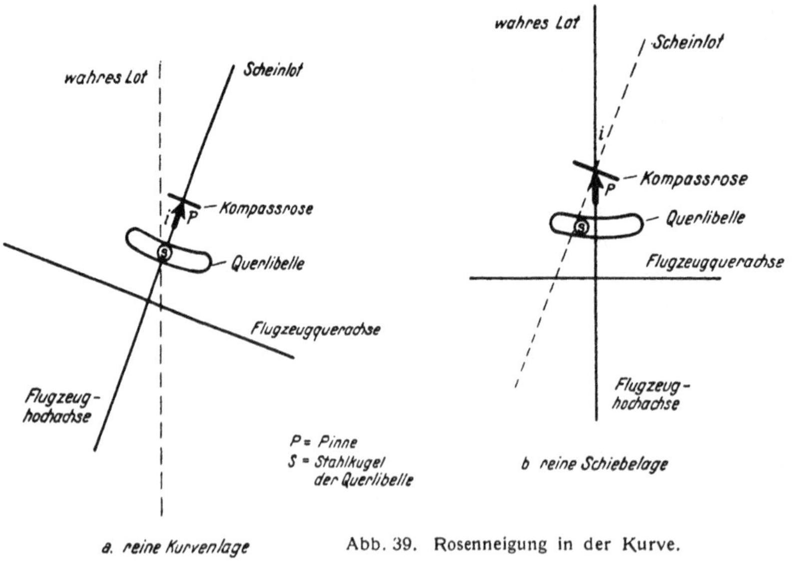

Abb. 39. Rosenneigung in der Kurve.

Wenn das Flugzeug in eine technisch richtig geflogene Kurve geht, so neigt sich die Flugzeughochachse. Diese schiefe Lage ist die Resultante zwischen der Erdbeschleunigung und der Zentrifugalbeschleunigung und heißt Scheinlot. In dieses Scheinlot würde sich z. B. eine Querlibelle einstellen, so daß für einen Beobachter im Flugzeug die Libelle scheinbar normal steht. Auch die Kompaßrose, die ja immer wegen der Schwerpunktsverlegung des Rosengewichtes sich „horizontal" einzustellen bemüht ist, stellt sich in den neuen „Horizont", nämlich senkrecht zum Scheinlot ein (Abb. 39).

Ein Flugzeug kann aber auch in die Kurve schieben. In diesem Falle würde das die Querlibelle dadurch anzeigen, daß ihre Stahlkugel durch die Zentrifugalkraft nach außen gerissen wird. Die Pinne der Rose würde dann auch im Raume senkrecht stehen, trotzdem folgt aber die nur an einem Punkte aufgehängte Rose dem Scheinlot (s. Abb. 39).

Man hat also das Gesetz:

Die Kompaßrose bleibt bei Beschleunigungen im Flugzeug senkrecht zum Scheinlot.

Damit fällt aber die zweite Voraussetzung, die oben bei der Ableitung der Deviationsformel gemacht wurde, daß die Rose im wahren Horizont bleibt, und die Magnete, die in der Rose befestigt sind, kommen in eine ganz andere Lage zu den magnetischen Kraftlinien der Erde.

Es ist dazu notwendig, daß wir erkennen, daß das erdmagnetische Feld in unseren Breiten in der Ebene des magnetischen Meridians von Süden oben nach Norden unten geneigt ist. Dieses Totalfeld T kann bei der gewöhnlichen Kompaßtheorie in zwei Komponenten zerlegt gedacht werden, in die Vertikalkomponente V des Erdmagnetismus und in die Horizontalkomponente H des Erdmagnetismus (Abb. 40). Unter der Einwirkung allein

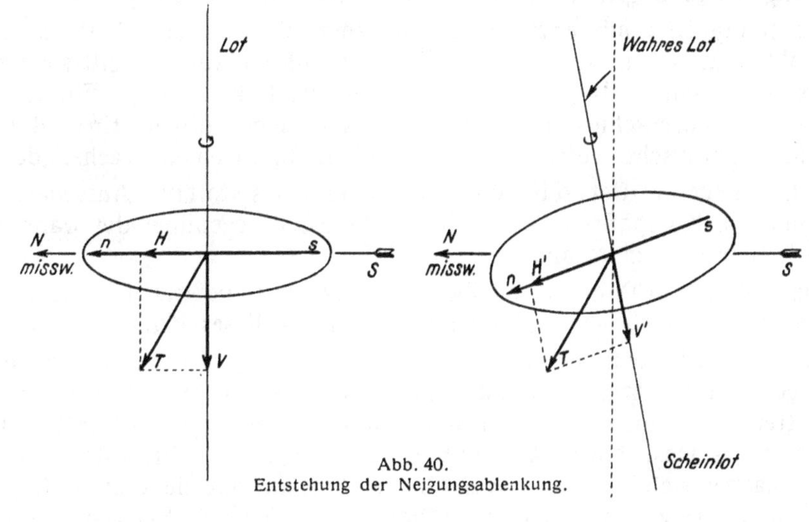

Abb. 40.
Entstehung der Neigungsablenkung.

der letzteren zeigt ein Kompaß mit horizontalgelagerten Magneten immer nach mw. Nord, während die Vertikalkomponente unwirksam war. So ist es auch oben zum Ansatz gebracht worden. Die Neigung der Totalintensität gegen den Horizont wächst mit der Annäherung an den Pol; der Winkel zwischen Horizontalintensität und Vertikalintensität ist als magnetische Inklination J bekannt.

Auch im Falle einer geneigten Rose bleibt das ursprüngliche Totalfeld T der Ausgangspunkt der magnetischen Beeinflussung. Diesmal ist aber die Zerlegung in eine Komponente nach dem Scheinlot und einer in die Ebene der Rose durchzuführen. Die Scheinlotintensität V' wird wieder unwirksam bleiben, dagegen wird die Rosenhorizontalintensität H' das Nordende der Nadel nach einer neuen, von der früheren Richtung abweichenden Meridianrichtung ziehen.

Denken wir uns in Abb. 40 ein Flugzeug mit Nordkurs in eine Linkskurve eintretend, so tritt das Scheinlot oben aus der Zeichenebene nach vorne heraus. V' ist nach hinten unten gerichtet; die Ebene durch T und V' wendet sich mit ihrem Nordende nach links vorne aus dem mißweisenden Meridian heraus, und die Kompaßnadel wird dieser Richtung folgen. Somit entsteht eine neue Ablenkung, die Neigungsablenkung genannt wird.

Die Neigungsablenkung ist der Winkel zwischen mißweisend Nord und Rosennord bei geneigter Rose.

Die Neigungsablenkung kann wie eine gewöhnliche Ablenkung behandelt werden, wenn man sich vorstellt, daß durch Neigung ein (das Nordende) anziehender magnetischer Scheinpol auf der gesenkten Seite der Rose entsteht.

Diese Neigungsablenkung ist deshalb für den Flieger besonders störend, weil die Beschleunigungen sehr plötzlich und in starkem Maße auftreten.

Verfolgt man das gegebene Beispiel weiter, so denke man daran, daß bei Linkskurve, von Nordkurs ausgehend, die Magnetnadel der Rose nach links gerissen wird, und zwar liegen die Verhältnisse so, daß die Rose schneller nach links gerissen wird, als die Drehung des Flugzeuges erfolgt. Es sieht dann aber so aus, als wenn das Flugzeug seinen Kurs nach rechts ändert, und man hat das Gefühl, daß das Flugzeug nach der entgegengesetzten Seite dreht, als beabsichtigt ist. Der Flieger kommt in Gefahr, da er Linkskurve steuern will, noch mehr Linkssteuer geben zu müssen. Das gleiche gilt von der Rechtskurve, wenn von Nordkurs ausgegangen wird.

Dieser Umstand hat diesem Fehler auch den Namen Norddrehfehler eingetragen, der aus dem englischen Begriff northerly turning error entstanden ist.

Die Erscheinung tritt mit entsprechendem Vorzeichenwechsel jedoch auch bei Südkurs auf. Denkt man sich in Abb. 40 das Flugzeug auf Südkurs, so gilt sie für den Fall, daß man eine Rechtskurve steuert. Die Rose wandert links herum. Ein Irrtum ist für den Flieger demnach ausgeschlossen, da er ja Rechtskurve geben will. Er wird nur über das Maß der Drehung getäuscht, verwirrt sich aber nicht durch einen Wechsel der Richtung.

Beginnt die Kurve auf Ost- oder Westkurs, so fällt das störende Ausscheren der Kompaßrose weg und die Kompaßweisung bleibt nur langsam gegenüber der wahren Kompaßweisung zurück oder eilt ihr voraus.

Bei Beginn einer Kurve auf einen Zwischenkurs setzt die Erscheinung je nach Maßgabe des nördlichen oder südlichen Anteils und dem cos dieses Kurses verhältig ein.

Auch wenn das Flugzeug gezogen oder gedrückt wird, also bei Beginn eines Start- (Steig-)fluges oder bei Ansetzen zur Landung, auch beim Beginn eines Gleitfluges sowie beim Durchsacken treten Beschleunigungswirkungen auf den Kompaß ein. Beim Beginn des Steigfluges kippt das Rosenblatt nach hinten, beim Beginn des Gleitens nach vorne. Die Auswirkungen machen sich in gleicher Weise bemerkbar, nur daß sie jetzt auf Ost- und Westflug in Erscheinung treten und nicht beim Nord- und Südflug. Bei Oststeigflug wird die Rose linksherum getrieben, und es sieht so aus, als ob die Fluglinie nach rechts ausschert. Die Erscheinung dauert jedoch nur solange, bis die Flugzeugbewegung gleichmäßig geworden ist.

Die Neigungsablenkung δ berechnet sich nach der Formel:

$$\delta = \frac{v \cdot \omega}{g} \operatorname{tang} J \cos z.$$

Hierin ist v die Geschwindigkeit des Flugzeuges in m/sec[1]), ω die Drehgeschwindigkeit in Grad pro sec, g die Erdbeschleunigung ≈ 10 m/sec², J die Inklination des erdmagnetischen Feldes und z der anliegende Kurs. Dabei ist der Wert $\frac{v \cdot \omega}{g} = \operatorname{tang} i$ gleich der Tangente der Neigung i des Scheinlotes.

[1]) Über die Verwandlung von km/h in m/sec vgl. Taf. 5.

Tabelle der Neigung i.

Drehkreis in Zeitminuten	ω in Grad	Flugzeuggeschwindigkeit v in km/h								
		120	150	180	210	240	270	300	330	360
1	6°	20	25							
2	3	10	12,5	15	17,5	20				
3	2	6,7	8,3	10	11,7	13,3	15	16,7	18,3	20
4	1,5	5	6,3	7,5	8,8	10	11,3	12,5	13,8	15
5	1,2	4	5	6	7	8	9	10	11	12
6	1,0	3,3	4,2	5	5,8	6,7	7,5	8,3	9,2	10

In Abb. 41 ist der zeitliche Ablauf dieser Bewegung dargestellt. Als Beispiel ist gewählt $v = 180$ km/h, Drehkreis in 3 Minuten, daher Winkeldrehgeschwindigkeit 2°/sec. Aus der Tabelle berechnet sich die Neigung des Scheinlotes i zu 10°. Um δ zu berechnen, muß dieser Wert noch mit tang J multipliziert werden, die für Berlin den Zahlwert 2,4 hat. Es entsteht somit eine Neigungsablenkung $\delta = 24^0 \cos z$. Die Figur ist ein Kurs-Zeit-Bild. Die Zeitachse läuft von unten nach oben, die Kurse stehen auf der horizontalen Achse. Im Zeitpunkt 0 soll das Flugzeug in eine Rechtskurve übergehen; es müßte also der Kompaß der stark ausgezogenen Linie folgen. Tatsächlich wirkt aber auf ihn die Neigungsablenkung und seine Anzeigen fallen auf die fein ausgezogene Linie.

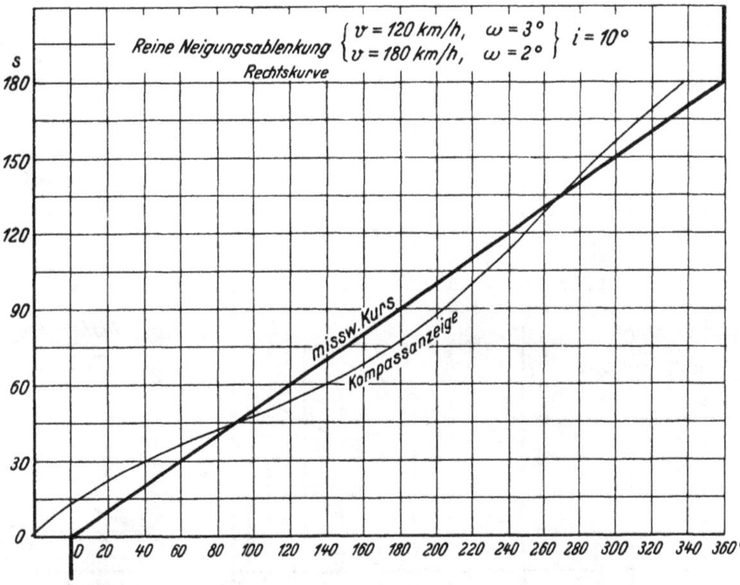

Abb. 41. Kompaßanzeige unter Einwirkung der Neigungsablenkung.
Beispiel: Geschwindigkeit v = 120 km/h, Drehgeschwindigkeit = 3° oder Geschwindigkeit v = 180 km/h, Drehgeschwindigkeit = 2°; Neigung 10°; Rechtskurve.

Der Kompaß besitzt, wie unten (§ 35) ausgeführt wird, eine ihm eigentümliche Einschwingungskurve, wenn er aus seiner Ruhelage abgelenkt wird (Charakteristik) (Abb. 53). Er wird also nicht plötzlich in die neue fein ausgezogene Linie „fallen", sondern schwingt sich in diese gemäß seiner Charakteristik ein. Diese Charakteristik überlagert sich daher der Neigungsablenkungskurve, so daß die Einschwingungskurve so aussehen wird, wie sie die Abb. 42 u. 43 bringen. Man erkennt, wie die Kompaßanzeige bei Beginn der Rechtskurve auf Nordkurs nicht rechts dreht, sondern nach links ausschwingt (Abb. 42), während sie bei Südbeginn wohl auch rechts herum geht (Abb. 43), aber in stärkerem Maße als das Flugzeug.

In Abb. 44 folgt ein Ausschnitt aus einer kinematographischen Aufnahme der Flugzeugkompaßanzeige. Auf diesem Bild ist die wahre Kursrichtung durch die Anzeige eines Sperry-Richtungs-Kreisels wiedergegeben. Bei jeder scharfen Kursänderung zeigt sich sofort die charakteristische Wirkung der Neigungsablenkung.

Aus der Formel für die Neigungsablenkung

$$\delta = \frac{v \cdot \omega}{g} \operatorname{tang} J \cos z$$

ist zu erkennen, daß dieser Betrag bei nördlichen und südlichen Kursen seinen größten Wert hat. Auf östlichen und westlichen Kursen verschwindet er mit cos z. Ferner wächst er mit der tang J, d. h. auf niederen Breiten in der Nähe des Äquators tritt die Neigungsablenkung nicht auf, wird aber auf höheren Breiten stark anwachsen. In unseren Breiten

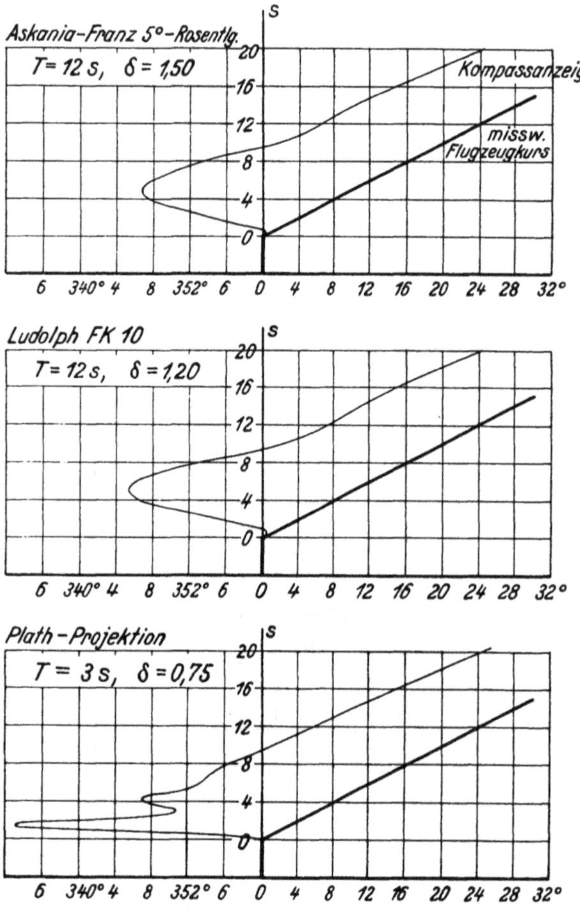

Abb. 42. Einschwingungskurve in die Neigungsablenkung. Flugzeugdrehgeschwindigkeit $\omega = 2°$, Rechtskurve, Berlin, Nordbeginn.

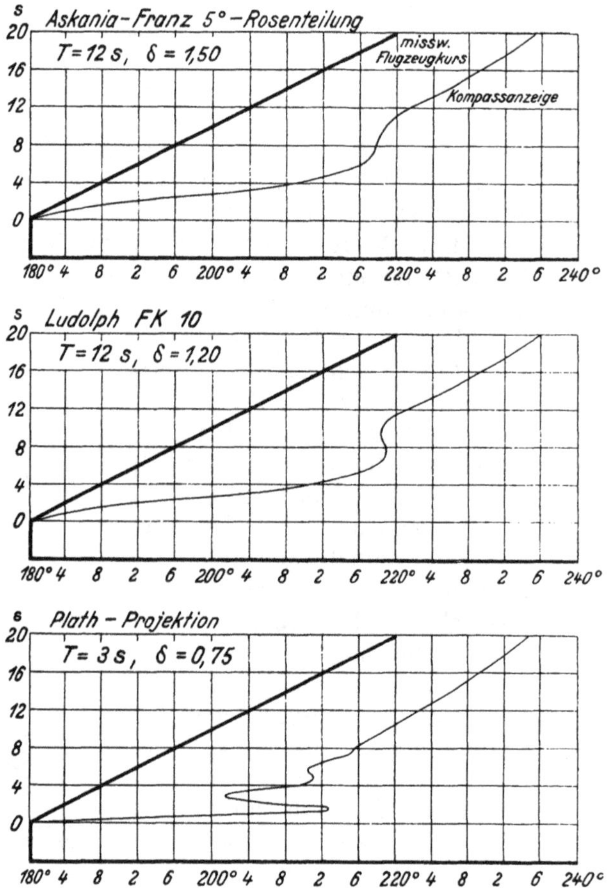

Abb. 43. Einschwingungskurve in die Neigungsablenkung. Flugzeugdrehgeschwindigkeit $\omega = 2°$, Rechtskurve, Berlin, Südbeginn.

ist er etwa das 2,5 fache der Neigung des Scheinlotes. Die Neigungsablenkung wächst ferner proportional mit der Flugzeuggeschwindigkeit und endlich ist sie noch proportional der Drehgeschwindigkeit. Wächst im Falle des Ostkurses bei Rechtskurve die Neigung auf $90° - J$ an, so ist überhaupt keine Richtkraft mehr vorhanden, weil dann das Scheinlot in die Richtung der Totalkraft fällt. Übersteigt die Neigung den Wert $90° - J$, so tritt eine Umkehrung der Richtkraft ein, und die Rose fängt zu kreiseln an.

Eine Kompensation dieser Neigungsablenkung ist mit gewöhnlichen magnetischen Mitteln nicht möglich. Versuche gehen dahin, das Vertikalfeld des Erdmagnetismus auszuschalten. Mehr verspricht man sich durch eine Kombination mit Stabilisierungskreiseln, welche die Rose immer im Raum horizontal halten sollen. Instrumente dieser Art sind von Askania-Berlin und Plath-Anschütz gebaut worden.

Die Beschleunigungen in der Längsrichtung des Flugzeuges (beim Ziehen und Drücken, beim Durchsacken) lassen sich auf die gleiche Weise behandeln und führen zu ähnlichen Formeln, wenn man in den vorhergehenden den cos z durch sin z ersetzt.

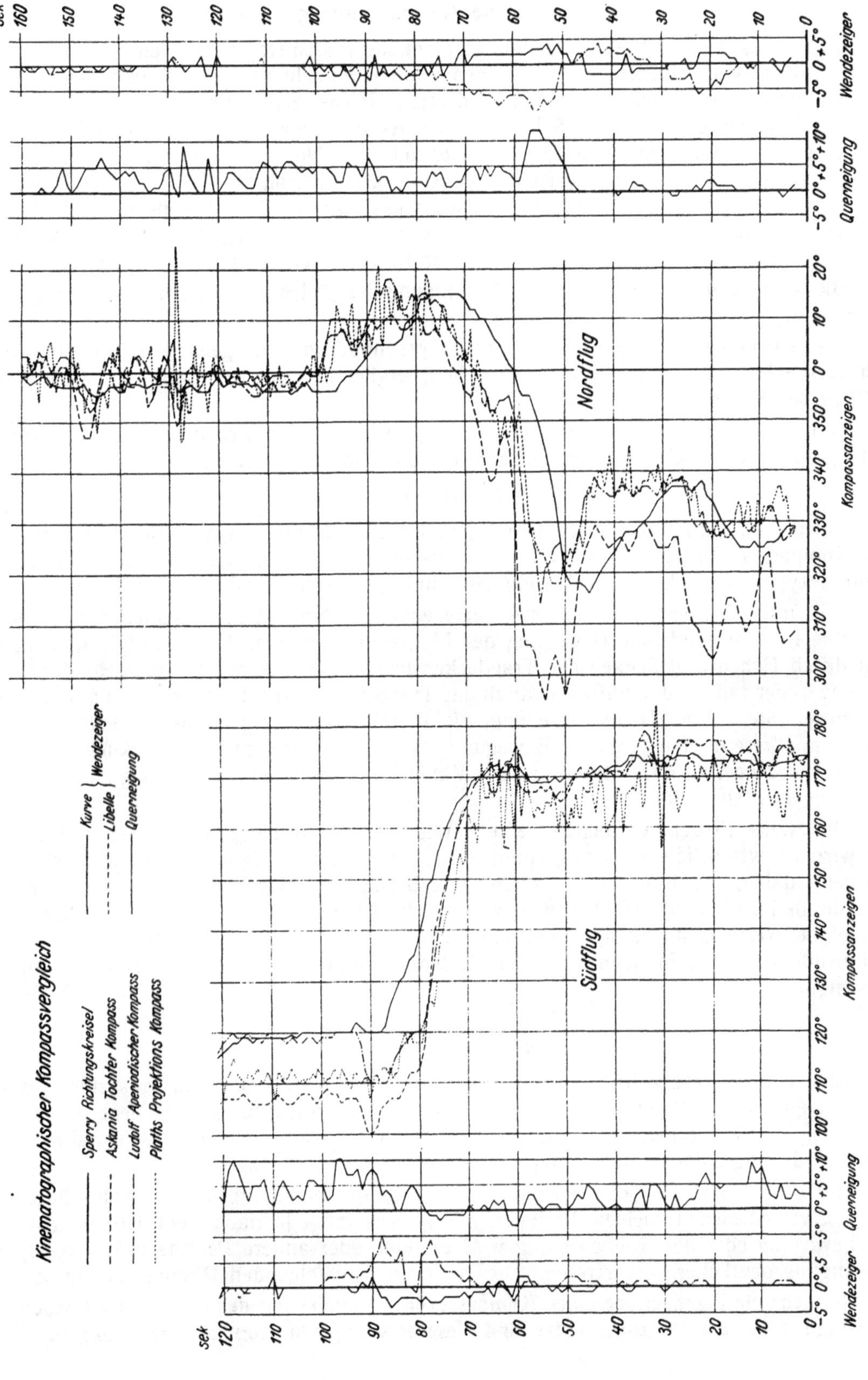

Abb. 44. Kinematographischer Kompaßvergleich. Kursanzeigen von Kompassen im Flug.

h) Erzwungene Kompaßschwingungen.

§ 34. Diese Verhältnisse der Neigungsablenkung finden sich auch wieder beim Geradeausflug. Denn kein Flugzeug vermag so genau auf Kurs gehalten werden, daß nicht geringfügige Ausscherungen von der Kurslinie auftreten. Ferner ergeben sich aus Ungleichmäßigkeit der Luftdichte periodische Schwingungen des Flugzeuges um die Längsachse. Diese Ursachen haben zur Folge, daß das Flugzeug um seine Normallage pendelt. In all diesen Phasen treten Beschleunigungskräfte auf die Rose auf. Die Folge ist, daß auch die Kompaßrose sich periodisch neigt und infolge der Neigungsablenkung Schwankungen um die Nord-Südachse erfährt. Man nennt dies erzwungene Schwingungen der Kompaßrose. Äußerlich erkennt man sie an der Unruhe der Rose, die ein Steuern sehr erschwert.

Die Periode dieser erzwungenen Schwingung ist gleich der Periode der erregenden Schwingung.

Die erzwungene Kompaßschwingung ist gegenüber der erregenden Schwingung zeitlich verschoben. Das Maß dieser Verschiebung ergibt sich aus den Schwingungscharakteristiken der Kompasse (s. § 35).

Hat die erregende Schwingung die Form $q \cos \varkappa t$, also die Frequenz $\varkappa$ und die Amplitude q, so schreibt sich die erzwungene Schwingung in der Form

$$m = q \operatorname{tang} J \cdot \cos z \cdot f \cdot \cos (\varkappa t + \varphi).$$

Hierin ist φ die Phasenverschiebung und f ein Faktor, der von der Charakteristik des Kompasses abhängt. Dieser Faktor f, zusammen mit $\operatorname{tang} J$, ergibt bei den heutigen Kompaßtypen meist eine Vergrößerung der Amplitude gegenüber der erregenden Amplitude.

Wir unterscheiden nunmehr zwei erregende Schwingungen verschiedener Ursache. Die eine ist eine pendelnde Bewegung des Flugzeuges um seine Längsachse und macht sich durch Heben und Senken der Tragdecken bemerkbar. Sie wird verursacht durch die Unruhe in der Luft und modifiziert durch das Trägheitsmoment des Flugzeuges um die eben erwähnte Längsachse. Diese Bewegung, die Rollbewegung genannt werden soll, setzt die Kompaßrose in eine konforme Bewegung, da diese immer dem augenblicklichen Scheinlot des Flugzeuges zu folgen trachtet. Die Maximalamplitude ist formelmäßig dann von der eben angeführten Form.

Die zweite Ursache ist dagegen eine Bewegung des Flugzeuges um seine Hochachse. Sie wird im wesentlichen hervorgerufen durch die Steuerbetätigung um diese Hochachse. Sie heißt daher Gierbewegung. Auch diese Bewegung überträgt sich auf den Kompaß, weil sie als kleine pendelnde Kurvenbewegung des Flugzeuges aufgefaßt werden kann, die pendelnde Neigungsablenkungen der Rose zur Folge hat. Hat diese Gierbewegung die Amplitude a und die Frequenz ω, so ist die Maximalamplitude der erzwungenen Kompaßschwingung

$$m = \frac{v}{g} \cdot a \cdot \omega \cdot \operatorname{tang} J \cdot \cos z \cdot f.$$

Eine dritte Ursache liegt in zuckenden Erschütterungen des Kompaßsystems, wenn es nicht gut gedämpft und abgefedert ist. Die Periode dieser Bewegung liegt bei etwa 2 bis 3 sec. Die Rollperiode kann mit einem Wert von 10 sec angesetzt werden, während die Gierperiode länger dauert und in Werten von 100 bis 300 sec auftritt.

Die Folge dieser Perioden ist, daß sich die Kompaßbewegung um die Normallage aus solchen verschiedenen kleinen Perioden zusammensetzt. Je nach dem Überwiegen der Gierbewegung oder der Rollbewegung wird die eine oder andere Periode in der Kompaßschwingung deutlicher hervortreten. Dies geht aus dem folgenden Resonanzgesetz hervor:

Je mehr die Eigenperiode eines Kompasses in Resonanz mit der Periode der erregenden Schwingung ist, um so ausgeprägter sind diese erzwungenen Kompaßschwingungen.

Die gebräuchlichen Flugzeugkompasse haben eine Eigenperiode, die nahe bei 10 sec liegt. Sie sind daher besonders empfindlich gegen die Rollperiode des Flugzeuges. Der Plathsche Projektionskompaß (s. § 36) zeichnet sich durch besonders kurze Periode aus; er reagiert daher besonders stark auf die Schütterperiode. (Man vergleiche dazu die oben in Abb. 44 gebrachte kinematographische Aufnahme der Kompaßbewegungen.)

Man kann diese erzwungenen Schwingungen der Rose dadurch mindern, daß man die Eigenperiode des Kompasses möglichst weit von den Perioden der erregenden Schwingungen abrückt. Die Gierperiode kann dadurch gemindert werden, daß der Flieger seinen Kurs möglichst ruhig und stetig hält.

In der Abb. 45 ist der Versuch gemacht, die Einwirkung der Flugzeugbewegung auf verschieden gedämpfte und verschiedenperiodige Kompasse zur Darstellung zu bringen. Es ist von der Vorstellung ausgegangen, daß ein Flugzeug durch die Unregelmäßigkeit des Windes zu Rollbewegungen angetrieben wird. In der Darstellung bedeuten links die horizontalen Striche den zeitlichen Ablauf der Windgeschwindigkeiten eines böigen Windes, der zuerst nur wenig und dann stärker um eine mittlere Windgeschwindigkeit pendelt. Daneben ist dargestellt, wie sich diese unregelmäßigen Anstöße auf das Flugzeug zeitlich auswirken, dessen schwach gedämpfte Eigenschwingungsform unten angedeutet ist. Man erkennt dabei, wie sich die Windstruktur auf die Rollbewegung des Flugzeuges überträgt und nur mit geringer Phasenverschiebung in ihr nachzeichnet. Das Flugzeug wird nunmehr als Primärsystem angesehen, das auf eine Reihe verschiedenperiodiger und verschieden gedämpfter Kompasse, die daneben angeführt sind, als sekundäre Systeme einwirkt. Die Charakteristiken der Kompasse (s. u.) sind unten beigesetzt, und zwar haben die beiden ersten eine starke, die beiden letzten eine schwache Dämpfung. Beim ersten Kompaß ist die Schwingungsperiode kürzer als die des Flugzeuges, bei den nächsten größer und bei dem letzten sogar übermäßig lang. Auch bei den erzwungenen Schwingungen der Kompasse stellt sich die unregelmäßige Schwankung der Windgeschwindigkeiten wieder ein, nur sind die Amplituden sehr verschieden. Besonders ausgeprägte Schwingung hat der erste stark gedämpfte kurzperiodige Kompaß, der auf gelegentliche Windstöße besonders heftig reagiert. Resonanzen prägen sich deutlich aus. Besonders hervorzuheben ist der letzte schwach gedämpfte, langperiodige Kompaß, der sehr geringe Amplituden der erzwungenen Schwingungen zeigt und die einzelnen Stöße wesentlich ausgleicht; er wirkt verhältnismäßig ruhig. Nur gelegentliche Windstöße und längere Windperioden geben ihm auch größere, wenn auch sehr gemilderte Ausschläge. Auf jeden Fall schaukeln sich im Gegensatz zu den anderen Kompassen bei ihm nur sehr selten einzelne ursprüngliche Bewegungsantriebe wesentlich auf.

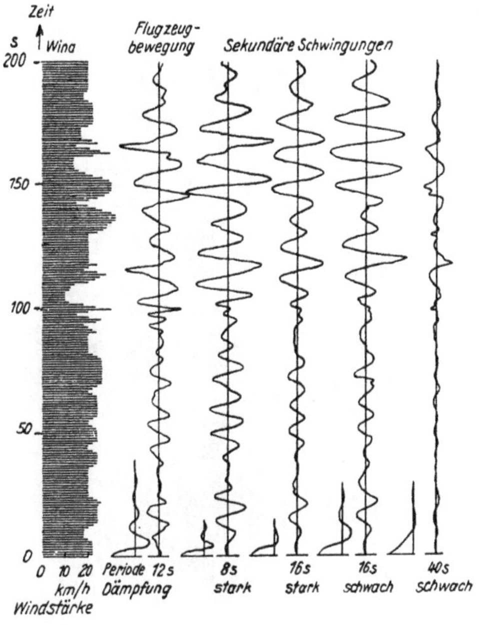

Abb. 45. Schwingungskoppelung.

Erschütterungen der Pinne geben nun noch außerdem zu einer scheinbaren Ablenkung Veranlassung. Sie verleihen nämlich der Kompaßrose einen Drehimpuls, der mit der Häufigkeit der Erschütterungen wechselt. Dieser rein mechanische Drehimpuls setzt sich mit dem magnetischen Richtmoment der Rosenmagnete zusammen, bis beide im Gleichgewicht bleiben. Die Folge ist eine Ablenkung der Rose, die allerdings je nach der Erschütterungszahl verschieden groß sein kann. Überwiegt der Drehimpuls das magnetische Moment, so kann die Rose in kreiselnde Bewegung kommen.

i) Die gebräuchlichen Flugzeugkompasse.

§ 35. Man unterscheidet Nah- und Fernkompasse. Ein Nahkompaß ist der Aufsichtkompaß oder Orterkompaß, bei dem die Rose eine flache Scheibe ist, unter welcher die Rosenmagnete angebracht sind. Der Steuerstrich sitzt hinter der Rose. Ein anderer Nahkompaß ist der Führerkompaß. Dieser hat eine vertikale zylindrische Rose, in deren Innerem die Magnete angebracht sind; der Steuerstrich ist vorne an der Glaswand, weshalb die Rose selbst ihre Bezeichnungen um 180° versetzt (Abb. 46 bis 52).

Abb. 46. Führerkompaß Emil LKe 12 E.

Die Kompasse haben gedrungene Ausführungsformen, um den Platz im Instrumentenbrett nicht zu beengen. Ihre Teilung geht meist nur von 5° zu 5°. Die Bezifferung der Rose ist so durchgeführt, daß nur alle 30 Grade angeschrieben sind; dabei entsprechen die Zahlen 3, 6, 9, 12 . . . den Kurszahlen 30°, 60°, 90°, 120° . . . Die Rose sitzt auf einer Pinne und schwingt in einer dämpfenden Flüssigkeit, wodurch auch der Auflagerdruck herabgesetzt wird. Bei der Auswahl der Flüssigkeit muß darauf gesehen werden, daß ihr Gefrierpunkt nicht zu hoch liegt. Auch ihr Ausdehnungskoeffizient ist von Bedeutung. Um bei großen Temperaturschwankungen den Überdruck der Flüssigkeit auszugleichen, findet sich im Gehäuse eine Wellblechdose, die bei Temperatursteigerung sich elastisch ausdehnt und den Flüssigkeitsüberschuß aufnimmt.

Am Fuß des Kompasses befindet sich die Vorrichtung zum Kompensieren des Aufstellungsfehlers; er trägt ferner einen Holzzylinder zum Einstecken der Kompensierungsmagnete. Das Gehäuse ist kugelförmig ausgebildet, um eine gleichmäßige Beweglichkeit der Dämpfungsflüssigkeit zu ermöglichen. Zum Abfangen der Flugzeugerschütterungen, insbesondere bei Start und Landung, ist meist der Kessel in eine starke Federung eingespannt oder mit Gummistopfen in seiner Halterung eingefügt. Die meisten Kompasse können mit Mattlicht nachts beleuchtet werden. Auf kardanische Aufhängung wird verzichtet, da dadurch der Kompaß dem Scheinlot nicht entzogen würde.

Für Großflugzeuge dienen größere Kompaßkessel, weil dadurch die Rosen zur Erzielung einer größeren Trägheit größer ausgebildet werden können. Häufig tragen solche Großflugzeugkompasse auch Aufsätze mit Peilvorrichtungen (Abb. 50).

Wesentlich verschiedene Bauart zeigt der Plathsche Projektionskompaß (Abb. 51 u. 52). Plathsches Prinzip ist, die Rose möglichst leicht zu machen. Er bildet die Rose so klein aus, daß ihr Durchmesser nur 17 mm und ihr Gewicht 0,9 g beträgt. Die Rosenmagnete sind sehr stark. Um die Roseneinstellung deutlich sichtbar zu machen, beleuchtet er diese und erreicht durch ein stark vergrößerndes Linsensystem, daß ihr Bild in beliebiger Lage und in jeder gewünschten Größe gleichzeitig mit einem Steuerstrich auf eine Mattscheibe projiziert wird. Seine Rose kann daher auch eine Teilung von 2° zu 2° tragen. Durch diese Projektion kann das Nadelsystem an einen magnetisch günstigen Platz gerückt werden, während das Bild an einem optisch günstigen Platz (auch vertikal) erscheinen kann. Der magnetische Vorteil des kleinen Nadelsystems besteht darin, daß die Rose in bezug auf die Kompensationsmittel und die Störungsfelder fast ohne Dimension ist.

Vor Gebrauch eines Kompasses untersucht man ihn auf sein einwandfreies Funktionieren. Dazu dient seine sog. Charakteristik, das ist eine Aufnahme seiner Schwingungskurve, wenn er nach Ablenkung wieder in seine Ruhestellung zurückschwingt. In Abb. 53 sind solche Einschwingungskurven für die Kompasse Askania Franz, Ludolph F. K. 10 und Plath-Projektion gegeben. In den Bildern lesen sich von unten nach oben die Sekunden und nach rechts und links die Amplituden der Schwingung in den einzelnen Zeiten ab.

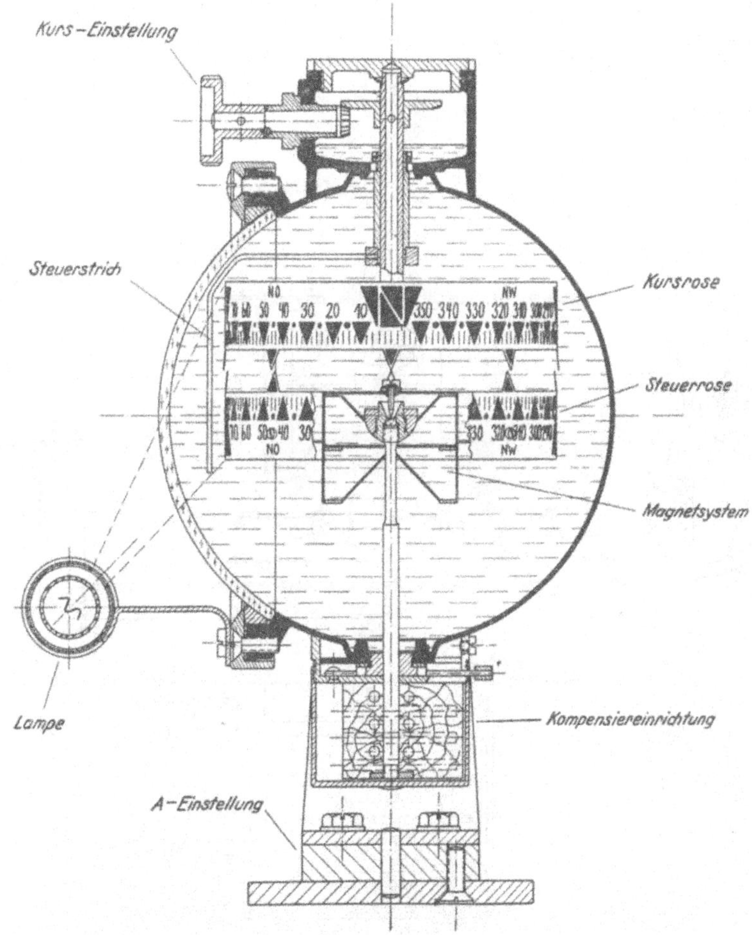

Abb. 47. Kompaß Emil, Querschnitt.

Insbesondere ist bei solchen Kurven, die gebräuchlicherweise nach Ablenkungen von 90° und 45° erfolgen, darauf zu achten, daß auch bei wiederholten Versuchen die Rose genau an derselben Stelle zur Ruhe kommt, aus der sie abgelenkt wurde. Tut sie das nicht, so ist der Kompaß unbrauchbar und seine Empfindlichkeit hat gelitten. Ursache dafür ist meist zu starke Reibung zwischen Aufsatzpunkt und Höhlung. Vor Gebrauch eines solchen Kompasses ist zu warnen. Diese Untersuchung ist auch bei eingebautem Kompaß von Zeit zu Zeit durchzuführen, was ohne Schwierigkeit gemacht werden kann.

Das reziproke Verhältnis der ersten Amplitude zur zweiten entgegengesetzten heißt Dämpfungsfaktor des Kompasses. Die Flugzeugkompasse sind sehr stark gedämpft; so ist der Dämpfungsfaktor von Askania-Franz = 20:90 = 0,22.

Wichtig sind die Durchgangszeiten durch die Nullage. Der Zeitraum von Beginn der Schwingung bis zum ersten Nulldurchgang entspricht etwa einem Viertel der Schwingungsdauer (Schwingungsperiode), vom ersten zum zweiten Nulldurchgang etwa einer halben Schwingungsdauer. Auf diese Weise berechnet sich die Schwingungsdauer von Askania-Franz und Ludolph K. F. 10 zu 12—14 sec, vom Plathschen Projektionskompaß

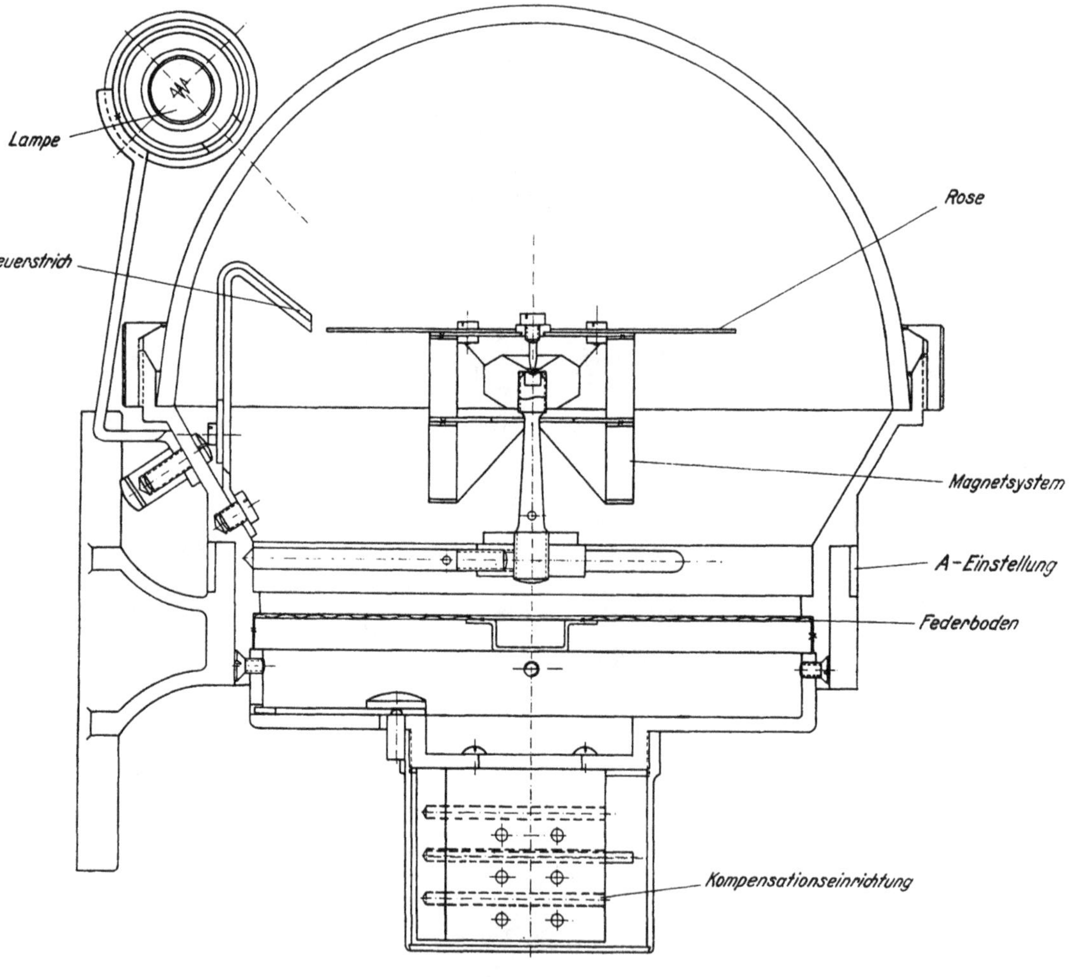

Abb. 49. Kompaß Franz, Querschnitt.

zu 3 sec. Einschwingungszeit ist der gesamte Zeitraum vom Beginn der Einschwingung bis zur Ruhelage; sie ist nach der Charakteristik bei Askania-Franz 13 sec, bei Ludolph F. K. 10 15 sec, bei Plath-Projektion 8,5 sec.

Die größeren Kompasse sind weniger gedämpft und haben größere Schwingungsdauer. Die letztere ist eine Folge der größeren Trägheit des Kompasses; sie zeichnen sich durch größere Ruhe aus. Die kleineren Kompaßtypen folgen äußeren Anstößen, insbesondere den erzwungenen Schwingungen schneller, größere sind dagegen unempfindlicher. Der Ein-

Abb. 48. Orterkompaß Franz.

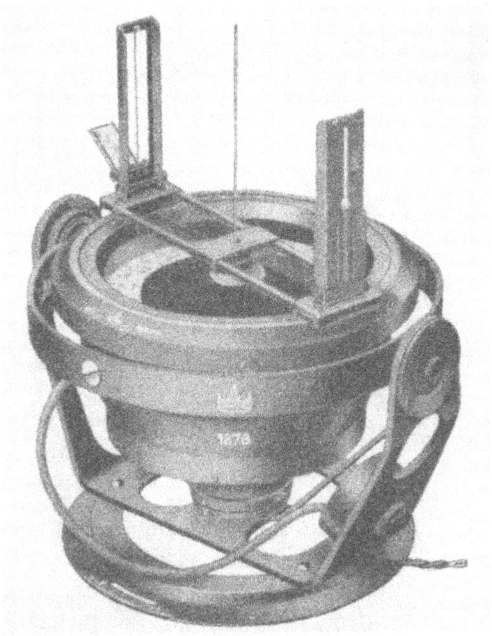

Abb. 50. Großer Orterkompaß.

Abb. 51. Projektionskompaß Plath.

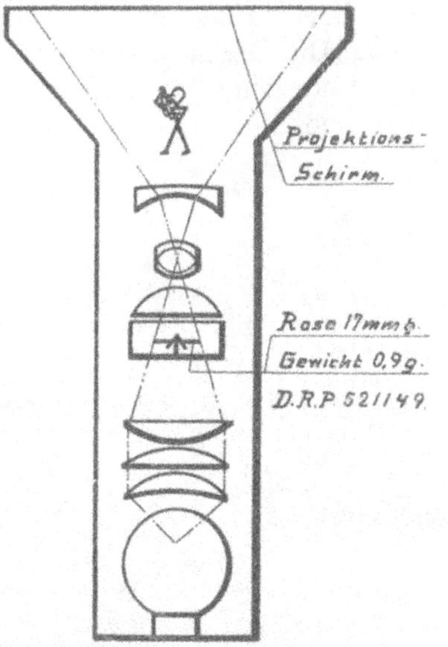

Abb. 52. Projektionskompaß Plath, Strahlengang.

wirkung der Neigungsablenkung entziehen sich die kleineren Kompasse schneller als die größeren.

k) Der Fernkompaß.

§ 36. Die meist sehr ungünstigen Einbaustellen für den Magnetkompaß in der Nähe der magnetisch wirkenden Motoren oder elektrischen Zuleitungen im Instrumentenbrett haben zu dem Gedanken geführt, den Kompaß an einem magnetisch einwandfreien Platz, meist

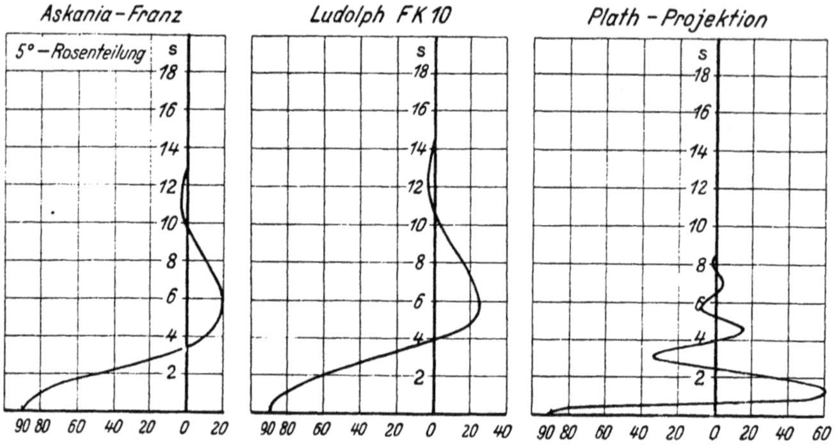

Abb. 53. Schwingungscharakteristiken von Kompassen.

im Schwanzende, unterzubringen, und seine Anzeige durch ein Fernübertragungssystem am Führersitz sichtbar zu machen.

Die Übertragungen können auf verschiedenen Prinzipien beruhen, müssen aber von dem leitenden Gedanken ausgehen, daß die Bewegung der leicht empfindlichen Rose nicht gestört wird und keine Zeitverzögerung in der Übertragung auftritt.

Eine sehr vollkommene Übertragung stellt die pneumatische Fernkompaßanlage der Firma Askania dar (Abb. 54, 55).

Die Schnittzeichnung und die schematische Darstellung weisen folgende Eigentümlichkeiten auf. Die Drehachse der Magnetkompaßrose ist doppelt gelagert und weist an ihrem oberen Ende eine Exzenterscheibe auf. Durch Saugwirkung vermittels einer Düse wird in den Kompaßkessel ein Luftstrom eingesaugt, der dann durch zwei Düsen auf diese

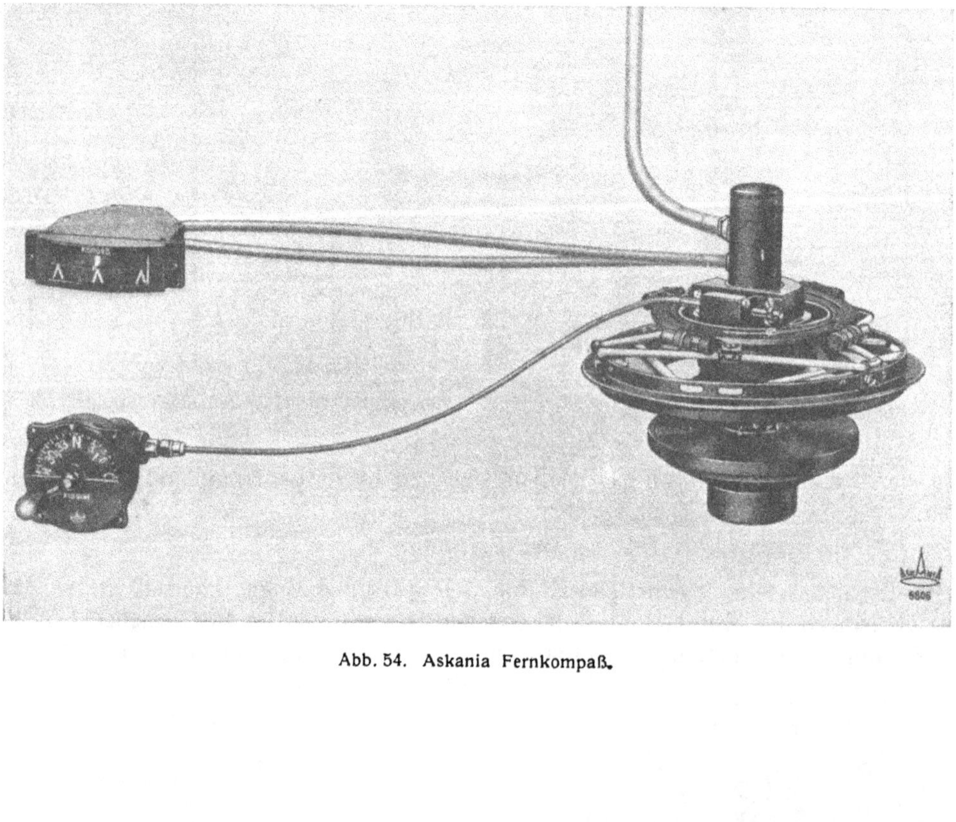

Abb. 54. Askania Fernkompaß.

Exzenterscheibe auftrifft. Die Scheibe gibt also diesem Luftstrom je nach ihrer augenblicklichen Stellung den Weg frei oder versperrt ihn. In zwei darüber befindlichen Luftkammern sammelt sich daher mehr oder weniger Luftdruck an. Durch eine zweite Leitung wird die auftretende Luftdruckdifferenz auf beide Seiten einer Membran geleitet, deren Ausschlag durch ein Hebelwerk auf einen Zeiger spielt. Besteht keine Druckdifferenz, so stellt sich der Zeiger auf eine Nullmarke dieses Kurszeigers ein. Wendet sich das Flugzeug, schert also aus seinem Kurse aus, so wird der Kompaßkessel mitgedreht. Dagegen verändert die Scheibe, die durch das Magnetsystem der Rose im Raume festgehalten wird, ihre relative Lage gegenüber den Düsen; es wird also in der Druckkammer auf der einen Seite der Membran Überdruck erzeugt und dieser weist sich durch einen Ausschlag im Kurszeiger aus. Der Pilot ist also jederzeit im Bilde, nach welcher Seite das Flugzeug aus dem Kurse ausschert, und wird je nach dem Ausschlag seine Seitensteuer betätigen können.

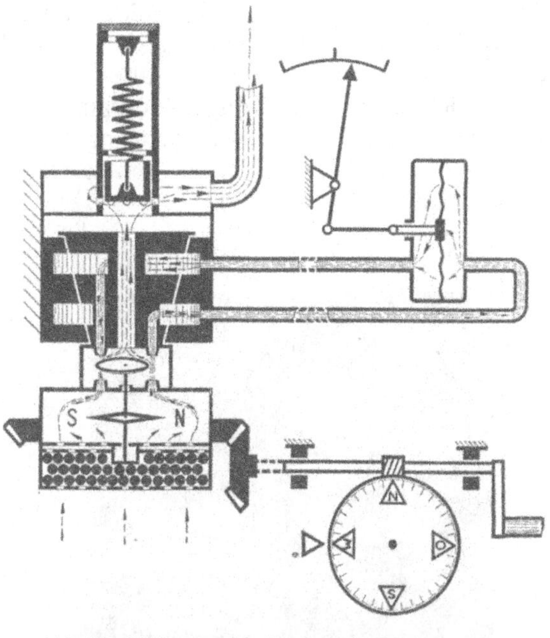

Abb. 55. Wirkungsweise des Askania Fernkompasses.

Zum Fernkompaß gehört noch ein Kursgeber, der mechanisch auf den gewünschten Kurs eingestellt werden kann. Durch diese mechanische Einstellung wird erreicht, daß der Kompaßkessel so gedreht wird, daß bei dem beabsichtigten Kurs der Aufschlag des Luftstromes auf die Exzenterscheibe gleichmäßig ist, der Kurszeiger also bei Innehaltung dieses gewünschten Kurses auf Nullstellung weist.

Diese pneumatische Übertragung ist auch die Grundlage der automatischen Kurssteuerung, die von der Firma Askania entwickelt worden ist. Die Membran wirkt auf ein Druckluftrelais, das wieder durch Kreisel gesteuert wird, und vermag so die Steuerorgane automatisch zu betätigen.

Eine andere Fernkompaßübertragung stammt von der Firma Patin. Diese greift die gewünschte Kompaßstellung mit einem Taster ab. Dadurch werden in einem Potentiometer verschiedene Stromstärken erzeugt und diese Ströme in einer elektrischen Meßbrücke in einem Kurszeiger bemerkbar gemacht. Ähnlich wirkt die Siemenssche Fernkompaßanlage.

l) Kreiselkompasse und Kurskreisel.

§ 37. Eine vollständige Kreiselkompaßanlage hat im Flugzeug nur zu Versuchszwecken Platz gefunden. Diese Instrumente bedürfen einer derartigen technischen Zusatzapparatur, daß ihre Mitführung wegen der Gewichts- und Raumbeanspruchung in Flugzeugen nur in besonderen Fällen in Frage kommen kann. Prinzipiell leistet sie in Flugzeugen dieselben guten Dienste wie auf Schiffen; einfachere Systeme haben natürlich eine geringere Leistungsfähigkeit.

Unter den einfachsten Systemen spielt der Askania-Sperry-Richtungskreisel eine besondere Rolle (Abb. 56, 57). Der Kreisel ist luftangetrieben und vermag eine ihm einmal gegebene Einstellung über kurze Zeit zu halten. Er ist also ein brauchbarer Richtungshalter, allerdings kein absoluter Richtungsweiser, da er in seiner Einstellung von der Ablesung eines Magnetkompasses abhängig ist. Die Einstellung kann erst im Fluge erfolgen.

Da hier die Magnetkompasse meist bereits einige Unruhe zeigen, besteht die Gefahr, daß die Askania-Sperry-Richtungskreisel in dem Augenblick auf die magnetische Weisung eingestellt wird, wenn der Magnetkompaß eine momentane größere Ruhe zeigt. Dies tritt jedoch beim Magnetkompaß in den Umkehrpunkten seiner Schwingung ein, während die wahre Richtung zwischen diesen Ruhepunkten liegt, also zu dem Zeitpunkt der größten Schwingungsbewegung des Magnetkompasses. Die Weisung des eingestellten Askania-Sperry-Kreisels ist aber ziemlich stabil und daher bei starker Unruhe des Flugzeuges von Vorteil. Der Kreisel muß etwa alle Viertelstunden wieder neu eingestellt werden, da er namentlich bei Erschütterungen langsam aus seiner anfänglich eingestellten Richtung ausschert, was im Betriebe nicht kontrolliert werden kann.

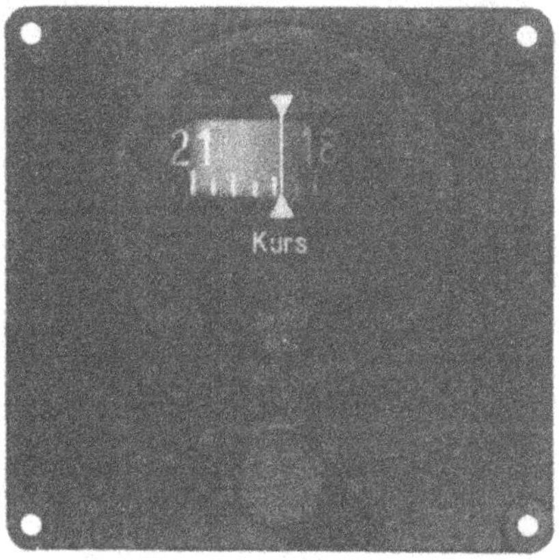

Abb. 56. Kurskreisel, Bauart Askania-Sperry.

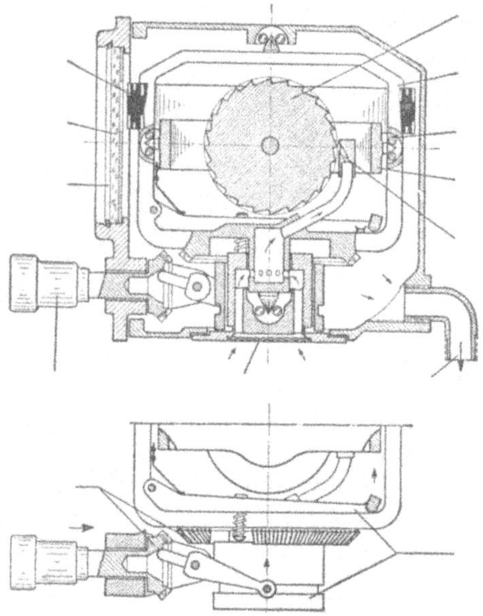

Abb. 57. Aufbau des Kurskreisels.

Zu seiner vollen Wirkung kommt der Kurskreisel dann, wenn es gilt, aus einer Kurve heraus den neu einzuschlagenden Kurs schnell aufzunehmen, weil hiebei der Magnetkompaß erst langsam in die neue Richtung einschwingt. Der Vergleich mit der Weisung des Magnetkompasses ist erst dann wieder aufzunehmen, wenn dieser sich auf dem neuen Kurs beruhigt hat.

Neben luftangetriebenen Kurskreiseln gibt es auch elektrisch angetriebene.

Neu sind die Versuche, die Vorteile des Kreisels als Stabilisator und als Richtungshalter mit der Eigenschaft des Magnetkompasses als absolutem Richtungsweiser zu kombinieren.

m) Der Sonnenschattenkompaß.

§ 38. Da die Anzeigen eines Magnetkompasses wegen der Verringerung der Feldstärke der Horizontalkomponente des Erdmagnetismus in höheren Breiten unsicher werden, und der Kompaß deshalb dazu neigt, sehr unruhig zu werden, ferner die Kenntnis der Linien gleicher Mißweisung dort geringer ist und eine stärkere Änderung in kleinen Intervallen haben, so benutzt man in jenen Breiten gerne den sog. Sonnenschattenkompaß (Abb. 58).

Derselbe besteht aus einem Zifferblatt, das gegen den Horizont um das Komplement der geographischen Breite geneigt ist. Das Zifferblatt wird somit künstlich parallel zur Ebene des Äquators gehalten. Auf diesem Zifferblatt befindet sich ein Zeiger, der ähnlich gestaltet ist wie eine Dioptervorrichtung. Er besteht im wesentlichen aus einem Stab, der seinen

Schatten auf eine im Zeiger eingetragene Längslinie werfen soll. Der Zeiger wird durch ein Uhrwerk gedreht, das nach wahrer Ortszeit läuft. Das System kann durch einen Azimutkreis auf einen bestimmten Kurs gestellt werden, so daß der Flieger nur darauf zu achten hat, daß der Schatten des Stabes immer auf seiner Führungslinie bleibt.

Das System kann praktisch nur auf höheren Breiten gebraucht werden. Es setzt für den Gebrauch die Kenntnis des augenblicklichen Ortes nach Breite und Länge voraus, so daß ein größerer Fehler in diesem Koordinaten auch den Kurs verfälschen kann. Eine

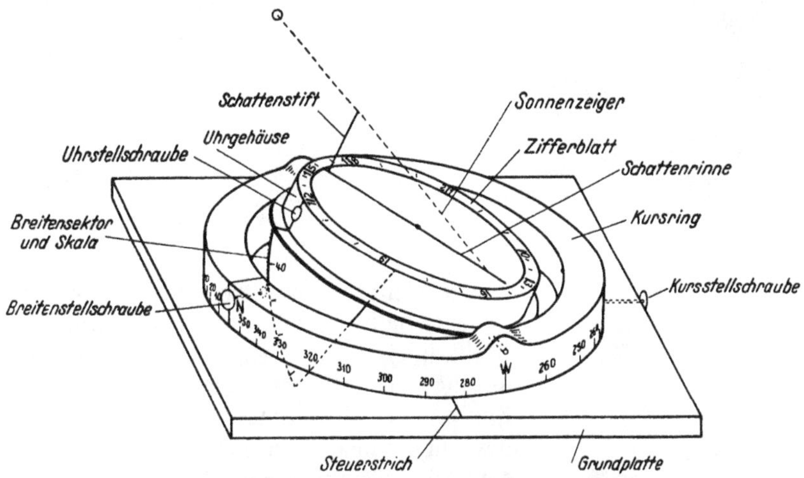

Abb. 58. Sonnenschattenkompaß Askania-Immler.

Längenänderung kann berücksichtigt werden durch Nachdrehen des Zeigers um die Differenz des Längenunterschiedes. Dieser Kompaß entbindet daher den Flugzeugführer nicht von der sorgfältigen jederzeitigen Ortsbestimmung nach den unten gelehrten Methoden (*D*, *E*, *F*).

Voraussetzung des Gebrauches ist nicht zu niedriger Stand der Sonne, weil sonst die Lichtstärke mangelt; anderseits würde zu hoher Stand der Sonne den Schatten verkürzen und dadurch die Einstellung erschweren. Dieser Kompaß soll nur zur Stützung anderer Richtungshalter verwendet werden. Seine besondere Bedeutung liegt in der Verwendung auf hohen und höchsten Breiten, weil dort größere Unsicherheiten in der Kenntnis und starke Veränderlichkeit der magnetischen Mißweisung auftritt.

3. Bordinstrumente.

a) Wendezeiger.

§ 39. Die Unmöglichkeit, mit einem der Neigungsablenkung unterworfenen Kompaßsystem Kursänderungen schnell zu erfassen, führt dazu, ein Hilfsinstrument in der Flugnavigation einzuführen, das unter dem Namen Wendezeiger bekannt ist (Abb. 59, 60). Der wesentliche Bestandteil dieses Wendezeigers nach der Bauart der Firma Askania ist ein Kreisel mit horizontaler Querachse, der durch Saugdüse luftangetrieben ist und bis zu 4000 Umdrehungen pro min hat. Kurvt das Flugzeug, so setzt sich diese Bewegung in eine Hebung der Kreiselachse um. Um diese Neigung aber dem Flugzeugführer sichtbar zu machen, ist die Längsachse des Kreiselsystems mit einem Gegenhebel versehen, der auf einen Zeiger wirkt, der bei Linkskurve dann nach links ausschlägt. Das System ist durch Gegenfeder und Dämpfung ausgeglichen. Auf der Frontscheibe ist daher nur ein

Abb. 59. Wendezeiger.

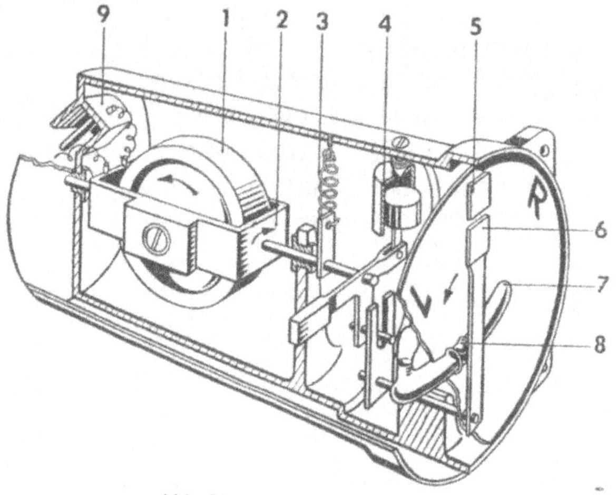

Abb. 60. Wendezeiger, Aufbau.

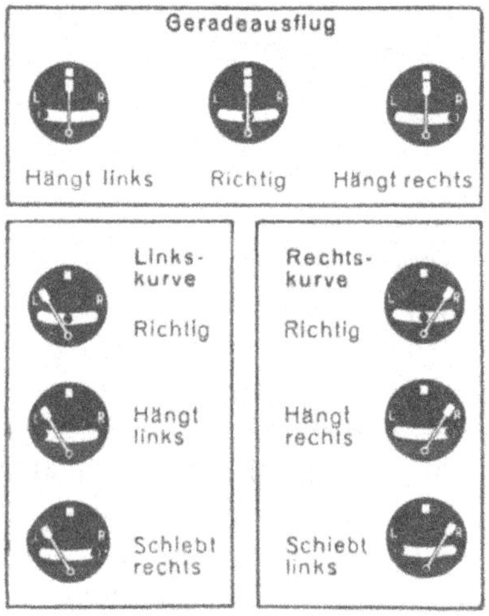

Abb. 61. Wendezeiger, Anzeige.

Zeiger sichtbar, der an einer Marke spielt. An der Scheibe befindet sich noch eine gewöhnliche Libelle mit Stahlkugel, die die Neigung des Flugzeuges beim Hängen anzeigt. Der Führer hat durch einen Blick auf den Spiegel des Instrumentes eine sichtbare Darstellung des augenblicklichen Bewegungszustandes. In Abb. 61 sind die verschiedenen Bewegungszustände des Flugzeuges und ihre Erkennung vermittels des Wendezeigers schematisch dargestellt.

Der Ausschlag des Wendezeigers um Zeigerbreite entspricht einer Kursänderung um 2^0/sec.

Auch für Wendezeiger gibt es elektrischen Antrieb.

b) Neigungsmesser.

§ 40. Als zusätzliche navigatorische Instrumente sind noch solche zu betrachten, die die Neigungsverhältnisse erkennen lassen. Man unterscheidet Querneigung und Längsneigung. Ein Universalinstrument für diese Aufgabe ist der Askania-Sperry-Horizont (Abb. 62—65). Der Kern desselben ist ein in drei Freiheitsgraden beweglicher luftangetriebener Kreisel mit Vertikalachse, die durch Schwerependel und Stromrückführung gehalten werden soll. Die Umdrehungszahl beträgt bis zu 10000 pro min. Ein Zeigersystem in Form eines Quer-

Abb. 62. Askania-Horizont, Bauart Sperry.

balkens spielt auf der Frontscheibe des Instrumentes und gibt Querneigung und Hebung an. Auf der Frontscheibe befindet sich das Bild eines Flugzeuges, dessen Lage gegenüber dem Querbalken die Lage des Flugzeuges im Raum anzeigt (Abb. 65).

Wendezeiger und Horizont sind bekannt unter dem Namen Blindfluggeräte, weil sie in ihrer Zusammenwirkung eine vollständige Beurteilung der Flugzeuglage und des Flugzustandes auch bei behinderter Sicht ermöglichen.

Eine andere Art von Neigungsmessern benutzt das Steigen und Fallen einer Flüssigkeitsoberfläche, die an einer Skala auf und nieder wandert.

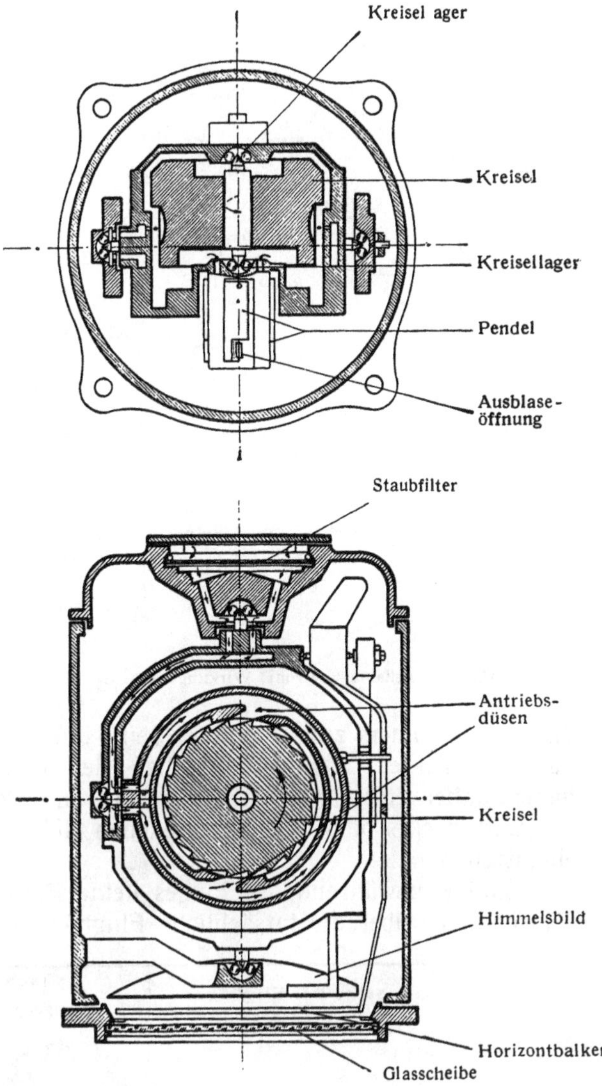

Abb. 63. Askania-Horizont, Aufbau.

c) Höhenmesser.

§ 41. Zu den Bordgeräten gehört auch der Höhenmesser. Die Höhenmessung beruht auf dem barometrischen Prinzip und ist also eine indirekte Methode. Es wird demnach der Barometerstand gemessen und an den Ausschlagstellen des Zeigers statt des Luftdruckes die mit ihm durch die barometrische Höhenformel eindeutig verbundene Höhenzahl gesetzt. Dabei wird die Normalatmosphäre (s. §43) vorausgesetzt. Die Messung geschieht wie bei einem Aneroidbarometer; der Luftdruck wirkt auf ein Dosensystem, dessen Dehnung dann mechanisch auf ein Zeigersystem übertragen wird. Gemessen kann mit diesem Höhenmesser nur die absolute Höhe werden, also die Höhe über dem Meeresspiegel. Die Höhe ergibt sich dann aus der Differenz des Luftdruckes über dem Boden und dem der betreffenden Höhe. Da der Bodenluftdruck selbst veränderlich und von den Wetterbedingungen abhängig ist, so ist auf dem Instrumentenblatt ein Ausschnitt vorgesehen, auf dem eine Luftdruckskala im mb zu sehen ist. Dies dient dazu, den Höhenmesser auf den augenblicklichen Barometerstand einzustellen, was mit Hilfe eines Drehknopfes geschieht, der die Skala dreht. Nach Einstellung des Barometerstandes muß dann am Meeresspiegel der Höhenmesser die Höhe Null anzeigen. Erst jetzt ist das Gerät für die Höhenmessung brauchbar geworden. Es ist daher erforderlich, sich während des Fluges dauernd über den Barometerstand Meldung geben zu lassen, um jederzeit Nachjustierungen vornehmen zu können. Diese Maßregel ist insbesondere erforderlich für Landungen, damit auf diese Weise die Höhe des Landungsplatzes richtig im Höhenmesser erscheint. Stellt man andererseits den nicht auf das Meeresniveau beschickten Barometerstand des Landeplatzes ein, so wird bei der Landung die Höhe Null angezeigt werden. Beim Überfliegen von Gebirgszügen empfiehlt sich die Einstellung des Höhenmessers auf den Barometerstand des Meeres-

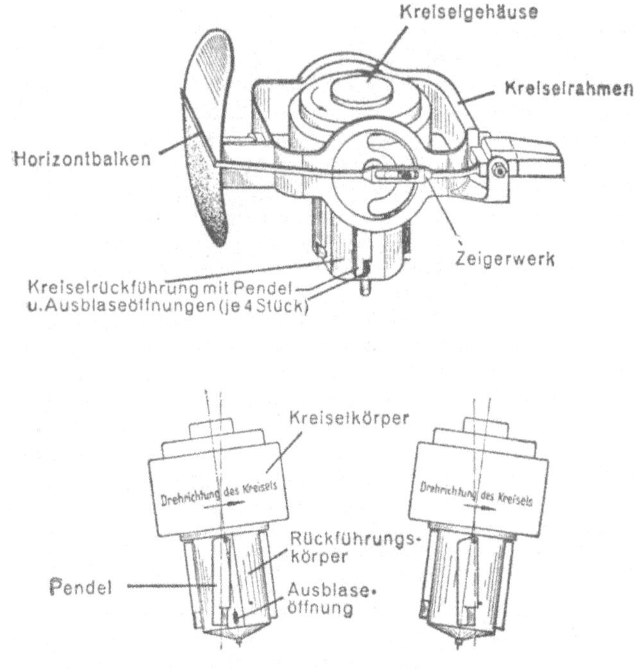

Abb. 64. Askania-Horizont, Wirkungsweise der Pendel.

niveaus, um die Höhenmesserangabe vergleichbar mit den absoluten Höhen des Gebirgszuges zu halten.

Der Höhenmesser hat zwei Ausführungsformen (s. Abb. 66 und 67). Der Feinhöhenmesser hat einen Meßbereich bis 1000 m und Unterteilungen von 10 m zu 10 m, der Grobhöhenmesser reicht bis zu 10000 m mit Stufen von 100 m (Abb. 68).

Der Grob-Fein-Höhenmesser ist eine Vereinigung der beiden (Abb. 68).

Der Grobhöhenmesser dient dazu, während des Fluges die Flughöhe zu überwachen. Seine Nullpunktseinstellung muß also mit dem augenblicklichen Barometerstand über Normalnull übereinstimmen, um vergleichbare Werte mit den Höhenangaben der Karte zu erzielen. Der Feinhöhenmesser dient dagegen besonders zur Landung. Sein Nullpunkt muß daher mit dem nicht auf Normalnull beschickten Barometerangaben des Landeplatzes übereinstimmen. Beide Geräte haben daher Einstellvorrichtungen, um ihre Skalen entweder wegen der Veränderlichkeit des Luftdruckes oder der verschiedenen Höhen der Flugplätze ihrem Zwecke entsprechend einzustellen.

Sind nun während des Fluges keine Barometerangaben zu erhalten, so können sich Täuschungen über die tatsächliche Flughöhe ergeben. Wenn man z. B. von einem Hoch-

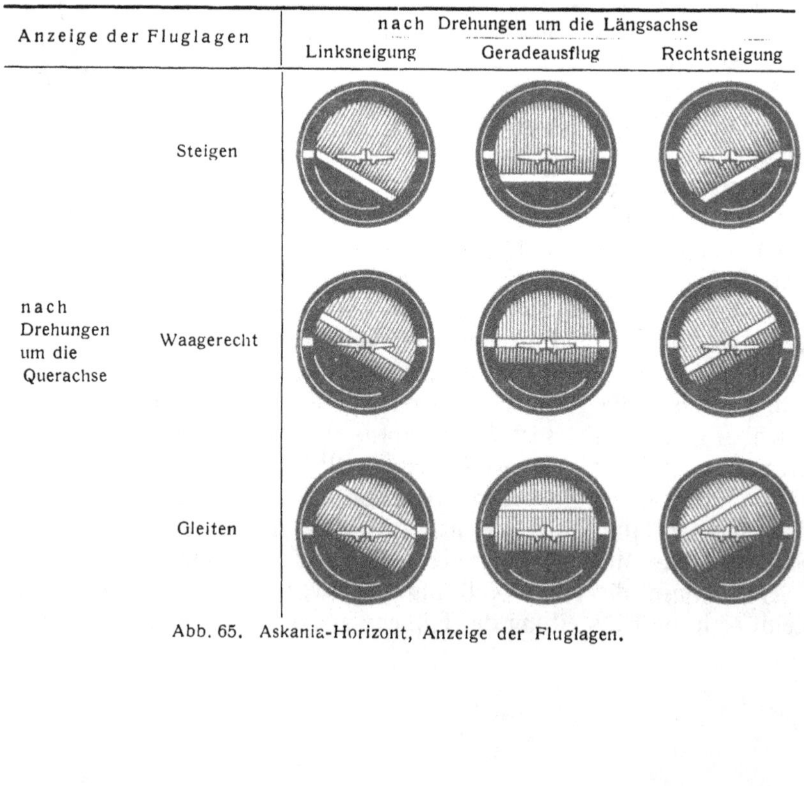

Abb. 65. Askania-Horizont, Anzeige der Fluglagen.

druckgebiet in ein Tiefdruckgebiet hineinfliegt, so sinkt der Luftdruck. In diesem Fall ist der Grobhöhenmesser auf einen zu hohen Luftdruck eingestellt und zeigt beim Einflug in das Tiefdruckgebiet eine zu große Höhe an, und es wächst die Gefahr der Bodenberührung. Die Fehlanzeige des Höhenmessers wächst mit der Flughöhe. Es entspricht einer Fehl-

Abb. 66. Feinhöhenmesser Askania.

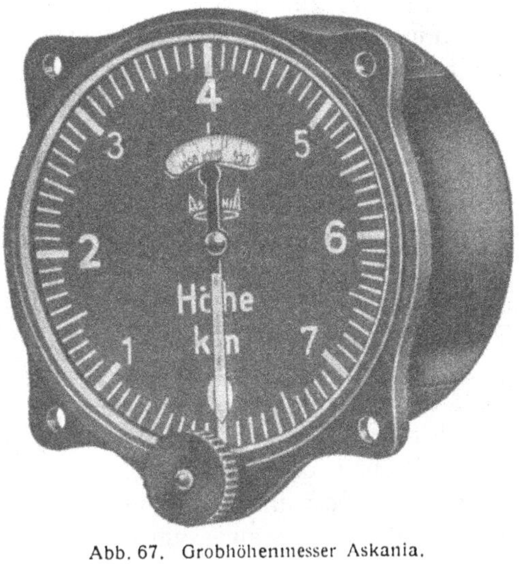

Abb. 67. Grobhöhenmesser Askania.

einstellung von 1 mb in der Flughöhe von 1000 m ein Höhenfehler von 8 m, in der Flughöhe von 4000 m ein solcher von 12 m. Um solchen Fehlern zu entgehen, muß also beim Start nicht nur der Barometerstand bekannt sein, sondern auch die Änderungstendenz des Luftdruckes auf der Flugstrecke.

Die Membran des Höhenmessers hat eine gewisse Trägheit, d. h. sie stellt sich nicht auf den augenblicklichen Luftdruck ein und zeigt damit nicht die augenblickliche Höhe an, sondern eine vorher innegehabte. Beim Sinken des Flugzeuges zeigt der Höhenmesser zu große Höhen an. Das ist insbesondere beim Feinhöhenmesser zu bedenken, wenn er zur Landung benützt werden soll.

Undichtigkeiten der Zuleitung oder Verstopfung und Vereisung derselben fälschen den Druck und damit auch die Höhenmesserangaben.

Für die navigatorische Praxis sind besonders wichtig die relativen Höhenmesser, das sind Höhenmesser, die augenblicklich die Höhe über dem überflogenen Gelände angeben. Solche Höhenmesser gibt es in der Form von Echolotgeräten. Das Wesen dieser Geräte ist, die Zeitdifferenz zwischen Aussendung eines akustischen Signals und der Wiederkehr nach Reflexion vom Boden zu bestimmen. Zu dieser Messung wird ein Kurzzeitmesser verwendet, dessen Skala aber anstatt einer Zeitskala eine Höhenskala aufweist. Die Eichung dieses Zifferblattes beruht auf dem bekannten Gesetz der Schallausbreitung. Solche Höhenmesser sind verwendbar bis zu einer relativen Höhe von 200 m. Auf ähnlichem Prinzip beruhen relative Höhenmesser, welche statt des Schalles elektrische Wellen aussenden und wieder empfangen. Die Messung wird stark beeinträchtigt durch die Bodengestalt (Sand, Wasser, Grundwasserspiegel, Wald).

Abb. 68. Fein-Grobhöhenmesser Askania.

d) Variometer.

§ 42. Variometer sind Geräte zur Messung der Steig- bzw. Sinkgeschwindigkeit. Auch das Variometer benützt eine Dose, auf welche der augenblickliche äußere Druck wirkt, während im Doseninnern über eine Ausgleichsdose der vorhergehende Druck wirksam ist, der durch ein Kapillarrohr nur langsam entweichen kann. Man mißt so die Luftdruckänderung in der Zeiteinheit und damit auch die Höhenänderung in m/s. Beim Geradeausflug gleichen sich die Drucke im Doseninneren und -äußeren langsam aus und der Zeiger steht auf Null (Abb. 69).

Abb. 69. Variometer.

Wird das Kapillarrohr geschlossen, so behält das Doseninnere den Druck einer bestimmten eingestellten Höhenlage bei. Man erhält damit das Statoskopvariometer, welches es ermöglicht, jede Abweichung von einer gewünschten Höhenlage sofort anzuzeigen.

e) Fahrtmesser (Staudruckmesser).

§ 43. Die Ermittlung der Eigengeschwindigkeit e eines Flugzeuges ist eine wesentliche Grundlage jeder navigatorischen Berechnung. Sie beruht auf der Messung des Staudruckes. Unter Staudruck versteht man den Überdruck, den eine Fläche erleidet, wenn sie gegen eine Luftmasse vorwärts gepreßt wird; er wird daher in kg pro qm gemessen. Dieser Druck wird durch ein Staurohr auf eine Membrandose geleitet, die selber wieder mit dem äußeren Luftdruck durch ein statisches Rohr in Verbindung steht. Die auftretende Luftdruckdifferenz zwischen statischem und dynamischem Druck zeigt sich in einer Bewegung der Membran, die wiederum durch ein Hebelwerk auf ein Zeigersystem übertragen wird. An der Zeigerstellung müßte daher eine Staudruckskala angebracht sein. Die Geschwindigkeit e hängt aber mit dem Staudruck p durch die Formel zusammen:

$$e = \sqrt{\frac{2\,p\,g}{\gamma}},$$

worin g die als konstant anzusehende Erdbeschleunigung bedeutet, während γ die mit der Höhe und Temperatur stark veränderliche Luftdichte bezeichnet. Das Gerät (Abb. 70) kann also für eine bestimmte Luftwichte γ bei Normalwerten statt auf Staudruck auch auf Geschwindigkeit geeicht werden. Diese Normalwerte sind $\gamma_0 = 1{,}2255$ kg/m³, Luftdruck 760 mm und Temperatur 15° C; die so zu berech-

Abb. 70. Fahrtmesser.

nende Geschwindigkeitsskala gilt aber nur für diesen Normalfall und gibt eine Normalgeschwindigkeit (Fahrtmesseranzeige e_0). Ändert sich jedoch die Luftwichte mit Luftdruck und Temperatur, so hängt die wahre Geschwindigkeit e mit der Fahrtmesseranzeige durch die Formel zusammen:

$$e = e_0 \sqrt{\frac{\gamma_0}{\gamma}}$$

wobei γ mit γ_0 in der Beziehung steht:

$$\gamma = \gamma_0 \frac{288}{760} \frac{b}{T}.$$

T ist die absolute Temperatur, und der Barometerstand b steht mit der Flughöhe durch die Verhältnisse der Normalatmosphäre (s. Tab.) in eindeutigem Zusammenhang.

Normalatmosphäre.

Höhe km	Temp. °C	Druck mm	Höhe km	Temp. °C	Druck mm
0	+ 15,0	760,0	8	— 37,0	266,9
1	8,5	674,1	9	— 43,5	230,5
2	2,0	596,2	10	— 50,0	198,2
3	— 4,5	525,8	11	— 56,5	169,6
4	— 11,0	462,3	12	— 56,5	144,9
5	— 17,5	405,1	13	— 56,5	123,7
6	— 24,0	353,8	14	— 56,5	105,7
7	— 30,5	307,9	15	— 56,5	90,3

Temperaturberichtigung.

Flugzeuggeschw. km/h	Ber. °C
150	— 0,9
200	— 1,6
250	— 2,4
300	— 3,5
350	— 4,8
400	— 6,2
450	— 7,8
500	— 9,7
550	— 11,8
600	— 14,0

Zur einfachen Berechnung der wahren Geschwindigkeit dient ein Rechenschieber (Abb. 71). Er enthält eine Grundplatte mit der abgelesenen Geschwindigkeit (oben) und eine Höhenskala (unten). Dazwischen läuft eine Zunge mit der wahren Geschwindigkeit (oben) und der Temperatur (unten) . Der Gebrauch ist einfach. Stellt man die am Außenthermometer festgestellte Temperatur über die vom Höhenmesser abgelesene Höhe, so erscheint die wahre Geschwindigkeit unter der abgelesenen Geschwindigkeit. Die Temperatur erfordert allerdings noch eine Korrektur. Jedes Thermometer, das an der Flugzeugoberfläche angebracht ist, erfährt gegenüber der Außentemperatur eine Erwärmung infolge der Reibung und Kompression der Luft in der Grenzschicht; damit braucht man eine Temperaturberichtigung der abgelesenen Temperatur je nach der Flugzeuggeschwindigkeit aus der nebenstehenden Tabelle.

Eine weitere Änderung der Geschwindigkeitsformel ist notwendig bei sehr hohen Flugzeuggeschwindigkeiten. Hier muß nämlich die Grundformel der Beziehung zwischen Staudruck p und Eigengeschwindigkeit e, die bisher mit $p = \frac{\gamma}{2g} e^2$ benützt war, noch um ein weiteres Glied ergänzt werden, so daß sie sich schreibt

$$p = \frac{\gamma}{2g} e^2 \left(1 + {}^1\!/_4 \left(\frac{e}{a}\right)^2\right).$$

Hierin ist $\frac{e}{a}$ das Verhältnis der Eigengeschwindigkeit zur Schallgeschwindigkeit, die sog. Machsche Zahl. Unter der Berücksichtigung, daß die Schallgeschwindigkeit selbst wieder temperaturabhängig ist, erhält man die Formel für die Eigengeschwindigkeit

$$e = e_0 \sqrt{\frac{760}{288} \frac{T}{b}} \left(1 - 0{,}0000776 \frac{e_0^2}{b}\right)$$

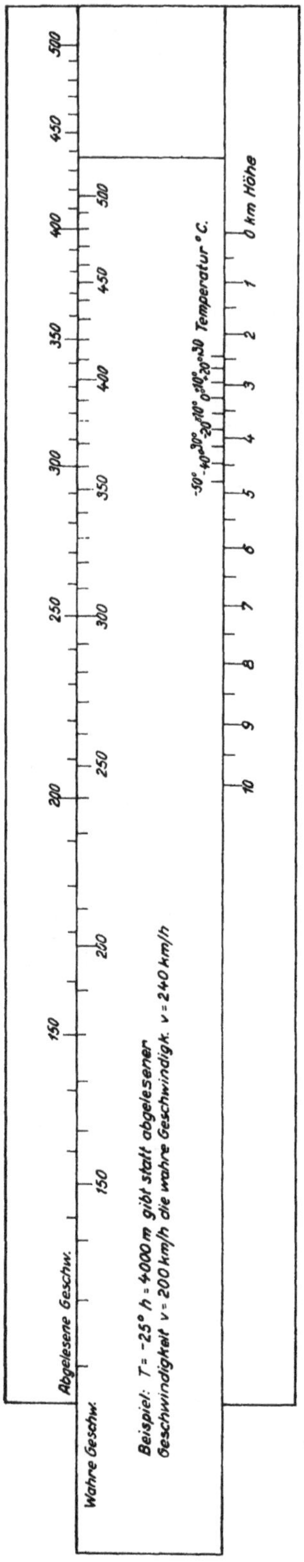

Abb. 71. Fahrtmesserbeschickung.

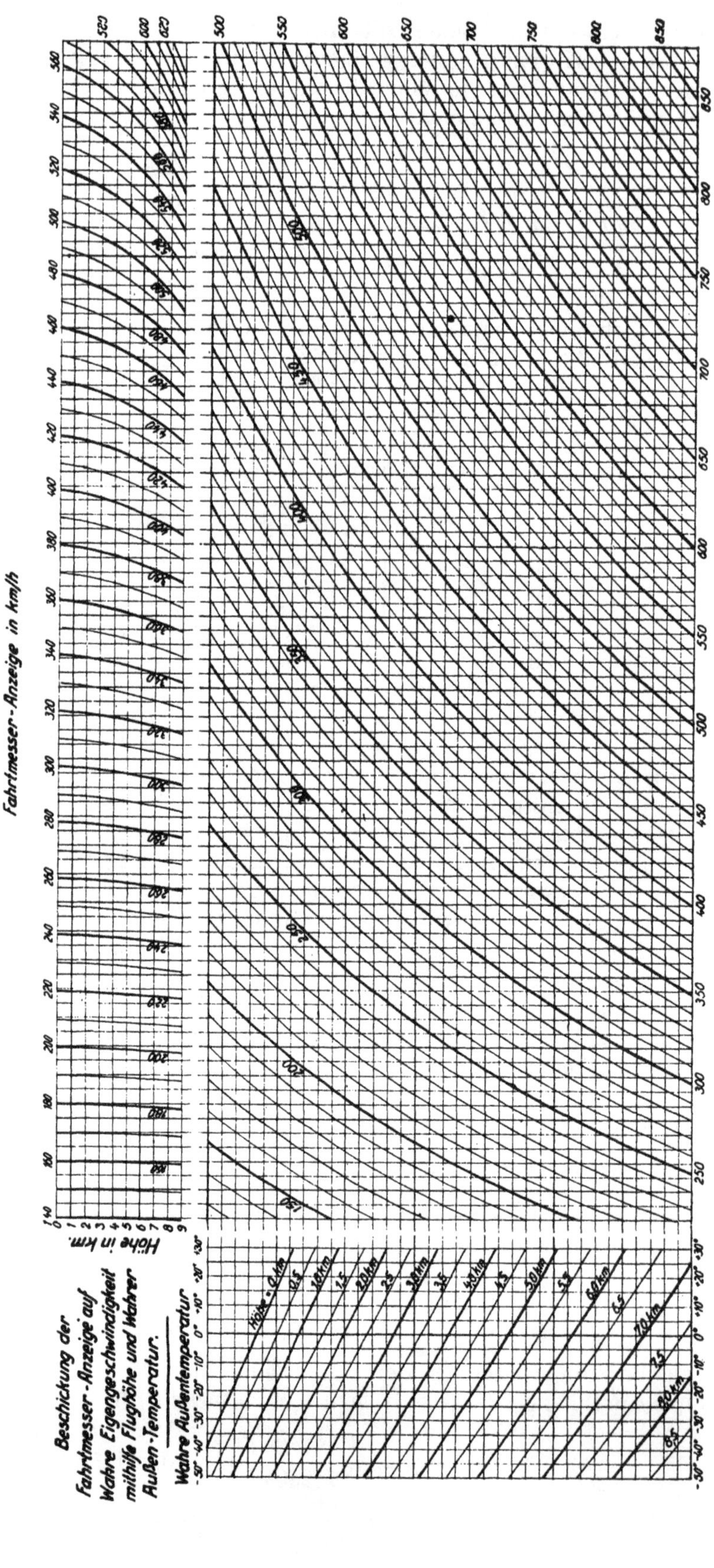

Abb. 71 a. Beschickung der Fahrtmesser-Anzeige auf wahre Eigengeschwindigkeit.

wobei wieder T die absolute Temperatur und b der der Flughöhe entsprechende Luftdruck in mm ist.

Die Abb. 71a gibt ein Diagramm, mit Hilfe dessen nach der vorgegebenen verbesserten Formel die Eigengeschwindigkeit bestimmt werden kann. Es besteht aus einem Hauptdiagramm und einem oberen und seitlichen Eingangsdiagramm. Im linken Seitendiagramm sucht man mit wahrer Außentemperatur und Flughöhe einen Punkt auf, durch den man eine Horizontale legt; im oberen Diagramm sucht man mit Fahrtmesser-Anzeige und Flughöhe ebenfalls einen Punkt auf, durch den man eine Vertikale legt. Wo Horizontale und Vertikale sich treffen, kann an den gekrümmten Linien des Hauptdiagramms die wahre Eigengeschwindigkeit abgelesen werden.

Wegen der veränderlichen Elastizität der Membrandose ist auch beim Fahrtmesser mit einem mechanischen Anzeigefehler zu rechnen, der durch einen Geschwindigkeitsmeßflug und Vergleich der wahren Geschwindigkeit mit der Fahrtmesseranzeige bestimmt werden kann (s. § 54).

Eine andere Form des Fahrtmessers ist das Luftlog. Mit ihm wird die Umdrehungsgeschwindigkeit eines im freien Fahrtwind umlaufenden Propellers gemessen durch einen Zeiger, der über eine Geschwindigkeitsskala streicht. Das Gerät hat den Vorteil, nur eine zu vernachlässigende Abhängigkeit von der Dichtigkeit und Temperatur der Luft zu besitzen.

f) Instrumentenbrett.

§ 44. Für den Flieger ist es notwendig, daß er die Navigationsgeräte in guter Übersicht vor sich hat, um mit einem Blick die Lage beurteilen und seine Entschlüsse schnell fassen zu können. Dieser übersichtliche Zusammenbau findet sich in dem Instrumentenbrett, von dem eine Abbildung (Abb. 72) für ein Transozean-Postflugzeug vorliegt.

Abb. 72. Gerätetafel.

Die Instrumentierung ist doppelt für die beiden Führersitze. Links und rechts oben sieht man den Fernkompaß-Kurszeiger, darunter Fahrtmesser, Wendezeiger und Variometer. Weiter reihen sich an Feinhöhenmesser und Horizont sowie Fernkurskreisel (links) und Grobhöhenmesser (rechts). Die mittlere Gruppe umfaßt oben 4 Drehzahlmesser, dann 4 Ladedruckmesser, 2 Thermometer und ein Blindlandegerät. Die unterste Reihe enthält einige Hilfsgeräte.

Für große Langstreckenmaschinen kommen als Navigationsgeräte noch ein Chronometer und eine Sternzeituhr in Betracht (s. § 132).

C. Windeinfluß.

1. Kursbenennung.

§ 45. Der durch Rechnung oder Zeichnung bestimmte Kartenkurs zwischen Start- und Zielort, der auch in der Gebrauchskarte eingetragen ist, wird vom Flugzeug jedoch nur innezuhalten sein, wenn Windstille herrscht. Bei Wind wird entweder bei Nichtbeachtung eine seitliche Versetzung stattfinden oder es muß, um seine Wirkung aufzuheben, ein anderer Kurs gesteuert werden, als der Karte entnommen wird. Wir unterscheiden also im folgenden neben dem rw. Kurs (Kartenkurs, Kurs über Grund), der vor dem Fluge festgelegt worden ist, noch den rechtweisenden Windkurs, das ist die Achsenrichtung des Flugzeuges, also den Kurs, der vom Flugzeug eingehalten werden muß, um den festgelegten Weg innezuhalten.

In Ergänzung der Kurserklärung in § 23 sind also zu merken:

Rechtweisender Kurs (rw. K.) ist der Winkel zwischen dem rw. Meridian und der Kursrichtung über Grund.

Rechtweisender Windkurs (rw. WK.) ist der Winkel zwischen dem rw. Meridian und der Längsachse des Flugzeuges.

Entsprechendes gilt für die mißweisenden Kurse.

Auf das Flugzeug wirken zwei Kräfte:

α) Die Kraft des Triebwerks, welche dem Flugzeug eine Eigengeschwindigkeit mitteilt, die in km/h gemessen wird. Diese Kraft hat eine bestimmte Richtung, in der das Flugzeug längs seiner Achsenrichtung vorwärts gezogen wird.

β) Die Kraft des Windes, der gleichfalls eine bestimmte Geschwindigkeit innewohnt, die ebenfalls in km/h gemessen wird[1]) und in einer bestimmten Richtung weist. Im Gegensatz zur ersten Kraft wird die Richtung des Windes nach der Gegend bezeichnet, aus der er kommt. Wir unterscheiden bei den Windrichtungen die vier Hauptrichtungen N, S, O, W, die Hauptzwischenstriche NO, SO, SW, NW und die weiteren Zwischenstriche NNO, ONO, OSO, SSO, SSW, WSW, WNW, NNW. Man gibt sie jetzt meist in Zehnergraden der Gradrose an. Feinere Unterteilungen zu machen, ist bei der Unbeständigkeit des Windes nicht ratsam.

2. Das Winddreieck.

§ 46. Wenn auf das Flugzeug zwei Kräfte wirken, die durch ihre Richtung und Geschwindigkeit definiert sind, so ergeben die Teilkräfte eine Gesamtwirkung, deren Richtung und Größe bestimmt werden kann. Trägt man nämlich (Abb. 73) zeichnerisch beide Geschwindigkeiten in einem bestimmten Maßstab in einem Ausgangspunkt A nach ihrer Richtung auf, und ergänzt die Figur zu einem Parallelogramm, so stellt die durch den Ausgangspunkt A gehende Diagonale die Gesamtwirkung nach Richtung und Größe dar. Man ersieht, daß zur Bestimmung der Gesamtwirkung nur die Kenntnis eines Dreiecks ABD oder ACD nötig ist; dieses Dreieck heißt Winddreieck.

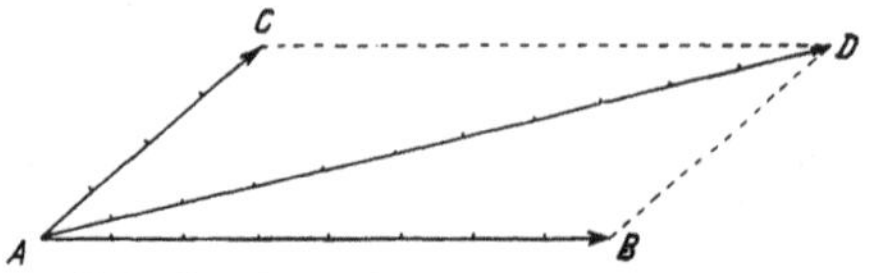

Abb. 73. Geschwindigkeitsparallelogramm.

[1]) Sollte die Windstärke in m/s gegeben sein, so erhält man sie in km/h, wenn man die gegebene Zahl mit 3,6 multipliziert. (Vgl. Taf. 5 im Anhang.)

Seine Seiten sind (Abb. 74):

1. AB ($= CD$) Flugzeugrichtung und Eigengeschwindigkeit e; die Richtung AB heißt rechtweisender Windkurs (rw. WK.).
2. BD ($= AC$) Windrichtung und Windgeschwindigkeit W.
3. AD Kurs über Grund und Geschwindigkeit über Grund g. Die Richtung AD heißt neben Kurs über Grund einfach rw. K. oder Wahrer Kurs (auch Kartenkurs). Der Winkel zwischen rw. Windkurs und rw. Kurs, also Winkel BAD oder Winkel CDA heißt je nach der gestellten Aufgabe Leewinkel (auch Abtrift) oder Luvwinkel (auch Vorhaltewinkel), der Winkel zwischen rw. Kurs und Wind heißt Windwinkel w, zwischen rw. Windkurs und Wind Windeinfallswinkel w_e.

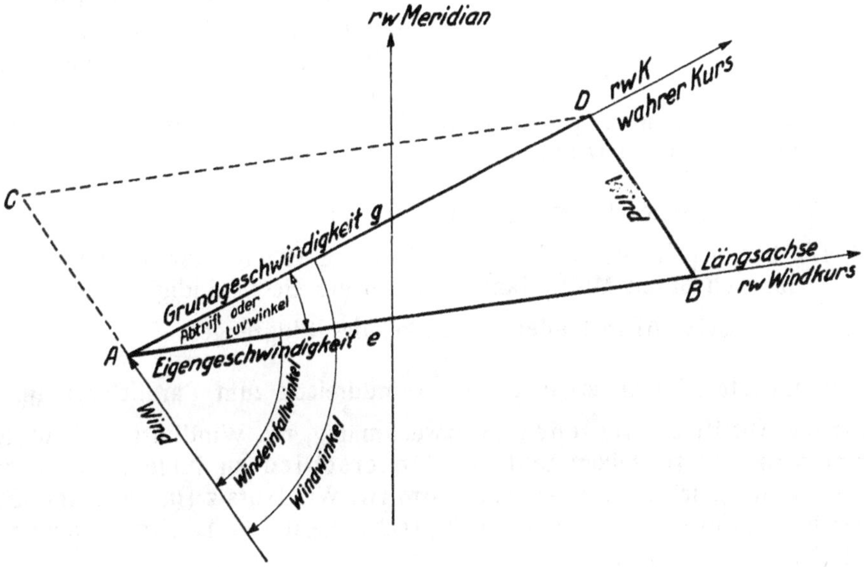

Abb. 74. Winddreieck.

Man unterscheidet nun folgende Fälle:

1. Ist rw. Windkurs und Windrichtung gleichgerichtet, so gibt es keine Abtrift und die Geschwindigkeit über Grund ist gleich der Summe aus Eigengeschwindigkeit und Windgeschwindigkeit.
2. Fliegt das Flugzeug gerade gegen den Wind, so gibt es wiederum keine Abtrift und die Geschwindigkeit über Grund ist gleich der Differenz zwischen Eigengeschwindigkeit und Windgeschwindigkeit.
3. In allen anderen Fällen tritt Abtrift auf und die erzielte Geschwindigkeit über Grund liegt zwischen der Summe und der Differenz aus Eigen- und Windgeschwindigkeit.

Je nachdem nun vom Winddreieck bestimmte Größen gegeben sind, unterscheidet man folgende drei Grundaufgaben zur Lösung des Winddreiecks. Jede dieser Aufgaben wird am einfachsten gelöst, indem man in die Karte mit Maßstab und Kursdreieck die gegebenen Stücke einzeichnet und die gesuchten aus der Zeichnung entnimmt.

a) Erste Grundaufgabe.

§ 47. Gegeben sind Eigengeschwindigkeit und rw. Windkurs (der aus dem Kompaßkurs durch Anbringung von Ablenkung und Mißweisung gewonnen werden kann) sowie der Wind nach Richtung und Größe. Gefragt ist nach Kurs und Geschwindigkeit über Grund.

Zahlenbeispiel: Eigengeschwindigkeit des Flugzeuges 180 km/h, rw. Windkurs 264°. Wind NNW 45 km/h (Abb. 75).

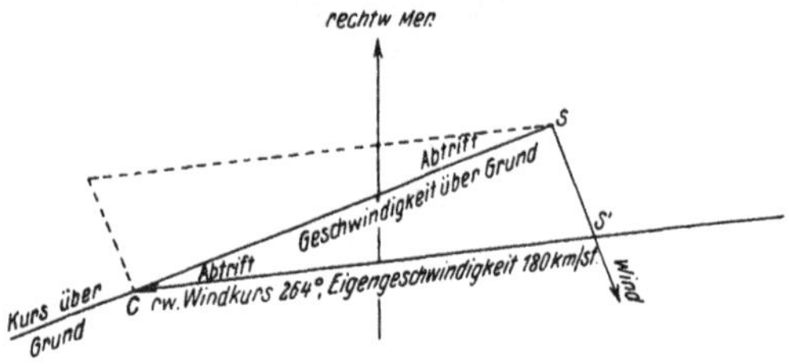

Abb. 75. Abtriftbestimmung.

Lösung: Man trägt an den Startort S in der Karte die Windrichtung mit dem Kursdreieck in entgegengesetzter Richtung (SSO) an und setzt auf dieser Strecke mit dem Kartenmaßstab für irgendeine Zeiteinheit, z. B. 10 min $= {}^{1}/_{6}$ h die Strecke ${}^{45}/_{6} = 7{,}5$ km ab. Den so erhaltenen Punkt nennt man den versetzten Startort S'. In diesem Punkt trage man nun den rw. Windkurs 264° mit dem Kursdreieck ab und setze in dieser Richtung die Eigengeschwindigkeit, berechnet für 10 min, also ${}^{180}/_{6} = 30$ km ab. Man erhält so den Punkt C. $SS'C$ ist das Winddreieck. Aus ihm lassen sich nun entnehmen (Abb. 75):

1. SC rw. Kurs des Flugzeuges über Grund.
2. Die Strecke SC als die über den Grund in 10 min durchflogene Strecke. Daraus bildet sich durch Multiplikation mit 6 die Geschwindigkeit über Grund.
3. Winkel SCS' Abtrift oder Leewinkel des Flugzeuges.

Die punktierten Linien ergänzen das Winddreieck zum Parallelogramm.

Statt die Abtrift zu messen, ist es zweckmäßig, rw. Windkurs und rw. Kurs (wahrer Kurs) untereinander zu setzen und den Unterschied zu bilden. Das Vorzeichen bestimmt sich in der Richtung, in der man vom rw. Windkurs zum rw. Kurs übergeht. Wird dabei der Kurs größer, so geht die Abtrift rechts herum (+), wird er kleiner, so geht die Abtrift links herum (—), z. B.:

rw. Windkurs . .	= 175°		rw. Windkurs . .	= 4°	
rw. Kurs	= 185°	(rechts herum)	rw. Kurs	= 355°	
Abtrift (Leewinkel)	= +10°	(rechts herum)	Abtrift (Leewinkel)	= —9°	(links herum).

Die Aufgabe kann auch, losgelöst von der Karte, auf irgendeinem Blatt Papier unter Wahl eines beliebigen Maßstabes, z. B. 1 km = 1 mm oder 1 km = ½ mm, durchgeführt werden.

Übungsbeispiele: Man bestimme aus folgenden Angaben den rw. Kurs (Kartenkurs) und Geschwindigkeit über Grund:

	rw. Windkurs	Eigen-geschwindigk.	Wind
1.	93°	180 km/h	NNO 15 km/h
2.	14°	220 ,,	ONO 30 ,,
3.	214°	170 ,,	SSW 35 ,,
4.	315°	200 ,,	SSO 12 ,,
5.	285°	170 ,,	SW 40 ,,
6.	180°	160 ,,	NO 30 ,,
7.	95°	150 ,,	WNW 45 ,,
8.	3°	175 ,,	OSO 35 ,,

Ebenso aus:

	Kompaß-kurs	Steuer-tabelle (§ 24)	Gegend	Eigen-geschwindigk.	Wind
9.	315°	V	Hamburg	180 km/h	NO 20 km/h
10.	27°	I	Berlin	150 ,,	WNW 25 ,,
11.	91°	III	Danzig	210 ,,	ONO 35 ,,
12.	17°	II	Stettin	170 ,,	SO 15 ,,
13.	281°	V	Smolensk	160 ,,	SSO 10 ,,
14.	279°	III	Brüssel	170 ,,	N 15 ,,
15.	180°	V	Königsberg	150 ,,	SO 20 ,,
16.	180°	II	London	180 ,,	W 45 ,,
17.	15°	V	Berlin	210 ,,	NNO 50 ,,

b) Zweite Grundaufgabe.

§ 48. Gegeben ist Eigengeschwindigkeit und rw. Windkurs, ferner ein Ort C, über den das Flugzeug nach einer bestimmten Zeit gekommen ist. Gefragt ist nach Windrichtung und Windgeschwindigkeit.

Zahlenbeispiel: Ein Flugzeug mit 240 km/h Eigengeschwindigkeit steuert vom Startort den rw. Windkurs 285°, nach 6 min steht es über C (vom Startplatz aus 295° 30 km). Welches ist der Wind? (Abb. 76).

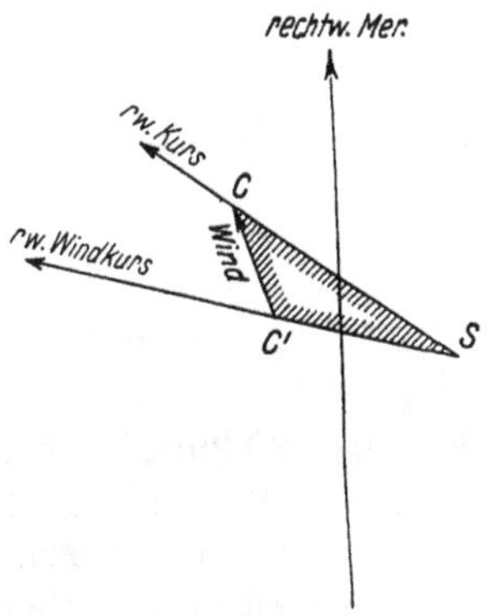

Abb. 76. Windbestimmung.

Lösung: Die gegebene Einheit für die Konstruktion des Winddreiecks dürfte hier 6 min = $^1/_{10}$ h sein. Man trägt also den rw. Windkurs 285° ein und darauf $^{210}/_{10} = 24$ km ab. Dies wäre ein Punkt C', den das Flugzeug nach 6 min bei Windstille erreicht hätte. Es war aber nach C gekommen. Daher ist es in 6 min von C' nach C versetzt worden. Die aus der Zeichnung bestimmte Richtung $C'C$ ist also die Windrichtung (SOzS), und die Strecke $C'C$, in unserem Maßstab zu 8 km gemessen, gibt die Windbewegung in 6 min an. Das Zehnfache davon, $8 \times 10 = 80$ km/h, ist dann die Windgeschwindigkeit.

Diese Aufgabe spielt besonders beim Start eine Rolle. Der Pilot verfolgt am Kompaß, nachdem er das Fluggelände verlassen hat und auf Kurs gegangen ist, den ihm vorgeschriebenen Kurs als rw. Windkurs. Nachdem er einige Minuten diesen Kurs durchgehalten hat, entnimmt er aus der Bodensicht, daß er sich über einem Orte C befindet. Nach der eben beschriebenen Methode hat er sich nun augenblicklich über den herrschenden Wind nach Richtung und Geschwindigkeit orientiert und vermag diese Größen für die nächste Zeit als gegeben ansehen. Auch auf der Strecke dient ihm die Methode immer wieder zur Kontrolle über den Wind. Man muß sich nur einen eben überflogenen Ort in der Karte anmerken, notiert sich den darauf eine Zeit eingehaltenen rw. Windkurs und merkt in der Karte einen zweiten überflogenen Ort an. Diese Elemente genügen, um ihn die Konstruktion des Windes durchführen zu lassen.

Übungsbeispiele: Man bestimme Windrichtung und -geschwindigkeit aus folgenden Angaben:

	Startort	rw. Wind-kurs	Eigen-geschwindigk.	Flugzeug befindet sich nach	über
1.	Tempelhof	67°	200 km/h	15m	Wriezen
2.	,,	125°	195 ,,	7m	Schmöckwitz
3.	,,	90°	210 ,,	10m	Strausberg
4.	,,	220°	240 ,,	14m	Beelitz
5.	,,	220°	240 ,,	14m	Jüterbog
6.	,,	230°	225 ,,	10m	Treuenbriezen

7. Ein Flugzeug mit 150 km/h Eigengeschwindigkeit steht um $12^h\ 22^m$ über Fürstenwalde. Auf dem rw. Windkurs 95° fliegend, steht es um $10^h\ 48^m$ über Fürstenberg. Welcher Wind hat es versetzt?

8. Ein Flugzeug mit Eigengeschwindigkeit 180 km/h steuert den Kompaßkurs 120° (Steuertabelle IV, § 24). Es steht um $14^h\ 25^m$ über Staaken, um $14^h\ 34^m$ über Köpenick. Welcher Wind?

9. Ein Flugzeug steht um $7^h\ 58^m$ bei einer Eigengeschwindigkeit von 210 km/h auf dem Kompaßkurs 50° (Steuertabelle I) über Eberswalde, um $8^h\ 5^m$ über Angermünde. Welcher Wind?

c) Dritte Grundaufgabe.

§ 49. Gegeben ist die Eigengeschwindigkeit des Flugzeuges, der rw. Kurs über Grund (Zielrichtung, Kartenkurs) und Wind nach Richtung und Geschwindigkeit. Gefragt ist nach Geschwindigkeit über Grund, rw. Windkurs und Flugzeit von S bis Z.

Zahlenbeispiel: Ein Flugzeug mit der Eigengeschwindigkeit 180 km/h soll von S aus in der Richtung 264° fliegen und auf diesem Kurse ein Ziel Z in 320 km Entfernung erreichen, wenn ein Wind NNW 45 km/h angenommen wird (Abb. 77).

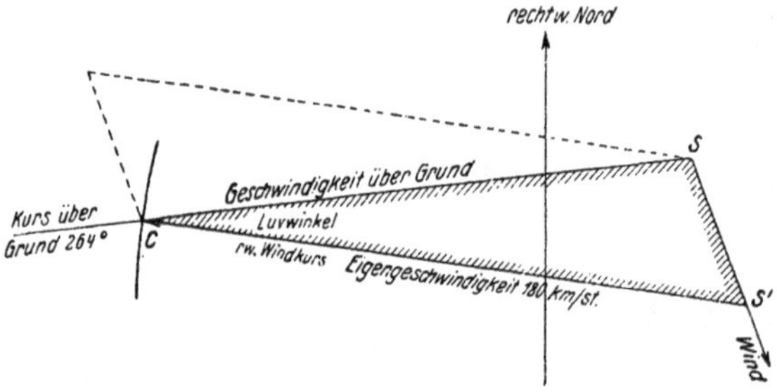

Abb. 77. Bestimmung des Luvwinkels.

Lösung: Man trage (Abb. 77) an den Startort S zunächst die Richtung 264° nach dem Zielort an und ferner die entgegengesetzte Windrichtung SSO und auf ihr die Windgeschwindigkeit 45 km/h an. Man erhält so den versetzten Startort S'. Von diesem versetzten Startort S' aus muß nun auf der Zielrichtung ein Punkt C gefunden werden, der vom Flugzeug in einer Stunde erreicht werden kann, also 180 km von S' entfernt ist. Man schlage also um S' mit dem Radius 180 km einen Kreis, der dann den Kurs nach Z im Punkte C schneidet. Die punktierten Linien ergänzen das Dreieck zum Geschwindigkeitsparallelogramm. Wenn das gezeichnete Dreieck für die Zeiteinheit einer Stunde zu groß werden sollte, so wird man eine kleinere Zeiteinheit wählen, z. B. 10 min (dann sind die Strecken 7,5 km bzw. 30 km) oder 12 min (dann sind die Strecken 9 km bzw. 36 km). Am Wesen der Aufgabe wird dann nichts geändert.

Aus der Abbildung kann dann gemessen werden:

1. rw. Windkurs als Richtung $S'C$ (277°); dieser muß noch mit Mißweisung und Ablenkung in Kompaßkurs verwandelt werden.
2. Die Strecke SC als Geschwindigkeit über Grund (163 km/h). Mit Hilfe dieser Strecke kann die Flugzeit von S nach Z berechnet werden

$$\text{Flugzeit} = 320\ \text{km} : 163\ \text{km/h} = 1^h\ 55^m.$$

Hat man das Dreieck mit einer kleineren Zeiteinheit bestimmt, so läßt sich aus der gemessenen Strecke SC durch Umrechnung auf Stunden wieder die Stundengeschwindigkeit bestimmen.

Bei einem 10-min-Dreieck würde die Strecke SC somit 27 km geworden sein; daraus folgt eine Geschwindigkeit über Grund (Reisegeschwindigkeit $= 27 \times 6 = 162$ km/h).

Bei einem 12-min-Dreieck würde die Strecke SC zu 33 km gemessen worden sein; die Reisegeschwindigkeit ist dann

$$= 33 \times 5 = 165\ \text{km/h}.$$

Im Anhang ist unter Tafel 4 eine Rechentafel gegeben, aus der mit Hilfe der Reisegeschwindigkeit und der Entfernung die Flugzeit ohne weitere Rechnung entnommen werden kann. Man findet auf der v-Leiter die verschiedenen Geschwindigkeiten aufgetragen, auf einer s-Leiter sind die Entfernungen angegeben und eine t-Leiter trägt die Zeiten.

Man gebraucht die Rechentafel so, daß man die gegebene Geschwindigkeit auf der v-Leiter aufsucht, die Entfernung auf der s-Leiter, die beiden Punkte miteinander verbindet und den Schnittpunkt dieser Geraden mit der t-Leiter aufsucht; an dieser Stelle steht dann die benötigte Zeit. (Man kann die Rechentafel auch für die umgekehrte Aufgabe verwenden, wenn Geschwindigkeit und Zeit gegeben ist und die durchflogene Entfernung bestimmt werden soll, oder wenn Zeit und Weg gegeben sind und die benötigte Geschwindigkeit festgestellt werden soll[1]).)

3. Aus dem konstruierten Winddreieck läßt sich ferner noch der Winkel SCS' entnehmen. Aus der Figur ersieht man, daß um diesen Winkel das Flugzeug aus seinem Weg über den Grund gegen den Kurs, dem Winde entgegen, verdreht werden muß, um seinen Kartenkurs innezuhalten. In dieser Form heißt der Winkel Luvwinkel (Vorhaltewinkel). Man muß sich bewußt werden, daß das Flugzeug mit seiner Achse immer die Richtung $S'C$ einhält, während es sich auf der Linie SC fortbewegt.

Es ist zweckmäßig, diesen Luvwinkel, statt aus der Zeichnung zu entnehmen, als Unterschied zwischen rw. Kurs über Grund und rw. Windkurs zu berechnen. Um das Vorzeichen des Luvwinkels zu erhalten, bedenke man, daß man vom rw. Kurs zum rw. Windkurs übergehen muß, weil man ja den Kartenkurs um den Luvwinkel berichtigen will.

rw. Kurs über Grund . . . =	264°	rw. Kurs über Grund . . . =	109°
rw. Windkurs . . . . =	277°	rw. Windkurs . . . . . . =	93°
Luvwinkel (Vorhaltewinkel) =	+13°	Luvwinkel (Vorhaltewinkel) =	— 16°

Das Vorzeichen + bedeutet, daß die Flugzeugachse rechtsherum gegen den Kartenkurs verdreht werden muß, damit das Flugzeug den Weg SC verfolgt; der Luvwinkel ist immer gegen die einkommende Windrichtung herum anzutragen, man luvt gegen den Wind an.

Im Anhang ist eine Tabelle der Luvwinkel (Tab. 2a) gegeben. Die seitlichen Eingänge sind die Windwinkel, die oberen Eingänge sind die Verhältnisse zwischen Wind- und Eigengeschwindigkeit. Eine zweite Tabelle 2b gibt die Verhältniszahlen, mit denen man die Eigengeschwindigkeit multiplizieren muß, um die Geschwindigkeit über Grund zu erhalten.

Beispiel: Ein Flugzeug soll mit der Eigengeschwindigkeit 140 km/h auf dem rw. Kurse 332° einen Weg von 440 km zurücklegen. Der Wind ist W 30 km/h.

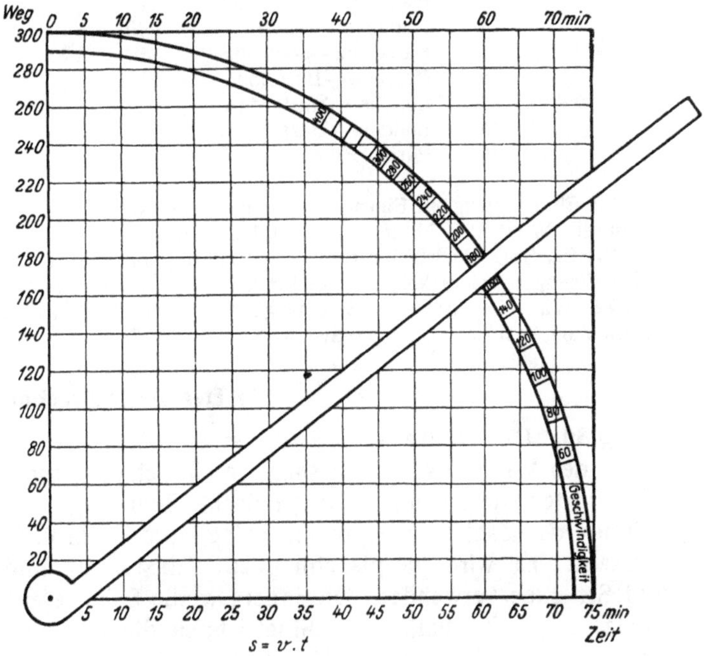

Abb. 78. Geschwindigkeitsrechner nach Klintzsch.

[1]) Klintzsch benutzt für die Berechnung der Beziehung $s = v \times t$ ein Diagramm, in dem horizontal die Zeit, vertikal der Weg aufgetragen sind. Die Geschwindigkeit v wird eingestellt durch einen Dreharm, der auf einer Kreisskala spielt, die nach der Geschwindigkeit eingeteilt ist. Mit diesem Diagramm läßt sich jede der drei Größen Weg, Zeit und Geschwindigkeit berechnen, wenn die beiden anderen gegeben sind (Abb. 78).

rw. Kurs = 332°
Wind = 270°
Windwinkel = 62° v. Bbd.

$\frac{\text{Windgeschwindigkeit}}{\text{Eigengeschwindigkeit}} = \frac{30}{140} = 0{,}21.$

Tabelle a) gibt Luvwinkel = —10°
rw. Kurs = 332°
rw. Windkurs = 322°

Tabelle b) gibt Reisegeschwindigkeit = 0,89 · 140 = 124,6 km/h, Flugzeit = 440 : 125 = $3^h\,31^m$.

Im Anhang ist unter Tafel 6 auch eine Rechentafel gegeben, aus der man aus Windwinkel und Geschwindigkeit ohne Rechnung und Einschaltarbeit den Luvwinkel entnehmen kann. Die Tafel enthält zwei Paare (ausgezogene und punktierte Leitern I und II), und zwar gilt das System I besonders für Winde von vorne und achtern, das System II für seitliche Winde. Wieder liegen Windwinkel, Geschwindigkeitsverhältnis und Luvwinkel auf einer Geraden.

Übungsbeispiele: Man beantworte in den folgenden Aufgaben die Fragen: Was ist rw. Windkurs und der daraus abgeleitete Kompaßkurs? Was ist Luvwinkel? Was ist Reisegeschwindigkeit (Geschwindigkeit über Grund)? Was ist Flugzeit zwischen Start- und Zielort?

	Richtung und Entfernung	Eigengeschwindigk.	Wind	Steuertabelle aus § 24
1.	5° 280 km	180 km/h	WSW 25 km/h	I
2.	345° 360 ,,	180 ,,	SSW 20 ,,	IV
3.	280° 800 ,,	220 ,,	SSO 25 ,,	III
4.	90° 210 ,,	250 ,,	NNW 10 ,,	V
5.	135° 330 ,,	190 ,,	ONO 25 ,,	I
6.	170° 265 ,,	270 ,,	WSW 35 ,,	II
7.	268° 55 ,,	260 ,,	OSO 40 ,,	IV
8.	280° 120 ,,	240 ,,	WSW 65 ,,	III
9.	214° 130 ,,	230 ,,	SSO 55 ,,	II
10.	Tempelhof—Hamburg	200 ,,	ONO 25 ,,	V
11.	Hamburg—Lübeck	210 ,,	ONO 25 ,,	I
12.	Hamburg—Königsberg	180 ,,	W 55 ,,	III
13.	Hamburg—München	190 ,,	O 40 ,,	IV
14.	Hannover—Halle	240 ,,	NNW 75 ,,	V
15.	Barcelona—Marseille	210 ,,	NNO 35 ,,	I
16.	Marseille—Barcelona	210 ,,	NNO 35 ,,	I
17.	London—Amsterdam	230 ,,	OSO 45 ,,	II
18.	London—Amsterdam	230 ,,	WSW 45 ,,	II
19.	Paris—Köln	190 ,,	ONO 55 ,,	I

20. Ein Flugzeug mit Eigengeschwindigkeit 210 km/h steigt in Tempelhof $6^h\,17^m$ auf und ist nach München bestimmt. Wind SSO 70 km/h (Steuertabelle II).

21. Bei SSO-Wind 50 km/h soll ein Flugzeug von Bremen nach Prag und zurück fliegen. Wann kommt es bei Eigengeschwindigkeit von 240 km/h zurück, wenn es $9^h\,15^m$ aufgestiegen ist?

22. Wind Ost 40 km/h. Wie lange dauert ein Dreiecksflug Köln—Friedrichshafen—Magdeburg und zurück nach Köln bei Eigengeschwindigkeit 280 km/h.

d) Der Dreieckrechner.

§ 50. Der Dreieckrechner ist ein Rechenschieber, mit dem die wesentlichen Aufgaben des Winddreiecks und sonstige einfache nautischen Rechnungen durchzuführen sind. Die Vorderseite ist eine logarithmische Skala; der schwarze Mittelring enthält die Logarithmen der Zahlen in doppelter Folge, so daß ein übergreifender, nicht endender Schieber entsteht. Er wird hauptsächlich zur Einstellung und Ablesung von Geschwindigkeiten und Strecken verwendet. Die innere weiße Scheibe enthält eine ebensolche logarithmische Skala, die als Zeitskala ausgebildet ist; sie dient daher im wesentlichen zur Einstellung und Ablesung von Flugzeiten. Der äußere Ring trägt eine logarithmische Sinus-Skala und

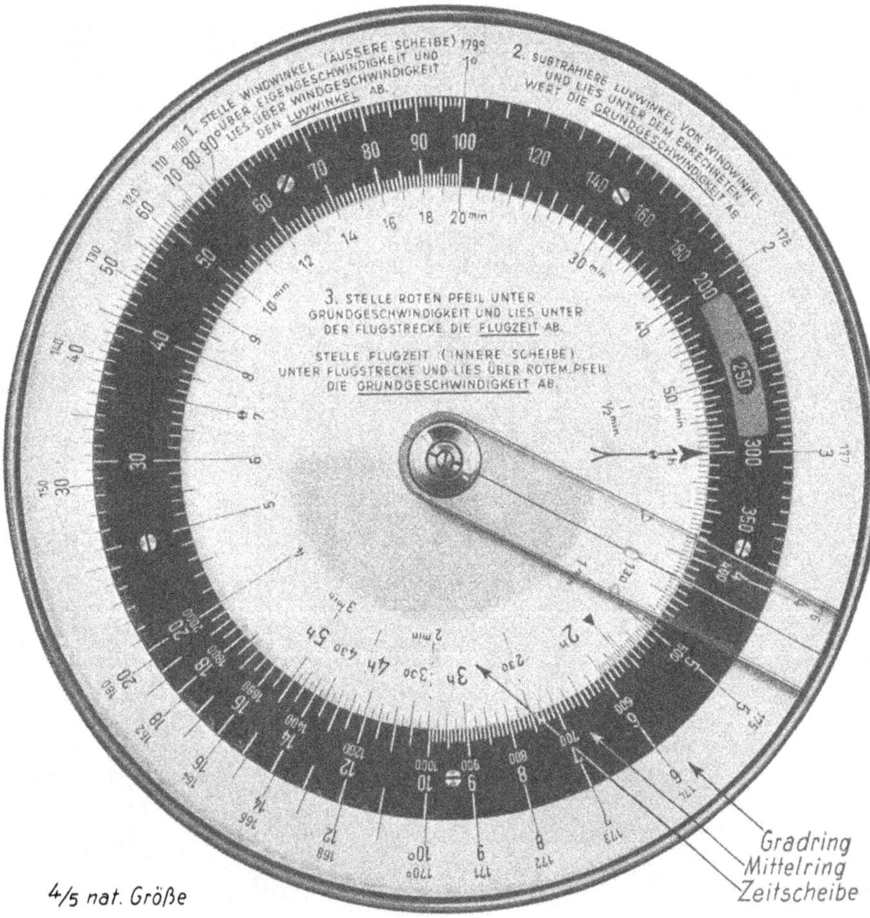

Abb. 79. Dreieckrechner (Vorderseite).

läßt die dazugehörigen Winkel ablesen. Im Verein mit dem Mittelring gestattet er also Dreieckberechnungen nach dem Sinussatz (Abb. 79).

Die Rückseite enthält innerhalb einer festen schwarzen eine bewegliche drehbare weiße Rose und gestattet, Winkeldifferenzen zu nehmen (Abb. 80).

In Anwendung des Sinussatzes auf das Winddreieck müssen mit dem Dreieckrechner alle Aufgaben gelöst werden können, die nur diesen Sinussatz beanspruchen. Es ergibt sich aus Abb. 74

$$\frac{\text{sin Luvwinkel}}{\text{Windgeschwindigkeit}} = \frac{\text{sin Windwinkel}}{\text{Eigengeschwindigkeit}} = \frac{\text{sin Windeinfallwinkel}}{\text{Grundgeschwindigkeit}}$$

kurz:

$$\frac{\sin l}{W} = \frac{\sin w}{e} = \frac{\sin w_e}{g}.$$

Besonders zugeschnitten ist der Gebrauch des Dreieckrechners auf die dritte Grundaufgabe. Man muß dazu zunächst den Windwinkel w aus rw. K. und Windrichtung berechnen, was mit Hilfe der Rückseite geschieht. Man stellt den schwarzen Pfeil (Flugzeug) auf den beabsichtigten rw. Kurs der schwarzen Scheibe und dreht das Lineal auf die bekannte Windrichtung ebenfalls auf der schwarzen Scheibe, dann läßt sich unter dem Linealstrich auf der weißen Scheibe nach rechts oder links herum der Windwinkel ablesen. Die Vorderseite des Dreieckrechners wird nun so gebraucht, daß man den Windwinkel w über

Abb. 80. Dreieckrechner (Rückseite).

die Eigengeschwindigkeit e setzt und mit dieser Einstellung über der Windgeschwindigkeit W den Luvwinkel l abliest. Damit ist der Luvwinkel nach der Formel berechnet

$$\sin l = \frac{W}{e} \sin w.$$

Da nun ferner der Windeinfallwinkel sich ergibt aus

$$w_e = w + l,$$

so zeigt sich aus der ungeänderten Einstellung des Dreieckrechners die Grundgeschwindigkeit g unter dem auf dem äußeren Ring aufgesuchten Windeinfallwinkel nach der Formel

$$g = e \sin (w + l) \operatorname{cosec} w.$$

Die noch benötigte Flugzeit ergibt sich mit Hilfe der inneren Zeitscheibe. Stellt man die Zeiteinheit (1^h = roter Pfeil) auf die Grundgeschwindigkeit, so liest sich unter dem Flugweg die Flugzeit ab.

Weniger vorteilhaft ist der Dreieckrechner für die erste und zweite Grundaufgabe. Denn der Leewinkel (Abtrift) berechnet sich aus den gegebenen Stücken nach Aufgabe 1 nicht nach dem Sinussatz, sondern nach

$$\operatorname{cotg} a = \frac{e}{W} \operatorname{cosec} w_e - \operatorname{cotg} w_e.$$

Um den Wind aus Abtrift a, Eigengeschwindigkeit e und Grundgeschwindigkeit g zu erhalten (Aufgabe 2), hat man so vorzugehen, daß man die Winkelskala solange dreht, bis zwischen die Grund- und Eigengeschwindigkeit eine Winkeldifferenz hineinpaßt, die gleich der Abtrift ist. Dann steht über der Eigengeschwindigkeit der Windwinkel und unter der Abtrift die Windgeschwindigkeit. Bei geringen Abtriften setzt man, um Anzeigeungenauigkeiten zu vermeiden, die Windgeschwindigkeit am besten gleich der Differenz der Eigen- und Grundgeschwindigkeit.

Auf den Gebrauch von auftretenden stumpfen Winkeln ist mit besonderer Überlegung zu achten.

e) Das Windpunktdiagramm.

§ 51. Alle Verhältnisse des Winddreiecks lassen sich anschaulich vereinigen in einem Polardiagramm, dessen Mittelpunkt als Abflugsort gedacht ist und dessen radiale Strahlen sämtliche Richtungen des Flugzeuges, des Windes und des Weges darstellen, während die

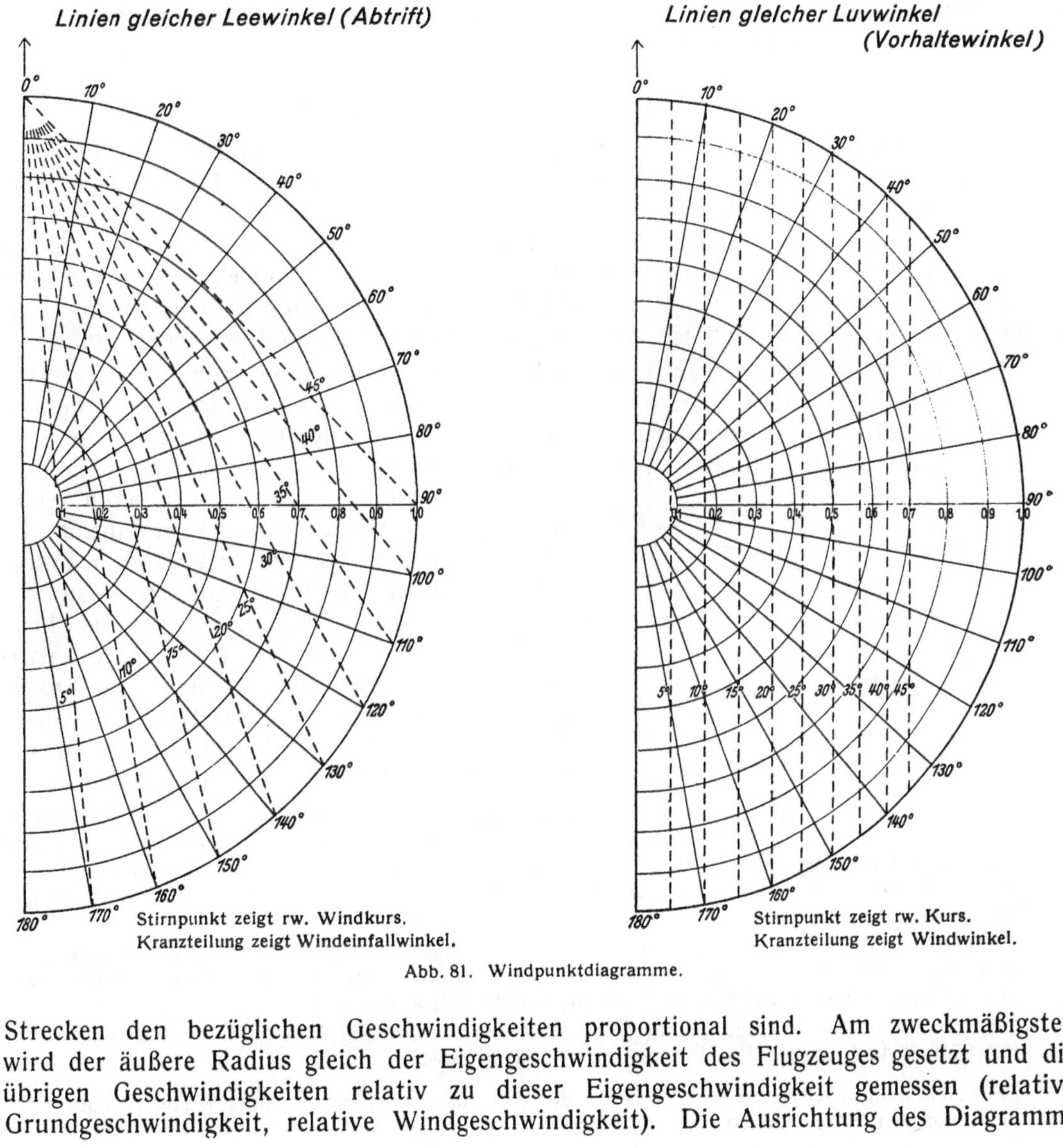
Linien gleicher Leewinkel (Abtrift)
Stirnpunkt zeigt rw. Windkurs.
Kranzteilung zeigt Windeinfallwinkel.
Linien gleicher Luvwinkel (Vorhaltewinkel)
Stirnpunkt zeigt rw. Kurs.
Kranzteilung zeigt Windwinkel.

Abb. 81. Windpunktdiagramme.

Strecken den bezüglichen Geschwindigkeiten proportional sind. Am zweckmäßigsten wird der äußere Radius gleich der Eigengeschwindigkeit des Flugzeuges gesetzt und die übrigen Geschwindigkeiten relativ zu dieser Eigengeschwindigkeit gemessen (relative Grundgeschwindigkeit, relative Windgeschwindigkeit). Die Ausrichtung des Diagramms soll mit einer Nullmarke (Stirnpunkt) oben die Flugzeugrichtung bedeuten und der Wind als Seitenwind mit seinen Windwinkeln eingetragen werden. Irgendein Punkt dieses Diagramms heißt Windpunkt, weil seine Entfernung vom Mittelpunkt der relativen Windgeschwindigkeit entspricht und ein Beschauer im Zentrum beim Blick auf ihn die Richtung des ankommenden Windes vor sich hat.

Beim Gebrauch des Windpunktdiagrammes kommt es nun darauf an, wie man die Richtung des Stirnpunktes bezeichnet (Abb. 81).

Ist der Stirnpunkt auf dem rw. Windkurs ausgerichtet, so entspricht die Kranzteilung dem Windeinfallwinkel. Bei dieser Ausrichtung sind alle durch den Stirnpunkt gehenden Geraden Linien gleicher Leewinkel (Abtrift) [1]). Diese Linien treffen den Kranz an Punkten, welche vom Gegenpunkt des Stirnpunktes um den doppelten Leewinkel entfernt sind.

Denkt man sich den Stirnpunkt dagegen nach dem rw. Kurs ausgerichtet, so zeigt die Kranzteilung die Windwinkel. Die Linien gleicher Luvwinkel (Vorhaltewinkel) sind in dem Diagramm Parallele zur Stirnlinie. Bei gleichem Windwinkel von vorne oder hinten ergibt sich der gleiche Luvwinkel.

f) Verwendung der Grundaufgaben.

§ 52. Bei längeren Flügen werden die geschilderten Grundaufgaben in fortwährendem Wechsel angewandt werden müssen. Wenn auch der Wind beim Start bekannt sein wird, so wird während des Fluges fortwährend zu kontrollieren sein, ob auf der Flugstrecke der Wind nicht gewechselt hat. Nach der zweiten Grundaufgabe wird der Wind immer zu bestimmen und nach der dritten Aufgabe der neue rw. Windkurs zu ermitteln sein. Das gleiche wird notwendig sein bei Änderung der Höhenlage. Es ist im Auge zu behalten, daß nur bei Kenntnis der genauen Ortslage der Wind einwandfrei bestimmt werden kann.

Wenn der Wind erst erflogen, also durch die zweite Grundaufgabe bestimmt werden soll, so vergeht eine gewisse Zeit, bis der neue Vorhaltewinkel errechnet ist. Es kommt weiter hinzu, daß man oft gezwungen ist, den alten Weg wieder zu erreichen. Man wird dann, nachdem etwa 10^m zur Erfliegung des Windes verstrichen sind, noch weitere 5^m auf dem alten Kurse weiterfliegen, den dann erhaltenen Punkt einstweilen in der Karte ausmachen und von diesem Punkte aus wieder einen Punkt der gewünschten Kurslinie anfliegen. Man hat dann während dieser 5^m Zeit, zunächst den Luvwinkel für die Strecke *BC* (s. Abb. 82) auszurechnen und während des Abfluges der Strecke *BC* den Luvwinkel für die Fortsetzung des Kurses *SC* über *C* hinaus zu bestimmen und von Erreichung des Punktes *C* an zu benützen.

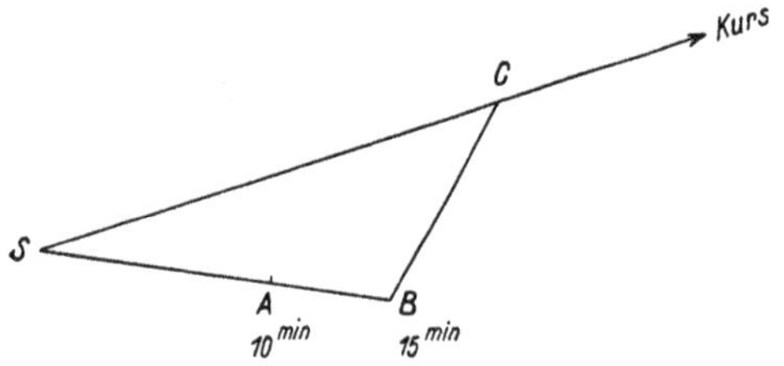

Abb. 82. Windermittlung.

Übungsbeispiele: 1. *B* liegt von *A* 69° 300 km. Eigengeschwindigkeit 240 km/h. Wind NW 40 km/h. Was ist rw. Windkurs, Luvwinkel, Geschwindigkeit über Grund? Nach 33^m befindet sich Flugzeug über *C* (*C* liegt von *A* 73° 129 km). Welches ist der daraus bestimmte Wind? Was ist der nun abzusetzende rw. Kurs, der rw. Windkurs unter Berücksichtigung des neuen Windes, die neue Geschwindigkeit über Grund und die Gesamtflugzeit?

2. *B* von *A* 145° 280 km. Wind zuerst WSW 50 km/h; Eigengeschwindigkeit 180 km/h. Flughöhe zuerst 800 m. Nach 30 min steht man über *C* (*C* von *A* 153° 83 km). Flugzeug geht auf 1200 m. Nach weiteren 12 min steht Flugzeug über *D* (*D* von *C* 149° 39 km). Gleiche Fragen wie bei 1.

3. *B* von *A* 277° 280 km. Eigengeschwindigkeit 195 km/h. Wind NNW 25 km/h. Nach 24 min über *C* (*C* von *A* 271° 85 km). Neuer Wind? Neuer rw. Windkurs usw.?

[1]) Die Abbildungen zeigen nur die eine Hälfte des Winddiagrammes; das gesamte Winddiagramm erhält man, wenn man den Halbkreis an seinem Durchmesser spiegelt.

4. Mit dem Ziele Hamburg verläßt ein Flugzeug (Eigengeschwindigkeit 300 km/h) beim Winde S 10 km/h Tempelhof. Welcher Steuerkurs? Nach Nebel befindet es sich nach 22 min über Perleberg. Welcher Wind? Neuer rw. Windkurs?

g) Luvwinkel bei veränderlichen Winden.

§ 53. Die Berechnung und Benutzung des Luvwinkels nach der dritten Grundaufgabe setzt voraus, daß man immer gleichbleibende Winde in Rechnung setzen kann. Das trifft nicht immer zu, namentlich wenn das Flugzeug von niederen Höhen in größere Höhen aufsteigt. Im allgemeinen macht sich dabei eine Rechtsdrehung des Windes verbunden mit einer

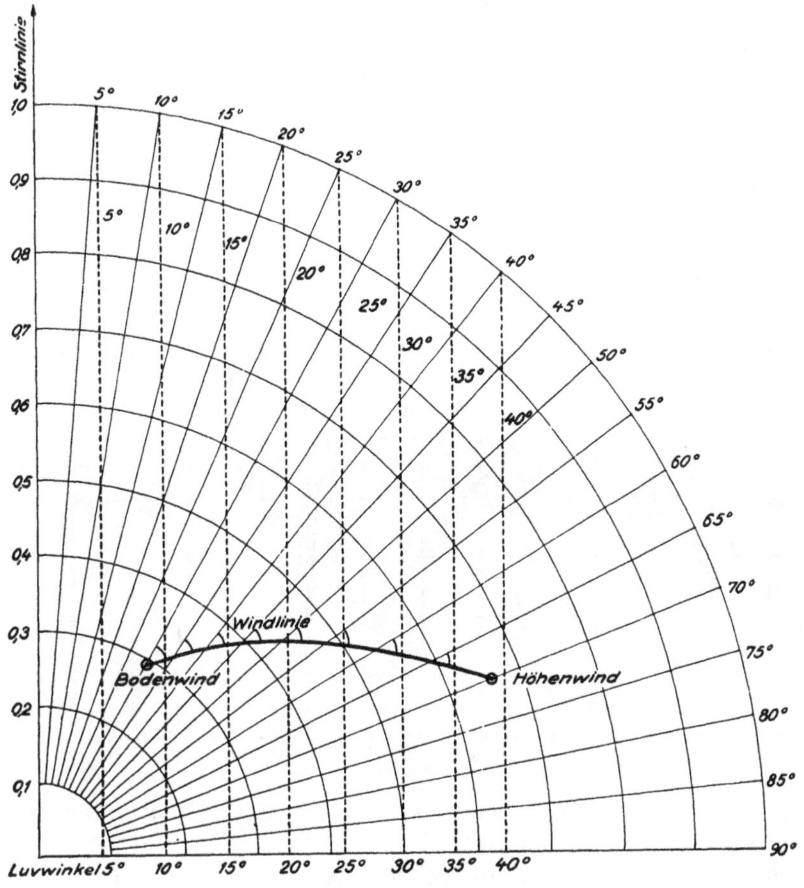

Abb. 83. Windlinie.

Windgeschwindigkeitssteigerung geltend. Setzt man also beim Start den Luvwinkel aus bekanntem Wind fest und hält ihn während des Steigfluges bei, so wird schon nach kurzer Zeit eine Abweichung von der beabsichtigten Kurslinie in Erscheinung treten, damit aber schon von Anfang an in dem durch Kurs und Geschwindigkeit angegebenen Ort ein Fehler auftauchen, der die weitere Ortsbestimmung bereits in den ersten Flugminuten belastet. Dazu kommt, daß beim Steigen des Flugzeuges nicht die Reisegeschwindigkeit, sondern eine verminderte Geschwindigkeit eingesetzt werden muß. Andererseits ist die Steigzeit auf größeren Höhen bedeutend genug, um einen wesentlichen Anteil an der Gesamtflugzeit in Anspruch zu nehmen.

Wenn der Wind sich während des Steigens ändert, so wird sich also auch der Luvwinkel dauernd zu ändern haben, wenn man den vorgelegten rw. Kurs beibehalten will.

Am zweckmäßigsten bedient man sich dabei des Windpunktdiagramms mit eingezeichneten Linien gleicher Luvwinkel (Abb. 83). In das Diagramm trägt man den dem Bodenwind und dem Höhenwind entsprechenden Windpunkt ein und verbindet diese Punkte durch eine „Windlinie" miteinander. Hat der Wind eine gleichmäßige Drehung, so ist die Windlinie eine gebogene Linie, welche sämtliche Radien des Windpunktdiagramms unter gleichen Winkeln schneidet (Loxodrome). Diese Linie unterteilt man der Steiggeschwindigkeit und der Steigzeit entsprechend in einzelne Teile, an die man die seit dem Start abgelaufenen Minutenwerte anschreibt, und liest dann für jede Minute in den Überschneidungen mit den Linien gleicher Luvwinkel die erforderlichen Luvwinkel ab. Beim Übergang in den Geradeausflug, bei dem die erhöhte Reisegeschwindigkeit einzusetzen ist, ändert sich der

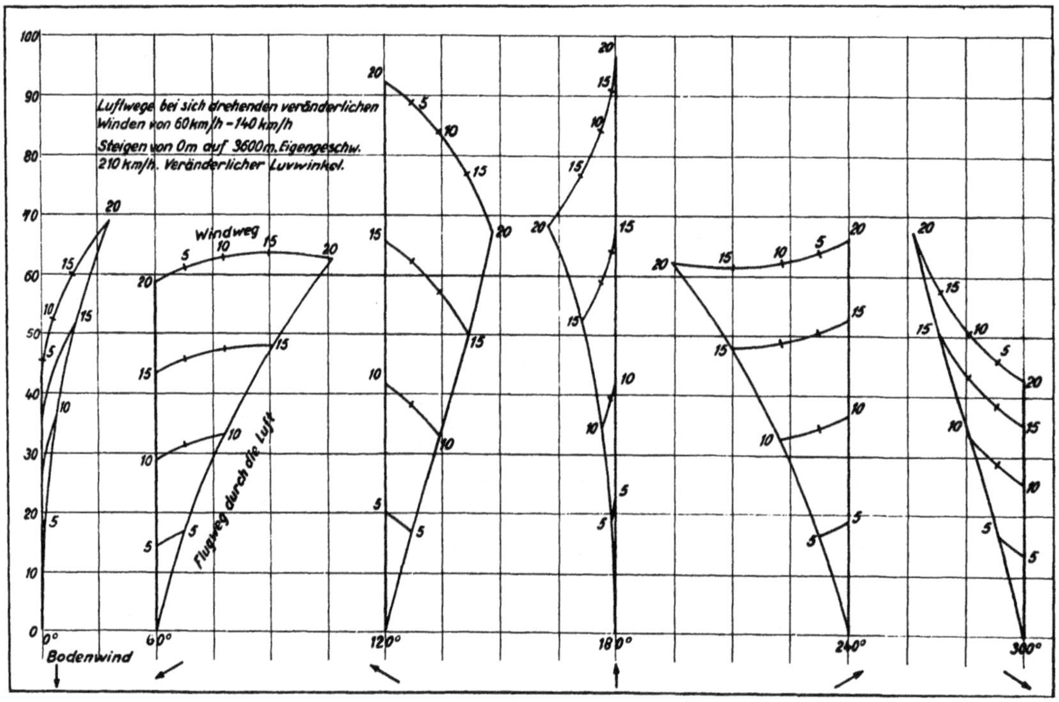

Abb. 84. Luftwege bei sich ändernden Winden.

Luvwinkel sprunghaft, weil das Verhältnis zwischen Windgeschwindigkeit und Eigengeschwindigkeit sich plötzlich vermindert.

Mit einem mittleren Luvwinkel zu rechnen, ist nicht immer ratsam, weil man die ungleichen Windwerte nicht übersehen kann. Er ist höchstens angebracht, wenn die Windlinie sich etwa in Richtung der Linien gleicher Luvwinkel hält, also bei vorderlichen und achterlichen Winden.

Über die dabei zurückgelegten Wege des Flugzeuges durch die Luft gibt Abb. 84 Aufschluß, die für einen bestimmten Fall berechnet ist. Das gerade Stück des krummen Wegdreieckes ist dabei der Weg über Grund. Dieser berechnet sich allgemein aus der Formel:

$$s = e\,T - \frac{e}{8}\left(\frac{W_o}{e}\right)^2 \frac{1}{\beta}\left[1 - \cos\gamma\cos(2\,\omega_o - \gamma)\right] - \frac{W_o}{\beta}\cos\gamma\cos(w_o - \gamma)$$
$$+ \frac{e}{8}\left(\frac{W_u}{e}\right)^2 \frac{1}{\beta}\left[1 - \cos\gamma\cos(2\,\omega_u - \gamma)\right] - \frac{W_u}{\beta}\cos\gamma\cos(w_u - \gamma).$$

Höhere Glieder sind weggelassen. Schon der Einfluß des quadratischen Gliedes hört mit größerer Eigengeschwindigkeit auf. In der Formel bedeutet:

W_u und W_o die Windgeschwindigkeit am Boden und in der Höhe,
w_u und w_o die Windwinkel am Boden und in der Höhe,
T die Steigzeit,

$$\beta = \frac{\ln W_o - \ln W_u}{T}, \quad \tan\gamma = \frac{w_o - w_u}{\ln W_o - \ln W_u}.$$

Über Zielkurven und Blindflugkurven vgl. §§ 83 und 84.

h) Geschwindigkeitsmeßflug.

§ 54. Das Winddreieck kommt auch zur Anwendung, wenn man bei einem Probeflug die Eigengeschwindigkeit des Flugzeuges ermitteln will. Man fliegt ein bekanntes Dreieck aus und notiert die Zeiten, in denen die drei Seiten abgeflogen werden. Man trägt dann von einem Punkte A aus die Richtungen dieser Strecken und die darauf erzielte Grundgeschwindigkeit auf. Zu diesen drei Endpunkten sucht man dann den Mittelpunkt M des umgeschriebenen Kreises. Der Radius dieses Kreises ist die Eigengeschwindigkeit des Flugzeuges und Richtung und Entfernung des Ausgangspunktes A dieser Zeichung nach Kreismittelpunkt M ist der aufgetretene Wind nach Richtung und Geschwindigkeit.

Beispiel eines Dreieckfluges (Abb. 85): Ein Flugzeug fliegt die Strecke Bad Wustrow—Darsserort (28° 15,5 km) in $4^m\ 30^s$, Darsserort —Gjedser Fsch. (286° 36,1 km) in $12^m\ 11^s$ und Gjedser Fsch.—Bad Wustrow (131° 36,3 km) in $9^m\ 50^s$. Was ist Wind und Eigengeschwindigkeit?

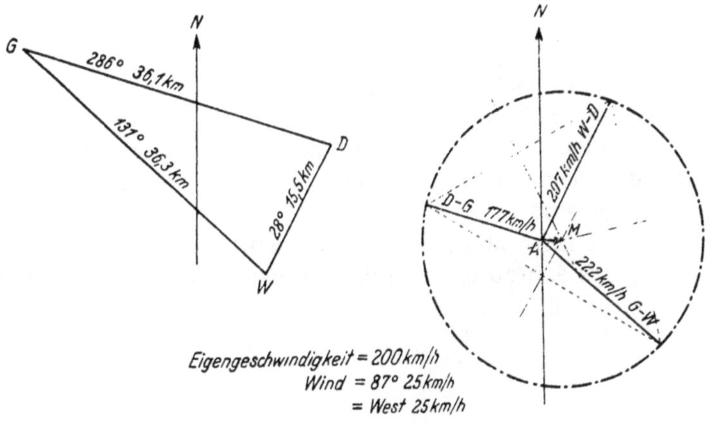

Abb. 85. Geschwindigkeitsdreieck.

Eine praktische Abänderung dieser Geschwindigkeitsmessung, bei der nur zwei Meßstrecken vorzusehen sind, erfährt diese Aufgabe dadurch, daß man zwei tunlichst gleiche und tunlichst senkrecht zueinanderstehende Meßstrecken, z. B. Eisenbahnlinien, abfliegt, und zwar jede in der einen wie auch in der entgegengesetzten Richtung. Man erhält dadurch vier Grundgeschwindigkeitswerte, wenn man die Meßstrekken durch die abgestoppte Zeit teilt. Wie im vorigen Fall trägt man diese ermittelten Grundgeschwindigkeiten richtungsgerecht auf und erhält so vier

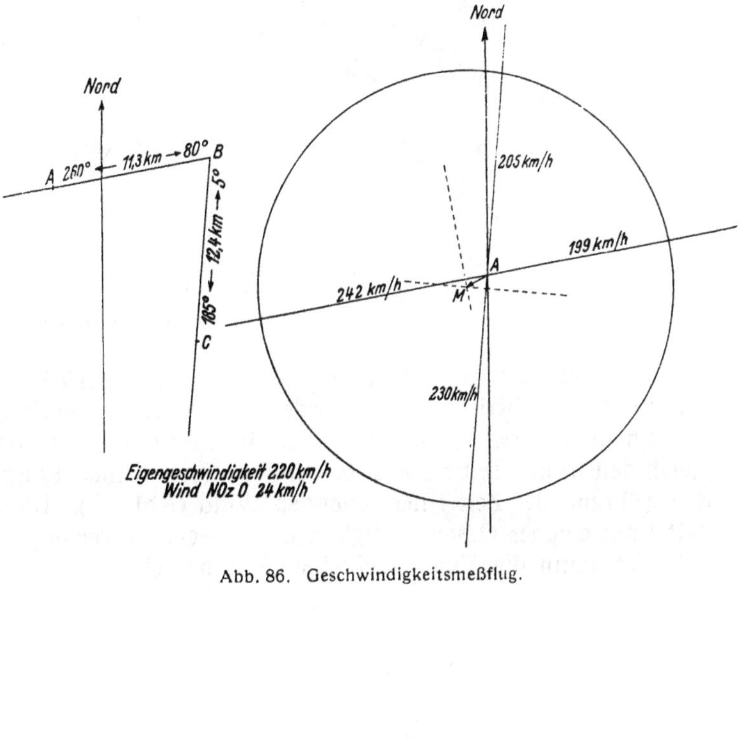

Abb. 86. Geschwindigkeitsmeßflug.

Punkte, welche auf dem Eigengeschwindigkeitskreis liegen sollen. Den Mittelpunkt dieses Kreises erhält man als Schnittpunkt der Mittellote über je einer Gesamtstrecke, die sich aus den Geschwindigkeitsergebnissen je einer aber in zwei entgegengesetzten Richtungen abgeflogenen Wegstrecke zusammensetzt. Die Aufgabe ist in dieser Form überbestimmt. Ein Fehler bei einer Messung läßt sich auf diese Weise leicht erkennen und ausmerzen, wenn man einen Radius wählt, der die vier Ecken tunlichst auf einem Kreise erscheinen läßt.

Beispiel: Es wird (s. Abb. 86) eine Strecke *AB* von 11,3 km in der Richtung von *A* nach *B* (80°) in $3^m\ 24^s$, darauf die Strecke *BC* von 12,4 km in Richtung 185° in $3^m\ 14^s$ abgeflogen, dann kehrt gemacht und dieselbe Strecke von *C* nach *B* (5°) in $3^m\ 38^s$ und endlich wiederum die erste Strecke von *B* nach *A* (260°) in $2^m\ 48^s$ überflogen. Welche Eigengeschwindigkeit ergibt sich?

Man erhält folgende vier Grundgeschwindigkeiten:

	Richtung	Strecke	Zeit	Grundgeschw.
A ≻ *B*	80°	11,3 km	$3^m\ 24^s$	199 km/h
B ≻ *C*	185°	12,4 km	$3^m\ 14^s$	230 km/h
C ≻ *B*	5°	12,4 km	$3^m\ 38^s$	205 km/h
B ≻ *A*	260°	11,3 km	$2^m\ 48^s$	242 km/h.

Aus der Zeichnung ermittelt sich die Eigengeschwindigkeit zu 220 km/h, der Wind aus 55° (NOzO) 24 km/h.

Aus dem Windpunktdiagramm ergibt sich der für die Praxis hier gut zu verwendende Satz, daß beim Hin- und Rückflug auf derselben Strecke bei konstantem Wind derselbe Luvwinkel auftritt.

Eine andere Methode benützt nicht zwei bestimmte Meßstrecken, die nur unter Einhaltung des erst zu erfliegenden Luvwinkels abgeflogen werden können, sondern läßt einen

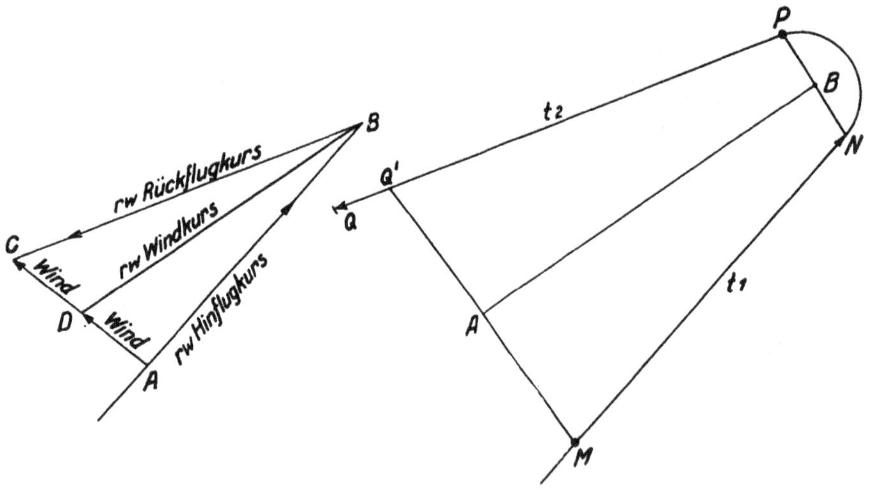

Abb. 87. Geschwindigkeitsmeßflug.

rw. Windkurs und den entgegengesetzten hin und zurück abfliegen. Da auf beiden Strecken der Wind eine Abtrift erzeugt, werden beidemale die überflogenen Strecken verschieden sein. Trägt man diese rw. Kurse *AB* und *BC* in einer Ecke *B* aneinander an und macht die Strecken gleich den in der Zeit *t* durch Bodensicht gewonnenen Flugstrecken, so bedeutet $AD = DC$ den während der Zeit *t* herrschenden Wind (Abb. 87). Dann aber ist *DB* die während der Zeit *t* mit eigener Geschwindigkeit durchflogene Strecke. Aus dieser Strecke und der Zeit *t* läßt sich dann die Eigengeschwindigkeit berechnen.

Praktisch wird man das Flugzeug auf einen bestimmten rw. Windkurs legen. Dabei sucht man durch Bodensicht zwei überflogene markante Punkte M und N in der Karte festzustellen und stoppt die Zeit t_1, die zur Durchfliegung der Strecke MN notwendig war. Darauf kurvt man, um auf den entgegengesetzten rw. Windkurs zu gehen, sucht dann wieder zwei überflogene Punkte P und Q und notiert die zur Durchmessung der Strecke PQ nötige Zeit t_2. Da t_2 verschieden von t_1 sein wird, reduziert man in der Zeichnung die Strecke PQ auf die Strecke PQ' für die Zeit t_1. Man verbindet nun M mit Q' und N mit P und halbiert diese Strecken in A und B. Die Strecke AB ist der in der Zeit t_1 durchflogene Flugweg, woraus sich die Eigengeschwindigkeit e ergibt.

Diese Methode erfordert ein sehr genaues Innehalten des rw. Windkurses und benötigt vier gut sichtbare Marken, die genau überflogen sein müssen.

3. Mechanische Mittel zur Aufgabe des Winddreiecks.

a) Abtriftmessung.

§ 55. Da die Abtrift der Richtungsunterschied zwischen rw. Windkurs und rw. Kurs ist, müssen diese beiden Kurse miteinander verglichen werden. Der rw. Windkurs ist durch die Flugzeugachse gegeben. Bei seitlichem Winde werden sich die Punkte, die man vor sich in der Flugzeugachse auf dem Gelände sieht, seitlich, und zwar gegen den Wind verschieben. Dagegen werden einige Punkte auf der Leeseite diese seitliche Verschiebung nicht mitmachen, sondern anscheinend direkt auf den Beobachter zukommen. Die Richtung auf diese Punkte zu ist der Kurs über Grund. Diese Richtung läßt sich an einer Gradscheibe oder durch Abschätzung gegenüber der Flugzeugachse feststellen und ergibt die Abtrift (Leewinkel).

Bei Flügen über Wasser ergeben sich keine markanten Punkte, an denen diese Beobachtung angestellt werden kann. Man muß diese daher künstlich erzeugen durch Abwerfen von Peilbomben. Die Ausscherung ihres Aufschlagpunktes gegenüber der Flugzeugachse kann in gleicher Weise durch eine Gradscheibe festgestellt werden. Bei bewegter See können auch die Schaumköpfe der Wellen zur Beobachtung herangezogen werden.

Man beachte, daß bei diesen Abtriftschätzungen das Flugzeug unbedingt auf demselben rw. Windkurs gehalten werden muß, da jede Kursänderung eine Täuschung über die Abtrift hervorruft.

Man merke: Eine einzige derartige Abtriftbestimmung läßt noch keinen Schluß auf die herrschende Windrichtung und Windgeschwindigkeit zu.

b) Bestimmung der Geschwindigkeit über Grund.

§ 56. Befindet sich ein Flugzeug in der bekannten Höhe H über dem Gelände im Punkte A (Abb. 88), so kann eine Anvisierung des überflogenen Punktes C zu einer Geschwindigkeitsmessung herangezogen werden. Ist das Flugzeug nach der Zeit t im Punkte B, so kann durch eine Peilvorrichtung der Winkel α bestimmt werden, unter dem jetzt der Punkt C erscheint. Der in der Zeit t zurückgelegte Weg m ergibt sich dann aus der Gleichung

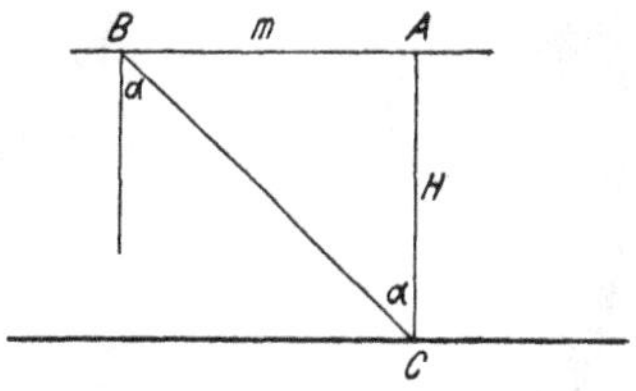

Abb. 88. Geschwindigkeit über Grund.

$$m = H \operatorname{tang} \alpha.$$

Um die Geschwindigkeit zu bestimmen, benutzt man die Grundgleichung

$$\text{Geschwindigkeit} = \text{Weg} : \text{Zeit} \qquad g = m/t,$$

zu deren Berechnung man die Rechentafel (4) im Anhang heranziehen kann.

Beispiel: Ein Flugzeug beobachtet in 900 m Höhe einen eben überflogenen Geländepunkt nach 16 s unter dem Winkel $\alpha = 30^0$. Welche Geschwindigkeit über Grund hat es?

$$m = 0{,}9 \text{ tang } 30^0 = 0{,}9 \cdot 0{,}577 = 0{,}519 \text{ km}$$

$$\text{Geschwindigkeit} = 0{,}519 : 16/3600 = 117 \text{ km/h.}$$

Die Rechnung läßt sich vereinfachen, wenn man der Aufgabe einen bestimmten Winkel α zugrunde legt. Demnach ist nur die Zeit abzustoppen, nach der der Geländepunkt unter dem gewünschten Winkel erscheint. Man bedarf dann nur einer Tabelle, in die man mit Zeit und Höhe einzugehen hat, um die Geschwindigkeit zu erhalten.

Vorteilhaft ist die Wahl eines Winkels $\alpha = 45^0$, weil dann der in der Zeit t zurückgelegte Weg $m = H$ ist.

Man beachte auch hier, daß mit einer einzigen Geschwindigkeitsmessung noch kein Schluß auf den herrschenden Wind gezogen werden kann.

Zu jeder Bestimmung des Windes gehören neben der bekannten Eigengeschwindigkeit und des dem Kompaß zu entnehmenden Steuerkurses noch die Bestimmung zweier weiterer Größen. Man muß daher kennen:

1. Entweder Abtrift und Geschwindigkeit über Grund. Die Aufgabe deckt sich dann mit der zweiten Grundaufgabe (§ 48);
2. oder zwei Abtriften auf verschiedenen Steuerkursen;
3. oder zwei Geschwindigkeiten über Grund auf zwei verschiedenen Steuerkursen. Diese letztere Methode hat noch keine praktische Anwendung gefunden, weil die Geschwindigkeitsmessung nicht die benötigte Genauigkeit ergibt.

c) Auswertungsmethode für zwei Abtriften.

§ 57. In den Annalen der Hydrographie, 1916, S. 497, hat Professor Immler schon auf die Benutzung zweier Abtriftmessungen zur Bestimmung des Windes hingewiesen. Die Methode ist von dem Portugiesen Coutinho mit Erfolg angewendet worden und hat durch ihn eine einfache geometrische Lösung erhalten. Man bedient sich einer Kreisscheibe, deren Rand nach 360 Graden eingeteilt ist und auf der sich konzentrische Kreise befinden, deren Radien der Eigengeschwindigkeit entsprechen. Die Methode verlangt vom Flugzeugführer die Steuerung zweier verschiedener rw. Windkurse, die um irgendeinen nicht zu kleinen Winkelunterschied verschieden sind. Während der Messung der Abtrift auf diesen beiden rw. Windkursen müssen diese Kurse scharf gehalten werden. Die Abtrift kann mit irgendeinem der in § 58 zu beschreibenden Instrumente bestimmt werden. Der weitere Gang der Rechnung sei an folgendem Beispiel erläutert:

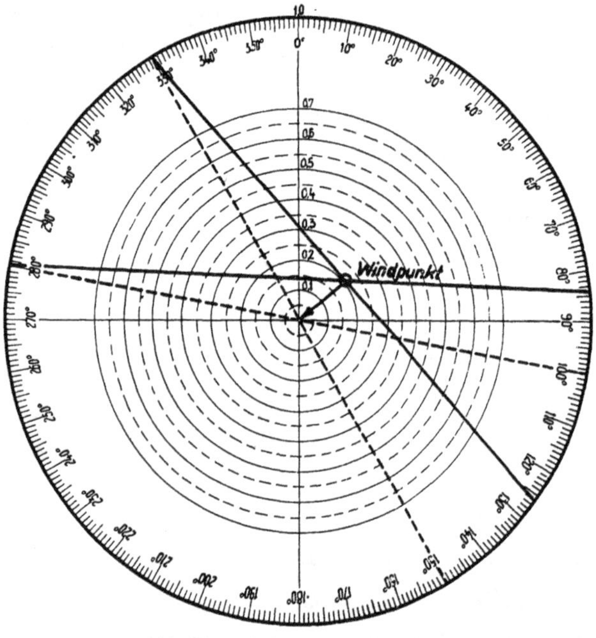

Abb. 89. Wind aus zwei Abtriften.

Ein Flugzeug mit 240 km/h Eigengeschwindigkeit steuert den rw. Windkurs 330° und bestimmt auf ihm die Abtrift 12° nach Backbord; es ändert für die Dauer der weiteren Abtriftmessung den rw. Windkurs auf 280° und bestimmt jetzt die Abtrift zu 8° nach Backbord. Welcher Wind ergibt sich?

Die Kreisscheibe (Abb. 89) ist nichts anderes als das Windpunktdiagramm. Um die Abtrift zu verwerten, erinnert man sich daran, daß in dem Windpunktdiagramm die Linien gleicher Abtrift Gerade durch den Stirnpunkt sind, welche die gegenüberliegende Kranzteilung in einem Punkte treffen, der um den doppelten Winkelbetrag der Abtrift vom Gegenpunkt des rw. Windkurses entfernt ist. Man denke sich in dem Beispiel also zunächst den Stirnpunkt nach dem rw. Windkurs 330° ausgerichtet und zählt von dessen Gegenpunkt (150°) links herum den Winkel 24° als doppelten Betrag der nach Backbord weisenden Abtrift $a = -12^0$. Diesen Punkt verbindet man mit dem Stirnpunkt auf 330° und hat die erste Linie gleicher Abtrift. Ebenso trägt man vom Gegenpunkt des Kurses 280° (100°) links herum den Winkel $16^0 = 2 \cdot 8^0$ und verbindet diesen Punkt mit dem jetzigen Stirnpunkt 280° als zweite Linie gleicher Abtrift. Da, wo sich die beiden Linien gleicher Abtrift schneiden, liegt der Windpunkt, der nun nach Richtung und Mittelpunktsentfernung auszumessen ist. Das Beispiel ergibt demnach eine Windrichtung aus 50° und als Windgeschwindigkeit 0,21 · 240 km/h = 50 km/h.

In der Praxis empfiehlt es sich, die erste Abtrift auf dem eben anliegenden rw. Windkurs zu bestimmen, dann etwa um 60° aus diesem Kurse abzudrehen und die zweite Abtriftbestimmung auf diesem Kurse zu machen. Eine dritte Abtrift kann gewonnen werden, wenn man auf die alte Kurslinie zurückgeht und dabei einen dritten Kurs anliegt, der vom ursprünglichen Kurs etwa 60° nach der anderen Seite abweicht. Die drei so gewonnenen Linien gleicher Abtrift müssen dann durch denselben Windpunkt gehen, wodurch eine Kontrolle der Genauigkeit der Messung erzielt wird.

Übungsbeispiele: Man ermittle aus folgenden Angaben Windrichtung und -geschwindigkeit.

	Eigen-geschwindigk.	1. rechtw. Windkurs	1. Abtrift	2. rechtw. Windkurs	2. Abtrift
1.	200 km/h	60°	— 8°	10°	— 13°
2.	210 „	70°	+ 9°	130°	+ 17°
3.	220 „	330°	— 8°	10°	— 7°
4.	170 „	270°	+ 10°	190°	0°
5.	220 „	190°	— 7°	270°	0°
6.	220 „	140°	+ 5°	70°	— 2°
7.	180 „	200°	+ 11°	240°	+ 15°
8.	180 „	200°	+ 11°	150°	+ 16°
9.	190 „	40°	— 13°	340°	— 9°
10.	200 „	163°	+ 10°	94°	+ 7°

d) Abtrift- und Geschwindigkeitsmesser.

§ 58. Der Abtrift- und Geschwindigkeitsmesser von Pioneer wird an die Bordwand montiert. Man kann zunächst ein Lineal mit Hilfe eines Rades so lange schwenken, daß der anvisierte Gegenstand längs des Visierfadens gleitet. Dann bildet der Visierfaden mit der Flugzeugachse den Abtriftwinkel, und dieser kann auf einer Kreisteilung abgelesen werden. Mit demselben Instrument kann die Geschwindigkeit über Grund abgestoppt werden. Dazu trägt der Visierfaden zwei Querfäden, von denen der eine verstellbar ist und auf die Höhe des Flugzeuges eingestellt werden kann. Aus der Zeit, in welcher das Bodenobjekt von Marke zu Marke wandert, läßt sich die Geschwindigkeit über Grund berechnen (siehe oben b).

Ein hochentwickeltes Gerät, das aus dem unter e) angeführten I.S.P.-Gerät hervorgegangen ist, ist das Peilgerät PZ 1 (Abb. 90). Es besitzt ein Rohr, das durch die Bordwand gesteckt wird; darin wird die Bodensicht in das Innere des Flugzeuges hereingespiegelt. Die Drehung des Rohres um die Vertikalachse mißt die Abtrift, die Schwenkung um die

Horizontalachse die Grundgeschwindigkeit, die wieder aus automatisch ausgelöster Stoppuhr und Flughöhe berechnet werden muß. Die Mattscheibe, auf der sich die Bodensicht abbildet, befindet sich im drehbaren Rohr selbst; ihr Bild wird erst durch eine Spiegelscheibe auf die feststehende Okularaufsicht übertragen. Beim Durchzug der überflogenen Gegend

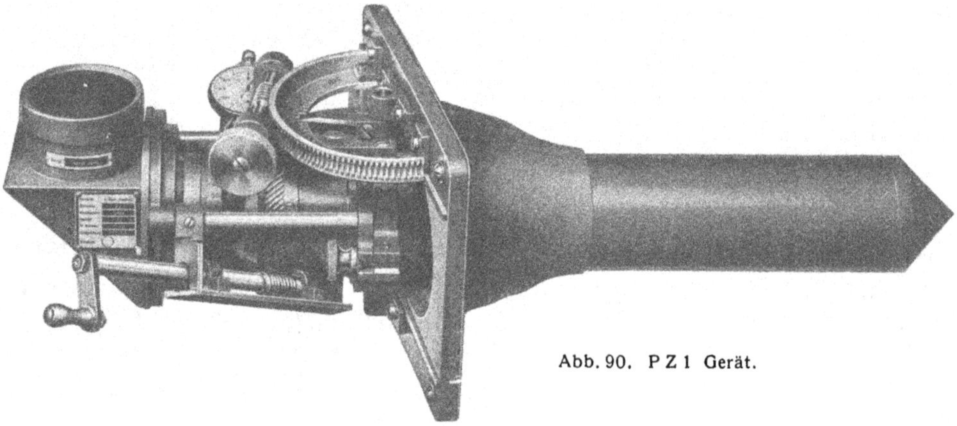

Abb. 90. P Z 1 Gerät.

dreht sich deshalb im Okular das Bild gemeinsam mit dem Kursstrich. Dies stört den Beobachtenden etwas, doch hat dieser Umstand keinen Einfluß auf den Meßvorgang. Eine Auswertevorrichtung besitzt das Kursgerät nicht.

Eine sehr gefällige Art der Geschwindigkeitsermittlung über Grund findet sich bei dem Gattyschen Abtriftmesser (Abb. 91). In diesem Instrument läuft ein Band, das mit

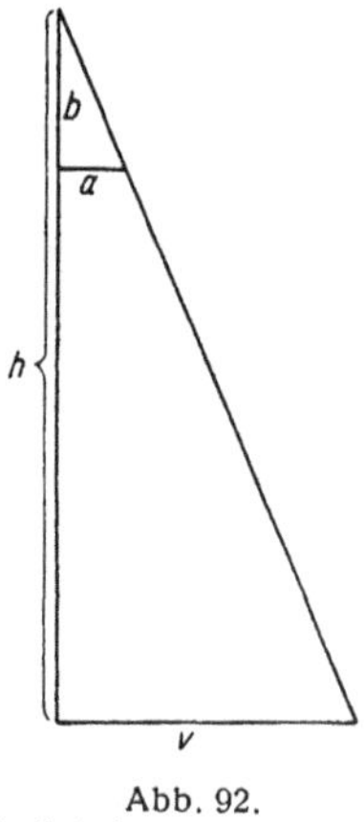

Abb. 92.
Geschwindigkeitsmessung nach Gatty.

Abb. 91. Gattys Geschwindigkeitsmesser.

genau zu regelnder Geschwindigkeit durch ein Uhrwerk in Gang gehalten wird. Nach ihm ist (Abb. 92)

$$g = a \frac{h}{b},$$

wobei g die zu ermittelnde Geschwindigkeit über Grund, a die Bandgeschwindigkeit, h die Flugzeughöhe, b die Augeshöhe des Beobachters (Sehlochhöhe) über dem Band ist. Die Zahl a/b wird durch Einstellung des hochzuschraubenden Sehloches an einem Zählwerk kenntlich gemacht, und es bedarf nur einer einfachen Multiplikation mit der Flugzeughöhe, um die Grundgeschwindigkeit abzuleiten. Die Geschwindigkeit des Bandes kann nach drei Stufen geregelt werden.

Die Abtrift wird unabhängig davon ermittelt. Das Instrument eignet sich gut beim Überfliegen von Gegenden mit wenig ins Auge springenden Eigenheiten (z. B. über See). Die Gleichschaltung der Bandgeschwindigkeit bzw. die richtige Wahl der Sehlochhöhe, mit der Durchzugsgeschwindigkeit der Gegend erfordert eine leicht erlernbare Übung. Die Auswertung geschieht getrennt davon durch eine gewöhnliche Zeichnung nach den oben dargelegten Prinzipien.

e) Auswertegeräte.

§ 59. Alle luftfahrttreibenden Nationen haben Geräte entwickelt, welche die Winddreiecksaufgabe mechanisch lösen. Darunter sind zu nennen der französische Navigraph von Le Prieur, die Geräte von Bisch, Philippe, Dubois, Hughes. Als ein Gerät, das alle Auswertungen über das Winddreieck sehr einfach ermöglicht, ist der Cercle Calculateur Mailloux-Darrière (Abb. 93) anzusehen. Er ist die Nachbildung des Windpunktdiagramms. Außer den konzentrischen Kreisen, der Randteilung und den eingezeichneten Linien gleicher Luvwinkel enthält er noch Kreise um den Stirnpunkt als Linien gleicher Grundgeschwindigkeit. Endlich sind am Gegenrand die Linien gleicher Abtrift angemerkt. Der Rand ist gezähnt. Ein beigegebener Bindfaden, der durch die Randzähne geführt wird, spannt alle benötigten Linien ein, so daß Bleistift und Lineal vermieden wird. Mit ihm ist jede Windaufgabe lösbar. Auf der Rückseite ist eine logarithmische Kreisskala zur Umrechnung der Einheitswerte auf die absoluten Werte.

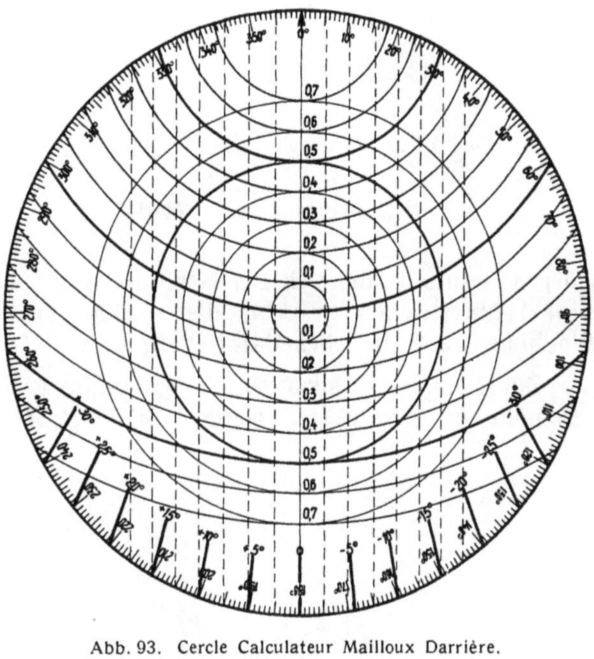

Abb. 93. Cercle Calculateur Mailloux Darrière.

Ein Universalgerät, das Messung und Auswertung der Abtrift in sich vereinigt, ist das I.S.P.-Gerät (Immler-Schily-Plath-Gerät). Es soll

1. die Abtrift des Flugzeuges und die wahre Grundgeschwindigkeit feststellen. Auf einer Kompaßscheibe werden diese Elemente zur Bestimmung der wahren Windrichtung relativ zum Flugzeug und zur Kompaßnordrichtung durch einen mechanischen Vorgang ausgewertet,
2. mit der so bestimmten Windrichtung zu einem beliebig einzuschlagenden rw. Kurs der anzuliegende rw. Windkurs durch einen mechanischen Vorgang festgelegt werden.

Das Instrument verwendet grundsätzlich als Geschwindigkeitseinheit die Eigengeschwindigkeit, die später als Radius des Einheitskreises auftritt, daneben können auch die absoluten Werte gewonnen werden.

Das Gerät (Abb. 94, 95) besteht zunächst aus einem Peilrohr, mit dem aus dem Flugzeuginnern die unten vorbeistreichende Gegend beobachtet werden kann. Das geschieht

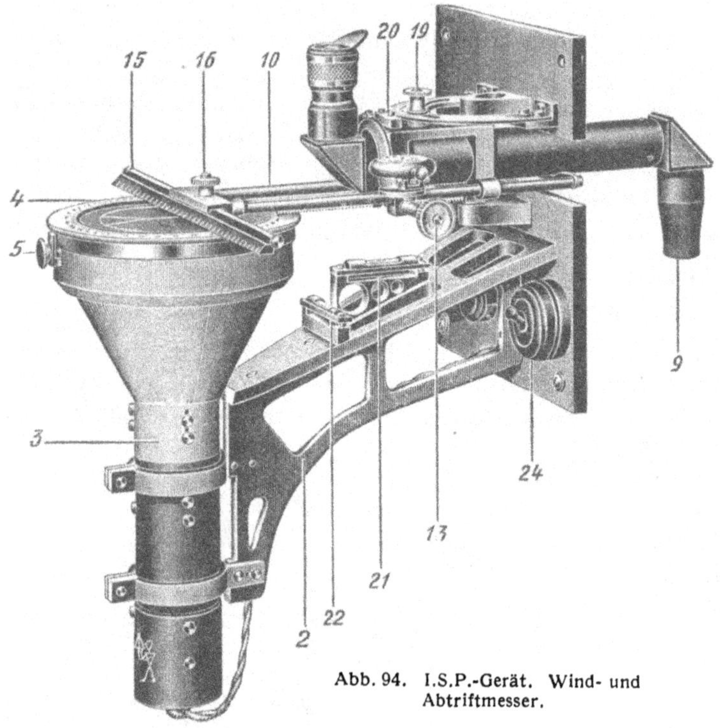

Abb. 94. I.S.P.-Gerät. Wind- und Abtriftmesser.

durch zwei Prismen, die das Bild des Erdbodens auf eine mit Strichgitter versehene Mattscheibe projizieren.

Das Peilrohr ist zwiefach beweglich, und zwar 1. drehbar um seine Hochachse, 2. schwenkbar um seine Längsachse.

Die erste Bewegungsmöglichkeit dient dazu, die Richtung festzustellen, in der man über die Gegend fliegt, die zweite, um einen erfaßten Gegenstand an einer Stelle des Blickfeldes (Fadenkreuz) festzuhalten und die Zeit festzustellen, die der erfaßte Gegenstand zur Durchwanderung eines bestimmten Sehwinkels (= Drehwinkels des Sehrohres) gebraucht. Diese Zeit wird durch Schwenkung des Sehrohres festgestellt mit Hilfe einer Stoppuhr, die sich bei Beginn automatisch auslöst und abstoppt, wenn der Sehwinkel überstrichen ist. Aus dieser abgestoppten Zeit ergibt sich, verbunden mit der Flughöhe, nach der oben dargelegten Formel die Geschwindigkeit über Grund.

Zur Auswertung dient ein Nomogramm (Abb. 96) mit fünf Skalen (Stoppzeit in sec, Flughöhe in m, absolute Geschwindigkeit über Grund, relative Geschwindigkeit über

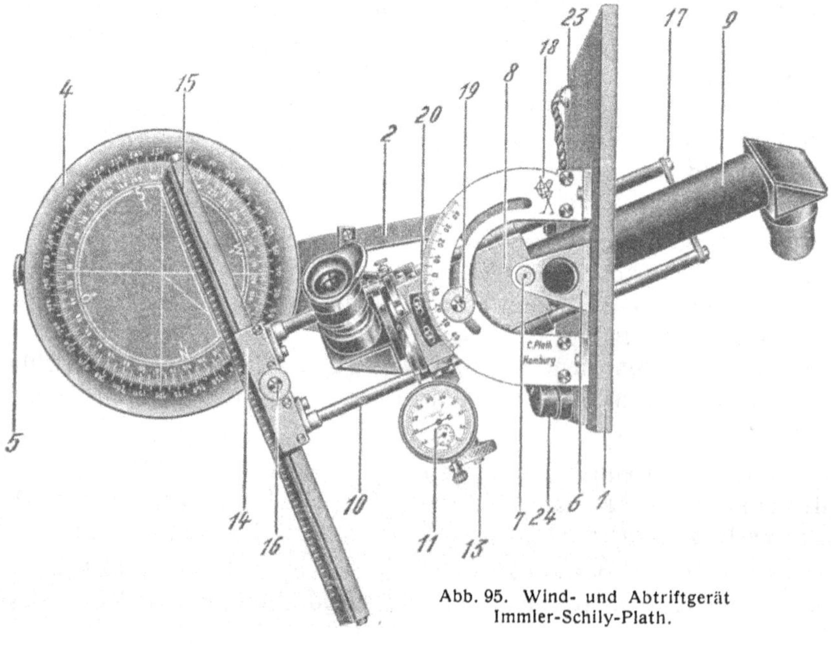

Abb. 95. Wind- und Abtriftgerät Immler-Schily-Plath.

Grund und Eigengeschwindigkeit; die Geschwindigkeitsskalen sind in den Einheiten km/h und sm/h ablesbar).

Die Ablesung des Nomogramms ist sehr bequem mit Steckern durchzuführen. Der rechte Stecker wird für die Eigengeschwindigkeit des Flugzeuges eingestellt, der linke

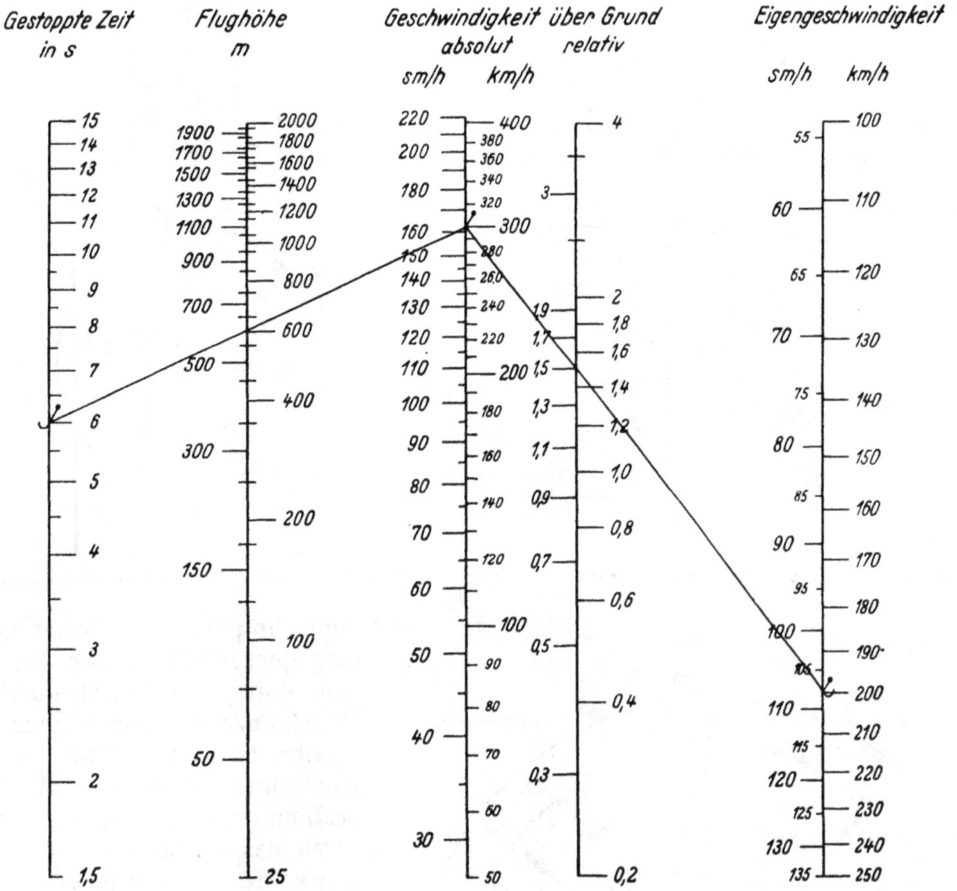

Abb. 96. Nomogramm für das Windmeßgerät Immler-Schily-Plath.

Stecker auf die abgestoppte Zeit. Der mittlere Stecker wird auf der mittleren Skala so lange durchgeführt, bis der gespannte Gummifaden über die augenblickliche Flughöhe hinwegstreicht, dann zeigt der mittlere Stecker die absolute Geschwindigkeit über Grund an, und der rechte Teil des Gummifadens auf der vierten Skala die relative Geschwindigkeit über Grund.

Die durch die Drehung des Sehrohrs ermittelte Abtrift, die an einem Gradbogen mit Zeiger abgelesen werden kann, wird in dem zweiten Teil des Gerätes, der Auswertevorrichtung, eingestellt. (Die ältere Ausführungsform (Abb. 94, 95) des Gerätes gestattet diese Einstellung automatisch, so daß die Abtrift gar nicht abgelesen zu werden braucht.)

Die Auswertevorrichtung (Abb. 97, 98) besteht aus einer Kreisscheibe mit auswechselbarem Mattpapier, auf welche ein Projektionskompaß (s. § 35) eine Rose mit Steuerstrich entwirft. Darüber gleitet ein schwenkbares Lineal, das richtungsgemäß auf die Abtrift eingestellt werden kann. Dieses Lineal ist unterteilt in Zehnteln der Eigengeschwindigkeit; dasselbe Maß trägt in konzentrischen Kreisen die kreisförmige Mattscheibe, deren Radius gleich der Eigengeschwindigkeit gesetzt ist.

Die Ermittlung des Windes geschieht nun folgendermaßen. Man stellt das Lineal mit Hilfe des Klemmhebels auf die Abtrift ein; dabei ist das Lineal aus seiner Nullstellung in demselben Drehsinn und um den gleichen Betrag zu drehen, um welchen bei der Messung das Sehrohr um seine Hochachse gedreht wurde. Mit einer Rändelschraube kann das Lineal

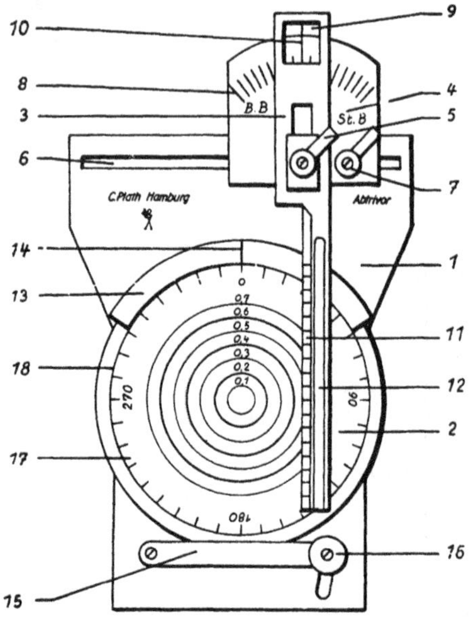

Abb. 97. Auswertevorrichtung zum I.S.P.-Gerät.

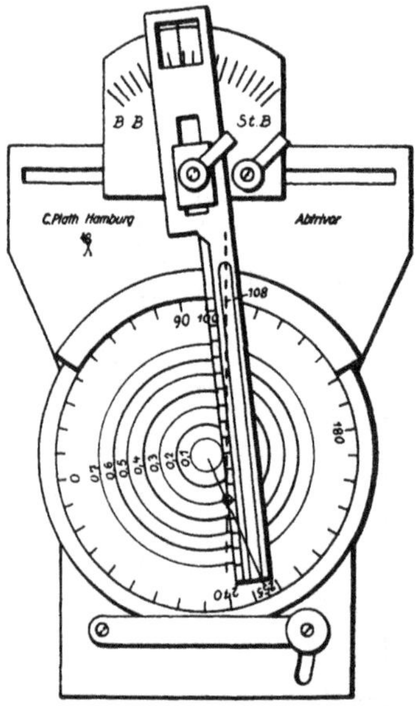

Abb. 98. Auswertevorrichtung zum I.S.P.-Gerät.

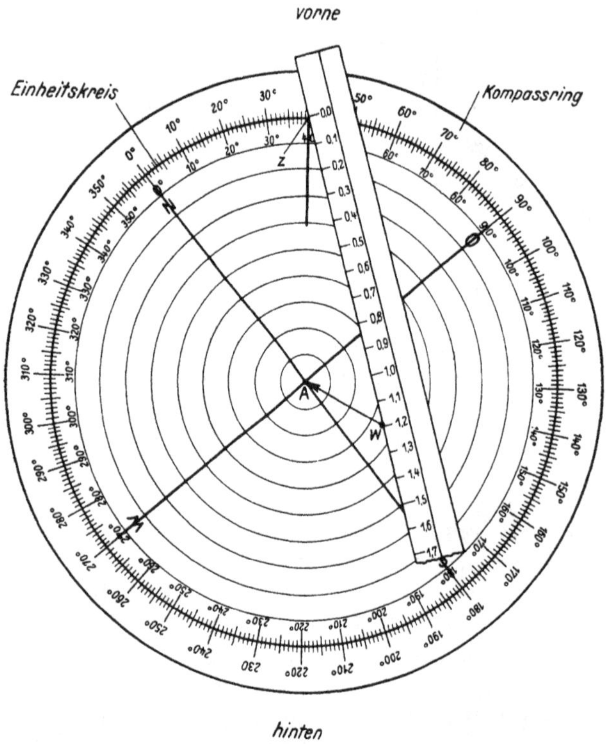

Abb. 99. Windermittlung mit Grundgeschwindigkeit. Wind 157°, 0,35 × Eigengeschwindigkeit. (Einheitskreis.)

nunmehr parallel zu seiner Einstellung querverschoben werden. Legt man dabei das Lineal durch den Mittelpunkt der erleuchteten Mattscheibe, so liest sich am Rande der Kurs über Grund ab. Zur Windbestimmung verschiebt man dagegen das Lineal durch den Endpunkt des Steuerstriches am Rande der Kreisscheibe (Abb. 99). Darauf zählt man am Lineal die durch das Nomogramm ermittelte relative Grundgeschwindigkeit ab und tupft mit dem Bleistift diese Stelle auf das darunter befindliche durchscheinende Papier. Dieser Punkt heißt Windpunkt *W* (Abb. 81, 89, 94, 97, 98, 99); er steht auf oder zwischen den konzentrischen Kreisringen. Liegt er z. B. auf dem Kreisring 0,3, so heißt das, die Windgeschwindigkeit beträgt 0,3 = 30% der Eigengeschwindigkeit. Verbindet man diesen Windpunkt mit dem Kreismittelpunkt, so kann man am Rande die Windrichtung ablesen.

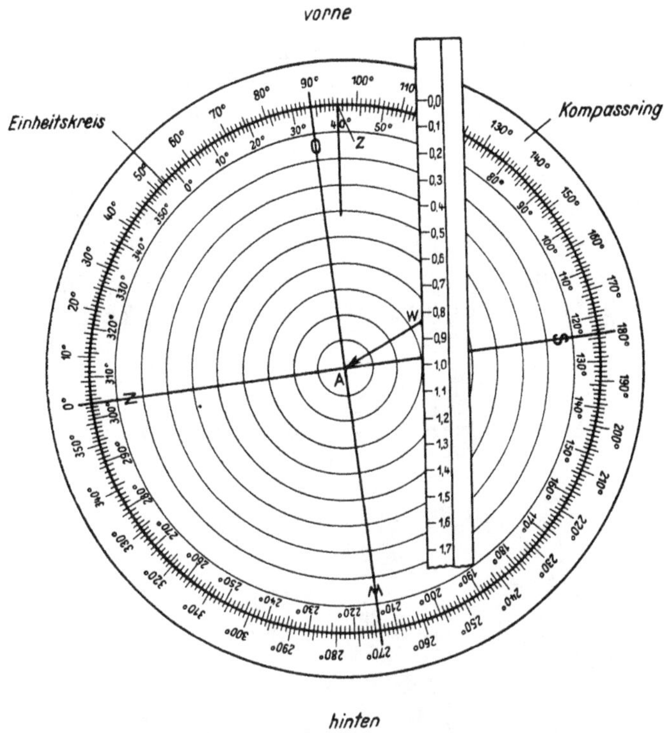

Abb. 100. Ermittlung des rw. Windkurses.
Wind 157°, 0,35 × Eigengeschwindigkeit. (Einheitskreis.)

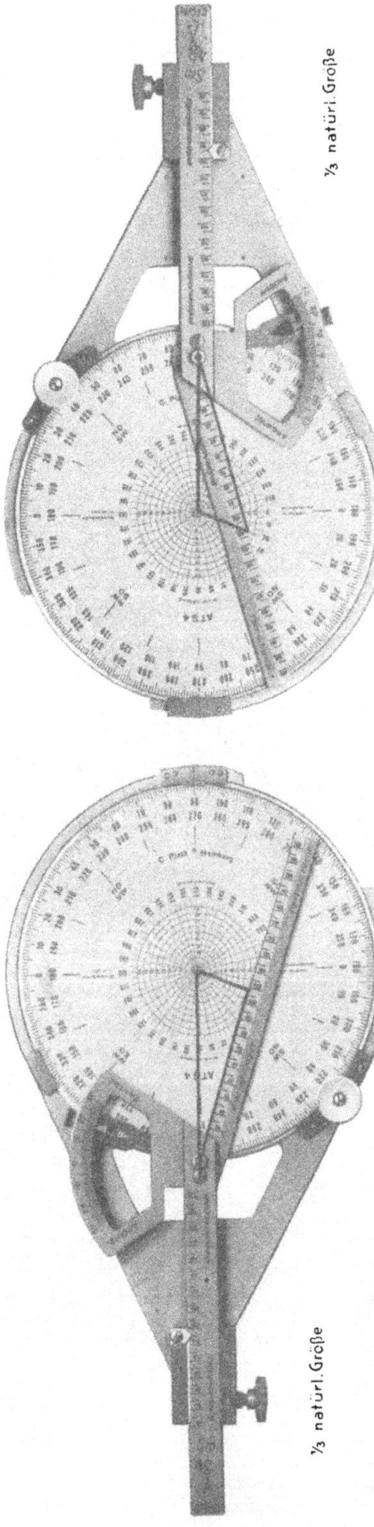

Abb. 101. Aviator.

Dasselbe Gerät mit dem nun eingezeichneten Windpunkt dient weiter zur Ermittlung des rw. Windkurses. Zu diesem Zwecke trägt das Auswertegerät einen Deckelring mit Gradteilung. Auf diesem Deckelring sucht man nun den gewünschten rw. Kurs auf und dreht den Ring so lange, bis dieser Kurs auf dem Steuerstrich des durchscheinenden Papiers erscheint; damit wird die Mattscheibe mitsamt dem eingezeichneten Windpunkt mitgedreht. Man rückt nun das Lineal in seine Grundstellung parallel zum Steuerstrich und verschiebt es seitlich so lange parallel zum Steuerstrich, bis es wieder durch den Windpunkt geht (Abb. 100). An der Teilung des Deckelringes kann sodann der zu steuernde rw. Windkurs abgelesen werden. Die Differenz zwischen der Steuerstrichlage und diesem abgelesenen Kurs gibt den Luvwinkel, dessen Kenntnis allerdings nicht notwendig ist, weil er zahlenmäßig nicht mehr zur Verwendung kommt, da der gewünschte rw. Windkurs bereits abgelesen ist. Diesen so ermittelten rw. Windkurs dreht man mit dem Deckelring nun so lange, bis er auf den Steuerstrich fällt, und dreht das Flugzeug so lange nach, bis die Teilung der durchscheinenden Kompaßrose mit der des Deckelringes zusammenfällt.

Sollte der Wind aus Wetterberichten oder Funkspruch in der gewünschten Flughöhe schon bekannt sein, so kann der Windpunkt unmittelbar zeichnerisch auf dem durchscheinenden Papier eingetragen werden. Die letzte Aufgabe kann dann sofort zur Ermittlung des rw. Windkurses angewendet werden. Dieser Vorgang würde notwendig werden bei ungenügender Bodensicht.

Ähnlich dem Auswertegerät für das I.S.P.-Gerät, nur mit absoluten Geschwindigkeitszahlen, ist der Aviator, der die Abtriftaufgabe und, mit einer Umstellung um 180°, die Luvwinkelaufgabe durch Benützung des Windpunktes geometrisch löst (Abb. 101).

Ein handliches kleines Instrument (Abb. 102) zur Auswertung der dritten Grundaufgabe ist der „Richtkreis für Vorhaltewinkel und Fluggeschwindigkeit". Auf

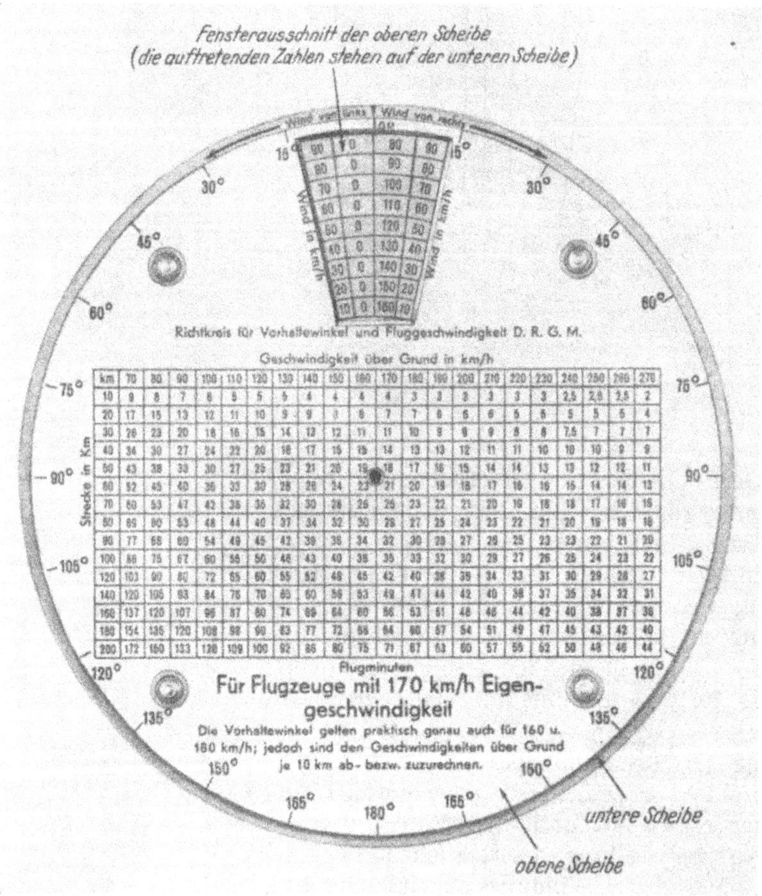

Abb. 102. Richtkreis für Vorhaltewinkel.

dem Kranz einer Scheibe läßt sich die Richtung des einkommenden Windes einstellen. Durch diese Einstellung rückt in einen Fensterausschnitt eine Tabelle, die für die verschiedenen Windstärken die zugehörigen Vorhaltewinkel und Grundgeschwindigkeiten ergibt. Eine Zusatztabelle darunter gibt die Flugzeiten in Minuten für verschiedene mit den eben ermittelten Grundgeschwindigkeiten abzufliegende Strecken. Die Tabellen sind für eine bestimmte Eigengeschwindigkeit hergestellt und gelten mit geringen Abänderungen auch für benachbarte Werte. Die Zahlen sind, für die Praxis genau genug, aufgerundet, so daß dieser Spielraum zulässig ist.

Der Versuch, durch Skalen die zu gebrauchenden Größen miteinander zu verbinden, leitet zur Ausführungsform des „Avionaut" (Abb. 103). Dieser ist eine Kreisscheibe, die durch skalentragende Speichen in drei Sektoren geteilt ist. In jedem Sektor findet sich eine nomogrammartige Kurvenschar, die mit Radialskalen und Randskalen auf logarithmischer Basis in Verbindung treten. Der erste Sektor dient zur Bestimmung des Vorhaltewinkels, der zweite zur Ermittlung der Grundgeschwindigkeit, der dritte zur Berechnung der Flugzeit. Die erste Aufgabe erfordert zunächst ein Einstellen der Windgeschwindigkeit auf die Flugzeuggeschwindigkeit, bildet also deren Verhältnis. Der Vorhaltewinkel kann dann auf der Radialskala an der Stelle abgelesen werden, wo die entsprechende Kurve der einfallenden Windrichtung die Speiche trifft. Der zweite Sektor gibt in ähnlicher Weise einen Faktor, der, mit der Flugzeuggeschwindigkeit multipliziert, die Grundgeschwindigkeit liefert. Diese Multiplikation erledigt gleichfalls eine Kurvenschar im zweiten Sektor. Der dritte Sektor enthält endlich ein Nomogramm zur Zeitberechnung für die Dauer der Überfliegung einer vorgegebenen Strecke durch die nunmehr bekannte Grundgeschwindigkeit. Die Verwendungsmöglichkeit des Gerätes liegt wie bei jedem Nomogramm auch in der umgekehrten Aufgabe, z. B. der Ermittlung des Windes aus Grund- und Eigengeschwindigkeit und Zwischenwinkel. Das Multiplikationsnomogramm kann ebensogut auch zu anderen Aufgaben herangezogen werden.

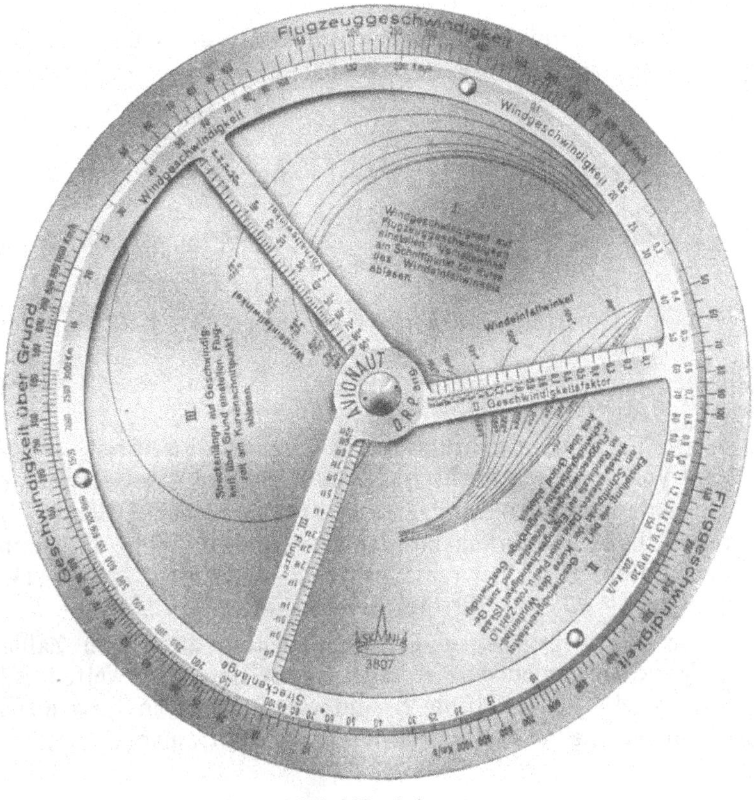

Abb. 103. Avionaut.

4. Reichweite.

§ 60. Eng mit dem Windeinfluß verbunden ist die Aufgabe, die Reichweite eines Flugzeuges zu berechnen. Dabei ist die Gesamtflugzeit T bekannt, die in Abhängigkeit von dem mitzuführenden Treibstoff steht, und die Eigengeschwindigkeit e, die sich selbst wiederum nach der Nutzlast sowie nach der Flughöhe richtet. Bei Windstille steht für den Hinflug und den Rückflug nach dem Ausgangsort die halbe Gesamtflugzeit $\frac{T}{2}$ zur Verfügung und die Reichweite rechnet sich sehr einfach aus $R_0 = \frac{Te}{2}$. Sie gilt nach allen Richtungen. Ist aber Wind vorhanden, so sind die Grundgeschwindigkeiten g_1 und g_2 auf dem

Hin- und Rückflug verschieden und daher auch die Flugzeiten t_1 und t_2 auf den beiden gleichen Strecken. Es berechnet sich t_1 aus $\frac{R}{g_1}$ und t_1 aus $\frac{R}{g_2}$, damit ist

$$T = t_1 + t_2 = R \frac{g_1 + g_2}{g_1 g_2}.$$

Setzt man hier die Eigengeschwindigkeit $e = 1$ sowie den Windwinkel w und die relative Windgeschwindigkeit W ein, so schreibt sich die Reichweite R

$$R = R_0 \frac{1 - W^2}{\sqrt{1 - W^2 \sin^2 \omega}}$$

und die Hinflugzeit

$$t_1 = \frac{T}{2} \frac{1 - W^2}{g_1 \sqrt{1 - W^2 \sin^2 \omega}}, \text{ wobei } g_1 = \sqrt{1 - W^2 \sin^2 w} - W \cos w.$$

Vermindert man den Faktor von $\frac{T}{2}$ um 1, so erhält man den prozentigen Zuschlag zu $\frac{T}{2}$ für den Hinflug in der Form $\frac{W \cos \omega}{\sqrt{1 - W^2 \sin^2 \omega}}$.

Je nach Windrichtung und -geschwindigkeit ist die Reichweite verschieden. Für Wind von vorne oder achtern ($w = 0^0$ oder 180^0) ist $R = R_0 (1 - W^2)$, bei seitlichem Wind ($w = 90^0$ oder 270^0) wird $R = R_0 \sqrt{1 - W^2}$; bei seitlichem Wind ist die Reichweite also größer als bei vorderlichem oder achterlichem Wind und immer kleiner als bei Windstille. Die Hinflugzeit ist bei rein vorderlichem Wind $t_1 = \frac{1}{2} T (1 + W)$, bei rein achterlichem Wind $t_1 = \frac{1}{2} T (1 - W)$, bei Seitenwind $t_1 = \frac{1}{2} T$.

In der beigegebenen Tabelle bedeuten die ersten Zahlen die Prozente, welche von der Windstillenreichweite R_0 abzuziehen sind, die zweiten Zahlen die Prozente, die an die Hinflugzeit $\frac{1}{2} T$ anzubringen sind; diese letzteren Prozente sind bei vorderlichem Winde zu addieren, bei achterlichem Winde zu subtrahieren.

Reichweitenreduzierung bei Wind.

Wind-winkel	Windgeschwindigkeit/Eigengeschwindigkeit 0,1		0,2		0,3		0,4		0,5		Wind-winkel
	%	%	%	%	%	%	%	%	%	%	
0°	— 1	± 10	— 4	± 20	— 9	± 30	— 16	± 40	— 25	± 50	**180°**
10°	— 1	± 10	— 4	± 20	— 9	± 29	— 16	± 39	— 25	± 49	**170°**
20°	— 1	± 9	— 4	± 19	— 8	± 28	— 15	± 38	— 24	± 48	**160°**
30°	— 1	± 9	— 3	± 17	— 8	± 26	— 14	± 35	— 22	± 44	**150°**
40°	— 1	± 8	— 3	± 15	— 7	± 23	— 13	± 32	— 21	± 40	**140°**
50°	— 1	± 6	— 3	± 13	— 6	± 20	— 12	± 27	— 19	± 35	**130°**
60°	— 1	± 5	— 2	± 10	— 6	± 15	— 10	± 21	— 17	± 28	**120°**
70°	— 1	± 3	— 2	± 7	— 5	± 11	— 9	± 15	— 15	± 19	**110°**
80°	— 1	± 2	— 2	± 4	— 5	± 5	— 9	± 7	— 14	± 10	**100°**
90°	— 0	0	— 2	0	— 5	0	— 8	0	— 13	0	**90°**

Demselben Zweck dient Abb. 104, welche ein Windpunktdiagramm darstellt. In ihm sind auf der linken Seite die Linien gleicher Prozentzahlen für die Reichweitenreduzierung eingetragen. Die rechte Seite zeigt die Linien gleicher Prozentzahlen für die Veränderung der Hinflugzeit $\frac{1}{2} T$. Das Diagramm ist spiegelbildlich um die untere Kante nach unten zu verlängern. Für jeden Windpunkt und den durch ihn dargestellten Wind lassen sich so aus der linken und rechten Hälfte alle Werte für die Reichweitenberechnungen

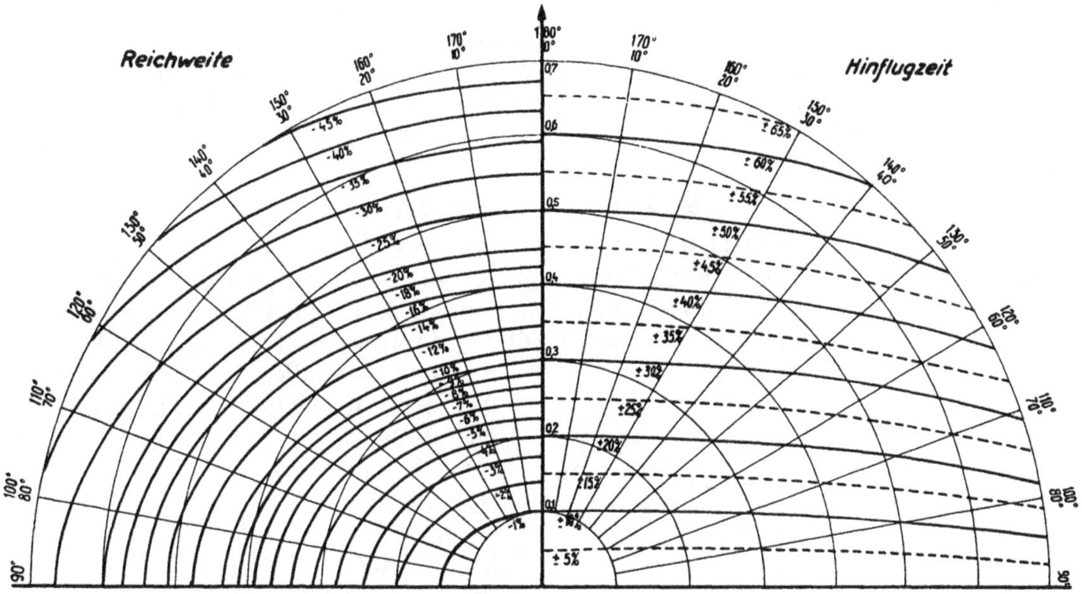

Abb. 104. Reichweite.

entnehmen. Die Stirnlinie des Diagrammes bedeutet die Kursrichtung des Flugzeuges, so daß die beigegebenen Windrichtungszahlen die Windwinkel sind.

5. Treffpunktaufgabe.

a) Lösung mit Windpunktdiagramm.

§ 61. Eine häufig vorkommende Aufgabe für den Flieger, bei der der Wind eine wesentliche Rolle spielt, ist, ein bewegtes Objekt (z. B. ein Schiff) anzufliegen. Für diese Aufgabe muß bekannt sein der gleichzeitige Ort von Flugzeug und Schiff beim Abflug, Kurs des Schiffes und Eigengeschwindigkeit des Schiffes und des Flugzeuges. Befindet sich (Abb. 105) anfänglich das Flugzeug in F, das Schiff in S_1, so ergibt sich zunächst, daß der Anpeilwinkel α in jedem Stadium des Verfolgungsfluges der gleiche sein wird. Es handelt sich also lediglich darum, das Geschwindigkeitsdreieck zwischen Schiff und Flugzeug aus dem Winkel $FS_1S_2 = \beta$ und den bekannten Eigengeschwindigkeiten auszuwerten. Dies ist jedoch geometrisch dieselbe Aufgabe, wie sie bei der 3. Grundaufgabe des Windeinflusses bereits gelöst ist. Sie läßt sich daher auch mit jedem Auswertegerät, das diesem Zwecke dient, durchführen, z. B. mit der Auswertevorrichtung des I.S.P.-Gerätes. Man stellt auf diesem Gerät mit der Kranzteilung die Kursrichtung FS_1 am Steuerstrich ein, trägt vom Mittelpunkt Kurs und Geschwindigkeit (relativ zur Flugzeuggeschwindigkeit) ein und merkt sich diesen Punkt an, wie man sich früher den „Windpunkt" bestimmt hat. Darauf legt man das Lineal auf seine Grundstellung parallel zum Steuerstrich und verschiebt es seitlich parallel zu dieser Nullstellung durch den „Windpunkt"; wo das Lineal die Kranzteilung der Rose trifft, läßt sich der vom Flugzeug innezuhaltende

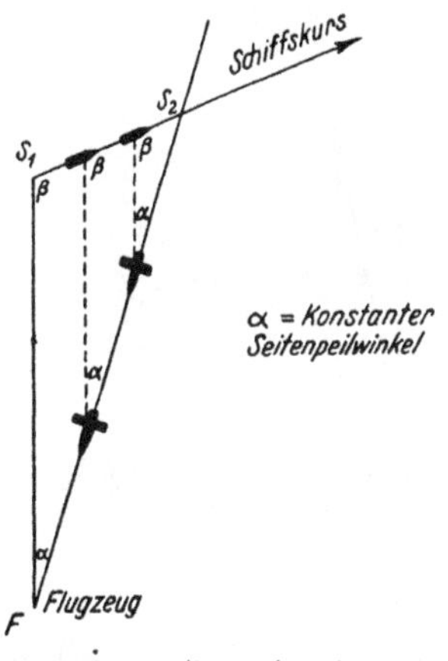

Abb. 105. Anpeilung eines bewegten Schiffes.

Kurs ablesen. Dieser so abgelesene Kurs wird auf den Steuerstrich gedreht und das Flugzeug so gelegt, daß Rosenteilung und Kranzteilung übereinstimmt.

Soll noch der Windeinfluß berücksichtigt werden, so trägt man zuerst nach bekannter Weise den Windpunkt ein und konstruiert erst an diesen Windpunkt Kurs und relative Schiffsgeschwindigkeit hinzu. Man erhält so einen neuen Punkt, mit dem man weiterverfährt, wie eben geschildert.

b) Zeichnerische Lösung.

1. Schiff und Flugzeug bei Windstille.

§ 62. Im allgemeinen wird die Treffpunktaufgabe zeichnerisch gelöst. Handelt es sich um das Treffen eines in Fahrt befindlichen Schiffes durch ein Flugzeug, so verbindet man zunächst den gleichzeitigen Schiffsort S mit dem Startort des Flugzeuges F (Abb. 106) und hat somit die Linie gleicher Zeit. Auf dem rw. Kurs des Dampfers trägt man dessen Eigengeschwindigkeit $s = SC$ ein und schlägt um C mit der Flugzeugeigengeschwindigkeit e einen Kreis, der die Linie gleicher Zeit im Punkte D trifft. Die Richtung DC ist dann der vom Flugzeug einzuschlagende rw. Kurs. Zieht man durch F die Parallele zu DC, so trifft diese den Schiffskurs in T. FT ist der Flugweg bis zum Eintreffen im Treffpunkt. Teilt man diesen durch die Eigengeschwindigkeit, so erhält man die Flugzeit.

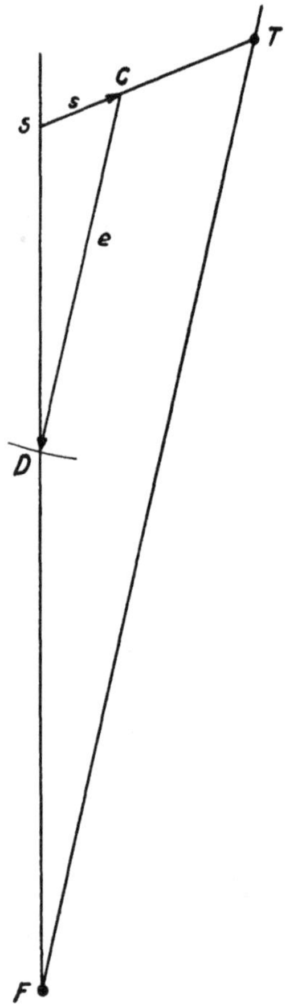

Abb. 106. Schiff und Flugzeug bei Windstille.

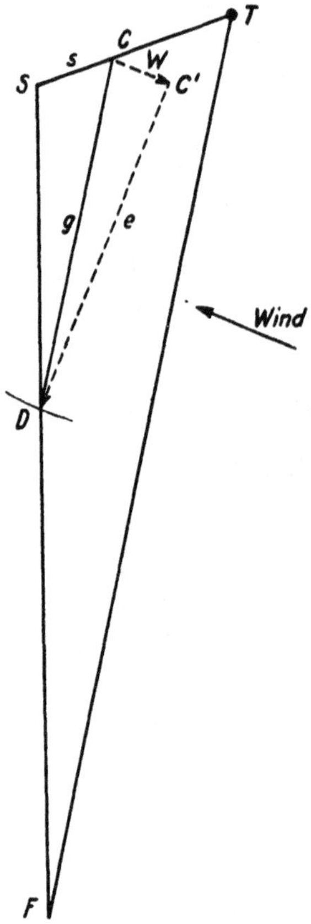

Abb. 107. Schiff und Flugzeug bei Wind.

2. Schiff und Flugzeug bei Wind.

§ 63. Ist nun mit einer bestimmten Richtung und Geschwindigkeit des Windes zu rechnen, so ändert sich die Aufgabe ab. Wieder verbindet man (Abb. 107) die gleichzeitigen Schiffs- und Flugzeugorte und trägt auf dem rw. Schiffskurs die Geschwindigkeit des Schiffes $s = SC$ auf. Nun aber bringt man erst entgegengesetzt zur einkommenden Windrichtung die Windgeschwindigkeit W von C nach C' an und schlägt erst jetzt um den Punkt C' einen Kreis mit der Eigengeschwindigkeit e des Flugzeuges, der die Linie gleicher Zeit im Punkte D schneiden soll. Dann ist DC' die Richtung des rechtweisenden Windkurses und DC die Richtung des rw. Kurses des Flugzeuges. Man kann nun aus der Zeichnung in der Strecke DC die Grundgeschwindigkeit g des Flugzeuges entnehmen und, nachdem man die Parallele zu DC durch F bis zum Treffpunkt T gezeichnet hat, aus der Grundgeschwindigkeit und der Strecke FT die Flugzeit berechnen.

3. Flugzeug und Flugzeug.

§ 64. Soll ein Flugzeug F ein anderes Flugzeug F' treffen, so ist daran zu denken, daß beide unter dem gleichen Windeinfluß stehen. Man ermittelt daher aus dem bekannten rw. Kurs des gegnerischen Flugzeuges und dem bekannten Wind zunächst dessen rw. **Windkurs**, indem man an dessen gleichzeitigen Standort F' zunächst den Wind $F'S'$ anträgt und mit der Geschwindigkeit e' des gegnerischen Flugzeuges von S' in seinen rw. Kurs einschlägt. Zieht man durch F' die Parallele $F'C' = S'C$, so liegt der rw. Windkurs des gegnerischen Flugzeuges vor. Schlägt man um C' mit der eigenen Geschwindigkeit e in die Linie gleicher Zeit ein, so erhält man in DC' den eigenen rw. Windkurs und durch die Parallele FT' zu DC' den **Luftweg** des eigenen Flugzeuges und endlich daraus mit der Eigen-

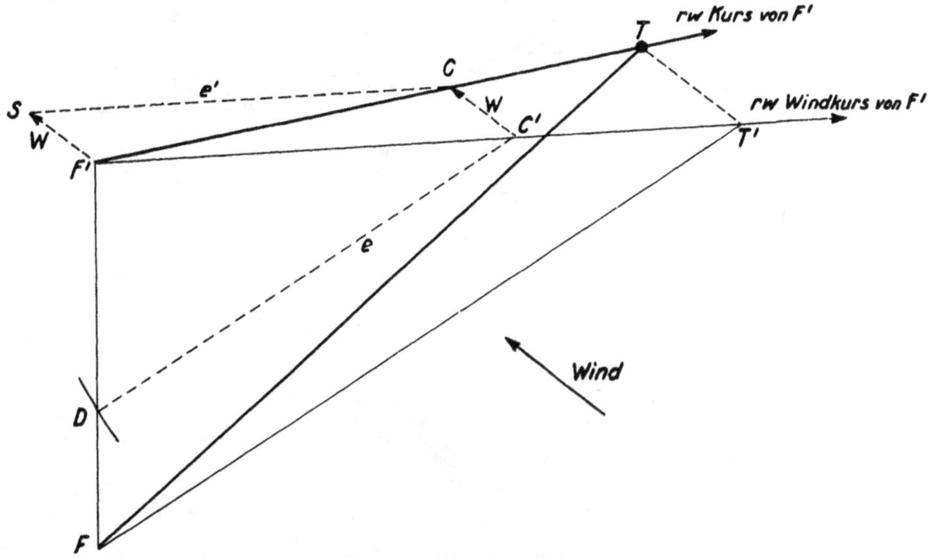

Abb. 108. Flugzeug und Flugzeug.

geschwindigkeit e die Flugzeit (Abb. 108). Den Treffpunkt selbst erhält man in T auf dem rw. Kurs des Gegners F', wenn man noch durch T' eine Parallele zur Windrichtung zeichnet. FT ist der Weg des eigenen Flugzeuges über Grund.

Schneidet der Kreis mit der Eigengeschwindigkeit die Linie gleicher Zeit nicht, so ist die Aufgabe nicht lösbar. Es kann aber auch vorkommen, daß die Linie gleicher Zeit zweimal von diesem Kreis geschnitten wird; dann treten zwei Lösungen auf, von denen die eine gewählt wird.

Sollte während des Fluges eine Änderung des Windes bekannt werden, so ist von diesem Zeitpunkt an die Aufgabe mit den veränderten Windverhältnissen neu durchzuführen.

c) Treffpunktlinie.

§ 65. Bei dieser Treffpunktaufgabe ergibt sich häufig die Frage, wo die Punkte liegen, an denen sich Flugzeug und Schiff treffen können, wenn sie zunächst (Abb. 109) um die Entfernung $AB = d$ voneinander entfernt sind. Aus geometrischen Anschauungen ergibt sich dabei der Satz, der allerdings nur für Windstille gilt:

Die Standlinie für alle Orte, an denen ein Verfolger B mit der Eigengeschwindigkeit e_1 einen Verfolgten A mit der Eigengeschwindigkeit e_2 bei ursprünglicher Entfernung $AB = d$ treffen kann, ist ein Kreis, der die gemeinsame ursprüngliche Verbindungsstrecke AB innerlich und äußerlich im Verhältnis der beiden Geschwindigkeiten teilt.

Bei Inrechnungsetzung des Windes ist die Aufgabe weniger einfach. Stehen jedoch das verfolgende und das verfolgte Flugzeug unter den gleichen Windverhältnissen, so läßt sich der geometrische Ort aus dem eben angegebenen Kreis in der Weise konstruieren, daß man jeden Punkt dieses Kreises parallel zur Windrichtung um einen Betrag verschiebt, der dem Windweg für die (bei Windstille) zurückgelegte Zeit entspricht (Abb. 109).

Beispiel: Ein Flugzeug mit der Eigengeschwindigkeit 160 km/h, das in A steht, soll von einem Flugzeug mit der Eigengeschwindigkeit 320 km/h, das 240 km in Richtung Ost von A in B steht, verfolgt werden. Wo sind die möglichen Treffpunkte?

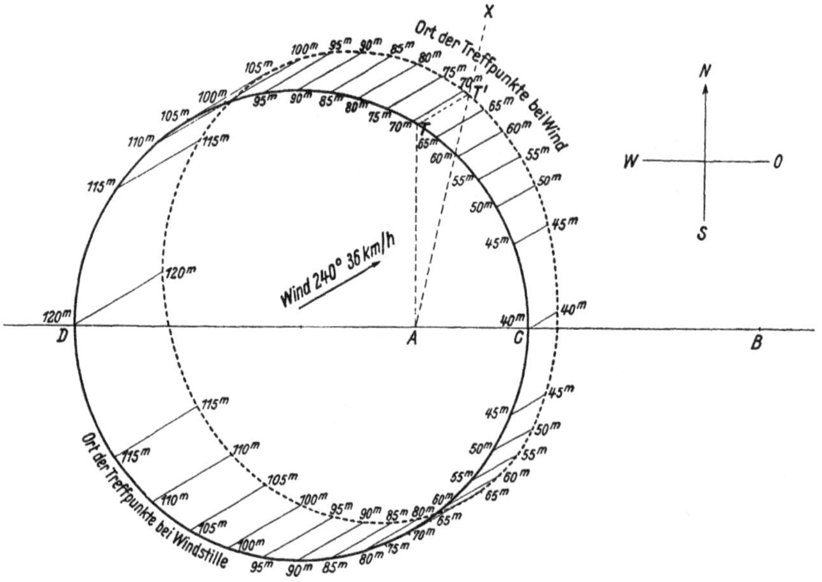

Abb. 109. Ort der Treffpunkte.

Das Geschwindigkeitsverhältnis ist 1:2; es werde also die Strecke $AB = 240$ km in diesem Verhältnis innerlich ($CA:CB = 1:2$) und äußerlich ($DA:DB = 1:2$) geteilt, wodurch man die Punkte C und D erhält. Über der Strecke CD als Durchmesser wird der Kreis gezeichnet. An den Punkten dieses Kreises (s. Abb. 109) sind die Zeiten in Minuten angeschrieben, in welchen dort vom gemeinsamen Start ab das Zusammentreffen stattfinden wird. Startet z. B. das erste Flugzeug von A in Richtung Nord, so ergibt der eingezeichnete Nordkurs einen Treffpunkt T, der nach 69^m erreicht wird. Um diesen Punkt anzufliegen, müßte nach der Zeichnung der Verfolger aus B den Kurs 300° steuern.

Herrscht über dem ganzen Feld der Wind 240° 36 km/h, so wäre der Treffpunkt C um $\frac{40}{60} \cdot 36 = 24$ km, der Treffpunkt D um $\frac{120}{60} \cdot 36 = 72$ km und ebenso alle übrigen Treffpunkte um entsprechende Beträge in der Windrichtung zu verschieben, und man erhält nun die strichpunktierte Linie als Ort sämtlicher Treffpunkte. Das hieße nun, daß, wenn A den Windkurs Nord $= AT$ fliegt, der Treffpunkt T sich nach T' verschiebt und von beiden Flugzeugen wieder in 69^m erreicht würde. Der Verfolger B hätte nach wie vor den Windkurs $BT = 300°$ zu verfolgen, während der Grundkurs für A die Richtung AT' und für B die Richtung BT' wäre.

Praktisch würde die Aufgabe anders lauten. Wäre z. B. bekannt, daß der Verfolgte A ein Ziel X anfliegt, so müßte der Verfolger für A seinen Luvwinkel aus dem bekannten Wind ermitteln und dadurch erfahren, daß A die Richtung AT zu fliegen hat. B hat dann seinen Windkurs in Richtung BT zu setzen und würde den Verfolgten auf dessen Weg $AT'X$ im Punkte T' treffen.

6. Die Genauigkeit der Flugzeugführung.

a) Fehlerquellen.

§ 66. Diese Abschnitte dürfen nicht abgeschlossen werden, ohne daß man sich ein Urteil über die erreichte Genauigkeit verschafft hat. Es ist dabei vorwegzunehmen, daß die Auffindung des rw. Kurses aus der Karte an Genauigkeit nichts zu wünschen übrigläßt, und zwar sowohl was loxodromische als auch orthodromische Kursfindung anlangt.

Fehler treten dagegen auf:

1. Durch falsche Wahl der Mißweisung. (Wenn sie z. B. für andere Orte der Mißweisungskarte entnommen werden als für solche, welche eben überflogen werden.)
2. Durch unbekannte oder nicht festgestellte Instrumentenfehler. (Ablenkung des Kompasses.)
3. Durch ungenaue Kenntnis des Windes sowohl nach Richtung wie Geschwindigkeit.

Was den ersten Punkt anlangt, so ist zu beachten, daß man von Ort zu Ort die Mißweisung ändern muß. Hier spielt die Frage herein, ob es gestattet ist, für einen länger durchzuhaltenden Kurs eine mittlere Mißweisung in Rechnung zu setzen. Ein Fehler in der gewählten Mißweisung wird seltener auftreten, wenn der Kurs in der Richtung der Linien gleicher Mißweisung angesetzt ist. Er wird um so eher in Erscheinung treten, wenn die Linien gleicher Mißweisung senkrecht überflogen werden. Die Mißweisung wird um so unsicherer werden, je dichter sie in der Karte auftreten. Sie wird gefälscht durch Unkenntnis des wahren Ortes, da sie dann für einen falschen Ort der Karte entnommen werden. Auch wird der Fehler leicht dadurch auftreten können, daß eine einmal angenommene Mißweisung während des Fluges zu lange noch in Gegenden beibehalten wird, wo schon eine Änderung eingetreten ist, wobei versäumt wird, sie rechtzeitig zu ändern. Gebiete mit schnell wechselnden Mißweisungen sind insbesondere die polaren Teile der Erde, darunter Norwegen, Island, Grönland, Labrador, Behringmeer, Südbrasilien und Patagonien. Auf geringe Änderungen wird man in äquatorialen Gegenden stoßen. Ein Flug von Europa nach New York wird daher der Änderung der Mißweisung von Ort zu Ort mehr Aufmerksamkeit zuwenden müssen, als etwa ein Flug von Europa nach Südamerika.

Um diesen Fehlern aus dem Wege zu gehen, ist daher eine genaue Kenntnis des jeweils überflogenen Ortes, also eine gute Ortung notwendig.

Die Fehler des Kompasses, seine Ablenkung, werden nie vollständig kompensiert werden können. Man muß also damit rechnen, daß der Kompaß immer eine bestimmte Ablenkung hat. Auch bei gut kompensierten Kompassen darf man sich einer Täuschung nicht hingeben, wenn die Steuertabelle vielleicht lauter sehr geringe Ablenkungen aufweist. Der Kompaß wird im Betriebe unter Umständen andere Deviationen aufweisen, als bei der Kompensation aufgetreten sind. Liegen in der Kurve setzt die Rosenmagnete der Einwirkung der Neigungsablenkung aus. Es ist insbesondere zu vermeiden, daß der Kompaß unruhig wird, was dann gerne auftritt, wenn der Pilot um den vorgeschriebenen Kurs pendelt. Strenge Einhaltung des vorgeschriebenen Kurses ist daher eine oberste Aufgabe der Flugzeugführung (s. § 34).

Es ist die Ansicht irrig, daß ein genaues Innehalten des Kurses doch illusorisch wird, weil der Einfluß des Windes, der nie in seiner vollen Größe vollständig bekannt ist, doch jede Berechnung umzuwerfen droht. Es ist im Gegenteil Aufgabe einer vorsichtigen Navigation, über die Richtung und Geschwindigkeit des Windes immer ein Urteil zu behalten und bei dieser Bestimmung nicht zu ermüden. Ein Fehler in der Kenntnis des Windes wird keine unangenehmen Folgen haben, solange der Pilot sich nach Land orientieren kann; das Verfliegen wird um so wahrscheinlicher, wenn diese Bodensicht fehlt, und namentlich, wenn der Flug über weite Strecken zu gehen hat. Hier gilt es, neben der Kurshaltung die andere Aufgabe, die Ortung des Flugzeuges, immer mehr in den Vordergrund zu stellen (s. § 68ff.).

Bei der Bestimmung des Luvwinkels kommt insofern eine Unschärfe in die Aufgabe herein, als der Wind nach seiner Richtung bestenfalls auf etwa 10° genau bekanntgegeben werden kann, und diese Richtung wie auch die Geschwindigkeit namentlich bei schwachen Winden starken Wechseln unterworfen ist. Für die Bestimmung des Luvwinkels ist jedoch eine Ungenauigkeit in der Kenntnis der Windgeschwindigkeit weniger schwerwiegend, wenn der Wind mehr von vorne oder achtern kommt. Ist jedoch der Wind stark seitlich, so ist für die Bestimmung des Vorhaltewinkels die Kenntnis der Windrichtung weniger wichtig als die Kenntnis der Windgeschwindigkeit.

Kommt also durch Unsicherheit des Windes eine Unsicherheit in die Bestimmung des Kurses und damit des Vorhaltewinkels herein, so ist der Pilot keineswegs der Sorgfalt überhoben, seine Kursbestimmung so genau zu machen, als er es vermag. Jeder erfaßte Fehler macht die Kursbestimmung sicherer, jede Vernachlässigung eines Fehlers macht die Wegfindung unschärfer.

Es ist daher, namentlich für Langstreckenflüge, eine Buchführung (Loggbuch) über eingeschlagene Kurse, ermittelte Winde und erreichte Reisegeschwindigkeiten unerläßlich, und es soll aus dieser Buchführung auch hervorgehen, wo nach bestmöglicher Ermittlung zu bestimmten Zeiten der Flugzeugort festgestellt worden ist. Nur so hat man bei plötzlich auftretenden Widerwärtigkeiten die Möglichkeit, wenigstens so weit als denkbar Klarheit über den Ort zu besitzen.

b) Fehlerauswirkung, Streuung.

§ 67. Es kommt bei einer sorgfältigen Navigierung besonders darauf an, die Streuung des ermittelten Ortes möglichst geringfügig zu machen. Die gezeigten Methoden laufen alle darauf hinaus, durch Zeichnung oder Rechnung den erhaltenen Ort des Flugzeuges als Punkt zu gewinnen. In Wirklichkeit wird durch die nicht zu umgehenden Fehlerquellen nicht mehr als ein Feld zu erhalten sein, innerhalb dessen der Flugzeugort sich befinden muß.

Für die auftretenden Fehler sind nur Schätzungen möglich. Ein Fehler in der Ortsmißweisung kann wenigstens in gut vermessenen Gegenden auf $\pm 0,5^0$ gehalten werden; er entsteht bei der Ausnahme der Mißweisung aus der Isogonenkarte durch etwaige Aufrundung auf den ganzen Grad. Mehr fällt ins Gewicht ein Fehler in der Ablenkung, da die Kompensation kaum restlos durchgeführt werden kann und durch veränderlichen Magnetismus in den Eisenteilen des Flugzeuges namentlich während des Fluges die Ablenkungsverhältnisse sich ändern können. Man rechnet mit einem Ablenkungsfehler von $\pm 1^0$. Besonders unangenehm wirkt die Neigungsablenkung, hervorgerufen durch Rollen und Gieren des Flugzeuges. Sie setzt den Kompaß in eine unruhige pendelnde Bewegung und wirkt sich bei Querneigungen hauptsächlich auf meridionalem Kurse aus, während die selteneren Längsneigungen, wenn auch in vermindertem Maße, auf östlichen und westlichen Kursen sich störend bemerkbar machen. Ob nun dabei die Richtkraft des Kompasses geschwächt wird und dadurch die Unruhe des Kompasses sichtbar wird, oder gestärkt wird und daher dem Flugzeugführer eine Ruhe des Kompasses vorgetäuscht wird, die Folge wird immer sein, daß das Flugzeug seinen Kurs nicht genau innehält und um den normalen Kurs pendelt. Endlich geben die Erschütterungen durch den Motor dem Kompaß oft ein zusätzliches Drehmoment, wodurch unbewußt ein fehlerhafter Kurs innegehalten wird. Derselbe Fehler macht sich auch bei Benutzung eines Kurskreisels bemerkbar, der ja auch erst wieder durch einen Magnetkompaß ausgerichtet wird. Ein Kurs kann daher nur durchschnittlich gehalten werden und man muß mit unkontrollierbaren Ausscherungen rechnen. Man schätzt sie auf $\pm 1,5^0$, muß aber gewärtigen, daß namentlich bei unruhigem Wetter diese Zahl auch heraufgeht.

Faßt man diese drei Kursunsicherheiten in eine Zahl zusammen, so ist der Kursfehler mit $\pm 3^0$ anzunehmen. Das hat aber zur Folge, daß man sich ebensogut um 3^0 rechts oder links von der beabsichtigten Kurslinie fortbewegt, oder daß man sich um $\pm 5\%$ der Entfernung vom Startort rechts oder links des berechneten Ortes befinden kann.

Ähnliches gilt nun für die Entfernungsmessung. Durch mechanische Anzeigefehler, Unkenntnis der Temperatur und der Flughöhe kann die Fahrtmesserangabe zu falschen Ergebnissen führen. Auch diese werden nach praktischen Erfahrungen zu $\pm 5\%$ der Entfernung geschätzt. Bei Unsicherheit der Geschwindigkeit kann man also ebensogut vor oder hinter dem errechneten Punkt stehen.

Zieht man die Kursfehler und Entfernungsfehler zusammen, so kann man sagen, daß man sich in einem Fehlerkreis (Fehlerfeld) um den errechneten Punkt befindet, der mit 5% der Entfernung vom Startort als Radius um diesen Punkt gezeichnet werden kann (Abb. 110 oben).

Sind diese Unsicherheiten noch lediglich auf die Angaben der Geräte zurückzuführen, so erhöhen sie sich noch durch die Unsicherheiten infolge des Windes. Die ihm anhaftende Unbeständigkeit gibt auch der Wetterwarte nur die Möglichkeit der Angabe von Mittel-

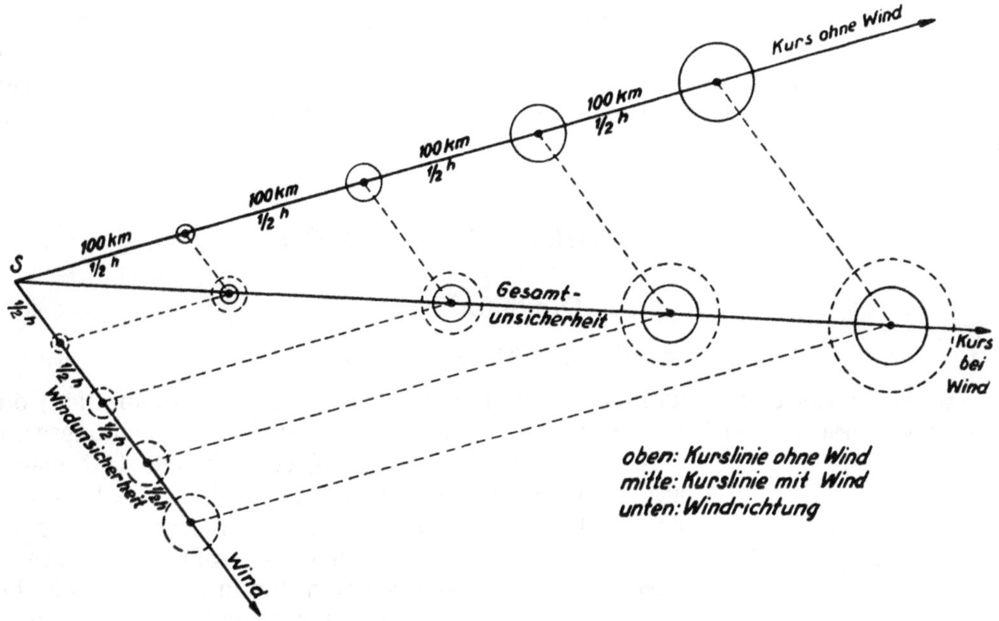

Abb. 110. Fehlerkreis.

werten. Die Unsicherheit der Windrichtung schätzt man auf $\pm 10^0$, und auch seine Geschwindigkeit ist bei den Meldungen mit $\pm 10\%$ Unsicherheit behaftet. Nimmt man aber den Wind durch Abtrift- oder Grundgeschwindigkeit selbst auf, so gehen die Unsicherheiten bei der Bodenorientierung in diese Unsicherheiten mit ein, und erhöhen sie leicht auf den doppelten Betrag. Je kürzer dabei die Beobachtungszeit der überflogenen Gegend ist, desto mehr gehen die Schätzungsfehler in die Windmessung ein. Bei zu langer Dauer dieser Messung kann keine Gewähr dafür gegeben werden, daß der ermittelte Wert nicht selbst schon ein Durchschnittswert ist, dessen Gültigkeit für das weiter zu befliegende Gebiet nicht feststeht, d. h. eine Abtrift- und Grundgeschwindigkeitsmessung über 5^{min} Dauer kann verfälscht werden durch unscharfe Erfassung der Meßwerte (durch Gieren des Flugzeuges, Scheinlot des Flugzeuges, unsichere Höhe über Grund). Dauert die Windaufnahme über 1^h, so wird sie entwertet, weil man unterdeß schon in ganz andere Gebiete mit vollständig anderer Windlage eingeflogen sein kann.

Die durch den Wind verursachte Versetzung kann also auch proportional der Flugzeit und damit proportional dem Flugweg zu mindestens $\pm$ 10% der Windgeschwindigkeit angesetzt werden. Um diesen Betrag nimmt der Radius des Fehlerkreises bei Windeinfluß jeweils zu (Abb. 110 Mitte, punktierte Linie).

Die proportionale Auswirkung des Windeinflusses wird jedoch namentlich bei wachsender Entfernung immer mehr hypothetisch, damit der Fehlerkreis noch weiter ausgedehnt oder schließlich seine Grenzen ganz verwischt. Es besteht daher die Forderung, den Wind fortwährend durch Messungen zu überwachen. Im allgemeinen sollte man nach zwei Stunden Flugzeit keineswegs mit dem Wind weiterrechnen, den man beim Start mitgenommen hat. Je größer die Eigengeschwindigkeit des Flugzeuges, desto geringer wird, gemessen an der Flugstrecke, der Windeinfluß.

Auf jeden Fall soll aber neben der Ermittlung des Flugzeugortes durch die Methoden des Winddreiecks immer eine schätzungsweise Berechnung der Streuung und des Fehlerkreises hergehen; man gewinnt dadurch ein Urteil, innerhalb welcher Grenzen ein Verfliegen möglich oder wahrscheinlich ist.

Je weiter sich ein Flugzeug von einem noch gut ausgemachten Ort entfernt, um so notwendiger wird aber eine neutrale Ortsbestimmung des Flugzeugs, unabhängig von dem durch Kompaß, Geschwindigkeit und Uhr sowie die Windangaben ermittelten Ort. Den so bestimmten Ort nennt man Koppelort. Man bedarf eines besser bestimmten Standortes; dazu dienen die in den folgenden Abschnitten D, E, F entwickelten Standlinienverfahren.

D. Standlinienverfahren.

1. Die Standlinie.

a) Der Begriff der Standlinie.

§ 68. Wenn von einem Flugzeug aus zwei Geländepunkte A und B (Abb. 111) direkt hintereinander gesehen werden, so weiß man, daß man sich auf der Verbindungsgeraden dieser beiden Punkte auf der Karte befindet. Hat man sich also in der Karte diese Gerade gezeichnet, so ist zwar noch nichts über den Ort ausgesagt, an dem das Flugzeug steht, man weiß aber doch, daß man sich weder in L noch in M oder N befinden kann, sondern nur in einem Punkte Q oder R der verzeichneten Verbindungsgeraden. Diese läßt also deutlich unterscheiden zwischen Punkten, an denen man sich nicht befinden kann, von solchen, an denen man sich befinden kann. Eine solche Linie heißt eine Standlinie, oder weniger gut geometrischer Ort für das Flugzeug. Wenn also eine Standlinie auch noch nichts über den augenblicklichen Standort bestimmen kann, so ist durch sie doch in der unendlichen Mannigfaltigkeit der Möglichkeiten eine Auslese getroffen und damit immerhin für die weitere Orientierung ein Schritt gewonnen.

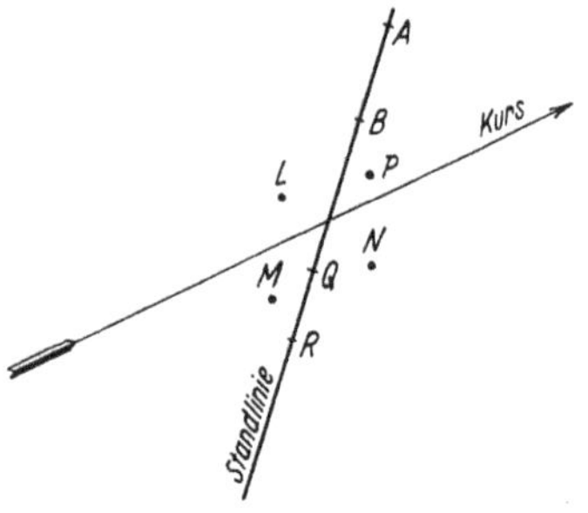

Abb. 111. Standlinie.

Es ergibt sich also zunächst nur der Satz:

Eine Standlinie gibt an, wo sich das Flugzeug befinden kann.

Nun gibt es aber, je nach den Bedingungen, die man aus den Messungen ermitteln kann, eine ganze Reihe von verschiedenartigen Standlinien. Gewinnt man also aus irgendwelchen Beobachtungen zwei verschiedene Standlinien, auf deren jeder das Flugzeug stehen kann, so kommt man zu dem wichtigen weiteren Schluß:

Hat man für ein Flugzeug zwei verschiedene Standlinien, so muß es in deren Schnittpunkt stehen.

Damit ist aber eine Ortsbestimmung durchgeführt. Jede Ortsbestimmung, kurz Ortung genannt, ist also an das Vorhandensein zweier zu ermittelnder Standlinien geknüpft, oder:

Jede Ortung erfordert die Zeichnung zweier Standlinien.

Die ganze Ortsbestimmung läuft also auf die Ermittlung zweier gleichzeitiger Standlinien hinaus. Jede Standlinie erfüllt aber mit ihren Punkten eine ganz bestimmte Bedingung, und wie wir weiter hinzufügen wollen, ist jede Bedingung die Folge irgendeines Meßergebnisses.

Wir wenden uns zunächst der Aufgabe zu, solche Bedingungen zu formulieren und die dazu gehörigen Standlinien anzugeben. Eine Standlinie und ihre Bedingung haben wir bereits kennengelernt; sie lautet:

1. Standl.: Beobachtet man zwei Geländepunkte in Visierlinie (in Deckung), so steht man auf der Verbindungsgeraden dieser Geländepunkte in der Karte.

Beispiel: In der Danziger Bucht sieht man von einem niedrig fliegenden Flugzeug aus die Feuer von Hela und Heisternest hintereinander (in Deckung). Auf welcher Linie befindet man sich?

Für ein geübtes Auge ist es leicht, Entfernungen zu schätzen; mit Hilfe geeigneter Instrumente vermag man auch Entfernungen zu messen. Liegt eine solche Entfernungsermittlung vor, so ergibt sich daraus eine

2. Standl.: Alle Orte, welche dieselbe Entfernung von einem Geländepunkt haben, liegen auf einem Kreis, der um den Geländepunkt mit der Entfernung als Radius gezeichnet werden kann (Abb. 112).

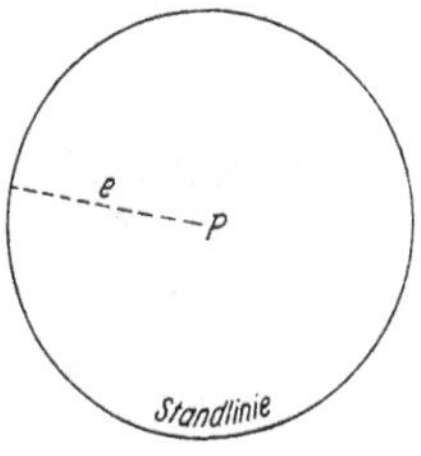

Abb. 112. Entfernungskreis.

Unter Umständen läßt sich ein anderer geometrischer Ort als Standlinie verwenden, der auf dem Satze vom Peripheriewinkel im Kreise beruht. Es läßt sich nämlich mit einem Winkelmeßinstrument (Sextant) leicht der Winkel bestimmen, unter dem die Sehstrahlen nach zwei Objekten im Auge des Beobachters zusammenlaufen. Man nennt diese Messung eine Horizontalwinkelmessung. In der Karte ist die Verbindungslinie der beiden beobachteten Orte A und B bekannt. Diese Strecke wird Sehne eines Kreises, in dem der gemessene Winkel als Peripheriewinkel über dieser Sehne erscheint. Diese Standlinie läßt sich also formulieren:

3. Standl.: Die Standlinie für alle Punkte, von denen aus eine Strecke unter einem bestimmten Winkel erscheint, ist der Kreisbogen, der die Strecke als Sehne und den Winkel als Peripheriewinkel über dieser Sehne faßt (Abb. 113).

Eine rohe, aber brauchbare Zeichnung dieses Kreisbogens erhält man, wenn man sich den gemessenen Winkel auf ein durchsichtiges Blatt Papier aufzeichnet und das Papier so auf der Karte verlegt und dreht, daß die Schenkel des eingezeichneten Winkels immer durch die beobachteten Punkte hindurchgehen; der Scheitel des Winkels beschreibt dann die gewünschte Standlinie.

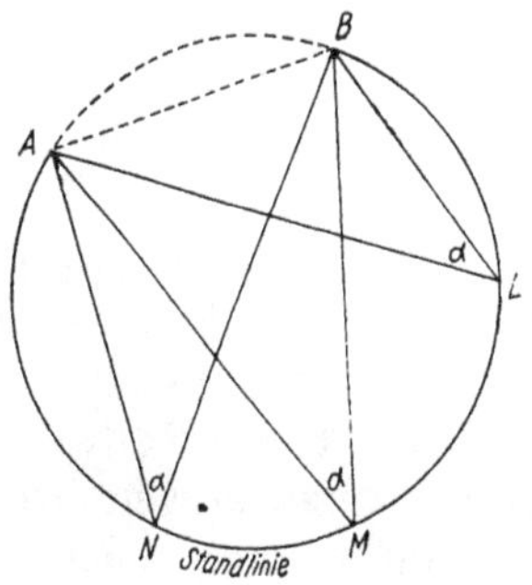

Abb. 113. Horizontalwinkel.

Es sei noch besonders darauf hingewiesen: Alle bisher angeführten und die später noch auftretenden Standlinien erfordern einen ausgiebigen Gebrauch jeder Zeichnungsmöglichkeit in das vorhandene Kartenmaterial. Das kann nicht der Flugzeugführer durchführen, sondern nur der Navigateur, der das benötigte Kartenmaterial vor sich ausgebreitet hat und mit Zirkel, Dreieck und Lineal hantieren kann.

b) Die Peilung.

§ 69. Zur Zeichnung von Standlinien dienen insbesondere die verschiedenen Methoden der Peilungen. Unter Peilung versteht man eine Richtungsbestimmung. Die einfachste unter ihnen ist die oben erwähnte Deckpeilung, weil dazu keine weiteren Instrumente notwendig sind. Ein Instrument für Peilungen ist der Peilkompaß und die Peilscheibe.

Der Peilkompaß (Abb. 50) ist ein Kompaß, bei dem die Rosenteilung waagrecht liegt. Auf dem Kompaßdeckel ist eine Visiervorrichtung aufgesetzt, ein Diopter, bestehend aus einem schmalen Schlitz und einem senkrecht dahinter aufgespannten Faden. Die Peilung wird derart vorgenommen, daß man durch die Visiervorrichtung das anzupeilende Objekt mit Faden und Schlitz zur Deckung bringt und gleichzeitig die Richtung feststellt, welche man durch Spiegelung von der Kompaßrose herauf in das Gesichtsfeld bekommt. Diese Peilung ist zunächst eine Kompaßpeilung und enthält alle Fehler, die einer Richtungsbestimmung mit Hilfe des Magnetkompasses anhaften. Sie muß daher unter Berücksichtigung der Ablenkung, die dem anliegenden Kurs entsprechend der Steuertabelle zu entnehmen ist, und mit der örtlichen Mißweisung erst in rechtweisende Peilung verwandelt werden, ehe sie zeichnerisch in die Karte zu verwerten ist. Der Peilkompaß muß so aufgestellt werden, daß er einen freien Ausblick gestattet und von allen Seiten zugänglich ist. Während der Peilung muß darauf gesehen werden, daß das Flugzeug seinen Kurs beibehält und keine Neigung hat.

Beispiel: Auf einem Flugzeug, das in der Nähe von Erfurt den rw. Windkurs 193° anliegt, peilt man mit dem Peilkompaß einen Geländepunkt in Richtung 127°. Welches ist die rechtweisende Peilung (Steuertabelle V, § 24)?

Kompaßpeilung	= 127°
Ablenkung für 193°	= +2°
Mißweisende Peilung	= 129°
Mißweisung für Erfurt . . .	= —9°
Rechtweisende Peilung . . .	= 120°

Übungsbeispiele:

	Anliegender Kompaßkurs	Steuertabelle § 24	Gegend	Kompaßpeilung
1.	159°	V	Berlin	244°
2.	217°	III	Köln	359°
3.	355°	II	Frankfurt a. M.	210°
4.	10°	III	Lübeck	81°
5.	80°	I	Danzig	170°
6.	140°	IV	Amsterdam	230°
7.	315°	II	Paris	67°
8.	279°	I	Smolensk	358°
9.	66°	V	Teheran	355°
10.	59°	IV	Königsberg	177°

Die Peilscheibe (Abb. 34) ist eine Vorrichtung, die der vorigen ähnlich ist. Auch sie besitzt eine Visiervorrichtung (Diopter), die auf den anzupeilenden Gegenstand gerichtet werden muß. Es fehlt jedoch der Kompaß. Die Visiervorrichtung ist lediglich auf eine in 360° eingeteilte Scheibe aufmontiert und diese ist mit ihrer Linie 180° → 360° in die Flugzeugachse ausgerichtet. Man mißt demnach mit Hilfe dieser Vorrichtung den Winkel, den die Sehlinie nach dem Objekt mit der Achsenrichtung des Flugzeuges (dem rw. Windkurs) einschließt. Diese Richtungsbestimmung heißt Scheibenpeilung. Um die rechtweisende Peilung zu erhalten, muß man daher die Scheibenpeilung zum rw. Windkurs addieren, da beide nach der 360°-Rose rechts herum gezählt werden (Abb. 114). Bei dieser Art von Peilung ist besonders darauf zu sehen, daß während des Peilvorgangs der Flugzeugführer den Kurs genau hält.

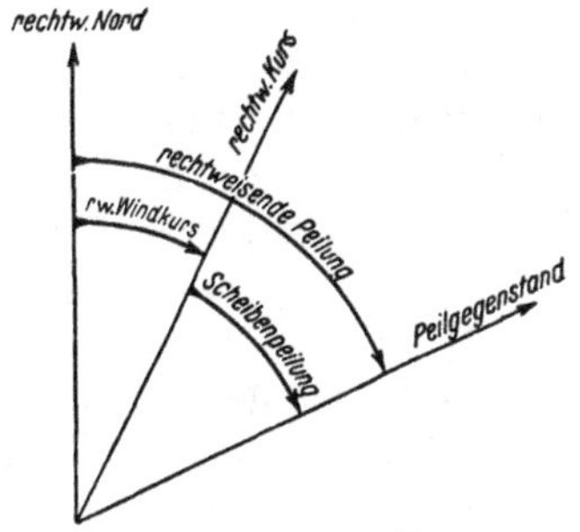

Abb. 114. Scheibenpeilung.

Beispiel 1:

Rechtweisende Windkurse	73°	241°	268°
Scheibenpeilung	51°	117°	195°
Rechtweisende Peilung	124°	358°	103°

Beispiel 2: Auf einem Flugzeug, das in der Nähe von Köln auf dem Kompaßkurs 214° liegt, peilt man ein Objekt mit der Peilscheibe in 310° (Steuertabelle II, § 24). Was ist rechtweisende Peilung?

Kompaßkurs	= 214°
Ablenkung	= — 2°
Mißweisender Windkurs	= 212°
Mißweisung	= — 11°
Rechtweisender Windkurs	= 201°
Scheibenpeilung	= 310°
Rechtweisende Peilung	= 151°

Übungsbeispiele:

	Kompaß-kurs	Steuertabelle § 24	Gegend	Scheiben-peilung
1.	65°	I	Berlin	80°
2.	150°	V	Blexen/Wesermünde	40°
3.	67°	IV	München	267°
4.	344°	III	Bremen	170°
5.	295°	II	Danzig	195°
6.	186°	II	Riga	77°
7.	179°	I	Breslau	174°
8.	77°	IV	Warschau	340°
9.	340°	V	Moskau	16°
10.	291°	III	Kalmar	309°

Ist nun durch Peilkompaß oder Peilscheibe die Richtung nach einem Objekt festgestellt, so ergibt sich von selbst, daß das Flugzeug vom Gegenstand aus gesehen gerade in entgegengesetzter Richtung zu beobachten sein muß, das Flugzeug befindet sich also auf einer geraden Linie, die man in der Karte vom Objekt aus in entgegengesetzter Richtung der Peilung eintragen kann, oder:

4. Standl.: Die Standlinie für alle Punkte, von denen aus ein Objekt eine bestimmte gemessene Peilung hat, ist ein Strahl durch das Objekt in entgegengesetzter Richtung (Abb. 115).

Peilt man also einen Gegenstand in 85° rechtweisend, so steht man über einer Geraden, welche in der Karte durch das Objekt in Richtung 85° + 180° = 265° gezeichnet werden kann.

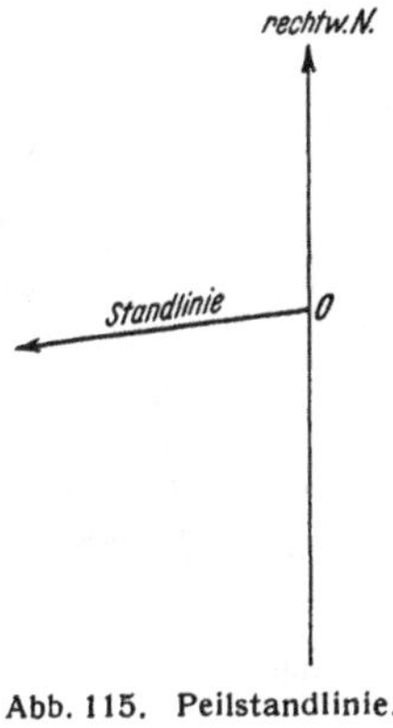

Abb. 115. Peilstandlinie.

2. Die Ortung.

a) Die Kreuzpeilung.

§ 70. Eine einzige Beobachtung liefert immer nur eine Standlinie für den Flugzeugort. Will man also eine vollständige Ortung durchführen, so ist es notwendig, zwei Standlinien zum Schritt zu bringen, also zwei gleichzeitige Beobachtungen anzustellen. Die Kombination dieser gleichzeitigen Beobachtungen ist an sich prinzipiell beliebig. Man kann z. B. zwei Entfernungsbestimmungen heranziehen und erhält den Flugzeugort als Schnitt der beiden Kreise, die die zugehörigen Standlinien sind. Man kann eine Deckpeilung und eine Entfernungsbestimmung heranziehen und erhält den Ort wieder als Schnittpunkt des Kreises mit der Deckungslinie. Man könnte auch zwei Horizontalwinkel messen und den Schnittpunkt der zugehörigen Kreisbogen aufsuchen. Für den praktischen Gebrauch haben aber einige Methoden den Vorzug vor anderen und so sei als besonders zweckmäßig die Verbindung zweier Peilungen herausgegriffen, die als Kreuzpeilung bekannt ist.

Die Kreuzpeilung setzt voraus, daß zwei geeignete Objekte vorhanden sind, deren Peilung mit Peilkompaß oder Peilscheibe vorgenommen werden kann. Jede Peilung, in entgegengesetzter Richtung an die Landobjekte angetragen, liefert eine Standlinie, der Schnittpunkt gibt den Flugzeugort.

Beispiel: Der Ort B ist von A 332° 15 km entfernt. Man peilt gleichzeitig A in 73° und B in 12°. In welcher Entfernung ist man von A und B? (11 km; 17 km). (Abb. 116.)

Übungsbeispiele:

	Entfernung B von A	Peilung von A	Peilung von B
1.	45° 18 km	22°	115°
2.	250° 16 km	298°	3°
3.	22° 20 km	320°	250°
4.	283° 30 km	236°	163°
5.	267° 25 km	270°	346°
6.	160° 12 km	320°	5°

Die Ortung erzielt um so bessere Resultate, je mehr sich der Winkel zwischen den beiden Standlinien einem Winkel von 90° nähert. Je schmaler dieser Winkel wird, desto mehr wird ein Einfluß auch nur eines geringen Meßwinkelfehlers sich bemerkbar machen. Sieht man in beistehender Abb. 117 die Peilungslinie durch A als fest an und betrachtet

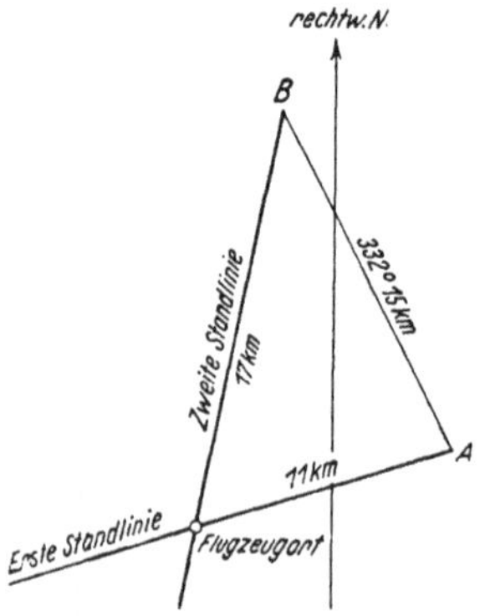

Abb. 116. Kreuzpeilung.

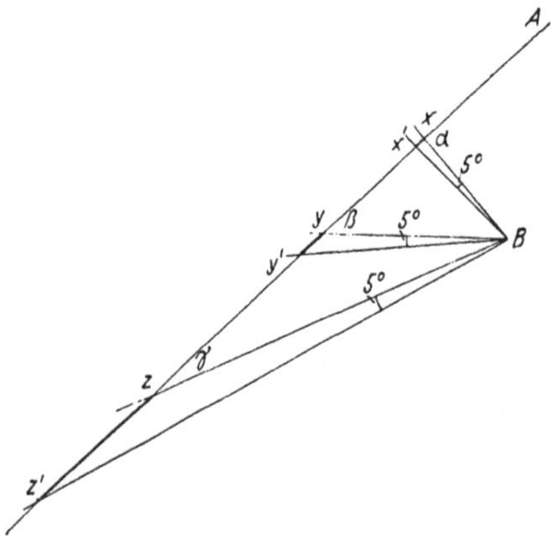

Abb. 117. Standlinienschnittwinkel.

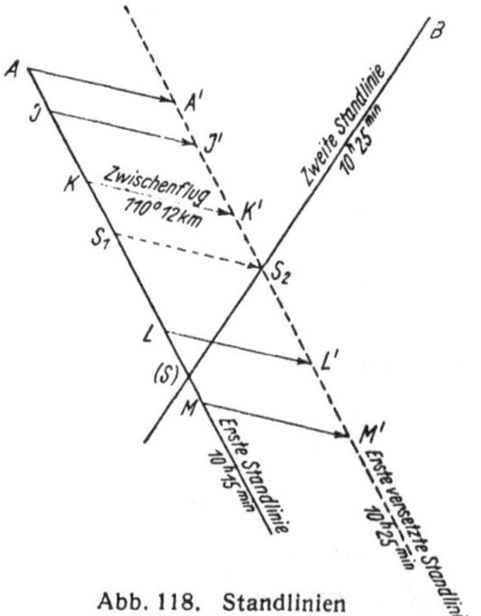

Abb. 118. Standlinien mit Zwischenflug.

die drei verschiedenen Peilungen durch B, nämlich BX, BY, BZ, so wird einem Fehler von 5° in der zweiten Peilung im ersten Fall nur ein Fehler im Ort von der Größe XX', im anderen Fall aber ein Fehler YY', im dritten Fall ein Fehler ZZ' entsprechen, wobei aus der Zeichnung zu erkennen ist, daß dieser Fehler mit abnehmendem Schnittwinkel α, β, γ der Standlinien immer mehr zunehmen.

Man kann daher ganz allgemein den Leitsatz aussprechen:

Eine Ortung wird um so besser, je mehr sich der Schnittwinkel zwischen den Standlinien einem Rechten nähert.

b) Standlinienversetzung, Zwischenflug.

§ 71. Bei jeder Ortsbestimmung aus zwei Standlinien ist vorausgesetzt, daß die zugehörigen Messungen gleichzeitig durchgeführt werden müssen. Diese Forderung wird in der Praxis selten oder nie erfüllt werden können, da die Messung in der Hand eines einzigen liegen wird. Man wird also die Forderung der Gleichzeitigkeit praktisch immer durch die Forderung ersetzen müssen, daß die Beobachtungen kurz hintereinander gemacht werden. Die Methode wird dadurch nicht wertlos, wenn nur einigermaßen bekannt ist, welcher Weg in der Zwischenzeit nach Richtung und Größe zurückgelegt wurde. Hat man z. B. (s. Abb. 118) um $10^h\ 15^m$ eine Beobachtung gemacht, die zur Standlinie *AM* geführt hat, so weiß man nur, daß man in diesem Moment ($10^h\ 15^m$) irgendwo auf dieser Standlinie gestanden hat, z. B. in *I* oder *K* oder *L*. Weiß man nun, daß man bis zur zweiten Peilung, die um $10^h\ 25^m$ gemacht wurde, einen Weg in der Richtung 110^0 12 km zurückgelegt hat, so heißt das, daß in diesen 10 min der Punkt *I* nach *I'*, aber auch der Punkt *K* nach *K'* und *L* nach *L'* versetzt worden ist. Diese Überlegung trifft aber für jeden Punkt der Standlinie *AM* zu, so daß man sagen kann, man befinde sich nach dem Zwischenflug, also nach 10 min, irgendwo auf der Standlinie *A'M'*. Diese Standlinie nennt man dementsprechend die versetzte oder verschobene erste Standlinie, und diese kann nun ebenso gebraucht werden wie die wirkliche Standlinie. Sie gilt allerdings nicht mehr für den ersten Zeitpunkt $10^h\ 15^m$, sondern für den zweiten Zeitpunkt $10^h\ 25^m$. Um sie zu zeichnen, ist es dann nicht nötig, jeden einzelnen Punkt *I*, *K*, *L* zu verschieben, sondern man wird irgendeinen beliebigen Punkt herausgreifen, an ihn den Zwischenflug nach Richtung und Größe antragen und durch diesen Punkt eine Parallele zur ursprünglichen Standlinie zeichnen. Man hat also den Satz:

Jede Standlinie kann in Richtung und Größe des Zwischenfluges parallel zu sich selber verschoben werden.

Hat man dann eine zweite Standlinie zur Verfügung, so ergibt der Schnittpunkt S_2 der ersten versetzten Standlinie mit der zweiten Standlinie den Flugzeugort bei der zweiten Beobachtung. Interessiert einen dann noch der Beobachtungsort bei der ersten Messung, so braucht man von S_2 aus nur um den Zwischenflug wieder zurückzugehen, um in S_1 auf der ersten Standlinie den alten Flugzeugort wieder zu erhalten.

Die Beachtung und Berücksichtigung solcher Zwischenflüge trägt wesentlich zu einer guten Orientierung bei; sie erfordert vom Navigateur ein fortgesetztes Mitgehen mit seiner Zeichnung, ein Nachschieben der noch verwertbaren Standlinien. Unterläßt man die Beachtung des Zwischenfluges und kombiniert z. B. einfach die erste und zweite Standlinie miteinander, so würde man einen wesentlich falschen Flugzeugort (*S*) erhalten, der im Falle der Abb. 118 um Beträchtliches von den richtigen Orten S_2 oder S_1 entfernt ist. Man erkennt aus dieser Betrachtung noch einmal die Bedeutung der oben ausgesprochenen Forderung, daß zu einer exakten Ortsbestimmung eine möglichst schnelle Aufeinanderfolge der Messungen unerläßlich ist. Wenn man solche Zwischenflüge nicht in Rechnung setzt, sollte man sich wenigstens ein Urteil über die Größenordnung des gemachten Fehlers verschaffen.

Jeder Fehler im Zwischenflug, also ungenaue Kenntnis der Richtung oder der Strecke, fälscht das erhaltene Resultat. Um ein Urteil über die Einwirkung eines solchen Fehlers zu erhalten, beachte man folgendes:

Ein Kursfehler $\Delta\alpha$ wird um so geringeren Einfluß auf die Versetzung der Standlinien haben, je mehr der Zwischenflug senkrecht zur Standlinie verläuft (Abb. 119).

Ein Distanzfehler (Geschwindigkeitsfehler) wird um so weniger Einfluß auf die Versetzung haben, je mehr der Zwischenflug in der Richtung der Standlinie verläuft; die Standlinie wird mehr oder weniger in sich selbst verschoben (Abb. 120).

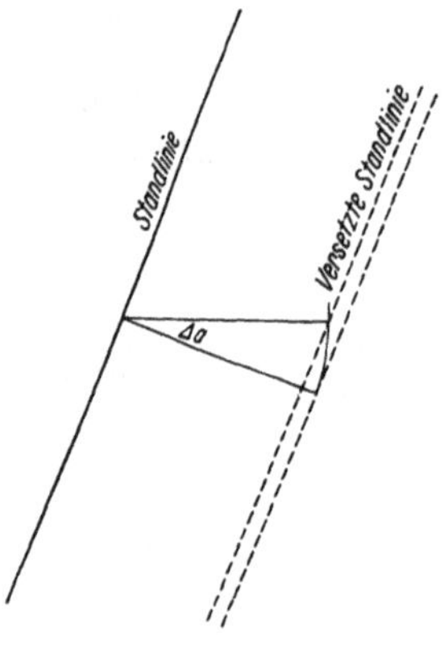

Abb. 119. Standlinienversetzung.

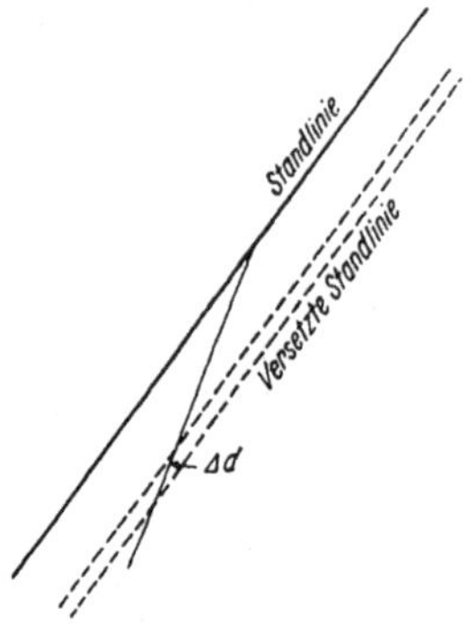

Abb. 120. Standlinienversetzung.

Will man den Einfluß eines Zwischenfluges also möglichst ausschalten, so ist es ratsam, zuerst das Objekt anzupeilen, das in der Kursrichtung liegt, weil dann die Standlinie in die Flugzeugrichtung zu liegen kommt, und als zweites ein Objekt zu wählen, das seitlich zur Flugzeugrichtung liegt.

Praktisch löst man die Aufgabe, wenn z. B. ein einziger Gegenstand zweimal hintereinander gepeilt wird, daß man die beiden Peilungen in die Karte einträgt und dann den Zwischenflug parallel zu der Flugrichtung streckenmäßig einpaßt (Doppelpeilung) (Abb. 121). Zur Vermeidung von Fehlern ist es zweckmäßig, drei solcher Peilungen miteinander zu verbinden, indem man (s. Abb. 122) zwischen der ersten und der zweiten Peilung

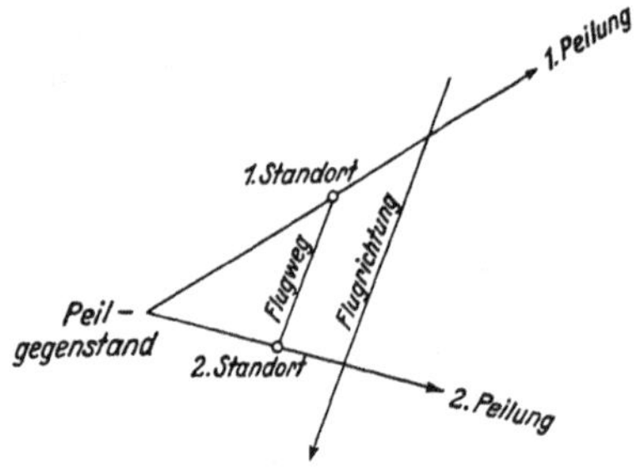

Abb. 121. Doppelpeilung.

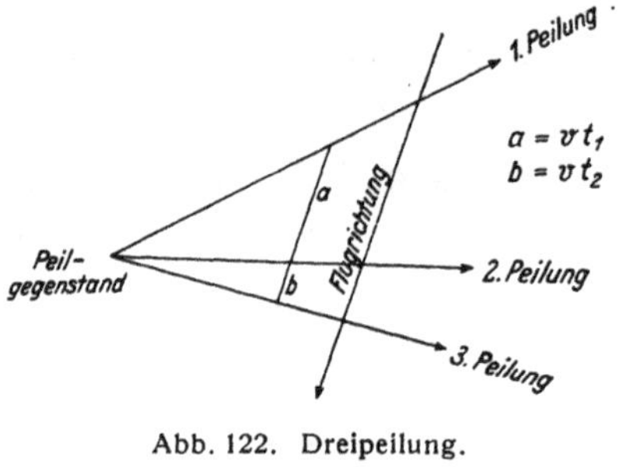

Abb. 122. Dreipeilung.

den Flugweg (Minutenweg $a = e\,t_1$) und dann zwischen zweite und dritte Peilung den Flugweg $b = e\,t_2$ einlegt. Unsicherheiten in der Wegberechnung, auch in der Flugrichtung, können auf diese Weise ausgeglichen werden (Dreipeilung).

Diese Überlegungen gelten nicht nur für Standlinien, die aus Peilungen gewonnen werden, sondern für Standlinien jeder Art, insbesondere für Funkpeilungen und astronomische Standlinien (s. u.).

Übungsbeispiel: Ein Flugzeug mit 120 km/h Eigengeschwindigkeit verläßt Sheerneß um $11^h\ 50^m$ mit Kompaßkurs 160°. Um $12^h\ 6^m$ peilt man an der Peilscheibe das Vorgebirge von Dungeneß 115° und 5 min später Dover 205°. Wo befindet man sich jetzt? Welches war der Wind? Welcher Kompaßkurs ist nach Paris zu nehmen unter Annahme des ermittelten Windes und wann wird Paris erreicht? (Steuertabelle II.)

Optische Peilungen setzen gute Sicht voraus und erstrecken sich nur auf geringe Entfernungen. Bei Mangel an Peilobjekten, auf See oder in charakterloser Gegend, bei Nebel oder über Wolken muß man zu elektromagnetischen Peilungen greifen. (Abschn. E).

E. Die Funkpeilung.

§ 72. In dem Funkpeiler hat man ein Gerät, mit dem man die Richtung einer ankommenden elektromagnetischen Welle feststellen kann. Er besteht aus einem drehbaren Rahmen, dessen Front auf die sendende Funkstation gerichtet wird. Diese Einstellung gibt sich im Hörer als ein Minimum der Lautstärke bekannt.

Für uns ist zunächst die Erkenntnis wichtig, daß wir die Funkstrahlen nicht mehr wie die optischen als gerade Linien ansehen dürfen; vielmehr gelangt der Funkstrahl von der Sendestation zur Empfangsstation auf dem Wege des größten Kreises. Durch physikalische Eigenschaften des Äthers und der Bodengestaltung wird selbst dieser größte Kreis noch Ablenkungen erfahren, die besonders merkbar werden, wenn der Funkstrahl über Küsten hinwegsetzt. Auf freier See nähert er sich im allgemeinen dem Wege des größten Kreises (Küstenbrechung, Wegablenkung).

Die Wirkung und praktische Brauchbarkeit erstreckt sich heute auf Entfernungen bis zu 400 km, wobei erwähnt sein mag, daß die Einstellschärfe auf diese Entfernung als genügend angesehen werden kann, während gelegentlich auch auf größere Entfernungen noch gute Resultate erzielt wurden.

1. Technik der Peilung.

§ 73. Bezüglich der Bedienung des Peilers sei auf das Buch: „Der Telefunkenpeiler“, herausgegeben von der Deutschen Betriebsgesellschaft für drahtlose Telegraphie, Berlin, 2. Aufl. 1934, und Grötsch, Flugfunkpeilwesen, Deutsche Radiobücherei, Bd. 62, 1934, hingewiesen.

Aus der Technik der Funkpeilung seien nur folgende für die Navigation wichtige Punkte herausgegriffen:

Trägt man die von verschiedenen Seiten auf eine Hochantenne eintreffenden Lautstärken E eines Senders richtungsmäßig um diese Antenne auf, so ist dieselbe nach allen Seiten gleich und die sog. Empfangskennlinie ein Kreis (Abb. 123). Trägt man dagegen die Aufnahmelautstärke für eine gedrehte Rahmenantenne in gleicher Weise auf, so ist die Lautstärke E in der Rahmenebene am größten, aber senkrecht zur Rahmenebene am kleinsten, die Empfangskennlinie ist ein Doppelkreis (Abb. 124). Die beiden Kreise berühren sich am Rahmen. Dreht sich daher der Rahmen im Felde eines Senders, so stellt er auf diese Weise zwei größte (Maxima) und zwei geringste (Minima) Lautstärken fest, so daß zunächst eine eindeutige Richtungsbestimmung noch nicht möglich ist. Während aber in der Nähe der Maximumstellung die Lautstärken sich wenig ändern, ändert sich in der Nähe der Minimumstellung diese außerordentlich schnell, so daß diese Minimumstellung mit besonderer Schärfe erfaßt werden kann.

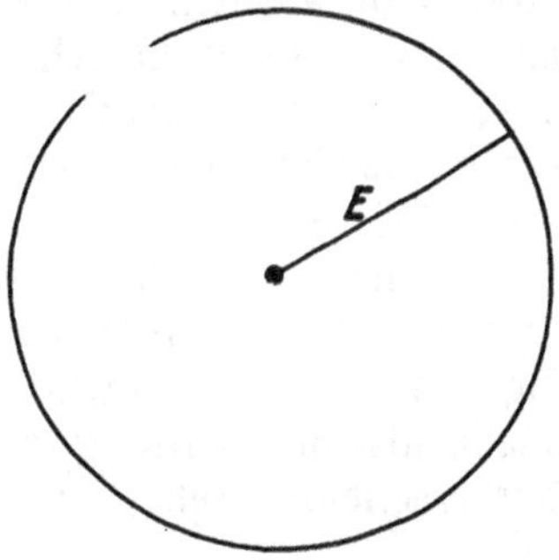

Abb. 123.
Kennlinie der Hochantenne.

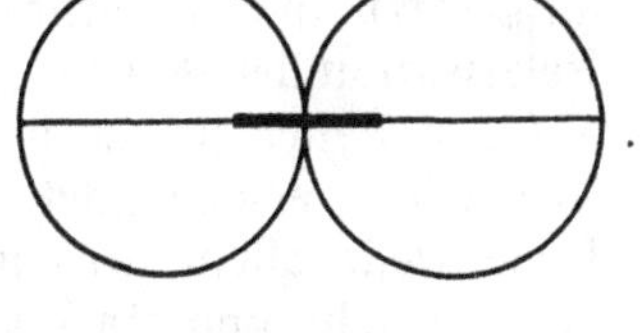

Abb. 124.
Kennlinie der Rahmenantenne.

Allerdings ist dieses Minimum noch nicht ohne weiteres absolut, weil verschiedene Teile des Gerätes noch an einem Empfang mitwirken, der die Form der Hochantennenkennlinie hat. Man nennt diesen Vorgang Trübung des Minimums. Diese Trübung kann jedoch aufgehoben werden, wenn man noch eine kleine Hochantenne als Hilfsantenne benützt, die den Störungen entgegenarbeitet. Zum Scharfmachen des Minimums muß die Hilfsantenne in verstimmtem Zustand verwendet werden. Auf dieses Scharfmachen des Minimums muß bei der Bedienung des Funkpeilers besonders geachtet werden und so viel Hilfsantennenbedarf hinzugenommen werden, bis die Trübung des Minimums überwunden ist.

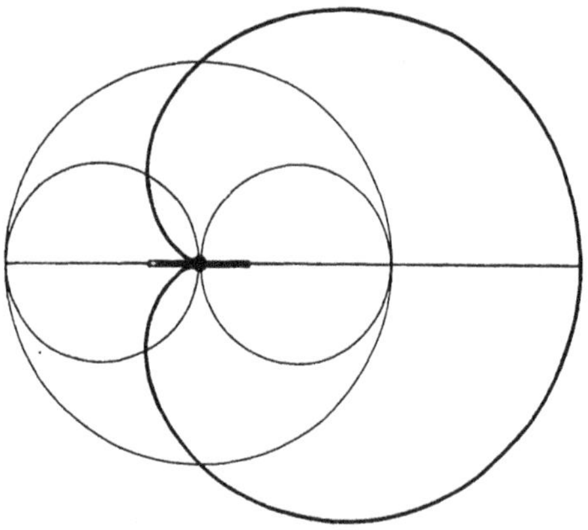

Abb. 125. Kennlinie der Rahmenantenne + abgestimmter Hochantenne.

Dieselbe Hilfsantenne dient jedoch auch zur Seitenbestimmung, also zur Aufhebung der Zweideutigkeit der Minimumeinstellung. Dazu aber muß die Hilfsantenne auf die Senderfrequenz abgestimmt werden. Es überlagern sich dabei die Hochantennen- und Rahmenkennlinie, so daß die Gesamtkennlinie eine sog. Herzkurve wird (Abb. 125) mit einer einigermaßen scharfen Kerbe. Dreht man dann den Rahmen aus der Minimumstellung um 90°, so weist die geringste Lautstärke auf die richtige Seite, von der der Funkstrahl kommt.

2. Die Wellenausbreitung.

§ 74. Bei der Funkpeilung bedient man sich Senderfrequenzen, die man als lange oder kurze Wellen unterscheidet.

Die langen Wellen (400 bis 200 kH) haben im wesentlichen die Eigenschaft, längs der gekrümmten Erdoberfläche zu wandern, werden also am Boden geleitet. Man nennt diese die Bodenwelle. Daneben aber strahlt auch eine Welle in den Raum hinaus; diese wird Raumwelle genannt. Diese Raumwelle wird aber sehr häufig von elektrischen Schichten der äußersten Atmosphäre (100 bis 1000 km) beeinflußt, so daß sie dort gebeugt und gebrochen wird. Sie treten auf diese Weise oft wieder mit der Bodenwelle zusammen und erzeugen durch Phasendifferenz mit ihr Schwund und Wanderung der Peilung.

Die Mittelwellen (500 bis 1000 kH) dienen insbesondere dem Rundfunk. Sie kleben weniger an der Erdoberfläche und ihr größter Teil kommt durch Reflexion aus den höheren Schichten zur Erde zurück. Ihnen haften tote Zonen an, in denen die Bodenwelle schon zu schwach ist und die Raumwelle sich noch nicht ausgebildet hat. Sie sind wohl manchmal übermäßig gut auf größere Entfernungen zu vernehmen, jedoch eignen sie sich weniger zum Peilen. Sie sind besonders den hohen Schwankungen der oberen reflektierenden Schichten ausgesetzt und unterliegen daher besonders dem Nacht- und Dämmerungseffekt. Die Polarisation der Boden- und Raumwelle ist verschieden. Treffen demnach zwei solche Wellen auf den Peiler ein, so liegt die Minimumstellung in der Richtung, wo die Resultante der Teilwellen verschwindet. Diese Richtung kann erheblich anders sein, als die Richtung der Bodenwelle allein, welche für die Peilung maßgebend ist. Daher erscheinen sehr häufig beträchtliche und stark schwankende Ablenkungen der Peilungen.

Über der Frequenz 30000 kH liegt das Gebiet der ultrakurzen Wellen. Sie verhalten sich fast wie Lichtstrahlen. Sie haben den Vorteil, daß sie sich bündeln lassen, wodurch eine bessere Empfangsschärfe und damit eine bessere Peilbarkeit erzielt wird. Ihre Reichweite ist aber begrenzt, da sie nicht wie die Bodenwellen längs der gekrümmten Erdoberfläche geführt werden, sondern nur eine geringe Beugung besitzen und wegen ihrer fast geradlinigen Ausbreitung nur dahin vordringen, wo diese gerade Ausbreitung durch nichts, also auch durch die Erdkrümmung nicht gehemmt wird.

3. Die Fremdpeilung.

§ 75. Im folgenden ist hauptsächlich auf die navigatorische Auswertung der Funkpeilung eingegangen.

Zunächst sei eine Auswertungsmethode beschrieben, bei der das Flugzeug selbst lediglich einen Sender zu besitzen hat, diese aber von fremden Peilern, sei es auf Land oder von Schiffen auf See angepeilt werden kann. Man nennt diese Methode Fremdpeilung. Der Vorgang ist der, daß der Flugzeugsender Zeichen gibt und von zwei anderen Stationen angepeilt wird, deren Lage bekannt ist. Aus den Peilungen und der Ortsangabe läßt sich dann der Flugzeugort berechnen. Sind die fremden Stationen feste Landstationen, die miteinander durch Fernsprecher verbunden sind, so geschieht die Auswertung meist an Land und das Flugzeug bekommt seinen Ort drahtlos übermittelt. Über See wird die Berechnung des Flugzeugortes am besten im Flugzeug selbst vorgenommen. Man bedient sich dabei am zweckmäßigsten wieder einer Karte, in der die Orthodromen als gerade Linien erscheinen, also z. B. der schon oben verwendeten gnomonischen Polarprojektion (s. Beilage Taf. 2). Die Winkel bei den Fremdpeilern und ihre Breite sind bekannt. In der Karte zeichnen sich diese Winkel aber verzerrt ab; doch kann man sich zu dieser Umrechnung sehr einfach der Rechentafeln Nr. 4 bedienen, die schon bei der Berechnung des größten Kreises Verwendung fanden. Nur muß jetzt der wirkliche Winkel in den Kartenwinkel verwandelt werden, die Rechentafel also jetzt von rechts nach links über die Breitenskala benutzt werden. Die so bestimmten Kartenwinkel trägt man mit Transporteur (Winkeldreieck) in den Fremdpeilorten an deren Meridianen an und der Schnittpunkt der so eingezeichneten Großkreispeilungen ergibt den Flugzeugort, der damit nach Breite und Länge auszunehmen und in jede beliebige andere Karte übertragbar ist.

Bei der Verwandlung der Peilung in den entsprechenden Kartenwinkel beachte man, daß man jede Peilung in die quadratische Zählung umzusetzen und den so erhaltenen spitzen Winkel zu verwandeln hat, also 239° = S 59° W gibt für die Breite 50° den Kartenwinkel S 52° W = 232°.

Beispiel: Man erhält nach Sendung seines Zeichens vom Dampfer *A* auf 41° 16′ N und 34° 14′ W die Meldung, daß die Peilung 35° ergeben habe und gleich darauf vom Dampfer *B* auf 44° 29′ N und 29° 4′ W die Peilung 295°. Wo stand das Flugzeug?

Man bestimmt mit dem „Kurs"winkel 35° und der Breite 41,3° den Kartenwinkel 25°, mit dem „Kurs"-winkel 65° (= 360° — 295°) und der Breite 44,5° den Kartenwinkel 56°, suche in der gnomonischen Karte die Schiffspositionen auf und trage an deren Meridiane die Winkel 25° bzw. 304° = 360° — 56° an. Die geraden Linien schneiden sich in 45,0 N und 30,6° W und dies ist der Flugzeugort.

Übungsbeispiele:

1. Schiff	1. Peilung	2. Schiff	2. Peilung
36° 12′ N, 18° 22′ W	288°	33° 25′ N, 20° 14′ W	216°
40° 48′ N, 54° 2′ W	45°	41° 28′ N, 58° 16′ W	320°
50° 23′ N, 11° 14′ W	239°	48° 10′ N, 12° 13′ W	179°
29° 59′ N, 72° 45′ W	131°	34° 16′ N, 71° 38′ W	41°

a) Funkortungskarten.

§ 76. Sind die Entfernungen nur gering, so kann die Zeichnung ohne weiteres in jeder Karte vorgenommen werden, ohne daß auf diese Winkelverwandlung Rücksicht genommen wird.

Bei größeren Entfernungen bedient man sich eigens für diese Zwecke hergerichteter Funkortungskarten in gnomonischer Projektion. In diese sind für die einzelnen Peilstellen Richtungsrosen eingezeichnet, so daß ohne weitere Umrechnung die gepeilten Winkel eingetragen und die Funkstrahlen als gerade Linien eingezeichnet werden können. Diese Rosen haben nicht gleiche Gradabstände, sondern sind verzerrt. Allerdings ist diese Verzerrung in der Nähe des Projektionsmittelpunktes der Karte sehr gering. Sie berechnet sich

Abstand der Peilstelle vom Projektionsmittelpunkt	Maximale Winkelverzerrung der Rose
1°	0,3′
2°	1,0′
3°	2,4′
4°	4,2′
5°	6,6′
6°	9,5′
7°	12,9′
8°	16,8′
9°	21,3′
10°	26,3′
11°	31,8′
12°	38,0′
13°	44,6′
14°	51,8′
15°	59,6′

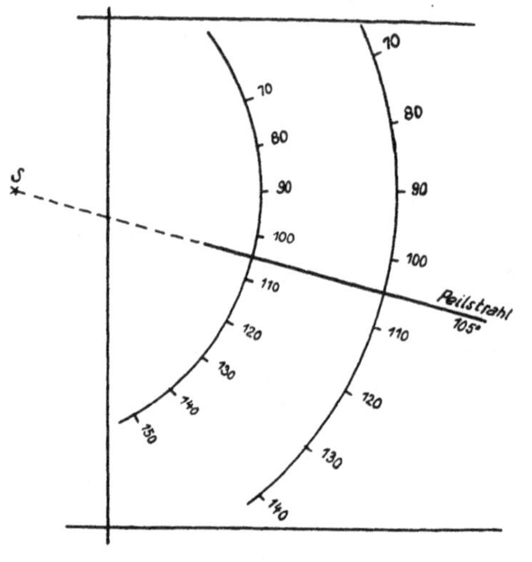

Abb. 126. Peilrose in Funkortungskarte.

nach der Formel in § 8. Ihre Maximalbeträge sind der nebenstehenden Tabelle zu entnehmen; sie nehmen mit dem Abstand vom Projektionsmittelpunkt zu. Sie sind also bis zu Abständen von 5 = 300 sm unerheblich, wachsen allerdings dann schneller an. Liegt die Peilstelle nicht mehr auf dem Kartenblatt, so hilft man sich damit, daß man die Peilrose in der Form zweier konzentrischer Kreise einzeichnet, so daß man zum Einzeichnen der Peillinie nur zwei gleichbezifferte Rosenteile miteinander zu verbinden hat (Abb. 126). Solche Funkortungskarten gibt es für die Nord- und Ostsee.

b) Antenneneffekt.

§ 77. Bei der Fremdpeilung ist noch zu beachten, daß bei der Anpeilung eines Flugzeugsenders von der Bodenpeilstelle aus nicht der Flugzeugort selbst, sondern ein Punkt der Erdoberfläche angepeilt wird, der entsteht, wenn man die Verbindungslinie des Flugzeugschwerpunktes mit dem etwa 70 m entfernten Ende der Schleppantenne bis zur Erdoberfläche verlängert. Dieser Antennenfehler

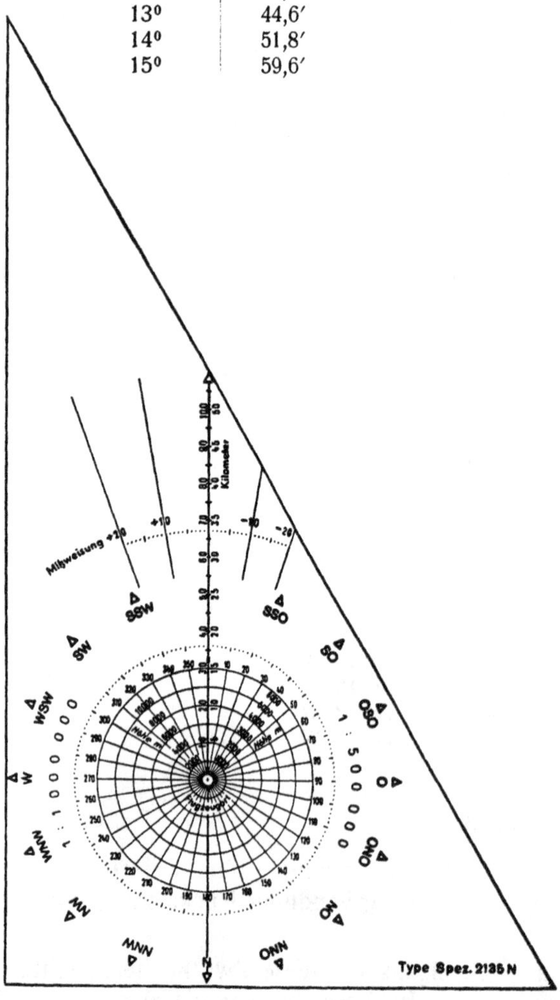

Abb. 127. Standortberichtigungsgerät.

oder Antenneneffekt ist die Folge davon, daß das durch diese Antenne ausgestrahlte Feld schief gegenüber dem Erdboden liegt. Dieser Punkt liegt immer hinter dem Flugzeug und seine Entfernung vom Flugzeug berechnet sich aus der Flughöhe H und dem Neigungswinkel der Antenne $\alpha = 17^0$ nach der Formel $e = H \operatorname{cotg} \alpha = 3{,}3$ km für je 1000 m Flughöhe. Der gemeldete Flugzeugort kann also verbessert werden, wenn man an ihn in Richtung des Flugzeugkurses den Wert $H \operatorname{cotg} \alpha$ anbringt. Zur Vereinfachung dieser Arbeit dient das von Telefunken herausgegebene Standortberichtigungsgerät (Abb. 127). Man legt den Mittelpunkt des Gerätes auf den durch Peilung gewonnenen Punkt in der Karte und orientiert es zum Kartenmeridian. In Richtung des Flugzeugkurses geht man bis zur „Flughöhe" und liest darunter den berichtigten Flugzeugort ab.

Einen Antennenfehler besitzen am Flugzeug verspannte Antennen nicht.

4. Die Eigenpeilung.

a) Die Funkbeschickung.

1. Die Großkreispeilung.

§ 78. Die Benutzung des Bordpeilers an Bord des Flugzeuges kann aufgefaßt werden als Verwendung einer Peilscheibe (s. § 69). Wird mit der Peilscheibe die Richtung festgestellt, in der ein Sehstrahl von einem Objekt an den Beobachter gegenüber der Flugzeugachse herankommt, so läßt der Bordpeiler den Winkel bestimmen, unter dem eine elektromagnetische Welle gegenüber der Flugzeugachse eintrifft. Gegenüber den Sehstrahlen haben Funkstrahlen jedoch den Unterschied, daß diese nicht auf einer geraden Linie eintreffen, sondern in der Richtung des größten Kreises zwischen Sende- und Empfangsstation. Ferner erfahren elektromagnetische Wellen durch Flugzeugteile Ablenkungen, so daß ihre Richtung erst einer Verbesserung bedarf, ehe sie zur Ortsbestimmung herangezogen wird. Die Einstellung des Peilrahmens (Lautminimum) wird an einer Punktmarke abgelesen. Diese Einstellung heißt rohe Funkseitenpeilung q. Sie bedeutet den Winkel zwischen dem einkommenden Funkstrahl und der Flugzeugachse. Diese Funkseitenpeilung bedarf noch einer Funkbeschickung f, die, ähnlich wie früher die Ablenkungen für die einzelnen Kurse, Tabellen entnommen werden kann, welche für das Flugzeug bei Indienststellung des Bordpeilers aufgestellt werden müssen. Man beachte, daß man mit der Funkseitenpeilung (nicht mit dem Kurse!) in die Tabelle eingehen muß, um die entsprechende Funkbeschickung zu erhalten. Ein Beispiel einer solchen Funkbeschickungstabelle findet sich hierneben. Man hat also die Gleichung:

Funkbeschickungstabelle.

rohe Funkseitenp. q	Funkbeschickung f I	Funkbeschickung f II
0°	0°	0°
15°	+ 1°	+ 3°
30°	+ 3°	+ 6°
45°	+ 4°	+ 7°
60°	+ 3°	+ 7°
75°	+ 2°	+ 4°
90°	0°	+ 1°
105°	— 1°	— 3°
120°	— 2°	— 6°
135°	— 3°	— 6°
150°	— 4°	— 6°
165°	— 3°	— 3°
180°	— 1°	+ 1°
195°	+ 1°	+ 4°
210°	+ 3°	+ 5°
225°	+ 4°	+ 5°
240°	+ 3°	+ 3°
255°	+ 2°	+ 1°
270°	0°	— 1°
285°	— 1°	— 3°
300°	— 2°	— 6°
315°	— 3°	— 7°
330°	— 3°	— 6°
345°	— 2°	— 3°
360°	0°	— 0°

Wahre Funkseitenpeilung = Rohe Funkseitenpeilung + Funkbeschickung.

Diese wahre Funkseitenpeilung ist wie bei der Peilscheibe nunmehr an den rw. Windkurs des Flugzeuges anzubringen, wobei auch dieser wieder nach früheren Regeln aus dem anliegenden Kompaßkurs durch Anbringen von Ablenkung und Mißweisung in rechtweisenden Windkurs verwandelt werden muß. Diese so ermittelte Peilung heißt Großkreispeilung und man hat die Beziehung:

Großkreispeilung = (Kompaßkurs + Ablenkung + Mißweisung) + (Rohe Seitenpeilung + Funkbeschickung).

Die Rechnung stellt sich folgendermaßen:

Kompaßkurs	=	253°
Ablenkung	=	+12°
Mißweisender Windkurs	=	265°
Mißweisung	=	−6°
Rechtweisender Windkurs	=	259°
Wahre Seitenpeilung	=	128°
Großkreispeilung	=	387° = 27°

Rohe Seitenpeilung	=	135°
Funkbeschickung	=	−7°
Wahre Seitenpeilung	=	128°

Übungsbeispiele:

	Kompaß-kurs	Steuer-tabelle (§ 24)	Mißw.	Rohe F. S. P.	Funkbeschickung aus Tab. I
1.	15°	I	−16°	35°	siehe anliegende Tabelle
2.	177°	V	+ 8°	0°	
3.	293°	IV	+ 9°	273°	
4.	185°	II	− 1°	114°	
5.	354°	III	−14°	85°	
6.	95°	IV	+ 20°	158°	
7.	135°	V	−15°	316°	
8.	116°	III	+ 7°	64°	
9.	6°	I	+ 7°	187°	
10.	358°	II	− 5°	295°	

2. Aufnahme der Funkbeschickung.

§ 79. Die praktische Ermittlung der Funkbeschickung geht so vor sich, daß man im Gelände in mindestens 2 km Entfernung einen Sender aufstellt, der vom Flugzeug von seinem Beschickungsplatz aus zu sehen ist. Das zu beschickende Flugzeug muß dabei reichlich weit (200 m) von metallischen Leitern wie Flugzeughallen, eisernen Masten, elektrischen Stromleitungen, Eisenbahnschienen sowie von Wasseradern entfernt sein, um nicht durch Rückstrahlfelder eine örtliche Fehlweisung zu bekommen. Deshalb müssen Seeflugzeuge auch auf Land funkbeschickt werden. Der Peiler wird nun im Flugzeug ausgerichtet und das Flugzeug auf den Sender gedreht. Nun wird eine Peilscheine so eingesetzt, daß der Sender an der Nullmarke recht voraus peilt. Die Aufnahme der Funkbeschickung geht nun so vor sich, daß man zuerst das Diopter der Peilscheibe um 10° rechtsherum verdreht; darauf wird das Flugzeug so linksherum verdreht, daß der Sender optisch wieder auf der Peilscheibe im Fadenkreuz erscheint. Gleichzeitig wird der Peiler rechtsherum gedreht und auf Minimum eingestellt. Die Differenz der Funkpeilung und der optischen Peilung ist dann die Funkbeschickung. Dieses Verfahren wird von 10° zu 10° weitergeübt, bis eine volle Umdrehung des Flugzeuges erreicht ist. Die erhaltenen Differenzen werden in ein Diagramm eingetragen und daraus eine Funkbeschickungstabelle aufgestellt. Das Verfahren ist zu wiederholen für verschiedene Wellenfrequenzen des Senders. Die Funkbeschik-

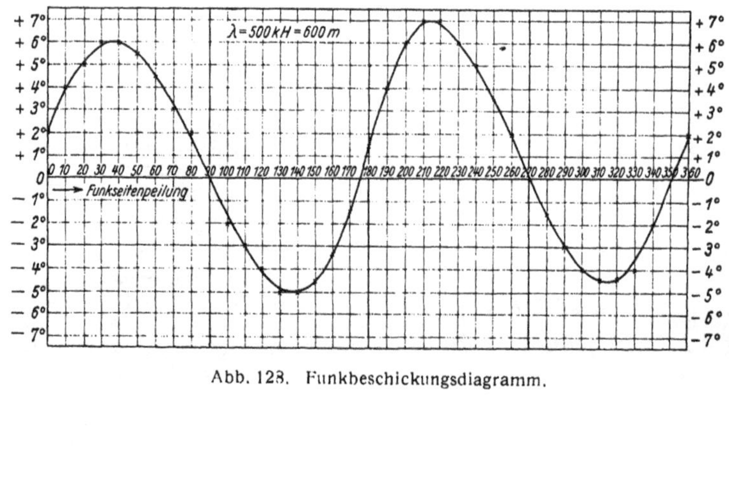

Abb. 128. Funkbeschickungsdiagramm.

kungskurve hat regelmäßig die Form, daß im ersten und dritten Quadranten die Beschickung positiv ausfällt, im zweiten und vierten negativ (s. Abb. 128).

Die Funkbeschickung f hängt mit der Rohen Funkseitenpeilung q in ähnlicher Weise zusammen, wie die Kompaßablenkung mit dem Kompaßkurs und hat die Form

$$f = A + B \sin q + C \cos q + D \sin 2q + E \cos 2q + \ldots + K \sin 4q.$$

Sie wird hervorgerufen durch Rückstrahlfelder, die im Flugzeug selbst durch seine Metallteile entstehen und sich mit der einkommenden Welle zusammensetzen. Man ist in der Lage, ähnlich wie beim Kompaß, durch zusätzliche Schleifen und Antennen diese Funkbeschickung zu kompensieren oder wenigstens herabzusetzen, sieht aber meist aus äußeren Gründen davon ab.

b) Die Wegablenkung.

§ 80. Mit der Funkbeschickung werden nicht erfaßt Unregelmäßigkeiten der Wellenausbreitung, die mit Wegablenkung bezeichnet werden. Diese Wegablenkungen treten weniger über See als besonders über Land und an der Grenze zwischen See und Land auf. Im letzteren Fall heißen sie Küstenbrechung. Sie hängen insbesondere mit der verschiedenen Leitfähigkeit des Bodens zusammen und beeinflussen daher die Bodenwelle. Sie machen sich dann besonders bemerkbar, wenn der Funkstrahl die Grenze zwischen Wasser und Land oder Flußläufe unter einem sehr spitzen Winkel schneidet. Ferner entstehen Wegablenkungen, wenn die Wellenfront Unregelmäßigkeiten an Gebirgen erleidet; auch hierbei treten häufig Rückstrahlfelder von Bergwänden auf. Hinter Bergen ist die Bodenwelle oft sehr unregelmäßig und die in der Richtung anders liegende Raumwelle kommt stark zum Durchbruch. Häufig leidet die Ausbildung der Wellenfront schon in nächster Nähe des Senders, wenn dieser keinen günstigen Aufstellungsort hat; sie wird dann erst in größerer Entfernung vom Sender regelmäßiger. Es überlagern sich dabei häufig zwei Wellenfronten, von denen dann oft die eine oder andere in unregelmäßigem Wechsel infolge der Boden- und Wetterverhältnisse absorbiert wird. Solche Wegablenkungen haben die Größenordnung bis zu $\pm 4^0$, so daß im Mittel der Funkpeilung eine Unsicherheit von etwa $\pm 1^0$ bis 2^0 anhaftet. Die Wegablenkung tritt meist in Bodennähe stärker auf als in höheren Fluglagen.

c) Der Dämmerungseffekt.

§ 81. Von der Wegablenkung zu unterscheiden ist der Dämmerungseffekt. Er kommt dadurch zustande, daß die Raumwelle stärkeren Änderungen unterworfen ist, wenn zur Zeit des Sonnenaufgangs oder -untergangs die höheren Schichten der Atmosphäre stärker wechselnde elektrische Änderungen erleiden, während sie bei Tage meist ruhiger liegen. Da, wo also Raumwellen und Bodenwellen am Peilort zusammentreffen und sich überlagern, wird mit Ablenkungen erheblichen Ausmaßes zu rechnen sein, so daß dann Peilungen oft überhaupt unmöglich werden. Dieser Dämmerungseffekt erstreckt sich auch manchmal weit in die Nacht hinein. An Wintertagen ist auf höherer Breite mit einer Ausdehnung des Dämmerungseffektes über den ganzen Tag zu rechnen, so daß dann Funkpeilungen mit großer Vorsicht zu verwenden sind. Der Dämmerungseffekt beteiligt sich am Schwund und an der Trübung des Minimums.

Man kann sich der Einwirkung des Dämmerungseffektes dadurch entziehen, daß man nur die Bodenwelle zur Ausbildung bringt. Man erreicht dies durch die Verwendung von zwei Paaren von Hochantennen, die durch Interferenz wirken (Adcockantenne).

d) Zielflug.

§ 82. Am einfachsten ist die Benutzung des Bordpeilers, wenn mit seiner Hilfe ein Sender angesteuert werden soll. Man veranlaßt ihn, dauernd zu senden, und stellt seine

Punktmarke auf 0° ein. Das Flugzeug dreht man so lange, bis die Empfangsstärke im Hörer verschwindet. Damit dient der Peiler als Kompaß. Es kommt dabei zustatten, daß bei der Stellung der Punktmarke recht voraus die Funkbeschickung meist sehr klein ist und vernachlässigt werden kann. Der Flugzeugführer hat nach den Anweisungen des Beobachters am Bordpeiler zu steuern und wird so sein Flugzeug auf dem kürzesten Weg in der Orthodrome dem Sender näher bringen. So einfach ist die Methode aber nur bei Windstille.

Wenn der Wind berücksichtigt werden muß, stellt man die Richtung der einkommenden Peilstrahlen am Bordpeiler fest und veranlaßt den Flugzeugführer in diese Richtung einzuschwenken, so daß der Sender auf Minimum erscheint, wenn die Punktmarke auf 0° steht. Der so eingeschlagene Kurs ist am Kompaß festzustellen. Darauf versucht man durch irgendeine der oben gegebenen Methoden den Wind festzustellen und mit seiner Hilfe den Luvwinkel zu bestimmen (Windaufgabe 2 und 3, § 48 u. 49). Nun dreht man die Punktmarke um diesen Luvwinkel nach der Leeseite, wobei zu bedenken ist, daß dann die Funkbeschickung wahrscheinlich nicht mehr unbeachtlich klein sein wird. Es ist daher notwendig, daß diese Einstellung der Punktmarke noch um die Funkbeschickung (mit entgegengesetzten Vorzeichen) verbessert werden muß. Das Flugzeug ist nun so gegen den Wind zu legen, daß bei dieser so verbesserten Einstellung der Punktmarke das Lautminimum eintritt. Der dadurch erzielte Kurs des Flugzeuges ist am Kompaß abzulesen und festzuhalten. Das Flugzeug wird sich dann auf dem Großkreis der Sendestation nähern. Bei den geringen Entfernungen, die dabei in Frage kommen, wird sich dieser Großkreis wenig von der Loxodrome unterscheiden, so daß im allgemeinen dieser am Kompaß eingestellte Kurs durchgehalten werden kann, wenn vorausgesetzt werden darf, daß der Wind keine Änderung erfährt. Eine Kontrolle des Windes und eventuell Neuberechnung des Luvwinkels ist dabei ratsam.

Erst bei längerer Flugzeit ist auf die Krümmung der Orthodrome zu achten und der Kompaßkurs entsprechend nachzustellen.

Beispiel: Ein Flugzeug mit 210 km/h Eigengeschwindigkeit legt sich, um eine Sendestation recht voraus anzusteuern, auf den rechtweisenden Kurs 316°. Dabei wurde ein Wind N 60 km/h festgestellt. Die Zeichnung des Winddreiecks ergibt den Luvwinkel von 12°. Wäre keine Funkbeschickung vorhanden, so wäre die Punktmarke also auf 360° — 12° = 348° einzustellen. Da hier die Funkbeschickung nach Tab. II in § 78 aber — 3° beträgt, ist die Punktmarke auf 348° + 3° = 351° einzustellen und jetzt das Flugzeug so auf Kurs zu legen, daß bei dieser Neueinstellung der Punktmarke das Lautminimum eintritt (Abb. 129).

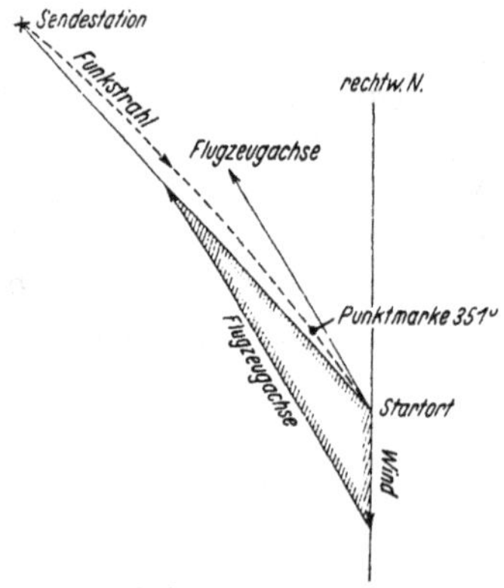

Abb. 129. Zielflug.

Übungsbeispiele:

	Kompaßkurs nach Ansteuer-Funkfeuer	Eigengeschwindigkeit	Wind
1.	58°	150 km/h	NNW 55 km/h
2.	185°	170 „	ONO 45 „
3.	216°	160 „	S 30 „
4.	358°	190 „	W 50 „

Wird der durch den Luvwinkel errechnete Flugkurs nicht genau innegehalten oder ist dies durch eine Windänderung hervorgerufen, so ändert sich die Peilung anfangs bei großen Entfernungen sehr langsam, aber in größerer Nähe des Senders sehr schnell. Diese starke Änderung der Peilung wird oft absichtlich herbeigeführt, um dadurch die Annäherung an das Ziel besonders deutlich zu erkennen. Dieses Verfahren heißt Springpeilverfahren.

e) Zielkurve.

§ 83. Beachtet man den Wind nicht und hält das Flugzeug selbst immer in der Richtung des einkommenden Funkstrahles, so ist wohl die Flugzeugachse immer auf das Ziel gerichtet, aber der Flugzeugschwerpunkt bewegt sich auf einer Kurve. Der dadurch eingeschlagene Weg heißt Zielkurve[1]).

Die Bahnkurve erhält in Polarkoordinaten p, λ, wobei p die Entfernung vom Sender und λ den Winkel der Flugzeugachse gegen den Großkreis bedeutet, die Darstellung:

$$p = p_0 \frac{\sin w}{\sin (w - \lambda)} \left(\frac{\operatorname{tang} \frac{w - \lambda}{2}}{\operatorname{tang} \frac{w}{2}} \right)^{e/W}$$

Hierin ist:

p_0 = die Entfernung des Startortes vom Ziel,
w = die Windrichtung gegen den Großkreis (0^0 = Gegenwind),
e = die Eigengeschwindigkeit des Flugzeuges,
W = die Windgeschwindigkeit.

Die Kurve ist zuerst bei großer Entfernung vom Ziel noch sehr flach und biegt dann in immer stärker werdender Krümmung auf das Ziel zu, das sie entgegengesetzt zur Windrichtung ($\lambda = w$) erreicht. Ein Beispiel einer Zielkurve für den Windwinkel $w = 60^0$ zeigt Abb. 130.

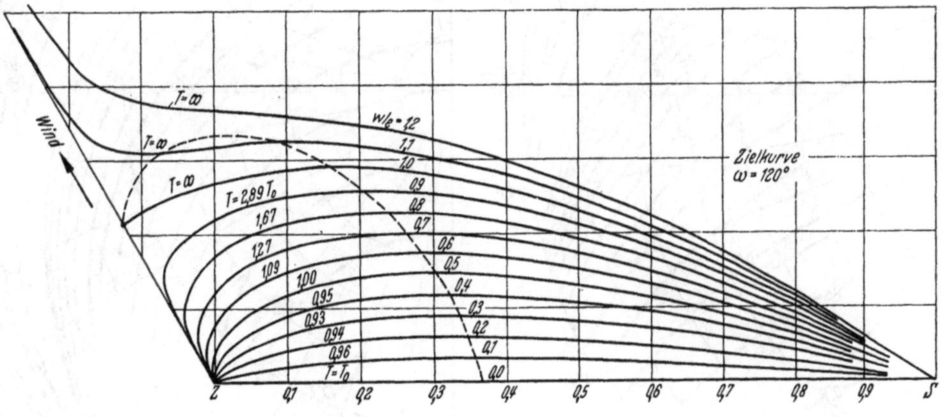

Abb. 130. Zielkurve.

Die Flugzeit T_z auf der Zielkurve berechnet sich aus

$$T_z = p_0 \left[\frac{\sin^2 \frac{w}{2}}{e + W} + \frac{\cos^2 \frac{w}{2}}{e - W} \right],$$

wogegen die Flugzeit T_g auf dem Großkreis wird

$$T_g = \frac{p_0}{g} = \frac{p_0}{\sqrt{e^2 - W^2 \sin^2 w} - W \cos w}$$

[1]) Die gebräuchliche Bezeichnung „Hundekurve" ist nicht ganz richtig, weil in diesem Falle der Hund sich auf den bewegten Hasen hin bewegt, während hier der Sender feststeht und das Flugzeug selbst durch den Wind abgetrieben wird.

setzt man T_0 gleich der Flugzeit bei Windstille, also $T_0 = \frac{p_0}{e}$, so ist $\frac{T_g}{T_0} = \frac{\sin w}{\sin (w - l)}$, hierin ist l der Luvwinkel (s. § 46). Bei reinem Seitenwind ($w = 90^0$) geht dies über in $T_g = T_0 \sec l$, während die Flugzeit auf der Zielkurve bei reinem Seitenwind $T_z = T_0 \sec^2 l$ wird. Diese Zeitverhältnisse $T_g : T_0$ bzw. $T_z : T_0$ sind in Abb. 131 für jeden Wind in ein Windpunktdiagramm eingetragen. Die Linien gleicher Verhältniszahlen sind beidemale Kreise.

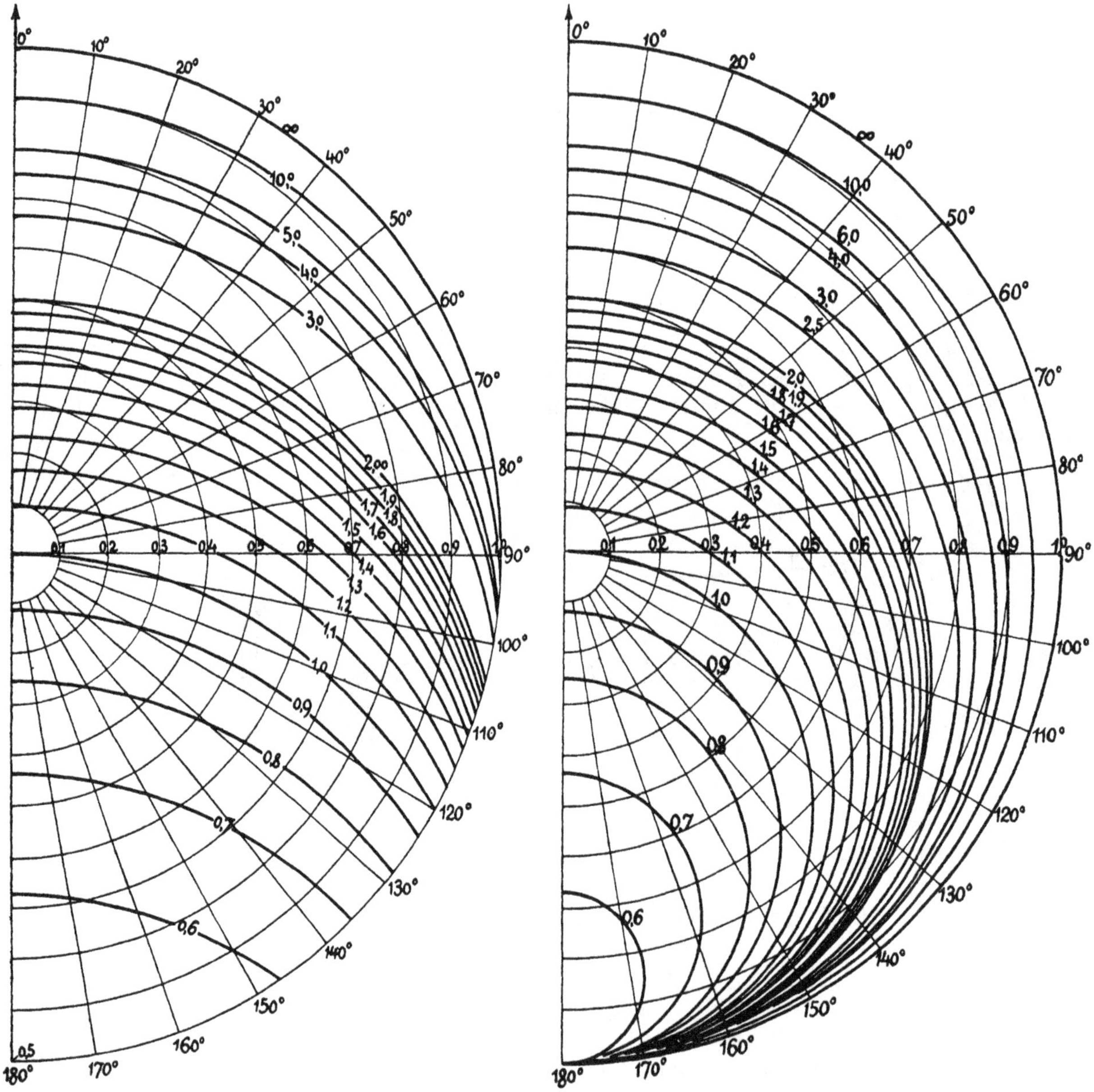

Abb. 131. Flugzeitwindpunktdiagramm.

Der Winkel zwischen Flugzeugachse und Bahnkurve ist in der Zielkurve veränderlich, anfänglich jedoch so wenig, daß man den Winkel als konstant und gleich dem ursprünglichen Abtriftwinkel a aus $\operatorname{cotg} a = \frac{e}{W} \operatorname{cosec} w - \operatorname{cotg} w$ setzen kann. Unter der Voraussetzung, daß die weitere Veränderung nicht berücksichtigt zu werden braucht, kann die Bahnkurve als Loxodrome in einem Polarkoordinatensystem um den Zielpunkt angesehen werden, und schreibt sich dann

$$\log \operatorname{tang} \frac{p}{2} = \log \operatorname{tang} \frac{p_0}{2} - 0{,}00758\, \lambda \operatorname{cotg} a.$$

Diese Formel gilt auch für die Kugel; in der Ebene verkürzt sie sich auf

$$\log p = \log p_0 - 0{,}00758\, \lambda \operatorname{cotg} a.$$

Sie wird in den meisten Fällen unbrauchbar erst dann, wenn bereits die Springpeilung einsetzt. Unter Anwendung dieser Formel berechnet sich der Gesamtweg auf der Spirale aus der auch für die Kugel geltenden Formel $s = p_0 \sec a$.

f) Blindflugkurve.

§ 84. Die Zielpeilung dient insbesondere dem Zweck, ein Flugzeug ohne Bodensicht an das Ziel heranzuführen. Ist das Flugzeug über dem Ziele angelangt, und ist auch dort keine Bodensicht vorhanden, so muß es auf bestimmter Bahn auf den Flugplatz heruntergeholt werden. Der Vorgang heißt Blindfluglandung und die beschriebene Kurve Blindflugkurve. Das Flugzeug wird zunächst den Flugplatz überfliegen, nachdem es sein dortiges Eintreffen durch Springpeilung festgestellt hat. Die Landerichtung ist ihm vorgeschrieben (Einflugschneise). Es geht also auf einen bestimmten Abflugkurs, kurvt und schwenkt dadurch auf den Anflugkurs ein. Als Anflugzeit wird eine bestimmte Minuten-

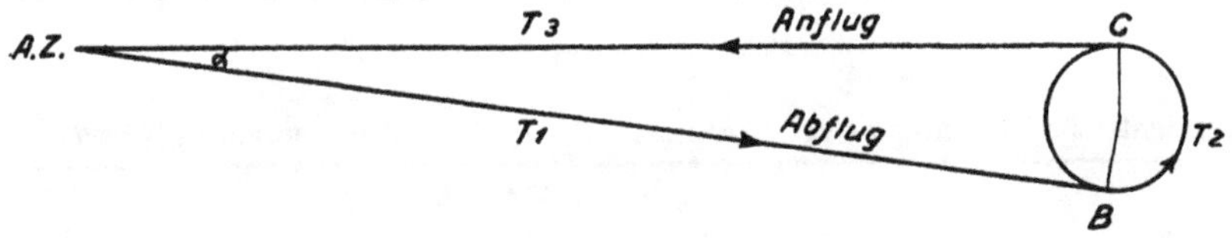

Abb. 132. Blindflugkurve bei Windstille.

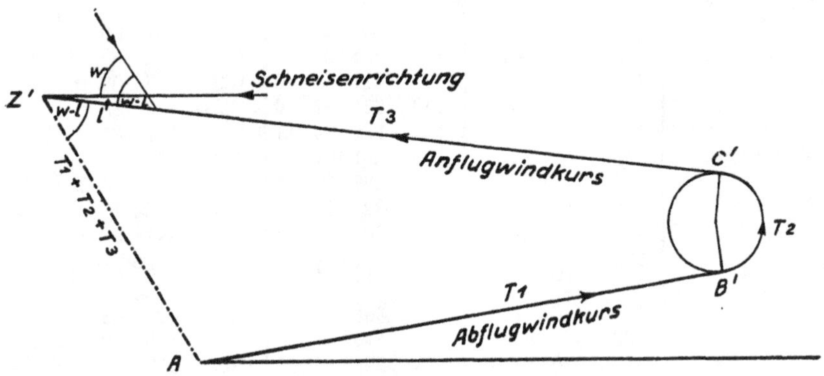

Abb. 133. Blindflugkurve bei Wind.

zahl, z. B. $T_3 = 7^m$ gewählt. Dann berechnet sich bei Windstille der Winkel zwischen Abflugkurs und Schneisenrichtung α zu 7,8°, der Abflugkurs selbst zu $x + 180^0 + 7{,}8^0$, der Abflug dauert $T_1 = 7^m$ und der Kurvenflug berechnet sich bei einer Kurvendrehung von 2°/sec zu $T = 94^s$ (Abb. 132).

Würden dieselben Zeiten bei Wind gewählt werden, so würde das Flugzeug Punkt für Punkt eine Abtrift erleiden und nicht an das Ziel, sondern an einen Punkt kommen, der um den Windeinfluß in der Zeit $T_1 + T_2 + T_3$ vom Ziel wegversetzt ist. Um die bei Wind auftretenden Zahlen zu erhalten, ist es zweckmäßig, die ganzen Verhältnisse nicht in Rücksicht auf den Boden, sondern in Beziehung auf das sich versetzende Luftgebiet zu betrachten, also mit Windkursen zu rechnen. Man erreicht das, indem man (Abb. 133) den Abflug von A so wählt, daß man einschließlich der Kurve ein Ziel Z' anfliegt, das gegen A um den Windweg in der Zeit $T_1 + T_2 + T_3$ gegen den Wind versetzt ist. Man kann sich ein Gerät

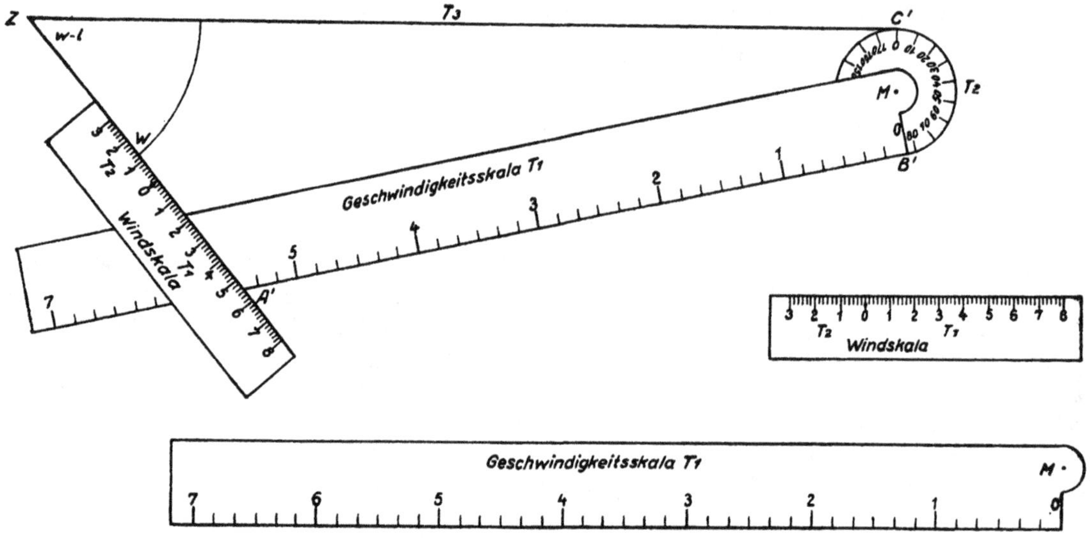

Abb. 134. Blindflugkurvenrechengerät.

Elemente der Blindflugkurve. Anflugzeit $7^m = 420^s$, Kurvendrehung 2^0/sec.

Windwinkel gegen Schneisenrichtung	Windgeschwindigkeit 0,1				0,2				0,3				0,4				0,5			
	$2T_2+l$	T_1	T_2	l	$2T_2+l$	T_1	T_2	l	$2T_2+l$	T_1	T_2	l	$2T_2+l$	T_1	T_2	l	$2T_2+l$	T_1	T_2	l
°	°	sec	sec	°	°	sec	sec	°	°	sec	sec	°	°	sec	sec	°	°	sec	sec	°
0	190	335	95	0	192	264	96	0	196	204	98	0	200	151	100	0	210	105	105	0
10	188	336	93	1	189	265	94	2	191	205	94	3	194	152	95	4	200	106	97	5
20	186	338	92	2	186	269	91	4	187	211	90	6	188	158	90	8	190	113	90	10
30	184	343	91	3	183	277	89	6	183	221	87	9	182	170	85	12	181	125	84	14
40	183	352	90	3	181	291	87	7	179	238	84	11	177	191	81	15	174	146	78	19
50	182	361	89	4	179	307	85	9	176	261	81	13	172	216	77	18	168	173	73	23
60	182	372	89	5	177	327	83	10	172	288	78	15	168	251	74	20	163	210	68	26
70	181	385	88	5	175	350	82	11	169	323	76	16	164	294	71	22	158	263	64	28
80	180	398	87	6	174	381	81	11	167	363	75	17	161	347	69	23	156	331	63	29
90	180	414	87	6	173	410	81	12	166	410	74	17	160	410	68	24	154	407	62	30
100	179	431	87	6	173	446	81	11	166	461	75	17	160	485	68	23	153	510	62	29
110	179	448	87	5	173	479	81	11	167	519	76	16	161	565	70	22	154	621	63	28
120	180	464	88	5	174	516	82	10	168	571	76	15	163	653	72	20	157	744	65	26
130	181	480	88	4	175	549	83	9	170	637	78	13	165	741	74	18	159	880	68	23
140	182	494	89	3	177	583	85	7	172	692	80	11	167	830	76	15	162	1018	72	19
150	183	505	90	3	179	608	86	6	175	738	83	9	170	908	79	12	166	1152	76	14
160	184	515	91	2	181	630	88	4	178	779	86	6	174	971	83	8	171	1240	81	10
170	185	521	92	1	183	646	90	2	181	806	89	3	178	1020	87	4	176	1318	85	5
180	186	524	93	0	185	653	92	0	184	820	92	0	182	1041	91	0	181	1350	91	0

Schneisenrichtung:	x^0	Bei Windstille:	
Abflugwindkurs:	$x^0 + (2\,T_2 + l)$	Abflugkurs:	$x^0 + 187.8^0$
Abflugzeit:	T_1	Abflugzeit:	$T_1 = 420$ sec
Kurvenflugzeit:	T_2	Kurvenflugzeit:	$T_2 = 94$ sec
Anflugwindkurs:	$x^0 + l$	Anflugkurs:	x^0

herstellen, das mit verschiedenen Geschwindigkeitsskalen arbeitet. In einer Zeichnung (Abb. 134) legt man sich das Ziel fest, die gegebene Windgeschwindigkeit in einem Kreise darum herum, den Windkurs, der der Schneisenrichtung und dem bekannten Wind entspricht, und den Endpunkt C' einer Strecke, die der Anflugzeit auf dem Windkurs entspricht. Hier liegt eine Kreisscheibe, unterteilt nach Zeitmarken, die der Kurvendrehung von 2^0/sec zugehört. Um den Mittelpunkt dieser Scheibe ist drehbar eine Geschwindigkeitsskala ebenfalls mit Zeitmarken angeordnet. Ferner gehört dazu eine in Zeiten unterteilte Windgeschwindigkeitsskala. Die Windskala legt man an die Windrichtung im Windpunkt an und verschiebt sie solange gleichzeitig mit einer Drehung der Geschwindigkeitsskala, bis gleichzeitig auf der Kreisskala und der Windskala links am Windpunkt dieselbe Zeit T_2 und auf der Windskala rechts und der Geschwindigkeitsskala die Zeit T_1 erscheint. In diesem Schnittpunkt der beiden Skalen liegt dann der Abflugsort A' und alle verlangten Werte lassen sich ablesen. Eine solche Zusammenstellung liefert für die Anflugzeit $T_3 = 7^m$ die beigegebene Tabelle und kann auch Tafel 7 entnommen werden. Man sucht den Windpunkt auf und sieht dort auf den Linien die Werte ab.

5. Die Auswertung der Eigenpeilung.

a) Die Azimutgleiche.

§ 85. Wie jede Peilung wird auch eine Funkpeilung zu einer Standlinie führen. Wir haben oben erwähnt, daß der Funkstrahl auf einem größten Kreis von der Sendestation in die Empfangsstation gelangt. Irgendein Funkstrahl wird also den Großkreisbogen SE durchmessen (Abb. 135). Da der Winkel am Empfänger gemessen wird, so ist durch den Bordpeiler der Winkel α bekannt geworden. Aus dem, was oben über den größten Kreis gesagt wurde, geht hervor, daß dieser Funkstrahl jeden anderen zwischenliegenden Meridian unter einem größeren Winkel β, γ, δ schneidet. Suchen wir also eine Standlinie für alle Orte, welche denselben Empfangswinkel peilen, so wird zunächst klar, daß der größte Kreis nicht die gesuchte Standlinie sein kann. Sie muß vielmehr alle Orte E_1, E_2, E_3 verbinden, in denen der sphärische Winkel SE_1P, SE_2P, SE_3P jeweils gleich α wird. Da z. B. β größer ist als α, muß ein solcher Ort E_1 auf dem Meridian PA auf jeden Fall weiter vom Pol entfernt sein als der Punkt C, und dasselbe gilt für die anderen Meridiane. Die Linie hat eine gewisse Ähnlichkeit mit der 3. Standlinie (s. o.), wenn wir in der Abb. 113 B als Pol, A als Sendestation und L bzw. M und N als Orte des Bordpeilers ansehen. Man nennt diese Linie Azimutgleiche und hat somit die

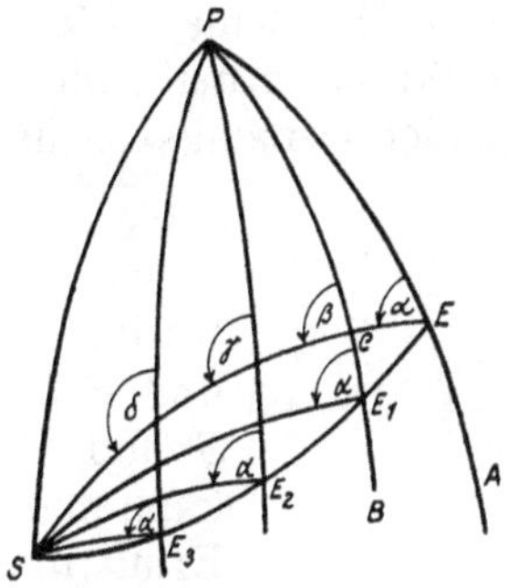

Abb. 135. Azimutgleiche.

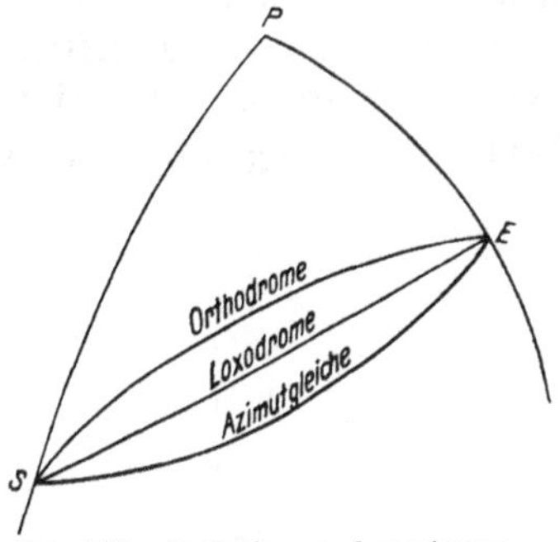

Abb. 136. Orthodrome, Loxodrome, Azimutgleiche.

5. Standl.: Die Standlinie aller Orte, in denen eine Sendestation unter einem bestimmten Winkel gegenüber dem Meridian gepeilt wird, ist eine Azimutgleiche.

Diese Azimutgleiche ist nun neben der Orthodrome und der Loxodrome eine gleich wichtige Linie der Erdoberfläche (Abb. 136). Die Orthodrome liegt am meisten gegen den Pol gekrümmt, dann folgt die Loxodrome und mehr gegen den Äquator zu verläuft die Azimutgleiche. Es besteht die wichtige Beziehung, daß der Winkel ψ zwischen Orthodrome und Azimutgleiche am Ort des Empfängers sich berechnet aus $\tan \psi = \tan l \sin \varphi$, worin

φ die Empfängerbreite und l der Längenunterschied zwischen Empfänger und Sender ist. Im allgemeinen gilt der weitere Satz, daß die Loxodrome etwa den Winkel zwischen Orthodrome und Azimutgleiche halbiert. Für kurze Entfernungen gilt auch hier wieder, daß die drei verschiedenen Linien ohne wesentliche Unterschiede miteinander zusammenfallen.

Wie es nunmehr Karten gibt, in denen die Orthodrome oder die Loxodrome gerade Linien sind, so kann man auch Karten konstruieren, in denen die Azimutgleiche sich geradlinig abbildet. Diese Karten heißen Weirs Diagramm. In ihm sind die rechtwinkligen Koordinaten eines Punktes φ, l dargestellt durch

$$x = \sec\varphi \sin l,$$
$$y = \tan\varphi \cos l.$$

Diese Karte besteht aus zwei Kurvenscharen konfokaler Ellipsen und Hyperbeln und ist winkeltreu. Ein Ausschnitt einer solchen Karte, wie sie für heute noch ausreichen dürfte, ist im Anhang (Tafel 12) beigegeben. Über ihre Verwendung s. § 89.

b) Kartenpeilung.

1. Merkatorkarte.

§ 86. Wir haben bei der Erwähnung der Peilscheibe erkannt, daß eine Peilung eine sehr bequeme Standlinie liefert, indem ein Strahl in entgegengesetzter Richtung durch den angepeilten Ort in der Karte eingezeichnet wird. Wir haben allerdings damals optische Verhältnisse im Auge gehabt und konnten daher bei den geringen Entfernungen diese Linien als gerade Linien ansehen und ihr Bild in die Karte ebenfalls als gerade Linien einzeichnen. Bei der Funkpeilung sind diese Entfernungen aber immerhin zu groß, um noch ohne weiteres diese Geradlinigkeit aufrecht halten zu können. Da man über See hauptsächlich auf loxodromischen (Merkator-)Karten arbeiten wird, frägt es sich daher, ob die ermittelte Großkreispeilung nicht in eine loxodromische Peilung verwandelt werden kann, die man dann wie bei der optischen Peilung einfach in entgegengesetzter Richtung durch den angepeilten Ort in die Karte eintragen kann.

Für unsere immerhin kleinen Verhältnisse erscheint in der Merkatorkarte die Orthodrome etwa als Kreisbogen zwischen S und E, während die Loxodrome als geradlinige Sehne dieses Kreises auftritt (Abb. 137). Beide bilden einen Winkel u miteinander, und zwar bei S sowohl wie bei E. Der Winkel u heißt die Großkreisbeschickung, und zu ihrer Ermittlung dient mit genügender Genauigkeit die Gleichung

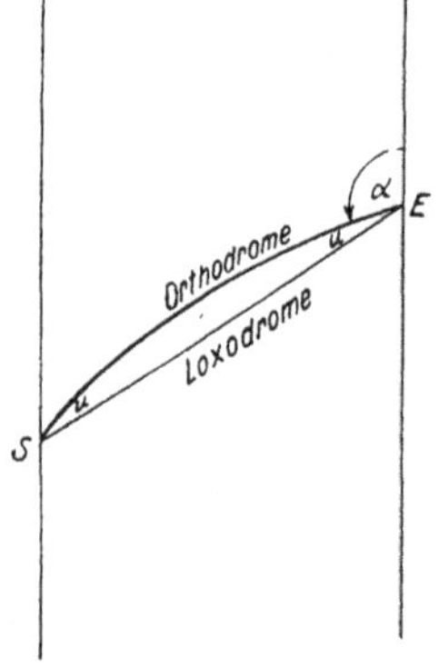

Abb. 137. Großkreisbeschickung in Merkatorkarte.

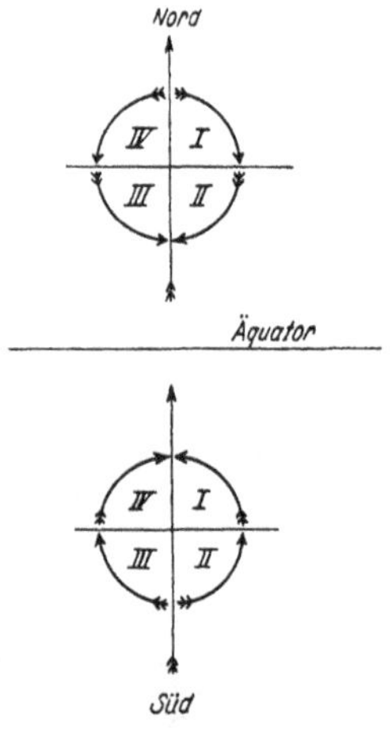

Abb. 138. Vorzeichen der Großkreisbeschickung.

$$u = l/_2 \cdot \sin\varphi_m,$$

worin l der Längenunterschied zwischen S und E und φ_m die mittlere Breite zwischen S und E bedeutet. Zu ihrer Ermittlung kann man sich der Skala im Anhang (Tafel 8: Ermittlung der Großkreisbeschickung) bedienen. Man entnimmt derselben mit φ_m als Eingang auf der anderen Seite der Skala den Faktor $\frac{1}{2} \sin\varphi_m$ und multipliziert diesen Faktor mit dem Längenunterschied l. Für die Angabe des Längenunterschiedes genügt auch eine angenäherte Kenntnis des Flugzeugortes. Dann ergibt sich ohne weiteres

Loxodromische Peilung = Großkreispeilung + Großkreisbeschickung.

Es ist dabei zu bemerken, daß die Loxodrombeschickung immer nach der Äquatorseite der Peilung anzutragen ist, so daß für die beiden Seiten des Äquators folgendes Beschickungsbild (Abb. 138) gilt. Dabei bedeuten die Zahlen I—IV die vier Quadranten der Kompaßrose und die Drehpfeile den Sinn, in dem die Beschickung anzubringen ist.

Die Loxodrombeschickung u kann auch aus einer Gradtafel ermittelt werden, wenn man bei dem „Kurswinkel" φ_m mit $l/_2$ in die d-Spalte eingeht; u wird dann der a-Spalte entnommen.

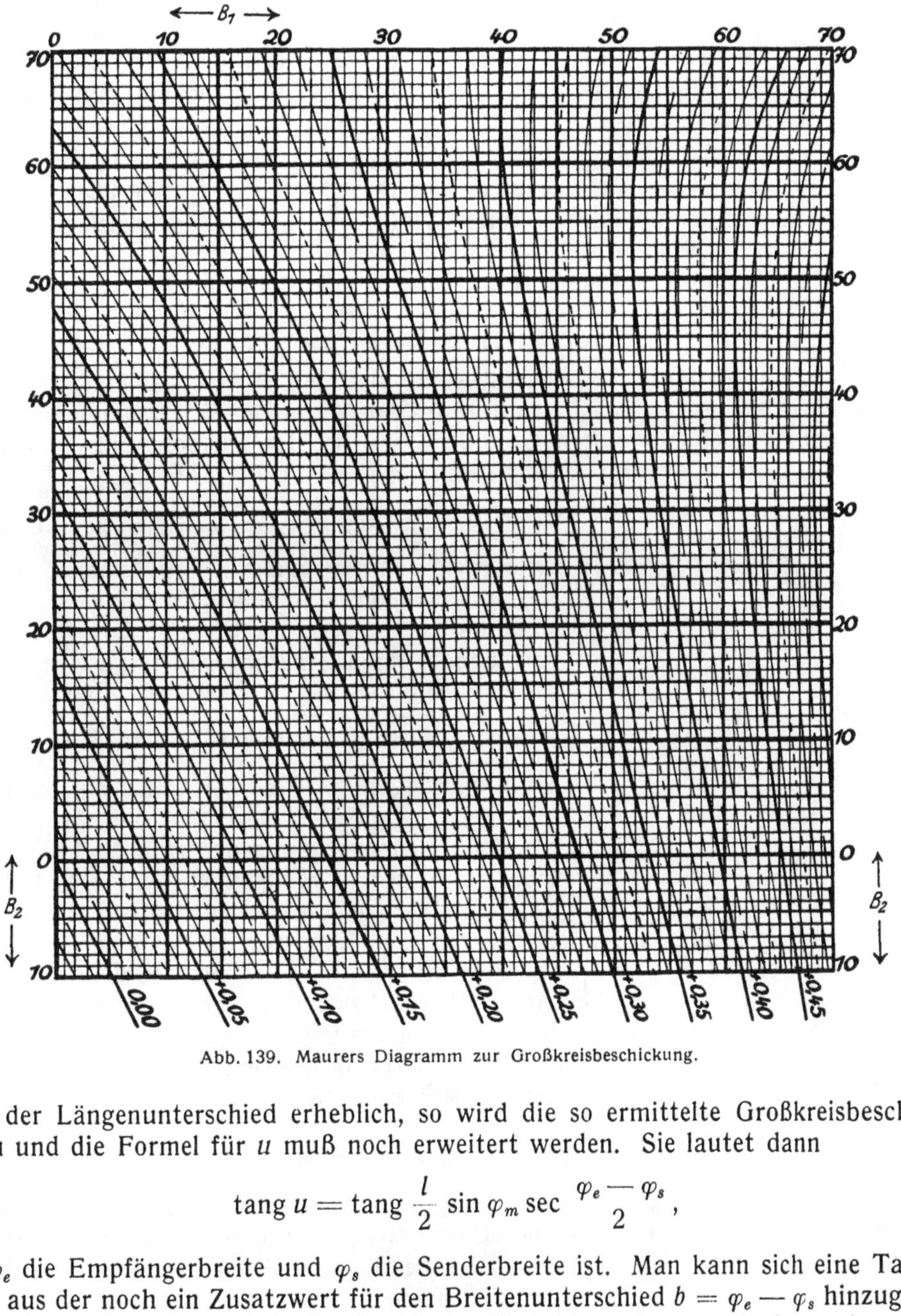

Abb. 139. Maurers Diagramm zur Großkreisbeschickung.

Ist der Längenunterschied erheblich, so wird die so ermittelte Großkreisbeschickung ungenau und die Formel für u muß noch erweitert werden. Sie lautet dann

$$\operatorname{tang} u = \operatorname{tang} \frac{l}{2} \sin \varphi_m \sec \frac{\varphi_e - \varphi_s}{2},$$

wobei φ_e die Empfängerbreite und φ_s die Senderbreite ist. Man kann sich eine Tafel herrichten, aus der noch ein Zusatzwert für den Breitenunterschied $b = \varphi_e - \varphi_s$ hinzugestoßen werden kann. Diese ist als Tab. 5 beigegeben. Sie ist berechnet nach den wahren Unterschiedwerten zwischen Großkreispeilung und Loxodrompeilung; ihre Genauigkeit ist daher größer.

Eine besonders vorteilhafte und allen Ansprüchen genügende Tafel (Abb. 139) hat Maurer berechnet. Nach ihm ergibt sich die Großkreisbeschickung u durch Multiplikation des Längenunterschiedes l mit einem Beiwert K, der selber nur noch von Empfänger- und Senderbreite abhängig ist. Für die Bestimmung von K gilt das Diagramm, aus dem dieser Wert zu entnehmen ist.

Die loxodromische Peilung ist nun zu verwerten wie eine Peilscheibenpeilung. Man trägt sie in einer Merkatorkarte an die Sendestation in entgegengesetzter Richtung an. Hat man zwei gleichzeitige Funkpeilungen nach zwei verschiedenen Stationen vorgenommen, so erhält man zwei solche Standlinien wie bei der Kreuzpeilung und den Flugzeugort als deren Schnitt.

Die Loxodromische Peilung kann als Peilstandlinie allerdings nur solange verwendet werden, als die Großkreisbeschickung klein ist. Denn in § 85 ist angegeben worden, daß die Azimutgleiche mit der Loxodrome einen Winkel bildet, der etwa gleich dem Winkel u sein wird. Man erhält also die richtige Standlinie aus der loxodromischen Peilstandlinie erst dadurch, daß man am Empfängerort noch einmal den Wert u an die Loxodrome anträgt.

2. Winkeltreue Kegelkarte.

§ 87. Ähnlich wird die Zeichnung, wenn nicht eine Merkatorkarte, sondern eine winkeltreue Kegelkarte vorliegt. Kennt man den angenährten Empfängerort, so läßt sich wieder der Winkel u zwischen Großkreis und der Kartengeraden zwischen Sender und Empfänger ermittel (Abb. 140). Dieser Wert ist in Annäherung $u = \frac{l}{2}(\sin \varphi_m - \sin \varphi_b)$, wobei φ_b der Kegelberührungspunkt ist. Bezeichnet noch γ die Meridiankonvergenz zwischen Empfänger- und Sendermeridian, so ist die Richtung dieser Kartengeraden vom Sender- zum Empfängermeridian entgegengesetzt zu $\alpha + u + \gamma$ und $u + \gamma$ ist angenähert gleich $\frac{l}{2}(\sin \varphi_m + \sin \varphi_b)$. Dieser Wert ist am Sendermeridian anzutragen. Für die Zeichnung der Richtung der Azimutgleiche gilt hier besonders, daß die Kegelgerade mit dieser keineswegs zusammenfällt. Für ihre Richtung gilt noch mit genügender Genauigkeit, daß man jetzt den Wert $\alpha + u + \gamma$ am Empfängermeridian anzutragen hat. Eine aus den wahren Werten ermittelte Beschickung $u + \gamma$ ist für eine winkeltreue Kegelkarte mit streckentreuen Parallelen auf 27° und 63° der Tab. 6 zu entnehmen, bei der ebenfalls wie oben der Zusatzwert für Breitenunterschied bereits berücksichtigt werden kann.

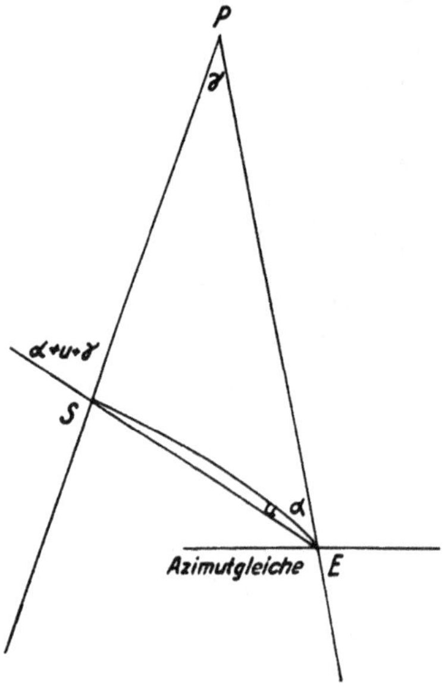

Abb. 140. Großkreisbeschickung in winkeltreuer Kegelkarte.

c) Die zeitliche Beschickung.

§ 88. Die Gleichzeitigkeit zweier Peilungen ist praktisch oft schwer zu erhalten, weil meist auf den zweiten Sender erst abgestimmt werden muß oder weil Sendepausen eintreten. Man muß also das Verfahren des Zwischenfluges (s. § 71) anwenden; zweckmäßiger ist es, die erste Peilung auf den zweiten Zeitmoment, also auf die Zeit der zweiten Peilung zu beschicken. Hat man (s. Abb. 141) auf dem Kurse AX im Punkte A einen Sender loxodromisch unter der Seitenpeilung α gepeilt, so ist auszurechnen, wie diese Peilung ausgefallen wäre, wenn sie erst ein paar Minuten später im Punkte B nach Zurücklegung eines Weges w, der sich aus der Tabelle 3 der Minutenwege ermitteln läßt, stattgefunden hätte. Aus dem Dreieck ABS ermittelt sich nun die Gleichung

$$\frac{\sin(\alpha + \Delta\alpha)}{\sin \Delta\alpha} = \frac{e}{w},$$

woraus sich ergibt

$$\operatorname{cotg} \Delta\alpha = \frac{e}{w} \operatorname{cosec} \alpha - \operatorname{cotg} \alpha.$$

Der Winkel $\Delta\alpha$ heißt die zeitliche Beschickung.

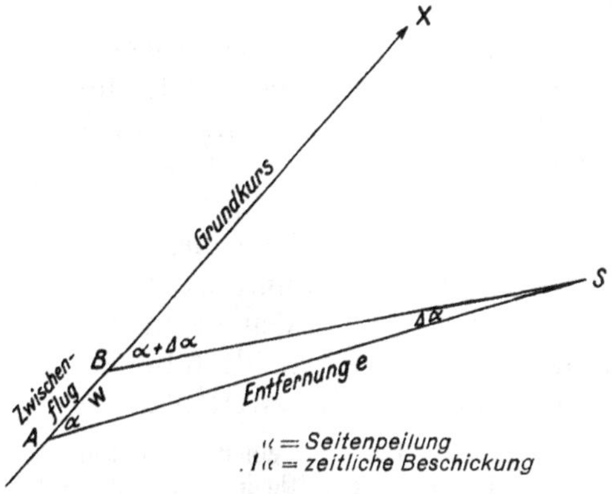

Abb. 141. Zeitliche Funkbeschickung.

In der Tafel 9 ist ein Diagramm beigegeben, aus dem sich ohne weiteres diese Winkeldifferenz $\Delta\alpha$ ermitteln läßt. Sie besteht aus zwei übereinandergestellten Teilen. Man geht zunächst links oben mit der Entfernung e des Senders ein und verfolgt von da aus die Horizontale, bis sie auf eine Kurve stößt, an der der zurückgelegte Minutenweg w abgelesen werden kann. Von da geht man senkrecht herunter in den unteren Teil und macht an der Stelle Halt, wo man auf die Horizontale stößt, die von links außen von der Seitenpeilung her führt. Die so angemerkte Stelle liegt bei einer sinusförmig gekrümmten Linie, deren Bezifferung die zeitliche Beschickung $\Delta\alpha$ ist. Um diesen Winkel ist die Seitenpeilung zu vermehren, wenn sie halbkreisig von vorne zählt. Zählt sie jedoch vollkreisig von 0^0 bis 360^0, so ergibt sich die Regel: Liegt die Seitenpeilung zwischen 0 und 180^0, so ist die zeitliche Beschickung zu addieren, liegt sie zwischen 180^0 und 360^0, so ist die zeitliche Beschickung zu subtrahieren.

d) Die Ermittlung der Azimutgleiche.

1. In Weirs Diagramm.

§ 89. Die oben beschriebene Methode der Kartenbeschickung ist nur in verhältnismäßig geringen Entfernungsverhältnissen zulässig, weil sie den Unterschied zwischen Loxodrome und Azimutgleiche verwischt. Sind die Entfernungen etwas bedeutender, so bleibt nichts anderes übrig als die Verwendung der Azimutgleiche selbst, und man bedient sich vorteilhaft des Weirschen Diagramms (Tafel 10), in dem die Azimutgleichen gerade Linien sind. In dieser Azimutmeßkarte ist nur die Mittelmeridian eine gerade Linie, und die angepeilte Funkstation ist jedesmal auf diesem Mittelmeridian zu wählen. Es kann dann die ermittelte Großkreispeilung direkt an diesen Mittelmeridian durch die Position der Sendestation hindurch angetragen werden, wie man eine optische Peilung anträgt. Ist die Großkreispeilung also 297^0, so ist in der Karte durch die Funkstation die Richtung 117^0 anzutragen. Diese Linie ist bereits die Azimutgleiche, also eine Standlinie des Flugzeugortes. Hat man gleichzeitig eine zweite Station in 216^0 gepeilt, so wähle man auch diese Station zunächst auf dem Mittelmeridian und verfahre in gleicher Weise wie vorher, indem man durch diesen Punkt die Richtung 36^0 anträgt. Nun ist allerdings noch nicht dem Umstand Rechnung getragen, daß zwischen den angepeilten Orten ein Längenunterschied besteht. Die zweite Standlinie ist also um diesen Längenunterschied in der Karte noch falsch eingetragen und muß daher um diesen Längenunterschied noch verschoben werden. Das erreicht man aber, indem man jeden Punkt dieser zweiten Standlinie, also z. B. ihre Schnittpunkte mit zwei Breitenparallelen um diesen Längenunterschied verschiebt. Beträgt also etwa der Längenunterschied $2{,}7^0$ O, so sind die Schnittpunkte der zweiten Standlinie mit den Breitenparallelen um diese $2{,}7^0$ nach Ost zu verschieben. Es genügt, wenn zwei solcher Schnittpunkte in der Nähe des voraussichtlichen Flugzeugortes auf diese Weise verschoben werden. Diese so verschobene zweite Standlinie ist nunmehr gegenüber der ersten Station ausgerichtet. Ihr Schnittpunkt mit der ersten Standlinie ist der Flugzeugort, dessen Breite nun direkt der Meßkarte entnommen werden kann, dessen Längenunterschied aber erst gegenüber dem Meridian der ersten Sendestation feststeht. Der aus der Karte zu entnehmende Längenunterschied gegenüber dieser Station ist aber nur rechnerisch an die Länge dieser Station anzubringen, um auch die Länge des Flugzeugortes zu erhalten. Damit ist der Ort des Flugzeuges ermittelt und kann in jede andere Karte übertragen werden. Man kann natürlich ebensogut die erste Azimutgleiche um die Längendifferenz der Sendestationen verschieben und erhält dann den Flugzeugort, bezogen auf den Meridian der zweiten Sendestation.

Beispiel: Man peilt einen Schiffssender auf 47,3° N, 36,4° W in 346° und einen anderen Sender auf 43,5° N, 31,9° W gleichzeitig in 63°. Wo steht das Flugzeug?

Man sucht in dem Azimutdiagramm auf dem Mittelmeridian die Breite 47,3° N auf und trage mit dem Kursdreieck die Richtung 346° — 180° = 166° an. Ebenso trage man durch den Punkt 43,5 N des Mittelmeridians die Richtung 63° + 180° = 243° an. Die erste Standlinie schneidet die Breitenparallele 44° und 42° je in den Punkten *A* und *B*. Da die erste angepeilte Station um 36,4° — 31,9° = 4,5° westlicher von der zweiten steht, so muß die erste Azimutgleiche um diesen Längenunterschied westlich verschoben werden. Man rückt also den Punkt *A* auf seinem Breitenparallel um 4,5° nach West in *A'*, den Punkt *B* auf seinem Breitenparallel um 4,5° westlich nach *B'*, so daß *A' B'* die verschobene erste Azimutgleiche ist, die jetzt in der Karte die richtige Lage gegenüber dem Meridian der zweiten Station hat. Aus ihrem Schnittpunkt mit der zweiten Azimutgleiche ergibt sich der Flugzeugort mit der Breite 42,5° N und mit dem Längenunterschied 2,7° W vom Meridian der zweiten Station. Die Länge des Flugzeugortes ist also 31,9° W + 2,7° W = 34,6° W. (Das Beispiel ist in das beigegebene Azimutdiagramm, Tafel 10, eingezeichnet.)

Übungsbeispiel:

1. Sender	1. Peilung	2. Sender	2. Peilung
36° 12′ N, 18° 22′ W	108°	33° 25′ N, 20° 14′ W	216°
40° 48′ N, 54° 2′ W	225°	41° 28′ N, 58° 16′ W	140°
50° 23′ N, 11° 14′ W	59°	48° 10′ N, 12° 13′ W	99°
29° 59′ N, 72° 45′ W	221°	34° 16′ N, 71° 38′ W	311°
Round Island (50,0° N, 6,3° W)	38°	Ouessant (48,5° N, 5,1° W)	145°
Heath Point (49,1° N, 61,5° W)	281°	Cap Ray (47,6° N, 59,3° W)	185°
Cap Ray (47,6° N, 59,3° W)	75°	Heath Point (49,1° N, 61,5° W)	351°
Boston Feuerschiff (42,3° N, 70,8° W)	258°	Nantucket Shoals (40,6° N, 69,6° W)	194°
Boston Feuerschiff (42,3° N, 70,8° W)	17°	Nantucket Shoals (40,6° N, 69,6° W)	85°

2. In Maurers Polardiagramm.

§ 90. Da in Weirs Diagramm die Meridiane gegen die höheren Breiten zu immer mehr divergieren, hat Maurer eine andere winkeltreue Karte zum bequemen Einzeichnen der Azimutgleiche entworfen, die in polnahen Gegenden zu verwenden ist. In dieser Karte bildet sich die Azimutgleiche als Kreis ab, der durch den Pol und das angepeilte Funkfeuer geht. Der Mittelmeridian (in Abb. 142 der linke Randmeridian) bildet eine gerade Linie, die anderen Meridiane biegen sich allmählich auf; ihnen folgen rechtwinklig die Breitenparallele.

Wie die Karte verwendet wird, möge an dem eingezeichneten Beispiel erläutert werden.

Man steht auf etwa 70° N und 67° O und peilt Königs-Wusterhausen in 260° = N 100° W. Wusterhausen hat die Breite 52,3° N und die Länge 13,6° O. Man sucht auf dem Mittelmeridian, der für den Augenblick als Meridian 13,6° O zu betrachten ist, die Breite von Königs-Wusterhausen auf und hat nunmehr einen Kreis zu zeichnen, der die Meridianstrecke Königs-Wusterhausen—Pol zur Sehne und den Peilwinkel 100° zum Peripheriewinkel hat. Der Mittelpunkt dieses Kreises liegt demnach auf dem Mittellot zur Sehne Königs-Wusterhausen—Pol. Der Winkel 100° muß nunmehr an diesem Mittellot als halber Zentriwinkel auftreten.

Zu diesem Zweck ist ein Hilfskreis um den Pol eingetragen, auf dessen Skala man 100° aufsucht. Den Teilpunkt verbindet man mit dem Pol, und der Schnittpunkt dieses Strahles mit dem Mittellot ist der Mittelpunkt des gesuchten Kreises, der Kreisradius sein Abstand vom Pol. Die Azimutgleiche kann daher mit dem Zirkel gezeichnet werden.

Hat man gleichzeitig Green Harbour (78,0° N, 14,3° O) in 320° = N 40° W gepeilt, so kann man dieselbe Konstruktion für diese Peilung wiederholen. Dabei ist aber der Mittelmeridian als Meridian von Green Harbour (14,3° O) aufzufassen. Er liegt 0,7° östlicher als der Meridian von Königs-Wusterhausen. Man wird also die Azimutgleiche für Königs-Wusterhausen wie im Weirschen Diagramm noch um 0,7° nach West zu verschieben haben. Man macht das wieder so, daß man einige Schni:tpunkte mit den Breitenparallelen in der Nähe des Flugzeugortes auf diesen Breitenparallelen um 0,7° westlich verschiebt und die Linie dadurch auszieht. Der Schnittpunkt dieser versetzten Standlinie mit der von Green Harbour gibt den Flugzeugort. Man mißt die Breite 71,0° N und die Länge 52,3° O gegen Green Harbour (14,3° O), die Länge gegen Greenwich zu 66,6° O.

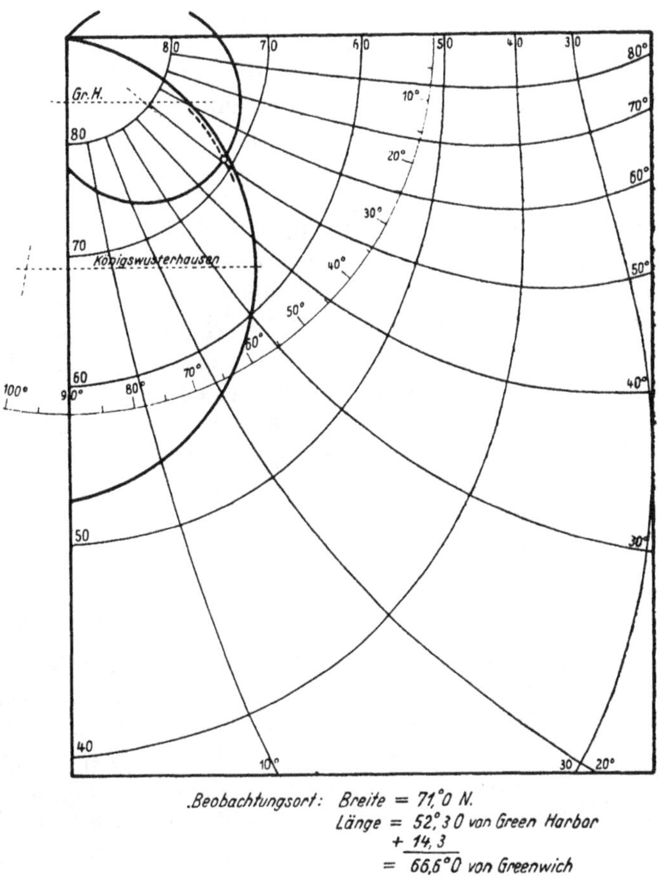

Abb. 142. Die Azimutgleiche in der Polarkappe.

3. Transversale Merkatorkarte.

§ 91. Ähnlich der Benützung des Weirschen Diagramms ist die einer transversalen Merkatorkarte, die den Vorteil hat, daß sie ohne Unterschied in allen Breiten angewendet werden kann. Die transversale Merkatorkarte unterscheidet sich von der gebräuchlichen durch eine Drehung um 90°. Die Verzerrung ist also am geringsten rechts und links dieses Meridians, dagegen am größten in einem 90° von diesem abstehenden Punkt. Auch diese Karte ist winkeltreu. Die rechtwinkligen Koordinaten X, y eines Punktes φ, l der Erde werden in ihr

$$x = \cos\varphi \sin l; \qquad X = \ln \operatorname{tang}\left(45^0 + \frac{x}{2}\right),$$
$$y = \operatorname{tang}\varphi \sec l.$$

Der Vorteil dieser Karte ist, daß alle Großkreise, gleichviel durch welchen Punkt des Mittelmeridians sie laufen, dieselbe Krümmung haben, und zwar die Form der Meridiane durch den Pol der Karte. Man kann also auf dieser Karte mit Hilfe einer transparenten Peilrose derselben Projektion den natürlichen Verlauf aller Großkreise aufzeichnen, auch wenn diese nunmehr als krumme Linien erscheinen (s. Tafel 11 und 12).

Der Gebrauch der Karte unterscheidet sich von dem am Weirschen Diagramm angewendeten Verfahren dadurch, daß man in diesem die Sender auf den Mittelmeridian zu legen hatte, während man jetzt den angenäherten Empfangsort auf den Mittelmeridian legt. Mit dem Längenunterschied und der Senderbreite läßt sich nun jeder Sender in der Karte eintragen. Da man die Großkreispeilung kennt, ist die Peilrose nur so aufzulegen, daß sie in Richtung des Mittelmeridians ausgerichtet ist, und längs dieses so zu verschieben, bis der durch die Messung gekennzeichnete Großkreis durch den Sender geht. Somit wird im Mittelpunkt der Peilrose auf dem Mittelmeridian der Karte ein Leitpunkt der Azimutgleiche festgelegt. Den Winkel zwischen Orthodrome und Azimutgleiche kennt man aus der Gleichung tang ψ = tang l sin φ. Dieser Winkel ist im Leitpunkt an das Azimut anzutragen und man erhält dadurch die Tangente der Azimutgleiche in diesem Punkt.

Die Karte ist zu benutzen für die größten Senderentfernungen. Die Peilrose weicht im Mittelpunkt nur sehr wenig von einer gleichabständigen Rose ab. Bei einer Senderentfernung bis zu $10^0 = 600$ sm $= 1111$ km ist die größte Abweichung der gekrümmten Peilrosenorthodrome von der äquidistanten Rose im Maximum bei 45^0 nur $8{,}9'$; kann also praktisch vernachlässigt werden. Man kommt daher bei der Benützung der transversalen Merkatorkarte statt der Peilrose mit einem einfachen Kursdreieck aus und benützt die Peilrose nur bei weit größeren Entfernungen.

e) Die elliptische Peilung.

§ 92. Bei der Ausbreitung elektromagnetischer Wellen von einem Sender tritt noch der Umstand auf, daß die Annahme eines Großkreisweges zwischen Sender und Empfänger auf der elliptischen Erde nicht ohne weiteres statthaft ist. Der kürzeste Weg ist auf dem Erdellipsoid eine geodätische Linie, und beim Empfang ist also nicht die Richtung des einkommenden Großkreises, sondern die der einkommenden geodätischen Linie maßgebend. Diese weichen voneinander ab, so daß die gepeilte Richtung einer Verbesserung bedarf, wenn man sie auf die Kugel beziehen will. Diese Verbesserung Δa berechnet sich aus

$$\operatorname{tang} \Delta a = -\varepsilon^2 \cos \varphi_s \sin a \left(\sin \varphi_s \operatorname{tang} \frac{d}{2} - \cos a \cos \varphi_s\right),$$

worin ε die numerische Exzentrizität (s. § 18), φ_s die Senderbreite, a die Peilrichtung und d die Entfernung zwischen Sender und Empfänger ist. Diese Verbesserung beträgt im Maximum $11{,}2'$ für einen Sender auf dem Äquator und für einen Peilwinkel von 45^0. Mit höherer Breite nimmt diese Verbesserung ab. Für jeden Sender läßt sich ein Polardiagramm herrichten (Abb. 143), aus dem die Verbesserung für jeden Empfangsort, dessen Richtung und Entfernung vom Sender bekannt ist, zu entnehmen ist. Im Vergleich zu den sonst vorkommenden Peilfehlern ist auf diesen Fehler wenig Rücksicht zu nehmen. Nur wenn gebündelte Sendung sehr kurzer Wellen vorliegt, wie bei der Mischpeilung, wo auch noch Gradbruchteile scharf erkannt werden, sind diese Fehler im Auge zu behalten. Solche Wellen können Drehfunkfeuer aussenden, bei denen jeder Sendestrahl durch ein besonderes Verfahren kenntlich gemacht ist.

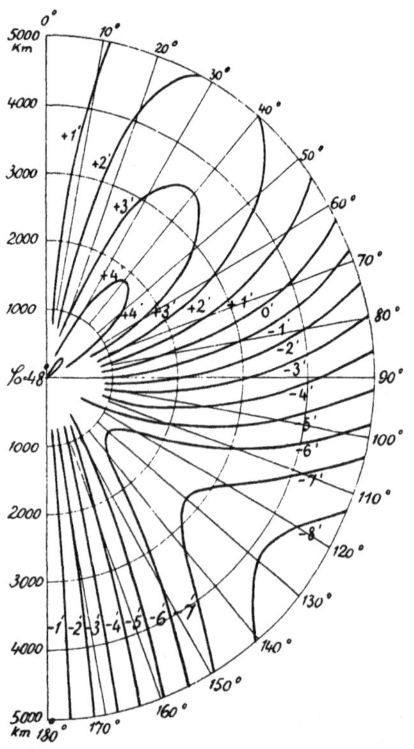

Abb. 143. Beschickung des sphärischen Azimuts auf das elliptische Azimut.

In Karten, in denen die elliptische Gestalt der Erde schon bedacht ist, ist dieser Fehler ohnehin berücksichtigt.

6. Die Fehler der Funkpeilung.

a) Fehlerquellen.

§ 93. Eine Funkpeilung ist in ihrer Güte davon abhängig, inwieweit sie die richtige Großkreispeilung zu ermitteln gestattet. Die Fehler beruhen daher auf der Peilung selbst und auf der Erfassung der richtigen Lage der Flugzeugachse.

Bei der Fremdpeilung sind die letzteren Fehler nicht vorhanden, weil der Empfänger mit aller Vorsicht ausgerichtet werden kann. Sie kann daher nur die eigentlichen Peilfehler enthalten und besitzt daher eine größere Peilgenauigkeit.

Bei der Eigenpeilung gehen dagegen zunächst alle Kompaßfehler ein, die nach § 23, 24, 34 auf Fehlern in Mißweisung, Ablenkung und Flugzeughaltung beruhen und dort mit etwa $\pm 3^0$ angegeben sind. Es wird also zunächst die oberste Aufgabe des Flugzeugführers sein, während der Peilung die Maschine so ruhig als möglich auf dem Kurse zu halten, daß wenigstens die Unsicherheit der Magnetrose aufgehoben ist. Man braucht dann nur mit den konstanten Kompaßfehlern zu rechnen und drückt dadurch diese etwa auf die Hälfte $\pm 1{,}5^0$ herab.

Die zweite Ursache liegt in der Unsicherheit der Peilung selbst und wird durch unsachgemäße Behandlung des Gerätes hervorgerufen. Sie bezieht sich auf Unschärfe des Minimums und dadurch erschwerte Erkenntnis der Minimumstellung. Diese Fehler nehmen mit der Entfernung zu, wenn die Lautstärke absinkt.

Auf Dämmerungseffekt und Wegablenkung soll in diesem Zusammenhang nicht eingegangen werden, weil ein geübter Beobachter diese an der Auswanderung des Peilstrahles erkennen soll und daher solche Peilungen überhaupt vermeiden wird.

Endlich spielt auch die Lage des Flugzeuges und damit die Lage des Peilrahmens im Raume eine Rolle, ähnlich wie oben die Lage der Kompaßrose einem zusätzlichen Fehler Veranlassung gegeben hat. Liegt nämlich die Ebene des Peilrahmes nicht senkrecht zur Erdoberfläche, so steht der Peilrahmen in der Minimumstellung auch nicht senkrecht zum elektromagnetischen Feld des Senders (Bodenwelle), und die Minimumstellung wird eine andere Richtung ergeben. Eine Seitenpeilung q geht dann in eine Seitenpeilung $q + f_i$ über, wobei

$$\operatorname{cotg}(q + f_i) = \operatorname{cotg} q \cos\beta \sec\alpha - \operatorname{tang}\alpha \sin\beta$$

ist. α bedeutet die Längsneigung und ist positiv für das gezogene Flugzeug, β bedeutet die Querneigung und ist positiv für das rechts hängende Flugzeug. Wird die Maschine ohne Querneigung nur gezogen, so ist die zusätzliche Ablenkung f_i bei 10^0 Neigung im Maximum $-26'$, bei 20^0 $-1^0\,47'$, bei 30^0 $-4^0\,6'$ und tritt bei Seitenpeilung von 45^0 ein. Bei reiner Querneigung treten dieselben Zahlen auf, nur mit entgegengesetztem Vorzeichen. Tritt Längs- und Querneigung gleichzeitig auf, so verschiebt sich das Maximum der Ablenkung in die Gegend der

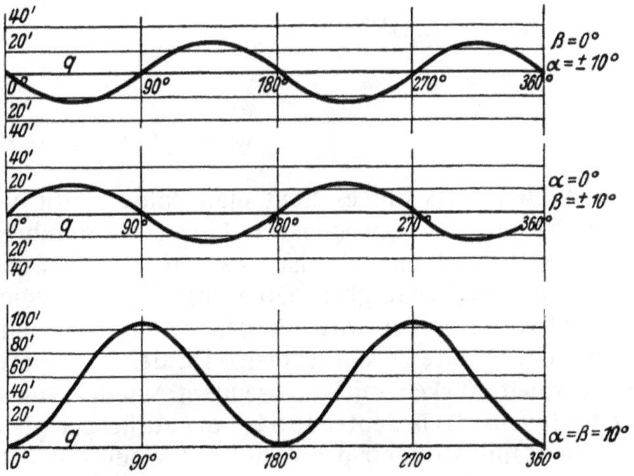

Abb. 144. Neigungsfehler der Funkpeilung.

Querabpeilungen und beträgt bei $\alpha = \beta = \pm 10^0$ im Maximum $1^0 45'$, bei $\pm 20^0$ schon $7^0 6'$, bei 30^0 $16^0 6'$. Bei $\alpha = -\beta$ treten die entgegengesetzten Vorzeichen auf (s. Abb. 144).

Es wird daher ratsam sein, bei längerem und steilem Steigflug eine Peilung solange zu unterlassen, bis der Geradeausflug begonnen hat. Die in der Praxis auftretenden Rollbewegungen des Flugzeuges wirken sich auf die Peilung weniger stark aus, wenn die Neigungen nicht zu groß werden.

Die durch Längs- und Querneigung hervorgerufenen zusätzlichen Peilfehler haben denselben Verlauf wie die Funkbeschickung selbst (s. § 79). Wenn daher bei der Aufnahme der Funkbeschickung das Flugzeug nicht genau horizontal liegt, sondern z. B. mit dem Schwanz aufsitzt, so geht in die Funkbeschickung dieser zusätzliche Peilfehler ein, ohne daß er bei der Aufnahme bemerkt wird. Man benützt dann bei der Anwendung der Funkbeschickungstabelle eine zu kleine Funkbeschickung, die sich besonders auf Peilungen unter 45^0 zur Längsachse auswirkt. Dasselbe geschieht bei einseitiger Querneigung und bewirkt zu große Beschickungswerte.

b) Der Fehlerkreis der Funkpeilung.

§ 94. Bei Funkpeilungen werden überwiegen hauptsächlich die Fehler durch Unschärfe des Minimums sowie die zusätzlichen Kompaßfehler. Sieht man von diesen ab, so gilt der Erfahrungssatz, daß der Peilfehler in Graden etwa den 60. Teil der Entfernung vom Sender in Kilometer entspricht. Die Peilfehler im Winkelmaß bleiben daher nicht konstant wie bei den Fehlern durch Koppelung, und die Radien der Fehlerkreise wachsen nicht mehr proportional zur Entfernung, sondern steigen schneller an (Abb. 145).

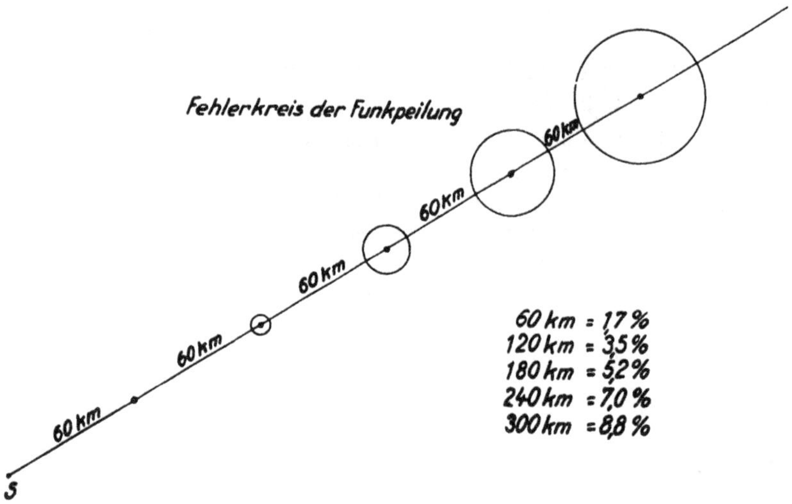

Abb. 145. Fehlerkreis der Funkpeilung.

Während des Fluges steht man daher häufig vor der Frage, ob der durch Koppelung vom Standort her gewonnene Ort oder die durch Funkpeilung erhaltene Standlinie einen kleineren Fehlerkreis aufweist. Es gibt nach den oben aufgestellten Erfahrungssätzen über Kurs- und Peilgenauigkeit Grenzentfernungen vom Sender, bei deren Überschreiten der Peilfehlerkreis größer wird als der durch Koppelung. Aus der beistehenden Tabelle sind solche Grenzwerte zu entnehmen. Da der Windeinfluß bei der Koppelung eine wesentliche Rolle spielt, rücken mit wachsendem Windeinfluß die Grenzen für die Senderentfernung weiter hinaus. Es bedeutet also bei der zurückgelegten Flugstrecke von 400 km vom Startort aus die Zahl 340 unter der Windgeschwindigkeit $0{,}3\,e$, daß bei diesem Wind ein Sender bis zu 340 km Entfernung noch einen besseren Standort gewährt als der durch Koppelung gewonnene. Bei Windstille ist der Koppelort weniger gefälscht und es würde ein Sender bereits in 270 km Entfernung einen gleichwertigen Fehlerkreis ergeben. Es ist daher immer anzustreben, daß die der Peilung dienenden Sender möglichst nahe dem augenblicklichen Flugzeugort gewählt werden.

Zieht man eine gemeinsame Berührungslinie an die Fehlerkreise der Funkpeilung (Abb. 145), so zeichnen sie den Raum ab, innerhalb dessen ein Flugzeug stehen kann, das die mit Unsicherheit behaftete Peilung zur Ortung benützt. Das ist insbesondere zu bedenken, wenn Sender- und Startort zusammenfällt und das Flugzeug eine solche Peilung als Rückpeilung zur Sicherung des Kurses benützt. Diese Rückpeilung wird anfänglich bessere Werte ergeben als die Koppelrechnung, solange nämlich der Radius des Funkfehlerkreises kleiner ist als der Radius des Koppelfehlerkreises. Man erhält damit die Grenze, bis zu der ein Sender überhaupt zur Rückpeilung benützt werden kann. Diese Grenze liegt

Grenzen der Senderentfernung nach Flugweg *d* vom Startort, bei denen der Peilfehlerkreis kleiner ist als der Fehlerkreis durch Koppelung.

Flugweg *d*	Windgeschwindigkeit/Eigengeschwindigkeit 0,0	0,1	0,2	0,3	0,4	0,5
km	km	km	km	km	km	km
50	95	105	110	120	125	135
100	135	145	160	170	180	190
150	165	180	195	210	220	230
200	190	210	225	240	255	270
250	210	230	250	270	285	300
300	230	255	275	295	310	330
350	250	275	295	320	335	355
400	270	295	320	340	360	380
450	285	310	335	360	380	405
500	300	330	355	380	405	425

nämlich da, wo in der obigen Tabelle die Senderentfernung mit der Distanz vom Startort zusammenfällt, das ist also bei Windstille bei etwa 200 km, bei der Windgeschwindigkeit 0,2 *e* bei 250 km. Bei der Zielpeilung erübrigt sich diese Betrachtung, weil mit der Annäherung an das Ziel die Funkfehlerkreise immer kleiner werden.

c) Genauigkeit der Funkortung.

§ 95. Wünscht man eine absolute Ortung allein durch Funkpeilung durchzuführen, so hängt deren Güte vom Schnittwinkel der Funkstrahlen und der Schärfe der Peilungen ab. Es wirken sich dabei die Peilfehler in zwei verschiedenen Richtungen aus, wenn man untersucht:

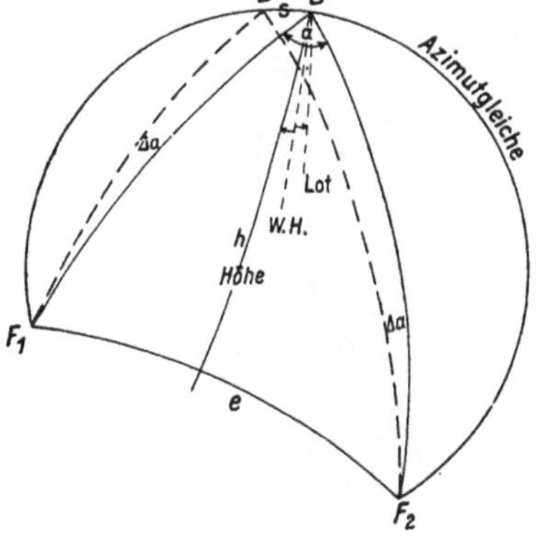

Abb. 146. Konstante Funkfehlortung.

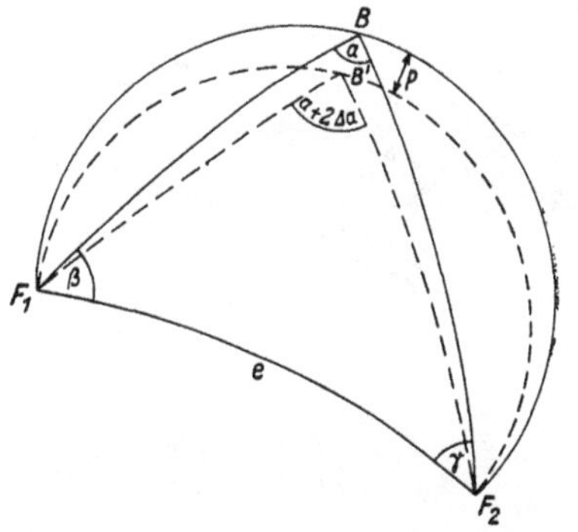

Abb. 147. Ungleichstimmige Fehlortung.

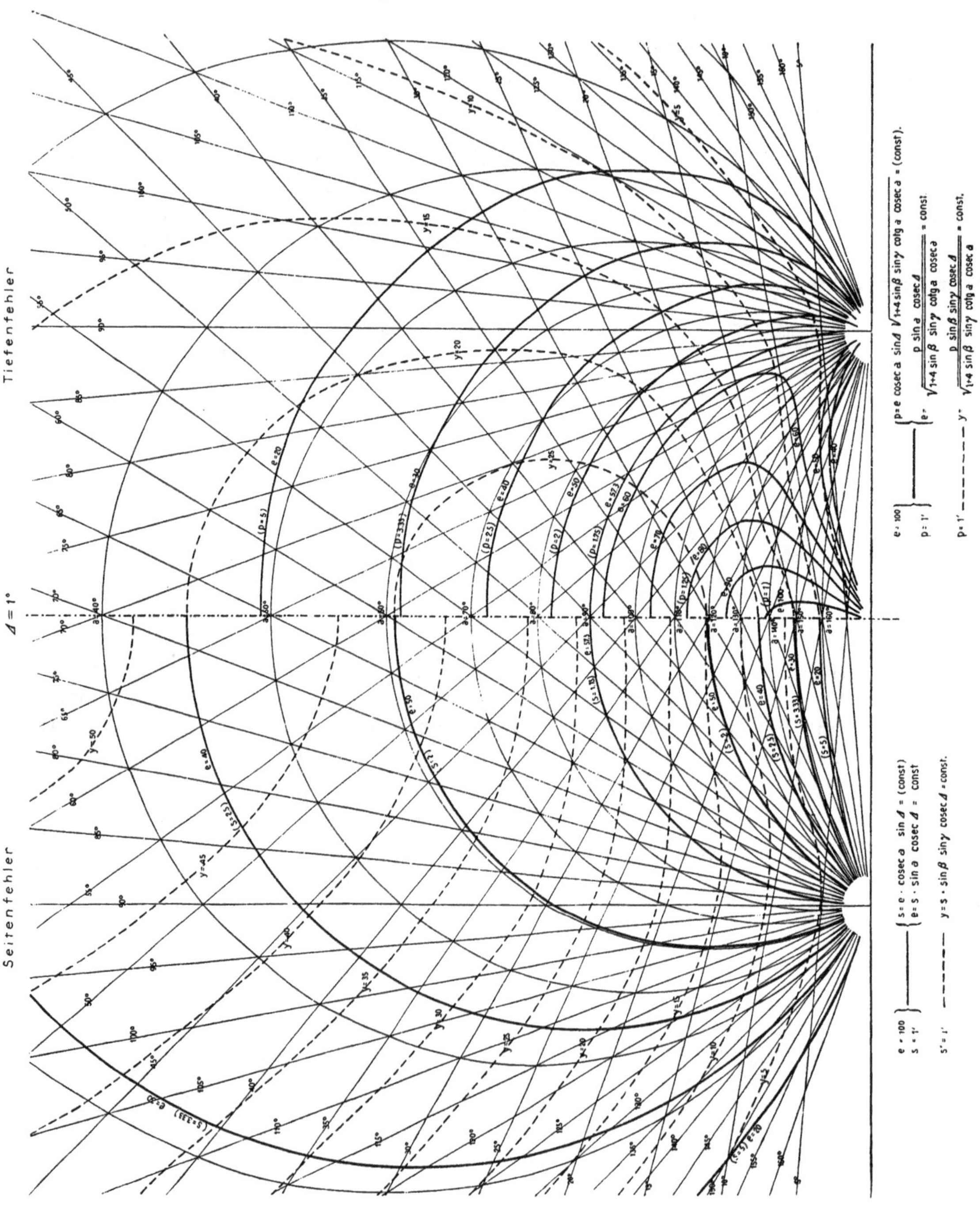

Abb. 148. Fehler der Funkortung.

a) konstante und gleichgerichtete Fehler, welche z. B. dadurch entstehen, daß der Peilrahmen um einen konstanten einseitigen Winkelbetrag verdreht ist, ferner, da jede Funkpeilung auch die Benützung des Kompasses voraussetzt, aus einem Kursfehler, der durch falsche Ablenkung oder Benützung einer falschen Mißweisung entsteht, und

b) veränderliche Fehler aus schlechter Minimumeinstellung oder unscharfem und daher breitem Minimum.

Ein konstanter Fehler ändert die Richtung der Peilstrahlen, nicht aber die Winkeldifferenz. Bei konstantem Fehler befindet man sich auf einer Azimutdifferenzgleiche, welche die Form einer Azimutgleiche besitzt, aber als Basis die Entfernung e der beiden Funkfeuer besitzt. Sie hat bei ebenen Verhältnissen die Form eines Kreises (s. § 68). Die seitliche Verschiebung s (Abb. 146) berechnet sich dann aus der Formel

$$s = e \operatorname{cosec} a \sin \varDelta a \text{ (Seitenfehler)},$$

worin a den Azimutunterschied der beiden Peilungen, $\varDelta a$ den konstanten Fehler und e die Entfernung der Funkfeuer bedeutet. Die Richtung dieser Verschiebung ist senkrecht zum Lot auf die Azimutgleiche (bei ebenen Verhältnissen senkrecht zum Berührungsradius des Kreises). Dieses Lot erhält man allgemein, wenn man den Winkel zwischen der Höhe h des Dreiecks $F_1 B F_2$ aus B und der Winkelhalbierenden des Winkels bei B an dieser Winkelhalbierenden spiegelt.

Sind dagegen die Fehler der beiden Peilungen gleich, aber entgegengesetzt gerichtet, so steht (Abb. 147) der Punkt B nicht mehr auf der Azimutgleiche a, sondern auf der Azimutgleiche $a + 2 \varDelta a$. Der Abstand der beiden Azimutgleichen im Punkte B berechnet sich dann aus

$$p = e \cdot \operatorname{cosec}^2 a \cdot \sin \beta \cdot \sin \gamma \cdot \sin 2 \varDelta a = 2 s \cdot \operatorname{cosec} a \cdot \sin \beta \cdot \sin \gamma \text{ (Tiefenfehler)},$$

worin β und γ die Winkel bei F_1 und F_2 sind.

Über die Verteilung dieser Fehler in der Umgebung zweier Sender vergleiche Abb. 148, die unter der Voraussetzung eines Fehlers von 1° aufgestellt ist.

Ist der Fehler allgemein und unbestimmt gleich $\varDelta a$, so befindet sich der Flugzeugort (Abb. 149) in einem mehr oder weniger länglichen Viereck um den Ort B, dessen Diagonalen die oben angegebenen Werte $2 s$ und $2 p$ sind. Das Fehlerviereck hat also die Flächen ausdehnung $2 s p$. Es wird um so kleiner und nähert sich mehr einem Quadrate, wenn $a = 90°$ wird, woraus die Nutznießung gezogen wird, daß die Beobachtungen tunlichst senkrecht zueinander stehen sollen, um ein möglichst kleines Fehlerviereck zu ergeben.

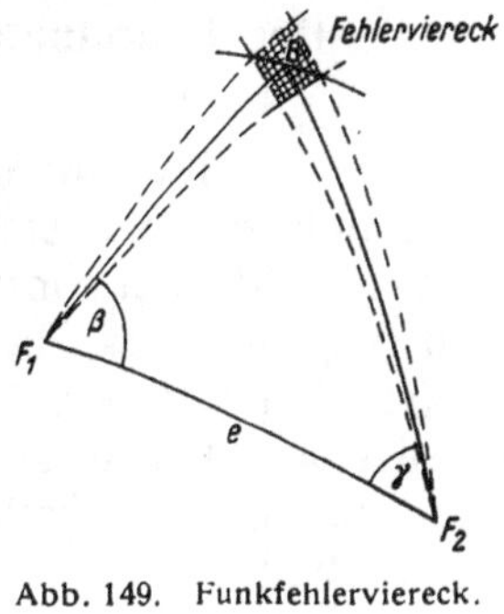

Abb. 149. Funkfehlerviereck.

F. Die astronomische Ortsbestimmung.

1. Höhe und Höhenbeobachtung.

a) Die Koordinaten Höhe und Azimut.

§ 96. Wie wir im ersten Abschnitt das Bedürfnis hatten, die Erdorte durch Angabe zweier Koordinaten, der Breite und der Länge, zu fixieren, so stellt sich auch die Notwendigkeit ein, den Ort eines Gestirnes am Himmel irgendwie festzulegen. Wir bedürfen dazu eines Bezugssystemes, und als solches bietet sich als erstes die Grenze zwischen Himmel und Erde, der Horizont, dar (Abb. 150). Mit dem Horizont ist aber auch das

Lot bestimmt, das wir senkrecht zur Horizontebene durch unseren Standpunkt ziehen können, und das den Himmel oben im Zenit (Z), und, wenn wir uns das Gewölbe fortgesetzt denken, unten im Nadir (Z') trifft. Sämtliche Kreise, welche wir durch Zenit und Nadir gelegt denken können und welche senkrecht zum Horizont stehen, nennen wir Vertikalkreise, und speziell denjenigen, den wir durch ein bestimmtes Gestirn legen, Vertikalkreis des Gestirnes. Das Bogenstück dieses Vertikalkreises, vom Horizont bis zum Gestirn gemessen, heißt Höhe (h) des Gestirnes, das Komplement der Höhe, vom Gestirn bis zum Zenit gemessen, heißt Zenitdistanz (z). Will man die Lage eines Gestirnes angeben, so genügt die Höhe allein noch nicht, sondern man muß noch dazu angeben, auf welchem Vertikalkreis es steht. Zu diesem Zwecke zählen wir alle Vertikalkreise vom Nordpunkt des Horizontes von 0° bis 360° ab und nennen dieses Bogenstück des Horizontes das Azimut (a) des Gestirnes. Wenn wir mit einer Peilvorrichtung die Richtung eines Gestirnes feststellen, so haben wir sein Azimut gemessen. Speziell nennen wir den Vertikalkreis, dessen Azimut 0° oder 180° beträgt, Meridian, und den, dessen Azimut 90° oder 270° beträgt, Ersten Vertikal.

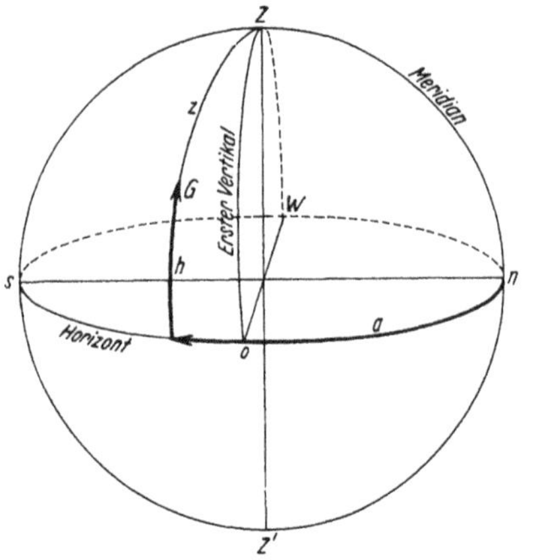

Abb. 150. Höhe und Azimut.

Bei astronomischen Aufgaben ist es zweckmäßig, eine halbkreisige östliche und westliche Zählung des Azimutes durchzuführen, z. B. N 125° W, N 125° O. Um die durchgehende Zählung (0° bis 360°) zu erhalten, sind westliche Azimute von 360° abzuziehen, z. B. N 125° W = 235°.

Höhe und Azimut ergeben ein Koordinatensystem an der Himmelskugel, weil durch ihre Angabe die Lage eines Gestirnes eindeutig bestimmt ist.

Das Koordinatensystem der Höhe und des Azimuts ist der Beobachtung zugänglich.

Das Azimut läßt sich mit Peilkompaß oder Peilscheibe feststellen, wie man irgendeinen anderen Gegenstand anpeilt. Eine solche Peilung wird um so besser, je niedriger das Gestirn steht, weil sonst die Schwankungen des Peilkompasses zu viele Fehler verursachen. Sehr bequem ist es, die Sonne zu peilen, wenn man in die Mitte des Kompaßkessels einen senkrechten Stift einsetzt und die Stellung seines Schattens auf dem Rosenblatt abliest. Diese Kompaßpeilungen sind selbstverständlich noch mit Ablenkung für den anliegenden Kurs und mit der örtlichen Mißweisung zu beschicken, um rechtweisendes Azimut zu erhalten.

b) Höhenbeschickung.

§ 97. Besonders wichtig ist die Messung der Höhe eines Gestirnes. Dazu dient der Sextant. Mit einem Sextanten mißt man lediglich den Winkel zwischen dem Lichtstrahl vom Gestirn nach dem Auge des Beobachters und dem Lichtstrahl, der von der Kimm ins Auge fällt (Kimmsextant). Wenn die Kimm bei größeren Flughöhen nicht scharf ist, so ist die Bestimmung über einer Libelle durchzuführen (Libellensextant).

Solange die Kimm, die Grenze zwischen Wasser und Himmel scharf ist, ist eine Höhenbestimmung über der Kimm vorzuziehen. Das wird der Fall sein, wenn das Flugzeug niedrig fliegt. Damit hat man aber nicht die Höhe gewonnen, sondern den Kimmabstand (Abb. 151). Die Kimm ist wegen der Erhöhung des Flugzeuges über dem Erdboden unter dem Horizont, so daß also der Winkel jedesmal zu groß gemessen wird. Der Winkel zwischen Horizont und Kimm heißt Kimmtiefe (k) und wächst mit der Erhebung des Flugzeuges.

Die Höhe erhält man, wenn man von dem gemessenen Kimmabstand die Kimmtiefe abzieht (Tab. 7). Ferner wird der Lichtstrahl in der Atmosphäre nach unten gebrochen; es erscheint dadurch das Gestirn etwas zu hoch. So muß des weiteren die Strahlenbrechung (*R*) abgezogen werden. Beim Mond spielt ferner noch die Parallaxe (*P*) eine Rolle, eine Erscheinung, die damit zusammenhängt, daß die astronomischen Größen alle auf den Erdmittelpunkt bezogen werden, während die Beobachtung selbst über der Erdoberfläche stattfindet. Man mißt also (Abb. 152) den Winkel *h'*, während eigentlich der Winkel *h* in Rechnung gesetzt werden muß. Eine geometrische Betrachtung zeigt, daß der Winkel *h'* um *P* vergrößert werden muß, um den Winkel *h* zu ergeben. Dieser Winkel *P* ist am größten bei tiefer Stellung des Mondes, am geringsten, wenn der Mond im Zenit steht. Bei den übrigen Gestirnen ist diese Parallaxe wegen ihrer großen Entfernung verschwindend klein. Die beiden Größen Strahlenbrechung + Parallaxe (*R* + *P*) sind in der Höhenbeschickungstabelle (Tab. 8) zusammengezogen. Der Eingangswert Horizontalparallaxe ist dem aeronautischen Jahrbuch (s. u.) zu entnehmen. Endlich ist noch dafür Sorge zu tragen, daß ein Instrumentenfehler, die Indexberichtigung, rechnerisch angebracht wird. Diese wird vorher an Land bestimmt und in den Rechnungsformularen vorgemerkt.

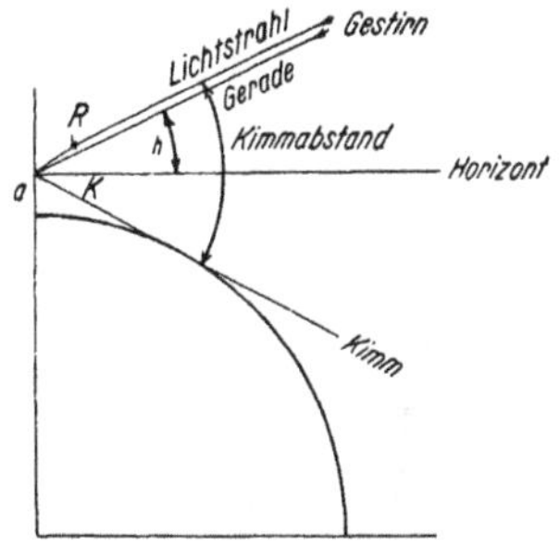

Abb. 151. Höhenbeschickung.

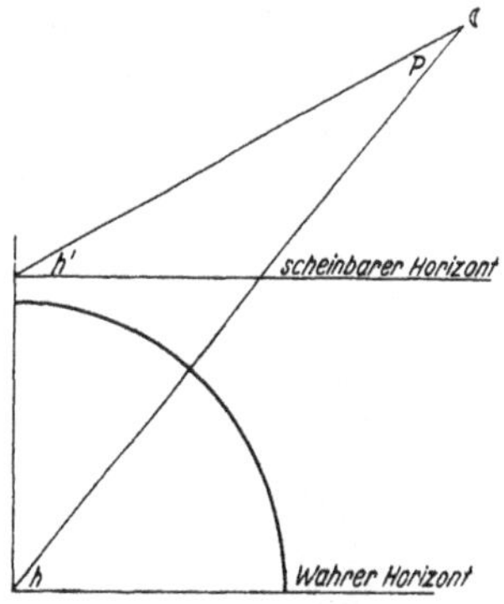

Abb. 152. Höhenparallaxe.

Beispiel:	Wega	Sonne	Venus	Mond
Beob. Kimmabst. . .	50° 16′	10° 22′	= 35° 57′	= 21° 27′
Indexber.. . .	= — 2′	= + 3′	= — 4′	= + 4′
Kimmabstand. . . .	= 50° 14′	10° 25′	35° 53′	21° 31′
Kimmtiefe (Tab. 7) für	50 m = — 13′	100 m 18′	70 m — 16′	300 m = — 31′
R + *P* (Tab. 8). .	= — 1′	= — 5′	= — 1′	= + 48′ für 54′
Wahre Höhe	= 50° 0′	= 10° 2′	= 35° 36′	= 21° 48′
	= 50,0°	= 10,0°	= 35,6°	= 21,8°

Es empfiehlt sich, bei Beobachtungen nicht eine einzige Höhe zu nehmen, sondern mehrere (z. B. 2—3), um unvermeidliche Beobachtungsfehler tunlichst auszumerzen, und das Mittel der Beobachtungsreihe in Rechnung zu setzen.

Z. B.: beob. Kimmabst.	= 28° 32′
	= 28° 48′
	= 29° 6′
Mittel	= 28° 49′

In größerer Erhebung über dem Erdboden ist die Kimm so unscharf, daß eine Beobachtung darunter leiden würde. In diesem Falle und beim Flug über Wolken stellt man sich daher einen künstlichen Horizont in Form einer Libelle her, welche am Sextanten selbst angebracht ist (Libellensextant von Plath nach Coutinho). Die Beschickung der so gemessenen Höhe ist einfach; die Kimmtiefe fällt weg, und man kommt daher mit der Höhenbeschickungstabelle (Tab. 8) allein aus.

Die Strahlenbrechung selbst ist von Druck und Temperatur der Luft abhängig und zwar nimmt sie ab mit steigender Temperatur und fallendem Barometerstand. Eine Berichtigung der Höhenbeschickung ist daher für verschiedene Flughöhen notwendig. Die Zusatztabelle 8a gibt diese Berichtigung für die Normalatmosphäre (§ 43).

c) Der Sextant.

§ 98. Die wesentlichsten Bestandteile (Abb. 153) sind der Gradbogen, die Alhidade mit dem großen Spiegel und der kleine Spiegel. Dem kleinen Spiegel gegenüber steht ein Diopter oder ein Fernrohr. Das Instrument muß bei der Höhenmessung so gehalten werden, daß die Fernrohrachse horizontal liegt, worauf man durch Drehung der Alhidade eine solche Stellung des großen Spiegels sucht, daß der Lichtstrahl von einem Gestirn zuerst in den großen Spiegel gelangt, von da nach dem kleinen Spiegel und von diesem wieder in das Fernrohr gespiegelt wird. Praktisch wird die Einstellung so vorgenommen, daß man

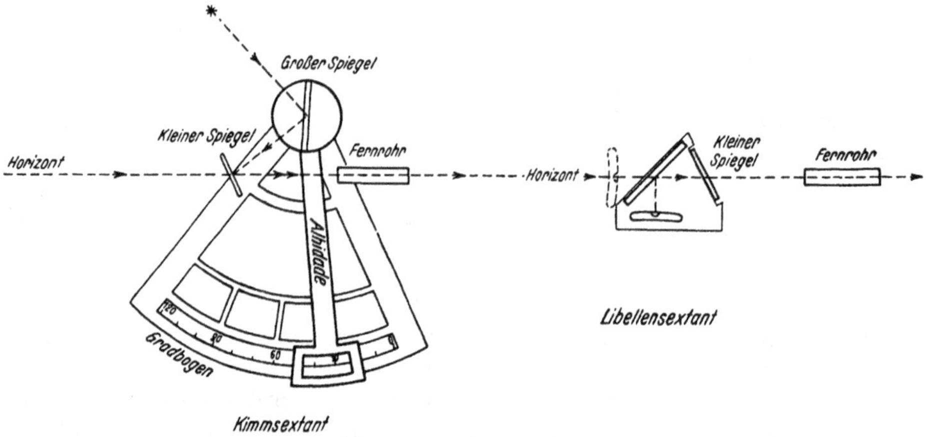

Abb. 153. Strahlengang im Kimm- und Libellensextanten.

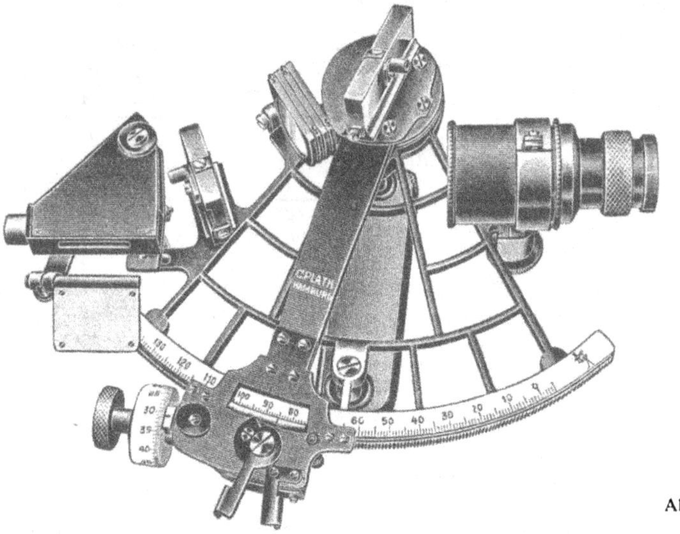

Abb. 154. Libellensextant Plath-Coutinho.

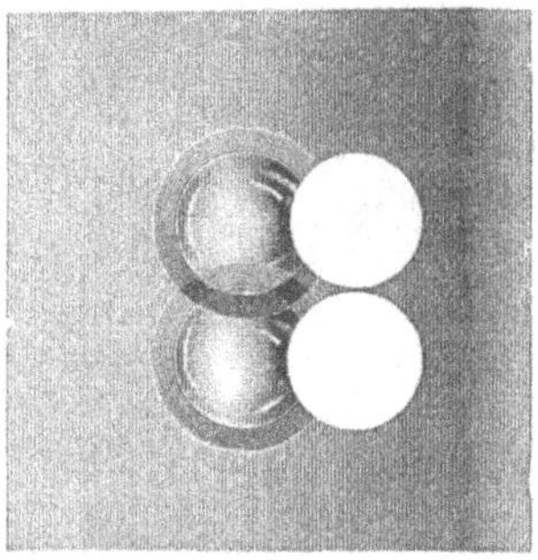

Abb. 155. Bildverdopplung im Libellensextanten Plath-Coutinho.

die Alhidade zunächst auf 0 stellt, das Fernrohr auf den Stern richtet und unter gleichzeitiger Senkung des Instrumentes nach vorne die Alhidade weiterdreht, ohne das Sternbild aus dem Gesichtsfelde des Fernrohrs zu verlieren und erst dann aufhört, bis die Fernrohrachse horizontal steht, also mit anderen Worten der Horizont durch den kleinen Spiegel hindurch gleichzeitig sichtbar wird. Ist das annähernd der Fall, so klemmt man die Alhidade fest und verschiebt diese mit der Mikrometerschraube nur noch so weit, daß Stern und Horizont genau ineinander sitzen (Kimmsextant).

Beim Libellensextanten von Plath-Coutinho (Abb. 154) wird dessen Libelle durch ein Prisma, das hinter dem kleinen Spiegel angebracht ist, so durch das Fernrohr gespiegelt, daß sie an Stelle des Horizontes tritt. Ein zwischengeschaltetes Prisma hat den Zweck, von dieser Libelle zwei überlappende Bilder zu erzeugen und statt des einen Sonnenbildes zwei Sonnenbilder zu geben, die sich fast berühren (Abb. 155). Dadurch wird die Einstellung prägnanter. Eine Querlibelle dient dazu, die richtige Haltung des Instrumentes zu garantieren und eine Kippung zu vermeiden.

Ein anderes sehr handliches Gerät ist der Libellensextant von Hughes (Abb. 156), dessen Strahlengang in Abb. 157 dargestellt ist. Der wesentliche Bestandteil ist ein durchsichtiger Spiegel M, durch den einerseits die Libelle gesehen werden kann, andererseits durch Spiegelung und über eine Blende G das Gestirn (Auge 1). Das Gerät kann auch so gehalten werden, daß das Gestirn direkt anvisiert wird (Auge 2) und dafür die Libelle in dem Spiegel M von unten erscheint. Das ist bei Nachtbeobachtungen vorzuziehen. Die Libelle liegt bei B; sie wird beleuchtet durch den Lichtstrahlengang über die Linse L_1 und über den Spiegel R; das Libellenbild wird dann durch ein fünfeckiges Prisma P über die Sammellinse L_2 in den großen

Abb. 156. Hughes-Sextant.

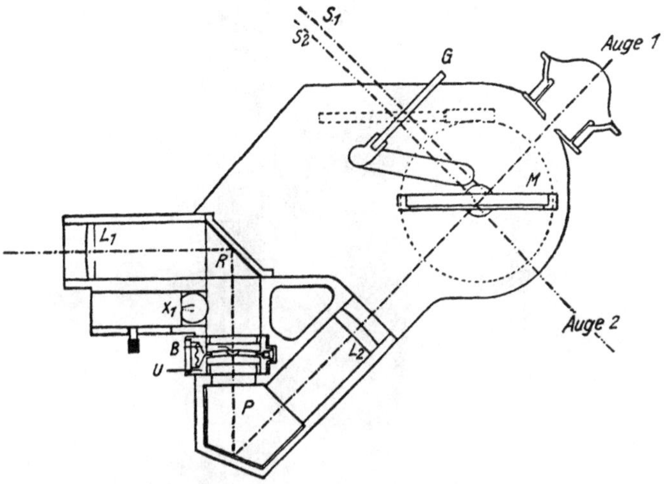

Abb. 157. Strahlengang im Hughes-Sextanten.

Spiegel M geworfen. Bei Nachtbeobachtungen wird die Libelle durch eine Glühbirne X_1 beleuchtet. Die Libelle selbst ist mit einer Ausgleichskammer U verbunden, so daß bei Temperaturänderungen durch eine Justiervorrichtung immer eine Libellenblase bestimmter Größe hergestellt werden kann. Der Spiegel M ist mit einem Gradbogen verbunden, so daß seiner Stellung entsprechend die gemessene Höhe abgelesen werden kann.

Die Benützung eines Sextanten im Flugzeug leidet darunter, daß meist im Fahrtwind beobachtet werden muß, wodurch Unruhe in der Haltung des Instrumentes auftritt. Der Periskopsextant (Opitz) (Abb. 158) gestattet dagegen eine Beobachtung im Innern des Navigationsraumes. Das Instrument hängt in Gummidichtung an der Decke des Raumes. Es ist nach allen Seiten drehbar und spiegelt das Gestirnsbild in die Meßapparatur ins Innere des Raumes. Auch dieses Gerät ist mit Libelle versehen. Die Stellung des Spiegels kann an einer Skala abgelesen werden und ergibt hier die Höhe des Gestirnes über Kimm oder Libelle. Das Instrument ist gleichzeitig mit einem Projektionskompaß (s. o.) verbunden, dessen Rose gleichfalls in das Gesichtsfeld gespiegelt werden kann. Man kann daher mit Hilfe des Periskopsextanten gleichzeitig Höhe und Azimut des Gestirnes bestimmen.

Einen gewissen Fortschritt (s. u.) im Sextantenbau weist der Gedanke von L. Becker auf, der zwischen kleinem Spiegel und Fernrohr ein an einem Pendel befestigtes Umkehrprisma einschaltet, das in zwei um 180° voneinander verschiedene Lagen gebraucht werden kann. Es entsteht ein Normalbild und ein Hilfsbild durch Spiegelung im Umkehrprisma. Die Höhe des Gestirnes wird gewonnen aus zwei Ablesungen bei den zwei Prismenstellungen. Das Pendel ist ½ m lang und gibt dadurch dem Hilfsbild eine große Periode, so daß die beiden Ausschläge nach unten und oben gut zu verfolgen sind. Die Einstellung erfolgt zuerst bei festgehaltenem Pendel, bis Bild und Hilfsbild sichtbar werden. Man überläßt nun das Pendel seinen Schwingungen und beobachtet die Schwingung des Hilfsbildes, dessen Ausschläge nach unten und oben durch die Alhidadenstellung gleichgemacht werden, worauf die Ablesung erfolgen kann.

Abb. 158. Periskopsextant.

Unter dem Namen Höhenmesser sind auch Instrumente bekannt, welche das Gestirn direkt anvisieren und die Lotrichtung durch ein Schwerependel ersetzen, um so den Winkel zwischen Pendel und Visierlinie messen zu können.

Zur Erleichterung der weiteren Rechnung ist an der University of California in Los Angeles der sog. Spherant entworfen worden. Er gestattet vor dem Gebrauch die Einstellung der Breite des Beobachtungsortes und der Abweichung des Gestirnes. Die Anvisierung des Gestirnes geschieht ähnlich wie bei dem Sextanten, nur läßt er nicht die Höhe des Gestirnes ablesen, sondern gibt sofort den Stundenwinkel *t*. Die notwendige Berechnung bei der Auswertung fällt dann weg und erfordert nur die einfache Berechnung der Länge, die zur eingestellten Breite gehört, so daß auf diese Weise ein Leitpunkt der Standlinie ermittelt ist (s. u.).

d) Die Folgen des geneigten Horizontes.

§ 99. Die Beobachtung der Höhe *h* und des Azimuts *a* eines Gestirnes setzt voraus, daß ein Horizont vorhanden ist, der senkrecht zum wahren Lot am Beobachtungsort ist. Ist dieser Horizont von außen, z. B. durch die vorhandene Kimm, garantiert, so können einwandfreie Meßresultate für die Höhe durch den Kimmsextanten erwartet werden. Beobachtet man jedoch über einem künstlichen Horizont oder einer Libelle, evtl. an einem Pendel, so muß bedacht werden, daß diese künstlichen Mittel von den Verhältnissen im Flugzeug abhängig sind, da diese künstlichen Mittel alle bestrebt sind, ihre Lage auf das vorhandene Scheinlot im Flugzeug zu beziehen. Ist in der nebenstehenden Abb. 160

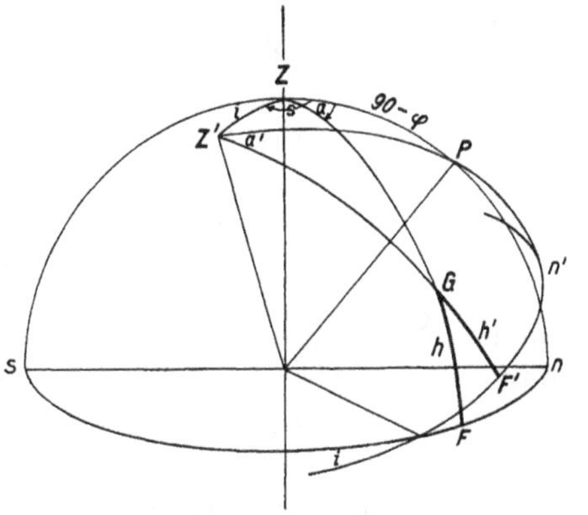

Abb. 160. Geneigter Horizont.

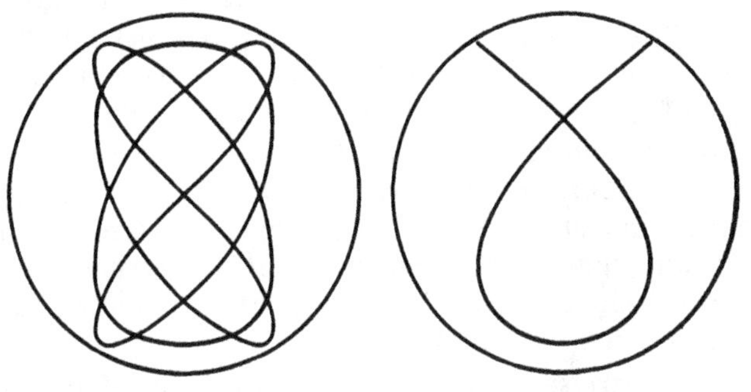
Abb. 161. Libellenbewegung im Flugzeug.

sFn der wahre Horizont, Z das Zenit, P der Pol und G das beobachtete Gestirn, so ist $FG = h$ die wahre Höhe und $nF = \sphericalangle PZG = a$ das wahre Azimut. Ist jedoch der Horizont um den Winkel i gekippt, so ist das gleichbedeutend mit einer Abwanderung des Zenites Z um das Bogenstück i in der Richtung s nach dem scheinbaren Zenit Z'. Der wahre Meridian ZPn geht dann über in den scheinbaren Meridian $Z'Pn'$ und der Vertikalkreis des Gestirnes ZGF wird zum scheinbaren Vertikalkreis $Z'GF'$. Die wahre Höhe $h = FG$ wird zur beobachteten Höhe $h' = F'G$ und es wird

$$h' - h = \Delta h = i \cos (s - a).$$

Ferner ändert sich das Azimut a in das Azimut a' und die Azimutänderung wird

$$a' - a = \Delta a = i\ (\operatorname{tang} \varphi \sin s - \operatorname{tang} h \sin (s - a)).$$

Diese Größen sind nun im Flugzeug dauernd Änderungen unterworfen, sowohl was die Größe der Neigung i als auch deren Richtung s anlangt. Die Libelle sucht diesen Bewegungen nachzugehen und würde diese auch richtig wiedergeben, wenn sie schwingungsfrei und trägheitslos wäre. Libellen sind aber wie Pendel mehr oder weniger gedämpfte Systeme mit besonderen Schwingungsperioden und so unterliegen sie den Gesetzen erzwungener Schwingungen. Sie werden den mehr oder weniger periodischen Gier- und Rollbewegungen des Flugzeuges mit einer gewissen Phasenverschiebung und entsprechender Amplitude folgen. Eine nach zwei Dimensionen frei bewegliche Libelle, wie sie der Sextant von Hughes verwendet, würde in ihrem Gehäuse eine Bewegung durchmachen, wie sie die Abb. 161 darstellt. Da bei der Roll- und Gierbewegung um Quer- und Längsachse des Flugzeuges die verschiedensten Perioden auftreten können, so können entsprechend sehr verschiedene Bewegungsvorgänge in der Libelle auftreten, wie sie die beiden Abbildungen aufweisen. Sind die Libellensysteme im Sextanten, wie bei dem von Plath-Coutinho, getrennt in eine Längs- und Querlibelle, so wird jede Libelle die Schwankung mitmachen, deren Komponente in ihrer Bewegungsrichtung fällt.

Die Bewegungen des Flugzeuges werden von der schwach gedämpften Libelle fast vollständig nachgezeichnet. Sie wird also teilhaben einmal an den kurzperiodigen Schwingungen durch Erschütterung, deren Periode in der Größenordnung von Bruchteilen einer Sekunde liegt, aber immerhin Stöße auf die Libelle ausüben, die sie um Bogenminuten von der wahren Lage ausweichen lassen. Diese kleinen Libellenstörungen werden am wirksamsten durch den Körper des Beobachtenden abgefangen und gedämpft. Schwerer ins Gewicht fallen die Rollbewegungen des Flugzeuges. Ihre Periode beträgt etwa 5 bis 10^s, und in diesem Rhythmus erfolgt die Libellenausweichung, die leicht in die Größenordnung eines Grades vorstößt. Die langperiodigen Gierbewegungen des Flugzeuges mit einer Periode von etwa 300^s geben der Libelle ein weiches periodisches Ausscheren von der Größenordnung etwa eines halben Grades. Es ist daher klar, daß die einzelne Gestirnsmessung über einer Libelle im Flugzeug von der wahren Höhe etwa um 1^0 bis $1\frac{1}{2}^0$ abweichen kann, so daß solche Einzelwerte keine besondere praktische Bedeutung haben.

Diesen sehr störenden Verhältnisse bei der Beobachtung von Gestirnen im Flugzeug kann nur entgangen werden, wenn die Amplituden dieser Libellenschwingungen sehr klein gehalten werden können. Das geschieht im allgemeinen durch Wahl entsprechender Dämpfung und durch langsam schwingende Systeme. In dieser Richtung arbeitet der Sextant von Becker. Andere Systeme, wie das von Fleuriais, benützen kreiselstabilisierte Horizonte, indem sie durch luftgetriebene Kreisel einen künstlichen Horizont von sehr langer Schwingungsdauer einbauen. Weitere Versuche gehen dahin, durch stabilisierende schwere Kreisel einen künstlichen Horizont zu schaffen, über dem dann mit einem gewöhnlichen Sextanten beobachtet werden soll.

Andererseits werden alle diese Systeme niemals restlos einen absoluten Horizont schaffen und höchstens die Schwingungsamplitude herabdrücken können. In der Praxis wird man sich daher niemals auf Einzelwerte verlassen, sondern wird mehrere Beobachtungen hintereinander nehmen, deren Mittelwert dem wahren Wert einigermaßen nahekommen wird.

e) Der Gebrauch des Sextanten.

§ 100. Die Handhabung des Sextanten erfordert nach dem Vorhergehenden viel Übung und nur bei angespannter Übung wird man den nötigen Grad von Sicherheit erwerben, ohne den brauchbare Resultate nicht erzielt werden können. Als erstes Erfordernis für verwertbare Libellenbeobachtungen ist daher aufzustellen tunlichste Ruhe in der Einhaltung des Kurses, um wenigstens Kursabweichungen und damit verbundene Beschleunigungen des Flugzeuges und der Libelle zu vermeiden. Aber auch dadurch kann die Libelle nicht ganz den äußeren Einflüssen, die dann insbesondere in der Turbulenz der Luft liegen, entzogen werden. Der Beobachter wird sich daher besonders in die Schwingungszeit der Libelle, die je nach den Flugzeugen verschieden sein wird, einfühlen müssen, um die Zeitpunkte einer vertretbaren Messung erkennen zu können. Die Libelle wird im allgemeinen dann ihren richtigen Stand einnehmen, wenn sie in der Mitte ihres Spielraumes steht. Ist dabei aber das Flugzeug in beschleunigter Bewegung, so ist die Erreichung der Mitte des Gesichtsfeldes der Augenblick der größten Bewegungsenergie und eine Einstellung des Gestirnes erschwert. Der Beobachter neigt daher dazu, Messungen vorzunehmen, wenn die Libelle scheinbar ruhig liegt. Dann ist sie aber häufig gerade bei den Umkehrpunkten der Bewegung und die Beobachtung in diesem Augenblick führt gerade zu besonders gefälschten Messungen. Bei böigem Wetter wird daher die Beobachtung mit Libellensextanten besonders erschwert sein. Die Erfahrung zeigt, daß selbst geübte Beobachter bei der Mittelnehmung über eine Reihenbeobachtung über einen durchschnittlichen Fehler von 5′ kaum hinauskommen, während die unerkannten Einzelfehler die Größenordnung eines Grades haben können. Man wird sich daher beim Gebrauch von Libellensextanten bei guter Übung mit einer Genauigkeit von $5' \approx 0{,}1^0$ abfinden müssen und kann daher auch die astronomische Ortsbestimmung auf diesen Genauigkeitsgrad einstellen. Einzelmessungen werden niemals der Auswertung zugeführt, sondern nur Mittelwerte in gedrängter Folge und nicht zu langer Zeitausdehnung. Amerikanische Sextanten zeichnen die in bestimmten Zeitintervallen eingestellten Ablesungen auf und summieren zehn aufeinanderfolgende Einstellungen, so daß der zehnte Teil dieser Summe als Mittelwert direkt abgelesen werden kann.

2. Zeit und Zeitverwandlung.

a) Bildpunkt des Gestirnes.

§ 101. Verbindet man das Gestirn am Himmel mit dem Erdmittelpunkt, so erhält man auf der Verbindungslinie einen Schnittpunkt *G* mit der Erdoberfläche (Abb. 162).

Dieser Punkt *G* heißt Bildpunkt des Gestirnes.

Wer in diesem Bildpunkt steht, hat das Gestirn gerade im Zenit.

b) Abweichung und Stundenwinkel.

§ 102. Legt man durch diesen Bildpunkt und die Pole der Erde einen Kreis, so heißt dieser Kreis Stundenkreis des Gestirnes. Das Bogenstück dieses Stundenkreises vom Äquator bis zum Bildpunkt ist die Abweichung δ des Gestirnes. Diese zählt vom Äquator von 0^0 bis 90^0 nach Nord oder Süd. Das Bogenstück des Stundenkreises vom Gestirn bis zum sichtbaren Pol heißt Poldistanz p des Gestirnes. Man ersieht nun aus Abb. 162:

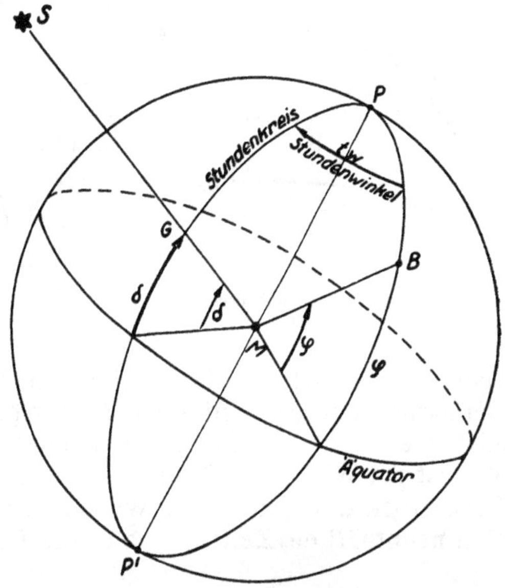

Abb. 162. Bildpunkt.

Die Breite des Bildpunktes eines Gestirnes ist gleich seiner Abweichung.

Liegt nun für irgendeinen Beobachtungsort *B* der Erde noch sein Meridian vor, so nennt man den Winkel t am Pol zwischen diesem Meridian und dem Stundenkreis des Gestirnes seinen Stundenwinkel. Dieser zählt entweder nach West oder Ost von 0^0 bis 180^0 und wird mit t_w oder $t_ö$ bezeichnet. Denkt man sich speziell an Stelle des allgemeinen Beobachtungsortes *B* den Ort Greenwich, also den Anfangspunkt unserer Längenzählung, so geht der allgemeine Stundenwinkel t in den Stundenwinkel t_{Gr} für Greenwich über, und man ersieht aus der Abb. 162:

Die Länge des Bildpunktes eines Gestirnes ist gleich seinem Stundenwinkel für den Meridian von Greenwich.

Ähnlich wie wir eingangs Breite und Länge eines Ortes als ein Koordinatensystem der Himmelskugel bezeichnet haben, so kann auch Abweichung und Stundenwinkel als ein Koordinatensystem der Kugel, diesmal gültig für ein Gestirn, angesehen werden:

Abweichung und Stundenwinkel eines Gestirnes bilden ein zweites Koordinatensystem an der Himmelskugel.

c) Das sphärisch-astronomische Grunddreieck.

§ 103. Um Beziehungen zwischen den einzelnen Koordinaten herzustellen, verbindet man in Abb. 162 noch den Beobachtungsort *B* mit dem Bildpunkt *G* und erhält nunmehr unter Hereinnahme des Poles *P* ein sphärisches Dreieck (Abb. 163), das als Grundlage der sphärischen Beziehungen aller Größen dient.

Die Ecken des sphärisch-astronomischen Grunddreiecks sind also:

B der Beobachtungsort,
G der Bildpunkt des Gestirnes und
P der Pol.

In diesem Dreieck ist BG der Abstand des Beobachtungsortes vom Bildpunkt des Gestirnes, mit dem wir uns näher beschäftigen wollen. Er erscheint als Stück des Großkreises, der durch B und G gelegt ist. Schneidet man nun die Erde nach diesem Großkreis auf, so erhält man die Abb. 164. Durch B liegt der Horizont des Beobachtungsortes. Zieht

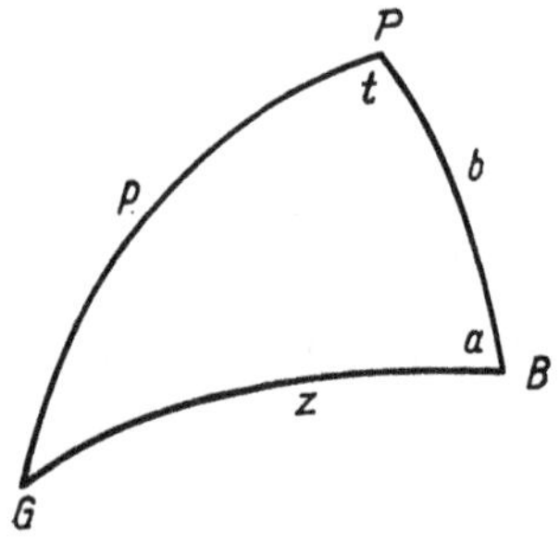

Abb. 163. Sphärisch-astronomisches Grunddreieck.

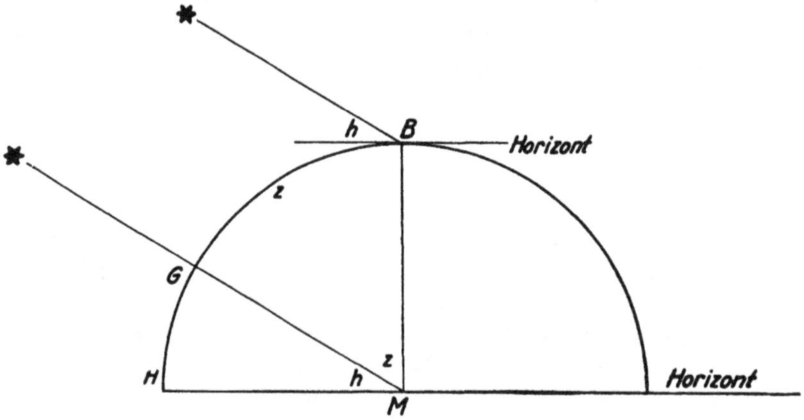

Abb. 164. Zenitdistanz und Höhe.

man eine Parallele zu diesem Horizont durch den Erdmittelpunkt M, so kann wegen der Geringfügigkeit des Erdradius MB gegenüber der räumlichen Entfernung der Gestirne auch diese Parallele durch den Erdmittelpunkt als Horizont aufgefaßt werden. Dann aber ist der Winkel HMG nichts anderes als die wahre Höhe h des Gestirnes. Da nun das Bogenstück GB gleich dem Winkel GMB am Erdmittelpunkt ist, so ist $GB = 90^0 - h$. Man nennt GB die Zenitdistanz des Gestirnes und hat also die Beziehung

$$z = 90^0 - h.$$

Ferner erscheint GP als Poldistanz des Gestirnes und BP ist das Komplement zur Breite des Beobachtungsortes.

Es sind also die Seiten des sphärisch-astronomischen Grunddreiecks

BP = Breitenkomplement $b = 90^0 - \varphi$,
GB = Zenitdistanz des Gestirnes $z = 90^0 - h$,
GP = Poldistanz des Gestirnes $p = 90^0 \mp \delta$.

Das doppelte Vorzeichen bei der Poldistanz rührt daher, daß sie von dem sichtbaren Pol herzuzählen ist. Liegt also der Bildpunkt auf entgegengesetzter Breite als der Beobachtungsort, ist also δ ungleichnamig mit der Breite φ, so gilt für die Poldistanz ein stumpfer Winkel, also $90^0 + \delta$, im anderen Fall ein spitzer Winkel $90^0 - \delta$.

Unter den Winkeln des sphärisch-astronomischen Grunddreieckes gibt der Winkel zwischen dem Meridian BP des Beobachtungsortes und dem Großkreis BG vom Beobachtungsort nach dem Bildpunkt des Gestirnes die Richtung nach dem Gestirn. Dieser Winkel ist also das Azimut des Gestirnes. Der Winkel bei P ist der Stundenwinkel des Gestirnes.

Es sind also die Winkel des sphärisch-astronomischen Grunddreiecks

bei P: der Stundenwinkel t des Gestirnes,
bei B: der Azimut a des Gestirnes.

d) Die Himmelsbewegung und die Zeiteinheit.

§ 104. Für den Beobachter des gestirnten Himmels hat es den Anschein, als ob sämtliche Sterne sich am Himmelszelt von Ost nach West in täglichem Turnus verlagern, zunächst im Osten aufgehen, dann höher steigen und im Westen endlich untergehen. Wir wissen, daß dies nur eine scheinbare Bewegung ist und die wahre Bewegung der Erde anhaftet. Diese dreht sich und die Drehung geht um die Erdachse vor sich und zwar im Sinne von West nach Ost. Damit wird die Erdachse zugleich die Himmelsachse oder Weltachse.

An dieser Erddrehung messen wir die Zeit. Als Zeiteinheit begreifen wir die einmalige Umdrehung der Erde um ihre Achse und nennen sie Tag. Wir können einen Tag daran erkennen, daß wir einen Meridiandurchgang eines Gestirnes durch den Ortsmeridian und dann wieder den nächsten beobachten. Der 24. Teil eines Tages heißt Stunde, deren 60. Teil Zeitminute und wieder deren 60. Teil Zeitsekunde. In der nautischen Astronomie unterteilt man neuerdings den Tag im Gradmaß und erreicht dadurch, daß man die lästigen Umrechnungen der Zeiteinheiten vermeiden kann (s. u.).

Greift man noch einmal auf Abb. 162 zurück, so kann sie dadurch ergänzt werden, daß wir uns die Richtung vom Erdmittelpunkt nach dem Gestirn als im Raume fest vorstellen, wogegen wir die Erde unter dem Weltraum sich um die Erdachse im Sinne von West nach Ost drehen lassen. Dann aber beschreibt der Bildpunkt G scheinbar auf der sich drehenden Erde einen Parallelkreis zum Äquator, der nun Abweichungsparallel heißt, während in Wirklichkeit die Erde mit ihrem Beobachtungsort B unter dem festen Punkt G wegrollt. Man begreift dadurch (Abb. 165), daß bei dieser Drehung der Erde sich einmal der Stundenwinkel t des Gestirnes ändert, ebenso aber auch der Abstand $BG = z = 90^0 - h$ und endlich auch das Azimut a. Am besten ist der Zeitablauf am Stundenwinkel zu erkennen. Denkt man sich fest mit der Erde verbunden auf dem Pol eine Scheibe, deren Nullrichtung auf den Meridian des Ortes B eingestellt ist, so wird der Stundenkreis des Sternes der Reihe nach auf der sich drehenden Scheibe wie ein Zeiger die Zahlen 45°, 90°, 135° überstreichen und damit die Veränderung des Stundenwinkels und die Änderungen der Zeit anzeigen.

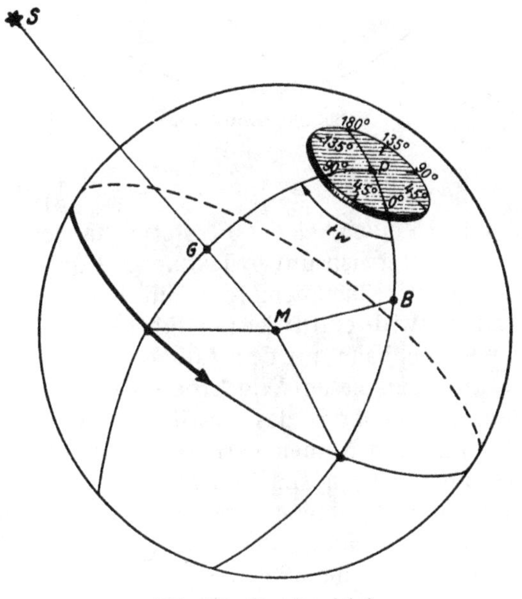

Abb. 165. Stundenwinkel.

Unter den Gestirnen hat man nun die Fixsterne einerseits und Sonne, Mond und Planeten andererseits zu unterscheiden. Die Fixsterne haben unter sich und gegenüber dem Äquator eine unveränderte Lage, wobei von kleinen, sich über die Jahrhunderte erstreckenden Lagenänderungen abgesehen wird. Es ergibt sich dann:

Die Abweichung eines Fixsternes ist konstant (Tab. 10).

Nicht das gleiche können wir von Sonne, Planeten und dem Monde sagen. Diese Gestirne haben nämlich noch eine besondere Bewegung unter den Fixsternen, so daß sie bald näher bald ferner, bald südlich bald nördlich vom Äquator liegen. Daher ist

die Abweichung von Sonne, Planeten und Mond veränderlich.

e) Die Zeiten.

§ 105. Die doppelte Zählung des Stundenwinkels eines Gestirnes nach Ost und West wird als unbequem empfunden. Man denkt sich daher, wie oben, am Pol eine fest mit der

Erde verbundene Scheibe, die jedoch eine einheitliche durchgehende Zählung von 0° bis 360° aufweist. Mit ihrer Nullstellung ist sie aber nicht auf den Meridian des Beobachtungsortes ausgerichtet, sondern auf seinen entgegengesetzten, sog. unteren Meridian. Der so gemessene Winkel heißt der Zeitwinkel τ des Gestirnes für den Beobachtungsort, kurz Ortszeitwinkel (Abb. 166). Dieser zählt also von 0° bis 360° durch und zwar in der Richtung der täglichen Bewegung des Himmels von Ost nach West.

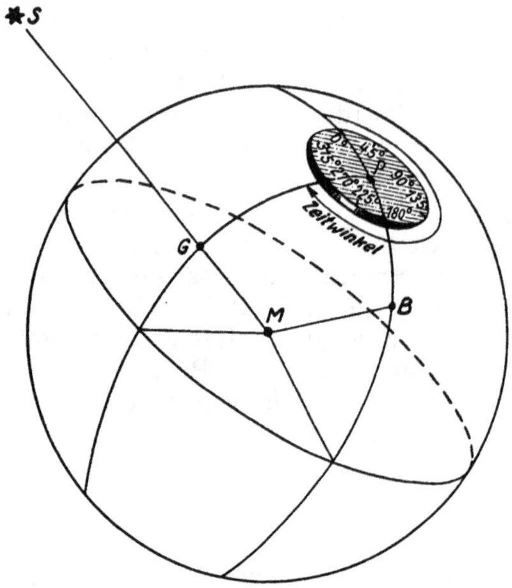

Abb. 166. Zeitwinkel.

Zwischen Stundenwinkel und Zeitwinkel besteht daher eine einfache Beziehung, die wir, je nachdem der Stundenwinkel östlich oder westlich zählt, in der Formel ausdrücken:

$\tau = 180° - t_ö$, **bei östlichem Stundenwinkel,**
$\tau = 180° + t_w$, **bei westlichem Stundenwinkel.**

Umgekehrt berechnet sich der Stundenwinkel aus dem Zeitwinkel durch die häufig gebrauchte Formel:

$t_ö = 180° - \tau$, **wenn** τ **kleiner als 180° ist,**
$t_w = \tau - 180°$, **wenn** τ **größer als 180° ist.**

Wir unterscheiden nun je nach der Wahl des Gestirnes, an dem wir die Zeit messen, folgende Zeiten:

1. Sternzeit.

Die Zeitwinkel der Fixsterne hängen alle miteinander auf einfache Weise zusammen. Da sie unter sich unverrückbar sind und gemeinsam an der scheinbaren Drehung der Himmelskugel teilnehmen, so wählt man unter ihnen einen besonderen Punkt aus, der den Namen Widderpunkt (♈) führt. Dieser Widderpunkt wird erklärt als der Schnittpunkt der Sonnenbahn mit dem Äquator, in dem die Sonne am 21. März steht. Die Stellung eines Gestirnes zu diesem Widderpunkt wird dadurch festgehalten, daß man den Winkel zwischen dem Stundenkreis des Gestirnes und dem Stundenkreis des Widderpunktes mißt. Man gibt ihm den Namen Gerade Aufsteigung des Gestirnes (α). Eine solche Gerade Aufsteigung besitzen alle Gestirne; die der Fixsterne ist konstant (Tab. 11), bei Sonne, Mond und Planeten wegen ihrer Eigenbeweglichkeit an der Himmelskugel veränderlich. Die Gerade Aufsteigung des Gestirnes zählt vom Widderpunkt bis zum Stundenkreis des Gestirnes von 0° bis 360° und zwar im Sinne von West nach Ost.

Unter Sternzeit (♈τ) versteht man den Zeitwinkel des Widderpunktes.

Aus Abb. 167 ist nun zu entnehmen, daß man die Sternzeit aus dem Zeitwinkel irgendeines Gestirnes gewinnt, wenn man an diesen seine Gerade Aufsteigung anbringt.

Sternzeit = Zeitwinkel eines Gestirnes + Gerade Aufsteigung dieses Gestirnes

$$♈\tau = ✱\tau + ✱\alpha.$$

Ist dagegen die Sternzeit bekannt, so läßt sich aus ihr ohne weiteres der Zeitwinkel irgendeines Gestirnes berechnen, wenn man dessen Gerade Aufsteigung (α) kennt:

$$✱\tau = ♈\tau - ✱\alpha = ♈\tau + (360° - ✱\alpha).$$

Statt die Gerade Aufsteigung zu subtrahieren, kann man auch ihre Ergänzung auf 360° addieren; deshalb ist in Tab. 11 bei den Fixsternen neben δ und α auch diese Ergänzung $360^0 - \alpha$ aufgeführt.

2. Wahre Zeit.

Als wichtigstes Gestirn erscheint uns die Sonne. Der Ortszeitwinkel der wahren Sonne heißt Wahre Zeit (W.Z.).

Wahre Zeit = Zeitwinkel der wahren Sonne.

$$\text{W.Z.} = \odot\,\tau.$$

3. Mittlere Zeit.

Es stellt sich heraus, daß die wirkliche Sonne kein geeignetes Maß für eine Zeitrechnung ist, weil sie die Eigenschaft hat, sehr ungleichmäßig unter den Fixsternen zu wandeln, so daß der wahre Sonnentag bald länger, bald kürzer als 24 Stunden ist. Um unsere Uhren

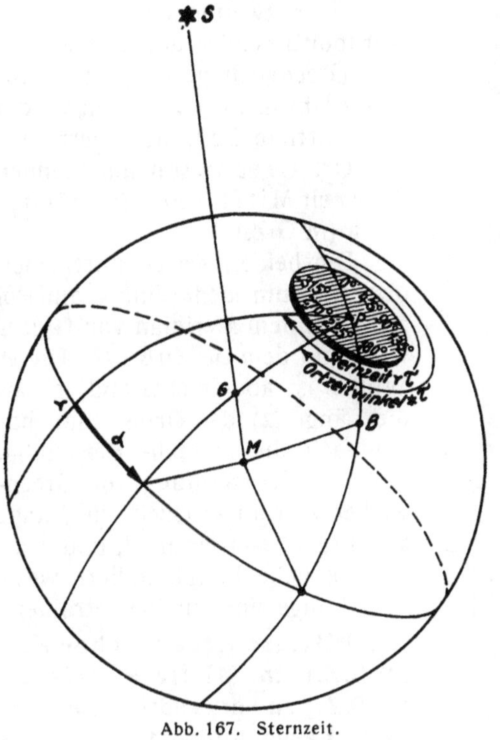

Abb. 167. Sternzeit.

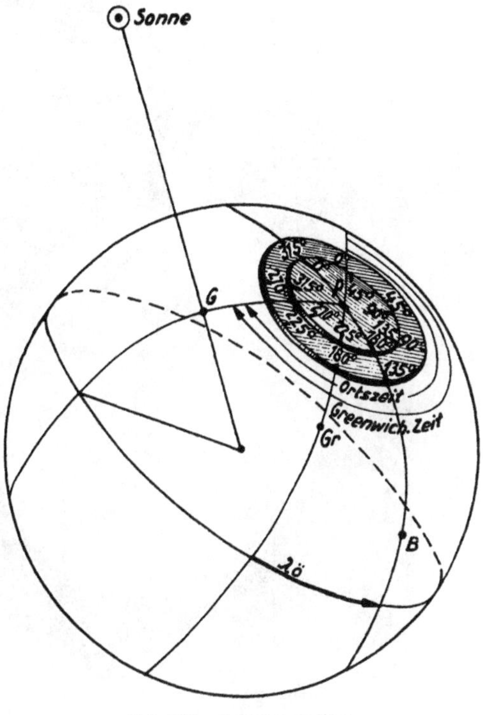

Abb. 168. Zeitverwandlung.

nicht zu kompliziert bauen zu müssen, damit sie nach dieser wahren Zeit gehen, operiert man lieber mit einer idealen Sonne, welche mit den Fixsternen die Eigenschaft hat, gleichmäßige Zeitabschnitte zu geben und mit der wahren Sonne an deren Eigenschaft teilnimmt, in einem Jahre einmal einen Umlauf unter den Fixsternen zu vollenden. Diese Sonne nennen wir mittlere Sonne (m ⊙) und erklären

Mittlere Zeit = Zeitwinkel der mittleren Sonne (M.Z.).

$$\text{M.Z.} = \text{m}\,\odot\,\tau.$$

Die Überführung der M.Z. in Sternzeit ($\Upsilon\tau$) geht nach obiger Regel vor sich, wenn statt des Gestirnes (✱) die mittlere Sonne (m ⊙) eingeführt wird:

$$\ast\,\tau = \text{M.Z.} + \text{m}\,\odot\,\alpha.$$

Haben wir oben bei der Erklärung der Zeit als Zeitwinkel hauptsächlich das betrachtete Gestirn im Auge gehabt, so müssen wir jetzt unser Augenmerk noch darauf lenken, daß nach der Erklärung der Zeitwinkel auch von einem bestimmten Meridian her zu zählen ist. Betrachten wir die Erde vom Nordpol her, so laufen von ihm aus die Meridiane nach den verschiedenen Orten (Abb. 168). Wir lassen einen solchen Meridian durch den Beobachtungsort B laufen und geben ihm am Nordpol eine Uhrscheibe mit, deren Ziffer 180 auf den Meridian des Ortes ausgerichtet ist. Diese Uhr mißt dann, wenn als Gestirn die mittlere Sonne (m ⊙) eingesetzt ist, die M.Z. für den Ort B. Wir nennen sie Mittlere Ortszeit (M.O.Z.). Gleichzeitig legen wir auf die Erde noch den wichtigen Meridian des Ortes Greenwich und versehen die Erde mit einer zweiten Uhrscheibe am Nordpol, deren 180 auf den Meridian von Greenwich gerichtet ist. Mit dieser Uhr messen wir dann wieder eine Mittlere Zeit, aber jetzt für den Ort Greenwich und nennen diese Zeit Mittlere Greenwicher Zeit (M.G.Z.).

Abb. 169. Chronometer.

Die beiden Zeiten unterscheiden sich um den Winkel am Pol zwischen dem Meridian von Greenwich und dem des Ortes B. Dieser Winkel ist aber nichts anderes als die Länge (λ) des Ortes. Man hat demnach die einfache Beziehung, daß zur Verwandlung von Greenwicher Zeit in Ortszeit die Länge angebracht werden muß, und zwar wird östliche Länge addiert, westliche Länge sinngemäß subtrahiert.

Um Mittlere Greenwicher Zeit (M.G.Z.) in Mittlere Ortszeit (M.O.Z.) zu verwandeln, muß östliche Länge addiert, westliche Länge subtrahiert werden.

$$\text{M.O.Z.} = \text{M.G.Z.} + \lambda_{ö},$$
$$= \text{M.G.Z.} - \lambda_{w}.$$

Um auch hier eine Subtraktion zu vermeiden, kann man bei westlicher Länge deren Ergänzung auf 360° addieren und hat die Form:

$$\text{M.O.Z.} = \text{M.G.Z.} + \lambda_{ö},$$
$$\text{M.G.Z.} + (360^{0} - \lambda_{w}).$$

Mit diesen Regeln kommt man aus, um alle in der astronomischen Nautik notwendigen Zeitverwandlungen durchzuführen (s. § 107).

Die Mittlere Greenwicher Zeit (M.G.Z.) dient als Weltzeit, auf welche alle anderen Zeiten bezogen werden. Auf diese Zeit sind insbesondere alle veränderlichen astronomischen

Größen abgestellt, die man für die Navigation braucht. Man muß daher bei jeder Beobachtung diese Zeit kennen und bedient sich dazu besonders genau gehender Uhren, sog. Chronometer (Abb. 169). Diese Chronometer eignen sich allerdings nicht zur Mitnahme in das Flugzeug, weil durch Beschleunigung und Temperatur der Stand des Chronometers leicht beeinflußt wird. Ihre hauptsächliche Bedeutung liegt darin, daß sie unabhängig von anderen Mitteln monatelang angebbar eine genaue Zeit festhalten, so daß man nach ihnen Uhren stellen kann. Im Flugzeug bedient man sich kleiner Taschenchronometer (Beobachtungsuhren), die zwar nicht dieselbe Genauigkeit besitzen, aber während der Flugdauer mit genügender Sicherheit arbeiten. Besonders zweckmäßig sind Graduhren, welche die Zeit nicht im gewohnten Stundenmaß, sondern in Graden angeben und dabei ein Zifferblatt besitzen, in dem der Gradzeiger in einem Tage einmal umläuft und nicht wie bei den gewöhnlichen Uhren einmal in je einem Halbtag (Abb. 170). Die Beobachtungsuhr wird vor dem Fluge entweder nach dem Chronometer oder nach Funkzeitzeichen gestellt. Eventuelle Unterschiede zwischen Uhrzeit und Greenwicher Zeit werden als Stand der Uhr vermerkt und bei der Beobachtung an die Uhrzeit angebracht.

Abb. 170. Graduhr.

An die Mittlere Greenwicher Zeit angeschlossen sind die mittleren Ortszeiten für die Meridiane 15°, 30°, 45°, 60° usw. Diese heißen speziell Zonenzeiten (Z.Z.). Die Verwandlung von M.G.Z. in Z.Z. und umgekehrt ist äußerst bequem, weil die Zeitunterschiede immer nur ganze Stunden ausmachen. Die Zonenzeit für 15° Ost (Z.Z. $_{15°O}$) heißt speziell Mitteleuropäische Zeit (M.E.Z.); sie ist immer um eine Stunde größer als die M.G.Z. Die Zonenzeit für 30° Ost (Z.Z. $_{30°O}$) heißt Osteuropäische Zeit (O.E.Z.); sie ist um 2 Stunden größer als die M.G.Z., um 1 Stunde größer als die M.E.Z.

Verschiedene Länder führen im Sommer eine besondere Zeit, die sog. Sommerzeit (S.Z.) ein. Diese unterscheidet sich von der normalen Zonenzeit um je 1^h, und zwar enthält die jeweilige Sommerzeit (S.Z.) immer eine Stunde mehr als die entsprechende Zonenzeit, z. B.

$$13^h\ 45^m \text{ S.Z. in Deutschland} = 12^h\ 45^m \text{ M.E.Z.}$$

f) Das Aeronautische Jahrbuch.

§ 106. In dem von der Deutschen Seewarte herausgegebenen Aeronautischen Jahrbuch finden sich alle astronomischen Größen verzeichnet, welche für die astronomische Navigation wichtig sind. Diese Zahlen sind tageweise (kalendermäßig) zusammen-

Donnerstag, 3. Oktober 1940 — Aeronautisches Jahrbuch — Vorderseite

M. G. Z.	Greenwicher Zeitwinkel						
	Sonne ⊙	Venus ♀	Mars ♂	Jupiter ♃	Saturn ♄	Mond ☾	Widderp. ♈
Mittern.	2° 42′	43° 42′		149° 13′	149° 33′	342° 32′	191° 33′
20°	22 42	63 42		169 17	169 37	1 46	211 36
40	42 42	83 42		189 21	189 40	20 59	231 39
60	62 43	103 41		209 24	209 44	40 13	251 43
80	82 43	123 41		229 28	229 47	59 27	271 46
100	102 43	143 40		249 31	249 51	78 41	291 49
120	122 44	163 40		269 35	269 54	97 55	311 52
140	142 44	183 40	Nicht sichtbar	289 38	289 58	117 9	331 56
160	162 44	203 39		309 42	310 1	136 22	351 59
Mittag	182 44	223 39		329 46	330 5	155 36	12 2
200	202 45	243 38		349 49	350 8	174 50	32 6
220	222 45	263 38		9 53	10 12	194 4	52 9
240	242 45	283 38		29 56	30 15	213 17	72 12
260	262 45	303 37		50 0	50 19	232 31	92 15
280	282 46	323 37		70 4	70 22	251 45	112 19
300	302 46	343 37		90 7	90 26	270 58	132 22
320	322 46	3 36		110 11	110 29	290 12	152 25
340	342 46	23 36		130 14	130 33	309 26	172 29
Mittern.	2 47	43 35		150 18	150 36	328 39	192 32

M. G. Z.	Einschaltwerte für Greenwicher Zeitwinkel						
	Sonne ⊙	Venus ♀	Mars ♂	Jupiter ♃	Saturn ♄	Mond ☾	Widderp. ♈
1°	1° 0′	1° 0′		1° 0′	1° 0′	0° 58′	1° 0′
2	2 0	2 0		2 0	2 0	1 55	2 0
3	3 0	3 0		3 1	3 1	2 53	3 0
4	4 0	4 0		4 1	4 1	3 51	4 1
5	5 0	5 0		5 1	5 1	4 48	5 1
6	6 0	6 0		6 1	6 1	5 46	6 1
7	7 0	7 0		7 1	7 1	6 44	7 1
8	8 0	8 0		8 1	8 1	7 42	8 1
9	9 0	9 0		9 2	9 2	8 39	9 1
10	10 0	10 0	Nicht sichtbar	10 2	10 2	9 37	10 2
11	11 0	11 0		11 2	11 2	10 35	11 2
12	12 0	12 0		12 2	12 2	11 32	12 2
13	13 0	13 0		13 2	13 2	12 30	13 2
14	14 0	14 0		14 3	14 2	13 28	14 2
15	15 0	15 0		15 3	15 3	14 25	15 2
16	16 0	16 0		16 3	16 3	15 23	16 3
17	17 0	17 0		17 3	17 3	16 21	17 3
18	18 0	18 0		18 3	18 3	17 18	18 3
19	19 0	19 0		19 3	19 3	18 16	19 3

M. G. Z.	Abweichung						
	Sonne ⊙	Venus ♀	Mars ♂	Jupiter ♃	Saturn ♄	Mond ☾	Änd. je 1°
Mittern.	3° 49′ S	12° 45′ N		14° 49′ N	13° 26′ N	9° 59′ S	0,7
40°	3 51	12 43				10 26	0,6
80	3 54	12 41		14 49		10 52	0,6
120	3 57 S	12 39 N		14 48 N		11 17 S	0,6
160	3 59	12 37	Nicht sichtbar			11 42	0,6
200	4 2	12 35			13 26	12 6	0,6
240	4 4 S	12 33 N			13 25 N	12 29 S	0,6
280	4 7	12 31				12 52	0,6
320	4 10	12 29		14 48		13 14	0,5
Mittern.	4 12 S	12 27 N		14 47 N	13 25 N	13 36 S	

Halbm. d. S. ⊙ $\varrho = 16'$

Mittlere Ortszeit des Sonnen- und Mond-Auf- und -Untergangs
Mond für 0° Länge

Breite	10° S	10° N	30° N	40° N	50° N	60° N	70° N
Sonnenaufgang	5h 43m	5h 49m	5h 54m	5h 58m	6h 2m	6h 9m	6h 23m
Sonnenuntergang	17 55	17 49	17 44	17 40	17 35	17 28	17 14
Dauer d. Dämm.	0 33	0 33	0 37	0 42	0 50	1 4	1 34
Mondaufgang	7 20	7 36	7 55	8 8	8 26	8 54	9 52
Monduntergang	20 5	19 46	19 23	19 9	18 49	18 18	17 15
Aufg. Änd. f. 10° O-Länge	—2	—2	—2	—2	—2	—2	—3
Untg. Änd. f. 10° O-Länge	—2	—2	—1	—1	—1	—1	0

Halbm. d. M. ☾ $\varrho = 17'$ bis M. G. Z. = 347°
$= 16'$ ab M. G. Z. = 348°

Parallaxe d. M. ☾ $\pi = 61'$

Aeronautisches Jahrbuch

Fixsterne

Rückseite

Donnerstag, 3. Oktober 1940

M. G. Z.	Aldebaran	Antares	Arktur	Atair	Beteigeuze	Capella	Deneb	Dubhe	Fomalhaut	Hamel	Pollux	Regulus	Rigel	Sirius	Sirrah	Wega
	Greenwicher Zeitwinkel															
Mittern.	123° 25′	305° 6′	388° 19′	254° 34′	103° 33′	113° 28′	241° 41′	26° 32′	207° 57′	160° 35′	76° 7′	40° 15′	113° 37′	90° 55′	190° 12′	272° 49′
20°	143 28	325 10	358 22	274 37	123 36	133 31	261 45	46 35	228 0	180 38	96 11	60 18	133 41	110 58	210 16	292 52
40	163 31	345 13	18 25	294 41	143 40	153 34	281 48	66 39	248 3	200 41	116 14	80 21	153 44	131 1	230 19	312 55
60	183 35	5 16	38 29	314 44	163 43	173 38	301 51	86 42	268 7	220 45	136 17	100 25	173 47	151 4	250 22	332 59
80	203 38	25 19	58 32	334 47	183 46	193 41	321 54	106 45	288 10	240 48	156 21	120 28	193 50	171 8	270 26	353 2
100	223 41	45 23	78 35	354 51	203 50	213 44	341 58	126 49	308 13	260 51	176 24	140 31	213 54	191 11	290 29	13 5
120	243 44	65 26	98 38	14 54	223 53	233 48	2 1	146 52	328 16	280 55	196 27	160 34	233 57	211 14	310 32	33 8
140	263 48	85 29	118 42	34 57	243 56	253 51	22 4	166 55	348 20	300 58	216 30	180 38	254 0	231 18	330 35	53 12
160	283 51	105 33	138 45	55 0	263 59	273 54	42 8	186 58	8 23	321 1	236 34	200 41	274 3	251 21	350 39	73 15
Mittag	303 54	125 36	158 48	75 4	284 3	293 57	62 11	207 2	28 26	341 4	256 37	220 44	294 7	271 24	10 42	93 18
200	323 58	145 39	178 52	95 7	304 6	314 1	82 14	227 5	48 30	1 8	276 40	240 48	314 10	291 27	30 45	113 22
220	344 1	165 42	198 55	115 10	324 9	334 4	102 17	247 8	68 33	21 11	296 44	260 51	334 13	311 31	50 49	133 25
240	4 4	185 46	218 58	135 14	344 13	354 7	122 21	267 12	88 36	41 14	316 47	280 54	354 17	331 34	70 52	153 28
260	24 7	205 49	239 1	155 17	4 16	14 11	142 24	287 15	108 39	61 18	336 50	300 57	14 20	351 37	90 55	173 31
280	44 11	225 52	259 5	175 20	24 19	34 14	162 27	307 18	128 43	81 21	356 53	321 1	34 23	11 41	110 58	193 35
300	64 14	245 56	279 8	195 23	44 22	54 17	182 31	327 21	148 46	101 24	16 57	341 4	54 26	31 44	131 2	213 38
320	84 17	265 59	299 11	215 27	64 26	74 20	202 34	347 25	168 49	121 27	37 0	1 7	74 30	51 47	151 5	233 41
340	104 21	286 2	319 15	235 30	84 29	94 24	222 37	7 28	188 53	141 31	57 3	21 11	94 33	71 50	171 8	253 45
Mittern.	124 24	306 5	339 18	255 33	104 32	114 27	242 40	27 31	208 56	161 34	77 7	41 14	114 36	91 54	191 12	273 48
δ	16° 23′ N	26° 18′ S	19° 30′ N	8° 43′ N	7° 24′ N	45° 56′ N	45° 4′ N	62° 4′ N	29° 56′ S	23° 11′ N	28° 10′ N	12° 15′ N	8° 16′ S	16° 38′ S	28° 46′ N	38° 44′ N
colg cos δ	0,0180	0,0475	0,0257	0,0050	0,0036	0,1577	0,1510	0,3293	0,0622	0,0366	0,0547	0,0100	0,0045	0,0186	0,0572	0,1079
$360° - \alpha$	291° 52′	113° 34′	146° 46′	63° 1′	272° 0′	281° 55′	50° 9′	194° 59′	16° 24′	329° 2′	244° 35′	208° 42′	282° 5′	259° 22′	358° 40′	81° 16′

gestellt und füllen jeweils die Vorder- und Rückseite eines Blattes. Ein solches Doppelblatt ist auf S. 160 und 161 abgedruckt. Geordnet sind die Zahlen nach M.G.Z., die von 20⁰ zu 20⁰ fortschreitet. Sie geben in erster Linie den Greenwicher Zeitwinkel und die Abweichungen von Sonne, Mond und den vier hellen Planeten Venus, Mars, Jupiter und Saturn, endlich auch noch die Greenwicher Sternzeiten (Gr.$\Upsilon\tau$), also den Greenwicher Zeitwinkel des Widderpunktes, dessen Abweichung immer 0^0 ist. Mit Abweichung und Greenwicher Zeitwinkel sind also die Koordinaten des Bildpunktes des Gestirnes gegeben. Nebenan stehen auf der ersten Seite rechts noch Einschaltwerte für die einzelnen Grade der M.G.Z., die sehr bequem sind. Nur beim Monde, der eine größere Eigenbewegung hat, muß beim Einschalten jeweils größere Vorsicht geübt werden. Das letzte Viertel der Seite füllen noch Angaben über Auf- und Untergang von Sonne und Mond, ferner eine kurze Angabe über Sonnenradius, Mondradius und Mondparallaxe. Die Spalten nicht sichtbarer Sterne sind leer gelassen. Auf der Rückseite finden sich wieder Greenwicher Zeitwinkel und Abweichung von 16 hellen Fixsternen, die je nach ihrer Sichtbarkeit den Jahreszeiten entsprechend wechseln. Die Sterne der nördlichen Halbkugel sind bevorzugt. Sollten andere weniger helle Fixsterne als die bevorzugten zur Beobachtung herangezogen werden, so finden sich am Schlusse des Buches noch über 40 solcher Sterne die nötigen Angaben. Der Beobachtung des Polarsternes sind noch zwei weitere Seiten mit Angaben der Beschickung zur Polhöhe und über das Azimut gewidmet.

g) Zeitverwandlungen.

§ 107. Die Zeitverwandlungen sind ein wichtiges Glied aller astronomischen Aufgaben und müssen daher eingehend geübt werden. Man bedient sich dabei am zweckmäßigsten bestimmter Rechenschemata.

Die Regeln über die wichtigsten Zeitverwandlungen sind schon in § 105 gegeben worden.

Bei den Zeitverwandlungen handelt es sich im wesentlichen darum, aus der von der Beobachtungsuhr abgelesenen M.G.Z. zum Ortsstundenwinkel des beobachteten Gestirnes überzugehen.

Mit Hilfe der Graduhr läßt sich die M.G.Z. ohne weiteres im Gradmaß ablesen, so daß man mit dieser Zeit bequem in das Aeronautische Jahrbuch eingehen kann, um ihm die nötigen astronomischen Größen zu entnehmen. Bedient man sich einer Uhr mit Stundenzifferblatt, so müssen deren Angaben erst in das Gradmaß umgewandelt werden. Man hat folgende Grundbeziehungen, die zur Verwandlung dienen:

$$24^h = 360^0$$
$$1^h = 15^0 \qquad 1^m = 15'$$
$$4^m = 1^0 \qquad 4^s = 1'$$

Hat man also z. B. $7^h\,37^m\,12^s$ ins Bogenmaß zu verwandeln, so ergeben $7^h = 7 \cdot 15^0 = 105^0$ und aus 37^m folgen noch $37:4 = 9^0$, wobei noch 1^m übrigbleibt. Aus 105^0 und 9^0 schreibt man also 114^0 an. Die restliche 1^m gibt $15'$ und aus 12^s folgen noch $12:4 = 3'$, im ganzen also noch $18'$. Es ist also $7^h\,37^m\,12^s = 114^0\,18'$.

Zur bequemeren Umrechnung dienen besondere Tafeln, mit deren Hilfe man ohne weiteres die umgewandelten Zahlen entnehmen kann (s. Tab. 9).

Bei den notwendigen Rechnungsoperationen erweist es sich als Vorteil, wenn dabei nicht das eine Mal addiert und dann wieder subtrahiert werden muß, sondern die Rechnungsregeln so ausspricht, daß immer nur addiert zu werden braucht. Dabei gilt es als allgemeine Regel, daß es auf dasselbe herauskommt, ob man einen Zahlenwert subtrahiert oder seine Ergänzung auf 360^0 addiert. Überschüssige 360^0 werden dann abgeworfen. Durch diesen Vorgang kann dann der Rechnungsgang in einer Addition durchgeführt werden.

Man hat für die Verwandlung folgende drei Rechnungsgänge:

1. Mit Hilfe der M.G.Z. entnimmt man dem Jahrbuch mit dem nächstniederen ganzen 20er Grad den Greenwicher Zeitwinkel des gewünschten Gestirnes und bringt für die restlichen Grade der M.G.Z. die Berichtigungen aus den Einschalttafeln an. Bei Fixsternen gilt die Berichtigungstafel für die Sternzeit = ♈ τ.

2. Um den Greenwicher Zeitwinkel in den Ortszeitwinkel des Gestirnes zu verwandeln, wendet man die oben aufgestellte Regel an:

Der Ortszeitwinkel eines Gestirnes ergibt sich, indem man an den Greenwicher Zeitwinkel des Gestirnes die Länge anbringt.

Dabei ist östliche Länge mit ihrem Zahlenwert, westliche Länge mit ihrer Ergänzung auf 360° zu addieren.

3. Den Zeitwinkel des Gestirnes verwandelt man in den Stundenwinkel des Gestirnes nach der Regel:

Ist der Zeitwinkel größer als 180°, so zieht man 180° von ihm ab, der Stundenwinkel ist dann westlich.

Ist der Zeitwinkel kleiner als 180°, so zieht man ihn von 180° ab, der Stundenwinkel ist dann östlich.

Beispiel 1: Was ist der Stundenwinkel der Sonne am 3. Oktober 1940 um M.G.Z. = 143° 17′ auf der Länge 8° 33′ Ost?

Gr. ☉ τ für 140°	= 142° 44′
Einschaltwert für 3° 17′ . . .	= 3° 17′
8° 33′ O	= 8° 33′
☉ τ	= 154° 34′
☉ $t_ö$	= 25° 26′ O

Beispiel 2: Was ist der Stundenwinkel der Venus am 3. Oktober 1940 um M.G.Z. = 288° 41′ auf der Länge 66° 18′ W?

Gr. ♀ τ für 280°	= 323° 37′
Einschaltwert für 8° 41′ . . .	= 8° 41′
66° 18′ W	= 293° 42′
♀ τ	= 626° 0′ = 266° 0′
♀ t_w	= 86° 0′ W

Beispiel 3: Was ist der Stundenwinkel des Mondes am 3. Oktober 1940 um M.G.Z. = 342° 49′ auf der Länge 17° 48′ Ost?

Gr. ☾ τ für 340°	= 309° 26′
Einschaltwert für 2° 49′ . . .	= 2° 44′
17° 48′ O.	= 17° 48′
☾ τ	= 329° 58′
☾ t_w	= 149° 58′ W

Beispiel 4: Was ist der Stundenwinkel des Sirius am 3. Oktober 1940 um M.G.Z. = 293° 56′ auf der Länge 159° 13′ Ost?

Gr. ✱ τ für 280°	= 11° 41′
Einschaltwert für 13° 56′ . . .	= 13° 58′
159° 13′ O	= 159° 13′
✱ τ	= 184° 52′
✱ t_w	= 4° 52′ W

Ist der Fixstern nicht auf der Rückseite des Kalenderblattes aufzufinden, so ist der zweiten Regel noch folgendes hinzuzufügen:

Die Ortssternzeit eines Fixsternes ergibt sich, wenn man an die Greenwicher Sternzeit (Gr. $\Upsilon\,\tau$) die Ergänzung der Geraden Aufsteigung des Gestirnes auf 360° addiert.

$$\text{Gr.} \ast\,\tau = \text{Gr.}\,\Upsilon\,\tau + (360^0 - \ast\,\alpha).$$

Den Greenwicher Zeitwinkel des Widderpunktes entnimmt man der Vorderseite des Blattes und aus dem Anhang findet sich die Größe $(360^0 - \ast\,\alpha)$.

Beispiel 5: Was ist der Stundenwinkel des Benetnasch am 3. Oktober 1940 um M.G.Z. = 233° 14′ auf der Länge 44° 53′ W?

Gr. $\Upsilon\,\tau$ für 220°	= 52° 9′	
Einschaltwert für 13° 14′ .	= 13° 16′	
360° — $\ast\,\alpha$	= 153° 42′	
44° 53′ W	= 315° 7′	
$\ast\,\tau$	= 534° 14′	= 174° 14′
$\ast\,t_ö$		= 5° 46′ O

Übungsbeispiele: Man verwandle folgende M. G. Z. für die gegebene Länge in den Stundenwinkel des beigesetzten Gestirns (Jahr 1940).

	M.G.Z.	Länge	Gestirn
1.	215° 54′ 4/8	67° 17′ W	Sonne
2.	273° 48′ 9/12	46° 19′ O	Sonne
3.	93° 31′ 12/7	7° 14′ W	Sonne
4.	24° 11′ 6/6	58° 41′ W	Sonne
5.	194° 14′ 4/11	62° 16′ O	Sonne
6.	291° 5′ 5/1	48° 20′ O	Sonne
7.	154° 16′ 16/9	15° 17′ O	Sonne
8.	4° 48′ 16/1	25° 46′ W	Sonne
9.	98° 9′ 17/2	24° 42′ W	Sirius
10.	296° 13′ 16/5	5° 17′ O	Wega
11.	87° 5′ 17/8	16° 17′ O	Sonne
12.	327° 24′ 26/1	18° 48′ O	Sonne
13.	210° 25′ 7/11	68° 1′ W	Sonne
14.	132° 12′ 20/1	37° 37′ W	Sonne
15.	116° 48′ 27/2	10° 49′ O	Regulus
16.	55° 22′ 12/12	13° 40′ W	Aldebaran
17.	36° 54′ 23/10	46° 49′ W	Capella
18.	276° 26′ 2/10	48° 19′ O	Capella
19.	128° 0′ 20/2	26° 41′ W	Mond
20.	111° 36′ 19/5	39° 39′ W	Venus

Um die Zeitverwandlung mechanisch bequem behandeln zu können, hat Niemann für das Chronometer ein verändertes Zifferblatt eingerichtet, in dem die gewünschten Werte eingestellt und mechanisch addiert werden können.

3. Die astronomische Standlinie.

a) Die Höhengleiche.

§ 108. Nachdem im § 103 erkannt worden ist, daß das Bogenstück vom Beobachtungsort zum Bildpunkt des Gestirnes gleich der Zenitdistanz z des Gestirnes ist und diese sich aus der Höhe als deren Komplement berechnet, so wissen wir, daß wir aus Beobachtung eines Gestirnes die Entfernung vom Bildpunkt des Gestirnes erhalten haben (Abb. 171). Mehr braucht man aber nicht mehr zu kennen, um eine Standlinie zu gewinnen; denn diese Standlinie ist ein Kreis, dessen Mittelpunkt (der Bildpunkt) und dessen Radius (die Zenitdistanz) bekannt sind. Wir nennen diesen Kreis Höhengleiche, weil in allen ihren Punkten das Gestirn in gleicher Höhe sichtbar ist. Man hat also den wichtigen Satz:

6. Standl. Die Standlinie für alle Punkte, in denen ein Gestirn in derselben Höhe erscheint, ist die Höhengleiche; diese ist ein Kreis um den Bildpunkt des Gestirnes mit einem Radius gleich der Zenitdistanz.

Ferner erinnert man sich, daß das Bogenstück vom Beobachtungsort bis zum Bildpunkt mit dem Meridian des Ortes einen Winkel bildet, der gleich dem Azimut des Gestirnes ist, so daß der zweite Satz gewonnen ist:

Die Richtung vom Beobachtungsort nach dem Bildpunkt des Gestirnes ist gleich dem Azimut des Gestirnes.

Da der Radius GB senkrecht auf seinem Kreise steht, so ergibt sich endlich noch die wertvolle Beziehung:

Die Höhengleiche steht im Beobachtungsort senkrecht zum Azimut des Gestirnes.

b) Die Höhenstandlinie.

§ 109. Die einfache Art der Höhengleiche als Standlinie hat schon zu wiederholten Malen Anlaß zu dem Vorschlag gegeben, in das Fahrzeug eine graduierte Kugel mitzunehmen und auf dieser einfach die Höhengleiche als Kreis um den Bildpunkt einzutragen. Der Gedanke liegt auf der Hand, läßt aber außer acht, daß wir, wenn wir auch nur eine geringe Genauigkeit in der Ortung gewährleisten wollen, zu unbescheidenen Dimensionen gelangen; denn wollten wir auf der Kugel 100 km nur durch 1 cm abbilden, so müßte die Kugel schon einen Durchmesser von 120 cm haben und schon in Anbetracht, daß man dazu noch Platz braucht, um auf dieser Kugel unten und oben konstruieren zu können, allzu große Anforderungen an den verfügbaren (namentlich im Flugzeug) Platz stellen. Wir müssen also nach anderen Wegen suchen.

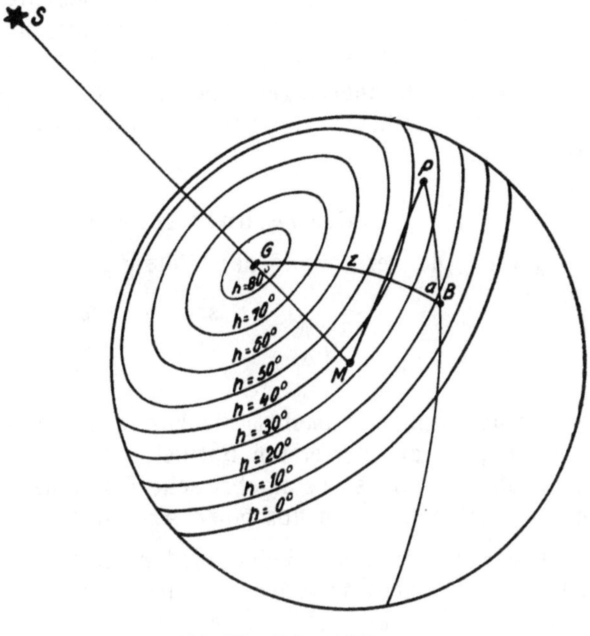

Abb. 171. Höhengleichen.

Da kommen uns nun zwei Tatsachen zustatten:

1. Einen angenäherten Ort des Flugzeuges kennen wir von vorneherein mit größerer oder geringerer Genauigkeit.
2. Von der Höhengleiche brauchen wir nur ein kleines Stück in der Nähe dieses Ortes, und können auf die Zeichnung des übrigen Teiles verzichten.

Ist (Abb. 172) MN ein Stück der Höhengleiche, so kann dies wegen der großen Entfernung des Bildpunktes als eine Gerade angesehen werden. Wir nennen diese Gerade nunmehr kurz Höhenstandlinie. Alle Radien nach dem Bildpunkt laufen dann in diesem Abschnitt parallel zueinander, senkrecht zur Geraden MN, und haben die Richtung des Azimuts. In jedem Punkt der Geraden MN muß dann das Gestirn in derselben Höhe gemessen werden können. Das hat aber zur Folge, daß zu jedem Punkt außerhalb der Geraden eine andere als die gemessene Höhe gehört. Für die Punkte A und B, die weiter vom Bildpunkt abliegen, als die Punkte der Standlinie, muß die Zenitdistanz größer, also die Höhe kleiner sein als die gemessene; für die Punkte C und D, die auf der dem Bildpunkt zugewandten Seite der Standlinie liegen, muß die Höhe **größer** sein als die gemessene. Der **Abstand** der Punkte *A*, *B*, *C*, *D* von der Höhenstandlinie ist die Höhendifferenz Δh, zwischen der für die Orte *A*, *B*, *C*, *D* gültigen Höhen und der wirklich gemessenen Höhe.

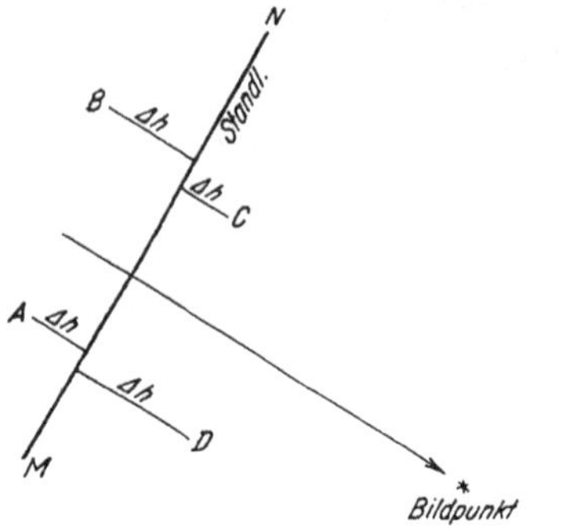

Abb. 172. Höhenstandlinie.

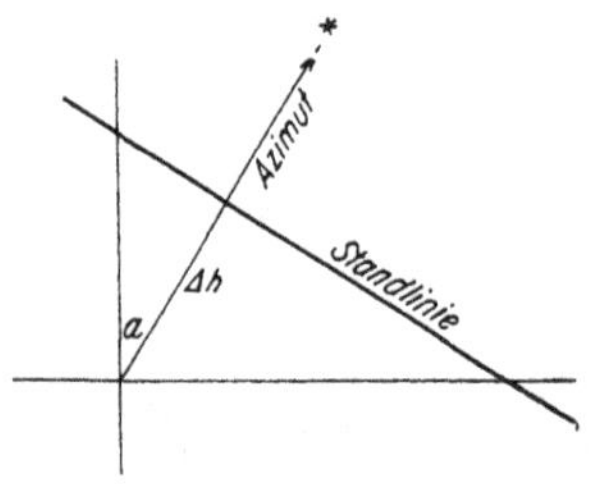

Abb. 173. Zeichnung der Standlinie.

Um also das benötigte Stück der Höhenstandlinie zu erlangen, ist es nur nötig, für einen Hilfspunkt, z. B. den angenähert bekannten Flugzeugort, Höhe und Azimut des Gestirnes auszurechnen, die vorausberechnete Höhe mit der tatsächlich beobachteten Höhe zu vergleichen und die Differenz Δh auf dem Azimut a aufzutragen (Abb. 173). Die Differenz Δh kann dabei positiv oder negativ werden. Sie wird positiv, wenn die beobachtete Höhe größer ist als die berechnete, und wird dann in der Richtung des Azimuts angetragen; sie ist negativ, wenn die beobachtete Höhe kleiner ist als die berechnete, und wird dann in entgegengesetzter Richtung des Azimuts angetragen. Der so erhaltene Punkt heißt **Leitpunkt** der Standlinie. Die Standlinie selbst ist dann nur noch durch den Leitpunkt senkrecht zum Azimut durchzuzeichnen.

1. Die rechnerische Ermittlung der Höhe.

§ 110. Die Berechnung der Höhe geschieht nach der Formel:

$$\text{sem } y = \text{sem } t \cos\varphi \cos\delta$$
$$\text{sem } z = \text{sem } (\varphi - \delta) + \text{sem } y,$$
$$h_r = 90 - z,$$

worin t der Stundenwinkel, φ die Breite, δ die Abweichung des Gestirns und y ein Hilfswinkel ist, der aus der ersten Formel berechnet und in die zweite Formel eingesetzt wird. Die Größe $(\varphi - \delta)$ ist als algebraische Differenz von Breite und Abweichung zu berechnen. Das Azimut ergibt sich aus einer Azimuttafel.

Die Berechnung der Höhe wird nach obiger Formel mit einer gewöhnlichen trigonometrischen Rechentafel oder mit den von dem Verfasser hergestellten „Aeronautischen Rechentafeln“, die eine bequeme Zusammenstellung der erforderlichen Rechenwerte ergeben, nach folgendem Schema durchgeführt, das an einem Beispiel erläutert werden soll:

1. Wie hoch steht ein Gestirn mit der Abweichung $\delta = 14^0\,33'$ N bei einem Stundenwinkel $t_w = 64^0\,35'$ W auf der Breite $\varphi = 59^0\,16'$ N und der Länge $\lambda = 66^0\,24'$ W?

$t_w = 64^0\,35'$ W	log sem $= 9{,}4555$	$A = -0{,}80$
$\varphi = 59^0\,16'$ N	log cos $= 9{,}7084$	$B = +0{,}29$
$\delta = 14^0\,33'$ N	log cos $= 9{,}9858$	$C = -0{,}51$
	log sem $y = 9{,}1497$	$Az =$ S 75^0 W
	sem $y = 1411$	
$\varphi - \delta = 44^0\,43'$	sem $= 1447$	
$z = 64^0\,38'$	sem $z = 2858$	
$h_r = 25^0\,22'$		

2. Wie hoch steht ein Gestirn mit der Abweichung $\delta = 6^0\,12'$ S auf der Breite $\varphi = 40^0\,13'$ N und der Länge $\lambda = 8^0\,24'$ O bei einem Stundenwinkel $t_ö = 21^0\,42'$ O?

$t_ö = 21^0\,42'$ O	$\log \text{sem} = 8{,}3494$	$A = -2{,}15$
$\varphi = 40^0\,13'$ N	$\log \cos = 9{,}8829$	$B = -0{,}29$
$\delta = 6^0\,12'$ S	$\log \cos = 9{,}9975$	$C = -2{,}44$
	$\log \text{sem}\, y = 8{,}4298$	$Az = \text{S } 28^0$ O
	$\text{sem}\, y = 0269$	
$\varphi - \delta = 46^0\,25'$	$\text{sem} = 1553$	
$z = 50^0\,32'$	$\text{sem}\, z = 1822$	
$h_r = 39^0\,28'$		

Als Hilfspunkt, für welchen diese Höhe praktisch berechnet wird, dient meist der durch Koppelung erreichte sog. Loggeort oder gegißter Ort.

In Amerika löst man das sphärisch-astronomische Grunddreieck *PGZ* (s. Abb. 174) dadurch auf, daß man durch das Gestirn *G* ein Lot *D* auf den Meridian fällt und sich die Hilfsgrößen $V = ET$ und $V' = V - \varphi$ berechnet; dabei sind die entsprechenden Vorzeichenregeln anzuwenden. Die Formeln sind:

1. $\sin D = \sin t \cos \delta$,
2. $\sin V = \sin \delta \sec D$,
3. $V' = V - \varphi$,
4. $\sin h = \cos D \cos V'$,
5. $\sin a = \sin D \sec h$.

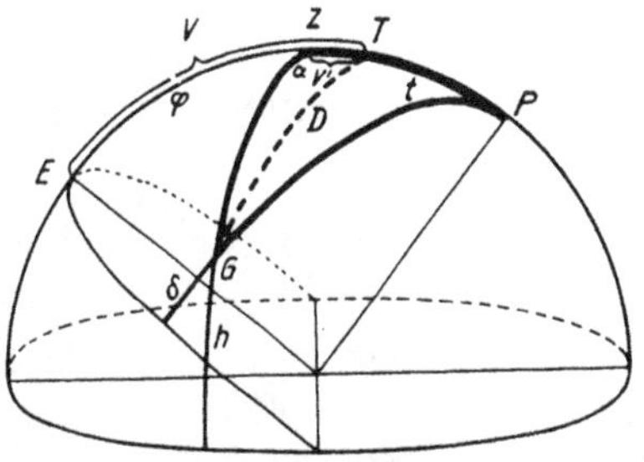

Abb. 174. Auflösung des sphärisch-astronomischen Grunddreiecks.

In den „Position Tables for Aerial and Surface Navigation U. S. A. H. O. 209" sind in Tafel 1 die Werte für *V* und *t* mit den Eingängen *D* und *δ* zusammengestellt. Ebenso findet sich eine zweite Tafel zur Berechnung der Formeln (4) und (5) aus den Werten *D* und *V'*.

Da über die Wahl des Hilfspunktes für die berechnete Höhe ziemlich Freiheit herrscht, so nutzen die Amerikaner diesen Umstand aus, um ihre Tafel bequem herzurichten. Sie lassen in den Tafeln I *D* ganzzahlig weiterschreiten. Daher findet sich selten der gegebene Stundenwinkel *t* ohne weiteres darin. Man wählt dann den nächsten Stundenwinkel *t'* und rechnet sich mit diesem eine entsprechende Länge für einen geeigneten Hilfspunkt. Ebenso verfahren sie mit der Breite bei der Benutzung der Tafel II.

Man findet für das erste Beispiel (s. o.) für $\delta = 14^0\,33'$ N, $\varphi = 59^0\,16'$ N, $\lambda = 66^0\,24'$ W und $t_w = 64^0\,35'$ W folgende Zusammenstellung:

Tafel I gibt $D = 61^0$	$t_w' = 64^0\,39{,}8'$ W	$V = 31^0\,19{,}7'$
angenommene Hilfswerte	$t_w = 64^0\,35'$ W	$\varphi' = 59^0\,19{,}7'$
	$\Delta\lambda = \Delta t = 4{,}8'$ O	$V' = V - \varphi' = 28^0$

(um diesen Betrag ist die Länge nach O zu verschieben)

$\lambda = 66^0\,24'$ W	Taf. II gibt $h_r = 25^0\,21'$
$\lambda' = 66^0\,19{,}2'$ W	$Az = \text{N } 105^0$ W

für den Hilfspunkt
$\varphi' = 59^0\,19{,}7'$ N $\lambda' = 66^0\,19{,}2'$ W.

Beispiel 2. $\delta = 6^0\,12'$ S, $\varphi = 40^0\,13'$ N, $\lambda = 8^0\,24'$ O, $t_ö = 21^0\,42'$ O.

Tafel I. $D = 22^0$

$t_ö' = 22^0\ 8{,}2'$ O
$t_ö = 21^0\,42'$ O
$\Delta\lambda = \Delta t = 26{,}2'$ W

$\lambda = 8^0\,24'$ O
$\lambda' = 7^0\,57{,}8'$ O

$V = 6^0\,38{,}6'$
$\varphi' = 40^0\,21{,}4'$
$V' = 47^0$

Tafel II: $h_r = 39^0\,13'$
$Az = \text{N}\ 151^0$ O
für $\varphi' = 40^0\,21{,}4'$ N $\lambda' = 7^0\,57{,}8'$ O.

Auf denselben Formeln baut sich die Tafel von Ageton (U.S.A., H.O. 211) auf; er setzt nur von den Formeln (1), (2), (4), (5) die reziproken Werte hin:

1. $\operatorname{cosec} D = \operatorname{cosec} t \sec \delta$,
2. $\operatorname{cosec} V = \operatorname{cosec} \delta \cos D$,
3. $V' = V - \varphi$,
4. $\operatorname{cosec} h = \sec D \sec V'$,
5. $\operatorname{cosec} a = \operatorname{cosec} D \cos h$.

Seine Tafeln schreiten in Intervallen von $\frac{1}{2}'$ fort. Sie sind kurz, weil sie nur zwei Funktionen enthalten und ergeben die für den gegißten Ort berechnete Höhe.

Beispiel 1 s. o.

$\delta = 14^0\,33'$ N — log sec = 1416 — log cosec = 59994
$t = 64^0\,35'$ — log cosec = 4421 (+)
$D = 60^0\,57{,}5'$ — log cosec D = 5837 — log sec = 31386 (—) log sec = 31386
$V = 31^0\,10'$ N — log cosec V = 28608
$\varphi = 59^0\,16'$ N
$V' = 28^0\ 6'$ — log sec = 5447 (+)
$h_r = 25^0\,21{,}5'$ — log sec h = 4400 (—) — log cosec h = 36833
$a = 75^0\,20{,}5'$ — log cosec a = 1437

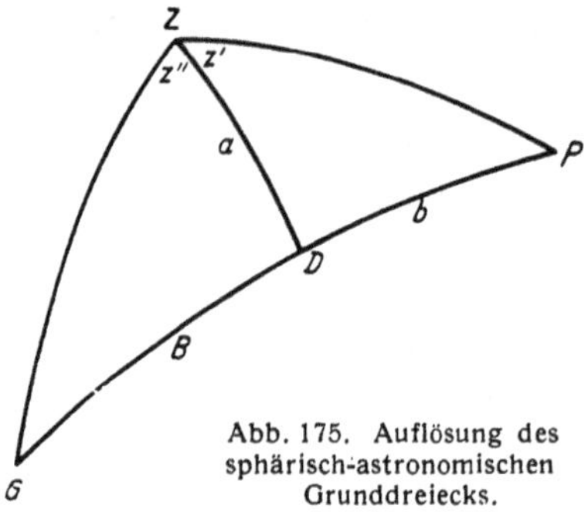

Abb. 175. Auflösung des sphärisch-astronomischen Grunddreiecks.

Die Tafeln von Dreisonstok (U.S.A., H.O. 208), Navigation Tables for Mariners and Aviators lösen das sphärisch-astronomische Grunddreieck durch ein Lot aus dem Zenit nach den Formeln auf (Abb. 175):

1. $\sin a = \cos \varphi \sin t$ } Tafel I
2. $\operatorname{tg} b = \operatorname{cotg} \varphi \cos t$
3. $\operatorname{cotg} Z' = \sin \varphi \operatorname{tg} t$
4. $\operatorname{cosec} h = \sec a \operatorname{cosec} (\delta + b)$ } Tafel II
5. $\operatorname{tg} Z'' = \operatorname{cosec} a \operatorname{cotg} (\delta + b)$
6. $Az = Z' + Z''$.

Für t und φ nimmt man den nächsten ganzen Grad und folgert daraus den Bezugspunkt.

Beispiel 1 s. o.

$\varphi' = 59^0$ N, $t' = 65^0$ W } $b = 14^0\,14{,}9'$ — $A = 5336$ — $C = 331$ — $Z' = 28{,}5^0$ aus Tafel I.
$t = 64^0\,35'$W — $\delta = 14^0\,33'$
$\Delta t = \Delta\lambda = 25'$O — $\delta + b = 28^0\,47{,}9'$ — $B = 31717$ — $D = 260$ — aus Tafel II.
$\lambda = 66^0\,24'$ W — $A + B = 37053$ — $C + D = 591$ — $Z'' = 75{,}6^0$
$\lambda' = 65^0\,59'$ W — $h_r = 25^0\,13'$ — $Az = \text{N}\,104{,}1^0$W
(für $\varphi' = 59^0$ N, $\lambda' = 65^0\,59'$ W)

Beispiel 2 s. o.

$\varphi' = 40^0$, $t' = 22^0$ O	$b = 47^0\,51{,}3'$	$A = 1866$	$C = 542$	$Z' = 75{,}4^0$
$t = 21^0\,42'$ O	$\delta = 6^0\,12'$			
$\Delta t = \Delta\lambda = 18'$ W	$\delta + b = 41^0\,39{,}3'$	$B = 17745$	$D = 51$	
$\lambda = 8^0\,24'$ O		$A + B = 19611$	$C + D = 593$	$Z'' = 75{,}7^0$
$\lambda' = 8^0\,6'$ O		$h_r = 39^0\,32'$		$Az = N\,151{,}1^0$ O

(für $\varphi' = 40^0$ N, $\lambda' = 8^0\,6'$ O).

Ähnlich den Dreisonstokschen Tafeln ist die *F*-Tafel der Deutschen Seewarte aufgebaut; sie benutzt die Formelgruppe:

1. $\tan U = \cot \varphi \cos t$
2. $\sin B = \cos \varphi \sin t$
3. $\sin h = \cos B \sin (U \pm \delta)$
4. $\sin Az = \sin t \cos \delta \sec h.$

Man benutzt die nächsten ganzzahligen Werte von φ und t. Die Zweideutigkeit der Azimutformel wird dadurch aufgehoben, daß man sich durch einen Grenzwert der Abweichung für den ersten Vertikal von vorneherein über den Quadranten des Azimuts klar wird. Eine Zusatztabelle ermöglicht noch eine Einschaltung für den wahren, nicht abgerundeten Wert des Stundenwinkels nach der Formel $\Delta h = \Delta t \sin Az \cos \varphi$.

Beispiel 1 s. o.

$\varphi' = 59^0$ N, $t' = 65^0$ W	$U = 14^0\,14{,}9'$	$V = 9{,}94664$	$P = 28{,}7^0$ aus F_I
$t = 64^0\,35'$ W	$\delta = 14^0\,33'$	$F_{II} = 9{,}68281$	$Az = S\,75^0$ W
$\Delta t = 25'$ O	$U + \delta = 28^0\,47{,}9'$	$V + F_{II} = 9{,}62945$	
		$h = 25^0\,13{,}0'$	
		Verb. für $\Delta t = +\ 12{,}4'$	
		$h_r = 25^0\,25{,}4'$	(für $\varphi' = 59^0$ N, $\lambda = 66^0\,24'$ W).

Beispiel 2 s. o.

$\varphi' = 40^0$ N, $t' = 22^0$ O	$U = 47^0\,51{,}3'$	$V = 9{,}98134$	$P = 68{,}1^0$ aus F_I
$t = 21^0\,42'$ O	$\delta = 6^0\,12'$	$F_{II} = 9{,}82259$	$Az = S\,29^0$ O
$\Delta t = 18'$ W	$U + \delta = 41^0\,39{,}3'$	$V + F_{II} = 9{,}80393$	
		$h = 39^0\,32{,}7'$	
		Verb. für $\Delta t = -\ 6{,}5'$	
		$h_r = 39^0\,26{,}2'$	(für $\varphi' = 40^0$ N, $\lambda = 8^0\,24'$ O).

Auf logarithmischer Grundlage beruht auch die Höhenberechnung mit Hilfe von Bygraves Slide rule (Abb. 176). Die Auflösung geschieht wieder durch die Berechnung zweier rechtwinkliger Dreiecke und erfordert daher ebensoviele Einstellungen wie bei Agetons Methode. Die auf einen Zylindermantel aufgerollten Skalen sind nichts anderes als die gebräuchlichen logarithmisch-trigonometrischen Teilungen eines gewöhnlichen logarithmischen Rechenschiebers, aus dem aus je zwei Größen eine dritte ermittelt wird.

Er arbeitet mit den Formeln:

1. $\cot y = -\cot \delta \cos \tau$
2. $Y = 90^0 - \varphi \pm y$
3. $\cot Az = \cot \tau \cos Y \sec y$
4. $\cot h_r = -\cot Y \sec Az.$

Das erste Beispiel gestaltet sich nach seiner Methode folgendermaßen:

$\delta = 14^0\,33'$ N	$\log \operatorname{cotg} = 0{,}5858$		
$\tau = 244^0\,35'$	$\log \cos = 9{,}6327$	$\log \operatorname{cotg} = 9{,}6769$	
$+\,y = 31^0\,10'$	$\log \operatorname{cotg} = 0{,}2185$	$\log \sec = 0{,}0677$	
$90^0 - \varphi = 30^0\,44'$			
$Y = 61^0\,54'$		$\log \cos = 9{,}6730$	$\log \operatorname{cotg} = 9{,}7275$
$Az = 255^0\,20'$		$\log \operatorname{cotg} = 9{,}4176$	$\log \sec = 0{,}5965$
$h_r = 25^0\,22'$			$\log \operatorname{cotg} = 0{,}3240.$

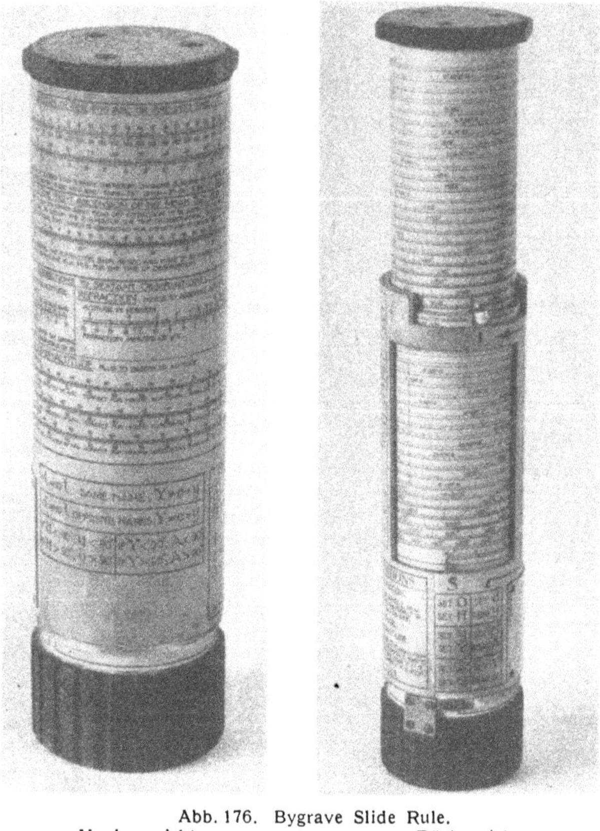

Abb. 176. Bygrave Slide Rule.
Vorderansicht. Rückansicht.

2. Die nomographische Ermittlung der Höhe.

§ 111. Da man in der Wahl des Hilfspunktes noch ziemlich Freiheit besitzt, kann man die Rechenarbeit auf ein Minimum reduzieren, wenn man nach Wedemeyer solche Hilfspunkte auf bestimmte Breiten (z. B. 30° N, 40° N, 50° N, ...) und bestimmte Meridiane (z. B. die Mittelmeridiane der Zonen 15°, 30°, 45°, ...) verlegt. Wir wollen im folgenden diese so dem Flugzeugort am nächsten liegenden Orte den Bezugspunkt nennen. Dem Verfahren wird eine stereographische Karte zugrunde gelegt, welche den Bezugspunkt im Mittelpunkt hat. In dieser Karte werden alle Kreise, also Meridiane, Breitenparallele, auch die Höhengleichen wieder Kreise. Der Mittelmeridian ist in der Karte mit 0 bezeichnet, doch kann dafür jeder andere Meridian eingesetzt werden. Die von ihm aus gemessenen Längen gelten dann nicht als Längen von Greenwich, sondern als Längen vom Bezugspunkt. Im Anhang ist eine solche stereographische Karte für die Breite 50° als Taf. 13 beigelegt. Diese Karte kann gebraucht werden für alle Breiten zwischen 44° und 56°. Alle Höhen werden für den Mittelpunkt der Karte berechnet und können aus dazu aufgestellten Rechentafeln entnommen werden.

Wedemeyer hat solche Tafeln für verschiedene Breiten berechnet. Aus ihnen läßt sich für den Bezugspunkt und für alle Stundenwinkel in Zeitminutenintervallen Höhe und Azimut entnehmen und für alle Zwischenwerte mit Hilfe von Zusatztafeln einschalten. Mit ihnen erhält man die Höhe auf Zehntelminuten, die Azimute auf Zehntelgrade.

Nomographische Rechentafeln sind diesem Buche als Taf. 14a—c beigegeben, die für den Bezugspunkt 50° gelten und sämtliche Höhen von 5° bis 65° sowie sämtliche Abweichungen von —30° bis + 30° umfassen. Jede Rechentafel enthält eine solche Höhenleiter, dagegen mehrere Leitern für die Abweichungen δ_1, δ_2, δ_3 und die Stundenwinkel t_1, t_2, t_3. Die gleichbezifferten Skalen gehören zusammen. Der Gang der Rechnung ist dann so: Man hat die gemessene Höhe gleichzeitig mit der M.G.Z., zu der sie genommen wurde, notiert. Für die M.G.Z. entnimmt man dem Jahrbuch die Abweichung und Greenwicher Zeitwinkel des beobachteten Gestirns und berechnet daraus den Stundenwinkel des Gestirnes. Auf dem Rechenblatt sucht man sich auf der δ-Leiter die Abweichung auf, auf der zugehörigen t-Leiter (gleiche Indizes!) den Stundenwinkel, verbindet die Punkte durch eine Gerade und entnimmt der h-Leiter da, wo sie von der Geraden geschnitten wird, die für den Bezugspunkt geltende Höhe h_r. Der Vergleich dieser berechneten Höhe mit der beobachteten Höhe h_0 gibt Δh. Gebraucht man die Tafel öfters für ein Gestirn, dessen Abweichung sich wenig ändert, so kann auf der δ-Leiter der Platz des Gestirnes ein für allemal durch eine eingesteckte Nadel markiert werden.

Auch für die Bestimmung des Azimuts dient eine Rechentafel. Die Tafel 16 gilt für 50° N. In dieser Tafel gehören die Leitern h_1, Az_1 und die Leitern h_2, Az_2 zusammen. Man sucht in der h-Leiter die eben berechnete Höhe auf, auf der δ-Leiter die gegebene Abweichung, verbindet die Punkte durch eine Gerade und erhält auf der zugehörigen Azimutskala das gewünschte Azimut. Diese Tafel ist gut zu gebrauchen für mehr östliche und westliche Azimute. Für mehr südliche und nördliche Azimute ist es zweckmäßiger, die Tafel 17 zu benutzen, die für alle Breiten gilt. Diese enthält zwei t, a-Leitern, eine δ, h-Leiter und eine nicht graduierte Gerade. Man suche (Abb. 177) zunächst auf ihren Skalen die Punkte auf, welche zu den der Aufgabe entsprechenden Werten des Stundenwinkels t und der Abweichung δ gehören, verbinde diese Punkte durch eine Gerade und merke sich deren Schnittpunkt auf der skalenlosen mittleren Geraden an, suche nun auf der rechten Leiter den Punkt der berechneten Höhe h auf, verbinde ihn mit dem gemerkten Punkt durch eine Gerade und suche deren Schnittpunkt auf der ersten Leiter auf, der nunmehr nach dem Azimut a abzulesen ist. Das Azimut bekommt bei östlichen Stundenwinkeln den Namen Ost, bei westlichen Stundenwinkeln den Namen West und ist immer gleichnamig mit der Breite. Man kann auch das Höhennomogramm selbst für die Azimutberechnung benützen, wenn man mit der oben ermittelten Höhe in die δ-Leiter eingeht, mit δ dagegen in die h-Leiter geht; dann erhält man das Azimut aus der t-Leiter.

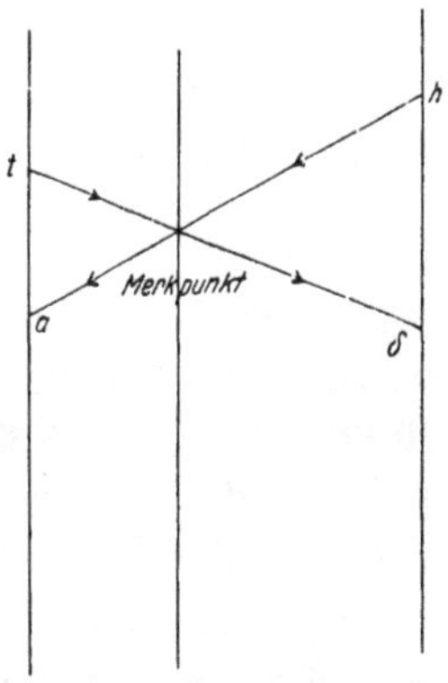

Abb. 177. Nomogramm für Azimut nahe dem Meridian.

Die aus der Rechnung ermittelten Werte Azimut a und Höhenunterschied Δh sind nun in die stereographische Karte zu übertragen. Im Mittelpunkt der Karte (dem Bezugspunkt) trage man mit dem Kursdreieck das Azimut a an, greife auf dem Mittelmeridian den Höhenunterschied Δh ab und trage ihn in der Richtung des Azimuts auf, wenn er positiv ist, in entgegengesetzter Richtung, wenn er negativ ist, und zeichne endlich durch den so ermittelten Leitpunkt der Standlinie diese selbst senkrecht zum Azimut. Hat man in der Karte noch den gegißten Ort eingetragen, so wird dasjenige Stück der Standlinie gebraucht werden müssen, das in der Nähe dieses gegißten Ortes ist. Man kann nun jede Standlinie in die Gebrauchskarte übertragen, wenn man ihre Schnittpunkte mit den Breitenparallelen feststellt, diese in die Arbeitskarte einträgt und dort die beiden Punkte durch eine Gerade miteinander verbindet. Man kann natürlich auch die Schnittpunkte mit zwei Meridianen ausnehmen und diese übertragen; das ist zweckmäßig, wenn die Standlinie mehr ostwestlich verläuft.

Anm. Der Ersatz der gekrümmten Höhengleiche durch die geradlinige Standlinie ist an sich nur in der Nähe des Leitpunktes gerechtfertigt. Je weiter der Flugzeugort auf der Standlinie vom Leitpunkt entfernt ist, um so mehr wird die Krümmung der Standlinie in Wirkung treten. Rein äußerlich ist zu erkennen, daß diese Krümmung immer nach der Seite des Azimuts (nach der Seite des Bildpunktes) auftreten wird. Je geringer die gemessene Höhe ist, desto weniger wird diese Krümmung fühlbar sein.

Wer diese Verbesserung vornehmen will, findet sie in Tab. 13. Die Tabellenwerte sind dort die Abstände *a*, welche die Höhengleiche in einer bestimmten Entfernung vom Leitpunkt von der geradlinigen Standlinie hat. Liegt also in Abb. 178 der gegißte Ort etwa in *G*, so hat er ungefähr 4° Entfernung vom Leitpunkt *L* der Standlinie. Für diese 4° und die gemessene Höhe 54° gibt die Tabelle 0,2° als Abstand der Höhengleiche von der Standlinie. Man erhält so in *Q* einen besseren Punkt der gesuchten Linie als in *Q'*. In *Q* hat die Höhengleiche bereits eine andere Richtung als in *L*. Die Tangente in *Q* trifft die alte Standlinie etwa im Mittelpunkt *M* der Strecke *LQ'*. Hat man also den Punkt *Q'* in den Punkt *Q* verbessert, so verbindet man ihn zweckmäßig mit der Mitte *M* der Strecke *LQ'* und hat so die verbesserte Standlinie.

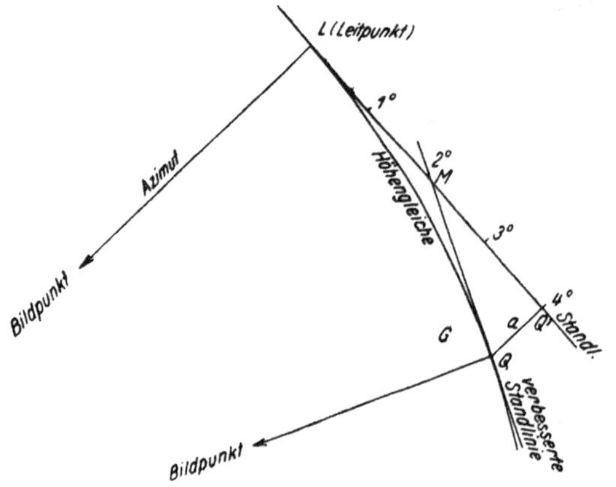

Abb. 178. Krümmung der Standlinie.

Zur leichteren Zeichnung der in der stereographischen Karte kreisförmig gekrümmten Höhengleiche dient die Immlersche Höhengleichenschablone. Sie kann verwendet werden für alle stereographischen Karten gleichen Maßstabes und ist in Tafel 15 für die stereographische Karte in Tafel 13 im Anhang vorgelegt. Sie enthält alle kreisförmigen Höhengleichen für die Stufen $h = 0°, 10°, \ldots$ bis 70°. Zur Zeichnung wird immer diejenige benutzt, die der beobachteten Höhe am nächsten kommt. Am Rande findet sich ein Maßstab, dessen Hauptabstände 1° bedeuten, von denen jeder in Zehntelgrade unterteilt ist. Die eine Seite dieses Maßstabes weist mit einer Pfeilspitze auf den Bildpunkt des Gestirnes, der in der Richtung des Azimuts aufgesucht wird (Azimutrichtung). Diese Schablone besteht aus Zellstoff, die Höhengleichen sind in diesen Zellstoff eingeschnitten, so daß eine Bleistiftspitze dadurch Führung bekommt und die Höhengleichen auf die unterlegte stereographische Karte durchgezeichnet werden kann; sie kann auch spiegelbildlich benützt werden, so daß ihre Fortsetzung nach der anderen Seite der „Azimutrichtung" entfällt.

Ihre Benutzung sei an einem Beispiel klargemacht. Man habe $h_0 = 39{,}6°$, $h_r = 37{,}8°$, also $\Delta h = +1{,}8°$ und das Azimut N 117° W. Man legt nun den mit „Azimutrichtung" bezeichneten Maßstab auf das Azimut in der Karte 13 auf, so daß die Pfeilspitze dieses Maßstabes nach N 117° W zeigt, und schiebt längs dieser Richtung die Schablone so weit vor, daß der Ausgangspunkt der Höhengleiche 40°, die dem Werte 39,6° am nächsten liegt, soweit vor dem Mittelpunkt der Karte zu liegen kommt, daß auf der Schablone von der Höhengleiche 40° nach ihrer konvexen Seite bis zum Kartenmittelpunkt 1,8° abgezählt sind. Sollte der Höhenunterschied Δh negativ ausfallen, also etwa $\Delta h = -1{,}8°$ sein, so wird die Schablone längs der Azimutlinie verschoben, daß der Anfangspunkt der Höhengleiche um 1,8° auf ihrer konkaven Seite vom Kartenmittelpunkt entfernt zu liegen kommt. Die Höhengleiche ist dann auf die Karte durchzuzeichnen.

Auf diese Weise können auch Ortungen mit zwei Standlinien kurz hintereinander in die Karte eingetragen werden, die dann einen einwandfreien Flugzeugort ergeben, der von dem Fehler befreit ist, der vielleicht einer geradlinig eingezeichneten Höhengleiche noch hätte anhaften können.

Beispiel 1: Am 24. April 1940 um 15^h auf etwa 46,8° N und 48,3° W wurde folgende Höhe der Sonne beobachtet:

$$\text{M.G.Z.} = 279°\,3' \quad \odot = 35°\,55'\,\text{W} \quad \text{I. B.} = 0'.$$

Wie verläuft die Standlinie?

Man wählt den Bezugspunkt $\varphi = 50^0$ N, $\lambda = 45^0$ W und rechnet so:

Das Jahrbuch gibt für M.G.Z. $= 260^0$	Gr. $\odot\ \tau = 260^0\ 39'$		$\odot = 35^0\ 55'$
$19^0\ 3'$	$= 19^0\ 3'$		I. B. $=\ 0'$
45^0 W	$= 315^0\ 0'$		$R + P = -\ 1'$
	$\odot\ \tau = 594^0\ 42'$		$h_0 = 35^0\ 54'$
	$= 234^0\ 42'$		
	$\odot\ t_w = 54^0\ 42'$ W		

$\odot\ \delta = 13^0\ 0'$ N.

Für $\delta = 13^0\ 0'$ N und $t_w = 54{,}7^0$ gibt die Rechentafel 14b

$$h_r = 32{,}4^0$$
$$h_0 = 35{,}9^0$$
$$\Delta h = +\ \mathbf{3{,}5^0}$$

Die Azimuttafel 16 liefert 111^0, also $a =$ **N 111⁰ W.**

Mit diesen Größen ist die Standlinie in die stereographische Karte einzuzeichnen. Sie schneidet den Breitenparallel 47^0 in $3{,}8^0$ westlich vom Meridian 45^0, also in $48{,}8^0$ W, und den Breitenparallel 46^0 N in $3{,}2^0$ W vom Bezugsmeridian 45^0, also in $48{,}2^0$ W.

Beispiel 2: Am 6. Februar 1940 um 19^h auf etwa $51{,}1^0$ N und $34{,}3^0$ W beobachtet man:

M.G.Z. $= 323^0\ 50'$, Sirius ✶ $= 15^0\ 26'$ O, I. B. $= 0'$.

Wie verläuft die Standlinie?

Bezugspunkt $\varphi = 50^0$ N, $\lambda = 30^0$ W.

Für M.G.Z. $= 320^0$:	Gr. ✶ $\tau = 175^0\ 14'$	Sirius ✶ $= 15^0\ 26'$
$3^0\ 50'$	$= 3^0\ 51'$	I. B. $=\ 0'$
30^0 W	$= 330^0\ 0'$	$R + P = -\ 3'$
	✶ $\tau = 509^0\ 5'$	$h_0 = 15^0\ 23'$
	$= 149^0\ 5'$	
✶ $\delta = 16^0\ 38'$ S	✶ $t_ö = 30^0\ 55'$ O	

Taf. 14a: $h_r = 18{,}1^0$ Taf. 17a: $=$ **N 149⁰ O**

$$h_0 = 15{,}4^0$$
$$\Delta h = -\ \mathbf{2{,}7^0}$$

Die Standlinie schneidet den Meridian 34^0 W, also 4^0 W vom Bezugsmeridian in $51{,}6^0$ N, und den Meridian 35^0 W, also den Meridian 5^0 W vom Bezugsmeridian in $51{,}2^0$ N.

Übungsbeispiele:

	Datum 1940		Angenäherter Ort φ	λ	M. G. Z.	Höhe	I. B.	Bezugspunkt
1.	10. Mai	7^h	$54{,}3^0$ N	$4{,}8^0$ O	$97{,}6^0$	Sonne $= 21{,}7^0$	$0{,}0^0$	50^0 N 0^0
2.	31. Mai	6^h	$54{,}9^0$ N	$17{,}2^0$ O	$68{,}0^0$	Sonne $= 15{,}5^0$	$0{,}0^0$	50^0 N 15^0 O
3.	13. Sept.	8^h	$54{,}5^0$ N	$7{,}5^0$ O	$148{,}1^0$	Sonne $= 35{,}7^0$	$0{,}0^0$	50^0 N 0^0 od. 15^0 O
4.	1. Juni	17^h	$52{,}3^0$ N	$2{,}3^0$ O	$250{,}9^0$	Sonne $= 27{,}1^0$	$+0{,}1^0$	50^0 N 0^0
5.	21. Juni	17^h	$51{,}6^0$ N	$3{,}0^0$ O	$253{,}2^0$	Sonne $= 26{,}7^0$	$0{,}0^0$	50^0 N 0^0
6.	2. Mai	17^h	$54{,}6^0$ N	$2{,}5^0$ O	$251{,}1^0$	Sonne $= 21{,}2^0$	$0{,}0^0$	50^0 N 0^0
7.	4. Aug.	8^h	$54{,}5^0$ N	$5{,}5^0$ O	$114{,}9^0$	Sonne $= 30{,}2^0$	$0{,}0^0$	50^0 N 0^0
8.	7. März	9^h	$48{,}7^0$ N	$4{,}0^0$ W	$134{,}6^0$	Sonne $= 18{,}4^0$	$0{,}0^0$	50^0 N 0^0
9.	7. Mai	7^h	$50{,}3^0$ N	$40{,}3^0$ W	$151{,}0^0$	Sonne $= 26{,}3^0$	$0{,}0^0$	50^0 N 45^0 W
10.	13. März	9^h	$46{,}6^0$ N	$33{,}5^0$ W	$154{,}9^0$	Sonne $= 16{,}9^0$	$0{,}0^0$	50^0 N 30^0 W
11.	2. Okt.	8^h	$46{,}6^0$ N	$38{,}0^0$ W	$154{,}8^0$	Sonne $= 16{,}9^0$	$0{,}0^0$	50^0 N 45^0 W
12.	25. Jan.	17^h	$54{,}2^0$ N	$20{,}3^0$ O	$228{,}5^0$	Rigel $= 5{,}6^0$	$0{,}0^0$	50^0 N 15^0 O
13.	24. Sept.	19^h	$54{,}9^0$ N	$1{,}2^0$ O	$254{,}1^0$	Arkturus $= 24{,}5^0$	$-0{,}1^0$	50^0 N 0^0
14.	4. Okt.	0^h	$55{,}0^0$ N	$16{,}4^0$ O	$350{,}1^0$	Beteigeuze $= 17{,}9^0$	$-0{,}1^0$	50^0 N 15^0 O

Auf ähnlicher Grundlage beruht das Verfahren von Brill. Auch dieses benutzt eine kreisförmig ausgeschnittene stereographische Karte, die in einem Gerät drehbar angeordnet ist. Die Karte kann mit Hilfe einer Marke in dem Gerät nach dem Azimut ausgerichtet werden. Darüber wird nun ein durchsichtiger Streifen gezogen, auf dem sämtliche Höhengleichen aufgezeichnet sind. Diese wandern über zwei Rollen und können so eingestellt werden, daß die mit der berechneten Höhe bezeichnete Standlinie auf den Mittelpunkt (Bezugspunkt) fällt. Dann liegen auf der Karte alle übrigen Standlinien, z. B. die der gemessenen Höhe entsprechende schon richtig auf und es braucht nur die gewünschte Standlinie durchgezeichnet werden.

Das Gerät Orion arbeitet umgekehrt mit einer festen, aus gebogenem Metall hergestellten Höhengleiche, deren Krümmung der berechneten Höhengleiche entsprechend durch ein Radgetriebe eingestellt werden kann. Sie läuft wieder durch den Mittelpunkt der Karte. Wieder wird die Karte dem Azimut entsprechend ausgerichtet. Die benötigte Standlinie, welche der Beobachtung zugehört, erhält man durch Parallelverschiebung der eingestellten Höhengleiche um den Höhenunterschied.

c) Der Ort aus zwei Höhen.

1. Der Ort aus zwei Höhen ohne Zwischenflug.

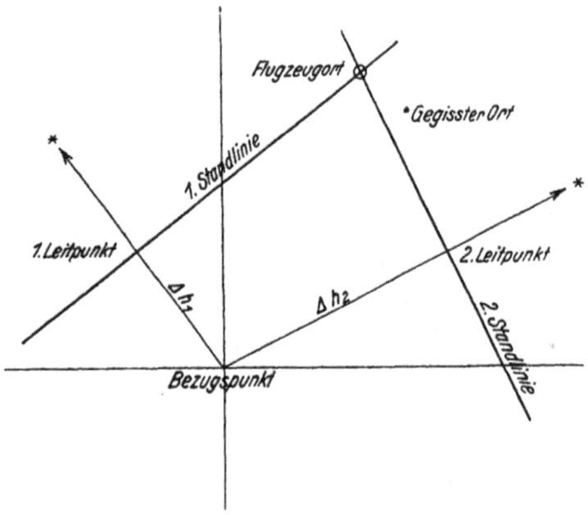

Abb. 179. Ort aus zwei Höhen.

§ 112. Die Bestimmung eines Flugzeugortes mit Hilfe von zwei Standlinien bietet nunmehr keine weiteren Schwierigkeiten. Hat man beispielsweise mit Hilfe der Nomogramme für einen Bezugspunkt zwei Höhenunterschiede Δh_1 und Δh_2 sowie die zugehörigen Azimute ermittelt und diese Werte in die stereographische Karte eingetragen, so läßt sich der Flugzeugort (s. Abb. 179) als Schnittpunkt der zwei Standlinien mit Breite und Länge dieser Karte entnehmen und in die Gebrauchskarte übertragen.

Zwei Beispiele mögen die Rechnung erläutern.

Beispiel 1: Am 10. Februar 1940 um 17^h auf etwa 47,5° N 38,8° W werden zwei Beobachtungen genommen:

M.G.Z. = 306° 44′ Sirius ✶ = 9° 27′ O I. B. = —1′
M.G.Z. = 306° 50′ Markab ✶ = 29° 50′ W I.B. = —1′

Wo steht das Flugzeug (Bezugspunkt 50° N, 45° W)?

für M.G.Z. = 300°	Gr. ✶ τ = 159° 7′	Sirius ✶ = 9° 27′	
6° 44′	= 6° 45′	I. B. = — 1′	
45° W	= 315° 0′	$R + P$ = — 6′	
	✶ τ = 480° 52′	h_0 = 9° 20′	
	= 120° 52′	= 9,3°	
✶ δ = 16° 38′ S	✶ $t_ö$ = 59° 8′ O	Taf. 14a: h_r = 5,7°	Taf. 16:
		Δh = **+ 3,6°**	a = **N 125° O**
für M.G.Z. = 300°	Gr. ✶ τ = 259° 45′	Markab ✶ = 29° 50′	
6° 50′	= 6° 51′	I. B. = — 1′	
45° W	= 315° 0′	$R + P$ = — 2′	
	✶ τ = 596° 10′	h_0 = 29° 47′	
	= 236° 10′	= 29,8°	
✶ δ = 14° 53′ N	t_w = 56° 10′	Taf. 14b: h_r = 32,8°	Taf. 16:
		Δh = **— 3,0°**	a = **N 106° W**

Der Schnitt der Standlinien gibt in Tafel 11 den Flugzeugort

$$\varphi = 48{,}7^0\text{ N} \quad \lambda = 45^0\text{ W} + 5{,}3^0\text{ O} = 39{,}7^0\text{ W}.$$

Beispiel 2: Am 21. Januar 1940 um 18^h auf etwa 48,4° N 41,3° W wurde beobachtet:

M.G.Z. = 318° 55′	♃ = 34° 18′ W	I. B. = 0′
M.G.Z. = 319° 2′	☾ = 45° 4′ O	I. B. = 0′

Wo steht das Flugzeug (Bezugspunkt 50° N 45° W)?

für M.G.Z. = 300°	Gr. ♃ τ = 235° 45′	♃ = 34° 18′
18° 55′	= 18° 58′	I. B. = 0′
45° W	= 315° 0′	$R + P$ = — 1′
	♃ τ = 569° 43′	h_0 = 34° 17′
	= 209° 43′	= 34,3°
♃ δ = 0° 32′ N	t_w = 29° 43′ W	
		Taf. 14b: h_r = 34,4° Taf. 16 oder 17:
		Δh = — **0,1°** a = **N 143° W**

für M.G.Z. = 300°	Gr. ☾ τ = 162° 1′	☾ = 45° 4′
19° 2′	= 18° 20′	I. B. = 0′
45° W	= 315° 0′	$R + P$ = + 40′
	☾ τ = 495° 21′	h_0 = 45° 44′
	= 135° 21′	45,7°
☾ δ = 18° 54′ N	$t_ö$ = 44° 39′ O	Taf. 14: h_r = 43,0° Taf. 16: a =
π = 58′		h = — **2,7°** **N 117° O**

Der Schnitt der Standlinien gibt die Ortung:

$$\varphi = 48{,}2^0\text{ N} \quad \lambda = 45^0\text{ W} + 3{,}3^0\text{ O} = 41{,}7^0\text{ W}.$$

Übungsbeispiel: Am 3. Dez. 1940 um 5^h auf $\varphi = 46{,}0^0$ N, 17,3° W beobachtet man:

M.G.Z. = 86° 3′	Pollux = 63° 4′	
M.G.Z. = 86° 11′	Spica = 12° 12′	I.B. = 0′

Wo steht das Flugzeug?

2. Höhenänderung und Fluggeschwindigkeit.

§ 113. Bei der praktischen Beobachtung von Gestirnshöhen ist es von Nutzen, sich ein Bild darüber zu machen, wie schnell ein Gestirn steigt und sinkt. Diese Steig- und Sinkgeschwindigkeit ist bei einem Beobachter auf festem Boden bei gleichem westlichen oder östlichen Stundenwinkel dieselbe, d. h. z. B. drei Stunden vor und nach dem Meridiandurchgang steigt oder fällt das Gestirn in der Minute um denselben Betrag. Über diese Steig- und Sinkgeschwindigkeit gibt die Tabelle 15 unter dem Titel: Höhenänderung in einer Zeitminute näheren Aufschluß. Diese Steig- und Sinkgeschwindigkeit ist abhängig von dem Azimut des Gestirnes und der Breite des Beobachtungsortes; sie wächst mit dem Azimut und wird geringer bei höherer Breite. Bei der Beobachtung im oberen Meridian ist die Höhenänderung Null und das Gestirn geht vom Steigen ins Fallen über.

Anders wird jedoch das Bild, wenn die Beobachtung vom bewegten Flugzeug aus gemacht wird. Denkt man sich zunächst das Gestirn ruhend am Himmel, so wird es sich, wenn man auf dasselbe zufliegt, heben, wenn man von ihm abfliegt, senken. Diese Hebung und Senkung hängt von der Fluggeschwindigkeit ab. Diese ist zu berechnen in sm pro Minute. Bei einer Geschwindigkeit von 370 km/h = 200 sm/h ist sie 3,3 sm/m. Beobachtet man nicht recht voraus oder achteraus, so ist diese Höhenänderung durch Fluggeschwindigkeit mit dem cos der Seitenpeilung zu multiplizieren. Es liegt demnach keine Höhenänderung durch Fluggeschwindigkeit vor, wenn das Gestirn querab beobachtet wird.

Die Gestirnsbewegung und die Flugzeugbewegung setzen sich nunmehr zu einer scheinbaren Höhenänderung zusammen, und zwar nach folgendem Gesetz:

Bei westlichem Kurs des Flugzeuges vermindert sich, bei östlichem Kurs vergrößert sich die scheinbare Steig- und Sinkgeschwindigkeit des Gestirnes gegenüber der Normalen Höhenänderung.

Beispiel: Auf der Breite $\varphi = 58^0$ N beobachtet man von Minute zu Minute mit dem Sextanten ein Gestirn im Azimut S 70° W; das Flugzeug hat eine Reisegeschwindigkeit von 370 km/h und den Kurs 233°.

Man hat die minutliche Reisegeschwindigkeit 3,3 sm/m, die Seitenpeilung beträgt 17° und man erhält durch Multiplikation mit cos 17° die Zahl 3,2′/m. Die normale Sinkgeschwindigkeit ist für die gegebene Breite und das Azimut 7,5′. Für den Flugzeugbeobachter wird sich demnach die Gestirnshöhe von Minute zu Minute ändern um $7{,}5' - 3{,}2' = 4{,}3'$. Wäre das Flugzeug auf entgegengesetztem Kurs, so würde die scheinbare Sinkgeschwindigkeit sich erhöhen auf $7{,}5' + 3{,}2' = 10{,}7'$.

Bei kleinem Azimut und namentlich auf hohen Breiten können diese Verhältnisse leicht zu einer Täuschung führen und sich sogar in ihr Gegenteil umkehren, wie das folgende Beispiel zeigt.

Auf dem Kurse 195° beobachtet man auf $\varphi = 53{,}5^0$ N recht voraus die Sonne. Das Azimut der Sonne ist demnach S 15° W. Die Sonne steht also bereits am Nachmittag und hat eine normale Sinkgeschwindigkeit von 2,3′. Bei der obigen Fluggeschwindigkeit bewegt sich jedoch das Flugzeug mit der Geschwindigkeit von 3,3 sm/m auf das Gestirn zu, und statt der normalen Sinkgeschwindigkeit zeigt die Sonne noch eine scheinbare Steiggeschwindigkeit von 1,0′ pro Zeitminute. Die Sonne fängt für den Beschauer erst zu sinken an, wenn die normale Sinkgeschwindigkeit 3,3′ beträgt, was sie laut Tabelle erst im Azimut S 22° W erreicht.

3. Die zeitliche Beschickung der Höhe.

§ 114. Von diesen Betrachtungen muß man Gebrauch machen, wenn es sich darum handelt, eine zu einer bestimmten Zeit beobachtete Höhe auf einen anderen Zeitpunkt zu beschicken, insbesondere dann, wenn zwei Gestirnsbeobachtungen nicht gleichzeitig durchgeführt werden konnten, was meist der Fall ist, und daher ein Ort aus zwei Höhen mit Zwischenflug zu berechnen ist. Es entsteht dann die Frage, welche Höhe des Gestirnes der ersten Beobachtungszeit in Ansatz zu bringen wäre, wenn seine Beobachtung gleichzeitig mit dem zweiten Gestirne stattgefunden hätte.

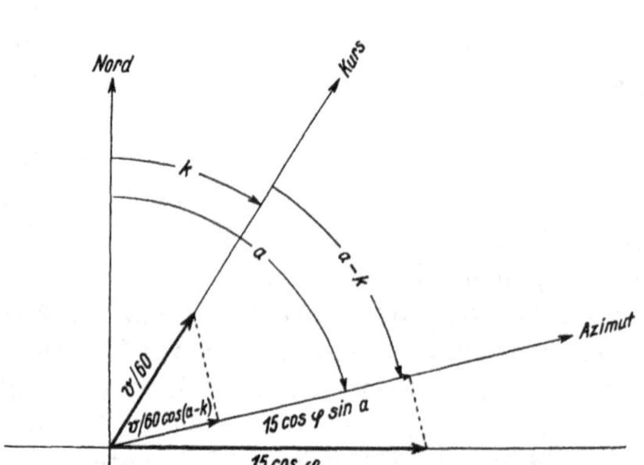

Abb. 180. Zeitliche Beschickung der Höhe.

Die scheinbare Bewegung des Gestirnes gegenüber dem Beobachter im Flugzeug setzt sich zusammen aus der wahren Bewegung des Gestirnes am Himmel infolge der Erddrehung und der Relativbewegung des Flugzeuges auf der Erde in bezug auf das Gestirnsazimut. Sei in Abb. 180 B der Beobachtungsort, so rotiert die Erde in der Drehrichtung nach Ost mit einer Geschwindigkeit von 15′ pro Zeitminute. Diese Geschwindigkeit würde ein Ort auf dem Äquator in ebensoviel sm/m besitzen. Auf dem Breitenparallel des Beobachtungsortes B ist die Bewegungsgeschwindigkeit gleich der Abweitung von 15′, also $15 \cdot \cos\varphi$ sm/m. Ist das Azimut des Gestirnes a, so ist weiter die Bewegungsgeschwindigkeit des Flugzeuges relativ zum Gestirn nur die Projektion auf diese Richtung oder gleich $15 \cdot \cos \varphi \cdot \sin a$. Für den Beobachter erweist sich dieser Betrag als minutliche Höhenänderung des Gestirnes. Nach dieser Formel ist die Tab. 15 berechnet.

Bewegt sich nun andererseits das Flugzeug in der Kursrichtung k mit der stündlichen Geschwindigkeit v sm/h, also der minutlichen Geschwindigkeit $v/60$ sm/m, so steht dabei das Gestirn in der Seitenpeilung $a—k$. Die Relativbewegung des Flugzeuges gegen das Gestirn ist daher $v/60 \cdot \cos (a—k)$, die sich nunmehr wieder in einer scheinbaren Höhenänderung des Gestirnes bemerkbar macht. Diese Zahlenwerte sind in Tab. 16 zusammengestellt.

Die minutliche Höhenänderung eines Gestirnes für ein bewegtes Flugzeug setzt sich daher aus diesen beiden Bestandteilen zusammen und ist

$$\Delta h = 15 \cdot \cos \varphi \cdot \sin a + v/60 \cdot \cos (a - k).$$

Der erste Teil bekommt das positive Vorzeichen, wenn das Gestirn östlich, und das negative Vorzeichen, wenn das Gestirn westlich steht. Der zweite Teil wird positiv, wenn das Gestirn in vorderlicher Peilung steht, und wird negativ, wenn das Gestirn achterlicher als querab steht.

Beispiel 1: Auf einem Flugzeug, das mit der Geschwindigkeit 330 km/h den Grundkurs 165° steuert, beobachtet man auf der Breite $\varphi = 48^0$ N ein Gestirn um $10^h\ 15^m$ in der Höhe 16° 17′ und im Azimut 83°. In welcher Höhe würde sich das Gestirn um $10^h\ 20^m$ befinden?

Mit Azimut 85° und der Breite $\varphi = 48^0$ ergibt sich die erste Höhenbeschickung aus Tab. 15 zu 9,9′. Sie zählt positiv, weil das Azimut östlich ist. Die Seitenpeilung 83° — 155° = 288° gibt mit der Geschwindigkeit 330 km/h aus Tab. 16 die Beschickung 0,9′; sie zählt positiv, weil das Gestirn vorderlicher als querab steht. Die gesamte minutliche Beschickung ist demnach 9,9′ + 0,9′ = 10,8′ und in 5 Minuten beträgt sie 54′. Die Höhe des Gestirnes ist also um $10^h\ 20^m$ 16° 17′ + 54′ = 17° 11′.

Beispiel 2: Bei einer Flugzeuggeschwindigkeit von 280 km/h beobachtet man um $16^h\ 34^m$ auf $\varphi = 43^0$ N auf dem Kurse 235° ein Gestirn in der Höhe von 23° 10′ und im Azimut 214°. Welche Höhe hätte das Gestirn um $16^h\ 40^m$?

Breite $\varphi = 43^0$ N und Azimut 214° gibt die minutliche Änderung — 6,1′. Bei der Seitenpeilung 214° — 235° = 339° und 280 km/h ist die minutliche Änderung + 2,4′. Die gesamte minutliche Änderung beträgt also — 6,1′ + 2,4′ = — 3,7′; in 6 Minuten ist sie — 22′. Die Höhe des Gestirnes um $16^h\ 40^m$ ist also 22° 48′.

Beispiel 3: Auf der Breite 61° N steht nach der Beobachtung ein Gestirn um $11^h\ 34^m$ in der Höhe 38° 5′ und im Azimut 173°. Der Kurs des Flugzeuges ist über Grund 346° und die Grundgeschwindigkeit 300 km/h. Welche Höhe des Gestirnes wäre für den Zeitpunkt $11^h\ 38^m$ zu erwarten gewesen?

Die minutliche Gestirnshöhenänderung aus Erddrehung ist nach Tab. 15 = + 0,9′. Die Seitenpeilung ist 173° — 346° = 187°; ihr und der Grundgeschwindigkeit 300 km/h entspricht die Gestirnshöhenänderung — 2,7′. Gesamte minutliche Höhenänderung ist also + 0,9′ — 2,7′ = — 1,8′, in 4 Minuten also — 7′. Das Gestirn hätte also um $11^h\ 38^m$ die Höhe 37° 58′.

4. Ort aus zwei Höhen mit Zwischenflug.

§ 115. Diese Beschickung wird angewandt, wenn kurz hintereinander zwei Gestirnsbeobachtungen durchgeführt werden und wenn man den daraus zu ermittelnden Ort für einen bestimmten Zeitpunkt braucht. Man erspart dadurch die lästige Verschiebung einer Standlinie in der Karte. Die Methode kann natürlich nur für einen beschränkten Zeitraum von wenigen Minuten angewandt werden, da bei den großen Flugzeuggeschwindigkeiten längere Zwischenflüge nicht einkalkuliert werden können.

Beispiel 1: Am 17. April 1940 steht ein Flugzeug zur Zeit der ersten Beobachtung nach Koppelkurs in 49,7° N 27,3° W. Man beobachtet:

M.G.Z. = 283° 48' $\odot$ = 16° 37' W I. B. = 0'.

Man fliegt rw. 248° mit der Grundgeschwindigkeit 270 km/h und beobachtet dann:

M.G.Z. = 285° 12' ☾ = 35° 8' O I. B. = 0'.

Wo steht das Flugzeug zur Zeit der zweiten Beobachtung?

Man bestimmt zunächst für M.G.Z. = 285° 12' und den Bezugspunkt 50° N 30° W die berechneten Höhen sowie die Azimute wie unten. Die Zeitdifferenz zwischen den Beobachtungen beträgt 1° 24' = 5,6^m.

Für M.G.Z. = 280°	Gr. $\odot\ \tau$ = 280° 7'	$\odot$ = 16° 37'
5° 12'	= 5° 12'	I. B. = 0'
30° W	= 330° 0'	$R + P$ = — 3'
	$\odot\ \tau$ = 615° 19'	h_0 = 16° 34'
	= 255° 19'	Zeitl. B. = — 41'
$\odot\ \delta$ = 10° 37' N	t_w = 75° 19' W	h_0 = 15° 53'
		= 15,9°
Taf. 14a: h_r = **17,5°** Az. = **265°**		h_r = 17,5°
		Δh = — **1,6°**

Für 50° N und Azimut 265° ergibt Tab. 15: = —9,6'
Kurs 248°
Seitenpeilung 17° Tab. 16: = +2,3'
—7,3'·5,6 = —41'

Für M.G.Z. = 280°	Gr. ☾ τ = 158° 32'	☾ = 35° 8'
4° 12'	= 5° 1'	I. B. = 0'
30° W	= 330° 0'	$R + P$ = + 47'
	= 493° 33'	h_0 = 35° 55'
	= 133° 33'	= 35,9°
☾ δ = 8° 38' N	$t_ö$ = 46° 27' O	Taf. 14b: h_r = 34,5° Az. = **123°**
π = 60'		Δh = + **1,4°**

Aus den Azimuten und den beiden Δh ergibt sich der Flugzeugort für M.G.Z. = 285° 12' aus Taf. 13 zu 49,9° N 27,5° W, während der Ort nach Besteck zu dieser Zeit gewesen wäre 49,6° N 27,6° W.

Beispiel 2: Mit dem rw. Kurse 158° 225 km/h steht man am 20. Februar 1940 bei Beginn der Beobachtung auf 46,3° N 17,1° W. Man beobachtet nun mit dem Libellensextanten:

M.G.Z. = 306° 24' ☾ = 45° 42' O I. B. = 0'
M.G.Z. = 307° 5' ♀ = 33° 26' W I. B. = 0'

Bezugspunkt 50° N 15° W. Zeitdifferenz = 0° 41' = 2,7^m.

Für M.G.Z. = 300°	Gr. ☾ τ = 153° 42′	☾ =	45° 42′
7° 5′	= 6° 44′	I. B. =	0′
15° W	= 345° 0′	$R + P$ = +	41′
	☾ τ = 505° 26′	h_0 =	46° 23′
	= 145° 26′	Ztl. Besch. = +	27′
☾ δ = 16° 4′ N	$t_ö$ = 34° 34′ O	h_0 =	46° 50′
π = 60′		=	46,8°
		h_r =	46,2°
Az. = **128°** φ = 46,3°	Tab. 15 = + 8,1′	Δh = +	**0,6°**
Kurs = 158°			
Spl. = 330° 225 km/h	Tab. 16 = + 1,8′		
	für 1^m^ = + 9,9′		
	Ztl. Besch. f. 2,7^m^ = + 27′		

Für M.G.Z. = 300°	Gr. ♀ τ = 260° 5′	♀ =	33° 26′
7° 5′	= 7° 5′	I. B. =	0′
15° W	= 345° 0′	$R + P$ = —	1′
	♀ τ = 612° 10′	h_0 =	33° 25′
	= 252° 10′	=	33,4°
♀ δ = 3° 56′ N	t_w = 72° 10′ W	h_r =	30,2°
		Δh = +	**3,2°** Az. = **234°**

Aus diesen Werten ergibt sich der Ort für M.G.Z. = 307° 5′ zu φ = 47,0° N λ = 17,4° W, während der gekoppelte Ort φ = 46,1° N λ = 17,0° W gewesen wäre.

Beispiel 3: Man steht am 21. Juni 1940 um 23^h^ etwa auf φ = 55,0° N λ = 19,2° O zum Beginn einer astronomischen Beobachtung. Man erhält mit dem Libellensextanten:

M.G.Z. = 329° 42′ Arkturus ✶ = 41° 3′ W I. B. = 0′
M.G.Z. = 330° 54′ Atair ✶ = 35° 30′ O I. B. = 0′

Das Flugzeug fliegt mit 180 km/h Grundgeschwindigkeit auf dem rw. Kurs 120°. Wo steht das Flugzeug zur Zeit der zweiten Beobachtung?

Bezugspunkt 50° N 15° O. Zeitdifferenz = 1° 12′ = 4,8^m^.

Für M.G.Z. = 320°	Gr. ✶ τ = 196° 40′	Arkturus ✶ =	41° 3′
10° 54′	= 10° 56′	I. B. =	0′
15° O	= 15° 0′	$R + P$ = —	1′
	✶ τ = 222° 36′	h_0 =	41° 2′
✶ δ = 19° 30′ N	t_w = 42° 36′ W	Ztl. Besch. = —	39′
55° N und Azimut **243°** gibt — 7,3′		h_0 =	40° 23′
Kurs 120°		=	40,4°
180 km/h und Seitenpeil. 123° gibt — 0,9′		h_r =	44,7°
Zeitdifferenz 4,8^m^	— 8,2′ · 4,8 = — 39′	Δh = —	**4,3°**

Für M.G.Z. = 320°	Gr. = 112° 56′	Atair =	35° 30′
10° 54′	= 10° 56′	I. B. =	0′
15° O	= 15° 0′	$R + P$ = —	1′
	= 138° 52′	h_0 =	35° 29′
✶ δ = 8° 42′ N	$t_ö$ = 41° 8′ O	=	35,5°
		h_r =	36,4°
	Az. = **126°**	Δh = —	**0,9°**

Der Flugzeugort war zur M.G.Z. = 330,9°, φ = 54,8° N, λ = 19,1° O.

Übungsbeispiele:

1. Auf etwa 51,8° N 38,4° W beobachtet man am 16. März 1940 um Sonnenaufgang mit dem Kurse 100° 190 km/h

M.G.Z. = 138° 42′	Wega ✶ 78° 29′	I.B. = —5′
M.G.Z. = 142° 36′	⊙ = 6° 17′	I.B. = —5′

Wo steht jetzt das Flugzeug? (Bezugspunkt $\varphi = 50°$ N, $\lambda = 45°$ W.)

2. Auf etwa 53,0° N 0,3° O beobachtet man am 2. März 1940 etwa 3^h auf dem Kurse 203° 210 km/h

M.G.Z. = 43° 19′	Spica ✶ = 25° 46′	I.B. = +3′
M.G.Z. = 45° 29′	Atair ✶ = 5° 23′	I.B. = +3′

Wo steht nun das Flugzeug? Bezugspunkt $\varphi = 50°$ N, $\lambda = 0°$.

Hat man nach der bisherigen Methode den Zwischenflug durch Rechnung erledigt, so kann man dieselbe Aufgabe auch durch Zeichnung lösen. Man berechnet nun aber die erste Höhe für den ersten Zeitpunkt und legt nach der geschilderten Methode mit Hilfe des Bezugspunktes die Standlinie in die Karte ein. In gleicher Weise verfährt man mit der zweiten Höhe, die man für die Zeit der zweiten Beobachtung berechnet. Die beiden Standlinien gelten nun aber für verschiedene Zeitpunkte, während in der Zwischenzeit das Flugzeug einen Zwischenflug ausgeführt hat. Man muß also dessen wahren Kurs und den Minutenweg für den Zwischenflug noch zwischen die Standlinien einpassen, wie in § 71 beschrieben wurde. Dann ist der Endpunkt der eingepaßten Strecke auf der zweiten Standlinie der Flugzeugort zur Zeit der zweiten Beobachtung.

d) Mechanische Höhenrechenmittel.

§ 116. Neben den rein rechnerischen und zeichnerischen Mitteln zur Bestimmung der Gestirnshöhe sind einige mechanische Rechenapparate erfunden worden, die durch Einstellung der gegebenen Daten die gewünschte Höhe leicht ergeben. Zu diesen zählt der „Immlersche Meßkreis zur Gestirnshöhenauswertung". Dieser besteht aus einem Kreisring mit Gradteilung, in dessen Innern sich eine Scheibe mit Kranzteilung drehen kann. Diese Scheibe ist als einlegbares und auswechselbares Zeichenpapier gedacht. Über den Mittelpunkt hinweg führt von zwei Gegenpunkten des Ringes ein Steg, dessen eines Ende mit einer Einstellmarke A (bei 90° des Kreisringes) versehen ist. Auf dem Steg gleitet senkrecht zu ihm fein einstellbar ein Lineal, das auf dem Steg nach einer cos-Teilung eingestellt werden kann. Das Lineal selbst trägt von der Mitte aus nach beiden Seiten eine sin-Teilung, für welche der Radius der Innenkante des Kreisringes als Einheit dient. Zur Einstellung sind drei Vorgänge nötig:

1. Man dreht die Scheibe so ein, daß unter der Einstellmarke A der Stundenwinkel t (im Beispiel 60°) erscheint. Darauf verschiebt man das Lineal auf dem Steg solange, bis dort an der Nullstelle die Abweichung δ des Gestirnes (im Beispiel 35°) abgegriffen ist. An der Nullstelle der Vorderkante des Lineals merke man auf der Scheibe sodann mit dem Bleistift den Punkt G' an (Abb. 181).
2. Nun rückt man die Nullstelle der Scheibe unter die Einstellmarke A. Dadurch wird der Punkt G' weiter gedreht. Man rückt nun das Lineal parallel zu sich selber soweit nach, daß es wieder durch G' geht. Auf dem Lineal selber sucht man die Zahl, die der Abweichung δ des Gestirnes entspricht (im Beispiel 35°) und merkt sich an dieser Stelle auf dem Papier den Punkt G an (Abb. 182).
3. Man dreht nun die Scheibe wieder solange, bis unter der Einstellmarke A der Punkt der Scheibe zu stehen kommt, der die Zahl der Breite trägt (im Beispiel 47°). Das Lineal rückt man wiederum solange nach, bis es durch den mitgedrehten Punkt G geht. Da, wo das Lineal den Kreisring schneidet, läßt sich nunmehr an der Kranzteilung des Kreisringes die Höhe des Gestirnes ablesen (im Beispiel 44°, Abb. 183).

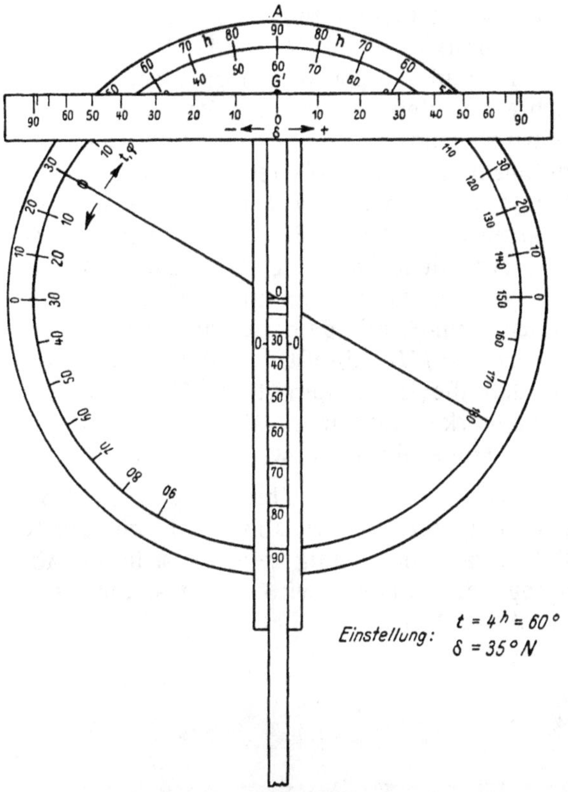

Abb. 181.
Immlers Meßkreis zur Höhenberechnung. 1. Einstellung.

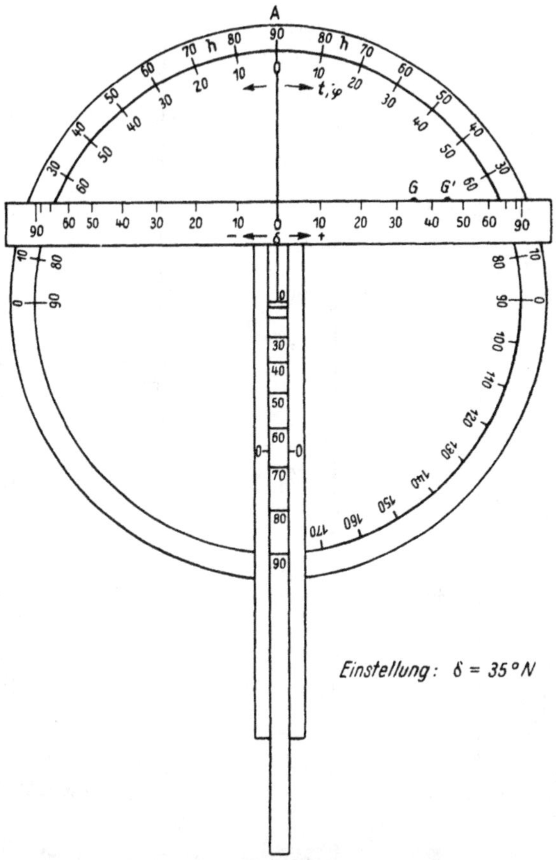

Abb. 182.
Immlers Meßkreis zur Höhenberechnung. 2. Einstellung.

Die Nautische Rechenmaschine, System Immler-Askania, geht von den Nomogrammen aus, die diesem Buche in Tafel 14a—c beigegeben sind. Diese Nomogramme erstrecken sich nun über einen verhältnismäßig kleinen Bereich der Leiterteilungen und bedürfen daher verschiedener Unterteilungen, um auf einem Blatte untergebracht werden zu können. Die Nautische Rechenmaschine enthält dagegen die verschiedenen Leiterteile auf einem Band, so daß der Gesamtmeßbereich überstrichen werden kann. Die Leitern sind auf Trommeln aufgewickelt und die Maschine erhält einen Mechanismus, um die gewünschten Zahlen alle unter einer durchlaufenden Quermarke erscheinen zu lassen. Durch gleichmäßige Abrollung der h-Leiter, t-Leiter

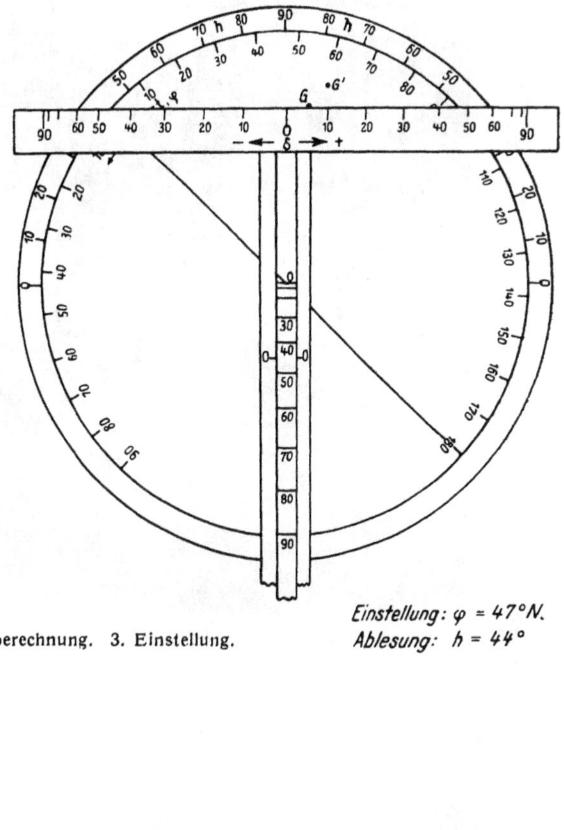

Abb. 183. Immlers Meßkreis zur Höhenberechnung. 3. Einstellung.

Einstellung: φ = 47°N.
Ablesung: h = 44°

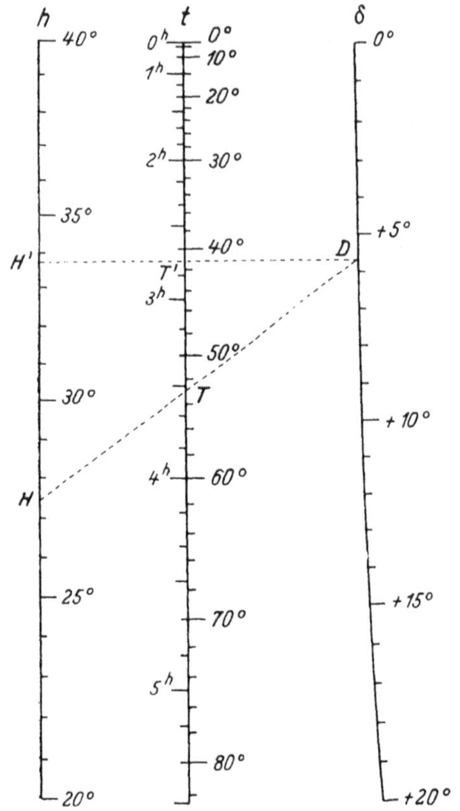

Abb. 184. Höhennomogramm.

und δ-Leiter erreicht man zuerst, daß die gewünschte Abweichung δ auf der Quermarke erscheint. Neben diesem Punkte D (Abb. 184) erscheinen somit von den h- und t-Leitern zwei Punkte H' und T', die aber noch nicht den gewünschten Werten entsprechen. Soll nunmehr T der einzustellende Punkt der t-Leiter sein, so ist nunmehr von der t-Leiter noch die Strecke $T'\,T$ und damit von der h-Leiter die Strecke $H'\,H$ abzurollen. Dazu dient ein zweiter Mechanismus, der wieder auf die Abweichung δ eingestellt werden kann, und nunmehr die beiden Trommeln h und t mit dem Geschwindigkeitsverhältnis $H'D : T'D$ abrollt. Dadurch wird erreicht, daß die Einstellpunkte H, T und D auf der Quermarke erscheinen, also bei H die gewünschte Höhe abgelesen werden kann.

In der Praxis wird während des Fluges bei Beobachtung eines Gestirnes meist nur der zweite Einstellvorgang notwendig sein, da sich die Abweichung kaum ändern wird und das Gerät nur dem Zeitablauf zu folgen hat.

Abb. 185. Nautische Rechenmaschine Immler-Askania geöffnet, Innenansicht von oben.

Die Ausführung des Instrumentes ergab eine Genauigkeit von 1,3′ in der Ablesung (Abb. 185).

Die Trommeln sind berechnet für eine bestimmte Breite, der eine entsprechende stereographische Karte nach Tafel 13 zugehört. Bei Übergang zu einer andern Breitenstufe sind die beiden Abweichungstrommeln gegen andere auszuwechseln.

Das Azimut läßt sich mit der gleichen Maschine berechnen, wenn man (s. § 111) die Einstellung der h- und δ-Werte auswechselt und das Azimut aus der t-Skala entnimmt.

Die Nautische Mikrorechenmaschine, System Immler-Askania (Abb. 186), verwendet ebenfalls ein Höhennomogramm, das aber für alle Breiten und Abweichungen der Gestirne berechnet ist. Das zur praktischen nautischen Auswertung sehr groß ausfallende Nomogramm ist zunächst durch ein photographisches Verfahren auf ein handliches Maß verkleinert, so daß es in einen bequemen Mechanismus eingespannt werden kann. Einstellung und Ablesung erfolgt dagegen mit optischen Vergrößerungsmitteln und Fadenkreuz. Das Nomogramm enthält eine geradlinige h-Leiter, eine ebenfalls geradlinige t-Leiter und eine Kurvenschar, in der sich die φ- und δ-Skalen durchkreuzen. Die Einstellung erfolgt so, daß ein Punkt des Nomogramms, der der Beobachtung zugrundeliegenden Werten einer Bezugsbreite und der Gestirnsabweichung entspricht, in den Mittelpunkt eines Drehsystems rückt. Darauf wird der Nomogrammträger so gedreht, daß auf einer Randmarke die Stelle der t-Leiter erscheint, die der Beobachtungszeit entspricht. Dann kann die Optik auf dem Radius dieser t-Einstellung bis zur Höhenleiter verschoben und dort die berechnete Höhe abgelesen werden. Der Vorteil dieser nautischen Mikrorechenmaschine liegt darin, daß die Breite nicht in den großen Stufen, wie bei der vorigen Maschine eingestellt werden muß, sondern jede Breite benützt werden kann. Eine Auswechselung ist nicht nötig, und die Maschine kann für alle Verhältnisse auf der ganzen Erde von Pol zu Pol benützt werden.

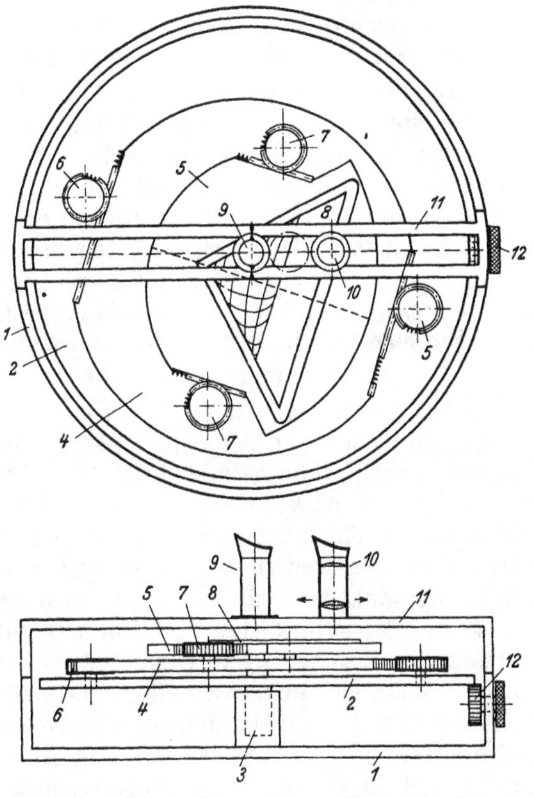

Abb. 186. Nautische Mikrorechenmaschine Immler-Askania.

1. Gehäuse.
2. Teller.
3. Achse.
4. und 5. Führungsschlitten.
6. und 7. Getriebe.
8. Rechenblatt.
9. Festes Mikroskop.
10. Verschiebbares Mikroskop.
11. Führungsbahn.
12. Antrieb.

Die nautische Rechenmaschine, System Le Sort (La Machine à calculer le Point) löst die Gleichung auf

$$\sin h = \underbrace{\sin\varphi\sin\delta}_{A} + \underbrace{\cos\varphi\cos\delta\cos t}_{B}$$

Sie verwendet auf Filmen aufgerollte Rechenschieberskalen und berechnet durch zwei Einstellungen zunächst den Wert A und ebenso durch drei Einstellungen den Wert B. Diese Werte erscheinen in einem Ziffernfeld. Darauf werden diese beiden Werte A und B auf zwei nichtlogarithmischen Bändern eingestellt und algebraisch addiert, und ein letztes achtes Filmband läßt den Wert h erscheinen. Der Grundgedanke einer logarithmischen Rechenmaschine mit endlosen Bändern, die durch Kuppelung miteinander verbunden werden können, beruht auf einer Anregung von Dr. Fuß und Ausführung von Askania. Die gleichen Rechnungen lassen sich daher mit der logarithmischen Rechenmaschine „Fuß-Askania" ausführen. Die Maschine „Le Sort" ist eine leichte Abart dieser Rechenmaschine und ist insbesondere an den Unendlichkeitsstellen der logarithmischen Bänder weniger verläßlich.

Unter die Rechenmaschinen ist auch der Sphärotrigonometer einzureihen. Er ist eigentlich eine verkleinerte Abbildung des Himmelsglobus und hat, weil er nur Kreisbögen verwendet, den Vorteil gleichmäßiger Kreisteilung. Die Werte können so, wie man sie auf einen Globus einzeichnet, eingestellt und abgelesen werden. Die Ablesung erfolgt mit Feineinstellung und Lupe. Auf dieser Maschine lassen sich sogar zwei beobachtete gleichzeitige Höhen einstellen und der Beobachtungsort sofort ermitteln.

Die Maschine des Amerikaners Willis arbeitet ebenfalls mit Kreisteilung und Nonius und seine Maschine gehört daher auch unter den Typus der räumlichen Rechenmaschinen.

Hagners Positionsfinder ist eine Nachbildung der Himmelskugel, in der ihre zwei Kugelsysteme, die Koordinaten Stundenwinkel und Abweichung des Gestirnes, sowie Höhe und Azimut ineinandergesteckt sind. Nachdem man zunächst Stundenwinkel und Abweichung des Gestirnes in dem einen System mit Mikrometerschraube eingestellt hat, dreht man mit Hilfe der Breite des Bezugspunktes den Horizont in die gewünschte Lage. Darauf dreht man das Horizontsystem mit seinem Vertikalkreis um seine Achse solange, bis durch eine Lupe sichtbar die zwei Einstellungsmarken mit dem Systemmittelpunkt in Deckung sind. Darauf lassen sich Höhe und Azimut an ihren Kreisen ablesen. Im Zentrum liegt noch eine Libelle. Man kann dann den Horizont wirklich horizontal halten und durch Anvisieren des Gestirns aus der Höhe des Gestirnes die übrigen Koordinaten bestimmen.

Auf einem Gedankengang von Favè und Rollet de l'Isle fußend, haben Maurer und Becker ein Diagramm der Himmelskugel entwickelt und den Gebrauch darauf eingestellt, daß das System Höhe-Azimut durch eine Parallelverschiebung um das Breitenkomplement in das System Abweichung-Stundenwinkel übergeführt werden kann. Sie wickeln die Himmelskugel längs des Meridians ab und tragen die Abstände des Gestirnes von diesem Meridian streckentreu ab. Da dieses System wie eine Plattkarte die dem Meridian entfernten Teil wenig winkeltreu abbildet, hat Immler eine meridianständige winkeltreue Zylinderprojektion (Merkatorkarte) des Himmels entworfen[1]), in der sich nun die Koordinatensysteme des Himmels rechtwinklig überkreuzen. Gleichzeitig sind von ihm drei solcher Himmelsoktanten aneinandergefügt. Das Blatt ist in Tafel 18 zu sehen. Man findet am unteren Rand, der den Meridian streckentreu darstellt, zwei Pole, von denen aus die Stundenkreise ausstrahlen und welche von den Abweichungsparallelen umgeben sind. Im rechten Drittel sind die Abweichungen negativ, in den beiden anderen positiv. Die Stundenkreise tragen die Bezifferung der Zeitwinkel. Darunter ist ein Maßstab für die Breite, die von einer Marke $A = 90^0$ als Breitenkomplement zu zählen ist. Dieses System ist zunächst als ein Polsystem zu benützen, indem man in dem Diagramm Zeitwinkel und Abweichung des Gestirnes aufsucht. Von diesem so gefundenen Punkt 1 (τ, δ) geht man nun parallel zum unteren Rand, dem Meridian, um ein an der Breitenskala abgegriffenes Stück $90^0 - \varphi$ nach links weiter. So mündet man im Punkte 2. Nun läßt man das Diagramm als eine Abbildung von Vertikalkreis und Höhenparallelen gelten und liest in demselben System Höhe h und Azimut a ab.

Das eingezeichnete Beispiel liefert für $\tau = 110^0$, $\delta = 20^0$ S, $\varphi = 27^0$ N die Höhe $h = 12{,}9^0$ und das Azimut $a = 108{,}5^0$.

Man kann das ganze System auf eine Walze legen, welche sich in einem Kasten dreht. Auf der oberen Seite des Kastens befindet sich ein Schlitz mit einem Schieber, auf dem ein Achsenkreuz eingezeichnet ist. Durch einen Drehknopf dreht man die Walze und ver-

[1]) Vgl. § 91.

schiebt das Achsenkreuz solange, bis unter ihm der Punkt 1 (τ, δ) erscheint. Dann läßt man eine Kranzteilung auf dem Griff der Walze einspringen, daß an der Nullmarke der Punkt A erscheint. Darauf drehe man die Walze und damit das Diagramm solange, bis an der Nullmarke die gewünschte Breite auftritt. An dem unverstellten Fadenkreuz liest man nun an dem Diagramm das Azimut und die Höhe ab.

e) Weitere Entwicklung der Standlinienmethode.

§ 117. P. V. H. Weems geht in seinen Star Altitude Curves noch einen Schritt weiter und stellt sich Sternkarten her, in denen die Höhengleichen von vorneherein eingetragen sind. Er bedarf dazu einer Merkatorkarte, in der vom Äquator aus die Abweichungsparallele (= Breitenparallele) und die Stundenkreise eingezeichnet sind. Um den Bildpunkt des Gestirnes zeichnet er sich die Höhengleichen für verschiedene Höhen im Abstand von 10′ zu 10′ auf, so daß sich die Höhengleichenkurvenscharen überschneiden. Praktisch entwirft er solche Karten für ein Sternpaar, deren Höhengleichen sich tunlichst rechtwinklig überschneiden (Abb. 187). Man findet so auf diesen Karten immer einen Punkt, für den zwei gleichzeitige Gestirnshöhenmessungen zutreffen (Abb. 188). Diese Karte legt man nun über eine andere Karte in gleichem Maßstab, muß sie aber so verschieben, daß die Greenwicher Sternzeit zur Zeit der Beobachtung auf einem bestimmten Meridian erscheint. Man kann dann ohne weiteres auf der darunterliegenden Karte Breite und Länge des Beobachtungsortes entnehmen.

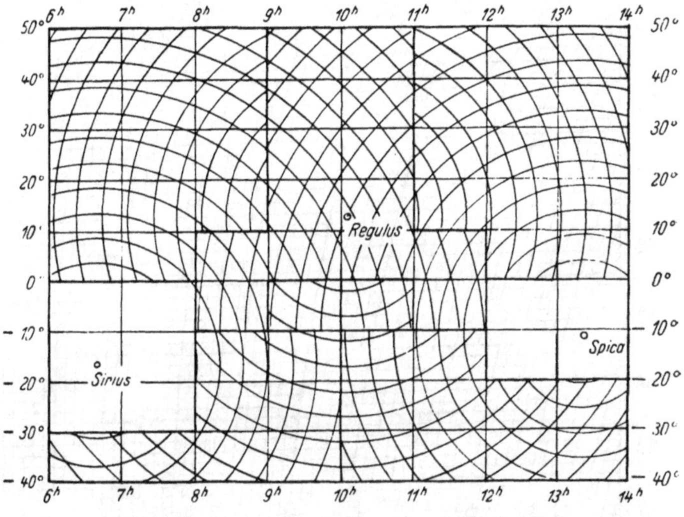

Abb. 187. Höhengleichen für Gestirnspaare (schematisch).

Die Sternkarte hat den Vorteil, daß sofort die wahren am Libellensextanten abgelesenen Höhen eingestellt werden, ohne daß die Beschickungen angebracht werden müssen. Um einen guten Schnitt der Höhengleichen zu gewährleisten, muß Weems allerdings in der Auswahl der Sternpaare wechseln, so daß er den Beobachter zwingt, gerade das vorgeschriebene Sternpaar zur Beobachtung heranzuziehen. Das Weemsche System eignet sich für Fixsterne, da für Sterne mit veränderlicher Abweichung und geraden Aufsteigung immer wieder neue Karten entworfen werden müßten.

Am unteren und oberen Rande der Höhengleichenkarte sind Skalen mit der Greenwicher Sternzeit angebracht. Die Höhengleichenkarte ist also auf der untergelegten Merkatorkarte richtig orientiert, wenn der der Beobachtung entsprechende Skalenwert der Greenwicher Sternzeit auf den Meridian von Greenwich oder, was dasselbe ist, ein um 10^0 geänderter Skalenwert auf eine um 10^0 geänderte Länge fällt. Dies dient zur bequemen Einstellung, wenn auf der Karte nicht gerade eine Gegend in der Nähe des Greenwicher Meridians gewählt sein sollte.

Der Gebrauch der Höhengleichenkarte über der Merkatorkarte ist bei gleichzeitigen Gestirnsbeobachtungen außerordentlich bequem. Man berechnet sich ohne Rücksicht auf das beobachtete Gestirn lediglich die Greenwicher Sternzeit (Gr. $\Upsilon\tau$), verschiebt die Höhengleichenkarte über die Merkatorkarte, so daß die Greenwicher Sternzeit auf den Meridian von Greenwich fällt, und sucht nun die den Beobachtungen der beiden Gestirne entsprechenden Standlinien auf. Ihr Schnittpunkt zeigt auf der unterlegten Karte den Beobachtungsort an.

Etwas schwieriger ist ihr Gebrauch bei Beobachtungen mit Zwischenflug, weil dann für die erste und zweite Beobachtungszeit zwei verschiedene Lagen der Höhengleichenkarte in Frage kommen. Man legt daher zuerst die Höhengleichenkarte für die erste Green-

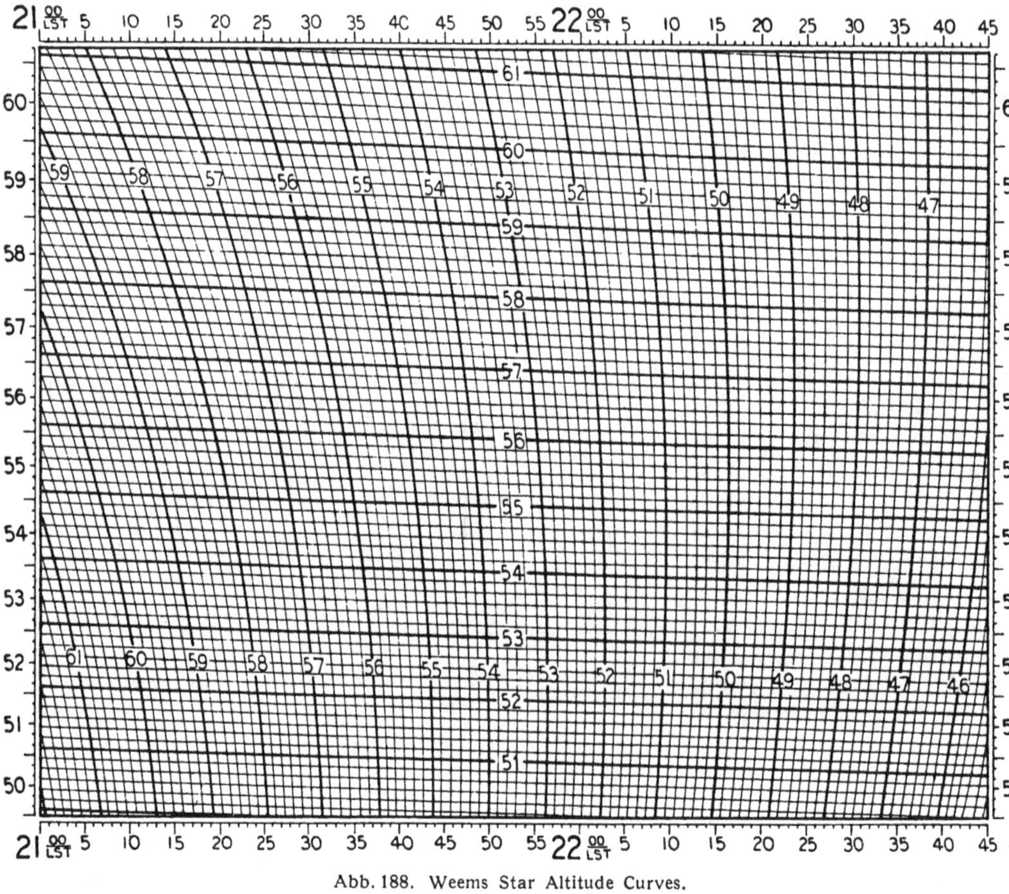

Abb. 188. Weems Star Altitude Curves.

wicher Sternzeit auf und sucht die Standlinie des Gestirnes gemäß seiner beobachteten Höhe. Da man nun für die zweite Beobachtung die Höhengleichenkarte nach links verschieben muß, so muß man eine andere Höhengleiche als die der Beobachtung entnommene wählen, und zwar eine, die auf der Höhengleichenkarte eine um den gegebenen Zeitunterschied nach rechts verschobene Standlinie ist. Die so durch Parallelverschiebung veränderte Standlinie ist mit der zweiten Standlinie in Verbindung zu bringen, und zwar so, daß der Zwischenflug zwischen beiden noch eingepaßt wird.

Eine andere Methode eignet sich besonders für bestimmte Flugstrecken, die zu bestimmten Zeiten beflogen werden. Sie vorverlegt die gesamte Höhen- und Azimutberechnung in die Vorbereitungszeit vor dem Start. Man ermittelt für bestimmte Zeitpunkte die Orte nach Breite und Länge, die auf der Flugstrecke zu diesen Zeiten überflogen werden sollen, und berechnet sich für diese Daten die zugehörigen Höhen und Azimute der Gestirne, die voraussichtlich zur Beobachtung herangezogen werden können. In einem Koordinatensystem (Abb. 189), dessen Horizontalachse die einzelnen Zeiten aufweist, trägt man senkrecht dazu die so vorausberechneten Höhen und Azimute auf. Beim Gebrauch hat man dann in diesem Diagramm nur die Zeit der Beobachtung aufzusuchen, die darüber erscheinende berechnete Höhe mit der beobachteten Höhe zu vergleichen und aus der Höhendifferenz

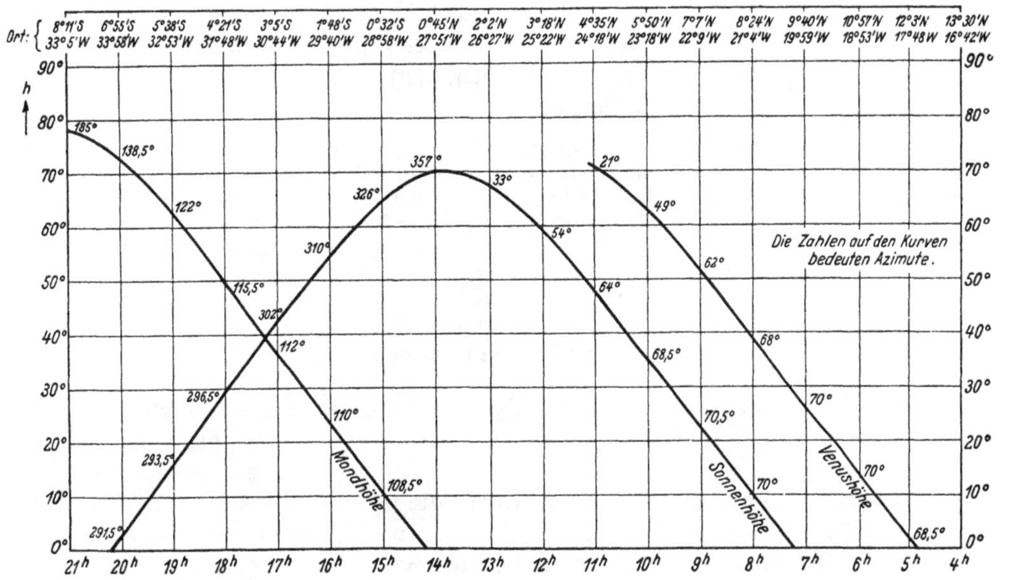

Abb. 189. Höhendiagramm für einen Flug Bathurst-Pernambuco am 20. 7. 34 von 4^h bis 21^h MGZ.

und dem abgelesenen Azimut nach dem gewöhnlichen Verfahren die Standlinie in die Gebrauchskarte für den Punkt einzuzeichnen, der der Beobachtungszeit entspricht.

4. Die Verwertung der astronomischen Standlinie.

a) Kurs- und Geschwindigkeitskontrolle.

§ 118. Steht das Gestirn recht voraus oder recht achteraus auf der Kurslinie (nicht in der Flugzeugachse!), so verläuft die Standlinie quer zur Kursrichtung. Hat man seit der letzten genauen Ortung in *S* nach seinen Berechnungen den Weg *SG* durchlaufen, so weiß man aus der ermittelten Standlinie, daß man sich nicht in *G*, dem gegißten Ort, sondern irgendwo auf der Standlinie befindet (Abb. 190). Man kann daraus entnehmen, daß man in der Zwischenzeit einen etwas größeren (wie in der Abbildung) oder einen etwas kleineren Weg zurückgelegt hat, mit anderen Worten, man hat Gelegenheit, die erzielte Reisegeschwindigkeit zu berichtigen. Im Falle der Abb. 190 ist die Geschwindigkeit größer geworden.

Steht dagegen das Gestirn querab zur Kursrichtung (nicht zur Flugzeugachse!) und fällt die ermittelte Standlinie nicht ganz mit der Wegrichtung zusammen, so ist sie dem Wege doch parallel, und es ist der Schluß erlaubt, daß ein Kursfehler aufgetreten ist. Wenn man den von der Standlinie vorgeschriebenen Kurs weiterverfolgt, so wird man, da man doch einmal bei der Beobachtung in irgendeinem Punkte (*P*) der Standlinie gestanden war, auf dieser weiter fliegen. Liegt in der Fortsetzung der Standlinie irgendein Landobjekt,

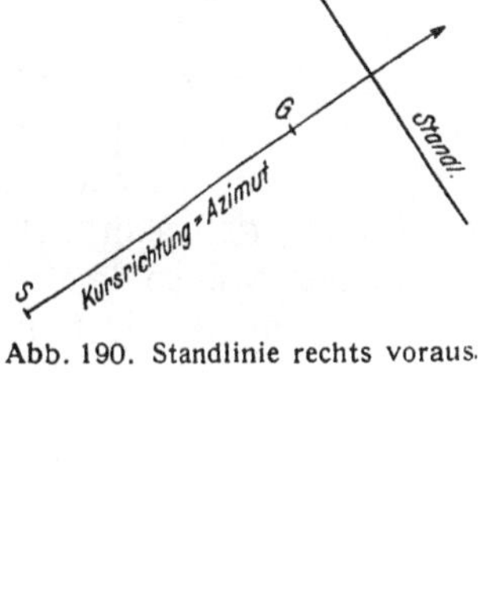

Abb. 190. Standlinie rechts voraus.

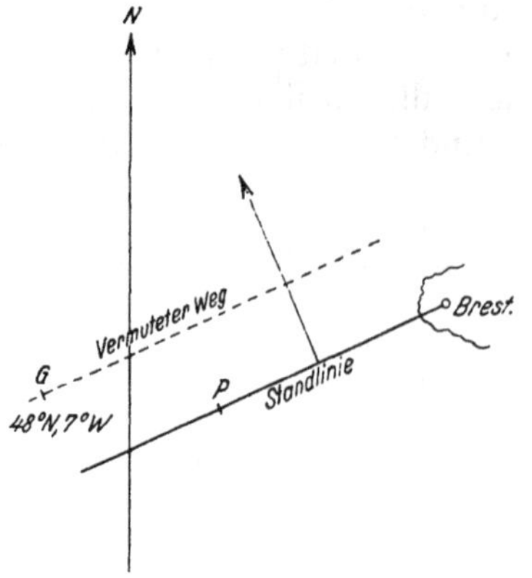

Abb. 191. Standlinie querab.

so wird im Verfolge des Weiterfluges, wenn keine anderen Umstände eintreten, mit Sicherheit dieses Landobjekt angesteuert werden. Es ist überhaupt ratsam, wenn eine Standlinie ermittelt ist, die nicht zu sehr von der Flugrichtung abweicht und nach der Karte auf gut auszumachende Marken hinweist (Küstenbildung, Städte, Leuchtfeuer), die Standlinie zu verfolgen, weil man dann Sicherheit hat, das gewünschte Objekt anzufliegen.

Beispiel: Ein Flugzeug steht nach Besteck auf 48° N und 7° W und hat den Kurs 75°. Man beobachtet nun eine Sonnenhöhe, die das Azimut 165° hat. Die Berechnung und Einzeichnung der Standlinie in die Karte erweist, daß die Standlinie durch Brest geht und dem Kurse parallel wird. Man wird also bei Verfolgung des Kurses sicher über Brest fliegen (Abb. 191).

b) Zielanflug auf Standlinie.

§ 119. Die Verwendung einer astronomischen Standlinie kann besonders in dem Falle wertvoll sein, wenn man längere Zeit ohne Bodensicht über Wolken fliegt und aus meteorologischen oder anderen Gründen nicht unter die Wolkendecke heruntergehen will. Man beobachtet zu irgendeinem Zeitpunkt vor Erreichung eines Zieles eine Gestirnshöhe und rechnet sich für diesen Zeitpunkt und für den Zielpunkt Höhe des Gestirnes und sein Azimut aus. Da für kurze Entfernungen von der Krümmung der Standlinien abgesehen werden kann, weiß man dann aus der Höhendifferenz zwischen der beobachteten Höhe und der errechneten Zielpunktshöhe, wie weit man von der durch den Zielpunkt gehenden Standlinie entfernt ist. Man ändert (Abb. 192) nun den Kurs in die Richtung des errechneten

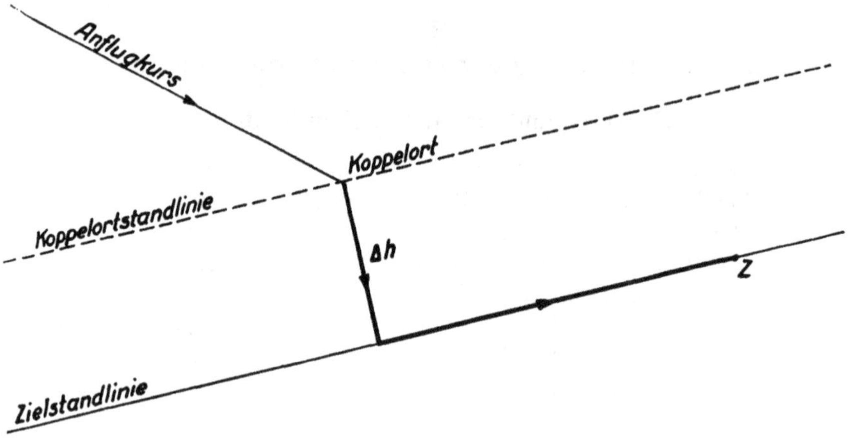

Abb. 192. Zielanflug auf Standlinie.

Azimuts des Gestirnes und rechnet sich mit Hilfe der Eigengeschwindigkeit die Zeit aus, die man zur Abfliegung dieser Höhendifferenz benötigt. Nachdem diese Zeit verstrichen ist, geht man mit einer Kursänderung um 90° auf die vorberechnete Standlinie selbst. Man weiß dann, daß man sich auf gesicherter Linie dem Ziele nähert und wird es nach Durchstoßen der Wolken direkt anfliegen. Hat man noch genügend Zeit und steht auf dem letzten Kurs ein anderes Gestirn etwa recht voraus zur Verfügung, so kann durch eine zweite Beobachtung noch eine Standlinie quer zu diesem Kurs gefunden werden, aus der man ersehen kann, wie weit man noch vom Ziele entfernt ist. Es ist dies eine Veränderung des Ortes aus zwei Höhen, durch welche man direkt die Zeit angeben kann, in der man über das Ziel gelangt. Man kann daher bis dahin über den Wolken bleiben und wird im errechneten Zeitpunkt direkt auf den Zielflugplatz durchstoßen können.

c) Breitenbestimmung.

§ 120. Ein Sonderfall der Standlinienverwertung ist derjenige, welcher ein Azimut von 0° bzw. 180° aufweist. In diesem Falle verläuft die Standlinie ostwestlich und jeder ihrer Punkte hat ein und dieselbe Breite. Dieser Fall eignet sich für die Beobachtung insofern besonders, als das Gestirn in der Kulmination die größte Höhe hat. Man hat also nur kurz vor der Beobachtung die Höhe des Gestirnes zu verfolgen und die Einstellung zu nehmen, von der ab das Gestirn fällt. Diese Betrachtung gilt nur bei festliegendem Orte. Bewegt sich das Flugzeug in meridionalen Kursen, so ist die größte Höhe nicht mehr identisch mit der Kulminationshöhe. Denn bei der Bewegung auf das Gestirn zu hebt es sich dauernd über den Horizont und die größte Höhe erscheint dann, wenn sich diese Hebung mit dem natürlichen Fallen des Gestirnes ausgleicht, also erst nach der Kulmination (vgl. § 113). Diese Bedenken fallen weg bei ostwestlichem Flug.

Will man das Gestirn bei der Kulmination beobachten, so ist es zweckmäßig, sich diese Kulminationszeit zu berechnen. Man benützt dazu das Aeronautische Jahrbuch und sieht nach, zu welcher M.G.Z. sein Greenwicher Zeitwinkel gleich 180° ist, was mit Hilfe einer rückwärtigen Einschaltung durch die Einschalttabellen leicht gelingt. Damit hat man allerdings erst die M.G.Z. der Kulmination in Greenwich. Diese Zeit gilt aber (mit Ausnahme des Mondes) ebensogut als M.O.Z. der Kulmination am Beobachtungsort.

Die Breitenbestimmung aus der Meridianhöhe ist dann sehr einfach und lehnt sich an die Formel an

$$\varphi = z + \delta,$$

wobei φ die Breite, z die Zenitdistanz und δ die Abweichung des Gestirnes bedeutet. Die Summe ist algebraisch zu verstehen; dabei hat z nach Nord zu zählen, wenn die Höhe im Süd beobachtet wurde und umgekehrt.

Beispiel 1: Auf welcher Breite stand ein gewassertes Flugzeug, das am 23. April 1940 die Kulminationshöhe der Sonne zu 63,7° im Süd bestimmte? I.B. = 0′.

☉	= 63° 42′ S	für 23/4 ☉ δ = 12° 34′ N
I.B.	= 0° 0′	
$R + P$	= 0° 0′	
h_0	= 63° 42′	
z	= 26° 18′ N	
δ	= 12° 34′ N	
φ	= 38° 52′ N	

Beispiel 2: Man beobachtet am 10. Febr. 1940 den Sirius bei seiner Kulmination in 28° 31′ S.

✶	= 28° 31′ S	✶ δ = 16° 38′ S
I.B.	= 0° 0′	
$R + P$	= — 2′	
h_0	= 28° 29′ S	
z	= 61° 31′ N	
δ	= 16° 38′ S	
φ	= 44° 53′ N	

Übungsbeispiele:

	Datum 1940		Gegißter Ort	Gestirn		I. B.
1.	5. Aug.	mitt.	51,2° N 24,6° W	Sonne	= 55° 6′ S	0′
2.	23. Sept.	mitt.	45,4° N 37,5° W	Sonne	= 44° 29′ S	+ 1′
3.	26. Mai	mitt.	45,8° N 21,6° W	Sonne	= 65° 4′ S	+ 2′
4.	30. April	mitt.	48,1° N 14,0° W	Sonne	= 56° 18′ S	+ 4′
5.	19. Febr.	mitt.	51,0° N 15,2° W	Sonne	= 27° 17′ S	+ 1′
6.	2. Jan.	mitt.	53,0° N 3,0° O	Sonne	= 14° 3′ S	— 3′
7.	14. Jan.	nachm.	54,1° N 45,0° W	Aldebaran	= 52° 35′ S	+ 2′
8.	12. Aug.	nachm.	57,2° N 18,5° O	Wega	= 71° 31′ S	— 1′
9.	29. April	vorm.	52,1° N 17,9° W	Atair	= 46° 20′ S	+ 1′
10.	20. Febr.	nachm.	42,2° N 35,2° W	Aldebaran	= 63° 19′ S	+ 4′

Die Zeit der Kulmination eines Gestirnes eignet sich wegen der dann auftretenden geringen Höhenveränderung sehr gut zu einer Indexbestimmung des Sextanten auf festem Boden. Man rechnet sich dann die Kulminationshöhe in einem umgekehrten Rechengang wie oben aus der bekannten Breite des Beobachtungsortes und der dem Jahrbuch entnommenen Abweichung aus und setzt damit die beobachtete Höhe in Vergleich. Die Differenz ist die Indexberichtigung. Ihr Vorzeichen ergibt sich aus der Fragestellung, was an die beobachtete Höhe anzubringen ist, um die errechnete zu erhalten.

d) Nordsternbreite.

§ 121. Denkt man sich in Abb. 162 den Bildpunkt des Gestirnes nach dem Nordpol versetzt, so erkennt man, daß die Zenitdistanz in das Breitenkomplement übergeht oder daß die Breite des Beobachtungsortes gleich der Höhe des Poles ist. Man kann also die Breite vom Himmel sozusagen ablesen, wenn man die Polhöhe, also die Höhe eines Gestirnes im Pol mißt. Der Polarstern (Nordstern) erfüllt die Bedingung, im Pol zu stehen, zwar nicht ganz genau, doch bewegt er sich in einem derartig kleinen Kreise um den Pol, daß seine Höhe wenigstens fast der Breite gleich ist. Je nach der augenblicklichen Lage des Fixsternhimmels steht der Nordstern bald über dem Pol (seine Höhe ist also zu groß) oder unter dem Pol (die Höhe ist zu klein), oder er steht neben dem Pol. Die Bewegung des Himmels wird aber fixiert durch die Sternzeit. Die Beschickung der Nordsternhöhe entnehmen wir der Tab. 12, in die wir nur mit der Ortssternzeit einzugehen haben. Diese berechnet sich nach folgendem Beispiel:

Am 26. Januar 1940 um 21^h auf etwa 47,3° N, 33,6° W beobachtet man

	M.G.Z. = 351° 40′	Nordstern ✶ = 47° 18′	I. B. = 0′.
M.G.Z. = 340°	Gr. $\Upsilon\ \tau$ = 285° 5′	Nordstern = 47° 18′	
11° 40′	11° 42′	I.B. = — 0′	
	33,6° = 326° 24′	G.B. = — 1′	
	Orts $\Upsilon\ \tau$ = 623° 11′	h_0 = 47° 17′	
	= 263° 11′	Tab. 11 = — 32′	
		φ = 46° 45′ N.	

Übungsbeispiele:

	Datum 1940	Gegißter Ort φ	λ	M. G. Z.	Nordstern	I. B.
1.	11. Dez.	54,2° N	3,8° O	273° 30′	55° 24′	— 5′
2.	17. Okt.	34,0° N	48,3° W	139° 31′	34° 19′	— 1′
3.	27. Febr.	56,9° N	17,9° O	252° 1′	55° 29′	+ 4′
4.	19. Juli	41,0° N	41,3° W	296° 2′	40° 17′	+ 1′
5.	2. Okt.	36,4° N	32,3° W	127° 29′	36° 18′	0′
6.	31. März	49,5° N	40,1° W	154° 41′	49° 13′	— 1′

e) Die Standlinienmethode in der Polarkappe.

§ 122. Bei Flügen, welche in höchste Breiten führen, vereinfacht sich die Standlinienmethode ganz besonders, wenn man als Bezugspunkt den Pol wählt und der Zeichnung eine stereographische Karte zugrundelegt. Für den Pol wird nämlich $h_r = \delta$, gleich der Abweichung des Gestirnes, und das Azimut des Gestirnes geht über in den Greenwicher Stundenwinkel.

Beispiel: Bei einem Fluge von Green Harbour nach Point Barrow beobachtet man am 20. Juli 1940 mit dem Libellensextanten:

M.G.Z. = 93° 42′	⊙ = 18° 27′	I.B. = 0′
M.G.Z. = 94° 34′	♀ = 16° 29′	I.B. = 0′
Für M.G.Z. = 80°	Gr. ⊙ τ = 78° 27′	⊙ = 18° 27′
13° 42′	= 13° 42′	I. B. = 0′
	Gr. ⊙ τ = 92° 9′	$R + P$ = — 3′
	$t_ö$ = 87° 51′	h_0 = 18° 24′
		⊙ δ = 20° 42′
		Δh = **—2° 18′**
Für M.G.Z. = 80°	Gr. ♀ τ = 111° 9′	♀ = 16° 29′
14° 34′	= 14° 36′	I.B. = 0′
	Gr. ♀ τ = 125° 45′	$R + P$ = — 3′
	$t_ö$ = 54° 15′	h_0 = 16° 26′
		♀ δ = 17° 47′
		Δh = **—1° 23′**

Der Schnittpunkt der Standlinien (s. Abb. 193) ergibt die Ortung $\varphi = 87{,}6°$ N, $\lambda = 71°$ W.

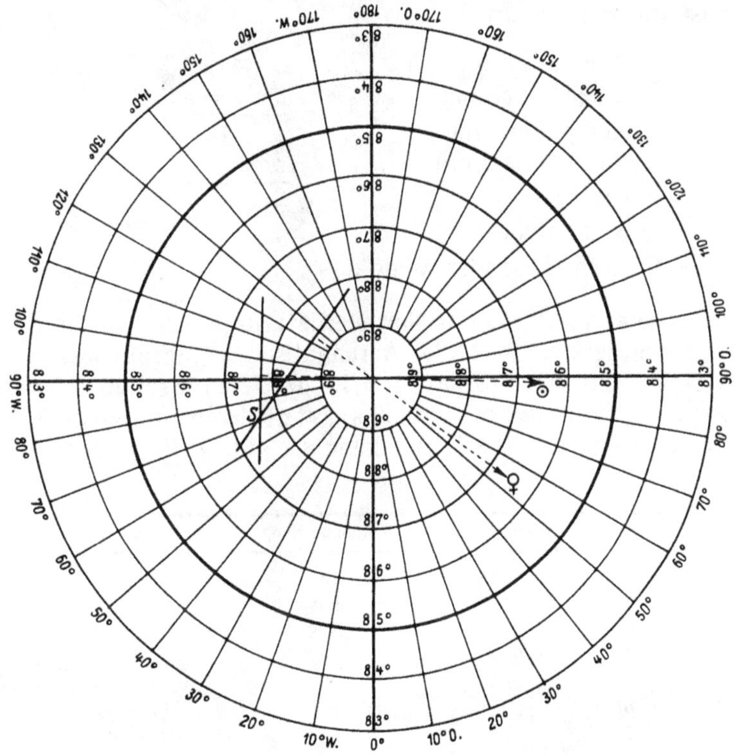

Abb. 193. Ortung durch Standlinien in der Polarkappe.

5. Gestirnspeilung und Kurskontrolle.

§ 123. Für jedes Gestirn und jeden Ort läßt sich das Azimut leicht vorausberechnen. Wenn man gleichzeitig das Gestirn mit dem Magnetkompaß peilt, so hat man ein bequemes Mittel, die Fehler des Kompasses unter Kontrolle zu halten. Das wird notwendig sein, wenn man der Ablenkung des Kompasses wegen irgendwelcher Störungen nicht mehr Vertrauen schenken zu können glaubt oder wenn man über die zu verwendende Mißweisung unsicher wird. Man erhält durch den Vergleich der Peilung mit dem wahren Azimut auf jeden Fall Kenntnis über die Fehlweisung des Kompasses auf dem anliegenden Kurs und kann im folgenden für diesen Kurs die ermittelte Fehlweisung in Anwendung bringen.

a) Nordsternpeilung.

§ 124. Besonders einfach wird die Rechnung, wenn man als Peilobjekt den Nordstern wählt, weil dessen Azimut mit genügender Genauigkeit = 0^0 gesetzt werden kann. Wie in diesem Falle zu verfahren ist, zeigt folgendes Beispiel:

Beispiel 1: Man peilt auf dem Kurs am Peilkompaß 285^0 den Nordstern in 348^0. Was ist die Fehlweisung?

Peilung	=	348^0
Nordsternazimut	=	360^0
Fehlweisung des Peilkompasses	=	$+ 12^0$
Kurs am Peilkompaß	=	285^0
Rechtweisender Windkurs . . .	=	297^0

Beispiel 2: Man peilt auf dem Kompaßkurs 127^0 den Nordstern auf der Peilscheibe 245^0. Wie groß ist die Fehlweisung?

Kompaßkurs	=	127^0
Scheibenpeilung	=	245^0
Kompaßpeilung.	=	12^0
Nordsternazimut	=	0^0
Fehlweisung	=	$- 12^0$
Kompaßkurs	=	127^0
Rechtweisender Windkurs . . .	=	115^0

Wer statt der rohen Zahl 0^0 für das Nordsternazimut einen genaueren Wert gebrauchen will, findet ihn auf dem letzten Blatt des Aeronautischen Jahrbuches, in das man mit der mittleren Ortszeit (M.O.Z.) einzugehen hat. In mittleren Breiten schwankt das Azimut nicht mehr als 2^0 rechts und links des Meridians; auf niederen Breiten geht diese Abweichung auf $\pm 1^0$ herunter und erst auf 70^0 Breite kann sie auf $\pm 3^0$ steigen.

Beispiele:

	Kompaßkurs	Kompaßpeilung	Scheibenpeilung
1.	224^0	14^0	—
2.	174^0	352^0	—
3.	316^0	337^0	—
4.	267^0	18^0	—
5.	283^0	—	66^0
6.	202^0	—	175^0
7.	94^0	—	259^0
8.	41^0	—	344^0

b) Sonnenpeilung.

§ 125. Etwas mehr Rechnung erfordert die Bestimmung des Sonnenazimuts, weil die Sonne nicht still steht, sondern fortwährend ihr Azimut ändert. Man bedarf daher einer Zeitbestimmung. Dagegen ist die Sonne als Peilobjekt geeigneter als alle anderen Gestirne, weil sie leichter zu beobachten ist.

Durch die Benutzung von Ebsens Azimuttabellen wird die Rechnung aber stark abgekürzt. Diese Tafeln erfordern die Bestimmung der Wahren Ortszeit und ein Eingehen in die Tafel mit Breite des Beobachtungsortes und der Abweichung der Sonne.

Die Wahre Ortszeit berechnet sich aus dem Greenwicher Zeitwinkel der Sonne, indem man noch die Länge anbringt.

Beispiel 1: Am 18. Februar 1940 auf 38,3° N und 53,6° W peilt man die Sonne um M.G.Z. = 318,3° in 243° am Peilkompaß, als das Flugzeug nach diesem Kompaß 183° anlag. Was war die Fehlweisung?

M.G.Z. = 300°	Gr. ⊙ τ = 296,5°;	⊙ δ = 11,5° N
18,3°	= 18,3°	
53,6° W	= 306,4°	
	W.O.Z. = 621,2°	
	= 261,2°;	dafür Ebsens Tafel: a = N 86° W.

Wahres Azimut . .	. . = 274°
Kompaßpeilung ⊙ .	. . = 263°
Fehlweisung	. = + 11°
Kurs am Peilkompaß . .	. . = 203°
Rechtw. Windkurs	. = 214°.

Beispiel 2: Am 3. März 1940 auf 51,9° N und 44,3° W peilt man die Sonne um M.G.Z. = 152,0° auf der Peilscheibe in 258°, als das Flugzeug am Steuerkompaß 217° anlag. Was war die Fehlweisung?

M.G.Z. = 140°	Gr. ⊙ τ = 137,0°;	⊙ δ = 6,9° S
12,0°	= 12,0°	
44,3° W	= 315,7°	
	W.O.Z. = 464,7°	
	= 104,7°;	dafür Ebsens Tafeln: a = N 107° O.

Kompaßkurs	. = 217°
Seitenpeilung ⊙ . .	. . . = 258°
Kompaßpeilung.	. . . = 115°
Wahres Azimut.	. . . = 107°
Fehlweisung .	. . = — 8°
Kompaßkurs	. . . = 217°
Rechtw. Windkurs	. = 209°.

Übungsbeispiele:

	Datum 1940	Flugzeugort φ	Flugzeugort λ	M. G. Z.	Kompaßkurs	Seitenpeilung (Sonne)
1.	19. Okt. 17h	56,2° N	53,9° W	302,0°	153°	219°
2.	1. Juni 17h	55,0° N	2,3° O	251,0°	62°	226°
3.	1. Sept. 17h	49,0° N	0,2° O	253,7°	146°	225°
4.	7. Okt. 7h	34,9° N	24,3° W	122,0°	87°	356°
5.	2. Sept. 6h	54,9° N	13,4° W	113,7°	112°	337°
6.	9. Dez. 3h	47,1° N	64,3° W	103,0°	287°	275°
7.	12. Dez. 10h	54,5° N	4,7° O	151,5°	148°	17°
8.	11. Okt. 8h	22,8° N	14,3° W	139,5°	312°	136°

Die Ebsentafeln können auch für jedes andere Gestirn benutzt werden, wenn statt mit der W.O.Z. mit dem Zeitwinkel des Gestirnes eingegangen wird.

c) Azimut beim Auf- und Untergang.

§ 126. Ohne Zeitrechnung kommt man aus, wenn man das Azimut der Sonne beim Aufgang oder Untergang beobachtet. Die Tafel 19 im Anhang gibt ohne weiteres dieses Azimut, indem man von der linken Seite mit der Abweichung der Sonne eingeht und auf der horizontalen Linie so weit nach rechts geht, bis sie den Kreisbogen trifft, der von unten her die gegebene Breite heraufzieht. Diesen Punkt verbindet man mit der linken unteren Ecke des Diagramms; dann zeigt dieser Kreisradius am Kreisrand das gewünschte Azimut. Dies bekommt das Vorzeichen der Abweichung und die Bezeichnung O oder W, je nachdem das Gestirn im Aufgang oder Untergang betroffen ist. So ergibt z. B. die Abweichung 24° **S** mit der Breite 40° N für den **Auf**gang das Azimut **S 58° O.**

Die Tafel ist berechnet nach der Formel $\cos a = \sec \varphi \sin \delta$.

Bei der Anpeilung der Sonne ist jedoch eins nicht zu vergessen: der sichtbare Auf- und Untergang ist nicht gleichbedeutend mit dem wahren Auf- und Untergang. Unter dem letzteren versteht man den Durchtritt der Sonne durch den wahren Horizont, der gegenüber dem sichtbaren Erdrand wegen der Wirkung der Strahlenbrechung und Kimmtiefe gehoben erscheint. Der sichtbare Aufgang der Sonne wird daher immer früher, der sichtbare Untergang immer später erfolgen als der berechnete wahre Auf- bzw. Untergang. Da die Sonne nicht senkrecht aus dem Horizont aufsteigt, sondern schief, und zwar um so schiefer, je höher die Breite ist, wird zum sichtbaren Aufgang ein anderes Azimut gehören als zum wahren Aufgang, und die Sonne wird eine gewisse Höhe gewonnen haben müssen, wenn sie beim wahren Aufgang angepeilt werden soll. Man schätzt am besten den Zwischenraum zwischen Sonnenunterrand und Erdrand und wartet beim Aufgang so lange, bis dieser Abstand erreicht ist. Seine Größe gibt Tab. 14 entweder in Bruchteilen von Graden oder in Sonnendurchmessern an, wenn man davon Gebrauch macht, daß der Sonnendurchmesser etwa $\frac{1}{2}$° ist.

Beispiel: Am 4. September 1940 auf 33,1° N und 47,2° W beobachtet man das Sonnenazimut beim Aufgang mit der Peilscheibe in 158°, als das Flugzeug den Kurs 293° anlag.

Für 33° N und $\odot$ $\delta = 7°$ N gibt Tafel 19 N 82° O.

Kompaßkurs	=	293°
Seitenpeilung	=	158°
Kompaßpeilung	=	91°
Wahres Azimut	=	82°
Fehlweisung	=	— 9°
Kompaßkurs	=	293°
rw. Windkurs	=	284°.

Übungsbeispiele:

	Datum 1940	Flugzeugort φ	Flugzeugort λ	Kompaßkurs	Seitenpeilung der Sonne
1.	27. Okt.	36,2° N	48,4°W	194°	256° beim Aufgang
2.	1. Sept.	56,6° N	28,4° O	289°	331° beim Untergang
3.	2. Juni	51,6° N	24,2° O	234°	181° beim Aufgang
4.	26. Nov.	36,0° N	37,4° W	190°	71° beim Untergang
5.	3. Dez.	57,3° N	18,4° O	193°	294° beim Aufgang
6.	4. Mai	20,5° N	51,0° W	4°	286° beim Untergang
7.	11. Nov.	36,5° N	10,4° O	60°	212° beim Untergang
8.	5. Dez.	56,4° N	39,6° W	45°	90° beim Aufgang

Die Tafel kann auch benutzt werden für den Auf- und Untergang von Planeten und Fixsternen. Auch für den Mond ist sie zu gebrauchen, doch ist dabei zu bemerken, daß die wahre und sichtbare Auf- und Untergangszeit des Mondes für eine Flugzeughöhe zwischen

50 m und 150 m zusammenfallen. Unter dieser Erhebung ist der wahre Auf- und Untergang des Mondes nicht zu beobachten, über dieser Erhebung treten ähnliche Verspätungen bzw. Verfrühungen ein wie bei der Sonne.

6. Auf- und Untergangszeiten der Gestirne.

§ 127. Es ist häufig von Interesse zu wissen, wie lange ein Gestirn über dem Horizont sichtbar ist und wann es auf- oder untergeht. Dieser Berechnung dient die Tafel 20[1]), der die Formel $\cos t = -\tan\varphi \tan\delta$ zugrunde liegt. Um den Stundenwinkel beim Auf- und Untergang zu finden, gehe man von links mit der Abweichung des Gestirnes ein und verfolge die Horizontale so lange, bis sie mit einer radialen Geraden zusammentrifft, deren Bezifferung der gegebenen Breite entspricht. Von diesem Punkte aus verfolge man eine Parallele zu den punktierten Linien und erhält am oberen oder unteren Maßstab den Stundenwinkel beim Auf- und Untergang. Dabei gelten die Stundenzahlen über 6^h, wenn φ und δ gleichnamig sind, und die Zahlenreihe unter 6^h, wenn φ und δ ungleiches Vorzeichen haben.

Beispiel 1: Wann geht die Sonne am 25. April 1940 für 48° N 26° O auf?

Die Sonne hat an diesem Tage ⊙ $\delta = 13°$ N, die Tafel 20 gibt:

$t_ö = 7^h\,0^m$, also W.O.Z. = 75,0°
entg 26° O — 26,0°
Gr. ⊙ τ = 49,0°
40,5° geben M.G.Z. = 40,0°
8,5° „ 8,5°
M.G.Z. = 48,5°

Beispiel 2: Wann geht die Sonne am 16. Februar 1940 für 56° N und 27° W unter?

Jahrbuch ergibt ⊙ $\delta = 12°$ S; die Tafel 20 ergibt $t_w = 4^h\,47^m = 71{,}7°$

also W.O.Z. = 251,7°
entg 27° W = 27,0°
Gr. ⊙ τ = 278,7°
276,5° geben M.G.Z. = 280,0°
2,1° „ 2,1°
M.G.Z. = 282,1°

Bei Fixsternen, Planeten und Mond ist der der Tafel entnommene Stundenwinkel erst an die Kulminationszeit anzubringen, und zwar beim Aufgang zu subtrahieren, beim Untergang zu addieren. Die Kulminationszeit eines Fixsternes erhält man, indem man zu seinem Kulminationszeitwinkel von 180° im Aeronautischen Jahrbuch die zugehörige M.G.Z. aufsucht und diese dann als M.O.Z. der Kulmination gelten läßt.

Beispiel: Zu welcher M.G.Z. geht am 27. Januar 1940 Sirius für 62° N, 17° O auf und unter? Aeronautisches Jahrbuch gibt: ✶ $\delta = 16{,}6°$ S.

Gr. ✶ τ = 165,4° entspricht M.G.Z. = 320° Tafel 20 gibt $t = 3^h\,44^m = 56{,}0°$
14,6° = 14,6°
Gr. ✶ τ = 180,0° M.O.Z. = M.G.Z. = 334,6°

Kulminationszeit	= 334,6°	27/1		Kulminationszeit	= 334,6°	27/1
$t_ö$	= — 56,0°			t_w	= + 56,0°	
M.O.Z. d. Aufg.	= 278,6°	27/1		M.O.Z. d. Unterg.	= 30,6°	28/1
17° O	= — 17,0°			17° O	= — 17,0°	
M.G.Z. d. Aufg.	= 261,6°	27/1		M.G.Z. d. Unterg.	= 13,6°	28/1

[1]) Die Tafel 20 ist einem Meßgerät aus dem 16. Jahrhundert nachgebildet. Überhaupt bieten die Navigationsmethoden der vorgaussischen Zeit manche Anregung für die Flugzeugnavigation, indem sie vielfach versuchen, die Probleme graphisch zu lösen und, weil die Rechenkunst damals noch nicht Allgemeingut war, die Rechnung durch die Zeichnung zu ersetzen.

Beim Mond ist die so berechnete Kulminationszeit wegen seiner schnellen Eigenbewegung noch zu verbessern, und zwar sind für je 10° Ostlänge $1{,}5^m$ zu subtrahieren, für je 10° Westlänge $1{,}5^m$ zu addieren. Außerdem muß für die Auf- und Untergangszeit des Mondes der anzubringende Stundenwinkel noch um 2^m für je eine seiner Stunden vergrößert werden. Im Aeronautischen Jahrbuch finden sich die M.O.Z. des Sonnen- und Mondaufgangs und -untergangs, die letzteren mit Längenberichtigungen, ohne weiteres für einige Breiten aufgeführt. Für andere Breiten muß eingeschaltet werden. Für die Sonne ist noch die Dauer der Dämmerung angegeben. Alle Angaben über Auf- und Untergangszeiten beziehen sich auf die wahren Auf- und Untergänge. Es gilt auch hier, daß je nach Flughöhe die sichtbaren Aufgänge früher, die sichtbaren Untergänge später stattfinden.

G. Meteorologische Navigation.

§ 128. Genau wie ein Fahrzeug von der Beschaffenheit der Wege, ein Schiff von Seegang und Wetter in seinem Fortkommen beeinflußt wird, so muß auch die Navigation des Flugzeuges auf die Beschaffenheit und die Eigenschaften der Lufthülle der Erde Rücksicht nehmen. Diese Abhängigkeit der Navigation bezieht sich sowohl auf die Planung des Fluges wie auf seine Durchführung. Die Kenntnis der Eigenschaften der Lufthülle der Erde ist also eine unerläßliche Voraussetzung für die richtige und zweckmäßige Navigation des Flugzeuges. Die Auswirkung des Windes ist schon in Abschn. C beschrieben. Die Gesetze der Luftbewegung in der Atmosphäre sowie ihrer anderen Eigenschaften in ihrer Rückwirkung auf die Navigation sind also Gegenstand der Meteorologischen Navigation.

Es ist nicht der Zweck dieser Ausführungen, eine vollständige Meteorologie des Flugwesens zu entwickeln. Dazu dienen die Lehrbücher der Flugmeteorologie. Wir beschränken uns darauf, einige Punkte herauszugreifen, welche die Navigation, also die Wegführung, beeinflussen.

Die Meteorologie gliedert sich in zwei Teile. Der eine umfaßt die Lufthülle als Ganzes und beschäftigt sich mit der Großwetterlage und der Klimatologie. Dieser Teil wird insbesondere herangezogen werden müssen bei der Planung des Flugweges. Der zweite Teil behandelt mehr die örtlichen und zeitlich begrenzten Verhältnisse, die man kurz Wetter nennt. Dieser hat Einfluß auf die praktische Durchführung des Fluges.

1. Der Einfluß der Großwetterlage auf die Navigation.

§ 129. Der Einfluß der Großwetterlage wächst mit der Ausdehnung des Fluges und wird besonders maßgebend sich bei Langstreckenflügen auswirken. Die Organisation des Wetterdienstes ermöglicht im großen und ganzen eine Wettervorschau für die nächsten 24 Stunden. Sie genügt daher heute auch für den längsten Langstreckenflug, wenn er sich nicht in Räumen abspielt, von denen nur wenig Wetterangaben eingebracht werden können (Polargebiete, Wüsten, schiffahrtsleere Meeresräume). An die Stelle der eigentlichen Wetterprognose treten dann jahreszeitliche Klimaübersichten, die den Ablauf des Wettergeschehens im großen und ganzen zur Darstellung bringen. Der Flugzeugführer bedarf zunächst einer eingehenden Kenntnis der klimatologischen Windgebiete. Bei Flügen in niedere Breiten sind ihm die Grenzen und deren jahreszeitliche Verlegung der Passate wichtig; bei Flügen über den Nordatlantischen Ozean muß er sich mit Aufbau und Verlagerung der Westwindgebiete beschäftigen. Bei der Aufstellung des Flugplanes wird an Hand der letzten Großwetterkarte der beabsichtigte Großkreiskurs oder loxodromische Kurs daraufhin angesehen werden müssen, ob er durch Gegenden führt, welche in den nächsten Stunden Gegenwind oder Mitwind erwarten lassen. Man hat dann die Aufgabe, entweder den beabsichtigten Kurs ganz aufzugeben und einen neuen zu suchen, oder den geplanten Kurs näher an die Gebiete mit Rückwind heranzurücken und die Gebiete mit Gegenwind zu meiden. Fragen des Treibstoffes und der Nutzlast, auch der Flughöhe spielen hier herein. Dem Flugzeugführer ist daher auch das Studium des inneren Aufbaus von Tief- und Hochdruckgebieten wichtig, wobei er im allgemeinen daran festzuhalten hat, daß aus dem Hochdruckluftkörper die Luft am Boden ausströmt, dagegen in das Tiefdruckgebiet einströmt. Dabei zeigt sich des öfteren, daß Hin- und Rückflug ganz verschiedener Wege bedürfen

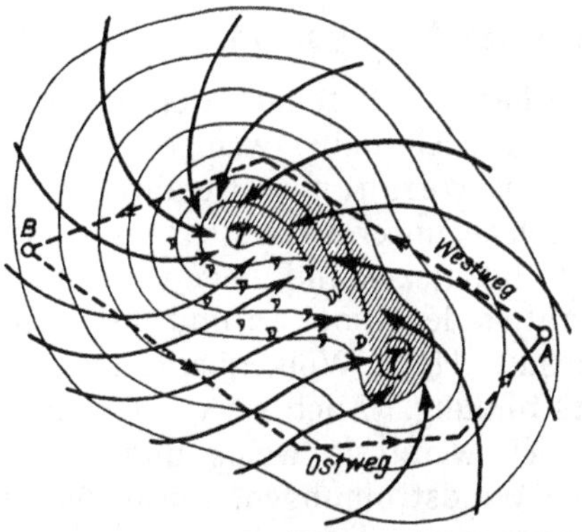

Abb. 194. Flugweg in der Umgebung eines Tiefdruckgebietes.

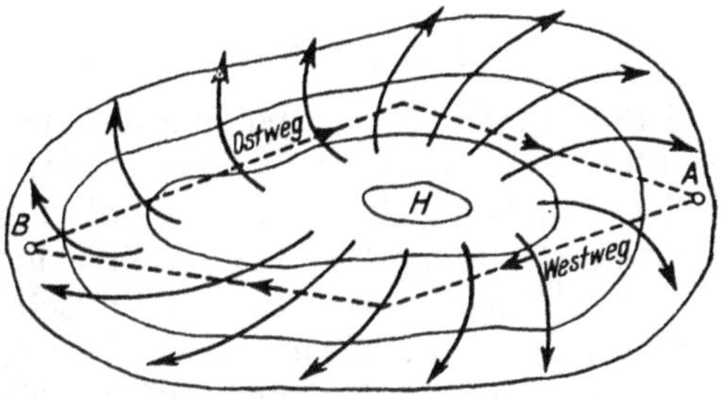

Abb. 195. Flugweg in der Umgebung eines Hochdruckgebietes.

(Abb. 194 und 195). Tiefdruckgebiete sind so zu umgehen, daß man sie zur Linken hat, während Hochdruckgebiete auf der rechten Seite des Flugweges zu bleiben haben.

Weiter dient die wetterkundliche Erkenntnis, daß die Windgeschwindigkeit in größerer Höhe ansteigt und daß auf nördlicher Breite der Wind mit der Höhe im allgemeinen eine Rechtsdrehung erfährt. Ferner wird ihm bekannt sein, daß über See die Luftströmung wegen verminderter Bodenreibung stärker ist als über Land. Oft entscheidet man sich bei Flügen über See für eine besonders niedrige Flughöhe, weil sich zeigt, daß die Luftströmung über den Wellenköpfen eine aufwärts gerichtete Komponente besitzt, wodurch das Flugzeug besser getragen wird. Es dient ihm dieses „Luftpolster" über Wasser dazu, eine größere Geschwindigkeit zu erzielen; der Geschwindigkeitsgewinn kann bis zu 10 km/h betragen.

Oft wird der Flugzeugführer eine wichtige Entscheidung über die Flughöhe zu treffen haben. Er wird also nicht nur die meteorologischen Angaben über Bodenwinde heranziehen, sondern die der höheren Luftschichten, sich also der Höhenwindkarten bedienen. Es zeigt sich z. B., daß der Passatkörper an der Küste eine sehr geringe Mächtigkeit hat und schon in geringer Höhe vom Antipassat abgelöst wird.

Alle diese Fragen der Großwetterlage müssen schon bei der grundlegenden Kursfestsetzung im Auge behalten werden und danach die Großnavigation eingerichtet sein. Da nur die neuesten Wetternachrichten den Ablauf des Wettergeschehens übersehen lassen, ist dauernd während des Fluges funkentelegraphische Wettermeldung einzuholen und deshalb die Verbindung mit den Bodenwetterwarten aufrechtzuerhalten. Es kann durchaus vorkommen, daß durch neue Wettermeldungen der ursprüngliche Flugplan für die nächsten Stunden abgeändert werden muß. Zum mindesten muß versucht werden, durch Abtriftmessung sich selbst ein Bild von der herrschenden Luftströmung zu verschaffen und danach die Kurse einzurichten.

Neben dem hauptsächlichen Einfluß des Windes, der dem Flugzeug die Reisegeschwindigkeit zu erhöhen oder herabzudrücken vermag und den Führer also zwingt, den Flugweg nach der günstigsten Windrichtung aufzusuchen, spielen noch andere Wettererscheinungen einen bedeutenden Einfluß auf die Luftnavigation. Es handelt sich um Nebelgebiete, die insbesondere in Küstengewässern bei verschiedenen Temperaturen von Wasser und Luft auftreten, nicht gerade immer sich über bedeutende Höhen erstrecken, aber doch die Sicht nach unten beschränken (Neufundlandnebel). Solche Nebelgebiete haben jahreszeitlich verschiedene Ausbreitung. Ähnlich unangenehm wirken Staubtrübungen, die die Fernsicht beschränken, und z. B. durch Überschieben staubgetränkter warmer Saharaluftkörper über den kühleren Passat im Atlantischen Ozean oder über kühlere Nordwindgebiete im Mittelmeer auftreten. Ebenso beeinflussen die Großnavigation tropische Orkangebiete, die wegen der Gewittererscheinungen und Sturmwinde vom Flugzeug umgangen werden müssen.

2. Der Einfluß der Kleinwetterlage auf die Navigation.

§ 130. Einen verwandten Einfluß auf die Navigation hat die oft schnell sich ändernde örtliche Wetterlage bei kürzeren Strecken. Es handelt sich dabei weniger um eine gänzliche Änderung des Flugplanes als um ein örtliches Ausweichen in Gefahrenzonen. Als solche Gefahrengebiete zählen örtliche Gewitter, welche unter Verlassen des augenblicklichen Kurses umflogen werden sollen. Der Feuchtigkeitszustand der Atmosphäre spielt in dieser Hinsicht eine wesentliche Rolle. Die Kenntnis der Wolken und ihrer Entstehung wirkt sich daher auch auf die Kleinnavigation aus. Hohe Wolkenberge (cumuli) zeigen starke Turbulenz und sind Kerne vertikaler Luftströmung. Auch sie werden daher am besten gemieden. Schichtwolken (stratus), namentlich wenn sie wellig und streifig angeordnet sind, trennen Luftschichten mit verschiedenen Windströmungen, von denen die eine für die Fluggeschwindigkeit günstiger sein wird als die andere. Danach richtet es sich, ob man unter oder über dieser Grenzschicht will.

Als weitere Wetterelemente sind Barometerstand und Temperatur zu nennen. Änderung des Barometerstandes wirkt sich indirekt auf die Navigation aus, indem sie die für einen anderen Zustand eingestellten Höhenmesser zu fehlerhaften Anzeigen veranlassen. Dies wirkt sich für die Navigation unangenehm aus, wenn man in Gegenden mit aufliegenden Wolken operiert. Wenn solche Gebiete nicht umgangen werden können, zwingen sie zur Höhennavigation, um Gebirgsscheiden gefahrlos zu überwinden. Temperaturzustände stören namentlich den Flug in niederen Höhen. Die Einstrahlung der Sonne erzeugt durch den Gegensatz von Land, Wald und Wasser unregelmäßige vertikale Luftströmungen, diese veranlassen starke Eigenbewegung des Flugzeuges und verursachen dadurch unruhige Anzeigen bei Geräten mit schwingenden Systemen, wie Kompassen und Sextanten. Man meidet sie, indem man höhere Fluglagen aufsucht. Andererseits richtet sich die Höhenlage des Flugzeuges auch nach navigatorischen Gesichtspunkten; bei Ausscheiden anderer Navigationsmittel bedarf die astronomische Navigation freie Sicht des gestirnten Himmels, die nur außerhalb der Wolken möglich ist, während die Sichtnavigation natürlich an den Flug unter der Wolkendecke gebunden ist.

3. Vereisung.

§ 131. Ist die Höhennavigation, also das Aufsuchen einer den Flug begünstigenden Höhenlage, bereits durch die Kenntnis der Höhenwinde beeinflußt, so kommt in mittleren und höheren Breiten, namentlich zur kalten Jahreszeit, noch die Vereisungsgefahr hinzu. Sie legt dem Flieger und dem Funker die Pflicht auf, über die Temperaturen in den Luftschichten Nachrichten einzuziehen. Vereisung tritt dann ein, wenn gewisse Luftschichten unterkühlt sind, also Temperaturen nahe unter dem Gefrierpunkt (—1° bis —8°) haben und größere Feuchtigkeit besitzen. Der labile Zustand dieser Luftmassen ändert sich plötzlich infolge des Eintritts eines Flugzeuges in die sonst ruhende Luft und schlägt den bisher in flüssigem Zustand befindlichen Wassergehalt des Luftkörpers an hervorragenden Kanten und am Propeller in Form von Eis nieder. Es tritt dann plötzlich neben einer übermäßigen Belastung des Flugzeuges, die es zu Boden drückt, eine Profiländerung ein, die den Flugzustand beeinträchtigt und starke Höhenverluste nach sich zieht. Es handelt sich also um die Kenntnis der Höhen solcher Schichten und des Zustandes anderer Flughöhen, in denen die höhere Temperatur eine solche Vereisung nicht auftreten läßt, oder auch bei niedriger Temperatur die größere Trockenheit der Luft einen Eisbeschlag nicht nach sich zieht.

Durch Eisbildung gefahrbringender Gebiete sind die Mittelpunkte barometrischer Minima, in denen eine starke Turbulenz der Luft nach oben stattfindet und den labilen Zustand auslöst, ferner Frontlinien und Randgebiete größerer Gebirge, die von starken Aufwinden bestrichen werden. Es ist daher ratsam, bei der Wahl des Flugweges auf diese Gebiete besonders zu achten und ihre Veränderlichkeit in der Zeit im Auge zu behalten.

Es ist noch zu unterscheiden, ob man über einer Wolkendecke oder in den Wolken fliegt. Bei dichter und mächtiger Wolkendecke ist ein Unterfliegen der eisgefährdeten Schicht immer ratsam, weil hier meist höhere Temperaturen vorherrschen. Andererseits gibt das Durchstoßen und Überfliegen der Wolkendecke die Möglichkeit, von oben die Kerne der durch hervorquellende Wolkenmassen gekennzeichneten Tiefdruckgebiete zu erkennen und diese dann auf dem kürzesten Weg zu umgehen und Zeitverluste gering zu halten. Bei Annäherung an ein Gebirge ist es ratsam, den Flugweg nicht auf der Luvseite mit ihren starken Aufwinden, sondern auf der Leeseite zu wählen, weil dort die trockenen Abwinde die Eisgefahr mindern. Bei Überquerung von Gebirgen ist die Höhenlage so zu wählen, daß man im Gleitflug das Vorgelände noch zu erreichen vermag, wobei der Höhenverlust durch Eisbildung in Rechnung zu setzen ist. Ein zu niedriger Flug ist nie ratsam, weil in den unteren Wolkenschichten die Turbulenz besonders stark ist und die Stabilität des Flugzeuges herabgesetzt wird. Man wird daher bei sehr nieder am Boden hängenden Schichten bald nach oben durchstoßen. Dies Durchstoßen soll mit großer Steiggeschwindigkeit und an einer lichten Stelle der Schicht vor sich gehen, da sie hier meist dünner ist und man bald ihre Oberseite erreicht, von der aus die weitere Struktur der Decke besser zu überblicken ist. Besonders an Gebirgsrändern wird einem schnellen Durchstoßen eine besondere Wichtigkeit zukommen.

H. Zusammenfassung.

1. Ausrüstung.

§ 132. Nachdem im Vorhergehenden die Methoden der Navigation beschrieben sind, kann hier abschließend zusammengestellt werden, welche Geräte und nautischen Mittel zu einer vollkommenen Navigation notwendig sind.

Das Maß der navigatorischen Ausrüstung richtet sich nach dem Zweck und Ziel des Fluges, seine zeitliche und örtliche Ausdehnung und den Ausmaßen der eingesetzten Maschine. Die historische Entwicklung hat bereits den Weg vorgezeichnet, auf dem sich diese Ausrüstung vervollständigt. Sie stellte zuerst den Kompaß in den Dienst der Navigation, ließ den Abtriftmesser folgen, entwickelte darauf verschiedene Rechenmittel, setzte den Funkpeiler ein und zog schließlich die Lehren der astronomischen Ortung heran. Die Fülle dieser Mittel und die damit verbundene Ausdehnung der Aufgaben erforderte dann eine Trennung in Flugzeugführung und Flugzeugnavigation. Was der Flugzeugführer an Instrumenten gebraucht, vereinigt sich ihm im Instrumentenbrett (s. §44).

Mit der Abtrennung der eigentlichen Navigation von der Führung, als der Kunst, die sämtlichen Navigationsmittel und -methoden zur gegebenen Zeit heranzuziehen und sie zu verwenden, ein Urteil über die Lage und daraus die Entschlüsse für die weitere Wegfindung zu gewinnen, ist auch eine räumliche Absonderung des Navigierenden verbunden.

Der Navigierende wird um sich in dem Navigationsraum die Instrumente und Hilfsmittel versammeln, deren er für seine Aufgabe bedarf. Die Navigationsausrüstung wird um so vollkommener sein müssen, je mehr der Flug über Wasser oder unkultivierte Gegenden geht, je mehr er sich also der Mittel der abstrakten Navigation zu bedienen hat.

Der Navigierende wird vor sich einen Kartentisch (= Arbeitstisch) haben, auf dem die Arbeitskarte aufliegt. Augenblicklich nicht verwendete Karten über die Gesamtflugstrecke werden in einem Spind aufbewahrt. Zu seiner Seite wird ein Abtriftgerät (I.S.P.-Gerät) zur bequemen Bedienung aufmontiert sein. Damit bietet sich auch die Gelegenheit, sich des darin befindlichen Kompasses als Navigationskompaß zur Kurskontrolle zu bedienen. Sollte dieser Kompaß nicht schon vorhanden sein, so wird ein anderer Kompaß, am besten im Kartentisch eingelassen, seine Stelle zu vertreten haben. Dieser Kompaß sollte größte Ruhe (s. §35) zeigen und daher große Schwingungsdauer besitzen. Je nach den Bordverhältnissen wird auf diesem Kompaß eine Peilvorrichtung angebracht sein, die jedoch auch an anderer Stelle untergebracht werden kann, von der aus eine bequeme Gestirnpeilung oder terrestrische Peilung möglich ist. Dienlich ist auch die Kursanzeige eines Fernkompasses, der mit Kursgeber zu gleicher Zeit dem Flugzeugführer den gewünschten Kurs einweist.

Vor dem Arbeitstisch hängt eine Borduhr für die Ortszeit, ein Chronometer für Mittlere Greenwicher Zeit, und für Nachtflüge gegebenenfalls eine Sternzeituhr. Zur astronomischen Ortung gehört ein Kimm- und Libellensextant. Vom Navigierenden oder vom Bordfunker soll der Funkpeiler bedient werden können.

An rechnerischen Hilfsmitteln ist notwendig eine Aeronautische Tafelsammlung, Astronomische Ephemeriden für die Luftfahrt, Höhentafeln oder die entsprechenden Nomogramme, Rechenmaschinen und Rechenschieber, zum Zeichnen und Rechnen Bleistift, Arbeitskarte, Kursdreieck, Zirkel und Lineal. An Tabellen werden gebraucht: Auswertenomogramm für das I.S.P.-Gerät oder Luvwinkeltabelle, Umrechnungstabellen für Windgeschwindigkeiten, Umrechnungstabellen für km und sm, Deviationstabellen für jeden Kompaß, Funkbeschickungstabelle u. a. m.

Endlich sind an Bord zu führen Segelhandbücher, Nautischer Funkdienst, Rufzeichenliste, Großkreiskarten, Küstenkarten, Karte der Ortsmißweisung.

2. Mechanische Mittel.

§ 133. Es greifen bei einer fortgesetzten Navigation insbesondere das Antragen von Kurs und Distanz in einer Karte und Einzeichnen von astronomischen und Peilstandlinien stetig ineinander. Zum Zwecke der tunlichsten rechnerischen Entlastung des Navigierenden dient der von Immler entworfene Kartenläufer. Er hat zur Grundlage für Langstreckenflüge eine auswechselbare stereographische Karte von etwa 10 Breitengraden Ausdehnung (Abb. 196). An ihrem Rande befindet sich eine Kursscheibe, die an einer Kursmarke drehbar vorbeigeführt werden kann. Ein Triebwerk läßt eine Spitze mit einregulierbarer Geschwindigkeit, die dem Kartenmaßstab und der Flugzeuggeschwindigkeit entspricht, mechanisch über das Kartenblatt führen und dort nach Einstellung der Karte auf Kurs eine Kurslinie einzeichnen. Es genügt die Sichtbarmachung des augenblicklichen Flugzeugortes. Das Triebwerk ist so schaltbar, daß bei Kursänderungen, also bei Drehung der Karte unter der Kursmarke, die augenblicklich innegehaltene Position mitgeführt wird. Nach Einstellung des neuen Kurses wird die Mitführung wieder ausgeschaltet und das Triebwerk kann die neue Kurslinie selbsttätig weiterverfolgen. Das Gerät kann so eingerichtet werden, daß es durch eine Drehung zu gleicher Zeit die Distanz auf der Stereodrome (s. § 14) sowie deren Kurs ablesbar macht. Ferner dient dasselbe Kartenblatt nach den oben beschriebenen Methoden, ohne daß das Triebwerk unterbrochen wird, zu gleicher Zeit zur Auswertung und Aufzeichnung sowohl terrestrischer wie astronomischer Ortungen, die auf das Kartenblatt selbst mit Hilfe einer mitgeführten Höhenschablone aufgezeichnet werden können.

Das Gerät muß als ein halbautomatisches aufgefaßt werden, indem es die Rechenvorgänge, welche sich in der Zeit gleichmäßig abwickeln, durch einen Mechanismus ersetzt. Das ist insbesondere bei der Koppelnavigation durch Kurs und Geschwindigkeit der Fall. Dagegen werden alle selbständigen Navigationsvorgänge, die die Gelegenheit ergibt, wie Funkpeilung und astronomische Ortung, von Hand aus durchgeführt.

Es gibt weiter Geräte, welche auch noch den Windeinfluß durch Einschalten der Windgrößen mechanisch auf das Triebwerk übertragen lassen, wobei natürlich die Ausmachung des Windes Sache des Navigierenden bleibt. Auf dem Wege über die automatische Kurssteuerung und der mechanischen Übertragung der Geschwindigkeitsanzeigen durch den Fahrtmesser läßt sich ein vollautomatisches Gerät denken, das das gesamte Gebiet der Koppelnavigation der rein mechanischen Auswertung zugänglich macht, wobei vom Navigierenden nur die Anfangswerte eingestellt werden müssen. Die Arbeit des Navigierenden ist dann nur noch, während des Fluges die unvermeidbaren Fehlereinflüsse der Geräte und des Windes im Auge zu behalten, die Fehlerkreise in Rechnung zu setzen und durch die Standlinienmethoden der Funkpeilung und der astronomischen Ortung den durch das Gerät angezeigten Flugzeugort zu verbessern und jeweils Neueinstellungen vorzunehmen.

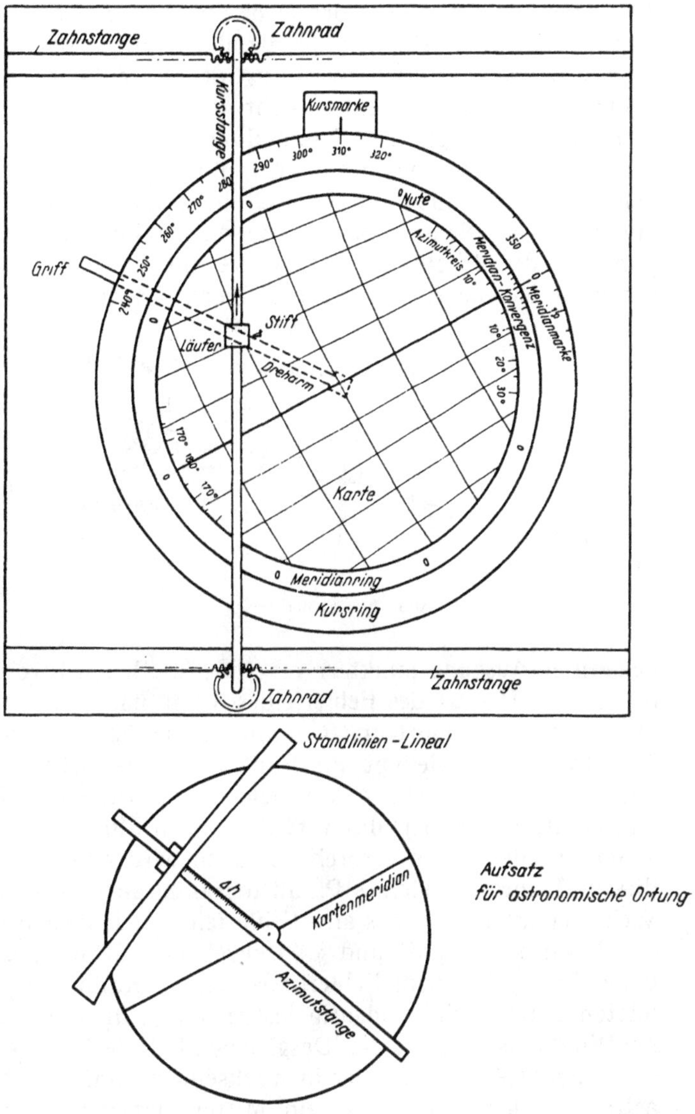

Abb. 196. Automatischer Kartenläufer für Flugzeugnavigation mit einstellbarer Flugzeuggeschwindigkeit.

3. Wahl der Methoden.

§ 134. Es muß daher oberstes Grundgesetz für eine vorausschauende und vorsichtige Navigation bleiben, keine sich darbietende Gelegenheit verstreichen zu lassen, die für eine Ortung des Flugzeuges geeignet ist, und keine Beobachtung sich entgehen zu lassen, um die Führung der Maschine zu sichern. Die eigentliche Navigation teilt sich in zwei Teile, eine vorbereitende und eine Streckennavigation. Die vorbereitende Navigation wird alle Fragen erörtern, die im voraus zu bedenken sind und vor dem Start erledigt werden können. Dazu gehört die Herrichtung der Navigationskarten, Vorausberechnungen aller Art, wie Wahl des Weges und der Kurse, Herrichtung von Gebrauchstabellen, Sammlung der Kenntnisse von der Wetterlage. Die Streckennavigation wird von diesen Überlegungen während des Fluges zehren, aber immer bedacht sein, eventuelle Abweichungen und Änderungen infolge der augenblicklichen Fluglage eintreten zu lassen und diese mit dem Ziel der Sicherung des Fluges der Rechnung einzugliedern. Dazu gehört Kurskontrolle und Ortskontrolle. Die Kurskontrolle kann durch Abtriftmessung, Sonnenpeilung und Azimutbestimmung, Überwachung der Ablenkung usw. durchgeführt werden, die Ortskontrolle bei sich bietender Sicht terrestrischer und astronomischer Objekte. Zu dieser Sicht rechnet auch die Funkpeilung.

Die Streckennavigation wird durch diese Kontrolle ein Urteil über das Auftreten von Fehlern gewinnen und dadurch in die Lage versetzt, diese Fehler abzustellen oder wieder gutzumachen. Schon oben wurde darauf hingewiesen, daß diese Fehlerquellen sich proportional der durchflogenen Strecke ausweiten, und die Streckennavigation wird darauf hinauslaufen, die entstehenden Fehlerfelder dauernd einzuengen.

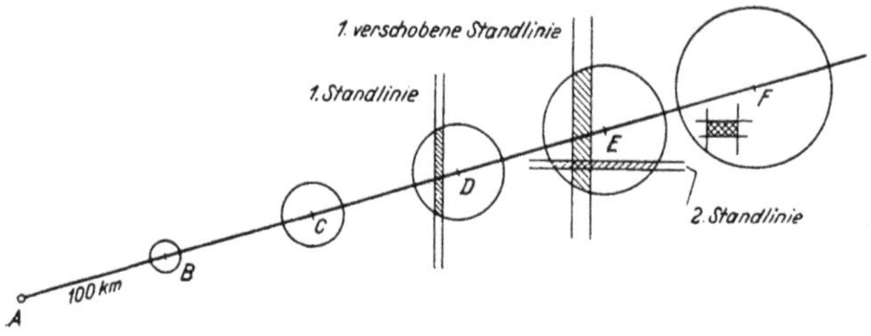

Abb. 197. Fehlerkreise.

Wenn (Abb. 197) A, B, C, D, E, F die in gleiche Strecken unterteilte beabsichtigte Fluglinie darstellt, so wird die lediglich durch Koppelkurs errechnete Ortung in B, C, D, E, F dort infolge unkontrollierter und unkontrollierbarer Kursversetzungen Fehlerfelder aufweisen, die sich nach den in § 67 gegebenen Erfahrungswerten proportional der Entfernung von dem gut bekannten Ausgangspunkt A vergrößern. Beispielsweise wird nach 100 abgeflogenen Kilometern der Radius des Fehlerfeldes 5 km, nach 200 km schon 10 km betragen, d. h. wenn man den Flugzeugort in B annimmt, so kann er ebensogut in dem Fehlerkreis um B irgendwo liegen. Gelingt im Punkte D eine Ortung vermittelst einer Standlinie, deren Unsicherheit vielleicht 4 km beträgt, so wird das Fehlerfeld in einen trapezförmigen Ausschnitt des Kreisfeldes verengt. Beim Flug von D nach E wird sich allerdings dieses Trapez wieder etwas verbreitern, doch wird eine weitere Standlinie von neuem auch aus diesem Trapez ein kleines Parallelogramm ausschneiden, das als bessere Grundlage für die Weiternavigation als das alte Fehlerfeld um E dienen kann.

Nach den in § 67 und § 94 gegebenen Erfahrungssätzen rechnet man bei Koppelkurs ohne Wind mit einem Fehlerkreis, dessen Radius 5% der Entfernung vom Startort bzw. letzten durch Sicht eindeutig festgestellten überflogenen Ort beträgt. Der Radius nimmt bei Wind entsprechend zu. Desgleichen hat die Funkpeilung Fehler, die von der Entfernung des Flugzeuges vom Sender in wachsendem Maße abhängig sind. Dagegen hat man in der astronomischen Navigation ein Mittel, das keine entfernungsbedingte Abhängigkeit des Fehlerkreisradius aufweist. Denn man rechnet bei geübtem Beobachter mit einem Fehlerkreisradius von konstant 10 km. Diese Radien sind in der beigegebenen Tabelle rechnerisch und in Abb. 198 zeichnerisch zusammengestellt. Man kann sich aus dieser Zusammenstellung über die Tragweite der einzelnen Methoden ein ungefähres Bild machen und insbesondere erkennen, durch welche Methode ein tunlichst kleiner Fehlerkreis gewonnen werden kann. Es zeigt sich die überragende Güte der astronomischen Ortung, die schon nach 150 bis 200 km nach dem Start anfängt, bessere Ergebnisse zu erzielen als die Koppelnavigation. Die Tabelle gibt auch Aufschluß über die Heranziehung der Fremd- oder Eigenpeilung und läßt Schlüsse zu auf die Wahl der Sender und Peilstellen, deren Entfernung so gewählt werden muß, daß sie einen kleineren Fehlerkreis erzeugen als die Koppelnavigation. Be-

Fehlerkreisradien.

Entf. *e*	Koppelfehlerkreisradius Windgeschw./Eigengeschw.						Funkpeilung		astr. Ortung
	0,0	0,1	0,2	0,3	0,4	0,5	fremd	eigen	
km	km	km	km	km	km	km	km	km	km
50	3	3	4	4	5	5	1	2	10
100	5	6	7	8	9	10	3	5	10
150	8	8	11	12	14	15	6	10	10
200	10	12	14	16	18	20	11	17	10
250	13	15	18	20	23	25	17	24	10
300	15	18	21	24	27	30	25	33	10
350	18	21	25	28	32	35	35	43	10
400	20	24	28	32	36	40	44	54	10
450	23	27	32	36	41	45	56	68	10
500	25	30	35	40	45	50	69	82	10
550	28	33	39	44	50	55	84	98	10
600	30	36	42	48	54	60	100	115	10

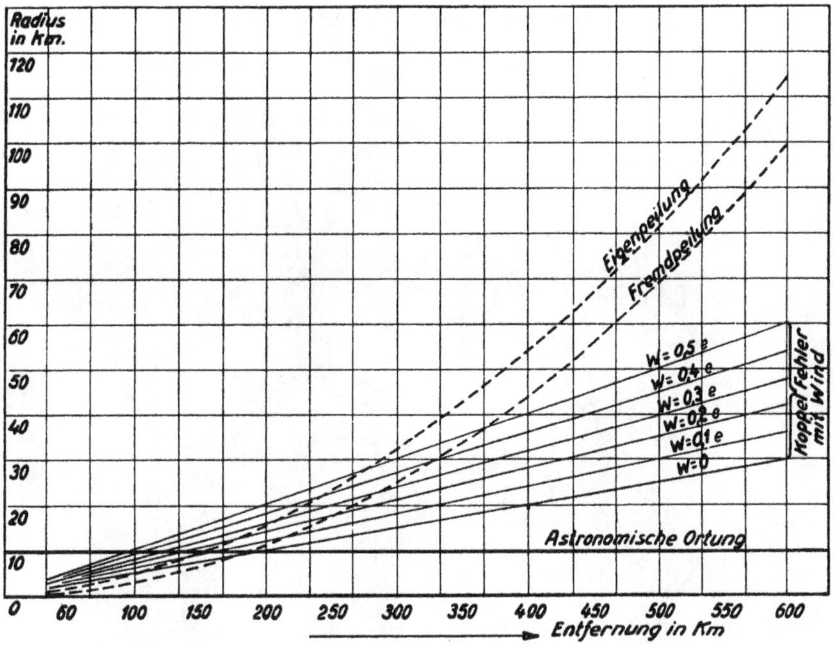

Abb. 198. Abhängigkeit der Fehlerkreisradien von der Entfernung.

trägt also bei 500 km Entfernung vom Start der Fehlerkreis bei Windstille 25 km, so wird ein gleichwertiger oder besserer Fehlerkreis durch Fremdpeilung möglich sein, wenn die Bodenpeilstelle unter 300 km entfernt ist. Bei Eigenpeilung müßte der Sender höchstens 250 km entfernt sein. Bei einer Windgeschwindigkeit von 0,3 der Eigengeschwindigkeit und 500 km Distanz vom Startort beträgt der Fehlerkreisradius der Koppelnavigation etwa 40 km; er würde also bereits durch eine Peilung eines Senders in 300 km verringert werden können.

Man erkennt aus dieser Darstellung, daß man bei kurzen Strecken im allgemeinen lediglich mit einer Koppelnavigation, also der Navigation mit Hilfe von Kompaß, Geschwindigkeitsmessern und Einbeziehung der Windbetrachtung auskommt. Diese Navigation ist einfach und erfordert auch verhältnismäßig einfache Mittel. Sie wird unterstützt, wenn gelegentliche Ortungen nach Bodensicht durchgeführt werden können, so daß von diesem Augenblick ab die Fehlerkreisbetrachtung wieder von vorne beginnt. Fehlt die Bodensicht oder befindet man sich über Wasser oder gleichförmiger Erdoberfläche, so wird als nächstes Navigationsmittel die Funkpeilung herangezogen werden müssen; das erfordert allerdings ein Zusatzgerät, dessen Bedienung aber verhältnismäßig einfach ist und dessen Auswertung keine Erschwerung bietet. Funkpeilung setzt aber immer Gegenstationen voraus, die bei Fremdpeilung ein oder zwei Peiler, bei Eigenpeilung ein oder mehrere Sender sind. Die Wirksamkeit der Funkpeilung ist beschränkt, weil die Fehlerkreise stark mit der Entfernung wachsen und weil die Reichweite der Funkpeilung im allgemeinen begrenzt ist, namentlich was die Sicherheit der Peilung anlangt. In diesem Falle setzt die astronomische Navigation ein, die zwar mehr Übung am Gerät braucht, etwas umfangreichere Auswertung und entsprechende Auswertemittel verlangt, dafür aber infolge der Konstanz des Fehlerkreises den anderen Navigationsmethoden bald überlegen ist. Sie ist unabhängig von fremden Mitteln und verlangt nur Sicht des gestirnten Himmels, also im allgemeinen den Flug in größerer Höhe über Wolken. Da bei Langstreckenflügen höhere Fluglage schon aus anderen Gründen häufig aufgesucht wird, bedeutet dies keine Erschwerung der Heranziehung der astronomischen Navigation. Bei Annäherung an das Ziel bieten Bodenorientierung oder Zielfunkpeilung wieder ihren ungeschmälerten Vorteil.

Anhang.

Tabellen.

Tabelle 1. **Die Werte der trigonometrischen Funktionen.**

Grad	sin	cosec	tg	cotg	sec	cos	Grad
0	0,000	∞	0,000	∞	1,000	1,000	**90**
1	0,018	57,299	0,018	57,290	1,000	1,000	**89**
2	0,035	28,654	0,035	28,636	1,001	0,999	**88**
3	0,052	19,107	0,052	19,081	1,001	0,999	**87**
4	0,070	14,336	0,070	14,301	1,002	0,998	**86**
5	0,087	11,474	0,088	11,430	1,004	0,996	**85**
6	0,105	9,567	0,105	9,514	1,006	0,994	**84**
7	0,122	8,206	0,123	8,144	1,008	0,992	**83**
8	0,139	7,185	0,140	7,115	1,010	0,990	**82**
9	0,156	6,393	0,158	6,314	1,013	0,988	**81**
10	0,174	5,759	0,176	5,671	1,015	0,985	**80**
11	0,191	5,241	0,194	5,145	1,019	0,982	**79**
12	0,208	4,810	0,213	4,705	1,022	0,978	**78**
13	0,225	4,445	0,231	4,332	1,026	0,974	**77**
14	0,242	4,134	0,249	4,011	1,031	0,970	**76**
15	0,259	3,864	0,268	3,732	1,035	0,966	**75**
16	0,276	3,628	0,287	3,487	1,040	0,961	**74**
17	0,292	3,420	0,306	3,271	1,046	0,956	**73**
18	0,309	3,236	0,325	3,078	1,052	0,951	**72**
19	0,326	3,072	0,344	2,904	1,058	0,946	**71**
20	0,342	2,924	0,364	2,748	1,064	0,940	**70**
21	0,358	2,790	0,384	2,605	1,071	0,934	**69**
22	0,375	2,670	0,404	2,475	1,079	0,927	**68**
23	0,391	2,559	0,425	2,356	1,086	0,921	**67**
24	0,407	2,459	0,445	2,246	1,095	0,914	**66**
25	0,423	2,366	0,466	2,145	1,103	0,906	**65**
26	0,438	2,281	0,488	2,050	1,113	0,899	**64**
27	0,454	2,203	0,510	1,963	1,122	0,891	**63**
28	0,470	2,130	0,532	1,881	1,133	0,883	**62**
29	0,485	2,063	0,554	1,804	1,143	0,875	**61**
30	0,500	2,000	0,577	1,732	1,155	0,866	**60**
31	0,515	1,942	0,601	1,664	1,167	0,857	**59**
32	0,530	1,887	0,625	1,600	1,179	0,848	**58**
33	0,545	1,836	0,649	1,540	1,192	0,839	**57**
34	0,559	1,788	0,675	1,483	1,206	0,829	**56**
35	0,574	1,743	0,700	1,428	1,221	0,819	**55**
36	0,588	1,701	0,727	1,376	1,236	0,809	**54**
37	0,602	1,662	0,754	1,327	1,252	0,799	**53**
38	0,616	1,624	0,781	1,280	1,269	0,788	**52**
39	0,629	1,589	0,810	1,235	1,287	0,777	**51**
40	0,643	1,556	0,839	1,192	1,305	0,766	**50**
41	0,656	1,524	0,869	1,150	1,325	0,755	**49**
42	0,669	1,495	0,900	1,111	1,346	0,743	**48**
43	0,682	1,466	0,933	1,072	1,367	0,731	**47**
44	0,695	1,440	0,966	1,036	1,390	0,719	**46**
45	0,707	1,414	1,000	1,000	1,414	0,707	**45**
Grad	cos	sec	cotg	tg	cosec	sin	Grad

Tabelle 2a. Luvwinkel.

Windwinkel α		$\frac{w}{e} = \frac{\text{Windgeschwindigkeit}}{\text{Eigengeschwindigkeit}}$ 0,1	0,2	0,3	0,4	0,5	0,6	0,7	0,8	0,9	1,0
0°	**180°**	0°	0°	0°	0°	0°	0°	0°	0°	0°	0°
5°	**175°**	1°	1°	2°	2°	3°	3°	4°	4°	5°	5°
10°	**170°**	1°	2°	3°	4°	5°	6°	7°	8°	9°	10°
15°	**165°**	1°	3°	4°	6°	7°	9°	10°	12°	13°	15°
20°	**160°**	2°	4°	6°	8°	10°	12°	14°	16°	18°	20°
25°	**155°**	3°	5°	7°	10°	12°	15°	17°	20°	22°	25°
30°	**150°**	3°	6°	9°	12°	14°	17°	20°	24°	27°	30°
35°	**145°**	3°	7°	10°	13°	17°	20°	24°	27°	31°	35°
40°	**140°**	3°	7°	11°	15°	19°	22°	27°	31°	35°	40°
45°	**135°**	4°	8°	12°	16°	21°	25°	30°	35°	39°	45°
50°	**130°**	4°	9°	13°	18°	23°	27°	32°	38°	44°	50°
55°	**125°**	5°	9°	14°	19°	24°	29°	35°	41°	48°	55°
60°	**120°**	5°	10°	15°	20°	26°	31°	37°	44°	51°	60°
65°	**115°**	5°	10°	16°	21°	27°	33°	39°	47°	55°	65°
70°	**110°**	5°	11°	16°	22°	28°	34°	41°	49°	58°	70°
75°	**105°**	6°	11°	17°	23°	29°	35°	42°	51°	60°	75°
80°	**100°**	6°	11°	17°	23°	29°	36°	43°	52°	62°	80°
85°	**95°**	6°	11°	17°	24°	30°	37°	44°	53°	64°	85°
90°	**90°**	6°	12°	17°	24°	30°	37°	45°	53°	64°	90°

Windwinkel ist Winkel zwischen einkommender Windrichtung und rw. Kurs.

w/e ist das Verhältnis von Windgeschwindigkeit z. Eigengeschwindigkeit.

Tafelwert ist der Luvwinkel.

Tabelle 2b. Geschwindigkeit über Grund.

	Windwinkel α	$\frac{w}{e} = \frac{\text{Windgeschwindigkeit}}{\text{Eigengeschwindigkeit}}$ 0,1	0,2	0,3	0,4	0,5	0,6	0,7	0,8	0,9	1,0
achterlicher Wind	**180°**	1,10	1,20	1,30	1,40	1,50	1,60	1,70	1,80	1,90	2,00
	175°	1,10	1,20	1,30	1,40	1,50	1,60	1,69	1,79	1,89	1,99
	170°	1,10	1,19	1,29	1,39	1,49	1,59	1,68	1,78	1,87	1,97
	165°	1,10	1,19	1,29	1,38	1,48	1,57	1,65	1,75	1,84	1,93
	160°	1,09	1,19	1,28	1,37	1,46	1,53	1,62	1,70	1,80	1,88
	155°	1,09	1,18	1,26	1,35	1,43	1,50	1,57	1,65	1,74	1,81
	150°	1,09	1,17	1,24	1,33	1,40	1,47	1,54	1,61	1,67	1,73
	145°	1,08	1,16	1,23	1,30	1,37	1,43	1,50	1,55	1,59	1,64
	140°	1,08	1,15	1,21	1,27	1,33	1,39	1,44	1,47	1,50	1,53
	135°	1,07	1,14	1,19	1,23	1,29	1,33	1,37	1,38	1,41	1,41
	130°	1,06	1,12	1,16	1,20	1,24	1,27	1,31	1,30	1,30	1,28
	125°	1,05	1,10	1,14	1,17	1,20	1,21	1,22	1,21	1,19	1,15
	120°	1,05	1,09	1,12	1,14	1,15	1,15	1,15	1,12	1,08	1,00
	115°	1,04	1,07	1,09	1,10	1,10	1,09	1,09	1,02	0,96	0,85
	110°	1,03	1,05	1,06	1,06	1,05	1,02	1,00	0,93	0,84	0,68
	105°	1,02	1,03	1,03	1,03	1,00	0,97	0,92	0,83	0,73	0,52
	100°	1,01	1,02	1,01	0,99	0,96	0,91	0,85	0,76	0,62	0,35
	95°	1,00	1,00	0,98	0,95	0,91	0,86	0,78	0,67	0,52	0,17
	90°	1,00	0,98	0,95	0,92	0,87	0,80	0,71	0,60	0,43	0,00
vorderlicher Wind	**85°**	0,99	0,96	0,93	0,88	0,82	0,75	0,66	0,53	0,36	
	80°	0,98	0,94	0,90	0,85	0,78	0,70	0,60	0,48	0,31	
	75°	0,97	0,93	0,88	0,82	0,75	0,66	0,56	0,42	0,26	
	70°	0,96	0,92	0,86	0,79	0,71	0,61	0,52	0,38	0,23	
	65°	0,95	0,90	0,84	0,76	0,68	0,58	0,48	0,34	0,21	
	60°	0,94	0,89	0,82	0,74	0,65	0,55	0,45	0,32	0,18	
	55°	0,94	0,87	0,80	0,72	0,62	0,52	0,42	0,29	0,16	
	50°	0,93	0,86	0,78	0,70	0,60	0,50	0,40	0,27	0,15	
	45°	0,93	0,84	0,76	0,68	0,58	0,48	0,38	0,25	0,13	
	40°	0,92	0,84	0,75	0,66	0,56	0,46	0,36	0,23	0,13	
	35°	0,92	0,83	0,74	0,64	0,54	0,45	0,35	0,22	0,12	
	30°	0,91	0,82	0,73	0,63	0,53	0,43	0,33	0,21	0,12	
	25°	0,91	0,82	0,72	0,62	0,52	0,42	0,31	0,20	0,11	
	20°	0,91	0,81	0,71	0,61	0,51	0,41	0,30	0,20	0,10	
	15°	0,90	0,81	0,71	0,61	0,51	0,41	0,30	0,20	0,10	
	10°	0,90	0,80	0,70	0,60	0,51	0,41	0,30	0,20	0,10	
	5°	0,90	0,80	0,70	0,60	0,50	0,40	0,30	0,20	0,10	
	0°	0,90	0,80	0,70	0,60	0,50	0,40	0,30	0,20	0,10	

Windwinkel ist Winkel zwischen einkommender Windrichtung und rw. Kurs.

0° = Gegenwind
180° = Rückenwind.

w/e ist das Verhältnis von Windgeschwindigkeit z. Eigengeschwindigkeit.

Tafelwert ist die Zahl, die man mit der Eigengeschwindigkeit multiplizieren muß, um die Geschwindigkeit über Grund zu erhalten.

Tabelle 3. **Minutenwege.**

Min.	Geschwindigkeit (km/h oder sm/h)																	
	100	120	140	160	180	200	220	240	260	280	300	320	340	360	380	400	420	440
1	2	2	2	3	3	3	4	4	4	5	5	5	6	6	6	7	7	7
2	3	4	5	5	6	7	7	8	9	9	10	11	11	12	13	13	14	15
3	5	6	7	8	9	10	11	12	13	14	15	16	17	18	19	20	21	22
4	7	8	9	11	12	13	15	16	17	19	20	21	23	24	25	27	28	29
5	8	10	12	13	15	17	18	20	22	23	25	27	28	30	32	33	35	37
10	17	20	23	27	30	33	37	40	43	47	50	53	57	60	63	67	70	73
15	25	30	35	40	45	50	55	60	65	70	75	80	85	90	95	100	105	110
20	33	40	47	53	60	67	73	80	87	93	100	107	113	120	127	133	140	147
25	42	50	58	67	75	83	92	100	108	117	125	133	142	150	158	167	175	183
30	50	60	70	80	90	100	110	120	130	140	150	160	170	180	190	200	210	220
35	58	70	82	93	105	117	128	140	152	163	175	187	198	210	222	233	245	257
40	67	80	93	107	120	133	147	160	173	187	200	213	227	240	253	267	280	293
45	75	90	105	120	135	150	165	180	195	210	225	240	255	270	285	300	315	330
50	83	100	117	133	150	167	183	200	217	233	250	267	283	300	317	333	350	367
55	92	110	128	147	165	183	202	220	238	257	275	293	312	330	348	367	385	403
60	100	120	140	160	180	200	220	240	260	280	300	320	340	360	380	400	420	440

Tabelle 4. **Vergrößerte Breite.**

Breite	Vergr. Breite	Diff. für 0,1°	Breite	Vergr. Breite	Diff. für 0,1°	Breite	Vergr. Breite	Diff. für 0,1°
0°	0,00	0,100	28°	29,19	0,113	56°	67,90	0,181
1°	1,00	0,100	29°	30,32	0,115	57°	69,71	0,186
2°	2,00	0,100	30°	31,47	0,116	58°	71,57	0,192
3°	3,00	0,100	31°	32,63	0,117	59°	73,49	0,197
4°	4,00	0,100	32°	33,81	0,118	60°	75,46	0,203
5°	5,01	0,100	33°	34,99	0,120	61°	77,49	0,209
6°	6,01	0,101	34°	36,19	0,121	62°	79,58	0,217
7°	7,02	0,101	35°	37,41	0,123	63°	81,75	0,224
8°	8,03	0,101	36°	38,63	0,125	64°	83,99	0,232
9°	9,04	0,101	37°	39,88	0,126	65°	86,31	0,241
10°	10,05	0,102	38°	41,14	0,128	66°	88,72	0,251
11°	11,07	0,102	39°	42,42	0,130	67°	91,23	0,262
12°	12,09	0,102	40°	43,71	0,132	68°	93,85	0,273
13°	13,11	0,103	41°	45,03	0,134	69°	96,58	0,285
14°	14,14	0,103	42°	46,36	0,136	70°	99,43	0,300
15°	15,17	0,104	43°	47,72	0,138	71°	102,43	0,315
16°	16,21	0,104	44°	49,10	0,140	72°	105,58	0,333
17°	17,25	0,105	45°	50,50	0,143	73°	108,91	0,352
18°	18,30	0,106	46°	51,93	0,145	74°	112,43	0,375
19°	19,36	0,106	47°	53,38	0,148	75°	116,17	0,399
20°	20,42	0,107	48°	54,86	0,151	76°	120,17	0,428
21°	21,49	0,107	49°	56,37	0,154	77°	124,45	0,462
22°	22,56	0,108	50°	57,91	0,157	78°	129,08	0,502
23°	23,64	0,109	51°	59,48	0,161	79°	134,10	0,549
24°	24,73	0,110	52°	61,09	0,164	80°	139,59	0,61
25°	25,83	0,111	53°	62,73	0,168	81°	145,65	0,68
26°	26,94	0,112	54°	64,41	0,172	82°	152,4	0,77
27°	28,06	0,113	55°	66,13	0,177	83°	160,1	0,88
28°	29,19		56°	67,90		84°	169,0	1,04
						85°	179,4	1,27

Tabelle 5.

Kartenbeschickung in der Merkatorkarte nach gemitteltem *u*.

L. U.	Mittelbreite 70°	65°	60°	55°	50°	45°	40°	35°	30°	25°	20°
2°	0,9°	0,9°	0,9°	0,8°	0,8°	0,7°	0,7°	0,6°	0,5°	0,4°	0,3°
4	1,9	1,8	1,7	1,7	1,6	1,4	1,3	1,2	1,0	0,8	0,7
6	2,8	2,7	2,6	2,5	2,3	2,1	1,9	1,7	1,5	1,3	1,0
8	3,8	3,6	3,5	3,3	3,1	2,9	2,6	2,3	2,0	1,7	1,4
10	4,7	4,5	4,4	4,2	3,9	3,6	3,3	2,9	2,5	2,1	1,7
12	5,6	5,5	5,2	5,0	4,7	4,3	3,9	3,5	3,0	2,5	2,0
14	6,6	6,4	6,1	5,8	5,5	5,0	4,6	4,1	3,5	3,0	2,4
16	7,5	7,3	7,0	6,6	6,2	5,7	5,2	4,7	4,0	3,4	2,7
18	8,5	8,2	7,9	7,5	7,0	6,5	5,9	5,2	4,5	3,8	3,1
20	9,4	9,1	8,7	8,3	7,8	7,2	6,6	5,8	5,1	4,3	3,4
22	10,4	10,0	9,6	9,2	8,6	7,9	7,2	6,4	5,6	4,7	3,8
24	11,3	10,9	10,5	10,0	9,4	8,6	7,9	7,0	6,1	5,1	4,1
26	12,2	11,9	11,4	10,8	10,2	9,4	8,6	7,6	6,6	5,6	4,4
28	13,2	12,8	12,3	11,7	11,0	10,1	9,2	8,2	7,1	6,0	4,7
30	14,1	13,7	13,2	12,5	11,8	10,9	9,9	8,8	7,7	6,5	5,2
32	15,1	14,6	14,0	13,4	12,6	11,6	10,6	9,4	8,2	6,9	5,6
34	16,0	15,5	14,9	14,2	13,4	12,3	11,3	10,1	8,7	7,4	5,9
36	17,0	16,5	15,8	15,1	14,2	13,1	12,0	10,7	9,3	7,8	6,3
38	17,9	17,4	16,7	15,9	15,0	13,8	12,6	11,3	9,8	8,3	6,7
40	18,9	18,3	17,6	16,8	15,8	14,6	13,3	11,9	10,3	8,7	7,1
42	19,8	19,2	18,5	17,7	16,6	15,4	14,0	12,5	10,9	9,2	7,4
44	20,8	20,2	19,4	18,5	17,4	16,1	14,8	13,2	11,5	9,7	7,8
46	21,7	21,1	20,3	19,4	18,3	16,9	15,5	13,8	12,0	10,2	8,2
48	22,7	22,0	21,2	20,3	19,1	17,7	16,2	14,5	12,6	10,7	8,6
50	23,6	23,0	22,1	21,2	19,9	18,4	16,9	15,1	13,2	11,1	9,0

Zusatzbeschickung mit Breitenunterschied

L. U.	$b = \varphi_e - \varphi_s$ — 50°	— 40°	— 30°	— 20°	— 10°	0°	+ 10°	+ 20°	+ 30°	+ 40°	+ 50°
2°	—0,2°	—0,1°	—0,1°	—0,1°	—0,1°	—0,0°	+0,0°	+0,1°	+0,1°	+0,2°	+0,3°
4	—0,3	—0,3	—0,2	—0,2	—0,1	—0,0	+0,1	+0,2	+0,3	+0,4	+0,6
6	—0,5	—0,4	—0,3	—0,3	—0,2	—0,0	+0,1	+0,3	+0,4	+0,6	+0,9
8	—0,6	—0,6	—0,5	—0,3	—0,2	—0,0	+0,2	+0,4	+0,6	+0,8	+1,1
10	—0,8	—0,7	—0,6	—0,4	—0,3	—0,0	+0,2	+0,5	+0,7	+1,0	+1,4
12	—0,9	—0,8	—0,7	—0,5	—0,3	—0,0	+0,2	+0,5	+0,9	+1,3	+1,7
14	—1,1	—1,0	—0,8	—0,6	—0,4	—0,0	+0,3	+0,6	+1,0	+1,5	+2,0
16	—1,3	—1,1	—0,9	—0,7	—0,4	—0,0	+0,3	+0,7	+1,2	+1,7	+2,3
18	—1,4	—1,3	—1,0	—0,8	—0,5	—0,1	+0,4	+0,8	+1,3	+1,9	+2,6
20	—1,6	—1,4	—1,2	—0,9	—0,5	—0,1	+0,4	+0,9	+1,5	+2,1	+2,9
22	—1,8	—1,6	—1,3	—1,0	—0,6	—0,1	+0,5	+1,0	+1,6	+2,3	+3,1
24	—1,9	—1,7	—1,4	—1,0	—0,6	—0,1	+0,5	+1,1	+1,8	+2,5	+3,4
26	—2,1	—1,9	—1,5	—1,1	—0,7	—0,1	+0,5	+1,2	+1,9	+2,7	+3,7
28	—2,2	—2,0	—1,6	—1,2	—0,7	—0,1	+0,6	+1,3	+2,1	+2,9	+4,0
30	—2,4	—2,1	—1,8	—1,3	—0,8	—0,1	+0,6	+1,4	+2,2	+3,1	+4,3
32	—2,6	—2,3	—1,9	—1,4	—0,8	—0,1	+0,7	+1,5	+2,3	+3,3	+4,6
34	—2,7	—2,4	—2,0	—1,5	—0,9	—0,1	+0,7	+1,5	+2,5	+3,6	+4,9
36	—2,9	—2,6	—2,1	—1,6	—0,9	—0,1	+0,8	+1,6	+2,6	+3,8	+5,1
38	—3,1	—2,7	—2,2	—1,7	—1,0	—0,1	+0,8	+1,7	+2,8	+4,0	+5,4
40	—3,2	—2,9	—2,4	—1,8	—1,0	—0,1	+0,8	+1,8	+2,9	+4,2	+5,7
42	—3,4	—3,0	—2,5	—1,8	—1,1	—0,1	+0,9	+1,9	+3,1	+4,4	+6,0
44	—3,6	—3,2	—2,6	—1,9	—1,1	—0,1	+0,9	+2,0	+3,2	+4,6	+6,3
46	—3,8	—3,3	—2,7	—2,0	—1,2	—0,1	+1,0	+2,1	+3,4	+4,8	+6,6
48	—3,9	—3,5	—2,8	—2,1	—1,2	—0,1	+1,0	+2,2	+3,5	+5,0	+6,9
50	—4,1	—3,6	—3,0	—2,2	—1,3	—0,1	+1,1	+2,3	+3,7	+5,2	+7,1

Tabelle 6.

Kartenbeschickung in der winkeltreuen Kegelkarte nach gemitteltem $u + \gamma$.

L. U.	Mittelbreite 70°	65°	60°	55°	50°	45°	40°	35°	30°	25°	20°
2°	1,7°	1,6°	1,6°	1,5°	1,5°	1,4°	1,4°	1,3°	1,2°	1,1°	1,1°
4	3,3	3,3	3,2	3,1	3,0	2,9	2,7	2,6	2,4	2,3	2,1
6	5,0	4,9	4,8	4,6	4,5	4,3	4,1	3,9	3,7	3,4	3,2
8	6,6	6,5	6,4	6,2	6,0	5,7	5,5	5,2	4,9	4,6	4,2
10	8,3	8,1	7,9	7,7	7,5	7,2	6,9	6,5	6,1	5,7	5,3
12	10,0	9,8	9,5	9,3	9,0	8,6	8,2	7,8	7,3	6,8	6,4
14	11,6	11,4	11,1	10,8	10,4	10,0	9,6	9,1	8,6	8,0	7,4
16	13,3	13,0	12,7	12,4	12,0	11,5	11,0	10,4	9,8	9,1	8,5
18	14,9	14,6	14,3	13,9	13,5	12,9	12,3	11,7	11,0	10,3	9,5
20	16,6	16,3	15,9	15,5	15,0	14,4	13,7	13,0	12,2	11,4	10,6
22	18,2	17,9	17,5	17,0	16,5	15,8	15,1	14,3	13,5	12,6	11,7
24	19,9	19,5	19,1	18,6	18,0	17,3	16,5	15,6	14,7	13,7	12,8
26	21,6	21,2	20,7	20,2	19,5	18,7	17,9	16,9	15,9	14,9	13,8
28	23,2	22,8	22,3	21,7	21,0	20,2	19,3	18,3	17,2	16,1	14,9
30	24,9	24,4	23,9	23,3	22,5	21,6	20,7	19,6	18,4	17,2	16,0
32	26,6	26,1	25,5	24,9	24,1	23,1	22,1	20,9	19,7	18,4	17,1
34	28,2	27,7	27,1	26,4	25,6	24,5	23,4	22,3	20,9	19,6	18,1
36	29,9	29,4	28,7	28,0	27,1	26,0	24,9	23,6	22,2	20,7	19,2
38	31,6	31,0	30,3	29,6	28,6	27,5	26,3	24,9	23,4	21,9	20,3
40	33,2	32,7	32,0	31,1	30,1	28,9	27,7	26,3	24,7	23,1	21,4
42	34,9	34,3	33,6	32,7	31,7	30,4	29,1	27,6	26,0	24,3	22,5
44	36,6	36,0	35,2	34,3	33,2	31,9	30,5	29,0	27,3	25,5	23,6
46	38,2	37,6	36,8	35,9	34,8	33,4	32,0	30,3	28,5	26,7	24,7
48	39,9	39,2	38,4	37,5	36,3	34,9	33,4	31,7	29,8	27,9	25,8
50	41,6	40,9	40,1	39,1	37,9	36,4	34,8	33,1	31,1	29,0	26,9

Zusatzbeschickung für Breitenunterschied.

L. U.	$b = \varphi_e - \varphi_a$ −50°	−40°	−30°	−20°	−10°	0	+10°	+20°	+30°	+40°	+50°
2°	—0,0°	—0,0°	—0,0°	—0,0°	—0,0°	—0,0°	+0,0°	+0,0°	+0,1°	+0,1°	+0,2°
4	—0,1	—0,1	—0,1	—0,1	—0,1	—0,0	+0,0	+0,1	+0,2	+0,2	+0,3
6	—0,1	—0,2	—0,1	—0,1	—0,1	—0,0	+0,1	+0,1	+0,2	—0,4	+0,5
8	—0,2	—0,2	—0,2	—0,2	—0,1	—0,0	+0,1	+0,2	+0,3	+0,5	+0,7
10	—0,2	—0,3	—0,2	—0,2	—0,1	—0,0	+0,1	+0,2	+0,4	+0,6	+0,8
12	—0,3	—0,3	—0,3	—0,2	—0,2	—0,0	+0,1	+0,3	+0,5	+0,7	+1,0
14	—0,3	—0,4	—0,3	—0,3	—0,2	—0,0	+0,1	+0,3	+0,5	+0,8	+1,2
16	—0,3	—0,4	—0,4	—0,3	—0,2	—0,0	+0,1	+0,4	+0,6	+0,9	+1,4
18	—0,4	—0,5	—0,4	—0,4	—0,2	—0,1	+0,2	+0,4	+0,7	+1,1	+1,5
20	—0,4	—0,5	—0,5	—0,4	—0,3	—0,1	+0,2	+0,5	+0,8	+1,2	+1,7
22	—0,5	—0,6	—0,5	—0,5	—0,3	—0,1	+0,2	+0,5	+0,9	+1,3	+1,9
24	—0,5	—0,6	—0,6	—0,5	—0,3	—0,1	+0,2	+0,5	+0,9	+1,4	+2,0
26	—0,6	—0,7	—0,6	—0,5	—0,3	—0,1	+0,2	+0,6	+1,0	+1,5	+2,2
28	—0,6	—0,7	—0,7	—0,6	—0,4	—0,1	+0,3	+0,6	+1,1	+1,6	+2,4
30	—0,7	—0,8	—0,7	—0,6	—0,4	—0,1	+0,3	+0,7	+1,2	+1,8	+2,5
32	—0,7	—0,8	—0,8	—0,7	—0,4	—0,1	+0,3	+0,7	+1,3	+1,9	+2,7
34	—0,8	—0,9	—0,8	—0,7	—0,5	—0,1	+0,3	+0,8	+1,3	+2,0	+2,9
36	—0,8	—0,9	—0,9	—0,7	—0,5	—0,1	+0,3	+0,8	+1,4	+2,1	+3,0
38	—0,9	—1,0	—0,9	—0,8	—0,5	—0,1	+0,3	+0,9	+1,5	+2,2	+3,2
40	—0,9	—1,0	—1,0	—0,8	—0,5	—0,1	+0,4	+0,9	+1,6	+2,4	+3,4
42	—1,0	—1,1	—1,0	—0,9	—,06	—0,1	+0,4	+1,0	+1,6	+2,5	+3,5
44	—1,0	—1,2	—1,1	—0,9	—0,6	—0,1	+0,4	+1,0	+1,7	+2,6	+3,7
46	—1,1	—1,2	—1,2	—1,0	—0,6	—0,1	+0,4	+1,0	+1,8	+2,7	+3,9
48	—1,1	—1,3	—1,2	—1,0	—0,6	—0,1	+0,4	+1,1	+1,9	+2,8	+4,0
50	—1,2	—1,3	—1,3	—1,0	—0,7	—0,1	+0,5	+1,1	+2,0	+2,9	+4,2

Tabelle 9. **Verwandlung von Zeitmaß in Gradmaß.**

m	0h	1h	2h	3h	4h	5h	6h	7h	8h	9h	10h	11h
0	0° 0′	15° 0′	30° 0′	45° 0′	60° 0′	75° 0′	90° 0′	105° 0′	120° 0′	135° 0′	150° 0′	165° 0′
1	0 15	15 15	30 15	45 15	60 15	75 15	90 15	105 15	120 15	135 15	150 15	165 15
2	0 30	15 30	30 30	45 30	60 30	75 30	90 30	105 30	120 30	135 30	150 30	165 30
3	0 45	15 45	30 45	45 45	60 45	75 45	90 45	105 45	120 45	135 45	150 45	165 45
4	1 0	16 0	31 0	46 0	61 0	76 0	01 0	106 0	121 0	136 0	151 0	166 0
5	1 15	16 15	31 15	46 15	61 15	76 15	91 15	106 15	121 15	136 15	151 15	166 15
6	1 30	16 30	31 30	46 30	61 30	76 30	91 30	106 30	121 30	136 30	151 30	166 30
7	1 45	16 45	31 45	46 45	61 45	76 45	91 45	106 45	121 45	136 45	151 45	166 45
8	2 0	17 0	32 0	47 0	62 0	77 0	92 0	107 0	122 0	137 0	152 0	167 0
9	2 15	17 15	32 15	47 15	62 15	77 15	92 15	107 15	122 15	137 15	152 15	167 15
10	2 30	17 30	32 30	47 30	62 30	77 30	92 30	107 30	122 30	137 30	152 30	167 30
11	2 45	17 45	32 45	47 45	62 45	77 45	92 45	107 45	122 45	137 45	152 45	167 45
12	3 0	18 0	33 0	48 0	63 0	78 0	93 0	108 0	123 0	138 0	153 0	168 0
13	3 15	18 15	33 15	48 15	63 15	78 15	93 15	108 15	123 15	138 15	153 15	168 15
14	3 30	18 30	33 30	48 30	63 30	78 30	93 30	108 30	123 30	138 30	153 30	168 30
15	3 45	18 45	33 45	48 45	63 45	78 45	93 45	108 45	123 45	138 45	153 45	168 45
16	4 0	19 0	34 0	49 0	64 0	79 0	94 0	109 0	124 0	139 0	154 0	169 0
17	4 15	19 15	34 15	49 15	64 15	79 15	94 15	109 15	124 15	139 15	154 15	169 15
18	4 30	19 30	34 30	49 30	64 30	79 30	94 30	109 30	124 30	139 30	154 30	169 30
19	4 45	19 45	34 45	49 45	64 45	79 45	94 45	109 45	124 45	139 45	154 45	169 45
20	5 0	20 0	35 0	50 0	65 0	80 0	95 0	110 0	125 0	140 0	155 0	170 0
21	5 15	20 15	35 15	50 15	65 15	80 15	95 15	110 15	125 15	140 15	155 15	170 15
22	5 30	20 30	35 30	50 30	65 30	80 30	95 30	110 30	125 30	140 30	155 30	170 30
23	5 45	20 45	35 45	50 45	65 45	80 45	95 45	110 45	125 45	140 45	155 45	170 45
24	6 0	21 0	36 0	51 0	66 0	81 0	96 0	111 0	126 0	141 0	156 0	171 0
25	6 15	21 15	36 15	51 15	66 15	81 15	96 15	111 15	126 15	141 15	156 15	171 15
26	6 30	21 30	36 30	51 30	66 30	81 30	96 30	111 30	126 30	141 30	156 30	171 30
27	6 45	21 45	36 45	51 45	66 45	81 45	96 45	111 45	126 45	141 45	156 45	171 45
28	7 0	22 0	37 0	52 0	67 0	82 0	97 0	112 0	127 0	142 0	157 0	172 0
29	7 15	22 15	37 15	52 15	67 15	82 15	97 15	112 15	127 15	142 15	157 15	172 15
30	7 30	22 30	37 30	52 30	67 30	82 30	97 30	112 30	127 30	142 30	157 30	172 30
31	7 45	22 45	37 45	52 45	67 45	82 45	97 45	112 45	127 45	142 45	157 45	172 45
32	8 0	23 0	38 0	53 0	68 0	83 0	98 0	113 0	128 0	143 0	158 0	173 0
33	8 15	23 15	38 15	53 15	68 15	83 15	98 15	113 15	128 15	143 15	158 15	173 15
34	8 30	23 30	38 30	53 30	68 30	83 30	98 30	113 30	128 30	143 30	158 30	173 30
35	8 45	23 45	38 45	53 45	68 45	83 45	98 45	113 45	128 45	143 45	158 45	173 45
36	9 0	24 0	39 0	54 0	69 0	84 0	99 0	114 0	129 0	144 0	159 0	174 0
37	9 15	24 15	39 15	54 15	69 15	84 15	99 15	114 15	129 15	144 15	159 15	174 15
38	9 30	24 30	39 30	54 30	69 30	84 30	99 30	114 30	129 30	144 30	159 30	174 30
39	9 45	24 45	39 45	54 45	69 45	84 45	99 45	114 45	129 45	144 45	159 45	174 45
40	10 0	25 0	40 0	55 0	70 0	85 0	100 0	115 0	130 0	145 0	160 0	175 0
41	10 15	25 15	40 15	55 15	70 15	85 15	100 15	115 15	130 15	145 15	160 15	175 15
42	10 30	25 30	40 30	55 30	70 30	85 30	100 30	115 30	130 30	145 30	160 30	175 30
43	10 45	25 45	40 45	55 45	70 45	85 45	100 45	115 45	130 45	145 45	160 45	175 45
44	11 0	26 0	41 0	56 0	71 0	86 0	101 0	116 0	131 0	146 0	161 0	176 0
45	11 15	26 15	41 15	56 15	71 15	86 15	101 15	116 15	131 15	146 15	161 15	176 15
46	11 30	26 30	41 30	56 30	71 30	86 30	101 30	116 30	131 30	146 30	161 30	176 30
47	11 45	26 45	41 45	56 45	71 45	86 45	101 45	116 45	131 45	146 45	161 45	176 45
48	12 0	27 0	42 0	57 0	72 0	87 0	102 0	117 0	132 0	147 0	162 0	177 0
49	12 15	27 15	42 15	57 15	72 15	87 15	102 15	117 15	132 15	147 15	162 15	177 15
50	12 30	27 30	42 30	57 30	72 30	87 30	102 30	117 30	132 30	147 30	162 30	177 30
51	12 45	27 45	42 45	57 45	72 45	87 45	102 45	117 45	132 45	147 45	162 45	177 45
52	13 0	28 0	43 0	58 0	73 0	88 0	103 0	118 0	133 0	148 0	163 0	178 0
53	13 15	28 15	43 15	58 15	73 15	88 15	103 15	118 15	133 15	148 15	163 15	178 15
54	13 30	28 30	43 30	58 30	73 30	88 30	103 30	118 30	133 30	148 30	163 30	178 30
55	13 45	28 45	43 45	58 45	73 45	88 45	103 45	118 45	133 45	148 45	163 45	178 45
56	14 0	29 0	44 0	59 0	74 0	89 0	104 0	119 0	134 0	149 0	164 0	179 0
57	14 15	29 15	44 15	59 15	74 15	89 15	104 15	119 15	134 15	149 15	164 15	179 15
58	14 30	29 30	44 30	59 30	74 30	89 30	104 30	119 30	134 30	149 30	164 30	179 30
59	14 45	29 45	44 45	59 45	74 45	89 45	104 45	119 45	134 45	149 45	164 45	179 45
60	15 0	30 0	45 0	60 0	75 0	90 0	105 0	120 0	135 0	150 0	165 0	180 0

s	′
0	
1	0
2	
3	
4	1
5	
6	
7	
8	2
9	
10	
11	
12	3
13	
14	
15	
16	4
17	
18	
19	
20	5
21	
22	
23	
24	6
25	
26	
27	
28	7
29	
30	
31	
32	8
33	
34	
35	
36	9
37	
38	
39	
40	10
41	
42	
43	
44	11
45	
46	
47	
48	12
49	
50	
51	
52	13
53	
54	
55	
56	14
57	
58	
59	
60	15

Tabelle 9. **Verwandlung von Zeitmaß in Gradmaß.**

m	12h	13h	14h	15h	16h	17h	18h	19h	20h	21h	22h	23h
0	180° 0′	195° 0′	210° 0′	225° 0′	240° 0′	255° 0′	270° 0′	285° 0′	300° 0′	315° 0′	330° 0′	345° 0′
1	180 15	195 15	210 15	225 15	240 15	255 15	270 15	285 15	300 15	315 15	330 15′	345 15
2	180 30	195 30	210 30	225 30	240 30	255 30	270 30	285 30	300 30	315 30	330 30	345 30
3	180 45	195 45	210 45	225 45	240 45	255 45	270 45	285 45	300 45	315 45	330 45	345 45
4	181 0	196 0	211 0	226 0	241 0	256 0	271 0	286 0	301 0	316 0	331 0	346 0
5	181 15	196 15	211 15	226 15	241 15	256 15	271 15	286 15	301 15	316 15	331 15	346 15
6	181 30	196 30	211 30	226 30	241 30	256 30	271 30	286 30	301 30	316 30	331 30	346 30
7	181 45	196 45	211 45	226 45	241 45	256 45	271 45	286 45	301 45	316 45	331 45	346 45
8	182 0	197 0	212 0	227 0	242 0	257 0	272 0	287 0	302 0	317 0	332 0	347 0
9	182 15	197 15	212 15	227 15	242 15	257 15	272 15	287 15	302 15	317 15	332 15	347 15
10	182 30	197 30	212 30	227 30	242 30	257 30	272 30	287 30	302 30	317 30	332 30	347 30
11	182 45	197 45	212 45	227 45	242 45	257 45	272 45	287 45	302 45	317 45	332 45	347 45
12	183 0	198 0	213 0	228 0	243 0	258 0	273 0	288 0	303 0	318 0	333 0	348 0
13	183 15	198 15	213 15	228 15	243 15	258 15	273 15	288 15	303 15	318 15	333 15	348 15
14	183 30	198 30	213 30	228 30	243 30	258 30	273 30	288 30	303 30	318 30	333 30	348 30
15	183 45	198 45	213 45	228 45	243 45	258 45	273 45	288 45	303 45	318 45	333 45	348 45
16	184 0	199 0	214 0	229 0	244 0	259 0	274 0	289 0	304 0	319 0	334 0	349 0
17	184 15	199 15	214 15	229 15	244 15	259 15	274 15	289 15	304 15	319 15	334 15	349 15
18	184 30	199 30	214 30	229 30	244 30	259 30	274 30	289 30	304 30	319 30	334 30	349 30
19	184 45	199 45	214 45	229 45	244 45	259 45	274 45	189 45	304 45	319 45	334 45	349 45
20	185 0	200 0	215 0	230 0	245 0	260 0	275 0	290 0	305 0	320 0	335 0	350 0
21	185 15	200 15	215 15	230 15	245 15	260 15	275 15	290 15	305 15	320 15	335 15	350 15
22	185 30	200 30	215 30	230 30	245 30	260 30	275 30	290 30	305 30	320 30	335 30	350 30
23	185 45	200 45	215 45	230 45	245 45	260 45	275 45	290 45	305 45	320 45	335 45	350 45
24	186 0	201 0	216 0	231 0	246 0	261 0	276 0	291 0	306 0	321 0	336 0	351 0
25	186 15	201 15	216 15	231 15	246 15	261 15	276 15	291 15	306 15	321 15	336 15	351 15
26	186 30	201 30	216 30	231 30	246 30	261 30	276 30	291 30	306 30	321 30	336 30	351 30
27	186 45	201 45	216 45	231 45	246 45	261 45	276 45	291 45	306 45	321 45	336 45	351 45
28	187 0	202 0	217 0	232 0	247 0	262 0	277 0	292 0	307 0	322 0	337 0	352 0
29	187 15	202 15	217 15	232 15	247 15	262 15	277 15	292 15	307 15	322 15	337 15	352 15
30	187 30	202 30	217 30	232 30	247 30	262 30	277 30	292 30	307 30	322 30	337 30	352 30
31	187 45	202 45	217 45	232 45	247 45	262 45	277 45	292 45	307 45	322 45	337 45	352 45
32	188 0	203 0	218 0	233 0	248 0	263 0	278 0	293 0	308 0	323 0	338 0	353 0
33	188 15	203 15	218 15	233 15	248 15	263 15	278 15	293 15	308 15	323 15	338 15	353 15
34	188 30	203 30	218 30	233 30	248 30	263 30	278 30	293 30	308 30	323 30	338 30	353 30
35	188 45	203 45	218 45	233 45	248 45	263 45	278 45	293 45	308 45	323 45	338 45	353 45
36	189 0	204 0	219 0	234 0	249 0	264 0	279 0	294 0	309 0	324 0	339 0	354 0
37	189 15	204 15	219 15	234 15	249 15	264 15	279 15	294 15	309 15	324 15	339 15	354 15
38	189 30	204 30	219 30	234 30	249 30	264 30	279 30	294 30	309 30	324 30	339 30	354 30
39	189 45	204 45	219 45	234 45	249 45	264 45	279 45	294 45	309 45	324 45	339 45	354 45
40	190 0	205 0	220 0	235 0	250 0	265 0	280 0	295 0	310 0	325 0	340 0	355 0
41	190 15	205 15	220 15	235 15	250 15	265 15	280 15	295 15	310 15	325 15	340 15	355 15
42	190 30	205 30	220 30	235 30	250 30	265 30	280 30	295 30	310 30	325 30	340 30	355 30
43	190 45	205 45	220 45	235 45	250 45	265 45	280 45	295 45	310 45	325 45	340 45	355 45
44	191 0	206 0	221 0	236 0	251 0	266 0	281 0	296 0	311 0	326 0	341 0	356 0
45	191 15	206 15	221 15	236 15	251 15	266 15	281 15	296 15	311 15	326 15	341 15	356 15
46	191 30	206 30	221 30	236 30	251 30	266 30	281 30	296 30	311 30	326 30	341 30	356 30
47	191 45	206 45	221 45	236 45	251 45	266 45	281 45	296 45	311 45	326 45	341 45	356 45
48	192 0	207 0	222 0	237 0	252 0	267 0	282 0	297 0	312 0	327 0	342 0	357 0
49	192 15	207 15	222 15	237 15	252 15	267 15	282 15	297 15	312 15	327 15	342 15	357 15
50	192 30	207 30	222 30	237 30	252 30	267 30	282 30	297 30	312 30	327 30	342 30	357 30
51	192 45	207 45	222 45	237 45	252 45	267 45	282 45	297 45	312 45	327 45	342 45	357 45
52	193 0	208 0	223 0	238 0	253 0	268 0	283 0	298 0	313 0	328 0	343 0	358 0
53	193 15	208 15	223 15	238 15	253 15	268 15	283 15	298 15	313 15	328 15	343 15	358 15
54	193 30	208 30	223 30	238 30	253 30	268 30	283 30	298 30	313 30	328 30	343 30	358 30
55	193 45	208 45	223 45	238 45	253 45	268 45	283 45	298 45	313 45	328 45	343 45	358 45
56	194 0	209 0	224 0	239 0	254 0	269 0	284 0	299 0	314 0	329 0	344 0	359 0
57	194 15	209 15	224 15	239 15	254 15	269 15	284 15	299 15	314 15	329 15	344 15	359 15
58	194 30	209 30	224 30	239 30	254 30	269 30	284 30	299 30	314 30	329 30	344 30	359 30
59	194 45	209 45	224 45	239 45	254 45	269 45	284 45	299 45	314 45	329 45	344 45	359 45
60	195 0	210 0	225 0	240 0	255 0	270 0	285 0	300 0	315 0	330 0	345 0	360 0

s	′
0	**0**
1	
2	
3	
4	**1**
5	
6	
7	
8	**2**
9	
10	
11	
12	**3**
13	
14	
15	
16	**4**
17	
18	
19	
20	**5**
21	
22	
23	
24	**6**
25	
26	
27	
28	**7**
29	
30	
31	
32	**8**
33	
34	
35	
36	**9**
37	
38	
39	
40	**10**
41	
42	
43	
44	**11**
45	
46	
47	
48	**12**
49	
50	
51	
52	**13**
53	
54	
55	
56	**14**
57	
58	
59	**15**
60	

Tabelle 10. **Abweichung und Greenwicher Zeitwinkel der Sonne, Greenwicher Sternzeit 1940.**

Tag	Mittlere Greenwicher Mitternacht																	
	Januar			Februar			März			April			Mai			Juni		
	⊙ δ	Gr. ⊙ τ	Gr. ♈ τ	⊙ δ	Gr. ⊙ τ	Gr. ♈ τ	⊙ δ	Gr. ⊙ τ	Gr. ♈ τ	⊙ δ	Gr. ⊙ τ	Gr. ♈ τ	⊙ δ	Gr. ⊙ τ	Gr. ♈ τ	⊙ δ	Gr. ⊙ τ	Gr. ♈ τ
1.	23,1° S	359,3°	279,5°	17,5° S	356,6°	310,1°	7,7° S	356,9°	338,7°	4,4° N	359,0°	9,2°	15,0° N	0,7°	38,8°	22,0° N	0,6°	69,3°
2.	23,0	359,1	280,5	17,2	356,6	311,1	7,3	356,9	339,6	4,8	359,1	10,2	15,3	0,8	39,8	22,1	0,6	70,3
3.	22,9	359,0	281,5	16,9	356,6	312,0	7,0	357,0	340,6	5,2	359,1	11,2	15,6	0,8	40,7	22,3	0,5	71,3
4.	22,9	358,9	282,5	16,6	356,5	313,0	6,6	357,0	341,6	5,6	359,2	12,2	15,9	0,8	41,7	22,4	0,5	72,3
5.	22,8	358,8	283,5	16,3	356,5	314,0	6,2	357,1	342,6	5,9	359,3	13,1	16,2	0,8	42,7	22,5	0,4	73,3
6.	22,7	358,7	284,4	16,0	356,5	315,0	5,8	357,1	343,6	6,3	359,4	14,1	16,4	0,9	43,7	22,6	0,4	74,3
7.	22,5	358,6	285,4	15,7	356,5	316,0	5,4	357,2	344,6	6,7	359,4	15,1	16,7	0,9	44,7	22,7	0,4	75,2
8.	22,4	358,5	286,4	15,4	356,5	317,0	5,0	357,3	345,6	7,1	359,5	16,1	17,0	0,9	45,7	22,8	0,3	76,2
9.	22,3	358,4	287,4	15,1	356,4	318,0	4,6	357,3	346,8	7,4	359,6	17,1	17,3	0,9	46,7	22,9	0,3	77,2
10.	22,1° S	358,2	288,4	14,8° S	356,4	318,9	4,3° S	357,4	347,5	7,8° N	359,6	18,1	17,5° N	0,9	47,6	23,0° N	0,2	78,2
11.	22,0	358,1	289,4	14,5	356,4	319,9	3,9	357,4	348,5	8,2	359,7	19,1	17,8	0,9	48,6	23,1	0,2	79,2
12.	21,9	358,0	290,4	14,1	356,4	320,9	3,5	357,5	349,5	8,6	359,8	20,0	18,0	0,9	49,6	23,1	0,1	80,2
13.	21,7	357,9	291,3	13,8	356,4	321,9	3,1	357,6	350,5	8,9	359,8	21,0	18,3	0,9	50,6	23,2	0,1	81,2
14.	21,5	357,8	292,3	13,5	356,4	322,9	2,7	357,6	351,5	9,3	359,9	22,0	18,5	0,9	51,6	23,3	0,0	82,1
15.	21,4	357,8	293,3	13,1	356,4	323,9	2,3	357,7	352,5	9,6	0,0	23,0	18,8	0,9	52,6	23,3	0,0	83,1
16.	21,2	357,7	294,3	12,8	356,4	324,9	1,9	357,8	353,4	10,0	0,0	24,0	19,0	0,9	53,6	23,3	359,9	84,1
17.	21,0	357,6	295,3	12,5	356,5	325,8	1,5	357,9	354,4	10,4	0,1	25,0	19,3	0,9	54,5	23,4	359,9	85,1
18.	20,8	357,5	296,3	12,1	356,5	326,8	1,1	357,9	355,4	10,7	0,1	26,0	19,5	0,9	55,5	23,4	359,8	86,1
19.	20,6	357,4	297,3	11,8	356,5	327,8	0,7	358,0	356,4	11,1	0,2	26,9	19,7	0,9	56,5	23,4	359,7	87,1
20.	20,4° S	357,3	298,2	11,4° S	356,5	328,8	0,3° S	358,1	357,4	11,4° N	0,3	27,9	19,9° N	0,9	57,5	23,4° N	359,7	88,1
21.	20,2	357,3	299,2	11,1	356,5	329,8	0,1° N	358,2	358,4	11,7	0,3	28,9	20,1	0,9	58,5	23,4	359,6	89,0
22.	20,0	357,2	300,2	10,7	356,6	330,8	0,5	358,2	359,4	12,1	0,4	29,9	20,3	0,9	59,5	23,4	359,6	90,0
23.	19,8	357,1	301,2	10,3	356,6	331,8	0,9	358,3	0,3	12,4	0,4	30,9	20,5	0,9	60,5	23,4	359,5	91,0
24.	19,5	357,0	302,2	10,0	356,6	332,7	1,3	358,4	1,3	12,7	0,5	31,9	20,7	0,8	61,4	23,4	359,5	92,0
25.	19,3	357,0	303,2	9,6	356,7	333,7	1,7	358,5	2,3	13,1	0,5	32,9	20,9	0,8	62,4	23,4	359,4	93,0
26.	19,1	356,9	304,2	9,2	356,7	334,7	2,1	358,5	3,3	13,4	0,5	33,8	21,1	0,8	63,4	23,4	359,4	94,0
27.	18,8	356,9	305,1	8,9	356,7	335,7	2,5	358,6	4,3	13,7	0,6	34,8	21,3	0,8	64,4	23,3	359,3	95,0
28.	18,6	356,8	306,1	8,5	356,8	336,7	2,9	358,7	5,3	14,0	0,6	35,8	21,4	0,7	65,4	23,3	359,3	95,9
29.	18,3	356,8	307,1	8,1° S	356,8	337,7	3,2	358,8	6,3	14,4	0,7	36,8	21,6	0,7	66,4	23,2	359 2	96,9
30.	18,0	356,7	308,1				3,6	358,8	7,2	14,7° N	0,7	37,8	21,7	0,7	67,4	23,2	359,2	97,9
31.	17,8° S	356,7	309,1				4,0° N	358,9	8,2				21,9° N	0,6	68,3			

Anm. 1. Bei Gr. ⊙ τ und Gr. ♈ τ sind die Gradzahlen der M.G.Z. noch hinzuzulegen, bei Gr. ♈ τ außerdem noch:

für 36°	+ 0,1°	für 144°	+ 0,4°	für 252°	+ 0,7°
„ 72°	+ 0,2°	„ 180°	+ 0,5°	„ 288°	+ 0,8°
„ 108°	+ 0,3°	„ 216°	+ 0,6°	„ 324°	+ 0,9°

Anm. 2. Um diese Tabellenwerte auch in den folgenden Jahren benutzen zu können, verändere man die gegebene M.G.Z.

im Jahre	im Monat Jan. und Febr.	in den übrigen Monaten
1941	um + 273°	um 87°
1942	„ 186°	„ − 174°
1943	„ + 99°	„ − 261°
1944	„ + 10°	„ + 10°

Tag	Juli			August			September			Oktober			November			Dezember		
	Mittlere Greenwicher Mitternacht																	
	⊙ δ	Gr. ⊙ τ	Gr. ♈ τ	⊙ δ	Gr. ⊙ τ	Gr. ♈ τ	⊙ δ	Gr. ⊙ τ	Gr. ♈ τ	⊙ δ	Gr. ⊙ τ	Gr. ♈ τ	⊙ δ	Gr. ⊙ τ	Gr. ♈ τ	⊙ δ	Gr. ⊙ τ	Gr. ♈ τ
1.	23,1°N	359,1°	98,9°	18,1°N	358,5°	129,5°	8,4°N	0,0°	160,0°	3,0° S	2,5°	189,6°	14,3° S	4,1°	220,1°	21,8° S	2,8°	249,7°
2.	23,1	359,0	99,9	17,9	358,5	130,4	8,1	0,1	161,0	3,4	2,6	190,6	14,6	4,1	221,1	21,9	2,7	250,7
3.	23,0	359,0	100,9	17,6	358,5	131,4	7,7	0,1	162,0	3,8	2,7	191,6	15,0	4,1	222,1	22,1	2,6	251,7
4.	22,9	359,0	101,9	17,3	358,5	132,4	7,3	0,2	163,0	4,2	2,8	192,5	15,3	4,1	223,1	22,2	2,5	252,7
5.	22,8	358,9	102,8	17,1	358,5	133,4	7,0	0,3	164,0	4,6	2,9	193,5	15,6	4,1	224,1	22,3	2,4	253,6
6.	22,7	358,9	103,8	16,8	358,6	134,4	6,6	0,4	164,9	5,0	2,9	194,5	15,9	4,1	225,1	22,5	2,3	254,6
7.	22,6	358,8	104,8	16,5	358,6	135,4	6,2	0,5	165,9	5,4	3,0	195,5	16,2	4,1	226,0	22,6	2,2	255,6
8.	22,5	358,8	105,8	16,2	358,6	136,4	5,8	0,6	166,9	5,7	3,1	196,5	16,5	4,0	227,0	22,7	2,0	256,6
9.	22,4	358,7	106,8	16,0	358,6	137,3	5,5	0,6	167,9	6,1	3,1	197,5	16,8	4,0	228,0	22,8	1,9	257,6
10.	22,3°N	358,7	107,8	15,7°N	358,7	138,3	5,1°N	0,7	168,9	6,5° S	3,2	198,5	17,1° S	4,0	229,0	22,9° S	1,8	258,6
11.	22,2	358,7	108,8	15,4	358,7	139,3	4,7	0,8	169,9	6,9	3,3	199,4	17,3	4,0	230,0	23,0	1,7	259,6
12.	22,0	358,6	109,7	15,1	358,8	140,3	4,3	0,9	170,9	7,3	3,3	200,4	17,6	4,0	231,0	23,1	1,6	260,5
13.	21,9	358,6	110,7	14,8	358,8	141,3	3,9	1,0	171,8	7,6	3,4	201,4	17,9	3,9	232,0	23,1	1,5	261,5
14.	21,7	358,6	117,7	14,5	358,8	142,3	3,6	1,1	172,8	8,0	3,5	202,4	18,1	3,9	232,9	23,2	1,4	262,5
15.	21,6	358,6	112,7	14,2	358,9	143,3	3,2	1,2	173,8	8,4	3,5	203,4	18,4	3,8	233,9	23,3	1,2	263,5
16.	21,4	358,5	113,7	13,9	358,9	144,2	2,8	1,3	174,8	8,8	3,6	204,4	18,7	3,8	234,9	23,3	1,1	264,5
17.	21,3	358,5	114,7	13,5	359,0	145,2	2,4	1,3	175,8	9,1	3,6	205,4	18,9	3,8	235,9	23,4	1,0	265,5
18.	21,1	358,5	115,7	13,2	359,0	146,2	2,0	1,4	176,8	9,5	3,7	206,3	19,2	3,7	236,9	23,4	0,9	266,5
19.	20,9	358,5	116,6	12,9	359,1	147,2	1,6	1,5	177,8	9,8	3,7	207,3	19,4	3,7	237,9	23,4	0,8	267,4
20.	20,7°N	358,5	117,6	12,6°N	359,2	148,2	1,2°N	1,6	178,7	10,2° S	3,8	208,3	19,6° S	3,6	238,9	23,4° S	0,6	268,4
21.	20,5	358,4	118,6	12,2	359,2	149,2	0,8	1,7	179,7	10,6	3,8	209,3	19,8	3,5	239,8	23,4	0,5	269,4
22.	20,4	358,4	119,6	11,9	359,3	150,2	0,5	1,8	180,7	10,9	3,9	210,3	20,1	3,5	240,8	23,4	0,4	270,4
23.	20,2	358,4	120,6	11,6	359,3	151,1	0,1°N	1,9	181,7	11,3	3,9	211,3	20,3	3,4	241,8	23,4	0,3	271,4
24.	19,9	358,4	121,6	11,2	359,4	152,1	0,3° S	2,0	182,7	11,6	3,9	212,2	20,5	3,3	242,8	23,4	0,1	272,4
25.	19,7	358,4	122,6	10,9	359,5	153,1	0,7	2,0	183,7	12,0	4,0	213,2	20,7	3,3	243,8	23,4	0,0	273,4
26.	19,5	358,4	123,5	10,5	359,5	154,1	1,1	2,1	184,7	12,3	4,0	214,2	20,9	3,2	244,8	23,4	359,9	274,3
27.	19,3	358,4	124,5	10,2	359,6	155,1	1,5	2,2	185,6	12,7	4,0	215,2	21,1	3,1	245,8	23,3	359,8	275,3
28.	19,1	358,4	125,5	9,8	359,7	156,1	1,9	2,3	186,6	13,0	4,0	216,2	21,3	3,0	246,7	23,3	359,6	276,3
29.	18,8	358,4	126,5	9,5	359,8	157,1	2,3	2,4	187,6	13,3	4,1	217,2	21,4	2,9	247,7	23,2	359,5	277,3
30.	18,6	358,4	127,5	9,1	359,8	158,0	2,7° S	2,5	188,6	13,7	4,1	218,2	21,6° S	2,9	248,7	23,2	359,4	278,3
31.	18,4°N	358,4	128,5	8,8°N	359,9	159,0				14,0° S	4,1	219,1				23,1° S	359,3	279,3

Anm. 1. Bei Gr. ⊙ τ und Gr. ♈ τ sind die Gradzahlen der M.G.Z. noch hinzuzulegen, bei Gr. ♈ τ außerdem noch:

für 36°	+ 0,1°	für 144°	+ 0,4°	für 252°	+ 0,7°
,, 72°	+ 0,2°	,, 180°	+ 0,5°	,, 288°	+ 0,8°
,, 108°	+ 0,3°	,, 216°	+ 0,6°	,, 324°	+ 0,9°

Anm. 2. Um diese Tabellenwerte auch in den folgenden Jahren benutzen zu können, verändere man die gegebene M.G.Z.

im Jahre	im Monat Jan. und Febr.	in den übrigen Monaten
1941	um + 273°	um — 87°
1942	,, + 186°	,, — 174°
1943	,, + 99°	,, — 261°
1344	,, + 10°	,, 10°

Tabelle 7. **Kimmtiefe.**

Augeshöhe	Kimmtiefe
5 m	— 4′
10 m	— 6′
15 m	— 7′
20 m	— 8′
30 m	—10′
40 m	—11′
50 m	—13′
75 m	—16′
100 m	—18′
150 m	—22′
200 m	—25′
250 m	—28′
300 m	—31′
400 m	—36′
500 m	—40′
600 m	—44′
700 m	—47′
800 m	—50′
900 m	—53′
1000 m	—56′

Tabelle 8. **Höhenbeschickung für Beobachtungen mit Libellensextant.**

Höhe	Sonne, Planeten Fixsterne	Mond							
		Horizontal-Parallaxe							
		54′	55′	56′	57′	58′	59′	60′	61′
2°	—18′	+36′	+37′	+38′	+39′	+40′	+41′	+42′	+43′
3	14	39	40	41	42	43	40	45	46
4	12	42	43	44	45	46	47	48	49
5	—10	+44	+45	+46	+47	+48	+49	+50	+51
6	8	45	46	47	48	49	50	51	52
7	8	46	47	48	49	50	51	52	53
8	6	47	48	49	50	51	52	53	54
9	6	47	48	49	50	51	52	53	54
10	— 5	+48	+49	+50	+51	+52	+53	+54	+55
12	4	48	49	50	51	52	53	54	55
14	4	49	50	51	51	52	53	54	55
16	3	49	50	51	51	52	53	54	55
18	3	48	49	50	51	52	53	54	55
20	— 3	+48	+49	+50	+51	+52	+53	+54	+55
22	2	48	49	50	50	51	52	53	54
24	2	47	48	49	50	51	52	53	54
26	2	47	47	48	49	50	51	52	53
28	2	46	47	48	49	49	50	51	52
30	— 2	+45	+46	+47	+48	+49	+49	+50	+51
32	2	44	45	46	47	48	48	49	50
34	1	43	44	45	46	47	47	48	49
36	1	42	43	44	45	46	46	47	48
38	1	41	42	43	44	44	45	46	47
40	— 1	+40	+41	+42	+43	+43	+44	+45	+46
42	1	39	40	41	41	42	43	44	44
44	1	38	39	39	40	41	41	42	43
46	1	37	37	38	39	39	40	41	42
48	1	35	36	37	37	38	39	39	40
50	— 1	+34	+35	+35	+36	+36	+37	+38	+38
52	1	33	33	34	34	35	36	36	37
54	1	31	32	32	33	33	34	35	35
56	1	30	30	31	31	32	32	33	33
58	1	28	28	29	30	30	31	31	32
60	— 1	+26	+27	+27	+28	+28	+29	+29	+30
62	— 1	25	25	26	26	27	27	28	28
64	0	23	24	24	24	25	25	26	26
66	0	22	22	22	23	23	24	24	24
68	0	20	20	21	21	21	22	22	22
70	0	+18	+18	+19	+19	+19	+20	+20	+20
72	0	16	17	17	17	18	18	18	18
74	0	15	15	15	15	16	16	16	16
76	0	13	13	13	14	14	14	14	14
78	0	11	11	11	12	12	12	12	12
80	0	+ 9	+ 9	+10	+10	+10	+10	+10	+10
82	0	7	8	8	8	8	8	8	8
84	0	6	6	6	6	6	6	6	6
86	0	4	4	4	4	4	4	4	4
88	0	+ 2	+ 2	+ 2	+ 2	+ 2	+ 2	+ 2	+ 2
90	0	0	0	0	0	0	0	0	0

Tabelle 8a. **Berichtigung der Höhenbeschickung für Flughöhe (Normalatmosphäre).**

Bar. Flughöhe	Gestirnshöhe																
	2°	**3°**	**4°**	**5°**	**6°**	**7°**	**8°**	**9°**	**10°**	**12°**	**14°**	**16°**	**18°**	**20°**	**30°**	**40°**	**50°**
1 km	+2′	+1′	+1′	+1′	+1′	+1′	+1′	+1′	0′	0′	0′	0′	0′	0′	0′	0′	0′
2 km	+3	+2	+2	+2	+1	+1	+1	+1	+1	+1	+1	+1	+1	0	0	0	0
3 km	+4	+3	+3	+2	+2	+2	+2	+1	+1	+1	+1	+1	+1	+1	0	0	0
4 km	+5	+4	+4	+3	+3	+2	+2	+2	+2	+1	+1	+1	+1	+1	+1	0	0
5 km	+6	+5	+4	+4	+3	+3	+2	+2	+2	+2	+1	+1	+1	+1	+1	0	0
6 km	+7	+6	+5	+4	+3	+3	+3	+2	+2	+2	+2	+1	+1	+1	+1	0	0
7 km	+8	+6	+5	+4	+4	+3	+3	+3	+2	+2	+2	+1	+1	+1	+1	+1	0
8 km	+8	+7	+5	+5	+4	+3	+3	+3	+3	+2	+2	+2	+1	+1	+1	+1	0
9 km	+9	+7	+6	+5	+4	+4	+3	+3	+3	+2	+2	+2	+1	+1	+1	+1	0
10 km	+9	+7	+6	+5	+4	+4	+3	+3	+3	+2	+2	+2	+2	+1	+1	+1	0

Tabelle 11.
Mittlere Örter einiger heller Fixsterne 1940.

Name	Abweichung δ	Gerade Aufsteigung α	$360^0 - \alpha$
Sirrah	28,8⁰ N	1,3⁰	358,7⁰
Deneb Kaitos . . .	18,3⁰ S	10,1⁰	349,9⁰
Mirach	35,3⁰ N	16,6⁰	343,4⁰
Achernar	57,5⁰ S	23,9⁰	336,1⁰
Nordstern.	89,0⁰ N	25,7⁰	334,3⁰
Algenib . .	49,6⁰ N	50,0⁰	310,0⁰
Aldebaran.	16,4⁰ N	68,1⁰	291,9⁰
Rigel.	8,3⁰ S	77,9⁰	282,1⁰
Capella	45,9⁰ N	78,1⁰	281,9⁰
Bellatrix	6,3⁰ N	80,5⁰	279,5⁰
Beteigeuze	7,4⁰ N	88,0⁰	272,0⁰
Canopus	52,7⁰ S	95,7⁰	264,3⁰
Sirius.	16,6⁰ S	100,6⁰	259,4⁰
Castor	32,0⁰ N	112,7⁰	247,3⁰
Procyon	5,4⁰ N	114,0⁰	246,0⁰
Pollux	28,2⁰ N	115,4⁰	244,6⁰
Regulus.	12,3⁰ N	151,3⁰	208,7⁰
Dubhe	62,1⁰ N	165,0⁰	195,0⁰
Denebola	14,9⁰ N	176,5⁰	183,5⁰
α Crucis	62,8⁰ S	185,8⁰	174,2⁰
Alioth	56,3⁰ N	192,8⁰	167,2⁰
Mizar	55,2⁰ N	200,4⁰	159,6⁰
Spica.	10,8⁰ S	200,5⁰	159,5⁰
Benetnasch	49,6⁰ N	206,3⁰	153,7⁰
Arcturus	19,5⁰ N	213,2⁰	146,8⁰
α^2 Centauri	60,6⁰ S	218,9⁰	141,1⁰
Antares.	26,3⁰ S	246,4⁰	113,6⁰
Wega.	38,7⁰ N	278,7⁰	81,3⁰
Atair	8,7⁰ N	297,0⁰	63,0⁰
Deneb	45,1⁰ N	309,8⁰	50,2⁰
Fomalhaut	29,9⁰ S	343,6⁰	16,4⁰
Markab	14,9⁰ N	345,4⁰	14,6⁰

Tabelle 12. **Beschickung der Nordsternhöhe zur Polhöhe.**

Ortssternzeit		Beschickung
30⁰	20⁰	+ 61′
40⁰	10⁰	+ 59′
50⁰	360⁰	+ 56′
60⁰	350⁰	+ 50′
70⁰	340⁰	+ 44′
80⁰	330⁰	+ 36′
90⁰	320⁰	+ 26′
100⁰	310⁰	+ 16′
110⁰	300⁰	+ 6′
120⁰	290⁰	— 5′
130⁰	280⁰	— 15′
140⁰	270⁰	— 25′
150⁰	260⁰	— 35′
160⁰	250⁰	— 43′
170⁰	240⁰	— 50′
180⁰	230⁰	— 55′
190⁰	220⁰	— 59′
200⁰	210⁰	— 61′

Tabelle 13. **Abstand der Höhengleiche von der Geraden in der stereographischen Karte.**

Beobachtete Höhe	Entfernung vom Leitpunkt 1⁰	2⁰	3⁰	4⁰	5⁰	6⁰
5⁰	0,0⁰	0,0⁰	0,0⁰	0,0⁰	0,0⁰	0,0⁰
10⁰	0,0⁰	0,0⁰	0,0⁰	0,0⁰	0,0⁰	0,1⁰
15⁰	0,0⁰	0,0⁰	0,0⁰	0,0⁰	0,1⁰	0,1⁰
20⁰	0,0⁰	0,0⁰	0,0⁰	0,0⁰	0,1⁰	0,1⁰
25⁰	0,0⁰	0,0⁰	0,0⁰	0,1⁰	0,1⁰	0,1⁰
30⁰	0,0⁰	0,0⁰	0,0⁰	0,1⁰	0,1⁰	0,2⁰
35⁰	0,0⁰	0,0⁰	0,1⁰	0,1⁰	0,2⁰	0,2⁰
40⁰	0,0⁰	0,0⁰	0,1⁰	0,1⁰	0,2⁰	0,3⁰
45⁰	0,0⁰	0,0⁰	0,1⁰	0,1⁰	0,2⁰	0,3⁰
50⁰	0,0⁰	0,0⁰	0,1⁰	0,2⁰	0,3⁰	0,4⁰
55⁰	0,0⁰	0,0⁰	0,1⁰	0,2⁰	0,3⁰	0,5⁰
60⁰	0,0⁰	0,1⁰	0,1⁰	0,2⁰	0,4⁰	0,6⁰
65⁰	0,0⁰	0,1⁰	0,2⁰	0,3⁰	0,5⁰	0,7⁰
70⁰	0,0⁰	0,1⁰	0,2⁰	0,4⁰	0,6⁰	0,9⁰

Tabelle 14. **Unterrandshöhe der Sonne beim Auf- und Untergang.**

Flugzeughöhe	Höhe des Unterrands der Sonne über dem Erdrand bei Auf- und Untergang	
m	in Graden	in Sonnendurchmess.
50	0,5⁰	1
100	0,6	
200	0,7	1½
300	0,8	
400	0,9	
500	1,0	2
600	1,0	
700	1,1	
800	1,1	
900	1,2	
1000	1,2	2½
2000	1,6	3
3000	2,0	4
4000	2,2	4

Tabelle 15. **Gestirnshöhenänderung in einer Zeitminute wegen Erddrehung.**

Breite	+							Azimut								+
	180°	**175°**	**170°**	**165°**	**160°**	**155°**	**150°**	**145°**	**140°**	**135°**	**130°**	**125°**	**120°**	**110°**	**100°**	**90°**
	0°	**5°**	**10°**	**15°**	**20°**	**25°**	**30°**	**35°**	**40°**	**45°**	**50°**	**55°**	**60°**	**70°**	**80°**	**90°**
°	′	′	′	′	′	′	′	′	′	′	′	′	′	′	′	′
0	0,0	1,3	2,6	3,9	5,1	6,3	7,5	8,6	9,6	10,6	11,5	12,3	13,0	14,1	14,8	15,0
5	0,0	1,3	2,6	3,9	5,1	6,3	7,5	8,6	9,6	10,6	11,5	12,3	13,0	14,1	14,7	15,0
10	0,0	1,3	2,6	3,8	5,0	6,2	7,4	8,5	9,5	10,5	11,3	12,1	12,8	13,9	14,5	14,8
15	0,0	1,3	2,5	3,7	4,9	6,1	7,3	8,4	9,4	10,3	11,1	11,9	12,5	13,6	14,3	14,5
18	0,0	1,3	2,5	3,7	4,8	6,1	7,2	8,2	9,2	10,2	11,0	11,7	12,3	13,4	14,1	14,3
20	0,0	1,2	2,4	3,6	4,8	6,0	7,0	8,1	9,1	10,0	10,8	11,5	12,2	13,2	13,9	14,1
22	0,0	1,2	2,4	3,6	4,7	5,9	7,0	8,0	9,0	9,9	10,7	11,4	12,0	13,0	13,8	13,9
24	0,0	1,2	2,4	3,5	4,7	5,8	6,9	7,9	8,8	9,7	10,5	11,2	11,9	12,9	13,5	13,7
26	0,0	1,2	2,3	3,5	4,6	5,7	6,7	7,7	8,7	9,5	10,3	11,0	11,7	12,7	13,3	13,5
28	0,0	1,2	2,3	3,4	4,5	5,6	6,6	7,6	8,5	9,4	10,1	10,8	11,5	12,4	13,1	13,2
30	0,0	1,1	2,3	3,4	4,4	5,5	6,5	7,4	8,3	9,2	10,0	10,6	11,2	12,2	12,8	13,0
32	0,0	1,1	2,2	3,3	4,4	5,4	6,4	7,3	8,2	9,0	9,7	10,4	11,0	12,0	12,5	12,7
34	0,0	1,1	2,2	3,2	4,3	5,3	6,2	7,1	8,0	8,8	9,5	10,2	10,8	11,7	12,3	12,4
36	0,0	1,1	2,1	3,1	4,2	5,1	6,1	7,0	7,8	8,6	9,3	9,9	10,5	11,4	12,0	12,1
38	0,0	1,0	2,1	3,1	4,0	5,0	5,9	6,8	7,6	8,4	9,1	9,7	10,2	11,1	11,6	11,8
40	0,0	1,0	2,0	3,0	3,9	4,9	5,7	6,6	7,4	8,1	8,8	9,4	10,0	10,8	11,3	11,5
42	0,0	1,0	1,9	2,9	3,8	4,7	5,6	6,4	7,2	7,9	8,5	9,1	9,7	10,5	11,0	11,1
44	0,0	0,9	1,9	2,8	3,7	4,6	5,4	6,2	6,9	7,6	8,3	8,8	9,3	10,1	10,6	10,8
46	0,0	0,9	1,8	2,7	3,6	4,4	5,2	6,0	6,7	7,4	8,0	8,5	9,0	9,8	10,3	10,4
48	0,0	0,9	1,7	2,6	3,4	4,3	5,0	5,8	6,5	7,1	7,7	8,2	8,7	9,4	9,9	10,0
50	0,0	0,8	1,7	2,5	3,3	4,1	4,8	5,5	6,2	6,8	7,4	7,9	8,3	9,1	9,5	9,6
52	0,0	0,8	1,6	2,4	3,2	3,9	4,6	5,3	5,9	6,5	7,1	7,6	8,0	8,7	9,1	9,2
54	0,0	0,8	1,5	2,3	3,0	3,7	4,4	5,1	5,7	6,2	6,8	7,2	7,6	8,3	8,7	8,8
56	0,0	0,7	1,5	2,2	2,9	3,5	4,2	4,8	5,4	5,9	6,4	6,9	7,3	7,9	8,3	8,4
58	0,0	0,7	1,4	2,1	2,7	3,4	4,0	4,6	5,1	5,6	6,1	6,5	6,9	7,5	7,8	7,9
60	0,0	0,7	1,3	1,9	2,6	3,2	3,8	4,3	4,8	5,3	5,7	6,1	6,5	7,0	7,4	7,5
62	0,0	0,6	1,2	1,8	2,5	3,0	3,5	4,0	4,5	5,0	5,4	5,7	6,1	6,6	6,9	7,0
64	0,0	0,6	1,1	1,7	2,4	2,8	3,3	3,8	4,2	4,7	5,0	5,4	5,7	6,2	6,5	6,6
	180°	**185°**	**190°**	**195°**	**200°**	**205°**	**210°**	**215°**	**220°**	**225°**	**230°**	**235°**	**240°**	**250°**	**260°**	**270°**
Breite	**360°**	**355°**	**350°**	**345°**	**340°**	**335°**	**330°**	**325°**	**320°**	**315°**	**310°**	**305°**	**300°**	**290°**	**280°**	**270°**
	—							Azimut								—

Diese Berichtigung ist mit den Zeitminuten der Flugzeit zu multiplizieren und zu addieren, wenn das Gestirn östlich (Azimut 0° bis 180°) steht, und zu subtrahieren, wenn das Gestirn westlich (Azimut 180° bis 360°) steht.

Tabelle 16. **Gestirnshöhenänderung in einer Zeitminute wegen Fluggeschwindigkeit.**

Grundgeschwindigkeit		+ Seitenpeilung +									
		0°	**10°**	**20°**	**30°**	**40°**	**50°**	**60°**	**70°**	**80°**	**90°**
sm/h	**km/h**	**0°**	**350°**	**340°**	**330°**	**320°**	**310°**	**300°**	**290°**	**280°**	**270°**
97	180	1,6	1,6	1,5	1,4	1,2	1,0	0,8	0,6	0,3	0,0
103	190	1,7	1,7	1,6	1,5	1,3	1,1	0,9	0,6	0,3	0,0
108	200	1,8	1,8	1,7	1,6	1,4	1,2	0,9	0,6	0,3	0,0
113	210	1,9	1,9	1,8	1,6	1,4	1,2	0,9	0,6	0,3	0,0
119	220	2,0	2,0	1,9	1,7	1,5	1,3	1,0	0,7	0,3	0,0
124	230	2,1	2,0	1,9	1,8	1,6	1,3	1,0	0,7	0,4	0,0
130	240	2,2	2,1	2,0	1,9	1,7	1,4	1,1	0,7	0,4	0,0
135	250	2,3	2,2	2,1	1,9	1,7	1,5	1,1	0,8	0,4	0,0
140	260	2,3	2,3	2,2	2,0	1,8	1,5	1,2	0,8	0,4	0,0
146	270	2,4	2,4	2,3	2,1	1,9	1,6	1,2	0,8	0,4	0,0
151	280	2,5	2,5	2,4	2,2	1,9	1,6	1,3	0,9	0,4	0,0
157	290	2,6	2,6	2,4	2,3	2,0	1,7	1,3	0,9	0,5	0,0
162	300	2,7	2,7	2,5	2,3	2,1	1,7	1,4	0,9	0,5	0,0
167	310	2,8	2,7	2,6	2,4	2,1	1,8	1,4	1,0	0,5	0,0
173	320	2,9	2,8	2,7	2,5	2,2	1,9	1,4	1,0	0,5	0,0
178	330	3,0	2,9	2,8	2,6	2,3	1,9	1,5	1,0	0,5	0,0
184	340	3,1	3,0	2,9	2,6	2,3	2,0	1,5	1,0	0,5	0,0
189	350	3,2	3,1	3,0	2,7	2,4	2,0	1,6	1,1	0,5	0,0
194	360	3,2	3,2	3,0	2,8	2,5	2,1	1,6	1,1	0,6	0,0
200	370	3,3	3,3	3,1	2,9	2,6	2,1	1,7	1,1	0,6	0,0
205	380	3,4	3,4	3,2	3,0	2,6	2,2	1,7	1,2	0,6	0,0
211	390	3,5	3,5	3,3	3,0	2,7	2,3	1,8	1,2	0,6	0,0
216	400	3,6	3,5	3,4	3,1	2,8	2,3	1,8	1,2	0,6	0,0
sm/h	**km/h**	**180°**	**170°**	**160°**	**150°**	**140°**	**130°**	**120°**	**110°**	**100°**	**90°**
		180°	**190°**	**200°**	**210°**	**220°**	**230°**	**240°**	**250°**	**260°**	**270°**
Grundgeschwindigkeit		— Seitenpeilung —									

Diese Berichtigung ist mit den Zeitminuten der Flugzeit zu multiplizieren und zu addieren, wenn das Gestirn vorne (zwischen den Seitenpeilungen 270° bis 90°) steht, und zu subtrahieren, wenn das Gestirn achtern (zwischen den Seitenpeilungen 90° bis 270°) steht.

Tabelle 17. **Geographische Koordinaten einiger Flugplätze und Orte.**

a) Großdeutschland.

	Breite	Länge		Breite	Länge
Aachen	50,8° N	6,1° O	Köln	51,0° N	6,9° O
Augsburg	48,4° N	10,9° O	Königsberg	54,7° N	20,6° O
Berlin-Tempelhof	52,5° N	13,4° O	Krakau	50,1° N	20,0° O
Braunschweig	52,3° N	10,5° O	Krefeld	51,3° N	6,6° O
Bremen	53,1° N	8,8° O	Leipzig	51,3° N	12,4° O
Breslau	51,1° N	17,0° O	Litzmannstadt	51,7° N	19,4° O
Bromberg	53,1° N	18,0° O	Lübeck-Travemünde	53,9° N	10,9° O
Brünn	49,2° N	16,6° O	Magdeburg	52,1° N	11,7° O
Chemnitz	50,8° N	12,9° O	Mannheim	49,5° N	8,5° O
Danzig-Langfuhr	54,4° N	18,6° O	Memel	55,7° N	21,2° O
Darmstadt	49,9° N	8,6° O	Metz	49,1° N	6,1° O
Dessau	51,8° N	12,3° O	München-Oberwiesenfeld	48,2° N	11,6° O
Dortmund	51,5° N	7,6° O	Münster	51,9° N	7,7° O
Dresden	51,1° N	13,8° O	Norderney	53,7° N	7,2° O
Düsseldorf	51,3° N	6,8° O	Nürnberg	49,5° N	11,1° O
Duisburg	51,4° N	6,8° O	Plauen	50,5° N	12,1° O
Erfurt	51,0° N	11,0° O	Posen	52,4° N	16,8° O
Essen-Mülheim	51,4° N	6,9° O	Prag	50,1° N	14,3° O
Flensburg	54,8° N	9,4° O	Salzburg	47,8° N	13,0° O
Frankfurt (Rhein-Main)	50,0° N	8,6° O	Stettin	53,4° N	14,6° O
Friedrichshafen	47,7° N	9,5° O	Straßburg	48,5° N	7,6° O
Gleiwitz	50,3° N	18,7° O	Stuttgart-Böblingen	48,7° N	9,0° O
Graz	47,0° N	15,4° O	Thorn	53,0° N	18,6° O
Halle-Leipzig	51,4° N	12,2° O	Wangervog	53,8° N	7,9° O
Hamburg	53,6° N	10,0° O	Warnemünde	54,2° N	12,1° O
Hannover	52,4° N	9,7° O	Warschau	52,2° N	21,0° O
Helgoland	54,2° N	7,9° O	Westerland	54,9° N	8,3° O
Innsbruck	47,3° N	11,4° O	Wien	48,2° N	16,5° O
Karlsruhe	49,0° N	8,4° O	Wiesbaden	50,1° N	8,3° O
Kassel	51,3° N	9,5° O	Wilhelmshaven	53,5° N	8,1° O
Kattowitz	50,2° N	19,0° O	Würzburg	49,8° N	9,9° O
Kiel	54,4° N	10,2° O	Wuppertal	51,3° N	7,2° O

b) Übriges Europa.

Aalborg	57,1° N	9,9° O	Czernowitz	48,3° N	25,9° O
Agram	45,8° N	16,0° O	Dorpat	58,4° N	26,7° O
Alicante	38,3° N	0,5° W	Dover	51,1° N	1,3° O
Amsterdam	52,3° N	4,8° O	Dublin	53,4° N	6,3° O
Antwerpen	51,2° N	4,5° O	Edinburgh	56,0° N	3,2° W
Archangelsk	64,5° N	40,5° O	Florenz	43,8° N	11,3° O
Athen	38,1° N	23,8° O	Galatz	45,5° N	28,0° O
Bäreninsel	74,5° N	19,2° O	Genf	46,2° N	6,1° O
Barcelona	41,4° N	2,2° O	Genua	44,4° N	8,9° O
Basel	47,6° N	7,6° O	Gibraltar	36,1° N	5,4° W
Belfast	54,6° N	5,9° W	Glasgow	55,9° N	4,3° W
Belgrad	44,8° N	20,4° O	Göteborg	57,7° N	11,8° O
Bergen	60,4° N	5,3° O	Green Harbor	78,0° N	19,3° O
Bern	46,9° N	7,5° O	Helsinski	60,2° N	25,0° O
Bordeaux-Merignac	44,8° N	0,7° W	Kasan	55,8° N	49,1° O
Bristol	51,5° N	2,6° W	Kiew	50,5° N	30,5° O
Brüssel	50,9° N	4,4° O	Konstantinopel	41,0° N	29,0° O
Budapest	47,4° N	19,0° O	Kopenhagen (Kastrup)	55,6° N	12,6° O
Bukarest	44,5° N	26,1° O	Kowno	54,9° N	23,9° O
Cadiz	36,5° N	6,3° W	Lemberg	49,7° N	23,9° O
Calais	51,0° N	1,9° O	Leningrad	59,9° N	30,3° O
Charkow	50,0° N	36,2° O	Lissabon (Alverea)	38,9° N	9,0° W
Cherbourg	49,7° N	1,7° W	Liverpool	53,4° N	3,0° W

	Breite	Länge
London-Croydon	51,4° N	0,1° W
Lyon	45,7° N	4,9° O
Madrid	40,4° N	3,7° W
Mailand	45,5° N	9,2° O
Malaga	36,7° N	4,4° W
Malmö	55,6° N	13,0° O
Malta	35,9° N	14,5° O
Manchester	53,4° N	2,3° W
Marseille	43,4° N	5,2° O
Moskau	55,8° N	37,6° O
Murmansk	69,0° N	33,1° O
Nancy	48,7° N	6,2° O
Nantes	47,2° N	1,6° W
Neapel	40,8° N	14,3° O
Odessa	46,5° N	30,7° O
Oslo	59,9° N	10,7° O
Ostende	51,2° N	2,9° O
Palermo	38,1° N	13,4° O
Paris-Le Bourget	48,9° N	2,4° O
Plymouth	50,3° N	4,2° W
Porto	41,2° N	8,6° W
Portsmouth	50,8° N	1,1° W

	Breite	Länge
Preßburg	48,2° N	17,2° O
Reims	49,3° N	4,1° O
Reval (Tallin)	59,4° N	24,8° O
Riga	57,0° N	24,1° O
Rom	42,0° N	12,5° O
Rotterdam	51,9° N	4,5° O
Saloniki	40,6° N	23,0° O
Sevilla	37,4° N	6,0° W
Smolensk	54,8° N	32,1° O
Sofia	42,8° N	23,3° O
Southampton	50,9° N	1,4° W
Stockholm (Bromma)	59,4° N	17,9° O
Thorshavn	62,0° N	6,8° W
Toulouse	43,6° N	1,4° O
Triest	45,7° N	13,8° O
Turin	45,1° N	7,7° O
Üsküb	42,0° N	21,5° O
Valencia	39,5° N	0,3° W
Valentia	51,9° N	10,3° W
Venedig	45,4° N	12,3° O
Vlissingen	51,5° N	3,6° O
Wilna	54,6° N	25,3° O
Zürich	47,4° N	8,6° O

c) Außereuropa.

Adelaide (Parafield)	34,8° S	138,6° O
Agadir	30,4° N	9,6° W
Aklavik	68,4° N	135,0° W
Akyab	20,1° N	92,9° O
Aleppo	36,2° N	37,3° O
Alexandrien	31,0° N	29,8° O
Algier	36,8° N	3,1° O
Allahabad	25,4° N	81,7° O
Alor Star	6,3° N	100,4° O
Angmaksalik	65,6° N	37,6° W
Angra (Terceira)	38,7° N	27,2° W
Ankara	40,0° N	32,8° O
Antofagasta	23,7° S	70,4° W
Apia	13,9° S	171,8° W
Assuan	24,0° N	32,9° O
Astrachan	46,6° N	48,0° O
Atlanta	33,8° N	84,4° W
Bagdad	33,3° N	44,4° O
Bahia	13,0° S	38,5° W
Balboa	9,1° N	79,8° W
Baltimore	39,3° N	76,6° W
Bangkok	13,9° N	100,6° O
Barranquilla	11,0° N	74,8° W
Basra	30,6° N	47,8° O
Batavia	6,3° S	106,9° O
Bathurst	13,4° N	16,6° W
Beirut	33,9° N	35,5° O
Belle-Isle	51,9° N	55,3° W
Bengazi	32,0° N	20,0° O
Bermudas	32,4° N	64,8° W
Boma	5,9° S	13,1° O
Bombay	19,1° N	72,8° O
Boston	42,4° N	71,0° W
Brisbane (Archerfield)	27,6° S	153,0° O
Broome (Austr.)	18,0° S	122,2° O

Buenos Aires	34,6° S	58,4° W
Calcutta	22,6° N	88,4° O
Calgary	51,0° N	114,0° W
Canton	23,2° N	113,3° O
Cap Farewell	59,8° N	43,9° W
Cap Juby	27,9° N	13,0° W
Casablanca	33,6° N	7,7° W
Charbin	45,6° N	126,8° O
Chartum	15,6° N	32,6° O
Chikago	41,9° N	87,6° W
Cleveland	41,5° N	81,7° W
Cloncurry	20,7° S	140,5° O
Colombo	6,9° N	79,9° O
Colon (Coco Solo)	9,5° N	79,8° W
Curtiss Field	40,8° N	73,6° W
Dairen	38,9° N	121,3° O
Dakar	14,7° N	17,5° W
Dar es Salam	6,8° S	39,3° O
Darwin	12,4° S	130,8° O
Delhi	28,6° N	77,2° O
Dickson	73,5° N	80,4° O
Durban	29,9° S	31,1° O
Dutch Harbor	53,9° N	166,5° W
East London	33,0° S	27,9° O
Edmonton	53,6° N	113,5° W
Fernando Noronha	3,8° S	32,4° W
Fez	34,0° N	5,0° W
Frunze	42,9° N	74,6° O
Gaza	31,5° N	34,5° O
Georgetown	6,8° N	58,1° W
Grand Bassam	5,2° N	3,7° O
Guam	13,2° N	144,8° O
Habana	23,1° N	82,4° W
Halifax	44,6° N	63,5° W
Hankau	30,6° N	114,3° O

	Breite	Länge
Hanro	21,0° N	105,6° O
Hobart (Cambridge)	42,9° S	147,3° O
Hongkong	22,3° N	114,2° O
Honolulu	21,4° N	157,8° W
Hooker Insel	80,3° N	52,8° O
Horta	38,5° N	28,6° W
Irkutsk	52,3° N	104,3° O
Ismailia	30,6° N	32,3° O
Jakutsk	62,0° N	129,7° O
Jask	25,6° N	57,8° O
Jennisseisk	58,5° N	92,2° O
Jodhpur	28,3° N	73,1° O
Johannesburg	26,2° S	28,1° O
Julianehaab	60,7° N	46,1° W
Juneau	58,3° N	134,4° W
Kabul	34,5° N	69,3° O
Kairo	30,1° N	31,3° O
Kanton	23,2° N	113,3° O
Kapstadt	34,1° S	18,3° O
Karachi	24,9° N	67,1° O
Key West	24,6° N	81,8° W
Kingston	18,0° N	76,8° W
Koepang	10,3° S	123,7° O
Lagos	6,4° N	3,4° O
Lakehurst	40,1° N	75,2° W
Las Palmas	28,0° N	15,4° W
Lima (Pancho)	12,1° S	77,0° W
Lomé	6,2° N	1,2° O
Los Angeles	33,7° N	118,2° W
Madeira-Funchal	32,8° N	17,0° W
Madras	13,1° N	80,3° O
Mandschuli	49,6° N	117,4° O
Manila	14,5° N	121,0° O
Mazatlan	23,2° N	106,4° W
Melbourne (Essendon)	37,7° S	144,9° O
Mexiko	19,4° N	99,1° W
Miami	25,8° N	80,2° W
Mombassa	4,1° S	39,7° O
Montevideo	34,9° S	58,2° W
Montreal	45,5° N	73,6° W
Moose Factory	51,2° N	80,5° W
Mukden	41,8° N	123,4° O
Nagasaki	32,7° N	129,9° O
Narromine (Austr.)	32,2° S	148,2° O
Natal (Bras.)	5,8° S	35,2° W
New York	40,7° N	74,0° W
Nikolajewsk	53,1° N	140,7° O
Nome	64,5° N	165,4° W
Novosibirsk	55,0° N	82,9° O
Obdorsk	66,5° N	66,6° O
Ochotsk	59,4° N	143,3° O
Omsk	55,0° N	73,4° O
Oran	35,7° N	0,7° W
Paramaribo	5,8° N	55,2° W
Peiping-Peking	39,9° N	116,4° O
Penang	5,4° N	100,3° O
Pernambuco (Recife)	8,1° S	34,9° W
Perth (Maylands)	31,8° S	115,9° O
Petropanlowsk	53,0° N	158,7° O
Philadelphia	40,0° N	75,2° W
Point Barrow	71,4° N	156,3° W
Port Churchill	58,9° N	94,2° W

	Breite	Länge
Port Darwin	12,4° S	130,8° O
Port Elizabeth	34,0° S	25,6° O
Port of Spain	10,6° N	61,4° W
Pretoria	25,8° S	28,2° O
Prince Rupert	54,3° N	130,4° W
Puerto Montt (Chile)	41,5° S	73,0° W
Quebek	46,8° N	71,2° W
Quito	0,2° S	78,6° W
Rabat	34,0° N	6,8° W
Rambang	8,7° S	116,6° O
Rangoon	16,9° N	96,1° O
Resolution Isl.	61,3° N	64,9° W
Reykjavik	64,1° N	21,9° W
Rhodos	36,4° N	28,2° O
Rio de Janeiro	22,8° S	43,1° W
Rio Grande	32,0° S	52,1° W
Saigon	10,8° N	106,7° O
Salt Lake City	40,8° N	111,9° W
Samarkand	39,7° N	67,0° O
San Diego	32,7° N	117,1° W
San Franzisko	38,1° N	122,3° W
Santos	23,9° S	46,3° W
San Vincente (Cap Verden)	16,9° N	25,0° W
Seattle	47,7° N	122,6° W
Semipalatinsk	50,4° W	80,2° O
Shanghai	31,3° N	121,5° O
Singapur	1,3° N	103,9° O
Swerdlowsk	56,8° N	60,6° O
Surabaja	7,2° S	112,7° O
Suva (Fiji)	18,1° S	178,5° O
Sydney (Mascot)	33,9° S	151,2° O
Tampico	22,2° N	97,9° W
Tanger	35,7° N	5,8° W
Taschkent	41,3° N	69,3° O
Teheran	35,7° N	51,4° O
Teneriffa	28,5° N	16,3° W
Terceira	38,7° N	27,2° W
Thursday Isl.	10,6° S	142,2° O
Tiflis	41,7° N	44,8° O
Timbuktu	16,7° N	3,1° W
Tobolsk	58,2° N	68,2° O
Tobruk	32,1° N	24,0° O
Tokio	35,7° N	139,7° O
Tomsk	56,5° N	85,0° O
Tripolis	32,9° N	13,2° O
Tschita	52,0° N	113,5° O
Tsitsikar	47,2° N	123,8° O
Tunis	36,8° N	10,3° O
Valparaiso	33,0° S	71,6° W
Vancouver	49,2° N	123,2° W
Victoria Point	10,0° N	98,6° O
Wadi Halfa	21,9° N	31,3° O
Wake Isl.	19,3° N	166,6° O
Walfisch-Bai	23,0° S	14,5° O
Washington	38,9° N	77,0° W
Wellington	41,3° S	174,8° O
Winnipeg	49,9° N	97,2° W
Wladiwostok	43,1° N	131,9° O
Wrangel J.	70,9° N	178,0° W
Yokohama	35,4° N	139,7° O
Zanzibar (Kisauni)	6,2° S	39,2° O

Literaturnachweis.

(1924—1940.)

a) Allgemeine Luftnavigation.

Bennet, D. C. T., The complete Air Navigator. London 1937.
Blankenburg, J., Navigatorische Erfahrungen im Jahre 1936. Jb. d. Lil.Ges. 1937.
Bradley, J., Avigation. New York 1931.
Bruns, W., Luftfahrzeuge als Hilfsmittel in der Polarforschung. ZFM 1932, S. 65.
Buddenbrock v., Der gegenwärtige Stand der Navigation in der zivilen Luftfahrt und ihre Bedürfnisse. Jb. d. Lil.Ges. 1936.
Danilin, A., Flugzeugnavigation (russisch). Moskau 1935.
Duncan, R., Air navigation and Meteorology. 3. Aufl. Chicago 1929.
Duval, A. B., und Hebrard, L., Traité pratique de Navigation Aérienne. 3. Aufl. Paris 1935.
Fulst, Nautische Tafeln. Bremen 1934.
Holland, Avigation. New York and London 1931.
Immler, W., Das Verhältnis der Flugzeugnavigation zur Seenavigation. A. d. H. 1929, S. 97.
—, Grundsätzliches zur Flugzeugnavigation. ZFM 1929, S. 217.
—, Die Rechengenauigkeit in der Flugzeugnavigation. M. L. R. 1929, 2. Sonderheft.
—, Der Weg zur Großnavigation. Flugkapitän 1931, S. 4.
—, Navigatorische Aufgaben von Forschungsluftfahrzeugen. ZFM 1933, S. 98. M. L. R. 1932, Sonderh.
—, Aeronautische Rechentafeln. W. G. L.
—, Navigatorische Anforderungen an Flugzeuguntersuchungen. ZFM 1933, S. 15.
—, Die mathematischen und physikalischen Grundlagen der Flugzeugnavigation. Unter.bl. für Math. und Naturw. 1938, S. 209.
—, Die Navigation in den Pacificklippern. Seewart 1938, S. 179.
—, Gegenwärtiger Stand d. Navigation in der Luftfahrt und die vorliegenden Bedürfnisse. Jb. d. Lil.Ges. 1936.
—, Die dynamische Auffassung navigatorischer Probleme. Hansa 1937. Heft 9/10.
—, Die dynamischen Grundlagen der Flugzeugnavigation. Jb. d. Lil.Ges. Dez. 1937.
—, Ideelle und reale Navigations. Luftw. 1940, S. 3.
Lange, F., Nachrichtenwesen und Navigation beim Weitstreckenflug. Jb. d. Lil.Ges. 1937.
Löwe, K. F., Neue Forderungen der Luftnavigation. M. L. R. 1928, 2. Sonderh. Luftfahrt 1928, Nr. 11.
—, Aeronautik im transozeanischen Luftverkehr. Luftfahrt 1927, Nr. 12.
—, Flugzeugortung. 3. Aufl. Berlin 1936.
—, Navigation im Marineflugzeug. M. L. R. 1930, 2. Sonderh.
Martin, C. W., Air Navigation. 3. Aufl. 1938.
Meldau-Steppes, Lehrbuch der Navigation. Bremen 1935.
Niemann, W., Langstrecken-Navigation in Luftfahrzeugen über Land und See im In- und Ausland. Hansa 1935, S. 1043, 1081, 1124.
Opitz, W., Navigation im Großflugzeug. M. L. R. 1927, H. 11.
Perlewitz, P., Ortsbestimmung in der Luft und auf See. Luftweg 1926, Heft 6.
Pinto, J. C., The Simplex Navigation and Avigation Tables. Fayal 1933.
Ramsey, The Navigation of Aircraft. New York 1931.
Ritscher, A., Instrumente und Methoden für die Navigation von Lüftfahrzeugen. Luftverkehr über den Ozean. Berlin 1934.
—, Navigatorische Erfahrungen auf dem Transozeanflug W. v. Gronaus. M. L. R. 1930, 2. Sonderheft.
Röder, H., Flugzeugnavigation und Luftverkehr. Leipzig 1927.
—, Die prinzipiellen Unterschiede zwischen Flugzeugnavigation und Navigation der Seeschiffe. 1928.
Thompson, F. B., Practical Air Navigation. Detroit 1934.
Voitoux, La navigation aèrienne transatlantique. Paris 1930.
Wedemeyer, Dr. A., Überseeflug und Navigation. Marinerundschau 1924, 1.
—, Die Navigation in der Luftfahrt. M. L. R. 1928, 2. Sonderh.
Weems, P. V. H., Air Navigation. British Empire Edition. London 1937.
—, Finding your Way in the Air. Aviation Juli 1937, Dez. 1937, Jan. 1938.
Willis, E. J., Spherical Analytic Geometry. Richmond 1933.
—, The Methods of Modern Navigation. New York 1935.

b) Terrestrische Navigation und Windeinfluß.

Coutinho-Opitz, Schnellmethoden der Luftnavigation. M. L. R. 1928, 2. Sonderh.
Elm, E., Avigation by Dead Reckoning. Philadelphia 1929.
Externbrink, H., Probleme der gegenwärtigen Flugnavigation. Seewart 1937, S. 451.
Förstner, F. G., Projektionsarten für Flugkarten. Jb. d. Lil.Ges. 1937.
Galante. M., Schemi di carte nautiche e loro eventuali ulteriori sviluppi. Riv. Aeron. 1940, S. 47.
Grambow, J. B., Der Unterschied zwischen loxodromischer und orthodromischer Distanz. Der Seewart 1936, S. 145.
—, Die Lambertsche Karte als Luftnavigationskarte. Luftff. 1940. S, 281.
Grummann, Three simple Navigational Nomograms. U. S. Nav. Inst. Proc. 1936, S. 1117.
Harms, Dr. M., Graphische Rechentafeln für die Praxis der Navigation. A. d. H. 1930, S. 98.
Hobbs, J. E., Drift Determination in Aerial Navigation. U. S. Nav. Inst. Proc. Jan. 1936, S. 28.
Immler, W., Die Differenz zwischen loxodromischer und orthodromischer Distanz. Ann. d. Hydr. 1921.
—, Orthodrome, Loxodrome, Stereodrome. Ann. d. Hydr. 1935, S. 275.
—, Abtrift und Luvwinkel. Ann. d. Hydr. 1936, S. 209.
—, Geschwindigkeitsmessungen im Flugzeug. Seewart 1938, S. 46.
—, Luvwinkelberechnungen bei sich ändernden Winden. Ann. d. Hydr. 1939, S. 343.
—, Blindflugkurve. Ann. d. Hydr. 1939, S. 559.
Koppe, H., Arbeiten zur Luftnavigierung. Nav. Aussch. der W. G. L. München 1927.
—, Luftnavigierung u. d. Arbeiten des Nav. Aussch. d. W.G.L. W. G. L.-Jahrbuch 1929.
Kraus, H., Terrestrische Flugzeugnavigation. A. d. H. 1930, S. 219.
Martin, L., L'Aérocalculateur Gallus-Ducommun. Air Jan. 1936, Nr. 389.
Maurer, Dr. H., Über die Stereodrome. Ann. d. Hydr. 1935, S. 489.
—, Ansteuerungslinie und Hasenlinie Ann. d. Hydr. 1940, S. 335.
Michler, Dr. H., Winddiagramm zum Auffinden der wahren Windrichtung und -stärke. Hansa 1938, S. 2345.
Miller, M., Zur Bestimmung von Fluggeschwindigkeiten durch die Messung von Abtriftwinkeln. Luftw. 1940, S. 386.
Nautsch, Dr. H., Der Flugweg in Blindflugkurven. Luftf. 1939, S. 148.
Perlewitz, P., und Powel, J., Der Luvwinkel (Abtrift) in der Flugnavigation. Ann. d. Hydr. 1936, S. 462.
Romick, D. C., Turns in a Wind. Aero Dig. 1939, S. 81.
Schumacher, Größtkreiskarten für die Luftnavigation. A. d. H. 1930, S. 355.
Thompson, F. L., The Measurement of Air Speed in Flight. Journ. of the Aeron.Sc. 1937, Vol. 4, S. 423.
Thurlow, Th. E., Air Navigation Wrinkle. U. S. Nav. Inst. Proc. 1935, S. 1125.
Wedemeyer, Dr. A., Großkreiskarten. Seewart 1933. S. 195.
—, Das Messen von Entfernungen auf schiefachsigen Großkreiskarten. Ann. d. Hydr. 1938, S. 585.

c) Kompaßkunde und Navigationsgeräte.

Becker, L., Kimmsextant für Flugzeuge. A. d. H. 1932, S. 76.
—, On a new Aircraft Sextant for Use with visible Horizon. Monthly Notices of R.A.S., Jan. 1933.
Bestelmeyer, A., Grundlagen und Eigenschaften des Variometers. Schr. Ak. Luftff. Oldenbourg, München-Berlin 1940.
Böttger, L., Vorbereitende Arbeiten für den Bau von Kreiselhorizonten. Jb. d. Lil.Ges. 1937.
Boykow, J., Der Sonnenkompaß für Amundsens Transpolarflug. Ztschr. f. Feinm. 1924, Nr. 16.
—, Der Sonnenkompaß, ein neues Instrument für Polararbeiten. Dtsch. Uhrmztg. 1924, Nr. 22.
Bürkle, H., Flugzeuginstrumente. Berlin 1940.
Chichester, Fr., The modern Aircraft Compass. Flight 1939, S. f.
Coldewey, H., Neue Schwimmkompasse für Flugzeuge und Seeschiffe. A. d. H. 1926, S. 57.
—, Der Magnetkompaß als aeronautisches Instrument. ZFM 1924, S. 94.
—, Aeronautische Instrumente bei der Erforschung der Polargebiete. Arktis 1931, Heft 1/2.
Draper, C. S., Cook, W. H., Mc Kay, W., Northerly Turning Error of the Magnetic Compass for Aircraft. Journ. of the Aeron. Sc. 1938, S. 345.
Draper, C. S., Schliestett, G. V., Dynamics Errors of the Rate-of-Climb Meter. Journ. of the Aeron. Sc. 1938, S. 425.
Eaton, Aircraft Instruments. New York 1926.
Elia, L., Sugli orrizonte arteficiale. Aerotecnica 1939, S. 426.
Ende und Glöckner, Über einen trägheitslosen Flugzeugkompaß. ZFM 1932, S. 603.
Geckeler, J. W., Der Anschütz-Raumkompaß. Ing. Arch. Bd. 6, S. 229.
—, Der Kreiselkompaß auf Flugzeugen. Jb. d. Lil.Ges. 1936.
Gray, L. R., Navigation Equipment of the Ant-25. Aero Dig. 1937, S. 34.
Harms, Dr. M., Der Elektronenstrahlkompaß im Flugzeug. A. d. H. 1931, S. 451.

Hebecker, O., Der Projektionskompaß. A. d. H. 1931, S. 447.
—, Deviation und Kompensation im Flugzeug. Seewart 1937, S. 279.
Hoppe, Dr. F., Einige grundsätzliche Gedanken über den künstlichen Horizont für Flugzeuge. Luftff. 1937, S. 262, Jb. d. Lil.Ges. 1937.
Hughes, A. J., The Bubble Sextant for Air Navigation. Shell Aviation News, Jan. 1936, S. 16.
Immler, W., Der Flugzeugkompaß. A. d. H. 1931, S. 113.
—, Der Spherant. M. L. R. 1930, 2. Sonderh.
—, Der Kompaß im veränderlichen Magnetfeld. A. d. H. 1931, S. 277.
—, Die Schwingungsform stark gedämpfter Systeme. A. d. H. 1932, S. 246.
—, Erzwungene Kompaßschwingungen. A. d. H. 1932, S. 414.
—, Instrumentation der höheren Flugzeugnavigation. M. L. R. 1932, Sonderh.
—, Dämpfung und Ruhe des Flugzeugkompasses. A. d. H. 1934, S. 259.
—, Der Magnetkompaß beim Kurvenflug. Ann. d. Hydr. 1935, S. 241.
—, Der Sonnenkompaß und seine navigatorische Verwendung. Ann. d. Hydr. 1935, S. 445.
Immler, Plath, Schily, Ein Windmeß- und Abtriftgerät für Flugzeuge und Luftschiffe. A. d. H. 1931, S. 438.
Jaeck, Die Fehlanzeige eines Staudruckmessers in Abhängigkeit von Höhe und Wetterlage. Luftwissen 1936, S. 317.
Koppe, Dr. H., Meßgeräte zur Luftnavigation. Dtsch. Uhrmztg. 1928, Nr. 38/39.
Kraus, H., Die Deviationskontrolle des Flugzeugkompasses während des Fluges. A. d. H. 1930, S. 294.
Lacmann, Verfahren zur raschen Berechnung der Deviationsbeiwerte aus in überschüssiger Anzahl gemachten Beobachtungen. Jahrb. d. DVL 1931, ZFM 1931, S. 375.
Lewden, Compas magnétiques et Compas gyroscopiques. Rev. Mar. 1936, Nr. 196—198.
Mädler, Dr., Moderne nautisch-technische Instrumente der Luftfahrt. Hansa 1936, S. 936.
Maurer, Dr. H., Der Norddrehfehler des Flugzeugkompasses und die Deviation. ZFM 1930, S. 333, M. L. R. 1929, Sonderh.
—, Erfahrungen mit Flugzeugkompassen. Hansa 1930, S. 5.
Meldau, H., Der Kompaß im Luftfahrzeug. ZFM 1924.
—, Der Kreiselkompaß. Bremen 1935.
Michler, Dr. H., Der Spherant. A. d. H. 1934, S. 26.
Möller, W., Die Entwicklung des Fernkompasses und seine Bedeutung für die automatische Steuerung. ZFM 1930, S. 636.
Nautsch, Dr. H., Die Brauchbarkeitsgrenzen unserer Blindfluggeräte. Luftwissen 1938, S. 437.
Opitz, W., Der Kompaß im Großflugzeug. M. L. R. 1928, 2. Sonderh.
Perlewitz, P., Der Luftfahrtpeilkompaß. A. d. H. 1932, S. 481.
Peterson, J. B., und Smith, C. W., Aircraft Compass Characteristics. N.A.C.A. Reports Nr. 551, 1936.
Plath, C., Schily, F., Periskopsextant mit eingebautem Kompaß. A. d. H. 1931, S. 147. M. L. R. 1929.
Rehder, K., Flugzeuginstrumente. Berlin 1934.
Ritscher, A., Fortschritte im Flugzeugkompaßbau. M. L. R. 1930, 2. Sonderh.
—, und Immler, W., Kinematographische Kompaßstudien im Flugzeug. M. L. R. 1931, Sonderh. M.L.R. 1932, 2. Sonderh. ZFM 1933, S. 185 u. 213.
Roberts, H. W., The absolute Altimeter. Aero Dig. 1938, S. 87.
Rockel, A., Krängungs- und Kurvenablenkung im Flugzeug. Seewart 1939, S. 78.
Schily, F., Deviationsbestimmungen von Flugzeugkompassen. M. L. R. 1929, 2. Sonderh.
—, Askania-Fernkompaßanlagen. M. L. R. 1930, 2. Sonderh.
—, Projektionskompaß Plath. M. L. R. 1930, 2. Sonderh.
Schmid, E., Das Verhalten des Sperryhorizontes beim stationären Kurvenflug. Luftff. 1937, S. 283. Jb. d. Lil.Ges. 1937.
Schmidt, O., Magnetische Verhältnisse im Flugzeug. Jb. d. Lil.Ges. 1937.
Schuler, M., Magnus, K., Dämpfungsarten für die Schwingungen des Kreiselhorizontes und ihre Wirkung im Kurvenflug. Luftff. 1939, S. 318.
Scott, P. T. W., Flight Log. Aero Dig., Dez. 1935, S. 18.
Stanbergen, B. van, Acoustische en capacitive hoogtemeters. Ing. Haag 1937, S. 35.
Vahlen, Th., Deviation und Kompensation. Braunschweig 1929.
Wintergerst, S., Einkreiselfluggeräte und ihr Verhalten im Flug. VDI-Ztschr. 1940, S. 35.
Wünsch, G., Magnetisch gesteuerte Kompasse. Jb. d. Lil.Ges. 1936.

d) Funknavigation.

Aquino, R., Navegação Aerea e Maritima, Radionavegação e Radiovisão; Rio de Janeiro 1929.
—, Isoazimuthal Lines of Position. Rio de Janeiro 1939.
Barfield, R. H., Roß, W., Adcock Direction Finder. The Journ. of the Inst. of El. Eng. 1937, S. 676.

Boutet, P., Navigation et Radiogoniometrie. Rev. du Min. de l'Air, Dez. 1935, S. 18.
Burkard, O., Zum Problem der Raumwellenausbreitung. Z. f. Hochfr.t. 1940, S. 97.
Eckart, G., Die Beugungstheorie der Ausbreitung ultrakurzer Wellen. Luftff. Bd. 14, S. 577.
Faßbender, Dr. H., Hochfrequenztechnik in der Luftfahrt. Berlin 1932.
Gadow, Funkortung durch Eigenpeilungen. M. L. R. 1930, 2. Sonderheft.
Galante, N., L'Indicatore azimutale giroscopio nei problemi nautici. Riv. Aeron. Sept. 1935, S. 445.
—, Lo Sviluppo cilindrico isogonico inverso nei Problemi di Radionavigazione. Riv. Aeron, Juli 1935, S. 7.
Gaty, J. P., Radio Compass. Aviation, May 1936, S. 24.
Grötsch, R., Flugfunkpeilwesen und Funknavigation. Berlin 1934.
Handel, P. v., Krüger, K., Funknavigation in der Luftfahrt. Braunschweig 1938.
—, Pfister, Die Ausbreitung der ultrakurzen Wellen längs der gekrümmten Erdoberfläche. Hochfr.technik u. El.akustik 1936, S. 182.
Harms, Dr. M., Ein neuartiges Funkortungsverfahren. M. L. R. 1930, 2. Sonderheft.
—, Der Winkel zwischen Azimutgleiche und Loxodrome. Ann. d. Hydr. 1938, S. 261.
Immler, W., Azimuttafeln zur Funkortung. Hamburg 1926.
—, Der meridianständige Littrowsche Kartenentwurf zum Gebrauch in polnahen Breiten. A. d. H. 1931, S. 662.
—, Zur Zeichnung der Azimutgleiche in der Polarkappe. Arktis 1931, Heft 3/4.
—, Zeitliche Beschickung einer Funkpeilung. Ann. d. Hydr. 1937, S. 230.
—, Fehlergleichungen der Funkortung. Ann. d. Hydr. 1937, S. 460.
—, Funkpeilauswertung. Luftff. 1938, S. 409.
—, Zielkurven. Ann. der Hydr. 1938, S. 502.
—, Kartenbeschickung der Funkpeilung. Ann. d. Hydr. 1938, S. 186.
—, Kartenbeschickung der Funkpeilung in der winkeltreuen Kegelkarte. Ann. d. Hydr. 1940, S. 282.
—, Kartenbeschickung der Funkpeilung in der Merkatorkarte. Ann. d. Hydr. 1940, S. 389.
Keen, B., Wireless Direction Finding. 3. Aufl. London 1938.
Kramar, E., Die Probleme der Funknavigation in der Luftfahrt. Luftwissen 1938, S. 369.
Löwe, K. F., Die Funkeigenpeilung im Flugzeug. M. L. R. 1932, Sonderheft.
Maurer, Dr. H., Hilfsmittel zur Auswertung von Funkpeilungen in hohen und höchsten Breiten. M. L. R. 1932, Sonderheft.
Möbius, K., Flugfunkwesen. Berlin.
Reicke, A., Die Merkatorlösung der Funkortung. Seewart 1937, S. 161.
Scharlau, Großflugzeug und Navigation. Luftschau 1929, H. 8.
Viola, G., La retta d'Azimut. Riv. mar. Suppl. Techn. 1938, S. 141.
Wedemeyer, Dr. A., Tafeln zur Funkortung. München 1925.
—, Wegablenkungen der Funkstrahlen. M. L. R. 1930, 2. Sonderheft.
Zahm, A. F., Time-loss in Cross Wind Flight. Journ. of the Aeron. Sc. 1937, S. 212.
Zenneck, J., Die Ausbreitung der elektromagnetischen Wellen und ihre praktische Bedeutung. Jb. d. Lil.-Ges. 1937.

e) Astronomische Navigation.

Ageton, Dead reckoning Altitude and Azimut Tables, H. O. 211. Wash. 1934.
Aquino, R., Sea and Air Navigation Tables. Annapolis 1927.
—, Modern Methods in Sea and Air Navigation. U. S. Nav. Inst. Proc. 1927, S. 17.
—, A Navegação hodierna; Rio de Janeiro 1935.
—, A Regua Cylindrica de Bygrave. Rev. mar. Brasil 1935, S. 1253.
—, O Ponto Observado no ar e no mar com Taboas ultra-simplificadas. Rio de Janeiro 1936.
—, A Fix from Altitude and Azimuth. U. S. Nav. Inst. Proc. 1936, S. 1727.
—, A Navegação hodierna com e sem Logaritmos. Rio de Janeiro 1938.
Bastide, A., De quelques Procédés récents de Points astronomiques en vol. L'Aeronautique Nr. 185, Okt. 1934.
Becker, L., Graphische Auflösung des sphärischen Dreiecks und Anwendung auf Standlinien. A. d. H. 1930, S. 401.
—, Graphical solution of a spherical triangle. Monthly Notices of the R. Astr. Soc. Dez. 1930, S. 226.
Brandt, Fr., Auswertung der Standlinienberechnung mit Hilfe der F.-Tafel. Seewart 1940, S. 129.
Chichester, Fr., Raiding by Celestial Navigation. Flight, Aug./Sept. 1939, S. 234.
Coldewey, H., Ortsbestimmung im Polargebiet. A. d. H. 1925, S. 345.
—, Messung der Meridianhöhe im Flugzeug. A. d. H. 1928, S. 362.
—, Kurzes Rechenverfahren zur astronomischen Ortsbestimmung. Seewart 1937, S. 391.
Comric, L. J., Hughes Tables for Sea and Air Navigation. London 1938.
Conrad, Dr. Fr., und Freiesleben, Dr. H. C., u. a. Neuzeitliche Navigation. Seewart 1937, S. 262, 272 396, 402, 405, 434, 531; 1938, S. 12, 34, 70, 95, 101, 141, 209, 228, 234, 334, 337.

Curtis, H. D., Navigation near the Pole. U. S. Nav. Inst. Proc. 1939, S. 9.
Deutsche Seewarte, Astronomische Ephemeriden für die Luftfahrt 1934.
—, Aeronautisches Jahrbuch 1940.
—, Aeronautische Hilfstafeln. Hamburg 1934.
—, Aeronautische Höhen- und Azimuttafeln. Hamburg 1937.
Deutsche Versuchsanstalt für Luftfahrt, Der Sphärotrigonometer 1928.
Dreisonstok, Navigation Tables. H. O. 208, Wash. 1933.
Dutton, Navigation and Nautical Astronomy. U. S. Naval Institute, Annapolis 1934.
Ebsen, Azimuttafeln. Hamburg 1928.
Förstner, G., Genauigkeit von Höhenbeobachtungen mit dem Periskopsextanten. ZFM 1933, S. 680, u. Seewart 1934, S. 163.
Fontura da Costa, Traçado das curvas de altura. Lissabon 1927.
Freiesleben, Dr. H. C., Astronomische Luftnavigation. Himmelswelt 1933, 7/8.
—, Höhen- und Azimuttafel für die Luftfahrt. A. d. H. 1934, S. 350.
—, Zusammenfassende Betrachtung zur Frage neuzeitlicher Navigation. Hansa 1938, S. 2343.
Guyot, Un nouvel Appareil de Calcul rapide du Point astronomique á Bord d'Avion. L'Aeronautique Nr. 184, Sept. 1934.
—, La Navigation astronomique et l'Aviation. Rev. de l'Armée de l'Air, Juni 1935, S. 619.
Hamanke, Nomogramme für die Höhenmethode. A. d. H. 1927, S. 293.
Harms, Dr. M., Rechentafeln zur Höhenberechnung. A. d. H. 1929, S. 194.
—, Zur Beobachtungstechnik des Libellentextanten. A. d. H. 1934, S. 31.
Harrison, Position Line Instrument. Marine Observer 1930, Aug.
Hinkel, H., Additional Uses for H. O. 211. U. S. Nav. Inst. Proc. 1936, S. 848.
H. O. 200, Altitude, Azimuth and Line of Position. Wash. 1928.
H. O. 209, Position Tables for Aerial and Surface Navigation. Wash. 1931.
Immler, W., Höhen- und Azimutnomogramme für die Flugzeugnavigation.
—, Nomograms for Stars Altitude and Azimuth for the Japanese Empire. 1930.
—, Das Einsternproblem in der Luftnavigation. A. d. H. 1930, S. 286.
—, Vereinfachte Zeitverwandlung bei aeronautisch-astronomischen Beobachtungen. A. d. H. 1932, S. 312. M. L. R. 1931, Sonderh.
—, Beobachtungen mit Libellensextanten im Flugzeug. A. d. H. 1934, S. 165.
—, Die Graduhr. Ann. d. Hydr. 1935, S. 245.
—, Die transversale Merkatorkarte und ihr Gebrauch in der astronomischen und Funknavigation. Ann. d. Hydr. 1939, S. 456.
Jannucci, J., Per una maggiore celeritá nel calcolo nautico del Punto astronomico. Riv. Mar. Juni 1935. S. 343.
Johnson, Polar Aerial Navigation. Naut. Mag. 1928, 1.
Klintzsch, H. U., Die Höhengleichentafeln von Weems. M. L. R. 1932, Sonderh.
Kohlschütter, Dr. E., Meßkarte zur Auflösung sphärischer Dreiecke. 3. Aufl. Berlin 1936.
Kraus, H., Verwendung des Libellensextanten. M. L. R. 1932. Sonderh.
—, Methoden zur schnellen Ermittlung von Standlinien. A. d. H. 1929, S. 201.
—, Angewandte astronomische Flugzeugnavigation. A. d. H. 1929, S. 375.
—, Ein Instrument für astronomische Beobachtungen in der Luftfahrt. A. d. H. 1930, S. 52.
Littlehales, G. W., H. O. 203/204, The Sumner Line of Position. Wash. 1925/30.
Matschoß, W., Über die Fehlerquellen beim Libellensextanten. Seewart 1937, S. 287.
Maurer, Dr. H., Eine Fehlerquelle des Sonnenkompasses. ZFM 1929, S. 170.
Michler, Dr. H., Beobachtungen mit dem Libellensextanten. A. d. H. 1933, S. 254.
Montezemolo, G., Su un nuovo metodo rapido per la determinazione del Punto astronomico. Riv. Mar. Suppl. tecn. 1938, S. 128.
Niemann, W., Angewandte astronomische Flugzeugnavigation. A. d. H. 1930, S. 104.
—, Praktische astronomische Navigation bei Langstreckenflügen. Hansa 1933, S. 21.
Nissen, F., Eine Methode zur schnellen Ermittlung von astronomischen Standlinien. A. d. H. 1928, S. 322; A. d. H. 1929, S. 259.
Opitz, W., Messung von Gestirnshöhen über dem künstlichen Horizont. M. L. R. 1928, 2. Sonderh.
Reichsmarineamt, Höhen und Azimute. Berlin 1916.
Repsold und Freiesleben, Astronomische Ephemeriden für die Luftfahrt 1934. A. d. H. 1933, S. 109.
Sheeman, J. M., Surface Navigation with the Bubble Sextant. U. S. Nav. Inst. Proc. 1935, S. 1228.
Sparks, E. B., The use of Mid-time in Aerial Celestic Navigation. U. S. Nav. Inst. Proc. 1939, S. 1298.
Taylor, C. E., Simplified Altitude and Azimuth Tables. U. S. Nav. Inst. Proc. 1935, S. 928.
The Air Almanac. Wash. 1940.
Vanni, M., Considerazioni nell'orientamento in vicinanza dei poli geogr. Ann. R. Ist. Sup. nav. Napoli 1938.
Vielhaben, Th., Kombinierte Stunden- und Graduhr. Seewart 1936, S. 375.

Wedemeyer, Dr. A., Astronomische Navigation im Luftfahrzeug. M. L. R. 1927, 11. Heft.
— und Ritscher, A., Merkatorkartennetze zur Erleichterung der terrestrischen und astronomischen Flugzeugnavigation. M. L. R. 1929, 2. Sonderh.
Weems, P. V. H., Extended Tables for the Line of Position Book. Annapolis 1928.
—, Line of Position Book. Annapolis 1928.
—, Star Altitude Curves. Los Angeles.
—, Averaging Bubble Sextant Observations. U. S. Nav. Inst. Proc. 1939, S. 861.

f) Meteorologische Navigation.

Baumann, G. H., Grönlandflug von Gronau 1931. A. d. Archiv d. Seewarte 52, 4.
Boykow, J., Die Ermittlung der Winddaten im Luftfahrzeug. Arktis, Heft 1.
Dentan, J., La Formation de la Glace sur les Aeronefs. L'Aeronautique 1938, S. 183, 207.
Findeisen, W., Temperaturerhöhung an schnell bewegten Thermometern. Ann. d. Hydr. 1938, S. 571.
—, Meteorologisch-physikalische Vorbedingungen der Vereisung. Jb. 1938 d. d. Luftff., Erg.Bd. 1939, S. 102.
Geer, W. C., An Analysis of the Problem of Ice on Airplanes. Journ. of the Aeron. Sc. 1939, S. 451.
Georgii, W., Die meteorologischen Grundlagen des transatlantischen Luftverkehrs. M. L. R. 1927, 11. Heft.
Heintz, H., Das Problem des Schlechtwetterflugs und die Vereisungsgefahr. Luftwissen 1938, S. 275.
H. O., Pilot Charts of the Upper Air.
Koppe, Dr. H., Berichte und Abhandlungen des Braunschw. Institutes f. Luftfahrtmeßtechnik u. Flugmeteorologie, 1934.
Lautner, Luftwaffe und Wetter. Luftwehr 1937, S. 315.
Mac Neal, Ice Formation in the Atmosphere. Journ. of the Aeron. Sc. 1937, S. 117.
Niemann, W., Maritime Meteorologie im Dienste der Ozeanluftfahrt. Seewart 1932, S. 142.
Noth, Dr. H., Wetterkunde für Flieger. Berlin 1935.
Perlewitz, P., Meteorologische Horizontalnavigation durch Vertikalnavigation. A. d. Hydr. 1933, S. 355.
Pivetti, V., La Navigazione aera attraverso le nubi, le formazioni di ghiaccio. Riv. aeron. XII, Febr. 1936.
Rossi, V., Glatteisbildung und Vereisung bei Flugzeugen. Wetter 1938, S. 48.
Seilkospf, H., Meteorologische Arbeiten zur Vorbereitung und Sicherung des Ozeanluftverkehrs. Met. Zt chr. 1934, S. 1.
—, Ozeanflugwetterdienst. Met. Ztschr. 1937, S. 485.
—, Ozeanflug und Höhenwetterdienst. Ann. d. Hydr. 1938, S. 35.
—, Ozeanwetterdienst für Flug- und Schiffsverkehr. Seewart 1939, S. 269.
Wagner, Der Einfluß des Windes auf die Reisegeschwindigkeit von Luftfahrzeugen. A. d. H. 1927, S. 367.

Sachverzeichnis.

Geräte
die die Luft besiegen helfen
Vergessen wir nie: Groß ist die Verantwortung des Flugzeugführers. Er will sich deshalb im Kampf gegen alle Unbilden des Wetters auf seine Bordgeräte unbedingt verlassen können.
Um wieviel größer muß daher die Verantwortung der Werkstätten sein, die ihm diese Geräte liefern.
Für Askania-Bordgeräte und -Steuerungen tragen wir gern diese Verantwortung, denn unsere hochentwickelten Instrumente genießen Weltruf.
Verlangen Sie unsere Aero-Druckschriften
Steigt
Sinkt
ASKANIA
ASKANIA-WERKE AG
BERLIN-FRIEDENAU
5862

In jedem deutschen Flugzeug fliegen
auch flugfunktechnische Geräte von
uns mit gegen den Feind

Tafel 1.

Magnetische Mißweisung 1940
für Europa.

Tafel 1. Ausgeglichene Isogone

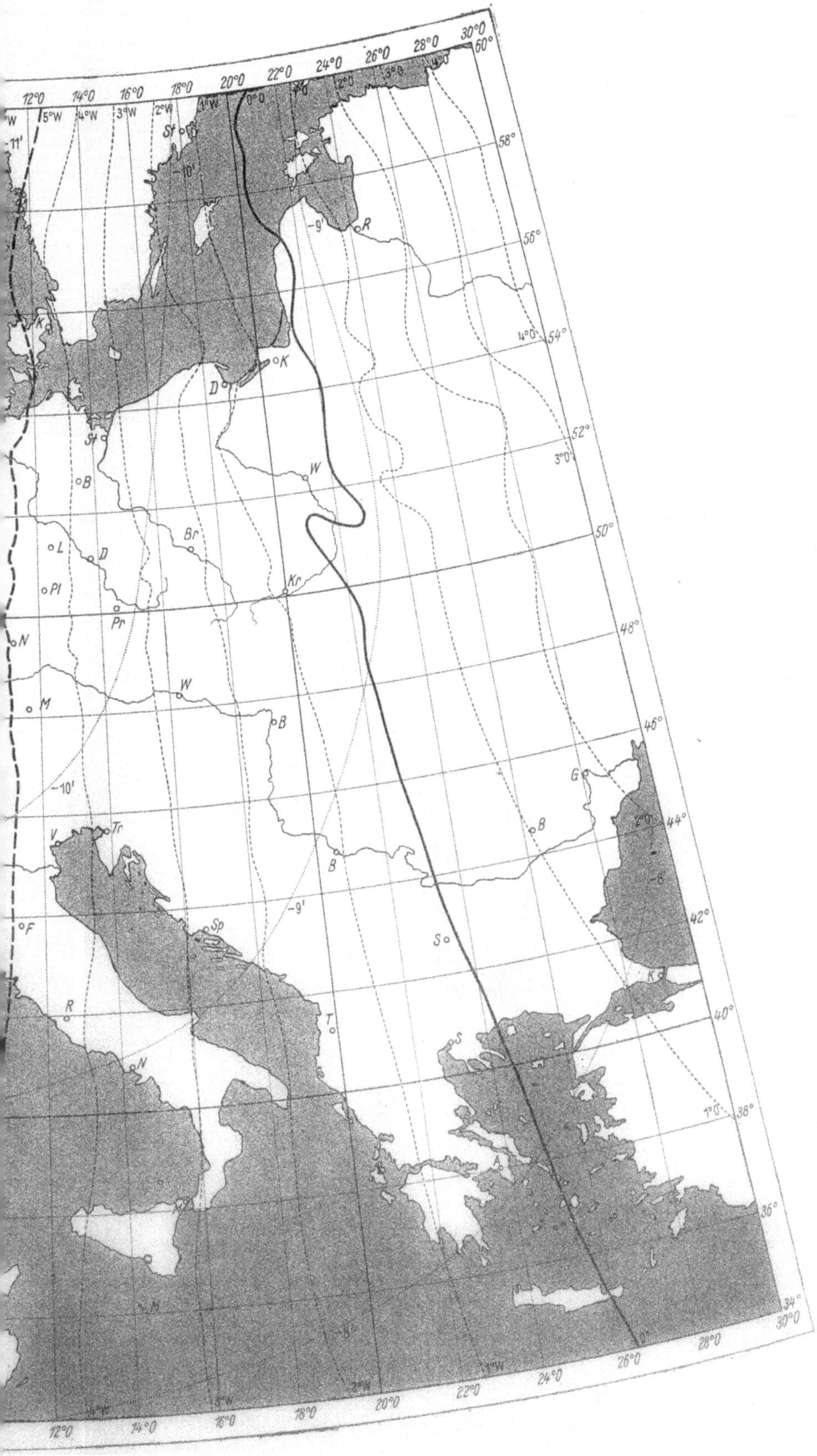

1940 und jährliche Änderung.

Tafel 2.

Polare gnomonische Karte.

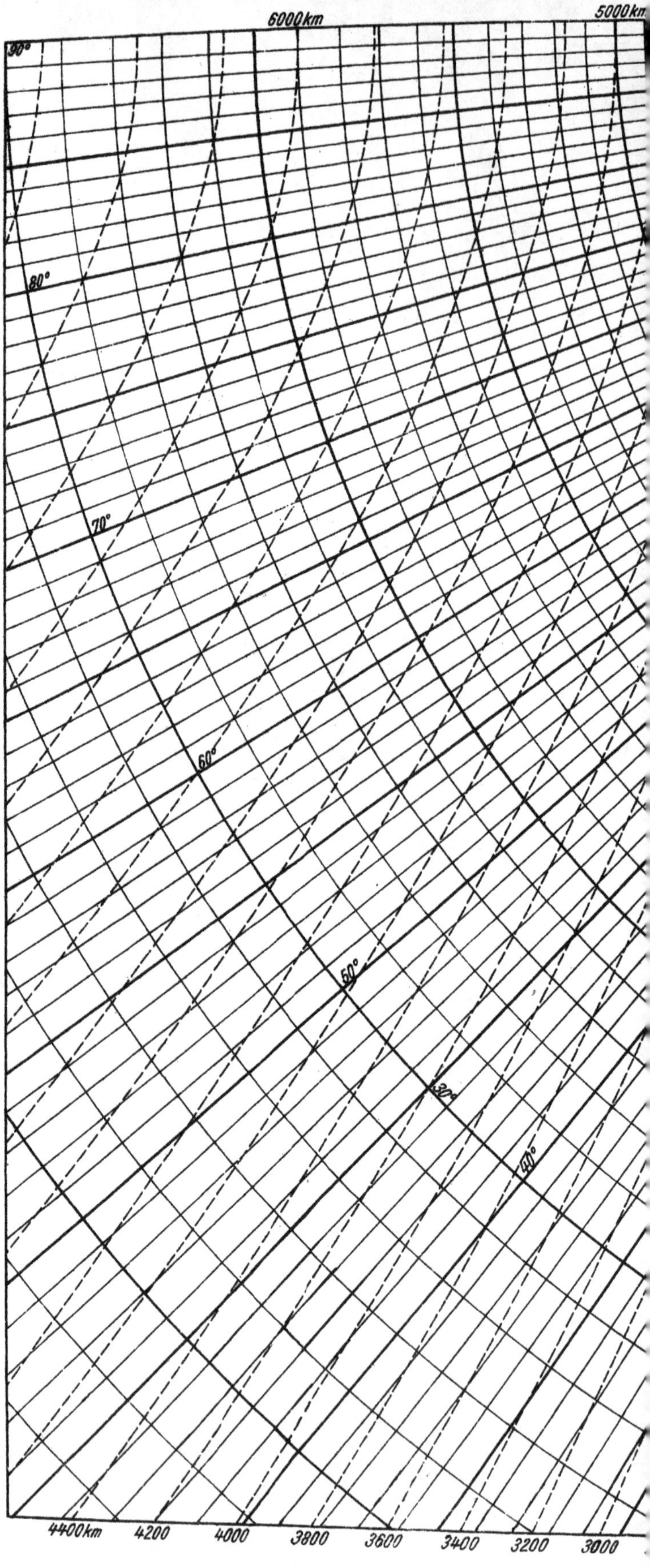

Tafel 2. Polare gnomonische Karte zur Ermi
des kürzesten Weges zwischen zwei

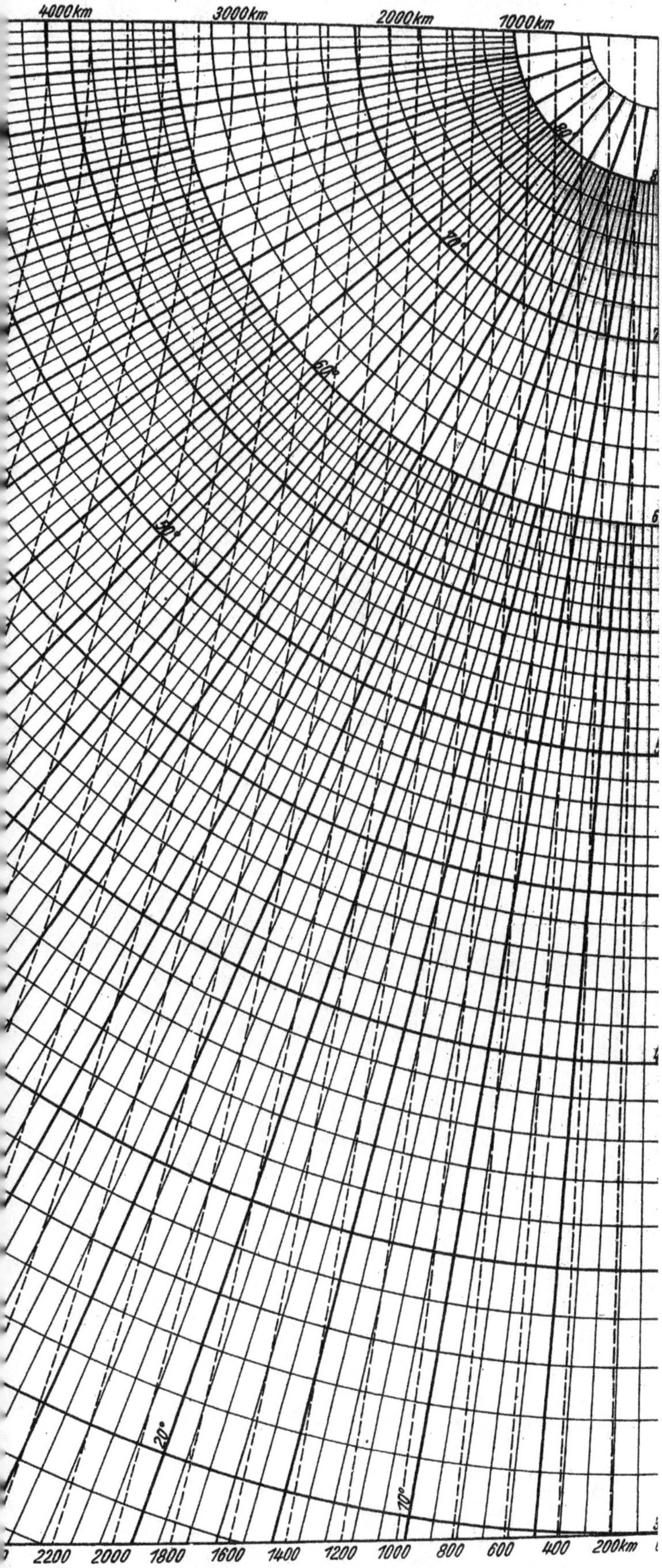

Um die Entfernung auf dem größten Kreis zwischen zwei Orten zu messen, zeich
fälle auf diese aus dem Mittelpunkt des oberen Randes (dem Pol) das Lot. Man
die eingezeichneten Orte, jeden auf seinem Breitenparallel in entgegengesetzter
bindungsgerade der beiden Orte gedreht erscheint und nunmehr zum oberen Ra
Rande und lese die dort befindlichen Kilometerzahlen ab, wobei eventuelle Zwi
Zahlen, sind sie auf derselben Seite des Mittelmeridians, so subtrahiere man die

Da man die Bezifferung der Meridiane von vornherein noch frei in der Hand hat
fang an etwa parallel zum oberen Rande verläuft. Dann kann man für eine roh
krümmten
Zur Verwandlung der

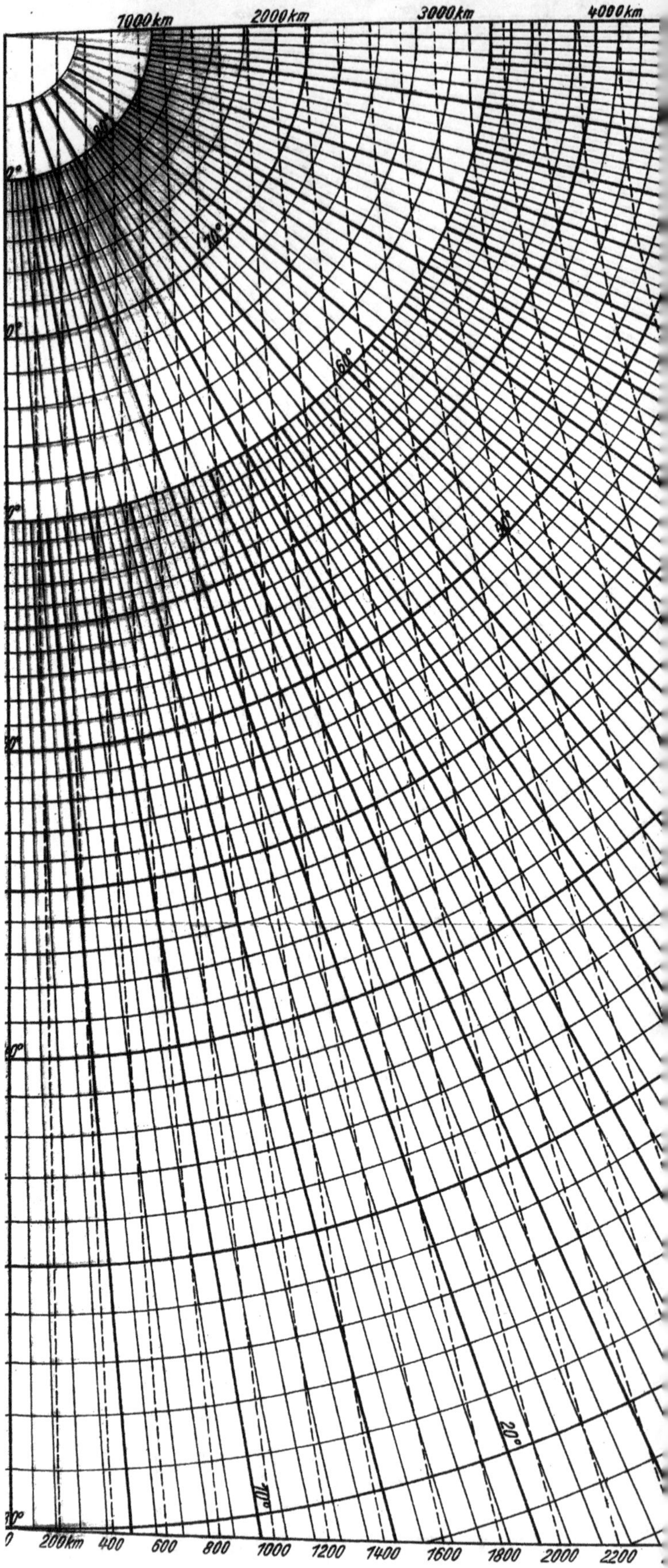

Gebrauchsanweisung.

nt man diese Orte nach ihrer Breite und Länge in die vorliegende gnomonische M
messe nun zwischen diesem Lot und dem Mittelmeridian durch Abzählen des Läng
Richtung des gefällten Lotes um den eben gemessenen Längenunterschied zwisch
nde der Karte parallel verläuft. Man verfolge nun die durch die neuen Orte gehen
schenwerte nach Sicht eingeschaltet werden. Sind die neuen Orte auf verschieden
kleinere von der größeren. Diese Summe oder Differenz ist die Entfernung der geg
Entfernung.

, ist es zur Erleichterung der Abschätzung zweckmäßig, die Orte so in das Meßne
e Schätzung der Entfernung die vollständige Drehung in die Parallele zum ob
Linien, die durch die Erdorte selbst gehen, in Rechnung setzen.
Kartenwinkel in die wirklichen Winkel benütze man noch die Rechentafel 3

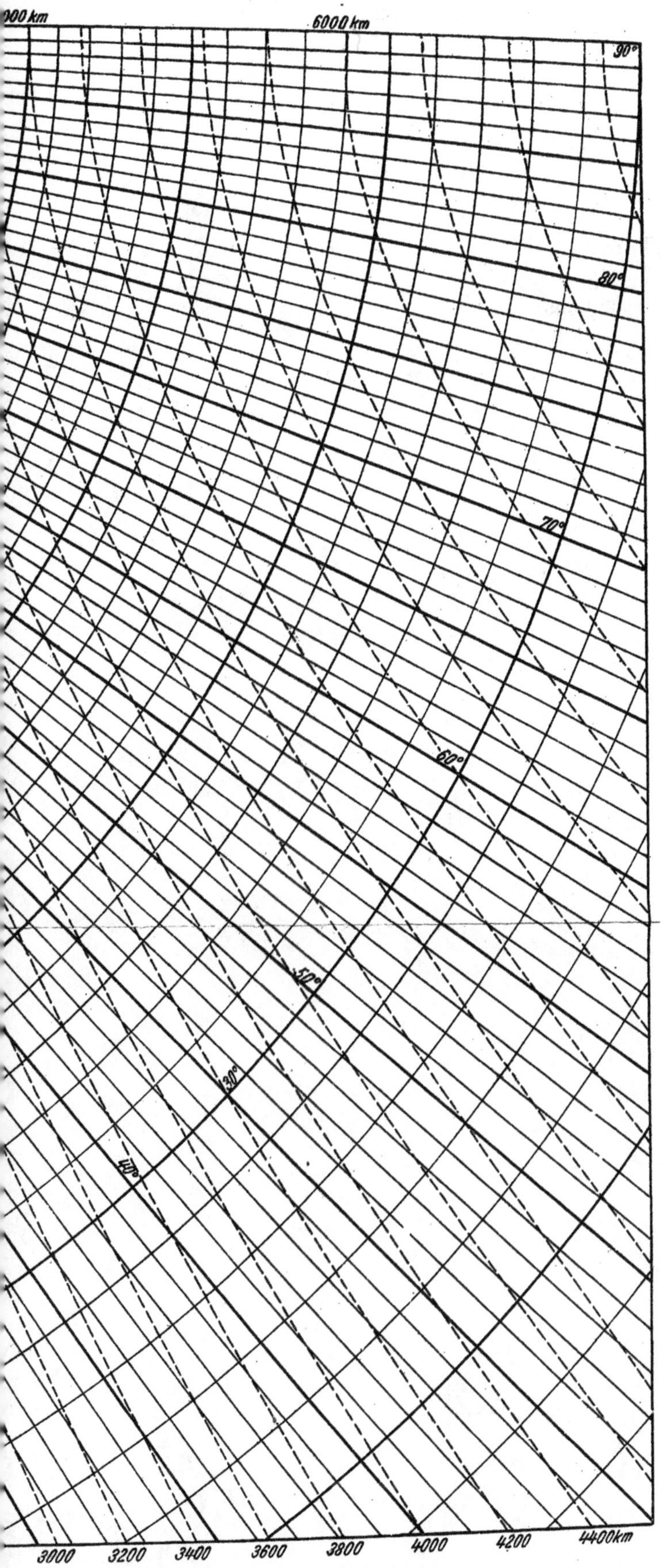

sie durch eine gerade Linie und Winkel. Darauf verschiebe man nd Lot, so daß nunmehr die Verlien bis zum oberen oder unteren lmeridians, so addiere man diese größten Kreis, also ihre kürzeste

ihre Verbindungsgerade von Anlässigen und die Zahlen der ge-

Tafel 3.

Gnomonische Kurs-
verwandlung.

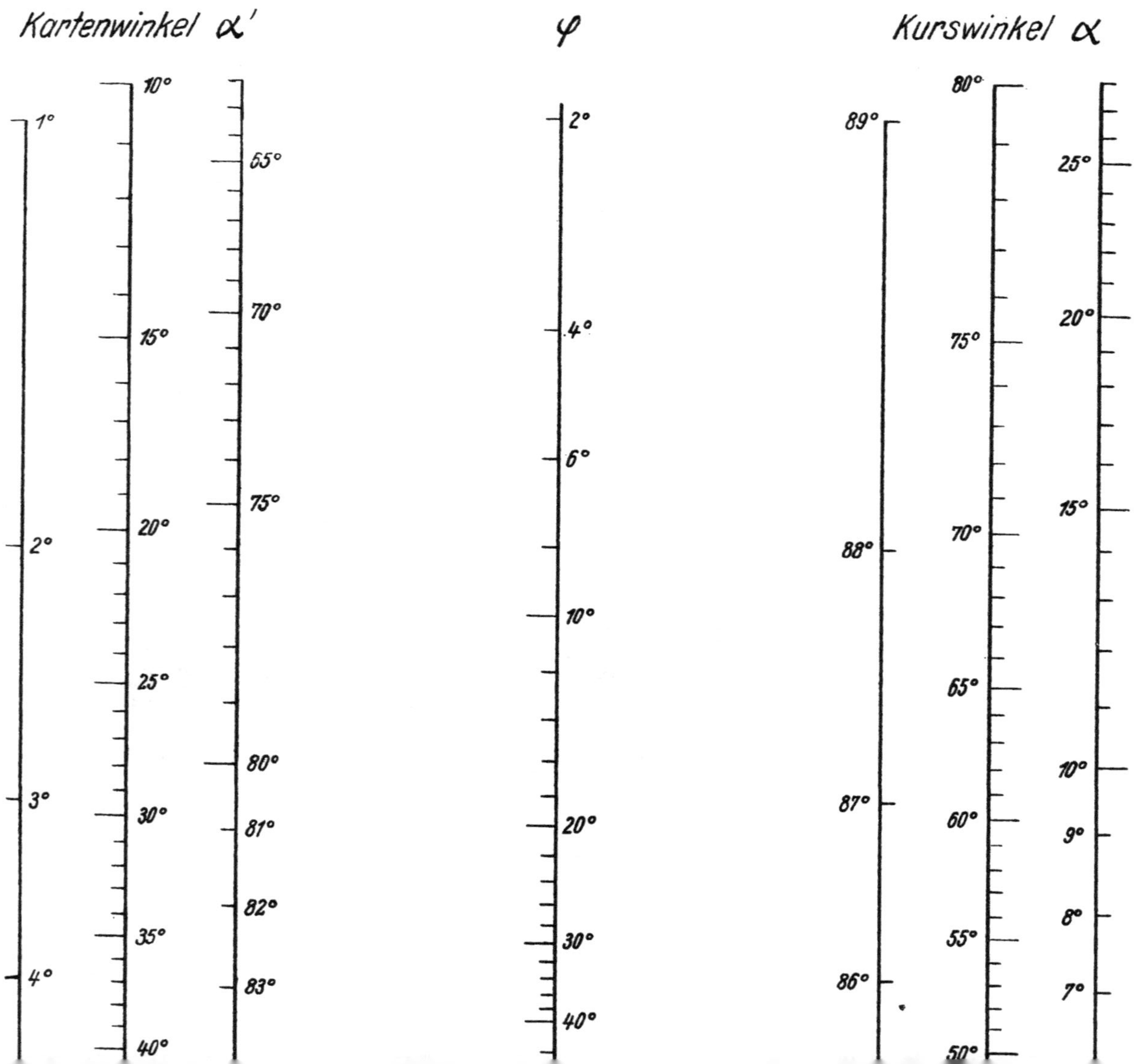
Kartenwinkel α'
φ
Kurswinkel α

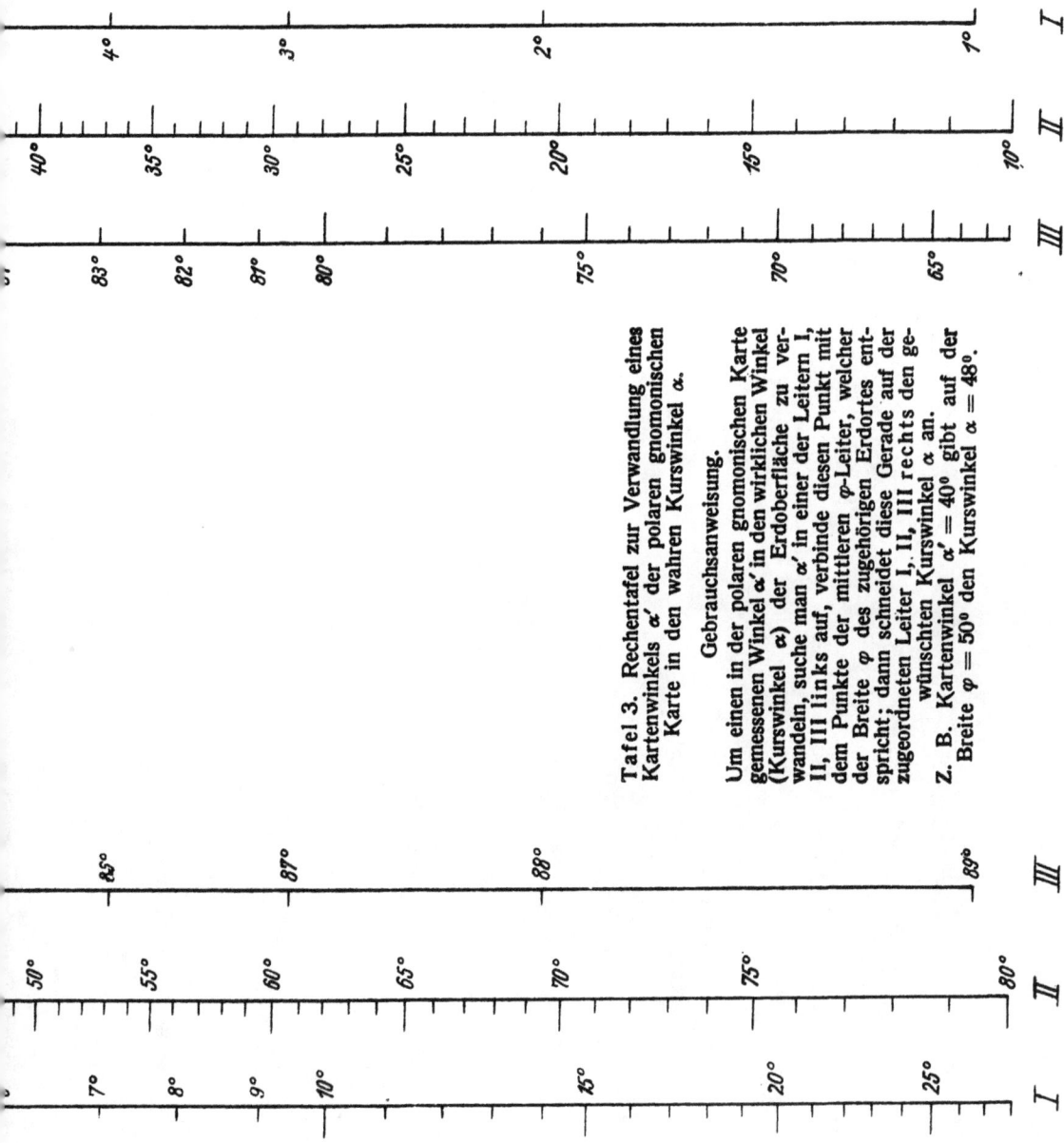

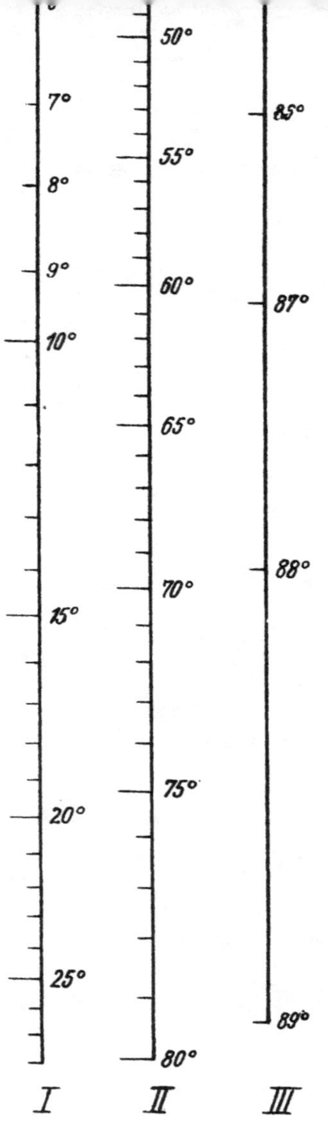

Tafel 3. Rechentafel zur Verwandlung eines Kartenwinkels α' der polaren gnomonischen Karte in den wahren Kurswinkel α.

Gebrauchsanweisung.

Um einen in der polaren gnomonischen Karte gemessenen Winkel α' in den wirklichen Winkel (Kurswinkel α) der Erdoberfläche zu verwandeln, suche man α' in einer der Leitern I, II, III links auf, verbinde diesen Punkt mit dem Punkte der mittleren φ-Leiter, welcher der Breite φ des zugehörigen Erdortes entspricht; dann schneidet diese Gerade auf der zugeordneten Leiter I, II, III rechts den gewünschten Kurswinkel α an.

Z. B. Kartenwinkel $\alpha' = 40^0$ gibt auf der Breite $\varphi = 50^0$ den Kurswinkel $\alpha = 48^0$.

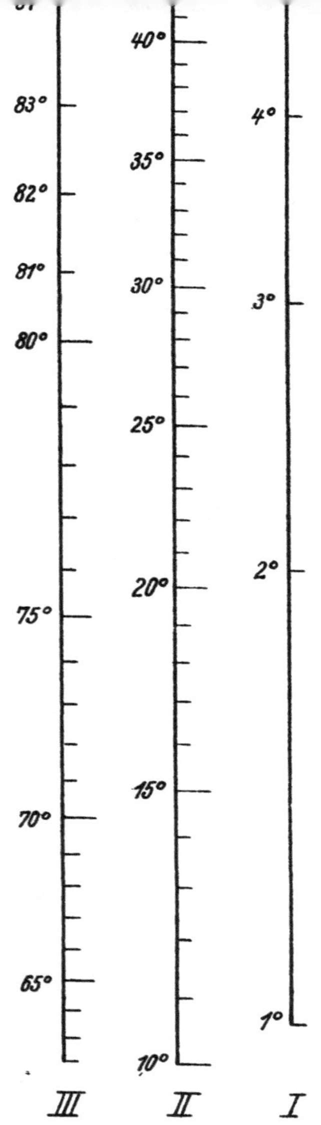

Tafel 4.

Weg = Geschwindigkeit × Zeit.

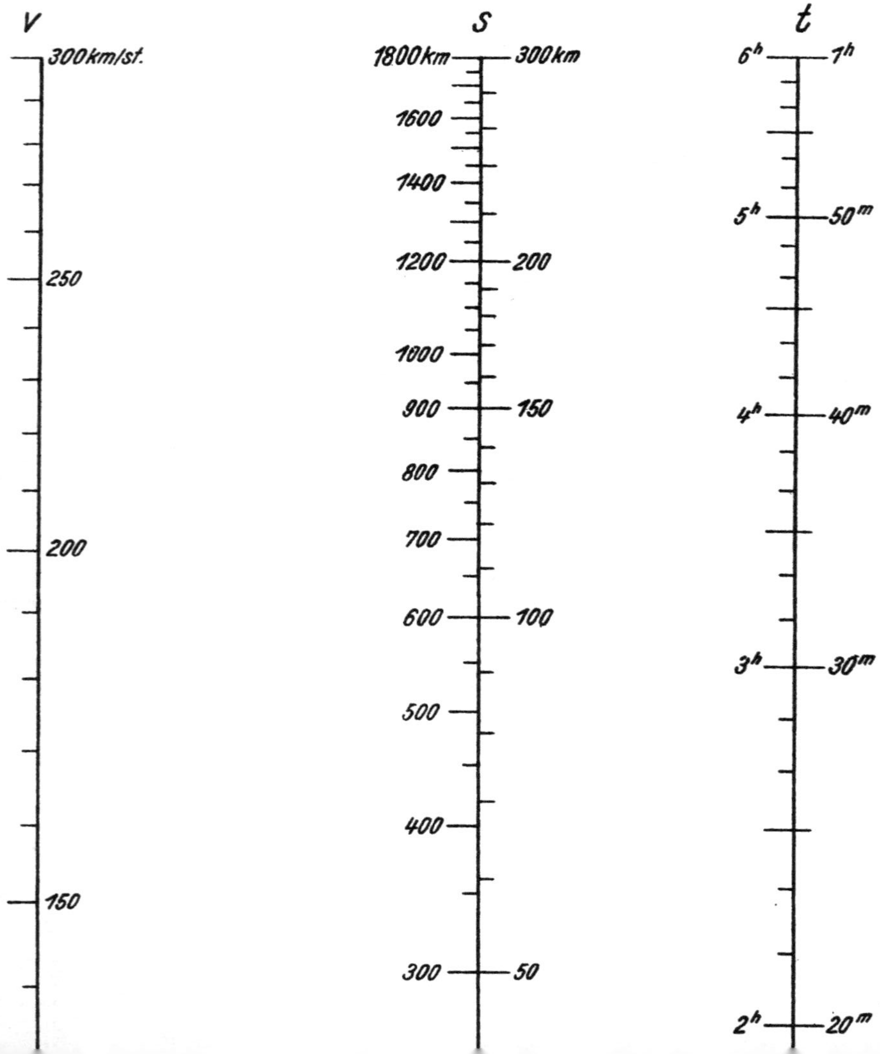
V
300km/st.
250
200
150
S
1800km
300km
1600
1400
1200
200
1000
900
150
800
700
600
100
500
400
300
50
t
6h
7h
5h
50m
4h
40m
3h
30m
2h
20m

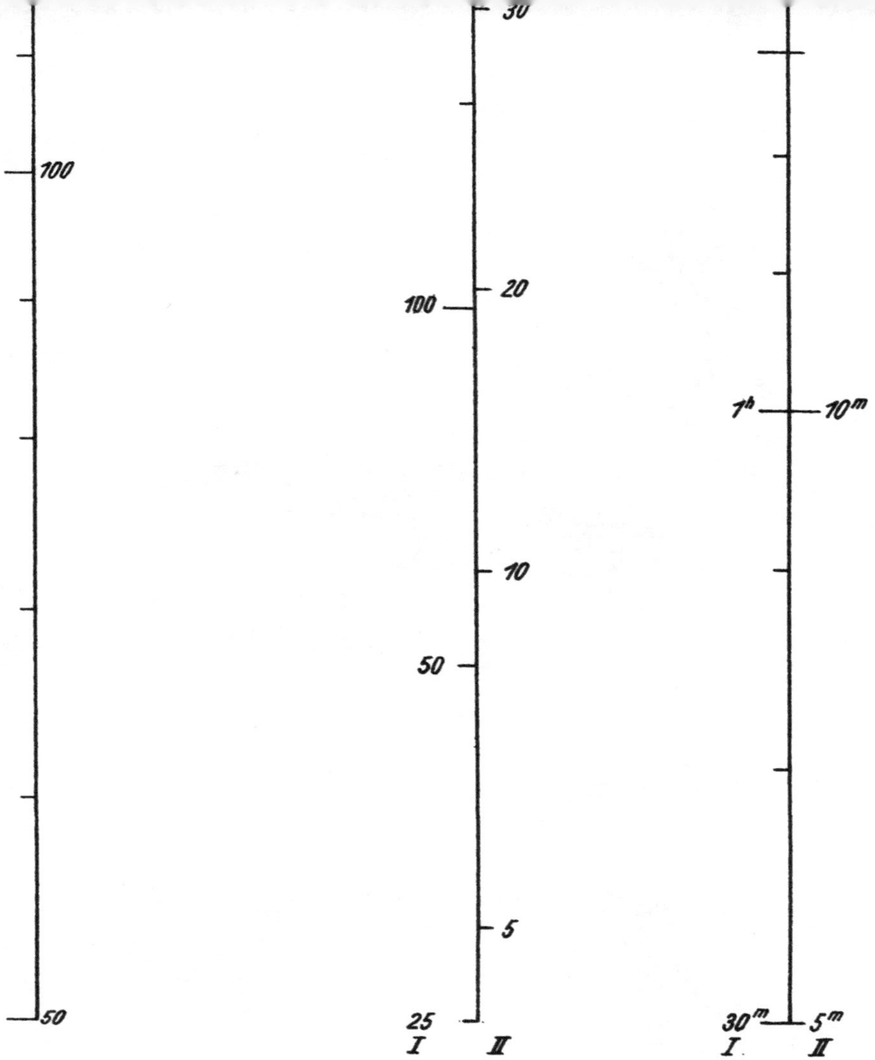

Tafel 4. Rechentafel zur Berechnung der Gleichung

$$s = v \cdot t$$

Weg = Geschwindigkeit × Zeit.

Gebrauchsanweisung.

Mit der nebenstehenden Rechentafel kann die Gleichung:

Geschwindigkeit × Zeit = Weg

$$v \cdot t = s$$

aufgelöst werden.

Auf der v-Leiter stehen die Geschwindigkeiten, auf der s-Leiter die Wege, auf der t-Leiter die Zeiten.

Zusammengehörende Werte v, t, s liegen auf einer Geraden.

Beispiel 1: Gegeben Weg = 500 km, Geschwindigkeit = 240 km/h. Gesucht Zeit. Die Zeitskala läßt 2 h 5 min ablesen.

Beispiel 2: Welcher Weg wird mit 190 km/h Geschwindigkeit in 2 h 30 min zurückgelegt? Antwort: 475 km.

Beispiel 3: (rechte Skala II): Wie lange braucht man zu 150 km bei Geschwindigkeit 240 km/h? Antwort: 37 min.

Anm. Die rechten Leitern II umfassen den Zeitraum innerhalb einer Stunde, die linken Leitern I den Zeitraum zwischen 1 und 6 Stunden. Die v-Leiter ist beiden gemeinsam.

Tafel 5.

Geschwindigkeits-
verwandlungstabelle.

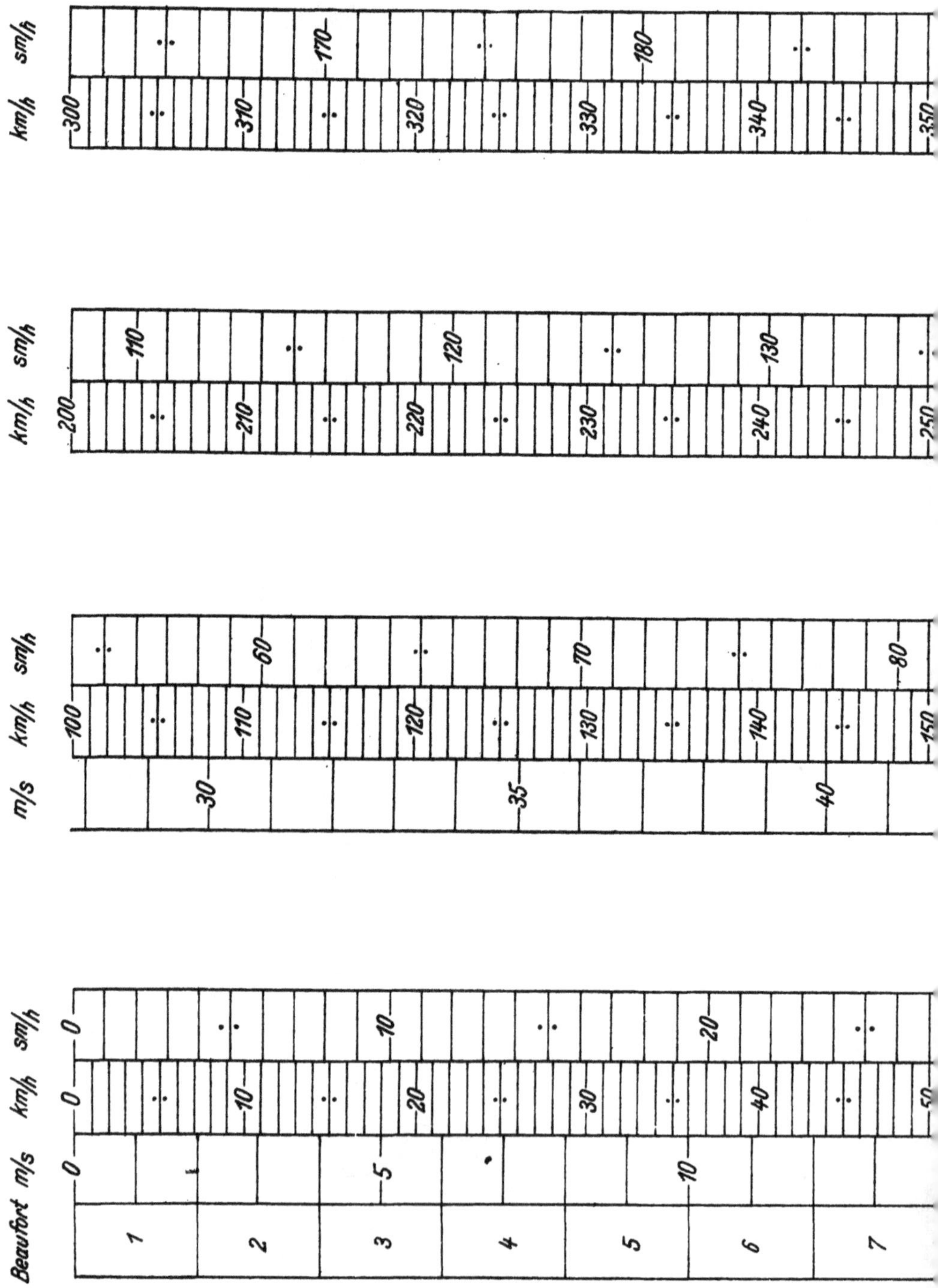

Beaufort
m/s
km/h
sm/h
1 2 3 4 5 6 7
0 5 10
0 10 20 30 40 50
0 10 20
30 35 40
100 110 120 130 140 150
60 70 80
200 210 220 230 240 250
110 120 130
300 310 320 330 340 350
170 180

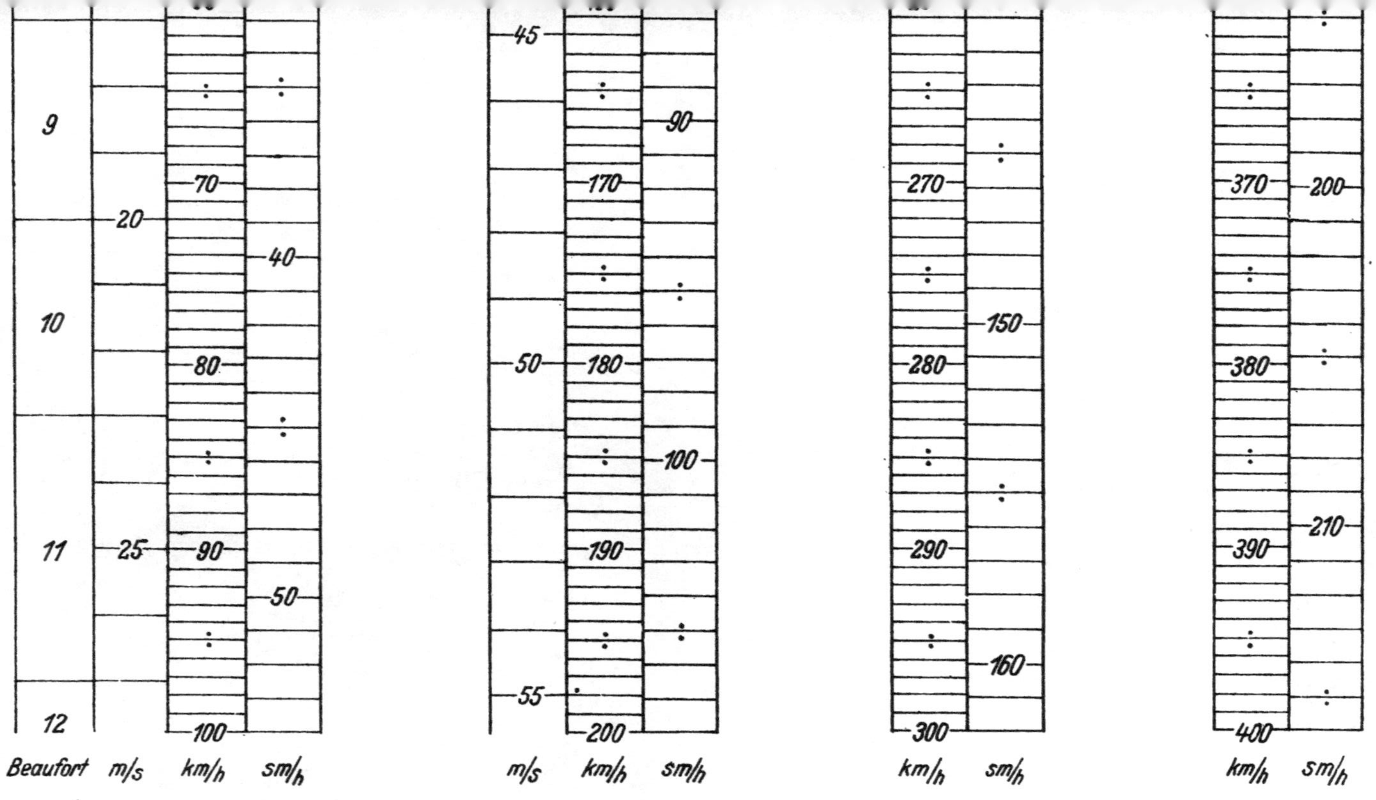

Tafel 5. Geschwindigkeitsverwandlung.

Tafel 6.

Luvwinkel.

Tafel 8.

Großkreisbeschickung.

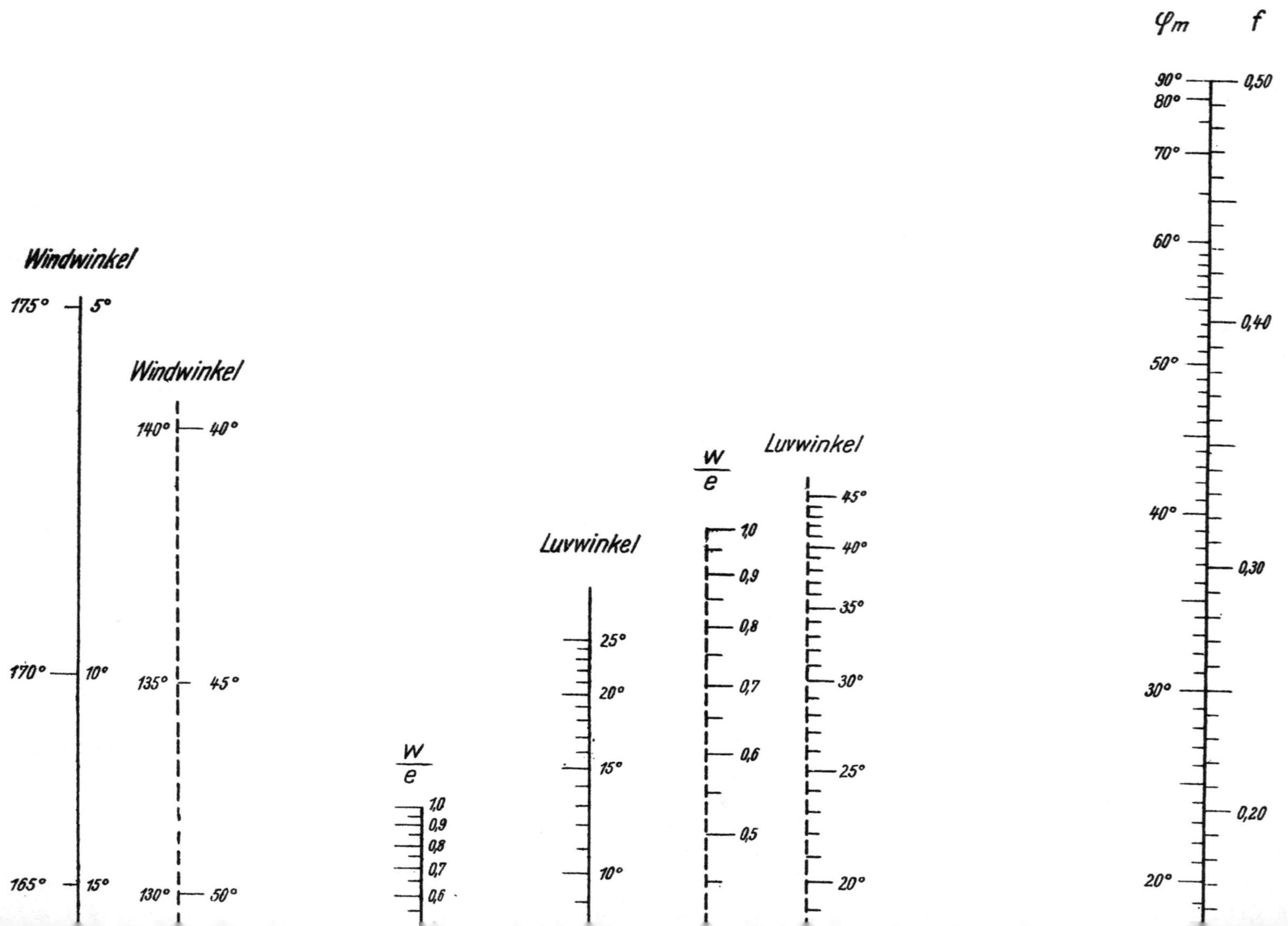

Windwinkel
175° 5°
170° 10°
165° 15°
Windwinkel
140° 40°
135° 45°
130° 50°
w/e
1,0
0,9
0,8
0,7
0,6
Luvwinkel
25°
20°
15°
10°
w/e
1,0
0,9
0,8
0,7
0,6
0,5
Luvwinkel
45°
40°
35°
30°
25°
20°
φ_m
f
90°
80°
70°
60°
50°
40°
30°
20°
0,50
0,40
0,30
0,20

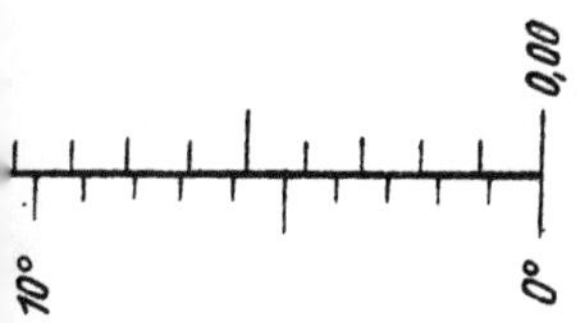

Tafel 8. Ermittlung der Großkreisbeschickung.

Um die Großkreisbeschickung zu erhalten, entnehme man auf der linken Seite mit der Mittelbreite φ_m eingehend, von der rechten Seite der Skala den Faktor f und multipliziere ihn mit dem Längenunterschied.

Z. B. $\varphi_m = 48^0$ gibt $f = 0,37$; beim Längenunterschied $l = 4,2^0$ wird Großkreisbeschickung also $u = 0,37 \cdot 4,2^0 = 1,6^0$.

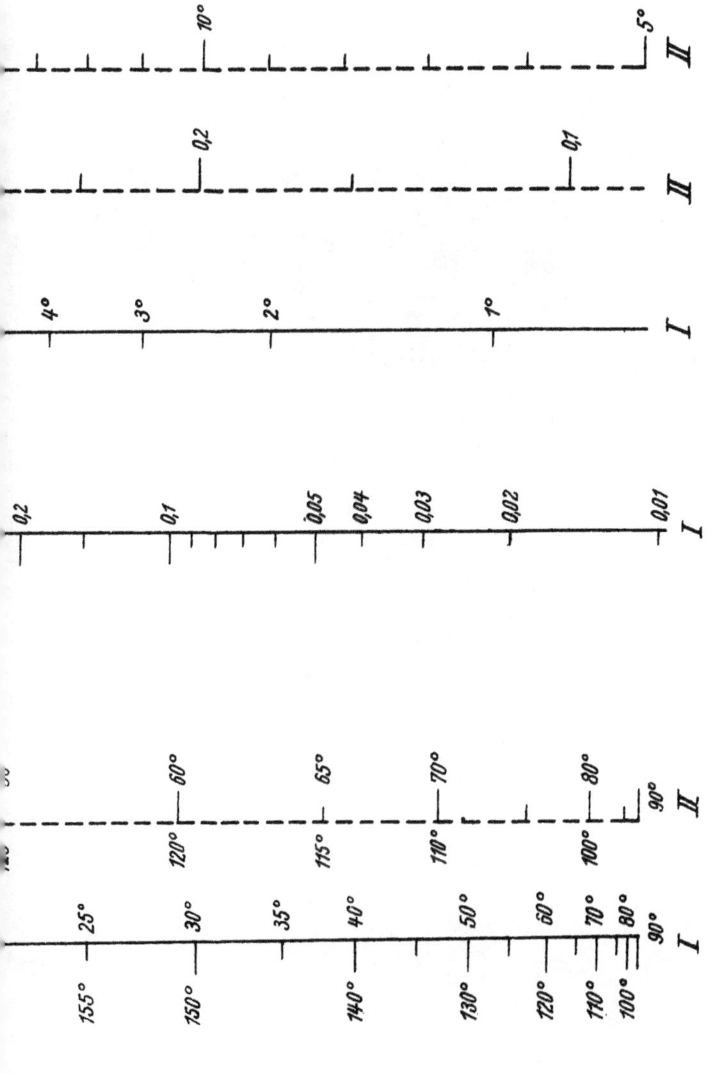

Tafel 6. Rechentafel zur Berechnung des Luvwinkels aus Windwinkel und Windgeschwindigkeit.

Windwinkel = Unterschied zwischen Windrichtung und rw. Kurs.

$$\frac{w}{e} = \frac{\text{Windgeschwindigkeit}}{\text{Eigengeschwindigkeit}}.$$

Die drei ausgezogenen Leitern (I) gehören zusammen (für vorderliche und achterliche, schwächere Winde).

Die drei punktierten Leitern (II) gehören zusammen (für mehr seitliche, stärkere Winde).

Tafel 7.

Blindanflug.

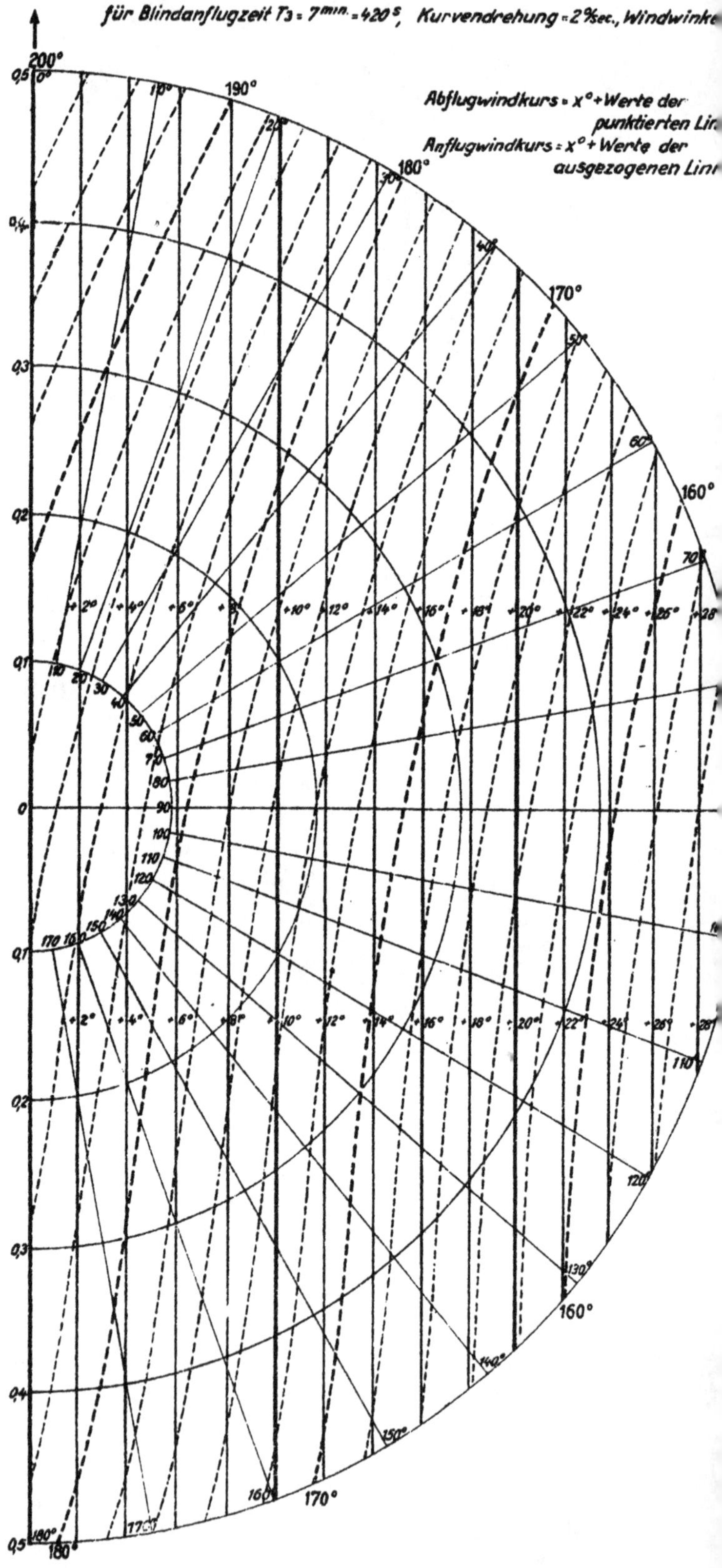
für Blindanflugzeit T3 = 7min. = 420s, Kurvendrehung = 2°/sec., Windwinke
Abflugwindkurs = x° + Werte der punktierten Lin
Anflugwindkurs = x° + Werte der ausgezogenen Lin
200°
190°
180°
170°
160°
0,5
0,4
0,3
0,2
0,1
0
+2°
+4°
+6°
+8°
+10°
+12°
+14°
+16°
+18°
+20°
+22°
+24°
+26°
+28°

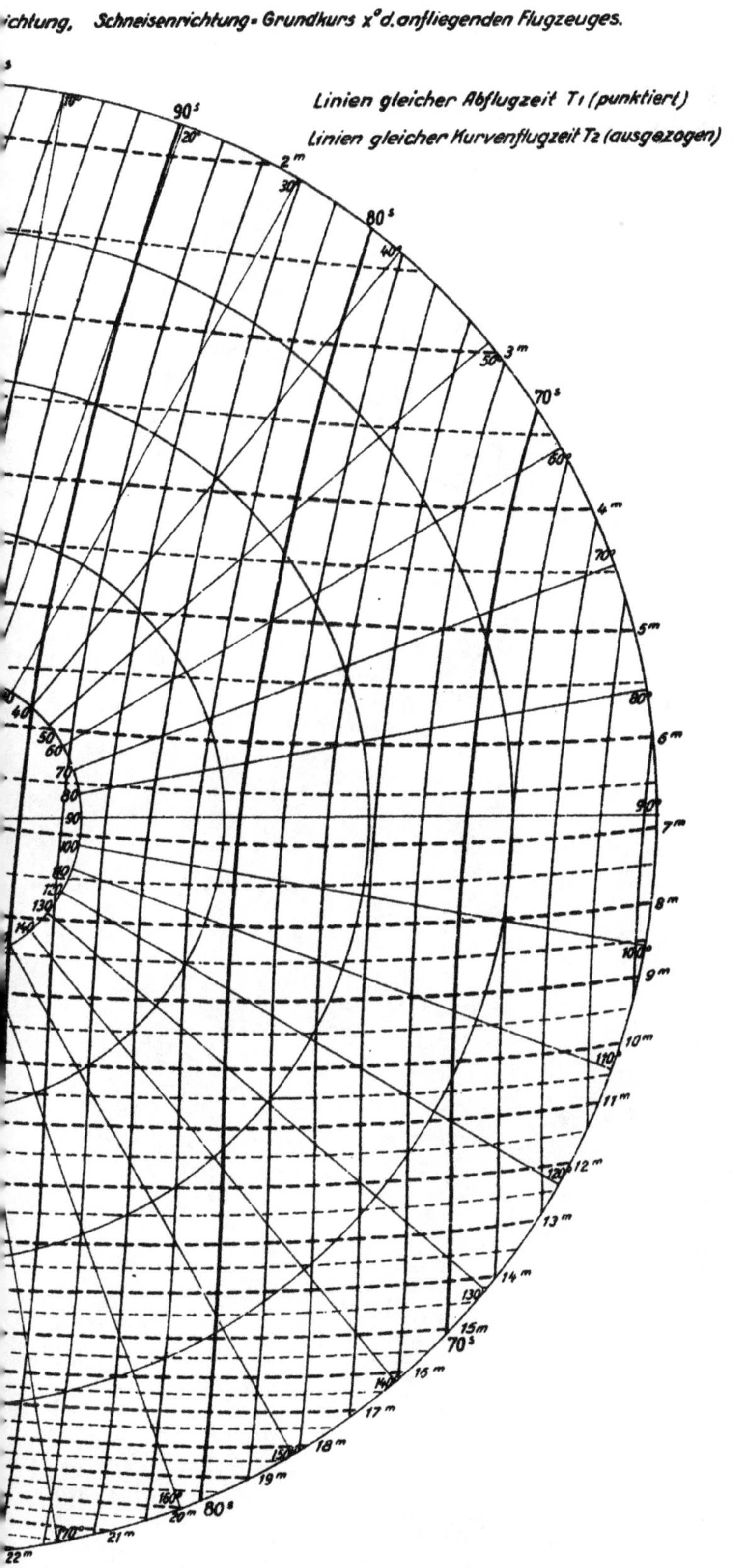

Tafel 7. Windpunktdiagramm für Blindanflug.

Tafel 9.
Zeitliche Funkbeschickung.

Beschickung einer Funkseitenpeilung α wegen zurückgelegten Weges w nach Jmmler

α. Tafel des Flugweges w

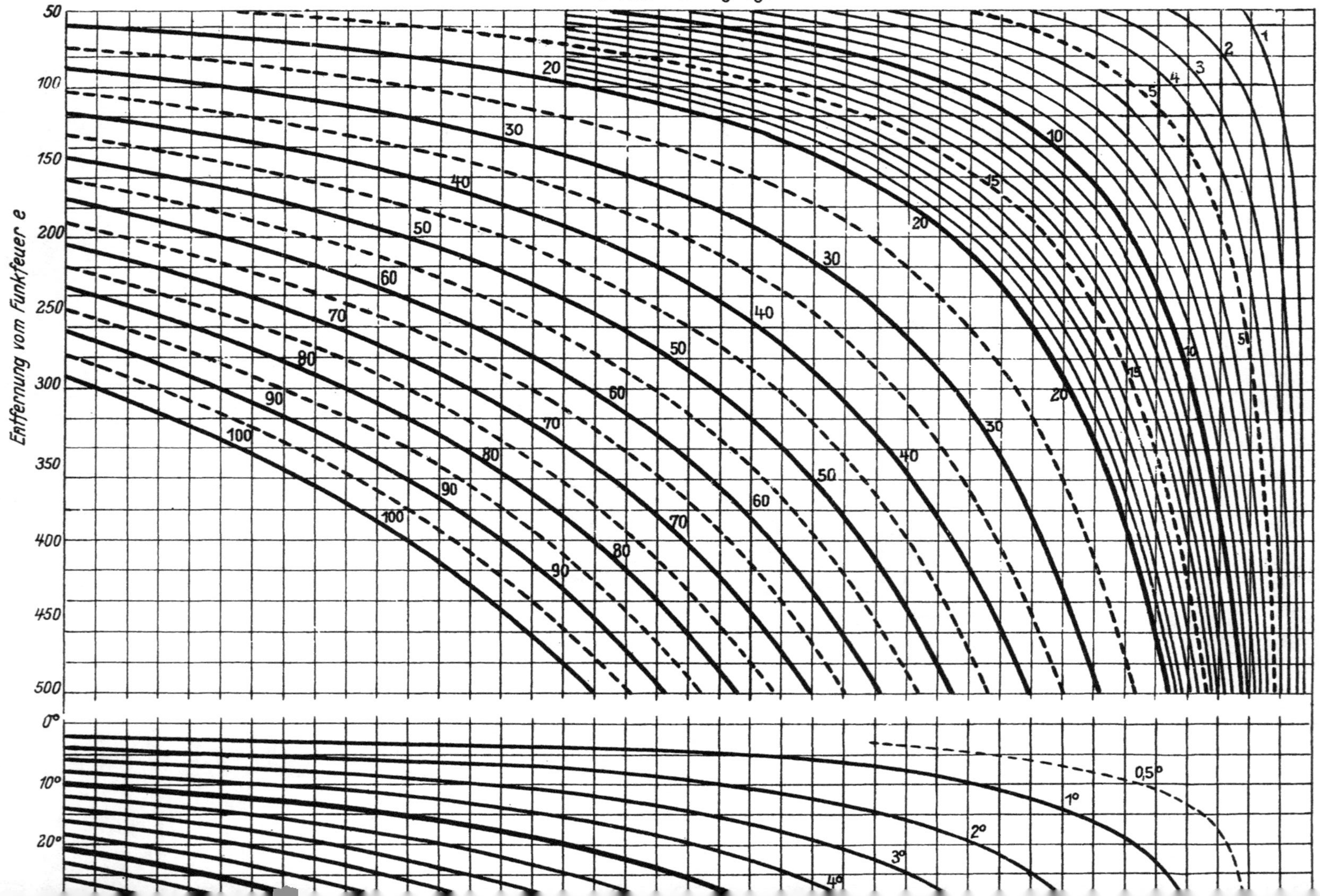

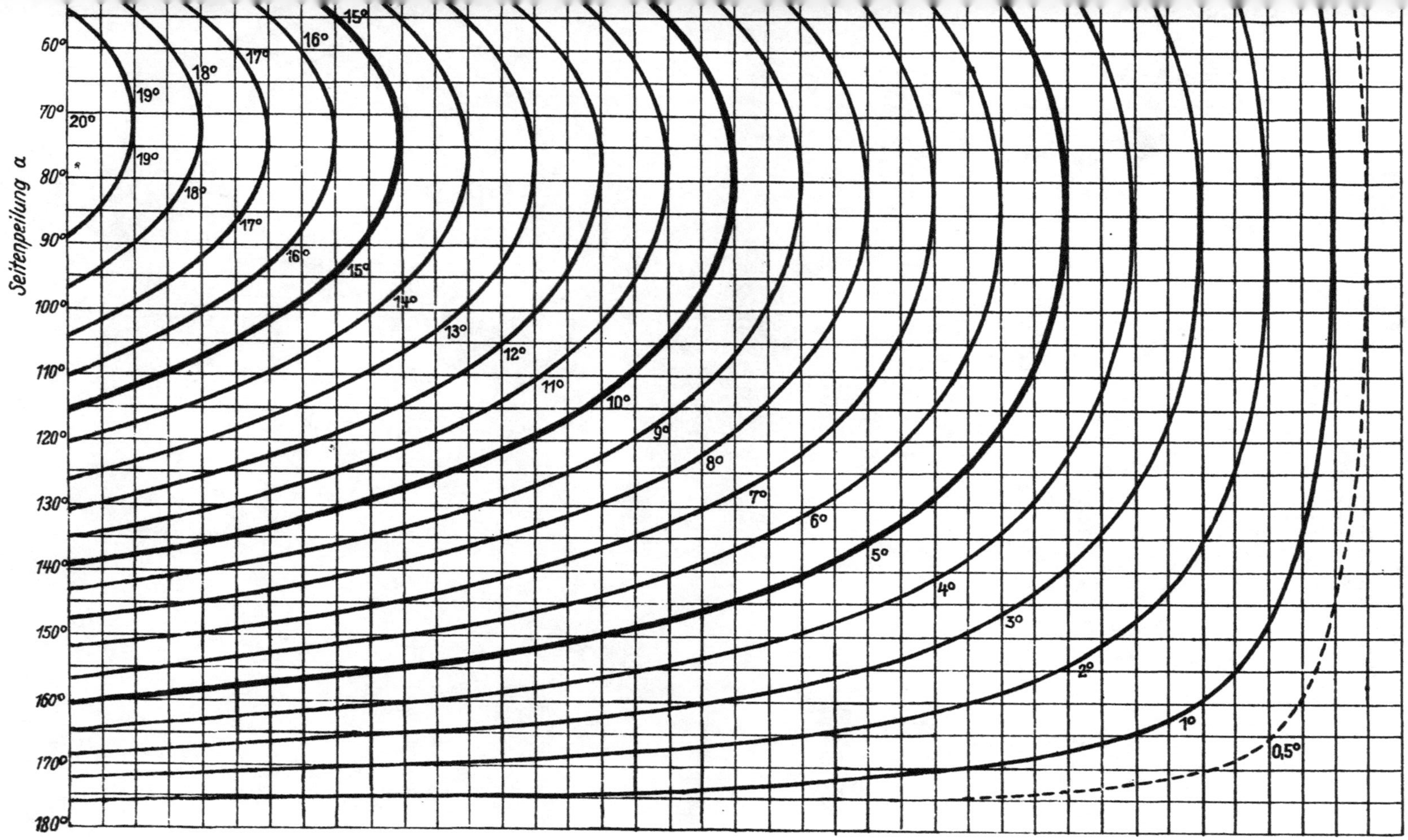

b. Tafel der Beschickung

Tafel 9. Ermittlung der zeitlichen Beschickung einer Funkseitenpeilung.

Gebrauchsanweisung.

Man gehe in dem oberen Teil seitlich mit der Entfernung vom Sender ein und verfolge die Horizontale, bis man auf den krummen Linien eine Zahl findet, die dem Minutenweg entspricht. Von hier gehe man vertikal nach dem unteren Teil und bleibe auf der Horizontalen stehen, die von der linken Seite die Funkseitenpeilung hereinbringt. An dieser Stelle entnehme man unter den krummen Linien die zeitliche Beschickung.

Die zeitliche Beschickung wird an die Seitenpeilung addiert, wenn diese zwischen 0° und 180° liegt, und von ihr subtrahiert, wenn sie zwischen 180° und 360° liegt.

Tafel 10.

Weirs Diagramm.

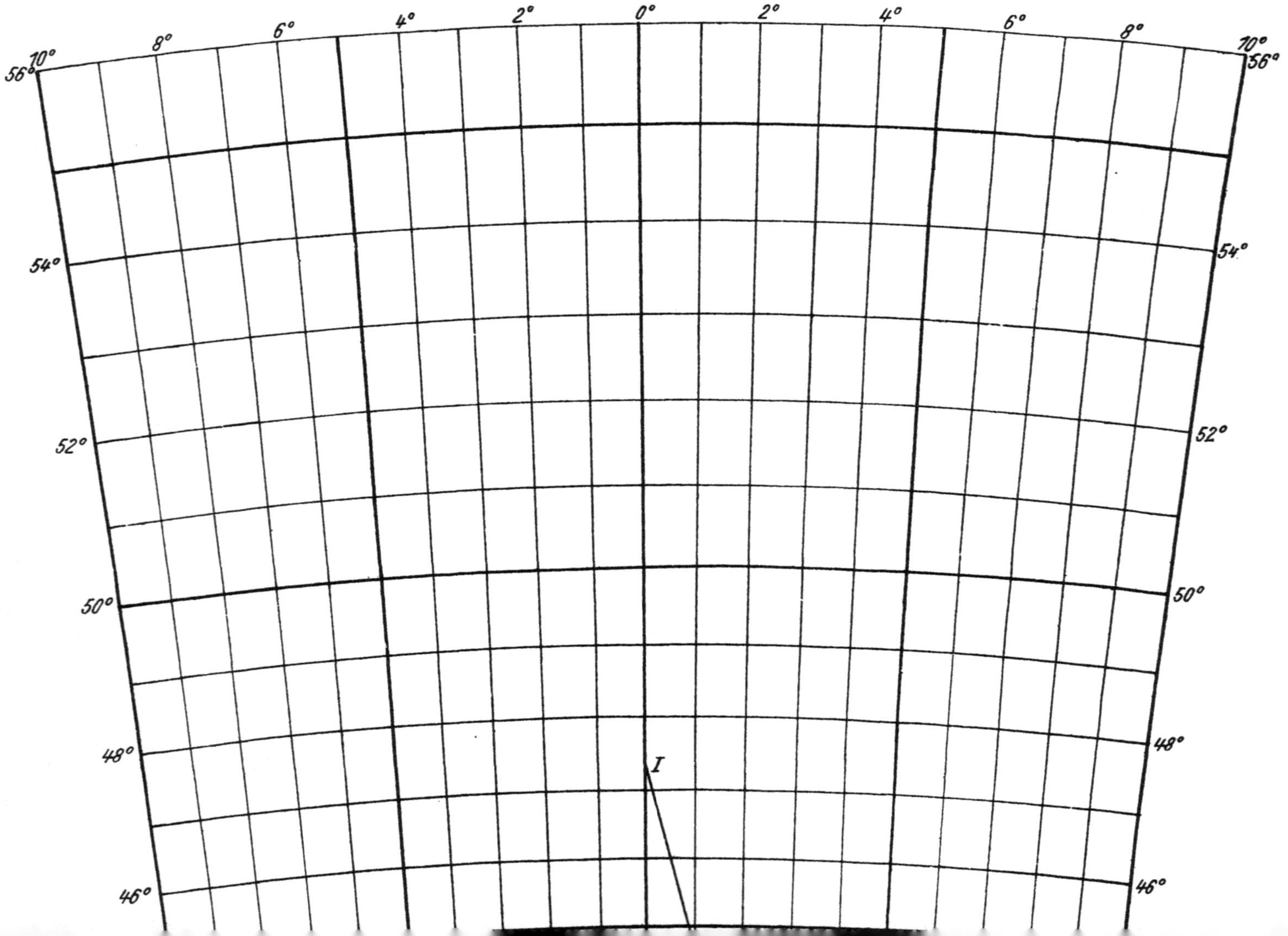
10°
8°
6°
4°
2°
0°
2°
4°
6°
8°
10°
56°
54°
52°
50°
48°
46°
56°
54°
52°
50°
48°
46°
I

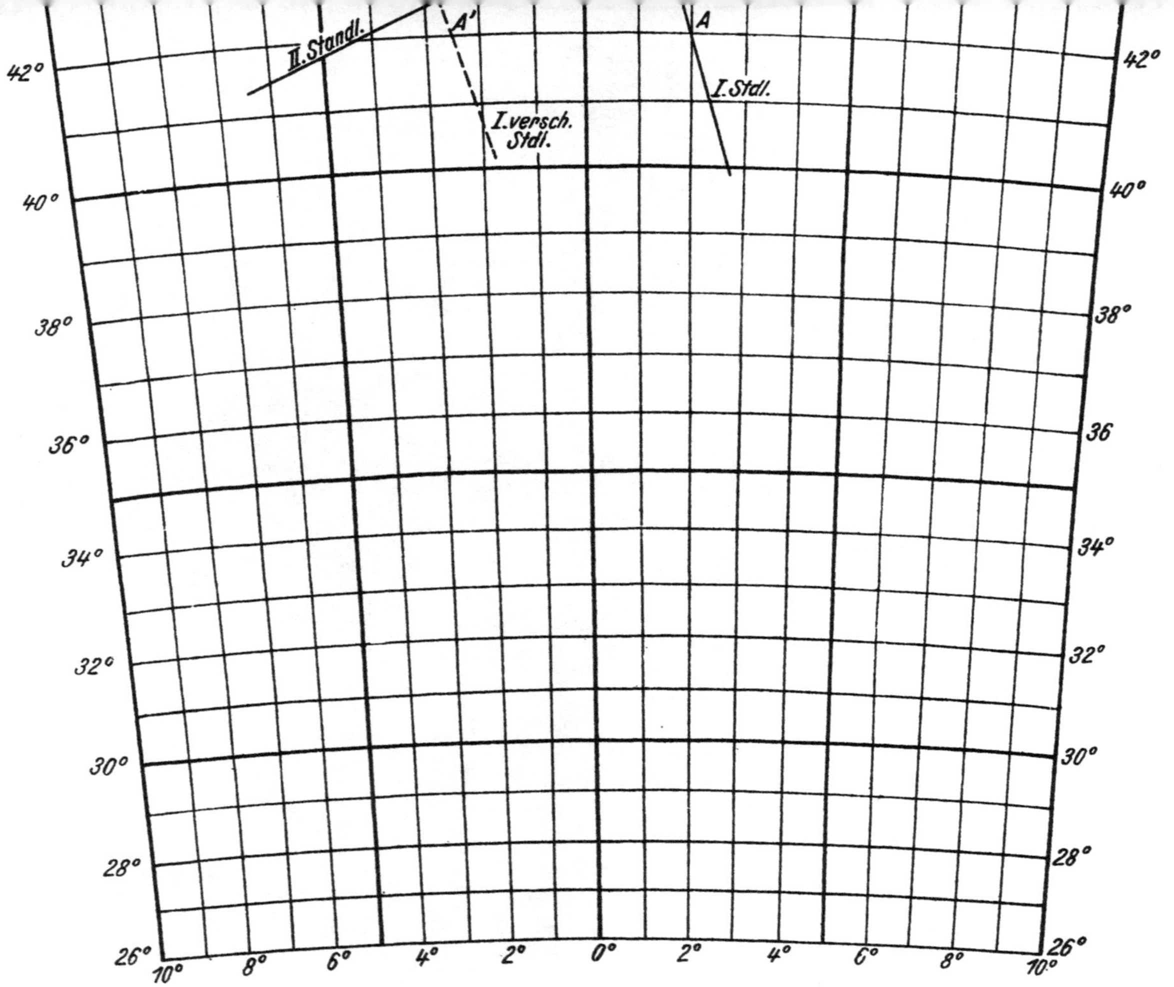

Tafel 10. Weirs Diagramm zur Ermittlung der Azimutgleichen.

Tafel 11.

Funknavigationskarte.

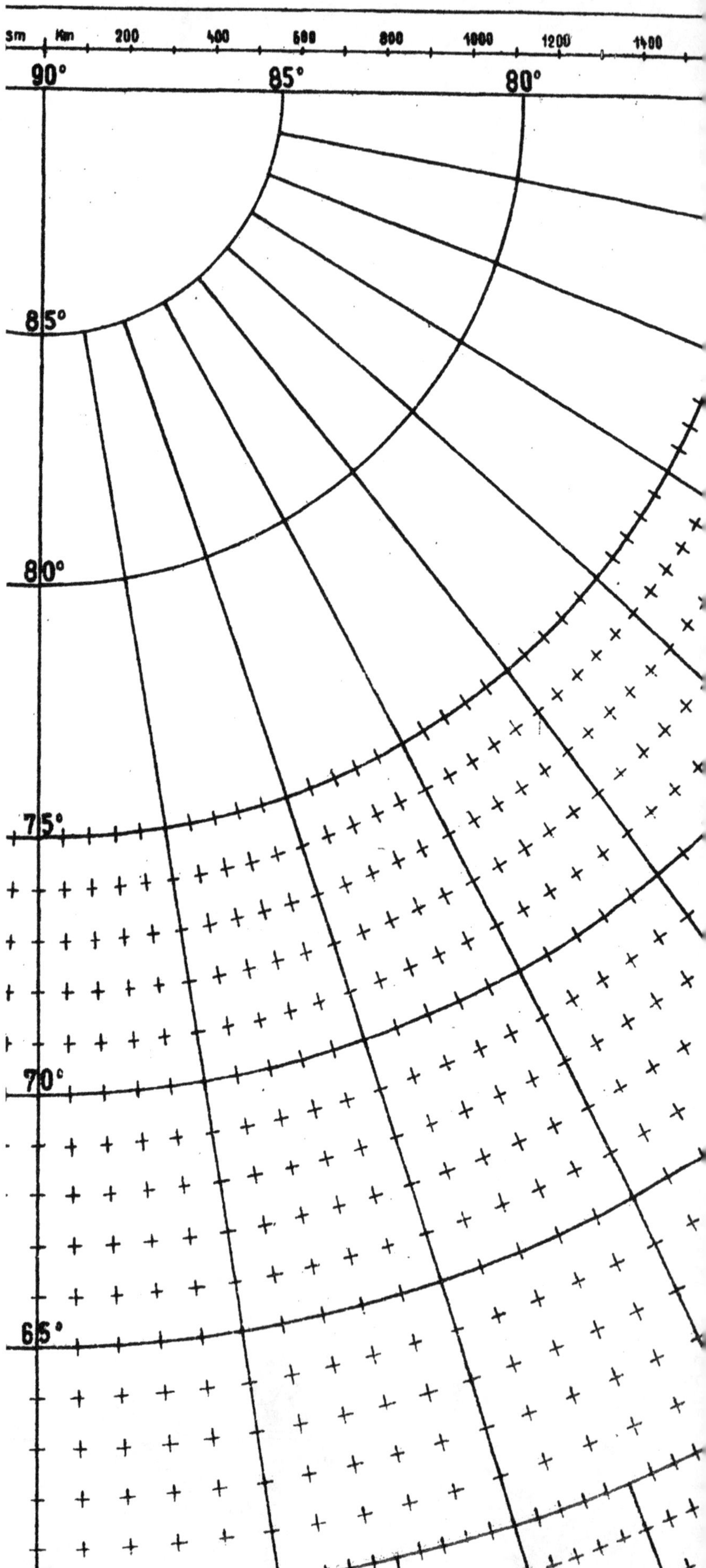

sm
Km
200
400
600
800
1000
1200
1400
90°
85°
80°
85°
80°
75°
70°
65°
60°

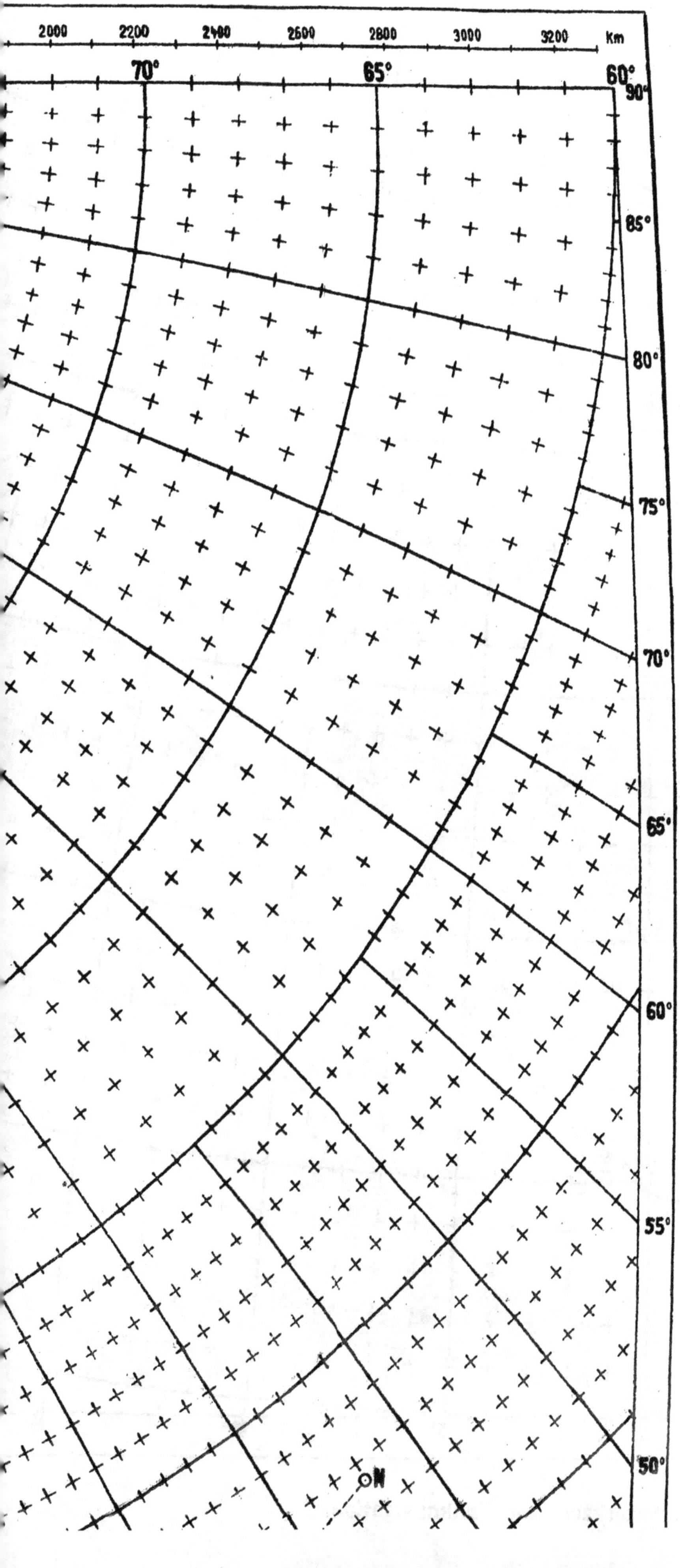
2000
2200
2400
2600
2800
3000
3200
Km
70°
65°
60°
90°
85°
80°
75°
70°
65°
60°
55°
50°
N

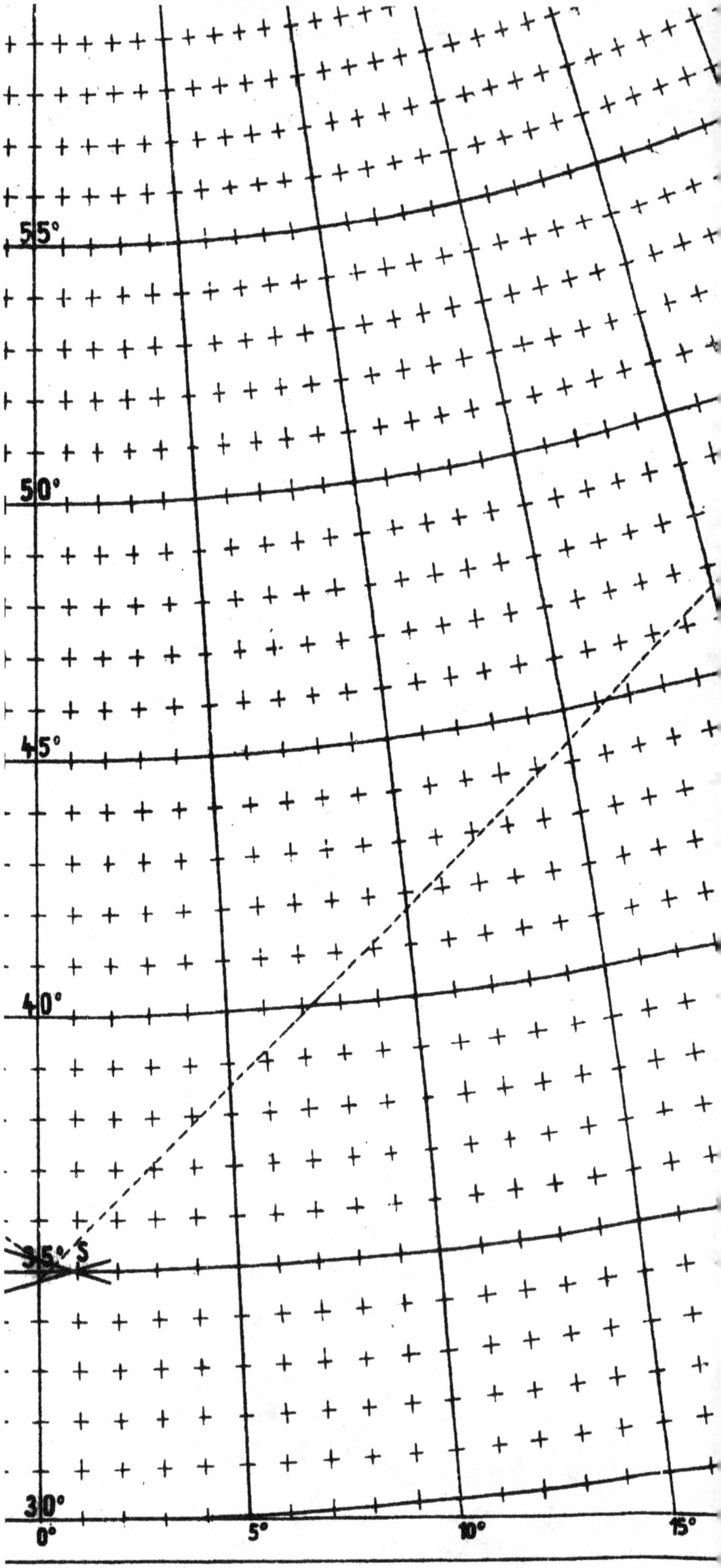

erkatorkarte zur Funknavigation.

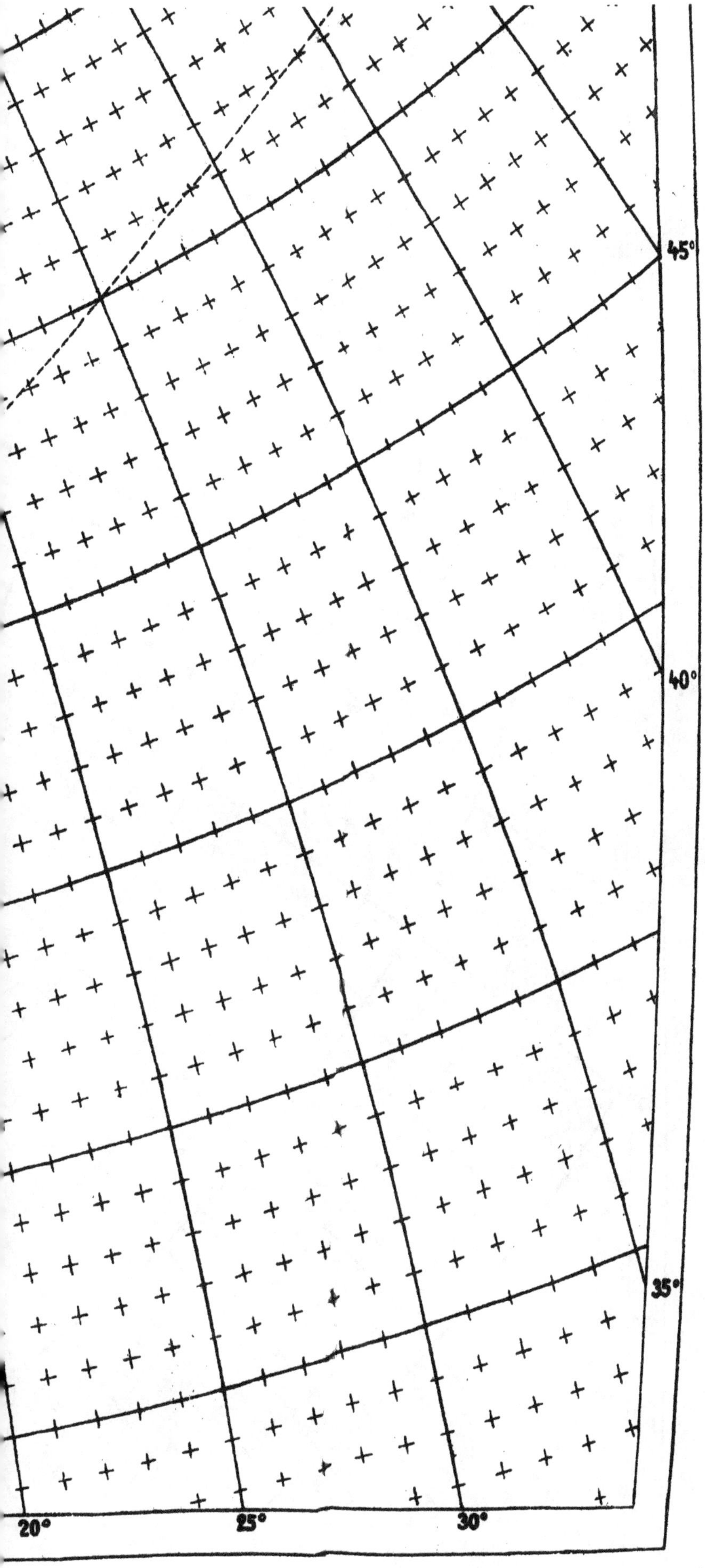
45°
40°
35°
20°
25°
30°

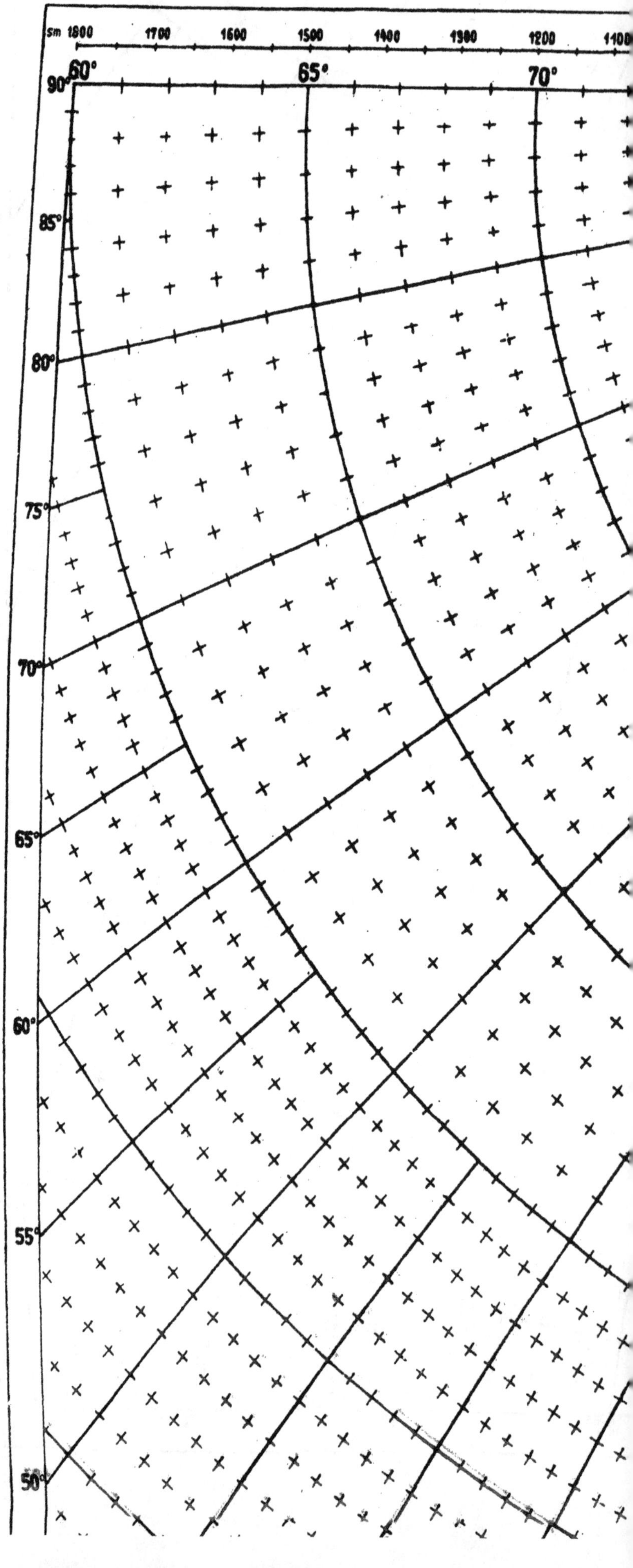
sm 1800
1700
1600
1500
1400
1300
1200
60°
65°
70°
90°
85°
80°
75°
70°
65°
60°
55°
50°

800
700
600
500
400
300
200
100
80°
85°

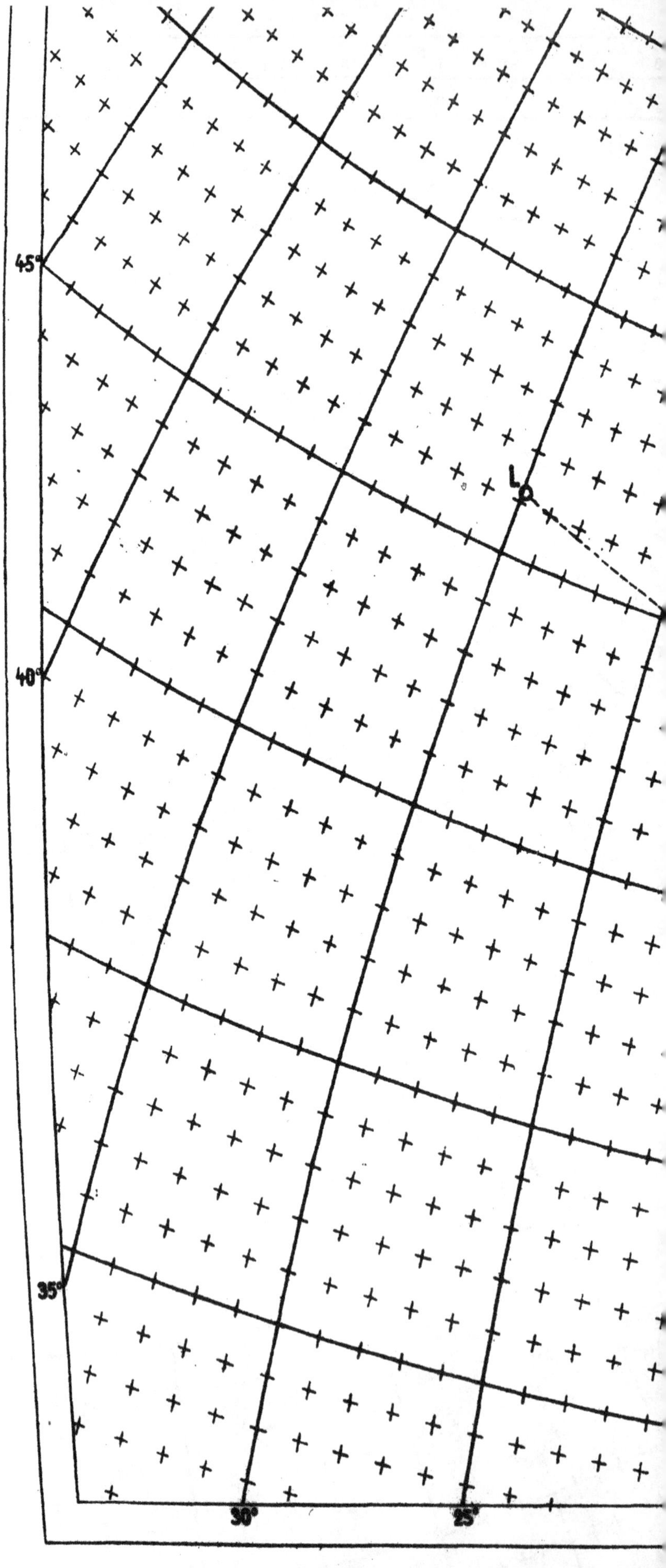
45°
40°
35°
30°
25°
L

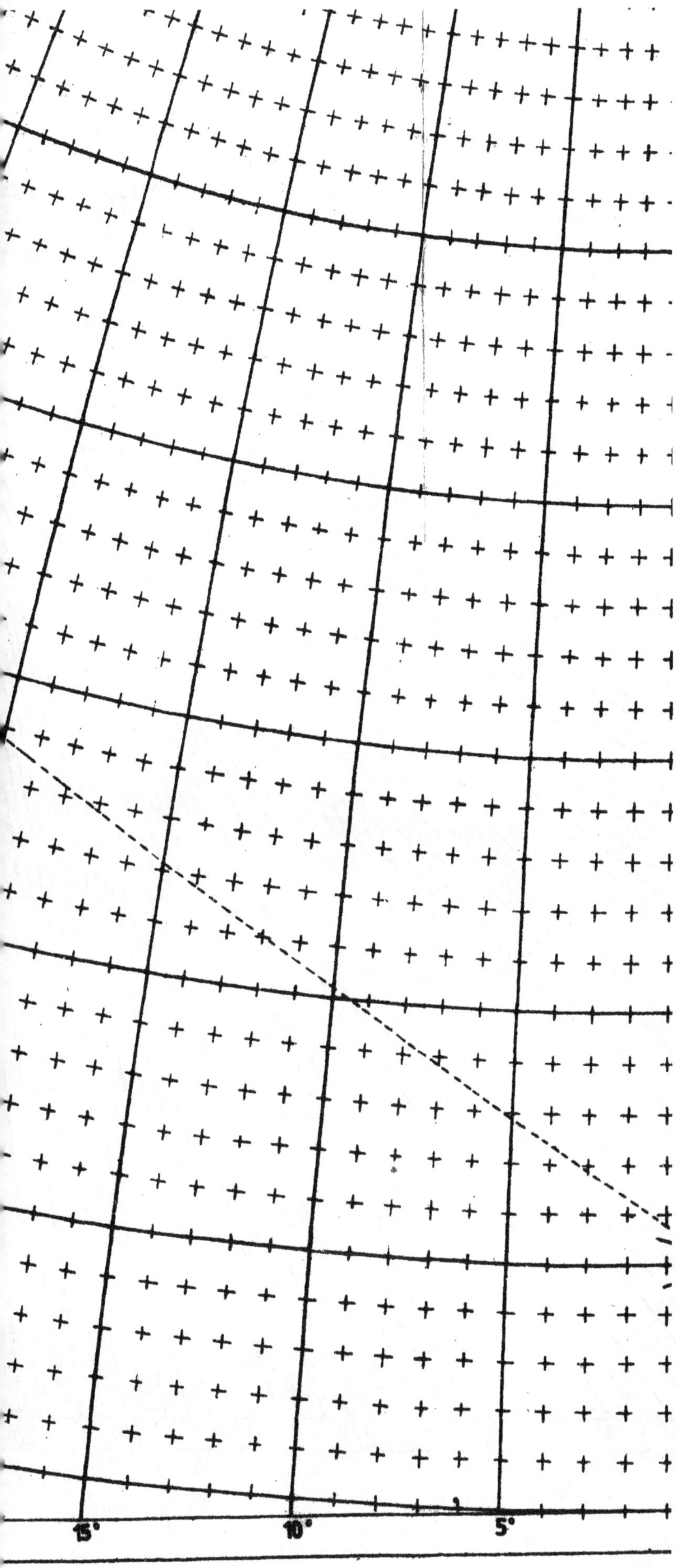

Tafel 11. Die transversale M

ebrauch in der Funknavigation

(Deckblatt zu Tafel 11)

orkarte.

Tafel 12.

Peilrose.

Die transversale Merkatorkarte

Tafel 12. Peilrose zur

Gebrauch in der Funknavigation

(Deckblatt zu Tafel 11)

…rkatorkarte.

Tafel 13.

Stereographische Karte.

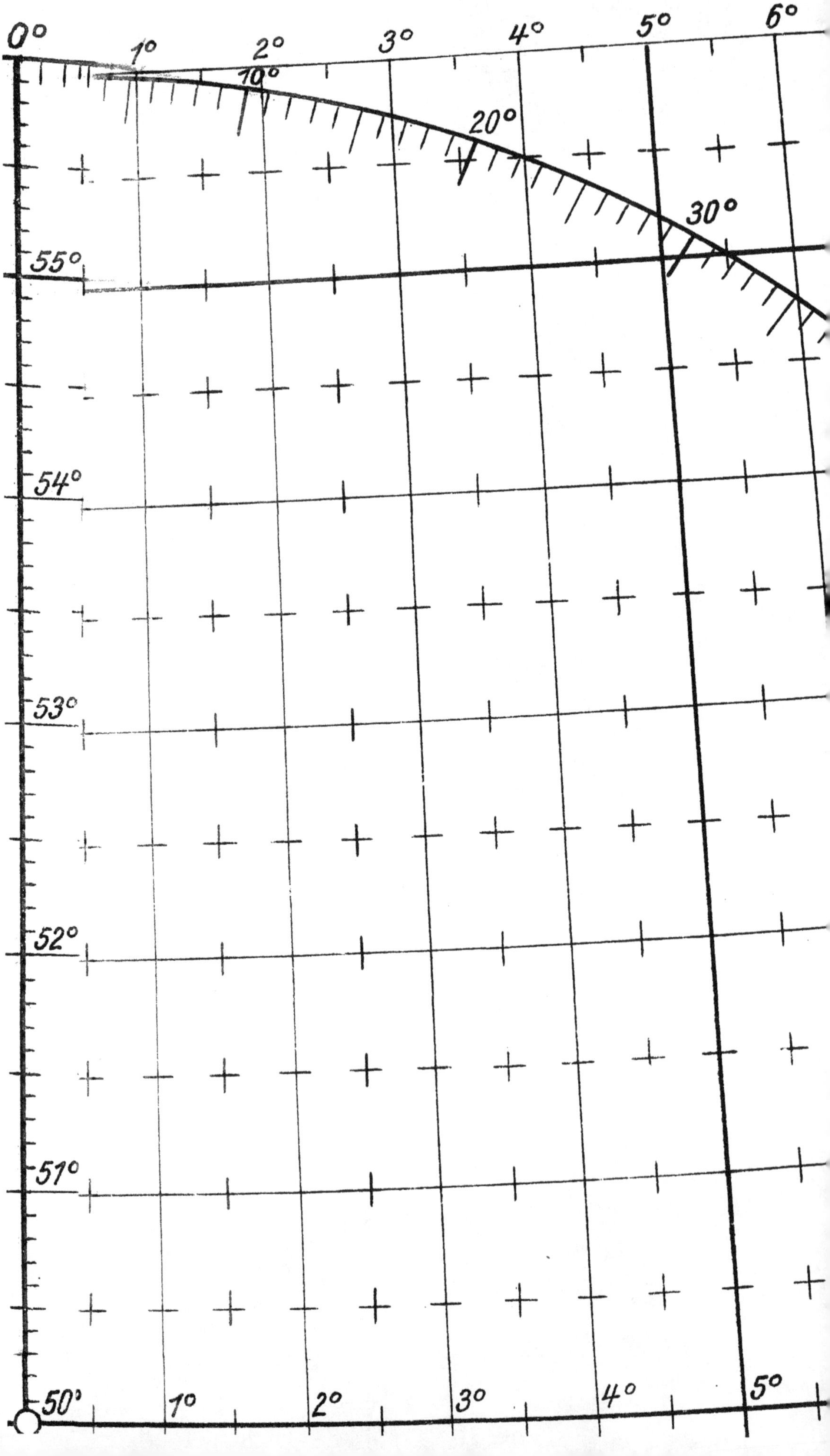

0°
1°
2°
3°
4°
5°
6°
10°
20°
30°
55°
54°
53°
52°
51°
50°
1°
2°
3°
4°
5°

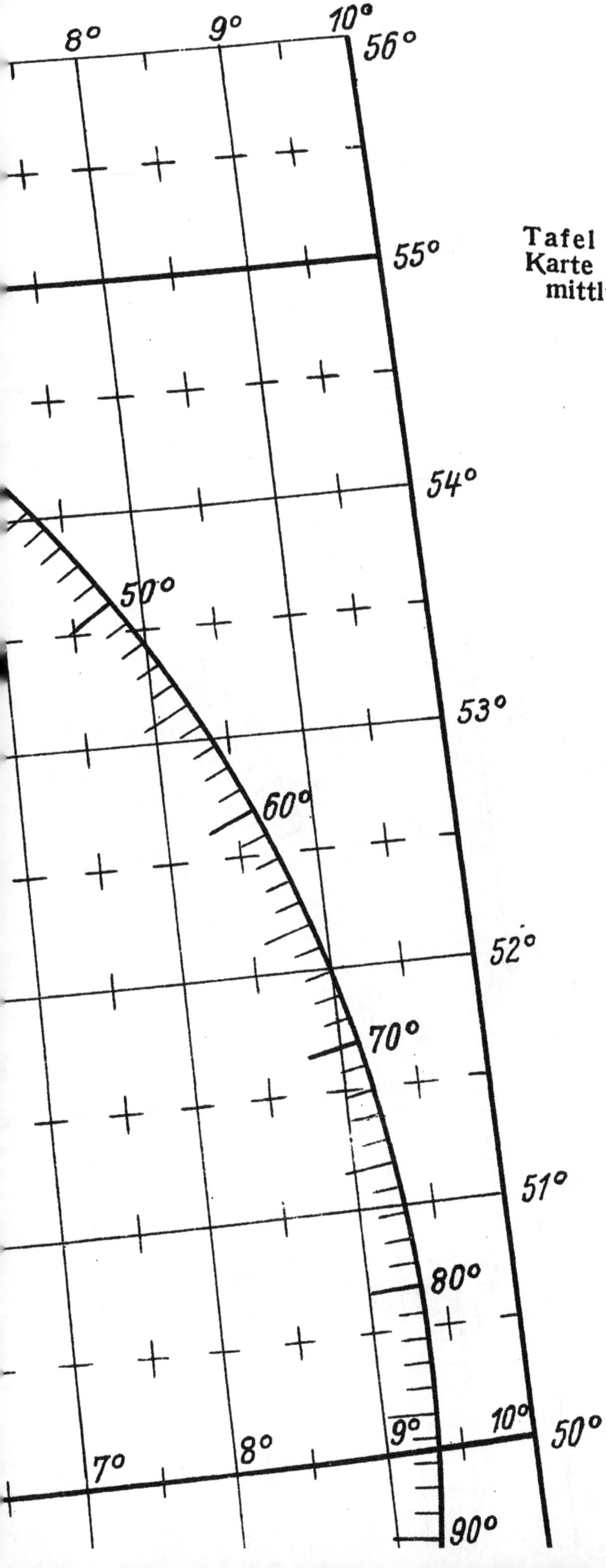

Tafel 13. Stereographische Karte für $\varphi = 50^\circ$ zur Ermittlung astronomischer Standlinien.

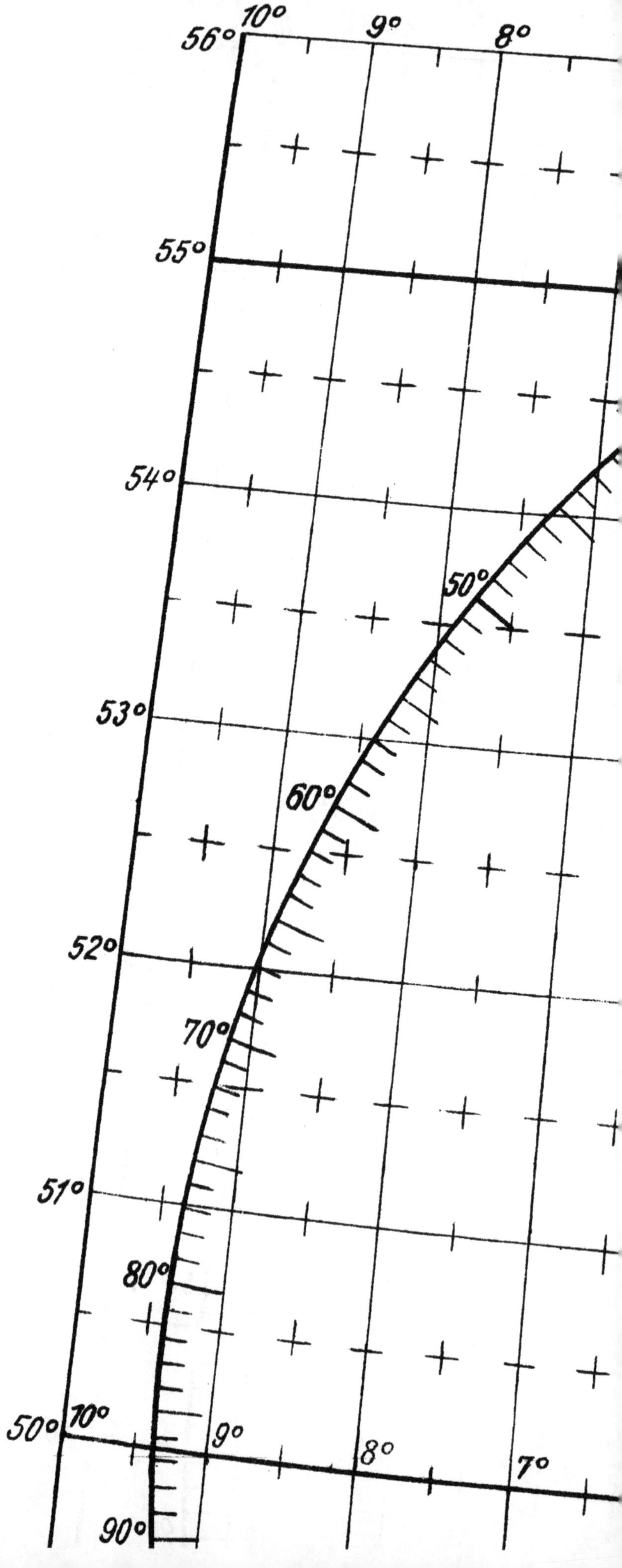

56°
10°
9°
8°
55°
54°
53°
52°
51°
50°
50°
60°
70°
80°
90°
10°
9°
8°
7°

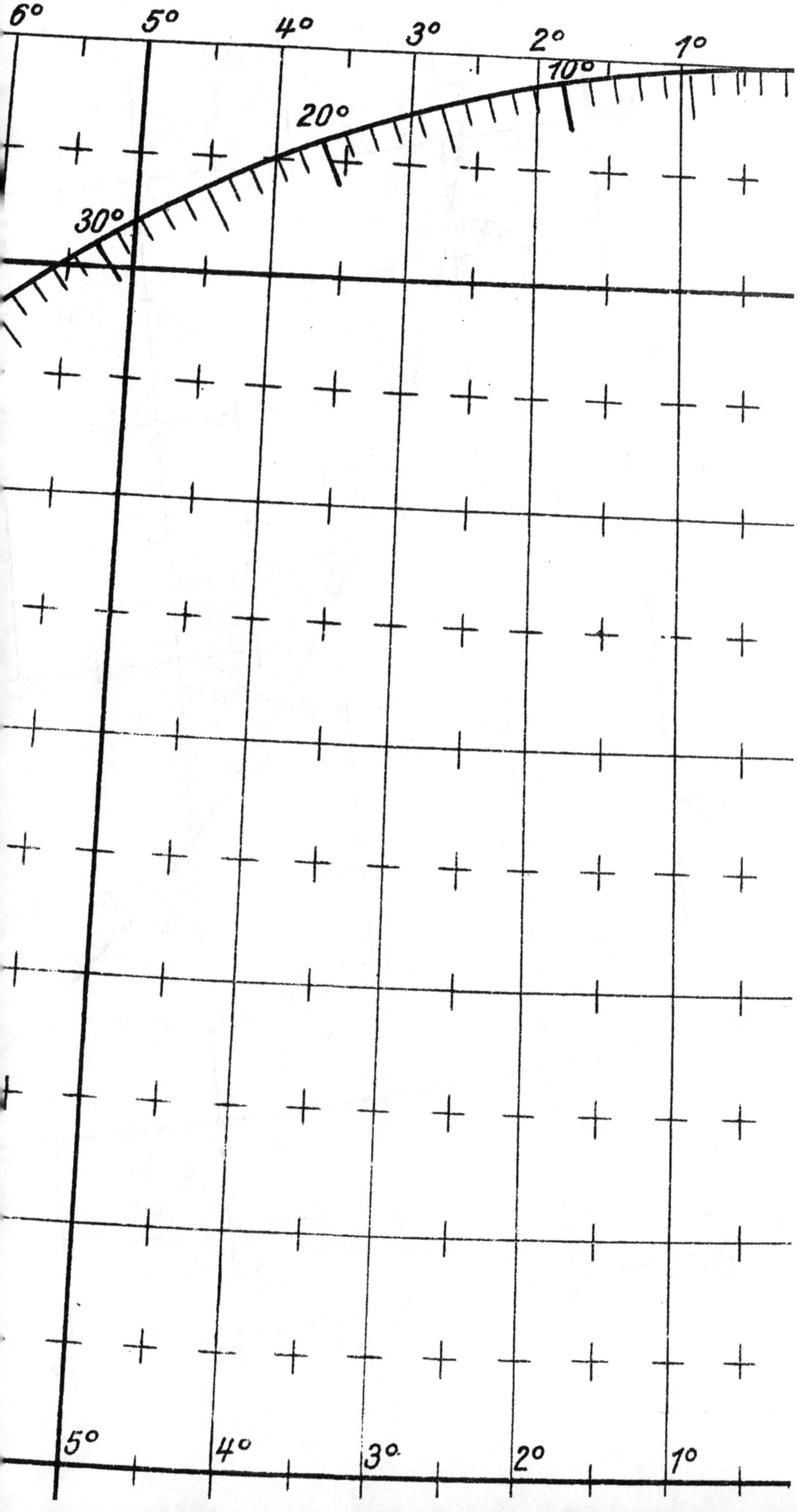

6°
5°
4°
3°
2°
1°
10°
20°
30°
5°
4°
3°
2°
1°

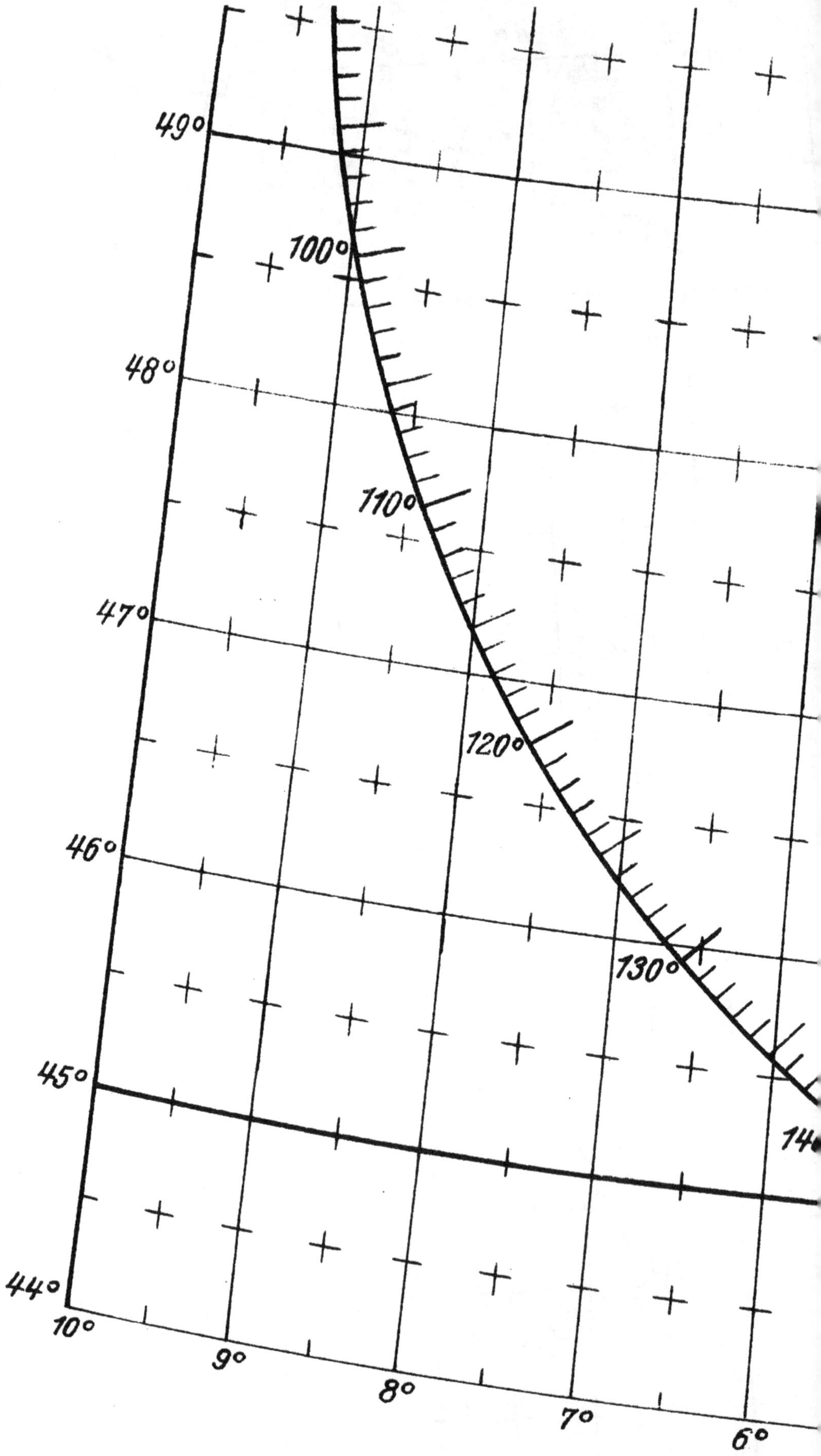
49°
48°
47°
46°
45°
44°
10°
9°
8°
7°
6°
100°
110°
120°
130°
14

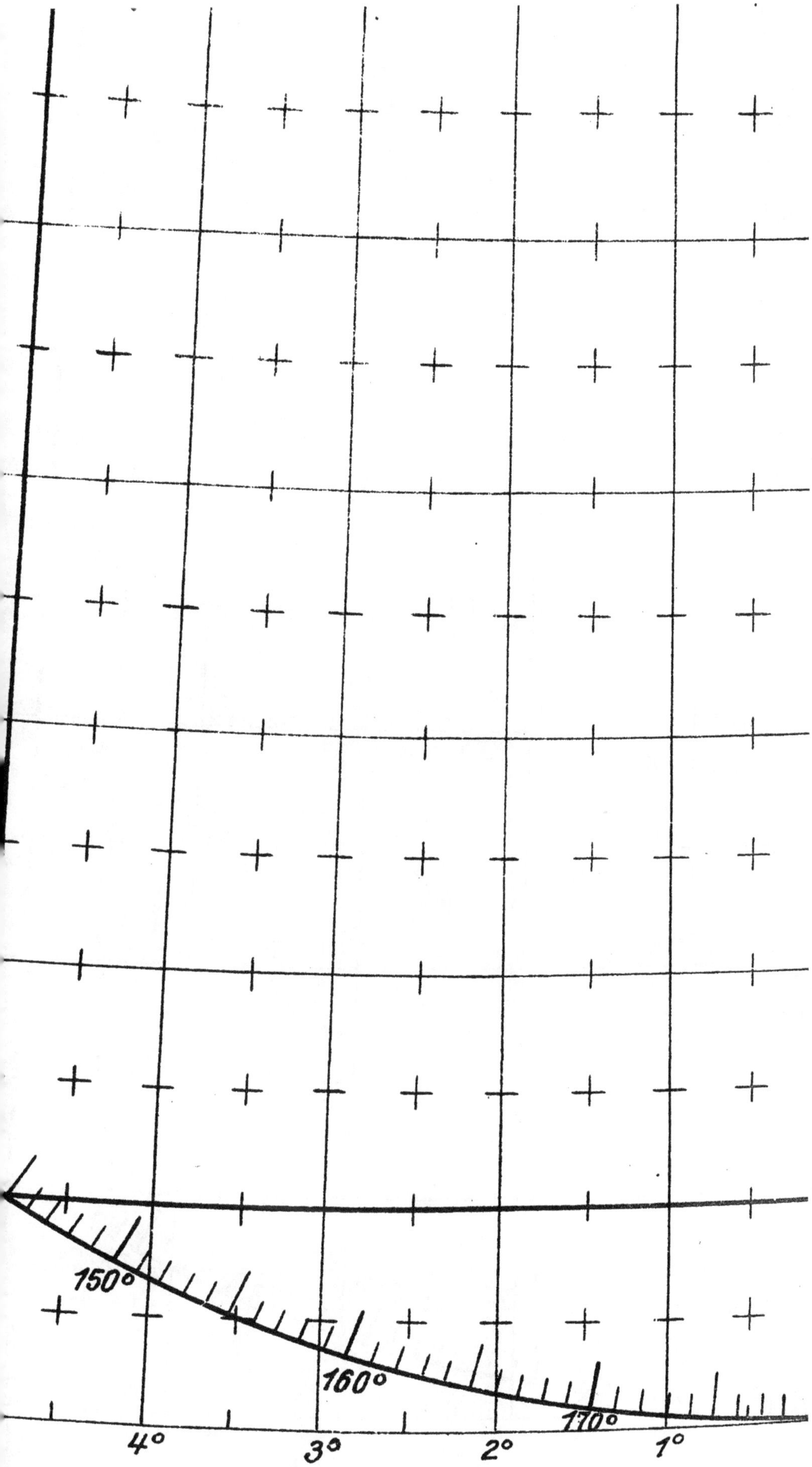
150°
160°
170°
4°
3°
2°
1°

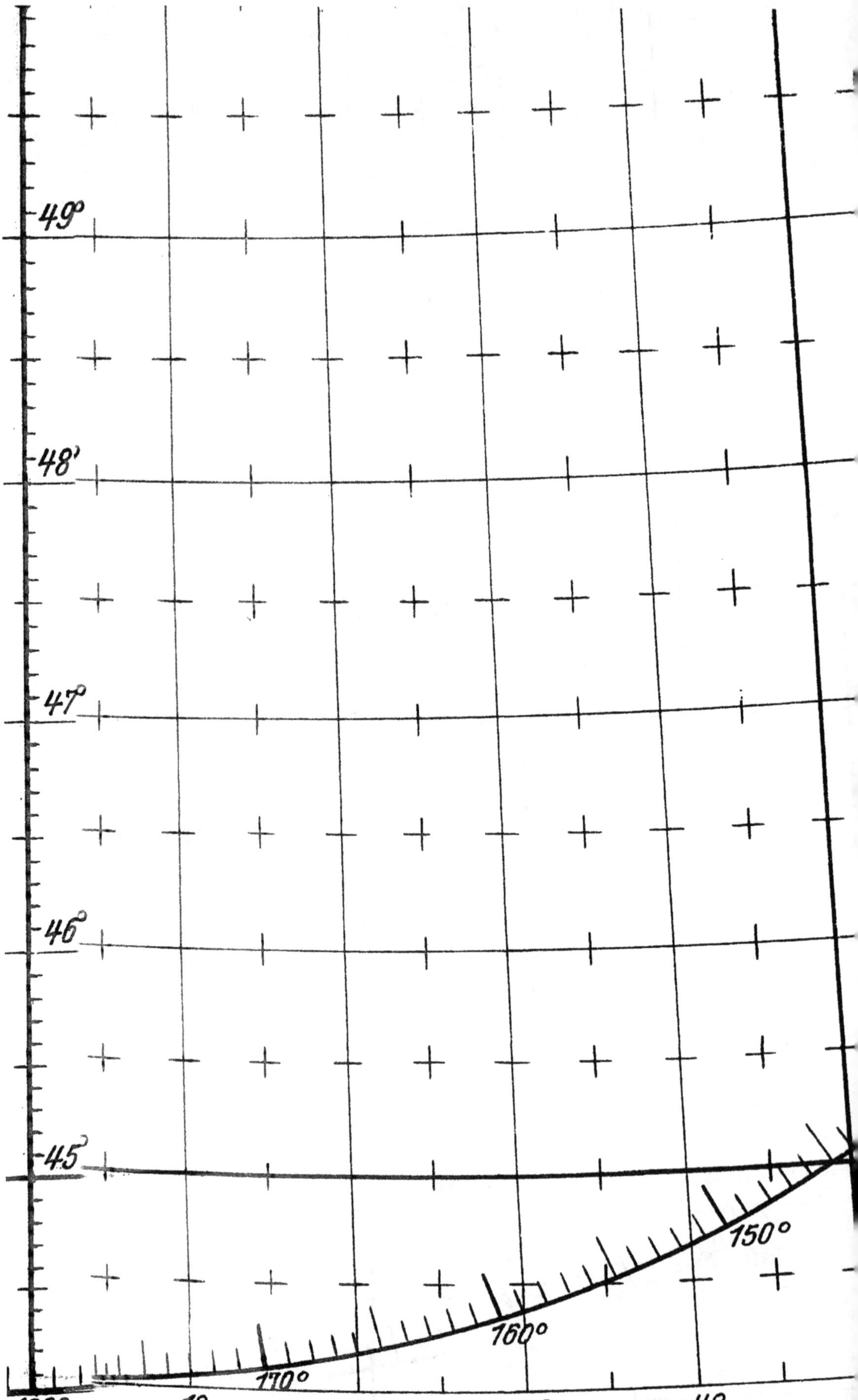
49°
48°
47°
46°
45°
150°
160°
170°
180°
1°
2°
3°
4°

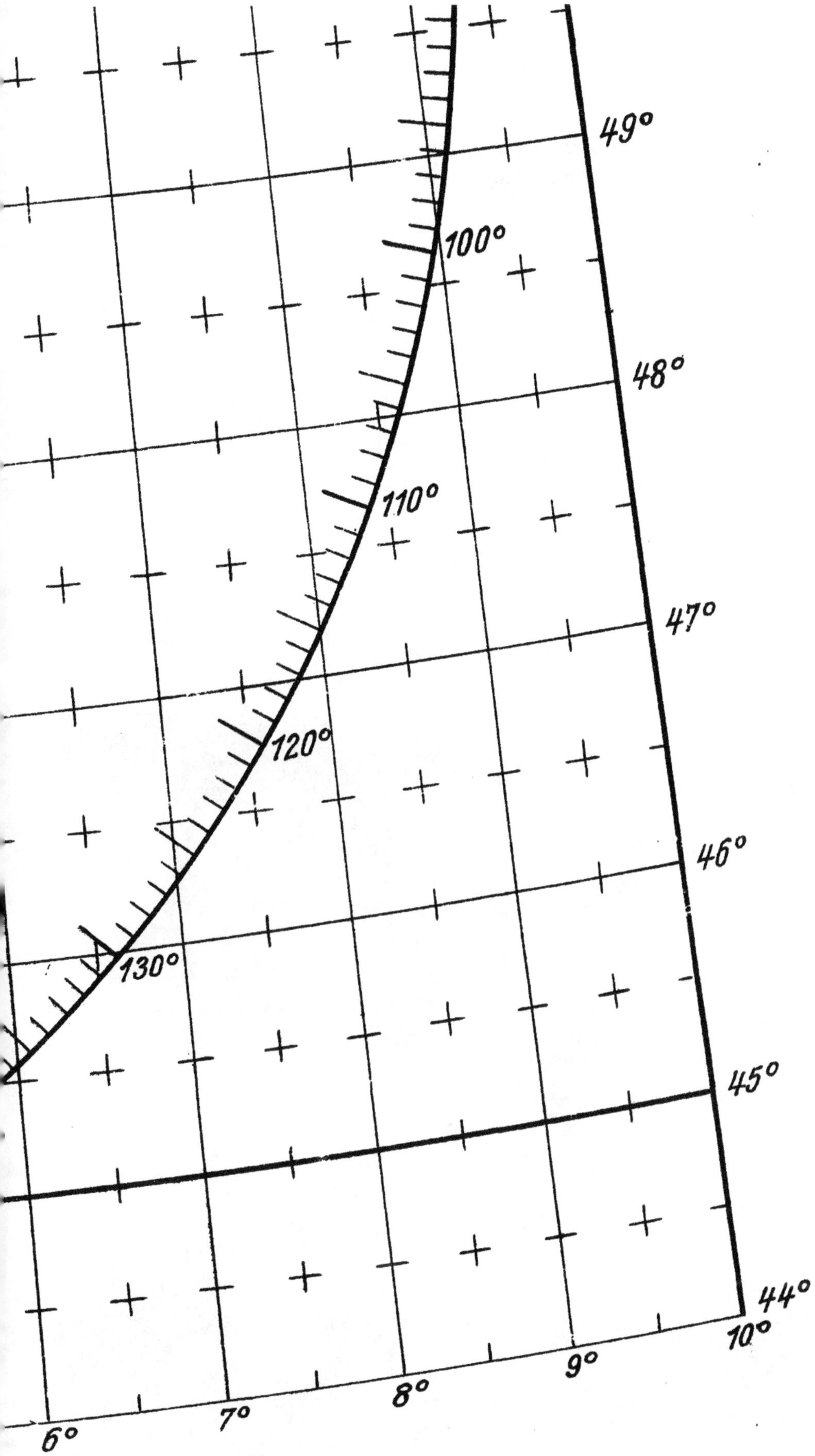

49°
100°
48°
110°
47°
120°
46°
130°
45°
44°
10°
9°
8°
7°
6°

Tafel 14a.

Höhentafel.

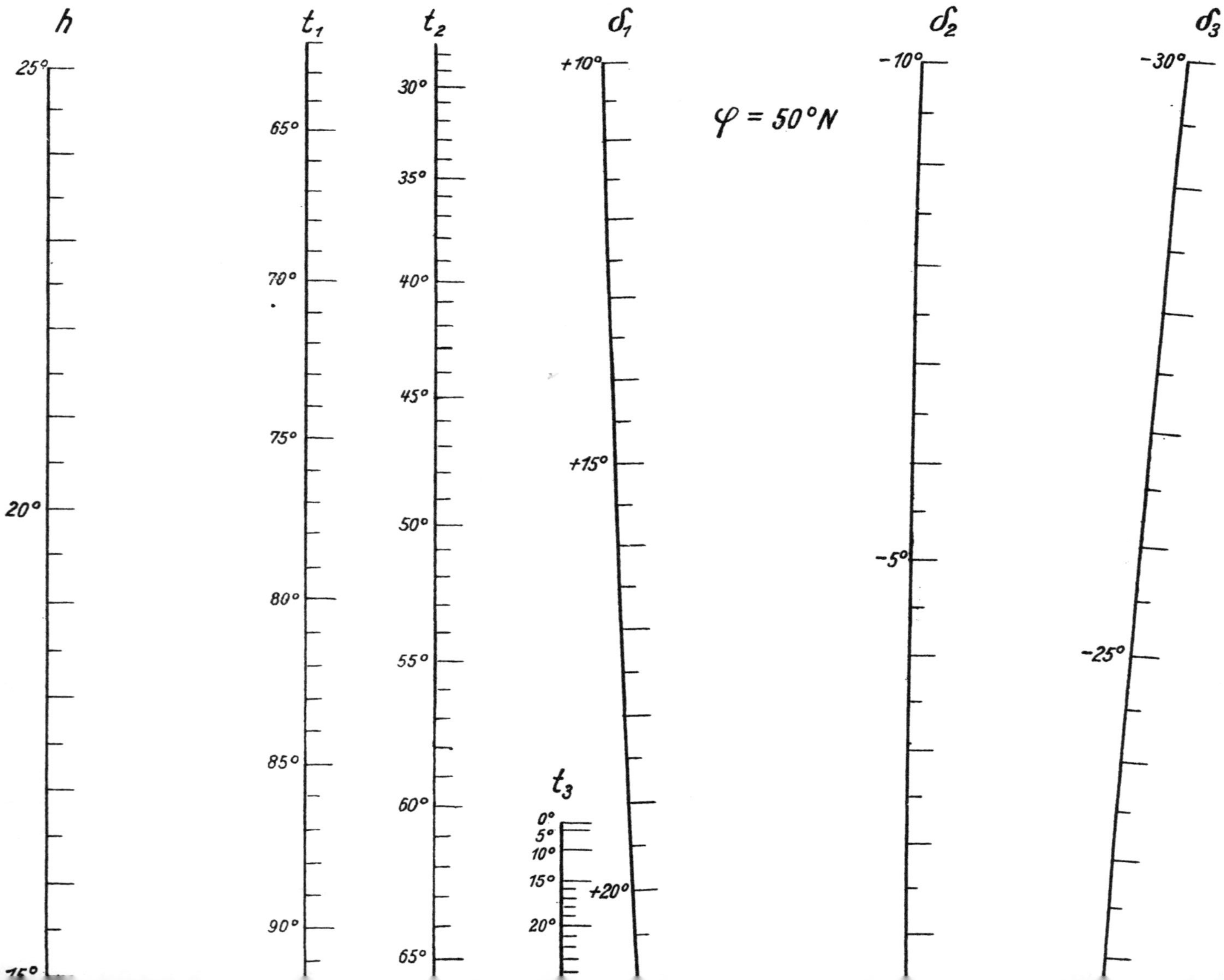

h
25°
20°
t_1
65°
70°
75°
80°
85°
90°
t_2
30°
35°
40°
45°
50°
55°
60°
65°
δ_1
+10°
+15°
+20°
t_3
0°
5°
10°
15°
20°
φ = 50° N
δ_2
-10°
-5°
δ_3
-30°
-25°

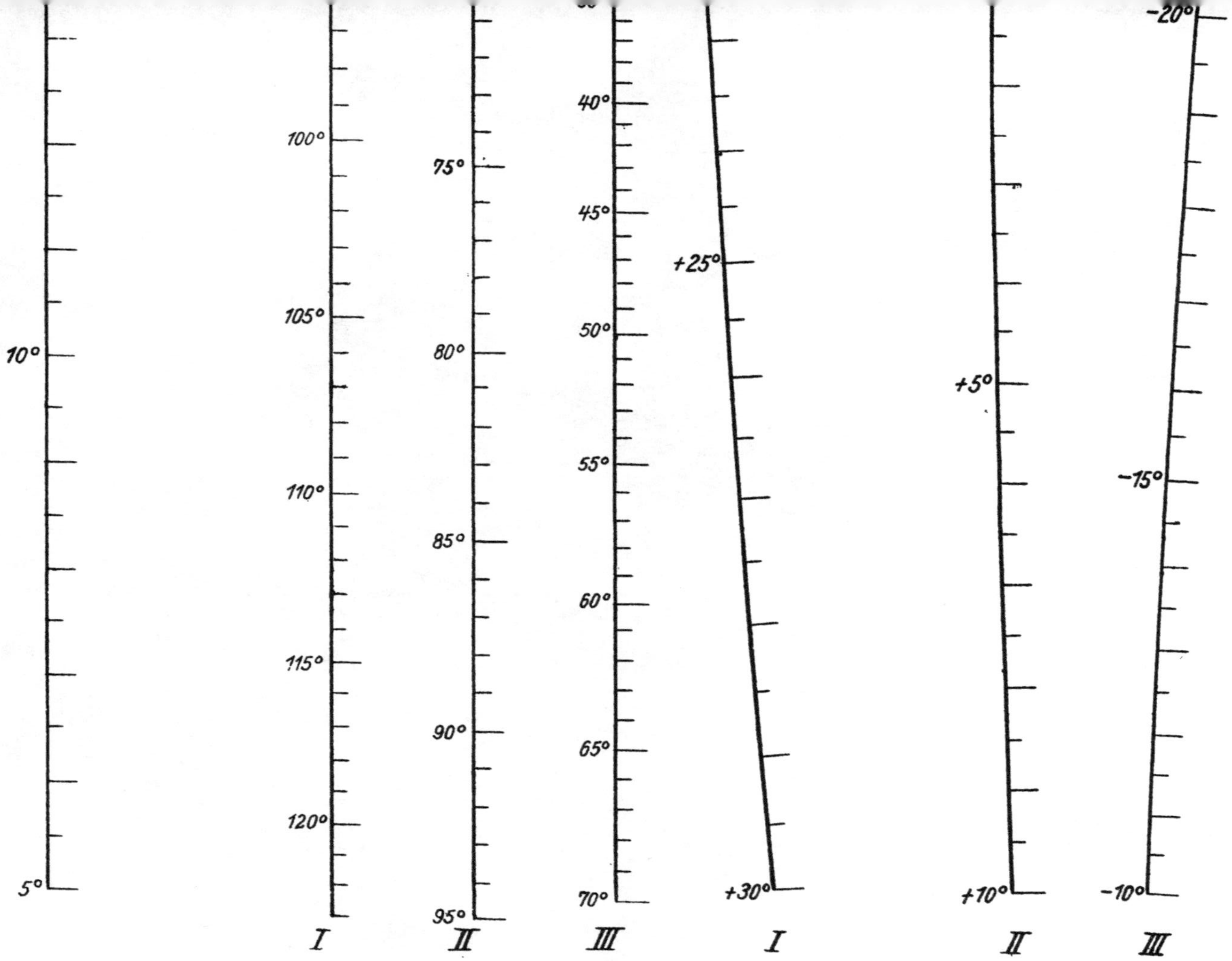

Tafel 14a. Höhentafel.

$\varphi = 50^0$ N, $h = 5^0$ bis 25^0, $\delta = -30^0$ bis $+30^0$.

Tafel 14b.

Höhentafel.

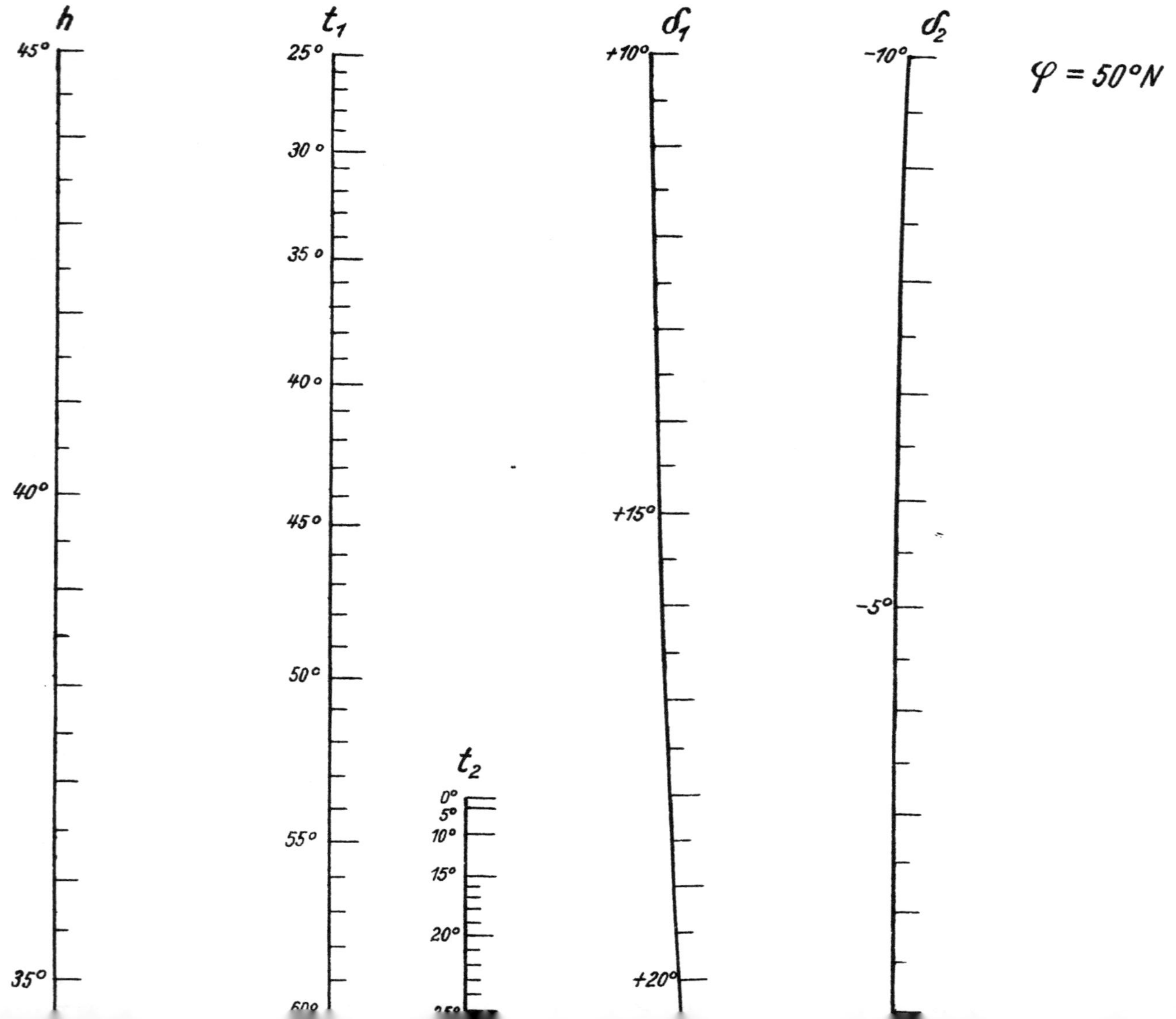
h
45°
40°
35°
t1
25°
30°
35°
40°
45°
50°
55°
t2
0°
5°
10°
15°
20°
δ1
+10°
+15°
+20°
δ2
-10°
-5°
φ = 50°N

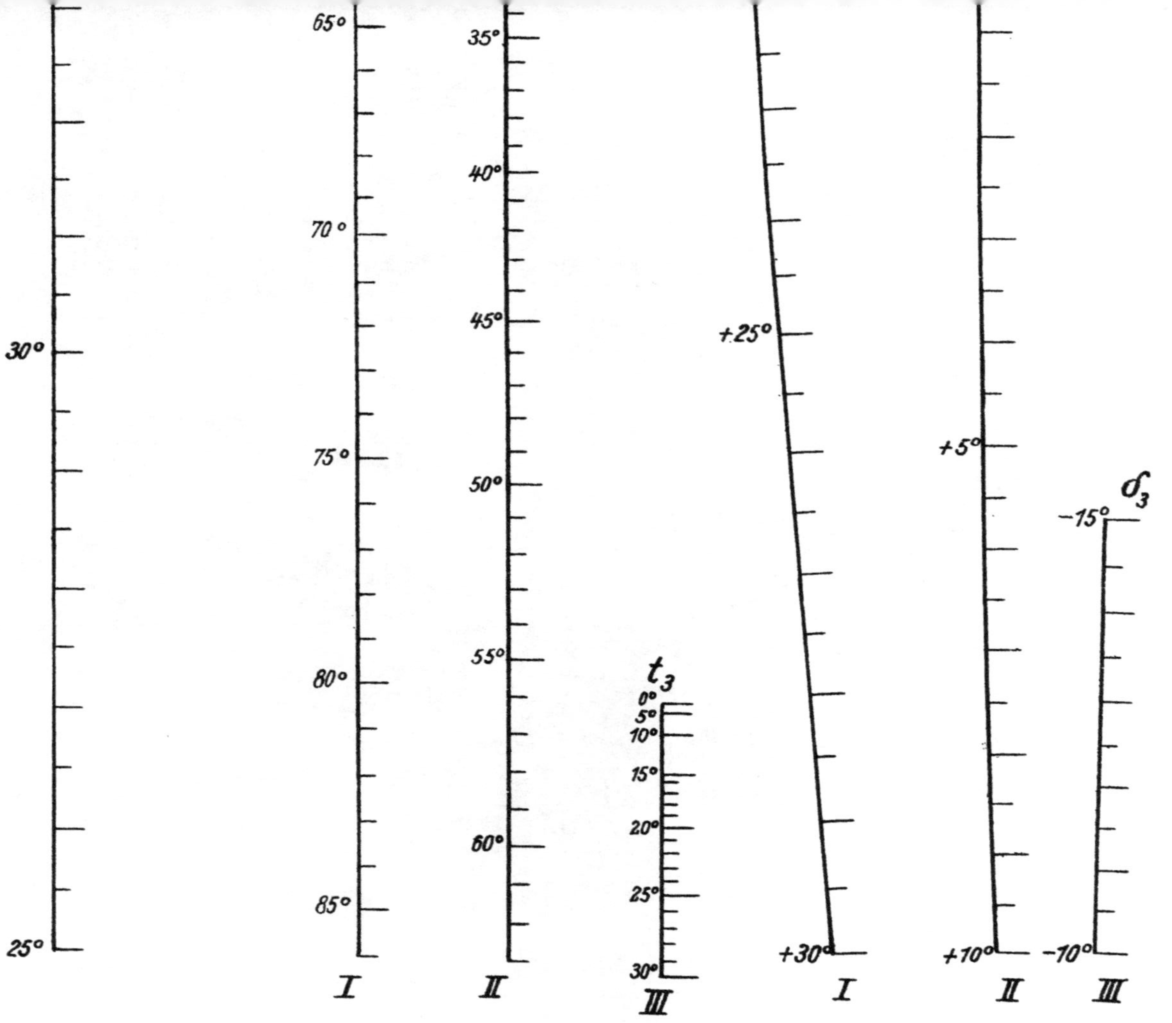

Tafel 14b. Höhentafel.

$\varphi = 50^0$ N, $h = 25^0$ bis 45^0, $\delta = -15^0$ bis $+30^0$.

Tafel 14c.

Höhentafel.

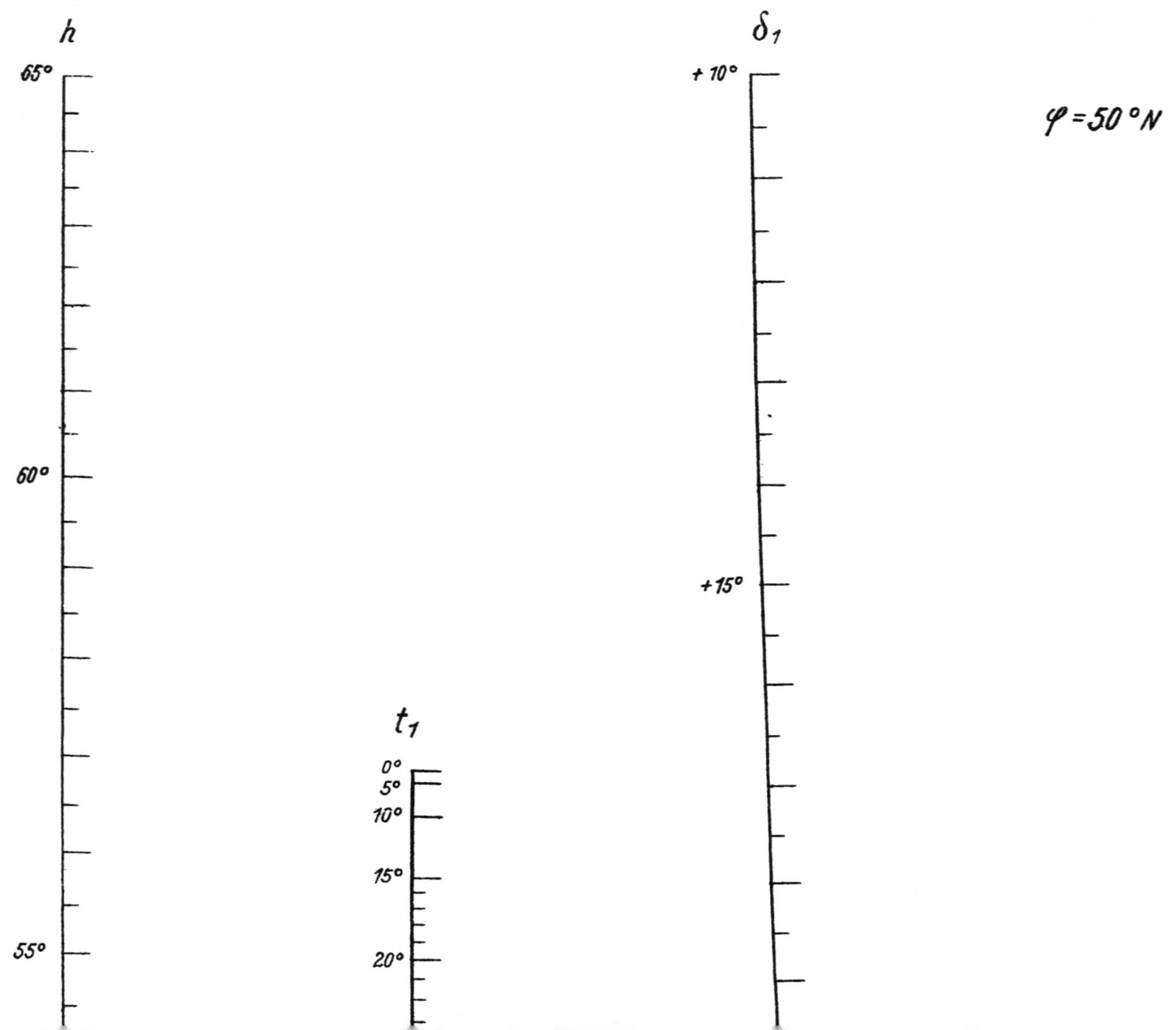
h
65°
60°
55°
t1
0°
5°
10°
15°
20°
δ1
+ 10°
+15°
φ = 50° N

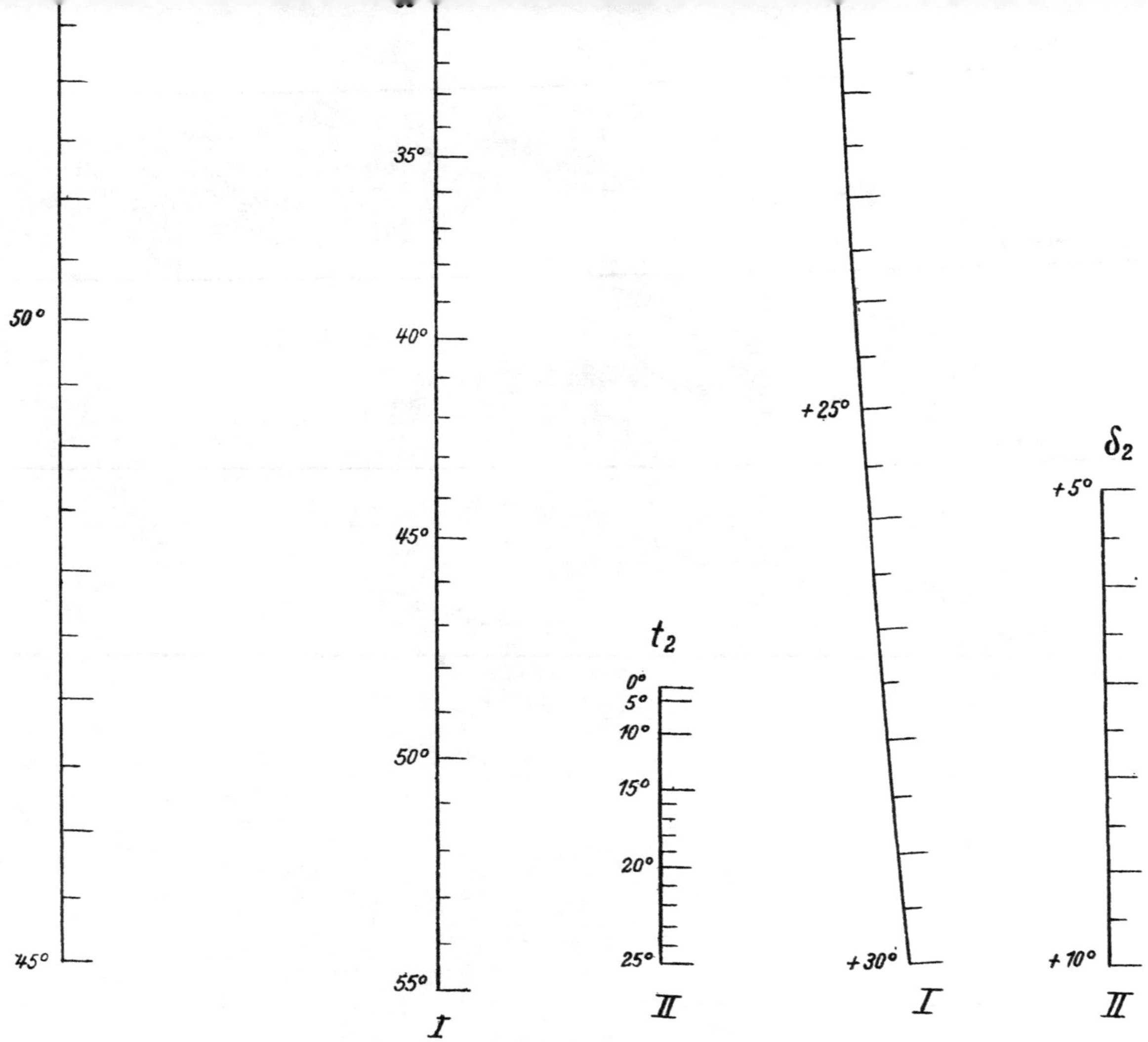

Tafel 14c. Höhentafel.
$\varphi = 50°$ N, $h = 45°$ bis $65°$, $\delta = +5°$ bis $+30°$.

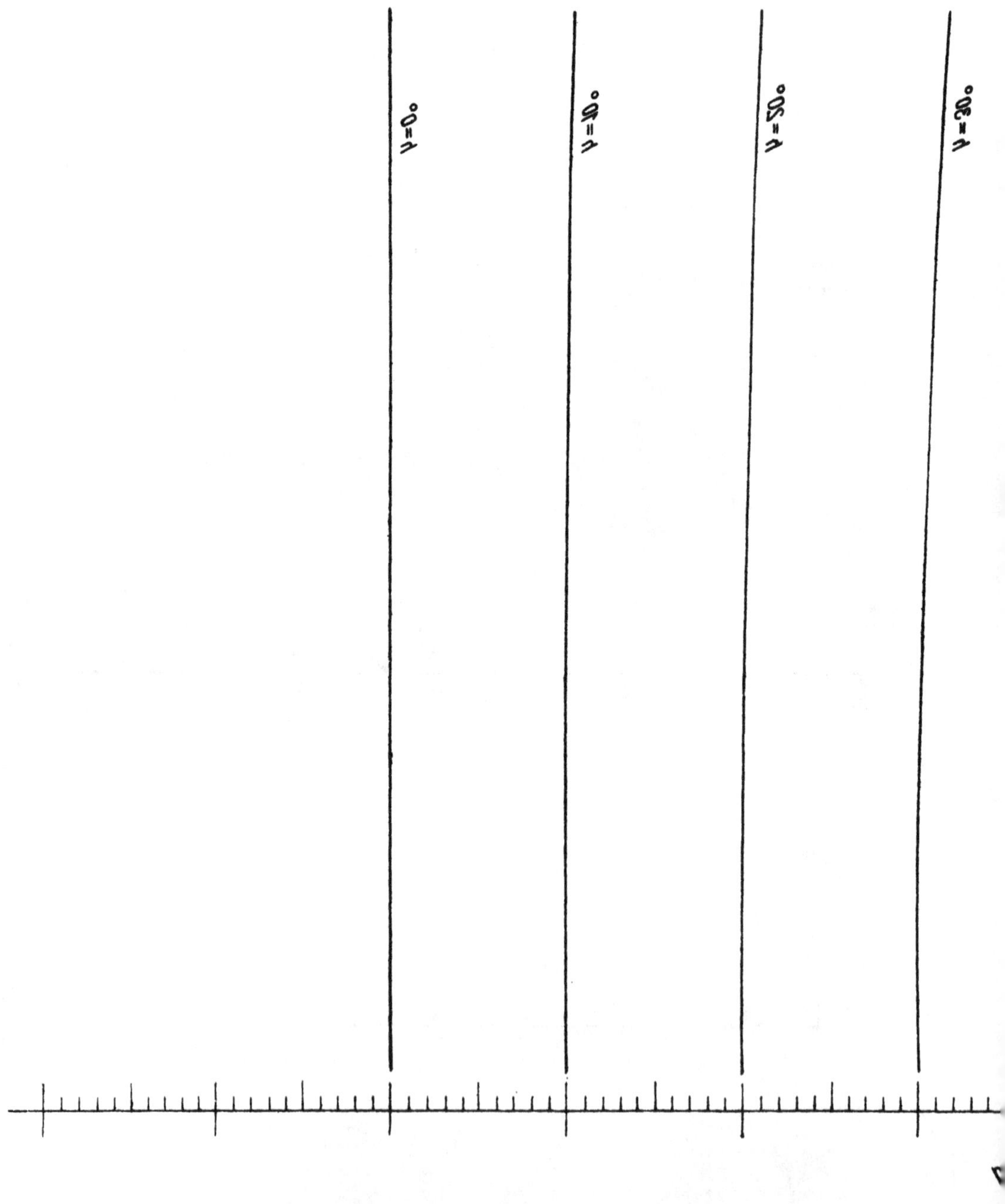

Tafel 15. Immlers Höhengleichenschablone.

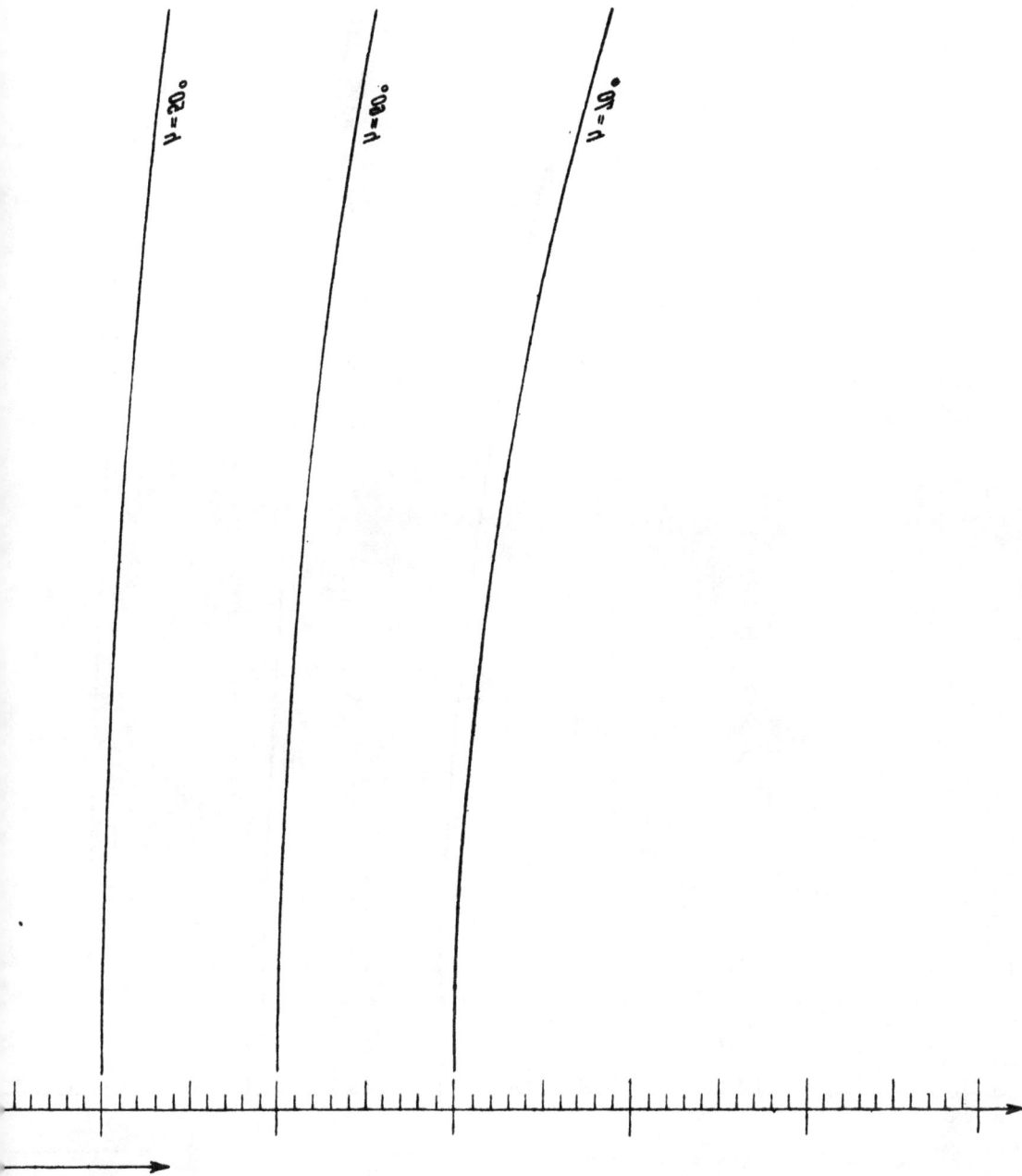

Tafel 15.

Höhengleichenschablone.

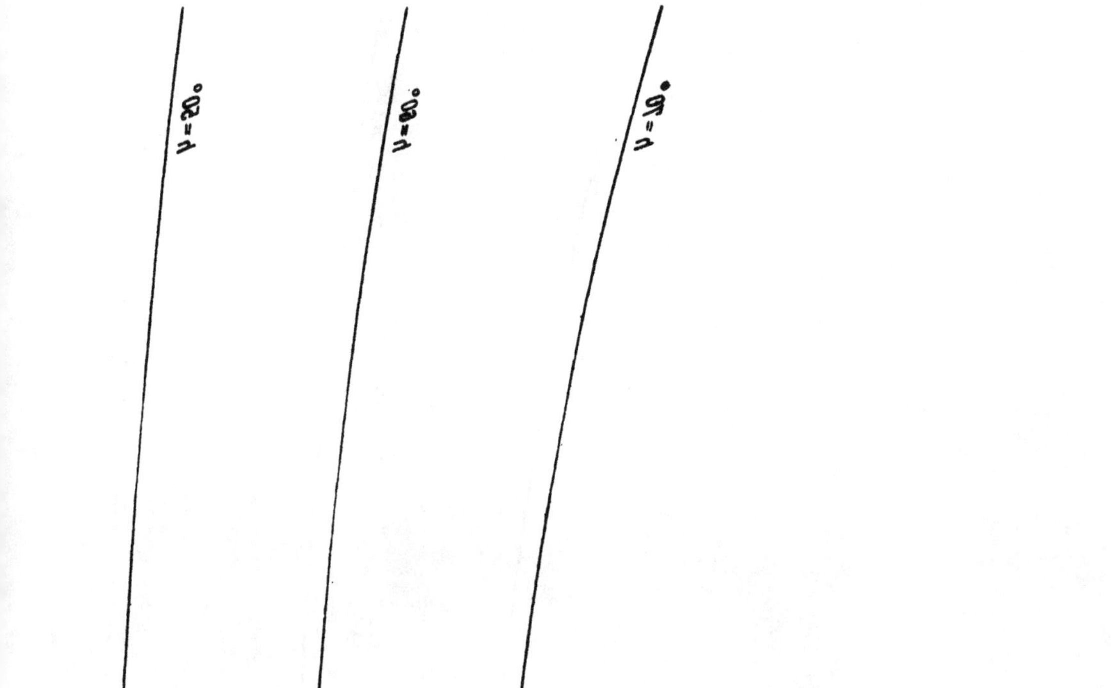

Tafel 15.

Höhengleichenschablone.

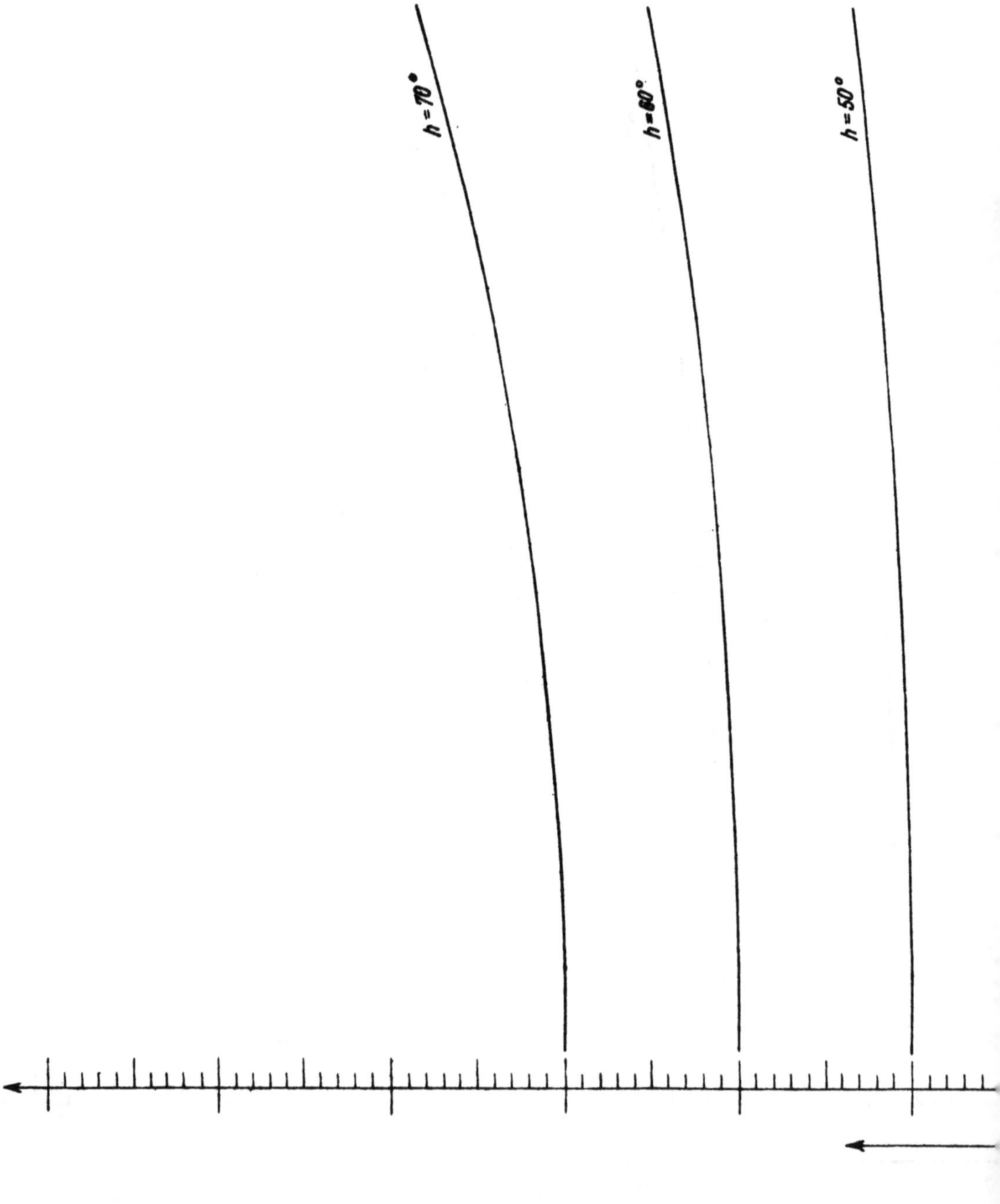

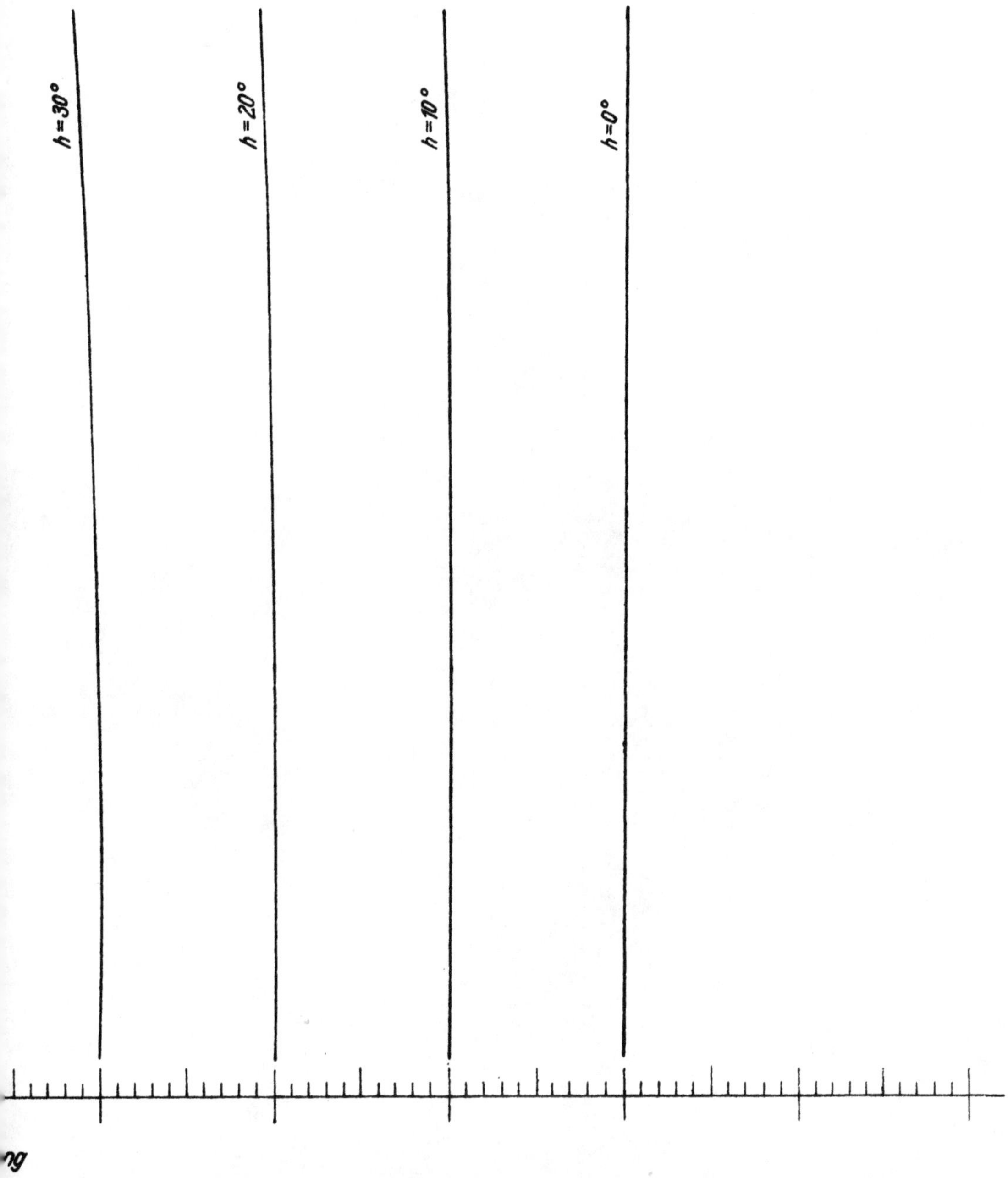

Tafel 15. Immlers Höhengleichenschablone.

Tafel 16.

Azimuttafel.

Tafel 16. Azimuttafel.

$\varphi = 50^\circ$ N, $h = 5^\circ$ bis 65°, $\delta = -30^\circ$ bis $+30^\circ$.

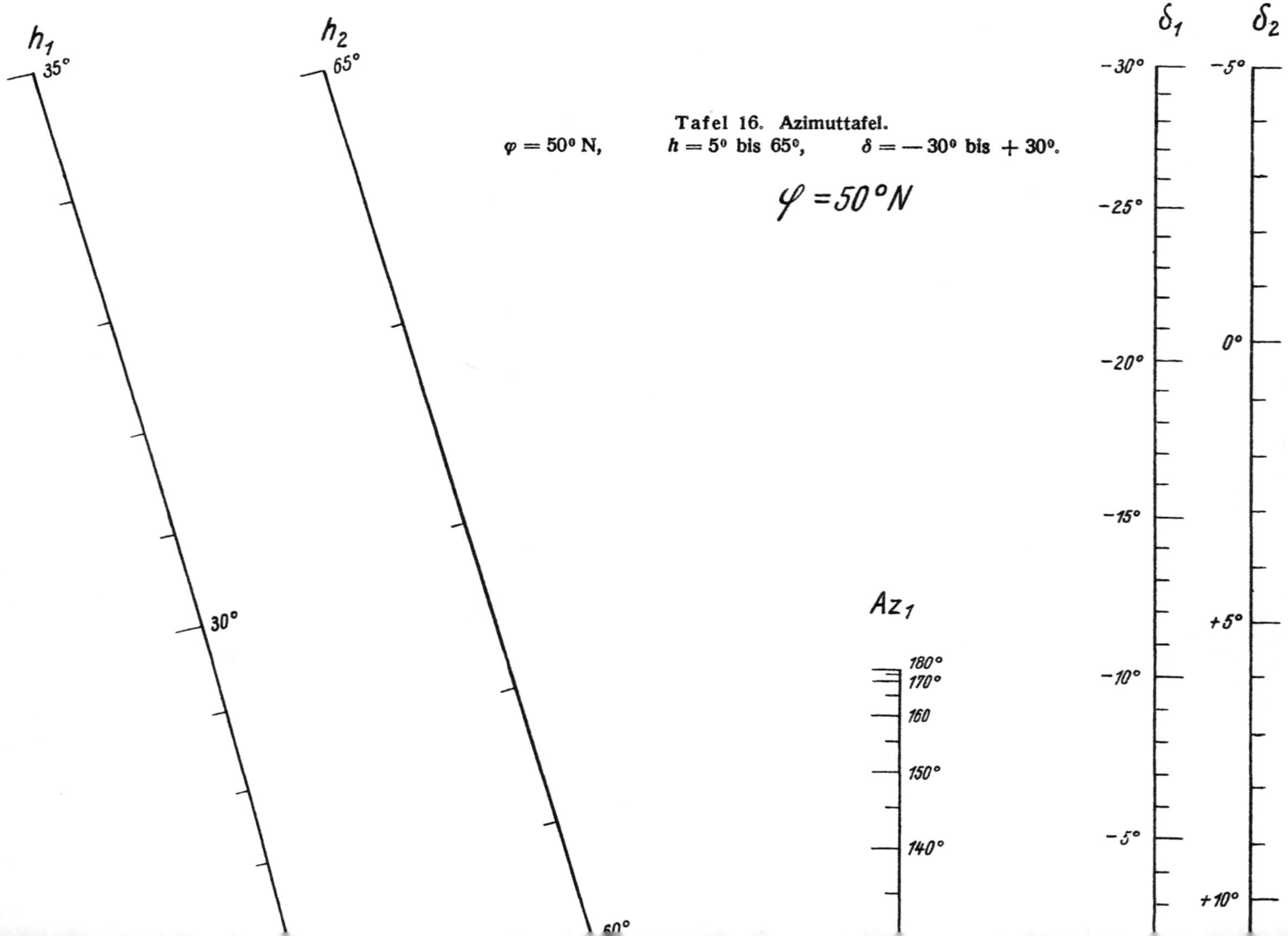

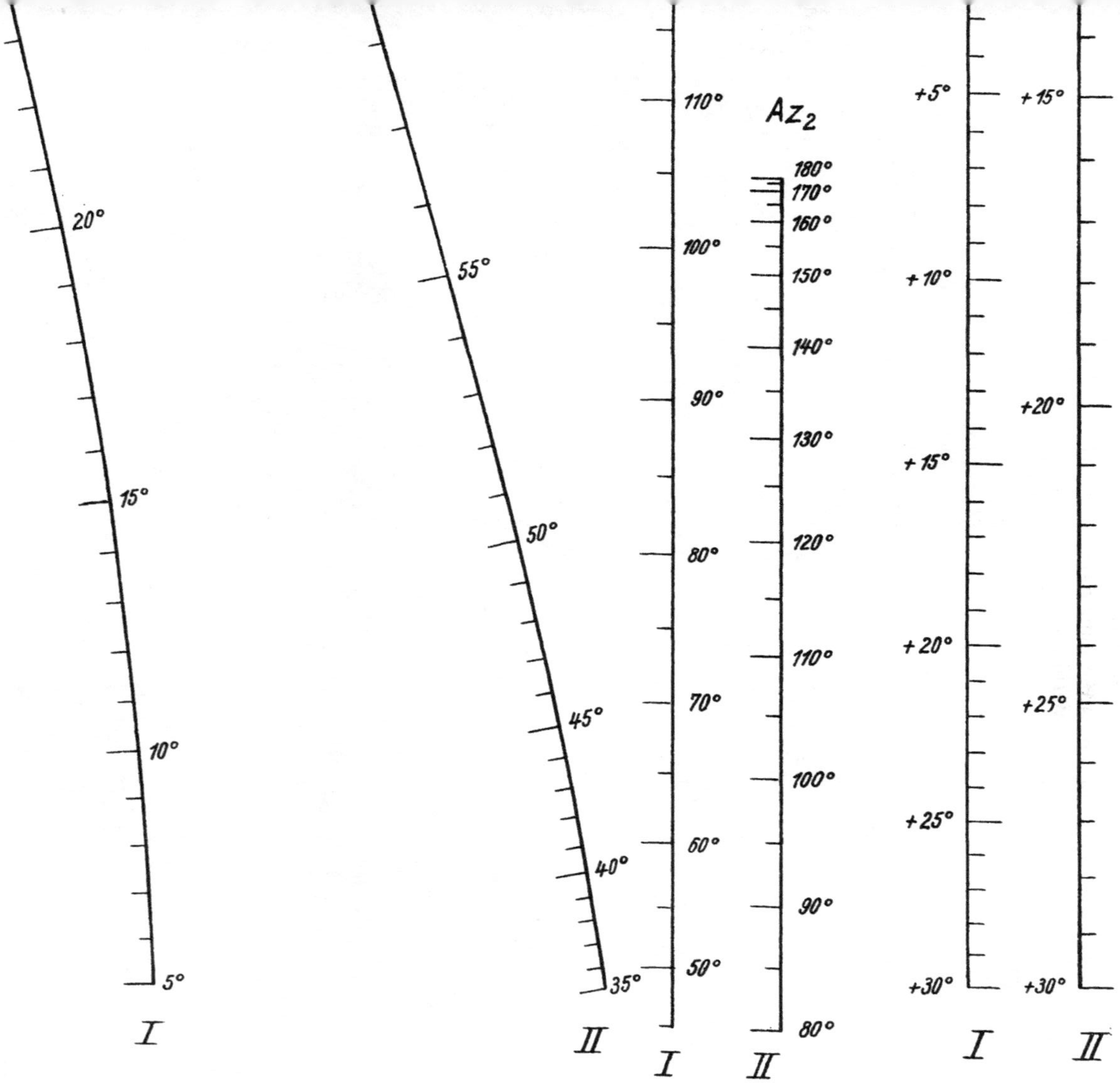
Az2
I
II
I
II
I
II
I
II

Tafel 17.

Azimuttafel nahe dem Meridian.

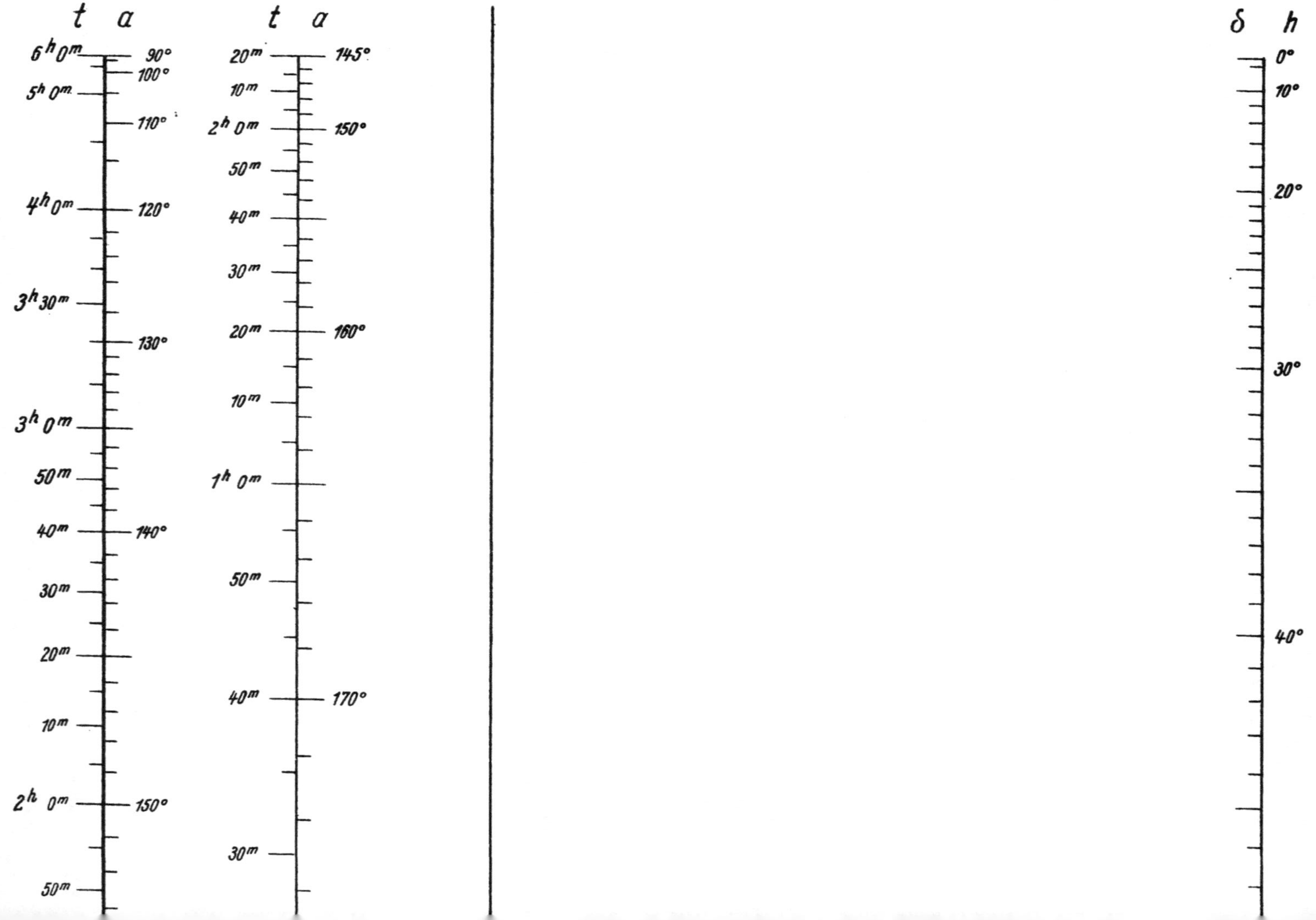
t a
6h 0m 5h 0m 4h 0m 3h 30m 3h 0m 50m 40m 30m 20m 10m 2h 0m 50m
90° 100° 110° 120° 130° 140° 150°
t a
20m 10m 2h 0m 50m 40m 30m 20m 10m 1h 0m 50m 40m 30m
145° 150° 160° 170°
δ h
0° 10° 20° 30° 40°

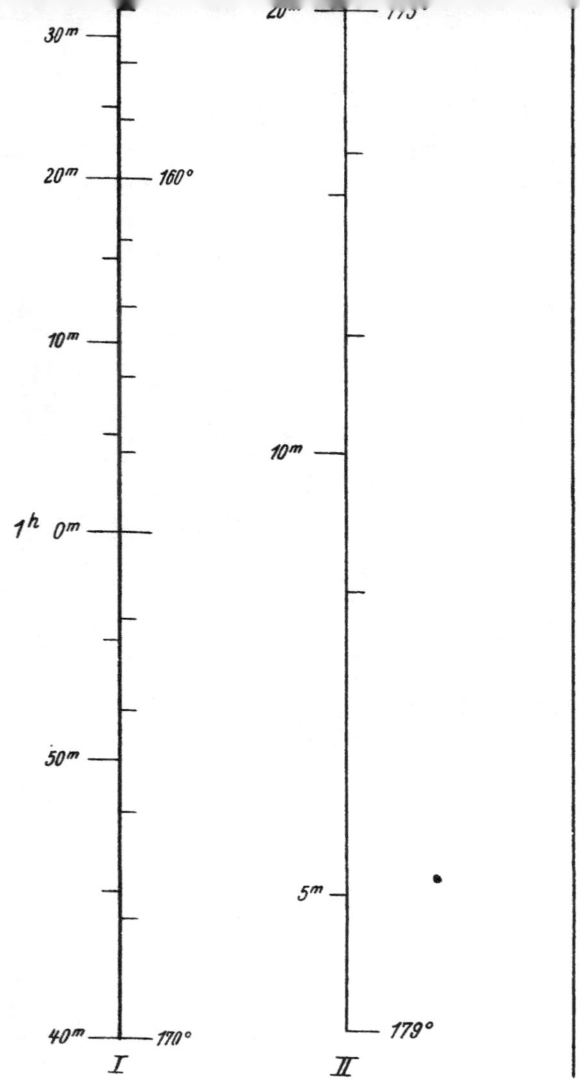

Man suche auf einer der linken Leitern (I oder II) den Stundenwinkel t, auf der rechten Leiter die Abweichung δ des Gestirnes ohne Rücksicht auf das Vorzeichen und verbinde diese Punkte mit dem Lineal. Den Schnittpunkt dieser Geraden mit der mittleren skalenlosen Leiter merke man an. Auf der rechten Leiter suche man die Höhe h und verbinde diesen Punkt mit dem Merkpunkt. Wo diese Gerade die ursprünglich gewählte t-Leiter trifft, liest man, nun auf der rechten Seite, das Azimut ab.

Anm.: Ist der Stundenwinkel größer als $90^0 = 6$, so gehe man mit dem Supplement desselben in die t-Leiter, verfahre in der gleichen Weise, nehme aber zu dem ausgenommenen Azimut gleichfalls das Supplement.

Tafel 18.

Höhen- und Azimut-
diagramm.

Auflösung des nautisch-astronomischen Grund

ut a aus Abweichung δ, Zeitwinkel τ und Breite φ.)

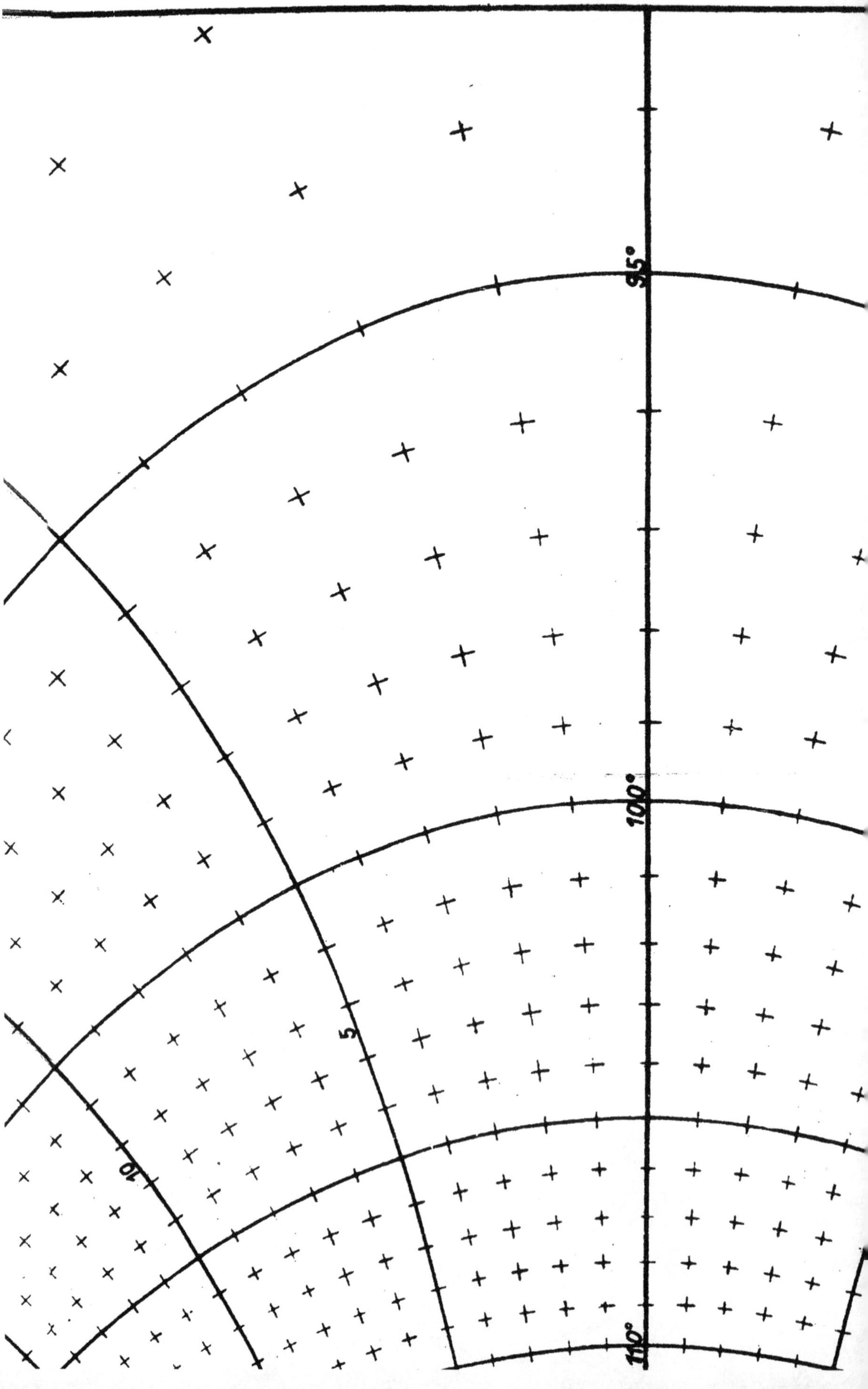

…rs nach Jmmler.

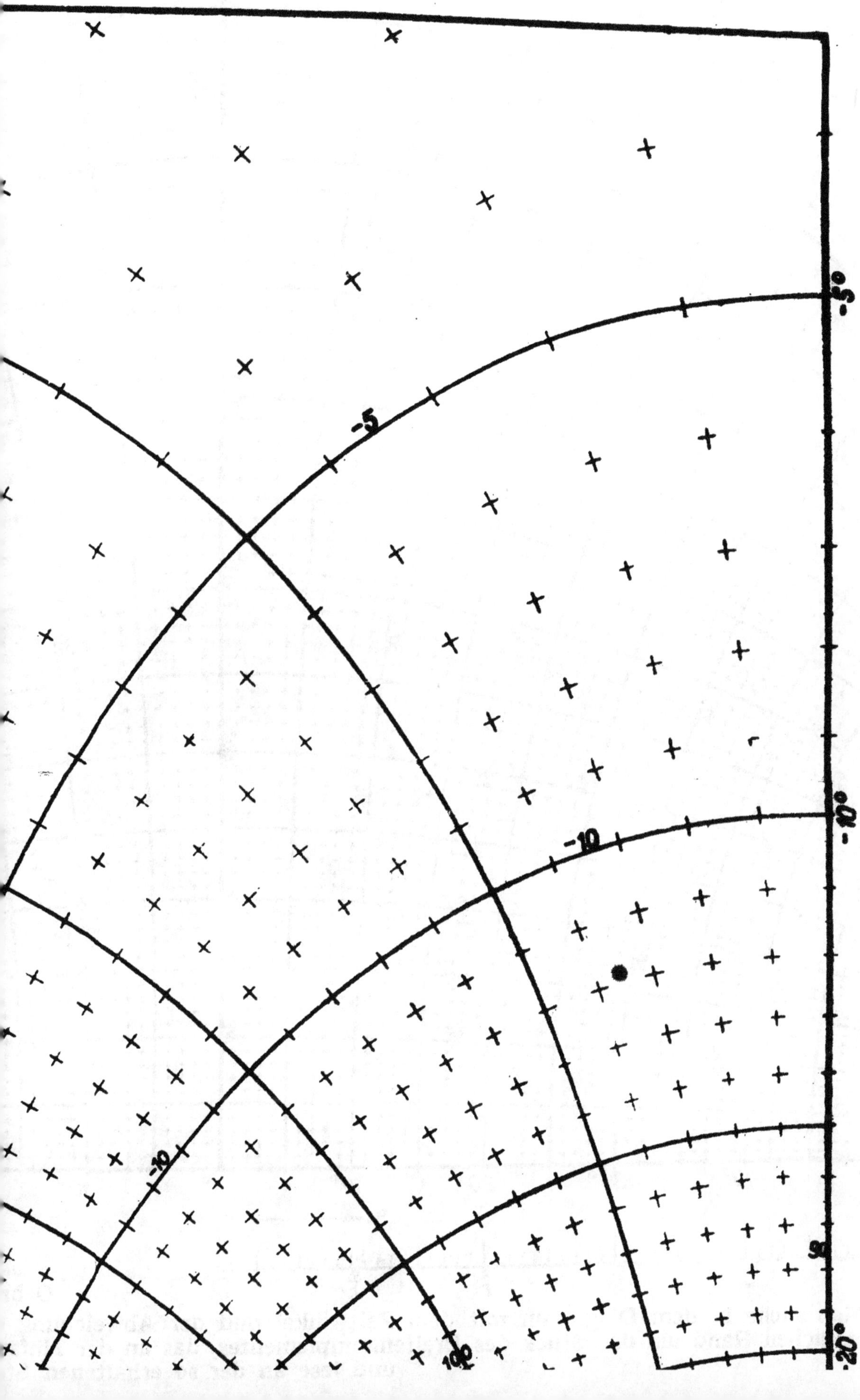

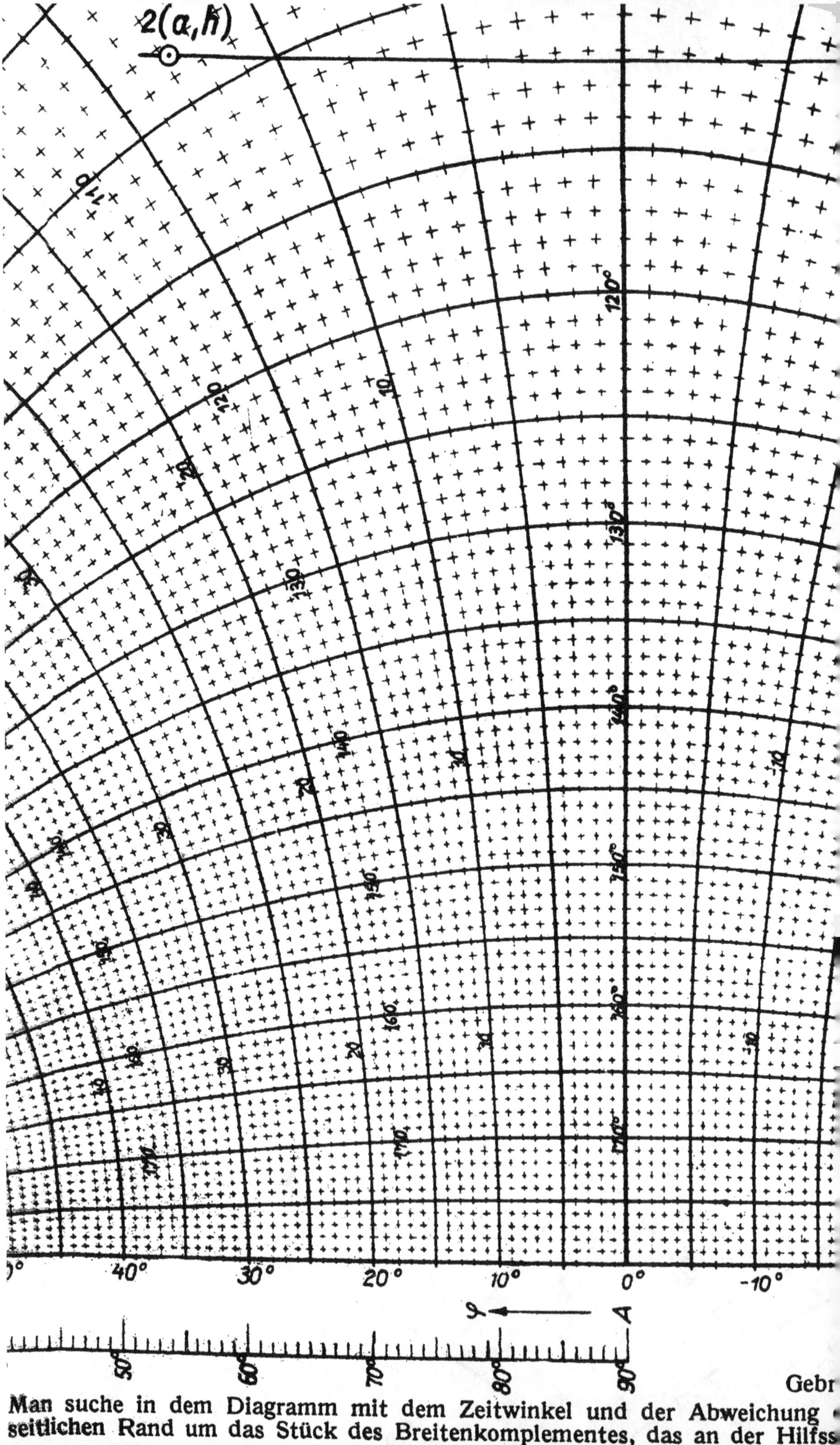

Gebr

Man suche in dem Diagramm mit dem Zeitwinkel und der Abweichung
seitlichen Rand um das Stück des Breitenkomplementes, das an der Hilfss
und lese an der so erhaltenen St

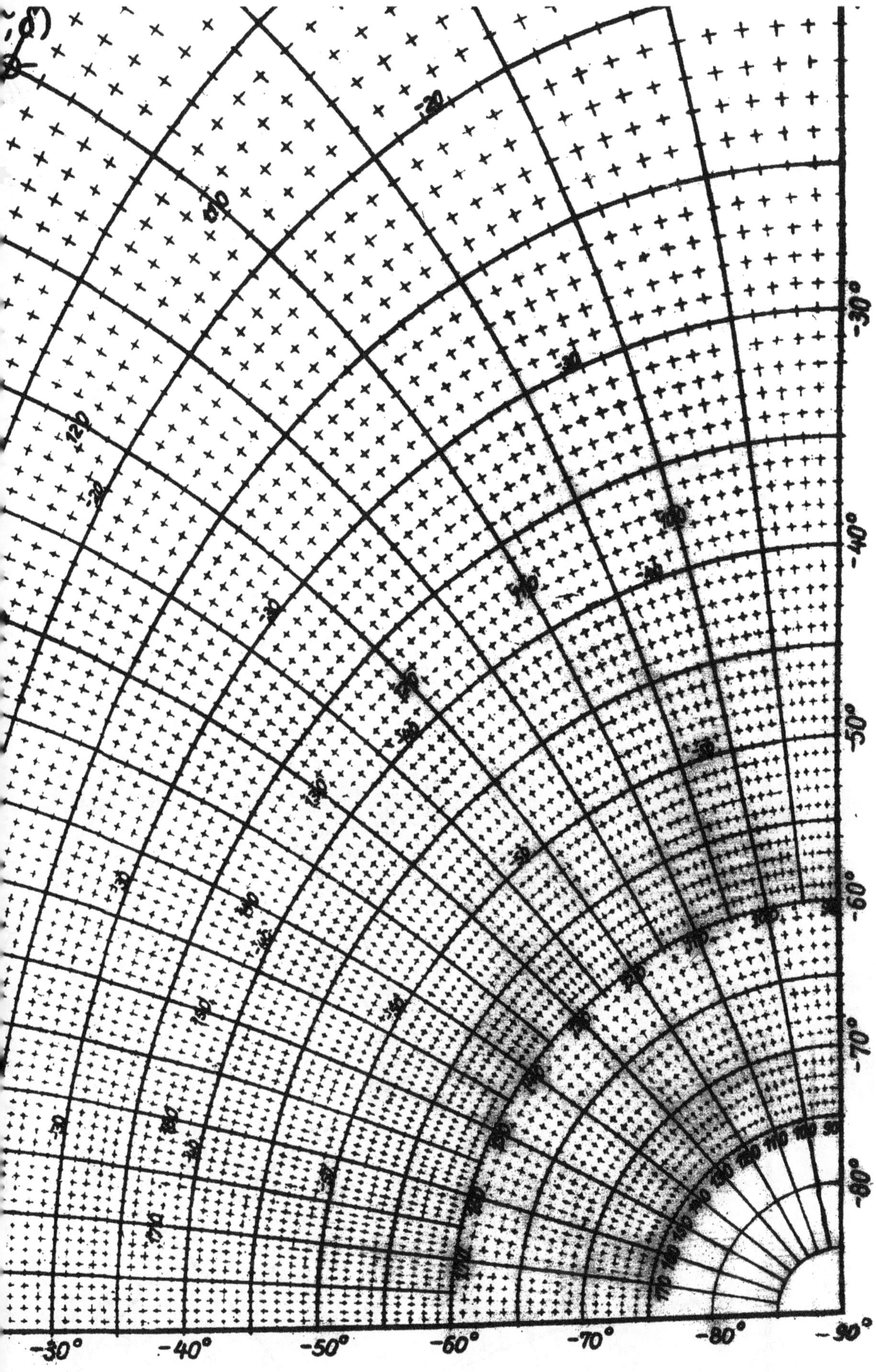

sung.

: den Ort des Sternes auf. Diesen Punkt verschiebe man parallel zum
Punkte *A* bis zu dem Zahlenwert der Breite abgenommen werden kann
ae und das Azimut des Gestirnes ab.

Meric

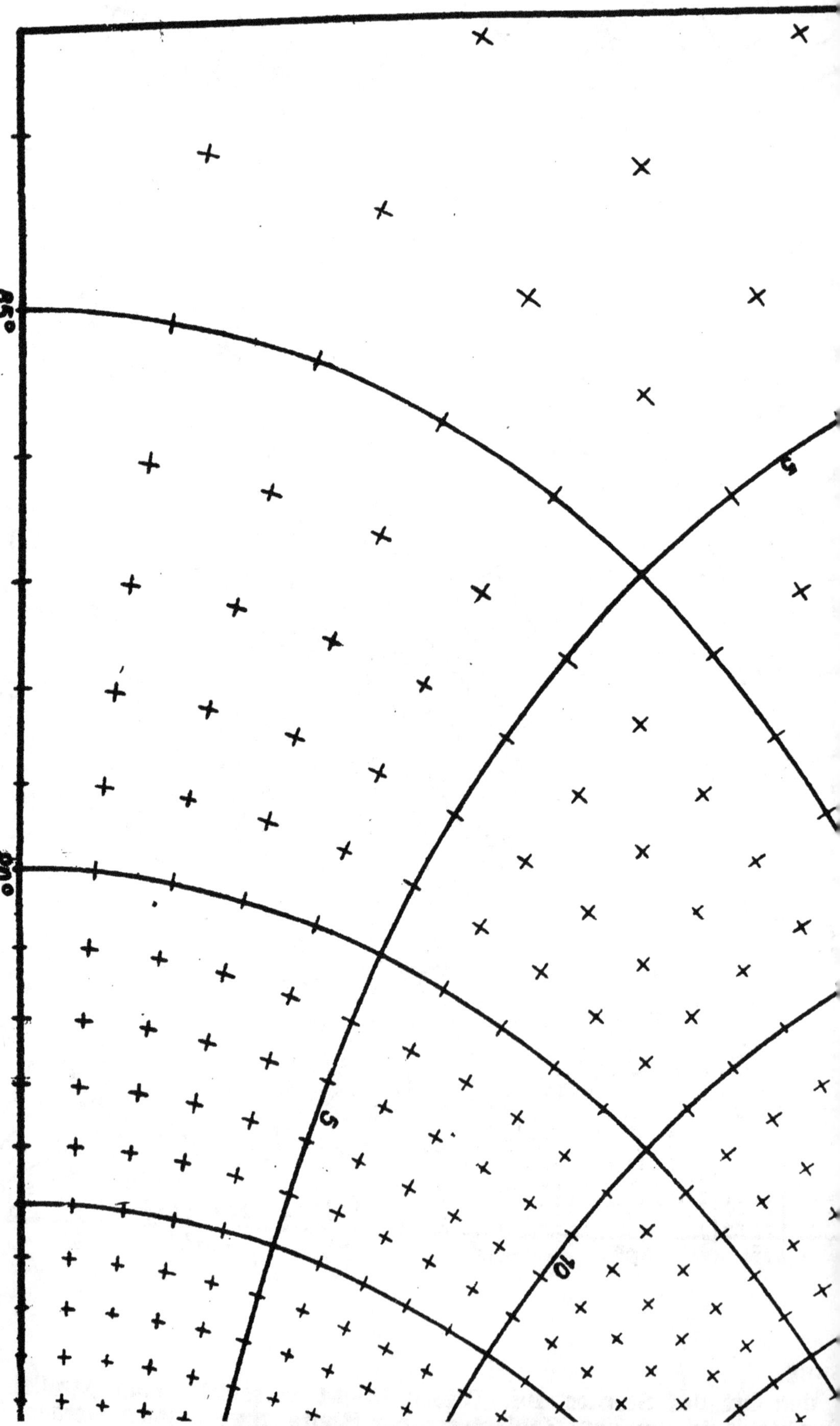

ndige Orthogonal-Cylinder-Projektion zur

(Berechnung von Höhe h und Azim

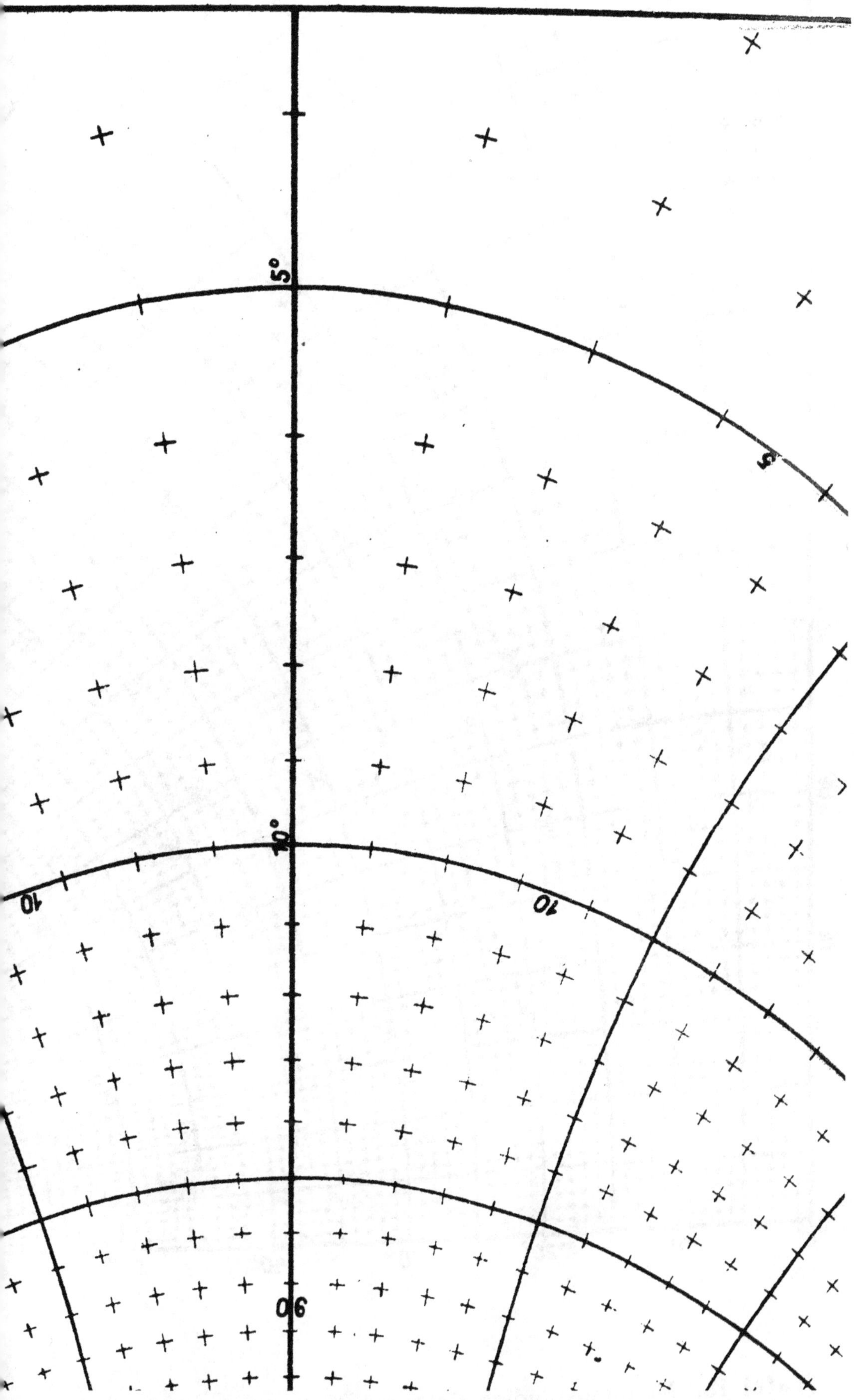

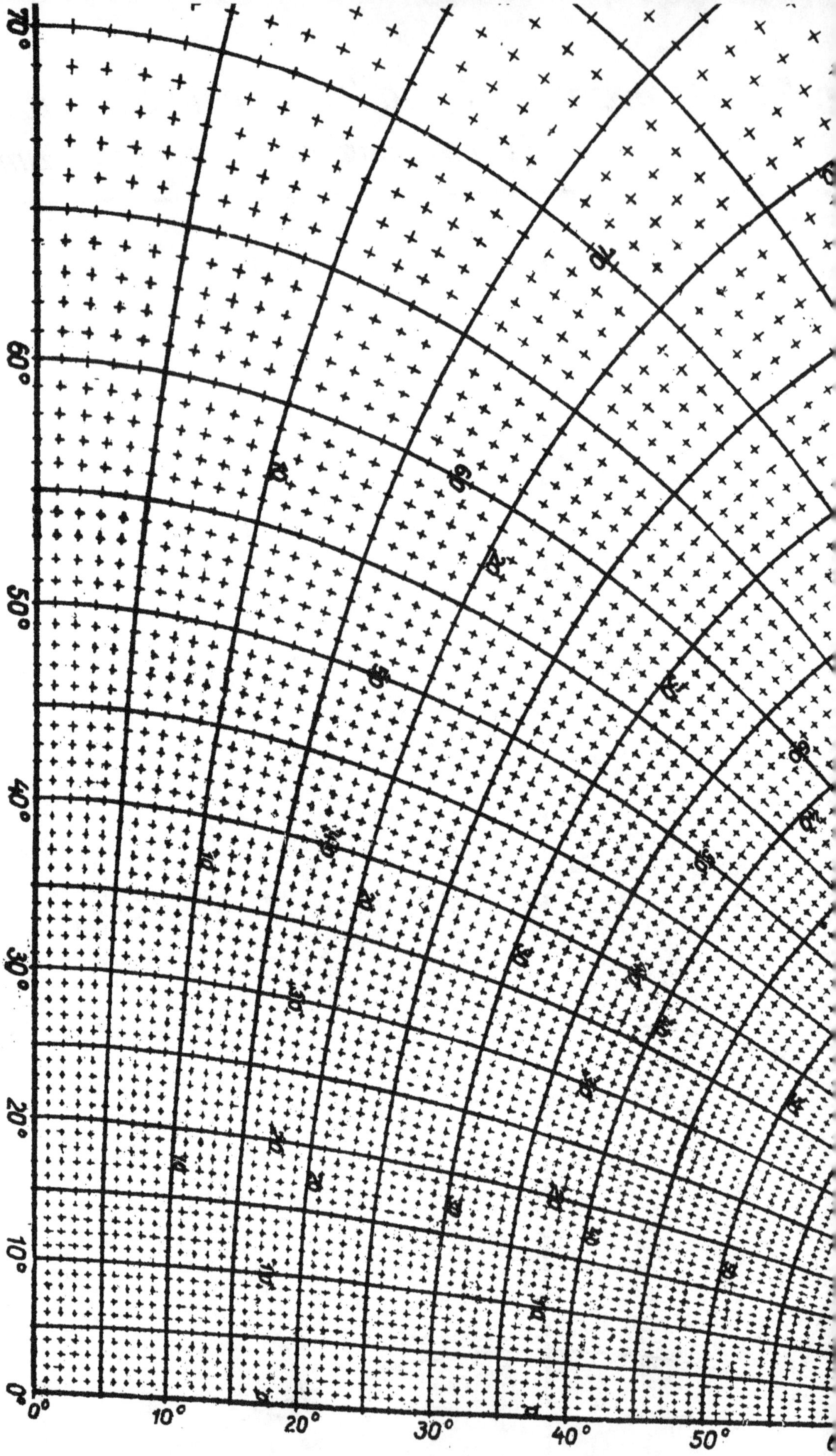

Tafel 18. Meridianständige Orthogonalzylinderprojektion zur Aufl

autisch astronomischen Grunddreiecks.

Tafel 19.

Azimut beim Auf- und Untergang.

Tafel 20.

Stundenwinkel beim Auf- und Untergang.

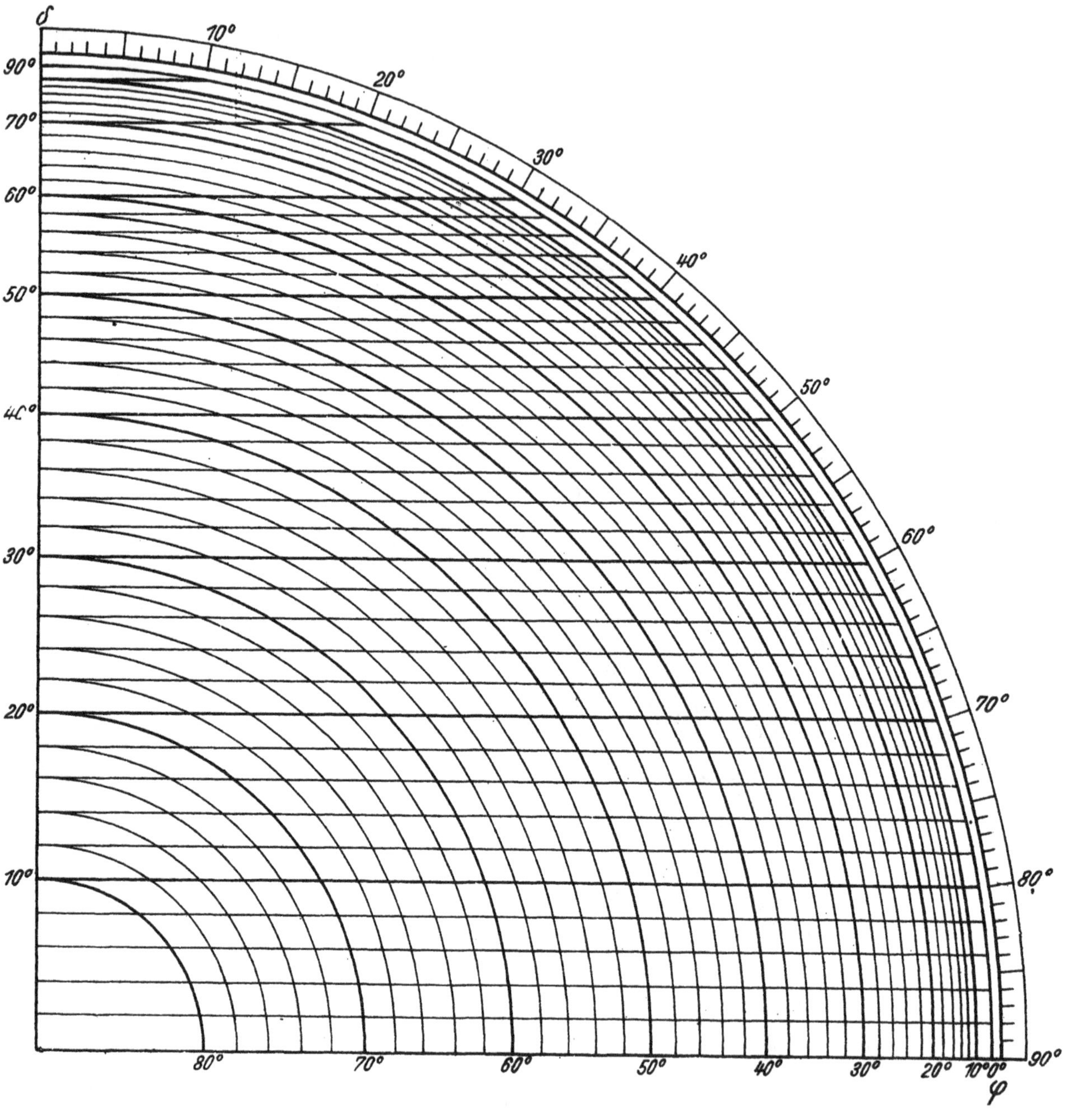

Tafel 19. Azimut beim wahren Auf- und Untergang.

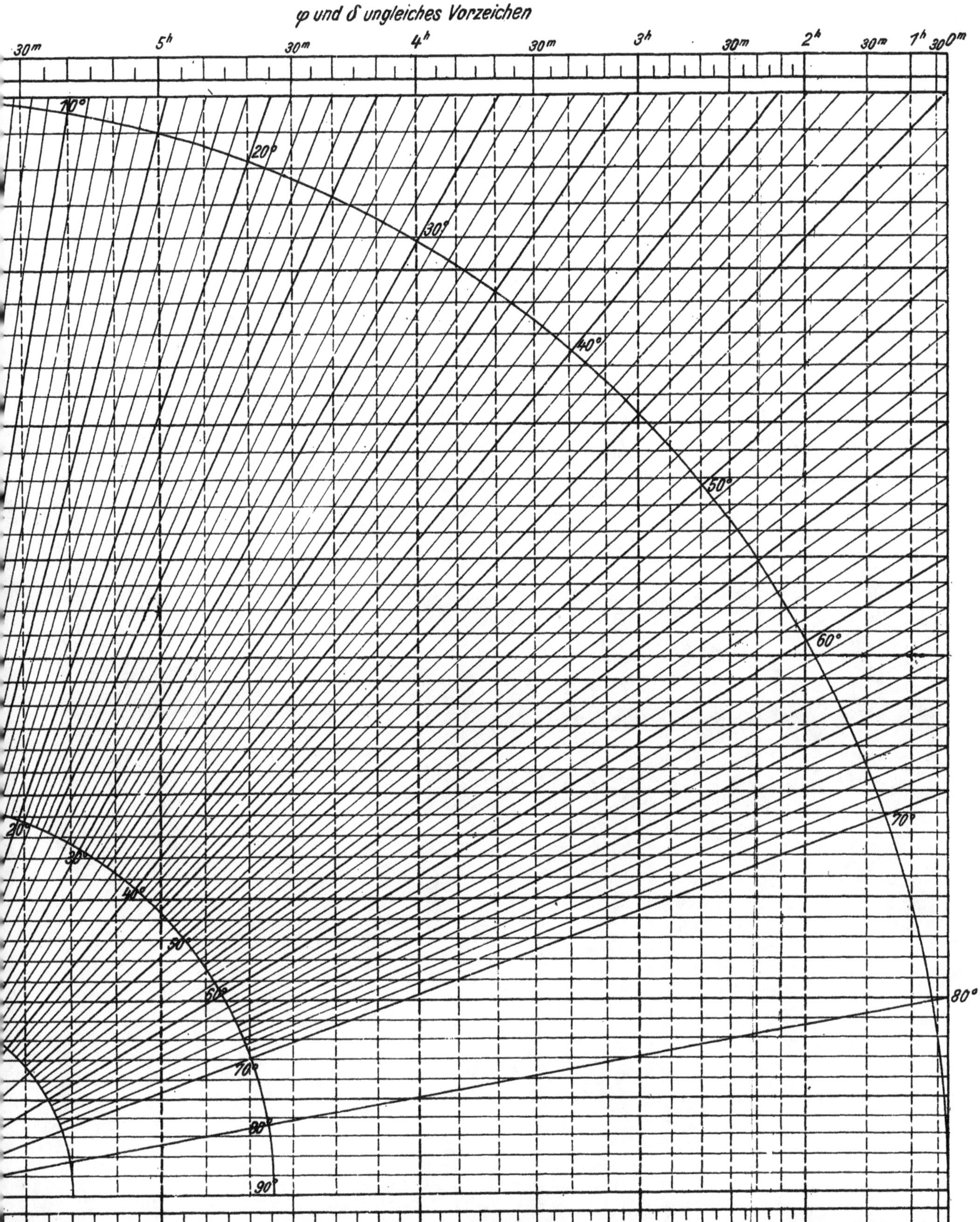

Tafel 20. Stundenwinkel beim wahren Auf- und Untergang.

www.ingramcontent.com/pod-product-compliance
Lightning Source LLC
Chambersburg PA
CBHW081436190326
41458CB00020B/6221